车削和数控车削

完全自学一本通

（图解双色版）

周文军　主编

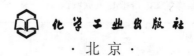

化学工业出版社

·北京·

内 容 简 介

随着科学技术的发展，传统车工从使用车床已经过渡到普遍使用数控车床。本书从现代车工的需求出发，将车削与数控车削有机融合，从车削基础知识、车削工艺和数控车削工艺、数控车床编程、数控车床操作、轴类零件的车削、盘套类零件的车削、车削成形面及表面修饰、细长轴类零件和偏心零件的车削、圆锥面的车削、螺纹的车削、数控车削编程与加工综合实例等方面对现代车工技术做了详细介绍，覆盖车削实际生产中的核心内容，展示车削生产全过程。

本书以好用、实用为编写原则，注重操作技能技巧，实例贯穿全书，全书内容丰富，图表翔实，取材精练，可作为车工及数控车工等技术工人的自学用书或培训教材，也可供数控、机械加工等相关专业师生阅读参考。

图书在版编目（CIP）数据

车削和数控车削完全自学一本通：图解双色版/周文军主编.—
北京：化学工业出版社，2020.10
ISBN 978-7-122-37528-5

Ⅰ．①车…　Ⅱ．①周…　Ⅲ．①数控机床-车床-车削-图
解　Ⅳ．① TG519.1-64

中国版本图书馆 CIP 数据核字（2020）第 147873 号

责任编辑：曾　越　张兴辉　　　　　文字编辑：温潇潇　陈小滔
责任校对：刘　颖　　　　　　　　　装帧设计：王晓宇

出版发行：化学工业出版社（北京市东城区青年湖南街 13 号　邮政编码 100011）
印　　刷：大厂聚鑫印制有限责任公司
787mm×1092mm　1/16　印张 29¹/₂　字数 792 千字　　2021 年 1 月北京第 1 版第 1 次印刷

购书咨询：010-64518888　　　　　　　售后服务：010-64518899
网　　址：http://www.cip.com.cn
凡购买本书，如有缺损质量问题，本社销售中心负责调换。

定　　价：99.00 元

前 言

为适应我国机械工业的发展，必须高度重视技术人员的素质，大力加速高技能人才的培养。在机械加工中，车床和数控车床的应用最普遍，车工也是机械加工各工种中人数较多的工种之一，掌握车工基础知识和操作技能，是提高金属切削加工技能和从事数控机床加工入门的重要途径。为此，我们组织编写了本书。

本书参考车工国家职业技能标准，将车削与数控车削内容有机融合在一起，内容主要包括：车削基础知识、车削工艺和数控车削工艺、数控车床编程、数控车床操作、轴类零件的车削、盘套类零件的车削、车削成形面及表面修饰、细长轴类零件和偏心零件的车削、圆锥面的车削、螺纹的车削、数控车削编程与加工综合实例等，覆盖了车工实际生产中的核心内容及流程。

本书在编写时力求好用、实用，指导读者快速入门、步步提高，逐渐成为加工行业的技术骨干。本书采用图解的形式，配以简明的文字说明具体的操作过程与操作工艺，有很强的针对性和实用性，书中案例均来自生产实际，并吸取一线工人师傅的经验总结。书中使用的名词、术语、标准等均贯彻了最新国家标准。

本书图文并茂，内容丰富，取材实用而精练，可供初、中级技术工人，车工上岗前培训和自学使用，也可供职业院校相关专业师生阅读、参考。

本书由周文军主编。参加编写的人员还有：张能武、陶荣伟、王吉华、高佳、钱革兰、魏金营、王荣、邵健萍、邱立功、任志俊、陈薇聪、唐雄辉、刘文花、张茂龙、钱瑜、张道霞、李稳、邓杨、唐艳玲、张业敏、章奇、陈锡春、方光辉、刘瑞、周小渔、胡俊、王春林、周斌兴、许佩霞、过晓明、李德庆、沈飞、刘瑞、庄卫东、张婷婷、赵富惠、袁艳玲、蔡郭生、刘玉妍、王石昊、刘文军、徐嘉翊、孙南羊、吴亮、刘明洋、周韵、刘欢等。本书编写过程中得到江南大学机械工程学院、江苏机械学会、无锡机械学会等单位大力支持和帮助，在此表示感谢。

由于时间仓促，编者水平有限，书中不妥之处在所难免，敬请广大读者批评指正。

编　者

目录

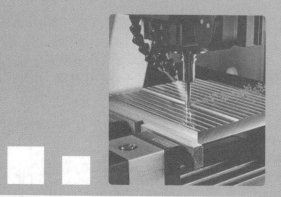

第一章

车削基础知识

一、常用量具和使用

1. 卡钳

卡钳是一种无刻度的比较性间接测量量具，适于测量表面粗糙和精度较低的工件，并且在车床转动时也能进行测量。卡钳根据用途不同可分为内卡钳和外卡钳，如图 1-1 所示。

（1）卡钳使用方法

卡钳通常配合钢直尺测量工件。用外卡钳测量轴件外径如图 1-2（a）所示，中指挑起外卡钳，拇指与食指捏住卡钳上端的两边，依靠外卡钳的自重，从被测量圆柱工件的两侧轻轻滑过，滑过时手指要有轻微感觉（不要硬推下去）。测量时要将外卡钳放正，使两钳脚垂直于工件轴心线。使用外卡钳测量轴径后，接着从钢直尺上量取尺寸数值，如图 1-2（b）所示。这时，外卡钳的一个钳脚与钢直尺的左端接触，另一个钳脚顺着钢直尺对准刻线。从钢直尺上读刻线读数时，应使视线与钳脚垂直，而不应倾斜，否则会影响读数的准确性。

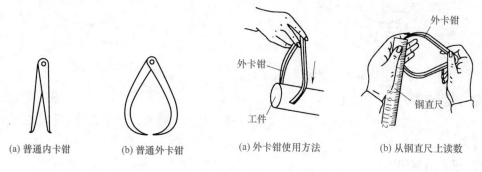

(a) 普通内卡钳　　　(b) 普通外卡钳

图 1-1　卡钳

(a) 外卡钳使用方法　　　(b) 从钢直尺上读数

图 1-2　外卡钳测量轴件

测量工件孔径时使用内卡钳，它以下钳脚为支点，左右摆动上钳脚，如图1-3（a）、（b）所示，然后从钢直尺上量出尺寸数值。量取数值时，将钢直尺左端垂直地靠在一个平面上，如图1-3（c）所示，然后使内卡钳的一个钳脚与这个平面接触，再从另一个钳脚所对着的刻线，读出数值。精确测量时，为了使得出的尺寸准确，常利用千分尺量取尺寸，如图1-4所示。

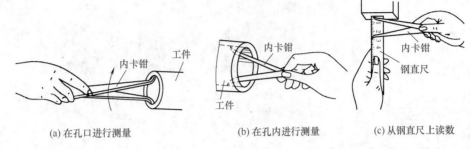

(a) 在孔口进行测量　　　(b) 在孔内进行测量　　　(c) 从钢直尺上读数

图1-3　内卡钳测量孔径

（2）内卡钳测量孔径摆动量的计算

采用如图1-5所示方法测量孔径时，如果内卡钳两钳脚张开尺寸是 d，如图1-5所示，卡钳的一个脚在孔中某点固定不动，另一个钳脚在孔中左右摆动，通过计算就可以知道内卡钳摆动量。当内卡钳一钳脚以 A 为定点不动，另一钳脚在孔中摆动的轨迹是 $\overset{\frown}{AGB}$，摆动量为 S。根据勾股定理近似得出下面的计算公式：

$$S \approx \sqrt{8dc} = \sqrt{8d(D-d)}$$

$$c \approx \frac{S^2}{8d}$$

式中　d ——内卡钳从千分尺上量得尺寸，mm；
　　　D ——工件所要求孔径尺寸，mm；
　　　c ——轴与孔配合时，轴孔预定的配合间隙，mm。

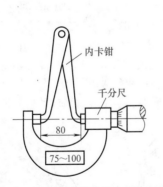

图1-4　内卡钳从千分尺上量取尺寸

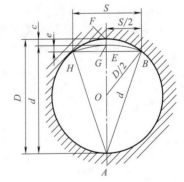

图1-5　内卡钳摆动计算图

2. 弹簧卡钳

弹簧卡钳（图1-6）与普通内、外卡钳相同，但便于调节，测得的尺寸不易变动，尤其适用于连续生产中。

3. 万能角度尺

万能角度尺有两种形式，图1-7（a）是圆形万能角度尺，图1-7（b）是扇形万能角度尺，它们的分度值精度有 2' 和 5' 两种，其读法与游标卡尺相似。

（1）万能角度尺读数原理

图 1-8 是分度值精度为 2' 的读数原理。主尺刻度每格为 1°，游标上的刻度是把主尺上的 29°（29 格）分成 30 格，这时，游标上每格为 29°/30=60'×29/30=58'。主尺上一格和游标上一格之间相差为 1°−58'=2'。

(a) 弹簧内卡钳　　(b) 弹簧外卡钳

图 1-6　弹簧内、外卡钳

分度值精度为 5' 的读数原理如图 1-9 所示。主尺刻度每格为 1°，游标上的刻度是把主尺上的 23°（23 格）分成 12 格，这时，游标上每格为 23°/12=60'×23/12=115'=1°55'。主尺上两格与游标上一格之间相差为 2°−1°55'=5'。

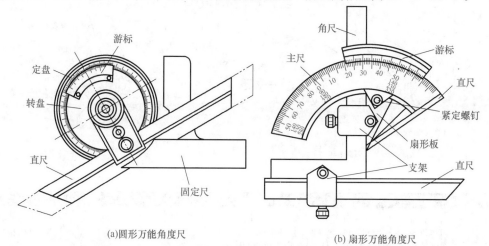

(a) 圆形万能角度尺　　　　　　　　(b) 扇形万能角度尺

图 1-7　万能角度尺的类型

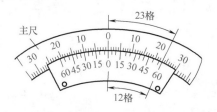

图 1-8　万能角度尺 2' 刻度值读数原理　　　图 1-9　万能角度尺 5' 刻度值读数原理

（2）万能角度尺基本使用方法

圆形万能角度尺使用比较简单，它通过直尺和固定尺配合测量工件。扇形万能角度尺由主尺、角尺、直尺、扇形板等组成，它通过几个组件之间的相互位置变换和不同组合，对工件的角度进行测量。使用时，先从主尺上读出度（°）值，再从游标尺上读出分（'）值。如图 1-10 所示为 5' 分度值万能角度尺，主尺上为 16°，游标尺上为 30'，两者加在一起为 16°30'。

4. 游标卡尺

游标卡尺（图 1-11）是一种测量精度较高的量具，用于测量工件的外径和内径尺寸，如图 1-12 所示，带深度尺的三用游标卡尺还可测量深度或高度尺寸，如图 1-13 所示。

（1）游标卡尺的读数原理

游标卡尺上的刻度值就是它的测量精度。游标卡尺常用刻度值有 0.02mm、0.05mm 等。游标卡尺上各种刻

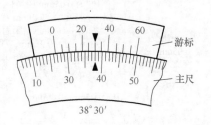

图 1-10　5' 分度值万能角度尺上读数

度值的读数原理都相同，只是刻度精度有所区别。游标类量具的读数原理见表1-1。

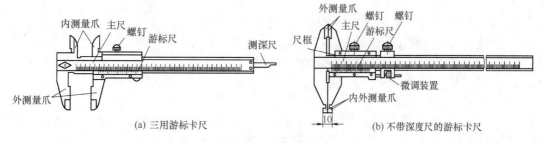

图1-11　游标卡尺

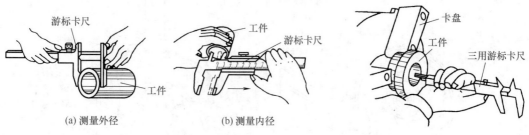

图1-12　游标卡尺测量工件　　　　图1-13　三用游标卡尺测量工件

表1-1　游标卡尺的读数原理

类别	说　明
精度为0.02mm的刻度原理和读法	游标卡尺精度为0.02mm的刻度情况如图1-14所示。主尺上每小格1mm，每大格10mm；两量爪合拢时，主尺上49mm，刚好等于游标卡尺上的50格。因而，游标尺上每格等于49mm÷50=0.98mm。主尺与游标尺每格相差为1mm-0.98mm=0.02mm  图1-14　精度为0.02mm游标卡尺读数原理 　　读数值时，先读出游标尺上的零线左边主尺上的整数，再看游标尺右边哪一条刻线与主尺上的刻线对齐了，即得出小数部分；将主尺上的整数与游标尺上的小数加在一起，就得到被测尺寸的数值。如图1-15所示精度为0.02，游标卡尺上的读数为123.42mm 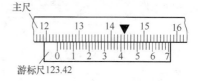 游标尺123.42 图1-15　游标卡尺上的读数（精度为0.02mm）
精度为0.05mm的刻度原理和读法	精度为0.05mm的游标卡尺，当两量爪合拢时，主尺上的19mm等于游标尺上的20格，如图1-16所示，因而，游标尺上每格等于19mm÷20=0.95mm，主尺与游标尺每格相差为1mm-0.95mm=0.05mm 　　如图1-17所示，游标尺零线右边的第9条线与主尺上的刻线对齐了，这时的读数为9×0.05mm=0.45mm  图1-16　精度为0.05mm游标卡尺读数原理 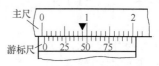 图1-17　游标卡尺上的读数（精度为0.05mm）

（2）正确使用游标卡尺

正确使用游标卡尺要做到以下几点。

① 测量前，先用棉纱把卡尺和工件上被测量部位都擦干净，然后对量爪的准确度进行检查。当两个量爪合拢在一起时，主尺和游标尺上的两个零线应对正，两量爪应紧密贴合无缝隙。使用不合格的卡尺测量工件会出现测量误差。

② 测量时，轻轻接触工件表面，如图 1-18 所示，手推力不要过大，量爪和工件的接触力量要适当，不能过松或过紧，并应适当摆动卡尺，使卡尺和工件接触好。

③ 测量时，要注意卡尺与被测表面的相对位置，量爪不得歪斜，否则会出现测量误差。在如图 1-19 所示中，图 1-19（a）是量爪的正确测量位置；图 1-19（b）是不正确测量位置。测量带孔工件时，应找出它的最大尺寸；测轴件或块形工件时，应找出它的最小尺寸。要把卡尺的位置放正确，然后再读尺寸，或者测量后量爪不动，将游标卡尺上的螺钉拧紧，卡尺从工件上拿下来后再读测量尺寸。

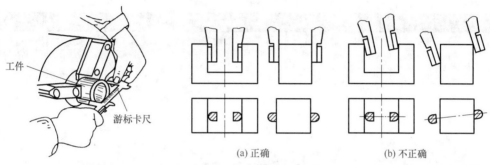

图 1-18　正确使用游标卡尺

(a) 正确　　　　　　(b) 不正确

图 1-19　量爪的测量位置

④ 为了得出准确的测量结果，在同一个工件上，应进行多次测量。

⑤ 看卡尺上的读数时，眼睛位置要正，偏视往往出现读数误差。

5. 千分尺

千分尺精度可达到 0.01mm。千分尺主要包括外径千分尺、内径千分尺等。外径千分尺（图 1-20）用于测量精密工件的外径、长度和厚度尺寸（图 1-21）；内径千分尺用于测量精密工件的内径（图 1-22）和沟槽宽度尺寸。千分尺读数方法和使用方法见表 1-2。

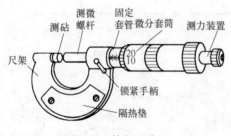

图 1-20　外径千分尺

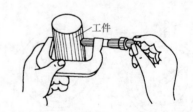

图 1-21　外径千分尺测量精密工件

6. 百分表和千分表

百分表和千分表是一种钟面式指示量具。百分表［图 1-24（a）］的刻度值为 0.01mm，千分表［图 1-24（b）］的刻度值为 0.001mm、0.002mm 等。车工使用最多的是百分表。

百分表使用中需要安装在表座上。图 1-25（a）是百分表在磁性表座上的安装情况，图 1-25（b）是百分表在普通表座上的安装情况。

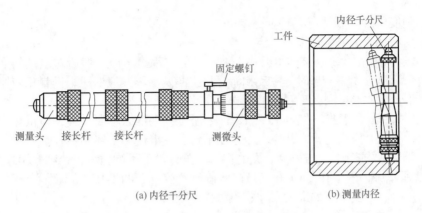

(a) 内径千分尺   (b) 测量内径

图 1-22　内径千分尺测量精密工件内径

表 1-2　千分尺的读数方法和使用方法

类别	说　明
读数方法	读数时，先找出固定套管上露出的刻线数，然后在微分套筒的锥面上找到与固定套管上中线对正的那一条刻线，最后，将两数值加在一起，即是被测量工件的尺寸。图 1-23（a）中所示总尺寸为 9.35mm；图 1-23（b）中所示总尺寸为 14.68mm 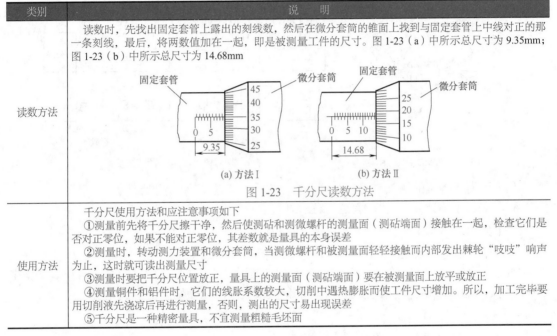 (a) 方法Ⅰ　　　　　(b) 方法Ⅱ 图 1-23　千分尺读数方法
使用方法	千分尺使用方法和应注意事项如下 ①测量前先将千分尺擦干净，然后使测砧和测微螺杆的测量面（测砧端面）接触在一起，检查它们是否对正零位，如果不能对正零位，其差数就是量具的本身误差 ②测量时，转动测力装置和微分套筒，当测微螺杆和被测量面轻轻接触而内部发出棘轮"吱吱"响声为止，这时就可读出测量尺寸 ③测量时要把千分尺位置放正，量具上的测量面（测砧端面）要在被测量面上放平或放正 ④测量铜件和铝件时，它们的线胀系数较大，切削中遇热膨胀而使工件尺寸增加。所以，加工完毕要用切削液先浇凉后再进行测量，否则，测出的尺寸易出现误差 ⑤千分尺是一种精密量具，不宜测量粗糙毛坯面

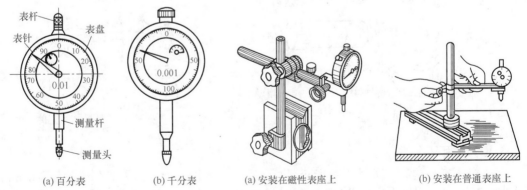

(a) 百分表　　(b) 千分表　　　(a) 安装在磁性表座上　　(b) 安装在普通表座上

图 1-24　百分表和千分表　　　　　图 1-25　百分表的安装示意

百分表主要在检验和校正工件（图 1-26）中使用。当测量头和被测量工件的表面接触，遇到不平时，测量杆就会直线移动，经表内齿轮齿条的传动和放大，变为表盘内指针的角度旋转，从而在刻度盘上指示出测量杆的移动量。使用百分表应注意以下事项。

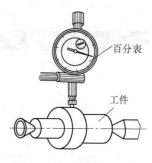

图 1-26　百分表校正工件

① 测量时，测量头与被测量表面接触并使测量头向表内压缩 1～2mm，然后转动表盘，使指针对正零线，再将表杆上下提几次（图 1-27），待表针稳定后再进行测量。

② 百分表和千分表都是精密量具，严禁在粗糙表面上进行测量。

③ 测量时测量头和被测量表面的接触尽量呈垂直位置（图 1-28），这样能减少误差，保证测量准确。

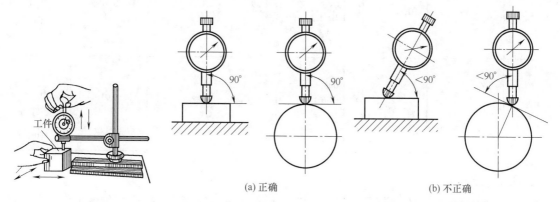

(a) 正确　　　　　　　　(b) 不正确

图 1-27　百分表的使用　　　　　　图 1-28　百分表测量头与工件接触位置示意

④ 测量杆上不要加油，油液进入表内会形成污垢，从而影响表的灵敏度。

⑤ 要轻拿稳放、尽量减少振动，要防止其他物体撞击测量杆。

7. 量块

量块用于测量精密工件或量规的正确尺寸，或用于调整、校正、检验测量仪器、工具，以及用于精密机床的调整、精密划线和直接测量精密零件等，是技术测量上长度计量的基准。

在实际生产中，量块是成套使用的，每套量块由一定数量的不同标称尺寸的量块组成，以便组合各种尺寸，满足一定尺寸范围内的测量需求。GB/T 6093—2001 共规定了 17 套量块。常用成套量块规格见表 1-3。

表 1-3　量块的规格

套别	总块数	精度级别	尺寸系列 /mm	间隔 /mm	块数
1	91	0, 1	0.5	—	1
			1	—	1
			1.001，1.002，…，1.009	0.001	9
			1.01，1.02，…，1.49	0.01	49
			1.5，1.6，…，1.9	0.1	5
			2.0，2.5，…，9.5	0.5	16
			10，20…，100	10	10

套别	总块数	精度级别	尺寸系列 /mm	间隔 /mm	块数
2	83	0, 1, 2	0.5	—	1
			1	—	1
			1.005	—	1
			1.01, 1.02, …, 1.49	0.01	49
			1.5, 1.6, …, 1.9	0.1	5
			2.0, 2.5, …, 9.5	0.5	16
			10, 20, …, 100	10	10
3	46	0, 1, 2	1	—	1
			1.001, 1.002, …, 1.009	0.001	9
			1.01, 1.02, …, 1.09	0.01	9
			1.1, 1.2, …, 1.9	0.1	9
			2, 3, …, 9	1	8
			10, 20, …, 100	10	10
4	38	0, 1, 2	1	—	1
			1.005	—	1
			1.01, 1.02, …, 1.09	0.01	9
			1.1, 1.2, …, 1.9	0.1	9
			2, 3, …, 9	1	8
			10, 20, …, 100	10	10

8. 正弦规

正弦规用于测量或检验精密工件、量规、样板等内、外锥体的锥度、角度、孔中心线与平面之间的夹角以及检定水平仪的水泡精度等，也可用作机床上加工带角度（或锥度）工件的精密定位。正弦规的规格见表 1-4。

表 1-4　正弦规的规格　　　　　　　　　　　　单位：mm

两圆柱中心距	圆柱直径	工作台宽度		精度等级
		窄型	宽型	
100	20	25	80	0 级，1 级
200	30	40	80	

9. 莫氏与公制圆锥量规

莫氏与公制圆锥量规用于机床和精密仪器主轴与孔的锥度检查及工件、工具的圆锥尺寸和圆锥锥角检验。莫氏与公制圆锥量规的规格见表 1-5。

表 1-5　莫氏与公制圆锥量规的规格

圆锥规格		锥度	锥角	主要尺寸 /mm		
				D	l_1	l_3
莫氏圆锥	0	0.6246：12=1：19.212=0.05205	2°58′53.8″	9.045	50	56.5
	1	0.59858：12=1：20.047=0.04988	2°51′26.7″	12.065	53.5	62
	2	0.59941：12=1：20.020=0.04995	2°51′41.0″	17.780	64	75
	3	0.60235：12=1：19.922=0.05020	2°52′31.5″	23.825	81	94
	4	0.62326：12=1：19.254=0.05194	2°58′30.6″	31.267	102.5	117.5
	5	0.63151：12=1：19.002=0.05263	3°0′52.4″	44.399	129.5	149.5
	6	0.62565：12=1：19.180=0.05214	2°59′11.7″	63.380	182	210

圆锥规格		锥度	锥角	主要尺寸/mm		
				D	l_1	l_3
公制圆锥	4	1：20=0.05	2° 51′51.1″	4	23	—
	6			6	32	—
	80			80	196	220
	100			100	232	260
	120			120	268	300
	160			160	340	380
	200			200	412	460

二、长度计量单位和换算

长度计量以"米"为单位（基本单位），属十进位制，其换算关系见表1-6。

表1-6 米制单位换算表

单位名称	符号	换算关系
米	m	1m=10dm
分米	dm	1dm=10cm
厘米	cm	1cm=10mm
毫米	mm	1mm=1000μm
微米	μm	$1μm=\dfrac{1}{1000}$ mm

英寸（in）与毫米（mm）的换算关系为：1in（英寸）=25.4mm（毫米），1mm（毫米）=0.0394in（英寸）。

第二节　车床简介及操作

在车床上，通过主轴带动工件旋转和刀具（车刀、钻头等）的直线移动进给，对工件进行加工。常见车床有卧式车床、立式车床等。

一、卧式车床的结构及传动系统

1. 卧式车床的结构

卧式车床在车削加工中应用最为广泛，它的主轴水平放置，主轴箱在左边，刀架和溜板箱在中间，尾座在最右边，这样装卸和测量工具都很方便，也便于观察切削情况。

卧式车床的形式及主要部分如图1-29所示。卧式车床的结构及用途见表1-7。

2. 卧式车床传动系统

如图1-32所示为CA6140型卧式车床传动系统框图，电动机输出的动力，经V带轮传递给主轴箱。变换主轴箱外的手柄位置，可使箱内齿轮组组成不同的齿轮啮合，使主轴得到不同的转速。主轴通过三爪自定心卡盘或其他夹具带动工件做旋转运动。

主轴的旋转运动通过交换齿轮箱、进给箱带动光杠或丝杠，带动溜板沿床身导轨做纵向直线进给运动。并且，通过溜板箱内齿轮带动中滑板小丝杠，使中滑板带动刀架做横向进运动。

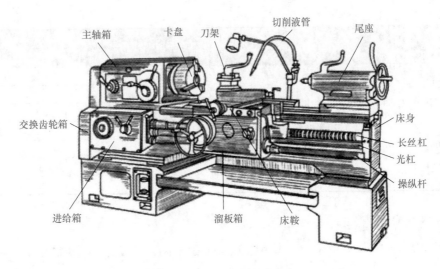

图 1-29　CA6140 型卧式车床

表 1-7　卧式车床的结构及用途

结构		用途说明
车头部分	主轴箱	用来支承和带动车床主轴及卡盘转动，可以通过变换箱外的三个手柄位置，使主轴得到各种不同的转速
	卡盘	连接在主轴上，用来夹持工件并带动工件一起转动
交换齿轮箱部分		用来把主轴的传动传给进给箱。调换箱内的齿轮，并与进给箱配合，可以车削出各种不同螺距的螺纹
进给部分	进给箱	利用其内部的齿轮机构，可以把主轴的旋转运动按所需传动比通过光杠或丝杠传给溜板箱。进给箱上有 3 个手柄（图 1-30），2、3 为螺距及进给量调整手柄，1 为光杠、丝杠变换手柄，手柄 3 有八个挡位，手柄 2 有 I～IV四个挡位，手柄 1 有 A、B、C、D 四个挡位，其中 A、C 为光杠旋转，B、D 为丝杠旋转。进给量及螺距的选择可由手柄 1、2、3 相配合来实现。各手柄的具体位置可在进给箱盖板上的表格中查到 3 进给量调整手柄　2 螺距调整手柄　1 光杠、丝杠变换手柄　进给量调整手柄 图 1-30　进给箱
	长丝杠	用来车削螺纹，它能通过溜板使车刀按要求的传动比做很精确的直线移动
	光杠	用来把进给箱的运动传给溜板箱，使车刀按要求的速度做直线进给运动
溜板部分	溜板箱	把长丝杠或光杠的传动传给溜板，变换箱外的手柄位置，经溜板使车刀做纵向或横向进给
	溜板	溜板包括床鞍、中溜板（或中滑板）和小溜板（或小滑板）等（图 1-31）。床鞍是在纵向车削工件时使用，中溜板是在横向车削工件和控制切削深度时使用，小溜板是在纵向车削较短的工件或圆锥面时使用。床鞍与床面导轨配合，摇动手轮就会使整个溜板部分左右移动做纵向进给。中溜板手柄装在中溜板内部的丝杠上。摇动手柄，中溜板就会横向进刀或退刀。小溜板手柄与小溜板内部的丝杠连接。摇动手柄时，小溜板就会纵向进刀或退刀。小溜板下部有转盘，其圆周上有两个固定螺钉，可以使小溜板转动角度后锁紧

结构		用途说明
溜板部分	溜板	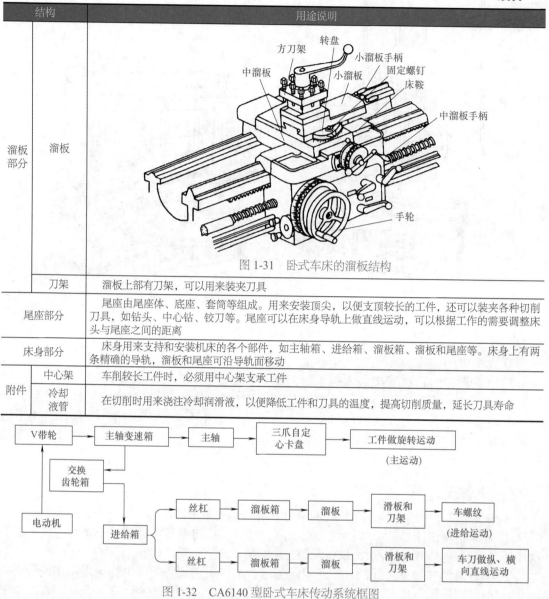 图 1-31　卧式车床的溜板结构
	刀架	溜板上部有刀架，可以用来装夹刀具
尾座部分		尾座由尾座体、底座、套筒等组成。用来安装顶尖，以便支顶较长的工件，还可以装夹各种切削刀具，如钻头、中心钻、铰刀等。尾座可以在床身导轨上做直线运动，可以根据工作的需要调整床头与尾座之间的距离
床身部分		床身用来支持和安装机床的各个部件，如主轴箱、进给箱、溜板箱、溜板和尾座等。床身上有两条精确的导轨，溜板和尾座可沿导轨面移动
附件	中心架	车削较长工件时，必须用中心架支承工件
	冷却液管	在切削时用来浇注冷却润滑液，以便降低工件和刀具的温度，提高切削质量，延长刀具寿命

图 1-32　CA6140 型卧式车床传动系统框图

二、立式车床的结构

主轴轴线垂直于水平面、工件安装在水平回转工作台上的车床为立式车床，简称立车。立车通常用来加工直径和重量比较大，或在卧式车床上难以安装的工件。立式车床有单柱式和双柱式两种，分别如图 1-33（a）和图 1-33（b）所示。中小型立车多为单柱式，单柱式立式车床加工直径较小，最大加工直径一般小于 1.6m。大型立车主要是双柱式，有两个垂直刀架，双柱立式车床加工直径较大，最大的立式车床其加工直径超过 25m。

立式车床在结构布局上的主要特点是主轴垂直布置，并有一个直径很大的圆形工作台，供装夹工件之用，工作台台面处于水平位置，因而笨重工件的装夹和找正比较方便。此外，由于工件及工作台的重力由床身导轨推力轴承承受，大大减轻了主轴及其轴承的负荷，因而较易保证加工精度。

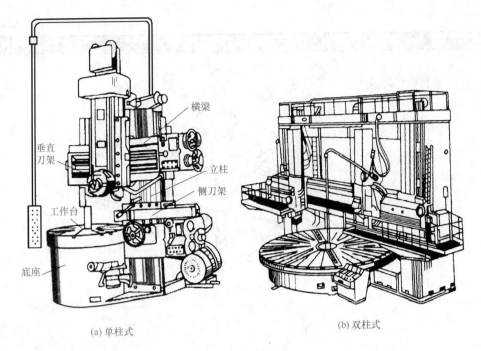

(a) 单柱式　　　　　　　　　　(b) 双柱式

图 1-33　立式车床的结构

立式车床的工作台装在底座上，工件装夹在工作台上并由工作台带动做主运动。进给运动由垂直刀架和侧刀架来实现。侧刀架可在立柱的导轨上移动做垂直进给，还可以沿刀架滑座的导轨做横向进给。垂直刀架可在横梁的导轨上移动做横向进给，此外，垂直刀架滑板还可沿其刀架滑座的导轨做垂直进给。中小型立式车床的一个垂直刀架上通常带有五边形转塔刀架，刀架上可以装夹多组刀具。横梁可根据工件的高度沿立柱导轨升降。

三、车床型号

车床型号是车床的代号，看到它的型号就可知道该车床的种类和主要参数。

① 金属切削机床包括：车、铣、刨、磨、镗等。机床型号中的第一个字母是机床的类别代号，用汉语拼音字母表示，如车床型号中的第一个字母是"C"。

② 除普通型号的车床外，具有通用性能时，则在类别代号后面再加通用特性代号。例如：高精度车床用"G"表示，精密车床用"M"表示，自动车床用"Z"表示，数控车床用"K"表示，等等。

③ 跟在字母后面的两个数字分别是车床的组和系代号。如 CA6140 型车床，"6"表示落地及卧式车床组，"1"表示卧式车床系。

④ 排在组系后面的是主参数代号，用两位数字表示，它反映车床的主要技术规格，通常用主参数的 1/10 或 1/100 表示。如 CA6140 型号，最后两个数字"40"表示最大车削直径的 1/10，即这台车床最大车削直径 D 为 400mm（图 1-34）。

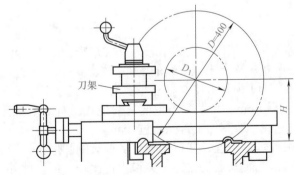

图 1-34　车床最大车削直径

四、车床精度对加工质量的影响

在车床上加工工件时，影响加工质量的因素很多，如工件的装夹方法、车刀的几何参数、切削用量等。当上述因素排除之后，就应该从机床精度方面找原因。车床精度是影响加工质量的一个重要因素。

1. 车床精度

机床精度包括机床的几何精度和工作精度，见表1-8。

表1-8 车床精度

类别	说　明
机床的几何精度	机床的几何精度是指机床某些基础零件本身的几何形状精度、相互位置的几何精度及其相对运动的几何精度。卧式车床几何精度要求的项目如下 ①床身导轨在垂直平面内的直线度 ②床身导轨的平行度 ③溜板移动在水平面内的直线度 ④尾座移动对溜板移动的平行度 ⑤主轴的轴向窜动 ⑥主轴轴肩支承面的跳动 ⑦主轴定心轴颈的径向跳动 ⑧主轴锥孔轴线的径向跳动 ⑨主轴轴线对溜板移动的平行度 ⑩顶尖的跳动 ⑪尾座套筒轴线对溜板移动的平行度 ⑫尾座套筒锥孔轴线对溜板移动的平行度 ⑬前、后两顶尖的等高度 ⑭小滑板移动对主轴轴线的平行度 ⑮中滑板横向移动对主轴轴线的垂直度 ⑯丝杠的轴向窜动
机床的工作精度	机床的几何精度只能在一定程度上反映机床的加工精度，因为机床在实际工作状态下，还有一系列因素会影响加工精度。例如，在切削力、夹紧力的作用下，机床的零部件会产生弹性变形；在内、外热源的影响下，机床的零部件会产生热变形；在切削力和运动速度的影响下，机床会产生振动等。因此，常通过切削加工出的工件精度来考核机床的加工精度，称为机床的工作精度。卧式车床工作精度的检验项目如下 ①精车外圆的圆度和圆柱度 ②精车端面的平面度 ③精车螺纹的螺距误差 ④一定的表面粗糙度要求

2. 车床精度对加工质量的影响

机床精度不符合检验项目中所规定的允差值，会使加工时产生各种缺陷。车床精度对加工质量的影响及车床调整见表1-9。在实际工作中，可根据与车床有关的因素调整或修理机床。

表1-9 车床精度对加工质量的影响及车床调整

工件产生的缺陷	产生原因	消除方法
车削工件时产生圆度误差（椭圆及棱圆）	①主轴轴承间隙过大 ②主轴轴颈的圆度超差，主轴轴承磨损	①调整主轴轴承间隙 ②这种情况一般反映在采用滑动轴承结构上。这时必须修磨轴颈和刮研轴承
车削工件时产生圆柱度误差（锥度）	①车头主轴中心线与床鞍导轨平行度超差 ②床身导轨面严重磨损 ③由于尾座轴线与主轴轴线不重合，两顶尖装夹工件加工时产生锥度 ④地脚螺栓松动，机床水平变动	①找正车床主轴中心线与床鞍导轨的平行度 ②刮研导轨，甚至进行大修 ③调整尾座两侧的横向螺钉 ④按导轨精度调整垫铁，并紧固地脚螺栓

工件产生的缺陷	产生原因	消除方法
车外圆时表面上有混乱的波纹（振动）	①主轴滚动轴承滚道磨损，间隙过大 ②主轴的端面圆跳动太大 ③用卡盘夹持工件切削时，因卡盘连接盘松动，使工件夹持不稳定 ④床鞍和中、小滑板的滑动表面间隙过大 ⑤使用尾座支持工件切削时，顶尖套不稳定，或回转顶尖滚动轴承滚道磨损，间隙过大	①调整或更换主轴滚动轴承 ②调整主轴推力球轴承的间隙 ③拧紧卡盘连接盘和装夹卡盘的螺钉 ④调整所有导轨副的压板和镶条，使间隙小于0.04mm，并使移动平稳轻便 ⑤夹紧尾座套筒，更换回转顶尖
精车外圆时表面轴向上出现有规律的波纹	①溜板箱的纵向进给小齿轮与齿条啮合不良 ②光杠弯曲，或光杠、丝杠的三孔不同轴，以及与车床导轨不平行	①如波纹之间距离与齿条的齿距相同，即可认为这种波纹是由齿轮、齿条引起的。这时应调整齿轮、齿条的间隙；或更换齿轮、齿条 ②如波纹重复出现的规律与光杠回转一周有关，可确定为光杠弯曲所引起。这种情况必须将光杠拆下校直，装配时保证三孔在同一轴线上，使溜板在移动时不能有轻、重现象
精车外圆时圆周表面上出现有规律的波纹	①主轴上的传动齿轮齿形不良，齿部损坏或啮合不良 ②电动机旋转不平衡而引起机床振动 ③因为带轮等旋转零件振幅太大而引起振动 ④主轴间隙过大或过小	①出现这种波纹时，如果波纹的条纹与主轴上传动齿轮齿数相同，就可确定是主轴上传动齿轮所引起的。这时必须研磨或更换主轴齿轮 ②找正电动机转子的平衡，有条件时进行动平衡试验 ③找正带轮等旋转零件的振摆，对其外径、带槽进行修整车削 ④调整主轴间隙
精车后工件端面平面度超差（中凸或中凹）	①床鞍移动对主轴箱中心线的平行度超差，主轴中心线向前偏 ②中滑板导轨与主轴中心线垂直度超差	①找正主轴箱主轴轴线位置 ②刮研中滑板导轨
精车后工件端面圆跳动超差	主轴端面圆跳动超差	调整主轴轴向间隙
车削螺纹时螺距不均及乱牙（指小螺距的螺纹）	①丝杠的端面圆跳动超差 ②开合螺母磨损，与丝杠不同轴而造成啮合不良或间隙过大，以及因为机床燕尾导轨磨损而造成开合螺母闭合时不稳定 ③由主轴经过交换齿轮而来的传动间隙过大	①调整丝杠的轴向间隙 ②修正开合螺母，并调整开合间隙 ③调整交换齿轮间隙

五、车床的常见故障

普通车床在使用过程中，经常会出现一些故障和问题，如不及时排除，不但会影响工件的加工精度，使工件出现各种各样的缺陷，而且会使车床的精度迅速下降，直接影响车床的使用寿命。因此，认真分析、总结机床发生故障的原因，摸索排除故障的方法和途径是非常必要的。

1. 造成故障的原因

普通车床常见的故障，就其性质可分为车床本身运转不正常和加工工件产生缺陷两大类。故障表现的形式是多种多样的，产生的原因也常常由很多因素综合形成。一般地说，造成故障的原因有以下几种（见表1-10）。

表1-10 造成故障的原因

类别	说　　明
车床零部件质量问题	车床本身的机械部件、电气元件等因质量原因工作失灵，或者有些零件磨损严重，精度超差甚至损坏

类别	说　　明
车床安装和装配精度差	车床的安装精度主要包括以下 3 个方面的内容：一是床身的安装，二是溜板刮配与床身装配，三是溜板箱、进给箱及主轴箱的安装
日常维护和保养不当	车床的维护是保持车床处于良好状态，延长使用寿命，减少维修费用，降低产品成本，保证产品质量，提高生产效率所必须进行的日常工作。日常维护是车床维护的基础，必须达到"整齐、清洁、润滑、安全"。车床保养的好坏，直接影响工件的加工质量和生产效率，保养的内容主要是清洁、润滑和进行必要的调整
使用不合理	不同的车床有着不同的技术参数，从而反映其本身具有的加工范围和加工能力。因此，在使用过程中，要严格按车床的加工范围和本工种操作规程米操作，从而保证车床的合理使用

2. 常见的故障类型及排除方法

在日常工作中，车床的故障现象表现较为明显的，如车床损坏不能正常运转。但大多数的故障是通过被加工工件达不到精度、存在某种缺陷而表现出来的。普通车床常见的故障通常分三大类，应针对每一类故障分别找出故障的原因和排除方法。

（1）主轴箱温升过高引起车床热变形

车床的轴类零件，特别是主轴，一般都与滚动轴承或滑动轴承组装成一体，并以很高的转速旋转，有时则会产生很高的热量，主轴箱内的主要热源是主轴轴承。这种现象如不及时排除，将导致轴承过热，并使车床相应部位温度升高而产生热变形，严重时会使主轴与尾座架不等高，这不仅影响车床本身精度和加工精度，而且会把轴承甚至主轴烧坏。主轴轴承发热的原因及其排除方法见表 1-11。

表 1-11　主轴轴承发热的原因及其排除方法

原因	排除方法
轴承间隙不当	调整轴承间隙，车床主轴轴承的间隙一般为 0.015 ~ 0.03mm
装配质量低	重新装配，提高装配质量
主轴弯曲或箱体孔不同心	修复、校正主轴或箱体
润滑不良	消除油泵进油管的堵塞；检查润滑油牌号是否合适，定期更换旧润滑油；润滑要做到定时、定点、定量、定人、定质

（2）车床振动

车床在加工过程中产生振动，这是不可避免的，但是当振动剧烈时，不仅会降低被加工件的加工精度，影响生产率的提高，使车床各摩擦副加剧磨损，并将使刀具耐用度下降，特别是对于硬质合金、陶瓷等脆性刀具材料尤为显著。车床产生振动的原因及其排除方法见表 1-12。

表 1-12　车床产生振动的原因及其排除方法

原因	排除方法
主轴中心线的径向摆动过大	设法将主轴摆动调整减小，如果无法调整时，可采用角度选配法来减小主轴的摆动
电动机旋转不平衡	校正电动机转子的平衡
被加工工件偏心	正确装夹工件，准确找正
皮带接头不良	更换皮带
车床地脚螺栓松动，安装不正确	调整并紧固地脚螺栓
润滑、冷却不良	润滑、冷却液要充足

原因	排除方法
刀具与工件之间振动	①磨削刀具,保持切削性能 ②校正刀尖安装位置,使其略高于工作中心
因胶带轮等旋转件的跳动太大而引起的机床振动	①校正胶带轮等旋转件的径向圆跳动 ②对胶带轮 V 形槽进行切削

（3）噪声

车床开动之后,由于各运动副之间做旋转或往复直线运动,周期地接触和分开,它们之间由于相互运动而产生一定的振动。此外,车床整个传动系统还会发生共振。因此,任何机床不管其结构如何合理、装配如何精确、操作如何得当,一经开动即会产生噪声。如果声音是有节奏的、和谐的,则属于正常现象;反之,如果声音过大,十分刺耳,则属于不正常现象。噪声是车床发生故障的先兆,因此正确分析噪声产生的原因,对迅速找出故障并排除故障至关重要。

车床和其他机器一样,声音主要发生在传动部分,主轴箱、变速箱、进给箱等机构中的轴与轴承、互相啮合的齿轮、蜗轮与蜗杆、丝杠与螺母等都是噪声产生的主要部位。在一般情况下,噪声随着温度的升高、负荷和磨损的增大、润滑不良等而增大。噪声产生的原因及其排除方法见表 1-13。

表 1-13　噪声产生的原因及其排除方法

项目	原因	排除方法
轴承	轴承精度低,装配不精确	选择精度高的轴承,提高装配质量
	轴承磨损严重,相对应的轴承不同心或传动轴弯曲变形	修复或更换轴承,校正传动轴
	电动机轴承损坏,装配不同心	修复或更换轴承,检查电动机轴的支承孔,使之同心后使用
	润滑不良	检查并疏通不畅通的管路,使需要润滑的部位有适量、清洁、符合规定要求的润滑油
齿轮	齿形加工不正确,啮合不正确,齿侧间隙过大或过小	检查调整齿轮副,按接触情况加以调整和修复
	齿轮打齿导致受力不均匀	成对更换齿轮
	传动轴产生变形或精度降低	调整、修复或更换,使轴恢复应有的精度
	齿轮工作面不清洁,有杂物	定期清洗齿轮箱,避免杂物掉入

六、车床的润滑和保养

1. 车床的润滑

要使车床正常运转并减少磨损,保持车床的精度和传动效率,延长车床的使用寿命,最好的办法就是对车床上所有的摩擦部分进行润滑。车床的常用润滑方法、润滑部位及说明见表 1-14。

表 1-14　车床的常用润滑方法、润滑部位及说明

润滑方法	润滑部位及说明
浇油润滑	将车床外露的滑动表面,如车床的床身导轨面、中溜板导轨面、小溜板导轨面和丝杠等,擦干净后用油壶浇油润滑
溅油润滑	车床齿轮箱内等部位的零件,一般是利用齿轮转动时把润滑油飞溅到各处进行润滑。注入新油时应用滤网过滤,油面不得低于油标中心线。换油周期一般为每三个月一次
油绳润滑	用毛线浸在油槽中,利用毛细管作用把油引到所需的润滑处,如车床进给箱就是利用油绳润滑的,见图 1-35（a）

润滑方法	润滑部位及说明
弹子油杯润滑	尾座和中、小溜板摇手柄转动轴承处，一般采用弹子油杯润滑。润滑时，用油嘴把弹子撬下，注入润滑油。弹子油杯润滑每班次至少一次，见图1-35（b）
油脂（黄油）杯润滑	车床交换齿轮架的中间齿轮等部位，一般采用黄油杯润滑。在黄油杯中装满工业润滑脂，拧进油杯盖时，润滑油就挤入轴承套内，见图1-35（c）
油泵循环润滑	这种方式是依靠车床内的油泵供应充足的油量来进行润滑

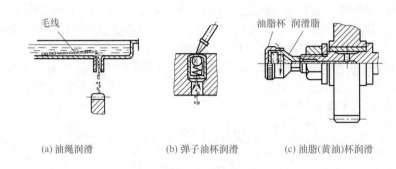

(a) 油绳润滑　　　　(b) 弹子油杯润滑　　　　(c) 油脂(黄油)杯润滑

图 1-35　车床的润滑

2. 车床维护保养

为了保证车床的工作精度，延长使用寿命，必须对自用车床进行合理的维护保养工作。车床维护的好坏，直接影响工件的加工质量和生产效率。当车床运行 500h 以后，需进行一级保养。保养工作以操作工人为主，维修工人配合进行。保养时，必须首先切断电源，然后按保养内容和要求进行保养。具体内容及要求见表 1-15。

表 1-15　普通车床一级保养内容及要求

保养部位	内容及要求
床身及外表	①清洗机床表面及死角，包括擦拭油盘、V 带及安全罩，保持内外清洁，无锈蚀，无油污 ②消除导轨面毛刺
主轴箱	①紧拨叉上的定位螺钉，调节离合器 ②各定位手柄应无松动，手柄球齐全
进给箱及交换齿轮箱	①清洗各部位 ②检查和调整交换齿轮啮合间隙 ③轴套应无松动现象 ④各定位手柄应无松动，手柄球齐全
溜板及刀架	①清洗各部位丝杠和螺母 ②调整镶条间隙 ③调整中溜板丝杠间隙，刻度盘空转量允许 1/20 ④清洗刀架
尾座	①清洗丝杠与套筒，并检查外表及锥孔有无伤痕 ②各转动手柄应灵活可靠，手柄齐全
润滑系统	①清洗滤油器、分油器及油管、油孔、油毡。按照规定加油，要求油路畅通，油标醒目，油毡有效 ②拧紧油泵固定螺钉
冷却系统	①冷却槽无沉淀物，各部位擦拭干净 ②管路畅通，牢固整齐
电器	①清理电气箱灰尘，擦拭电机 ②检查各电器接触情况，接线要牢固

七、车床操作训练

（一）主轴箱的变速操作训练

1. 操作说明

不同型号、不同厂家生产的车床其主轴变速操作不尽相同，可参考相关的车床说明书。下面介绍 CA6140 型车床的主轴变速操作方法。

CA6140 型车床主轴变速通过改变主轴箱正面右侧两个叠套的手柄位置来控制。前面的手柄有六个挡位，每个挡位上有四级转速，若要选择其中某一转速，可通过后面的手柄来控制。后面的手柄除有两个空挡外，尚有四个挡位，只要将手柄位置拨到其所显示的颜色与前面手柄所处挡位上的转速数字所标示的颜色相同的挡位即可。

主轴箱正面左侧的手柄是加大螺距及螺纹左、右旋向变换的操纵机构。它有四个挡位：左上挡位为车削右旋螺纹，右上挡位为车削左旋螺纹，左下挡位为车削右旋加大螺距螺纹，右下挡位为车削左旋加大螺距螺纹。

2. 操作内容

① 调整主轴转速至 16r/min、450r/min、1400r/min。

② 选择车削右旋螺纹和车削左旋加大螺距螺纹的手柄位置。

（二）进给箱操作训练

1. 操作说明

CA6140 型车床进给箱正面左侧有一个手柄，右侧有一个手柄，手柄有 A、B、C、D 四个挡位和 Ⅰ、Ⅱ、Ⅲ、Ⅳ 四个挡位，是丝杠、光杠变换手柄；Ⅰ、Ⅱ、Ⅲ、Ⅳ 四个挡位与有 16 个挡位的手柄相配合，用以调整螺距及进给量。实际操作应根据加工要求，查找进给箱油池盖上的螺纹和进给量调配表来确定手轮和手柄的具体位置。

2. 操作内容

① 确定车削螺距为 1mm、1.5mm、2.0mm 的公制螺纹在进给箱上的手轮和手柄的位置，并调整。

② 确定选择纵向进给量为 0.46mm，横向进给量为 0.20mm 时，手轮与手柄的位置，并调整。

（三）溜板部分的操作训练

1. 操作说明

① 床鞍的纵向移动由溜板箱正面左侧的大手轮控制，当顺时针转动手轮时，床鞍向右运动；逆时针转动手轮时，床鞍向左运动。

② 中滑板手柄控制中滑板的横向移动和横向进刀量。当顺时针转动手柄时，中滑板向远离操作者的方向移动（即横向进刀）；逆时针转动手柄时，中滑板向靠近操作者的方向移动（即横向退刀）。

③ 小滑板可做短距离的纵向移动。小滑板手柄顺时针转动，小滑板向左移动；逆时针转动小滑板手柄，小滑板向右移动。

2. 操作内容

① 熟练操作使床鞍左、右纵向移动。

② 熟练操作使中滑板沿横向进、退刀。

③ 熟练操作控制小滑板沿纵向做短距离左、右移动。

（四）自动进给的操作训练

1. 操作说明

溜板箱右侧有一个带十字槽的扳动手柄，是刀架实现纵、横向机动进给和快速移动的集中操纵机构。该手柄的顶部有一个快进按钮，是控制接通快速电动机的按钮，当按下此按钮时，快速电动机工作，放开按钮时，快速电动机停止转动。该手柄扳动方向与刀架运动的方向一致，操作方便。当手柄扳至纵向进给位置，且按下快进按钮时，床鞍做快速纵向移动；当手柄扳至横向进给位置，且按下快进按钮时，中滑板带动小滑板和刀架做横向快速进给。

2. 操作内容

① 做床鞍左、右两个方向快速纵向进给训练。操作时应注意：当床鞍快速行进到离主轴箱或尾座足够近时，应立即放开快进按钮，停止快进，避免床鞍撞击主轴箱或尾座。

② 做中滑板前、后两个方向快速横向进给训练。操作时应注意：当中滑板前、后伸出床鞍足够远时，应立即放开快进按钮，停止快进，避免因中滑板悬伸太长而使燕尾导轨受损，影响运动精度。

（五）刻度盘及刻度盘柄的使用

在车削工件时要准确、迅速地控制背吃刀量，必须熟练地使用横刀架和小刀架的刻度盘。

横刀架的刻度盘装在横向丝杠轴头上，横刀架和丝杠由螺母紧固在一起。当横刀架手柄带着刻度盘转一周时，丝杠也转一周，这时螺母带着横刀架移动一个螺距。所以刻度盘每转一格横刀架移动的距离等于丝杠螺距除以刻度盘总格数。横刀架移动的距离可根据刻度盘转过的格数来计算。

例如 C6132 车床横刀架丝杠螺距为 4mm，横刀架的刻度盘等分为 200 格，故每转一格横刀架移动的距离为 4mm/200=0.02mm。车刀是在旋转的工件上切削，当横刀架刻度盘每进一格时，工件直径的变化量是背吃刀量的 2 倍，即 0.04mm。回转表面的加工余量都是对直径而言，测量工件尺寸也是看其直径的变化，所以用横刀架刻度进刀切削时，通常将每格读作 0.04mm。

加工外表面时，车刀向工件中心移动为进刀，远离工件中心移动为退刀。加工内表面时，则相反。

由于丝杠与螺母之间有间隙，进刀时必须慢慢地将刻度转到所需要的格数，如图 1-36（a）所示。如果刻度盘手柄转过了头，或试切后发现尺寸不对而需要将车刀退回时，绝不能简单地直接退回几格，如图 1-36（b）所示，必须向相反方向退回全部空行程，再转到所需要的格数，如图 1-36（c）所示。

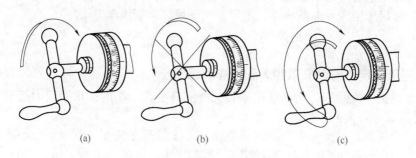

（a）　　　　　　　（b）　　　　　　　（c）

图 1-36　刻度盘的使用

小刀架刻度盘的原理及其使用方法与横刀架刻度盘相同。小刀架刻度盘主要用于控制工件长度方向的尺寸。它与加工圆柱面不同，即小刀架移动了多少，工件的长度尺寸就改变了多少。

（六）刀架的操作训练

1. 操作说明

刀架相对于小滑板的转位和锁紧，依靠刀架上的手柄控制刀架定位、锁紧元件来实现。逆时针转动刀架手柄，刀架可以逆时针转动，以调换车刀；顺时针转动刀架手柄时，刀架则被锁紧。

2. 操作内容

① 刀架上不装夹车刀，进行刀架转位和锁紧的操作训练。体会刀架手柄转位或锁紧刀架时的感觉。

② 刀架上安装四把车刀，再进行刀架转位与锁紧的操作训练。

> **注意**
>
> 当刀架上装有车刀时，转动刀架时其上的车刀也随同转动，注意避免车刀与工件或卡盘相撞。必要时，在刀架转位前可将中滑板向远离工件的方向退出适当距离。

（七）尾座的操作训练

① 尾座可在床身内侧的山形导轨和平导轨上沿纵向移动，并依靠尾座架上的两个锁紧螺母使尾座固定在床身上的任一位置。

② 尾座架上有左、右两个长把手柄。左边为尾座套筒固定手柄，顺时针扳动此手柄，可使尾座套筒固定在某一位置。右边手柄为尾座快速紧固手柄，逆时针扳动此手柄可使尾座快速固定于床身的某一位置。

③ 松开尾座架左边长把手柄（即逆时针转动手柄），转动尾座右端的手轮，可使尾座套筒做进、退移动。

> **操作训练**
>
> ① 做尾座套筒进、退移动操作训练，掌握操作方法。
> ② 做尾座沿床身向前移动、固定操作训练，掌握操作方法。

（八）三爪自定心卡盘卡爪的装配操作训练

① 卡爪有正、反两副。正卡爪用于装夹外圆直径较小和内孔直径较大的工件；反卡爪用于装夹外圆直径较大的工件。

② 安装卡爪时，要按卡爪上的号码依 1、2、3 的顺序装配。若号码看不清，则可把三个卡爪并排放在一起，比较卡爪端面螺纹牙数的多少，多的为 1 号卡爪，少的为 3 号卡爪，如图 1-37 所示。

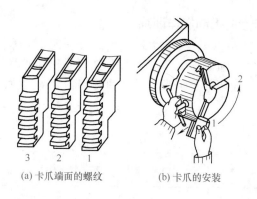

(a) 卡爪端面的螺纹   (b) 卡爪的安装

图 1-37　卡爪的安装

③ 将卡盘扳手的方榫插入卡盘外壳圆柱面上的方孔中，按顺时针方向旋转，以驱动大锥齿轮背面的平面螺纹，当平面螺纹的螺扣转到将要接近壳体上的 1 槽时，将 1 号卡爪插入壳体槽内，继续顺时针转动卡盘扳手，在卡盘壳体上的 2 槽、3 槽处依次装入 2 号、3 号卡爪。拆卸卡爪的操作方法与之相反。

操作训练

　　装、拆正、反卡爪练习。

（九）三爪自定心卡盘安装操作训练

① 装卡盘前应切断电动机电源，将卡盘和连接盘各表面（尤其是定位配合表面）擦净并涂油，在靠近主轴处的床身导轨上垫一块木板，以保护导轨面不受意外撞击。

② 用一根比主轴通孔直径稍小的硬木棒穿在卡盘中，将卡盘抬到连接盘端，将木棒一端插入主轴通孔内，另一端伸在卡盘外。

③ 小心地将卡盘背面的台阶孔装配在连接盘的定位基面上，并用三个螺钉将连接盘与卡盘可靠地连为一体，然后抽去木棒、撤去木板。

操作训练

　　按操作顺序安装三爪自定心卡盘。

注意

　　安全操作，切断电源，在车床身上垫木板。卡盘装在连接盘上后，应使卡盘背面与连接盘平面贴平、贴牢。

(十) 三爪自定心卡盘的拆卸操作训练

① 拆卸卡盘前，应切断电源，并在主轴孔内插入一硬质木棒，木棒另一端伸出卡盘之外并搁置在刀架上，垫好床身护板，以防意外撞伤床身导轨面。

② 卸下连接盘与卡盘连接的三个螺钉，并用木槌轻敲卡盘背面，以使卡盘止口从连接盘的台阶上分离下来。

③ 小心地抬下卡盘。

拆卸卡盘，注意安全，最好两人共同完成。

交换齿轮箱安全开关如没有锁紧，可能导致电机无法启动。

(十一) 粗车和精车

在车床上加工一个零件，往往需要经过许多车削步骤才能完成。为了提高生产效率，保证加工质量，生产中把车削加工分为粗车和精车（见表1-16）。

表1-16 粗车和精车

类别	说　明
粗车	粗车的目的是尽快从工件上切去大部分加工余量，使工件接近最后的尺寸和形状。粗车要给精车留有合适的加工余量。粗车加工精度较低 实践证明：加大背吃刀量不仅可以提高生产率，而且对车刀的耐用度影响不大，因此粗车时要优先选用较大的背吃刀量；其次，适当加大进给量；最后确定切削速度 在C6132车床上使用硬质合金车刀进行粗车的切削用量推荐为：背吃刀量a_p=2～4mm；进给量f=0.15～0.4mm/r；切削速度v_c=0.8～1.2m/s（加工钢件）或0.7～1m/s（加工铸铁件） 选择粗车的切削用量时，要看加工时的具体情况，如工件安装是否牢固等。若工件夹持的长度较短或表面凹凸不平，则切削用量不宜过大
精车	粗车给精车（或半精车）留的加工余量一般为0.5～2mm，加大背吃刀量对精车来说并不重要。精车的目的是要保证零件的尺寸精度和表面粗糙度的要求。精车的加工精度一般为IT8～IT7，精车的表面粗糙度Ra2.5～1.6μm。为保证加工精度和表面粗糙度要求，应采取如下措施 ①合理选择车刀角度。采用较小的主偏角或副偏角，或刀尖磨有小圆弧时，都会减小残留面积，使表面粗糙度Ra值减小。选用较大的前角，并用油石把车刀的前刀面和后刀面修光，亦可使Ra值减小 ②合理选择切削用量。生产实践证明，较高的切削速度（v_c＞1.67m/s）或较低的切削速度（v_c＜0.1m/s），都可获得较小的Ra值。但采用低速切削生产率低，一般只有在精车较小工件时使用。选用较小的背吃刀量对减小Ra值较为有利。但背吃刀量较小（a_p＜0.03mm），工件上道工序留下凹凸不平的表面可能没有完全被切除掉，从而达不到加工要求。采用较小的进给量可使残留面积减小，因而有利于减小Ra值 精车的切削用量推荐为：背吃刀量a_p=0.3～0.5mm（高速精车），或0.05～0.1mm（低速精车）；进给量f=0.05～0.2mm/r；用硬质合金车刀高速精车时，切削速度v_c=1.67～3.33m/s（加工钢件），或1～1.67m/s（加工铸铁） ③合理使用切削液。低速精车钢件时，使用乳化液；低速精车铸铁件时，常用煤油作为切削液，均有助于减小表面粗糙度Ra值。无论粗车还是精车，加工时首先要对刀，对刀时要开车进行，此时刀尖要轻轻接触工件加工表面，并以此为基准确定背吃刀量进行试切

一、数控技术的基本概念

1. 数控

数控，即数字控制（Numerical Control，简称 NC），就是用数字化的信息对机床的运动及其加工过程进行控制的一种方法。简单地说，数控就是采用计算机或专用计算机装置进行数字计算、分析处理、发出相应指令、对机床的各个动作及加工过程进行自动控制的一门技术。

由于早期数控系统功能全靠数字电路实现，因此称为 NC 系统（硬件数控系统）。这种数控系统电路复杂，元器件数量较多，功能扩充难以实现，可靠性低，维修困难。现代数控系统都采用小型计算机或微型计算机控制加工功能，实现数字控制，因此称为计算机数控系统（Computer Numerical Control，简称 CNC）。计算机数控系统在控制功能、精度、可靠性等方面都比硬件数控系统有很大的改善，而且其体积大大缩小。所以，在本书中所出现的"数控"或"数控系统"都是指计算机数控系统。

2. 数控机床

所谓数控机床（Numerical Control Machine Tool，简称 NCMT），就是采用数字控制技术对机床的加工过程进行自动控制的机床，也就是装备有计算机数控系统的自动化机床。它把机械加工过程中的各种控制信息用代码化的数字表示，通过信息载体输入数控装置，经运算处理由数控装置发出各种控制信号，控制机床的动作，按图样要求的形状和尺寸，自动地将零件加工出来。数控机床较好地解决了复杂、精密、小批量、多品种零件的加工问题，是一种柔性的、高效能的自动化机床，代表了现代机床控制技术的发展方向，是一种典型的机电一体化产品。

3. 数控加工

数控加工（Numerical Control Processing，简称 NCP），是指在数控机床上进行工件的切削加工的一种工艺方法，即根据工件图样和工艺要求等原始条件，编制工件数控加工程序并输入数控系统，以控制机床的刀具与工件的相对运动，从而实现工件的加工。加工的全过程包括走刀、换刀、变速、变向、停车等，都是自动完成的。数控加工是现代化模具制造加工的一种先进手段。当然，数控加工手段并不一定只用于加工模具零件，其用途十分广泛。

二、数控车床的工作原理及特点

1. 数控车床的工作原理

数控车床是一种高度自动化的机床，是用数字化的信息来实现自动化控制的，将与加工零件有关的信息——工件与刀具相对运动轨迹的尺寸参数（进给执行部件的进给尺寸）、切削加工的工艺参数（主运动和进给运动的速度、背吃刀量等），以及各种辅助操作（主运动变速、刀具更换、切削液打开停止、工件夹紧松开等）等加工信息，用规定的文字、数字和符号组成的代码，按一定的格式编写成加工程序单，将加工程序通过控制介质输入到数控装置中，由数控装置经过分析处理后，发出各种与加工程序相对应的信号和指令控制机床进行自动加工。

2. 数控车床的特点（表1-17）

表1-17 数控车床的特点

特点	说　明
自动化程度高	数控车床对零件的加工是按事先编好的程序自动完成的，操作者除了操作面板、装卸零件、关键工序的中间测量以及观察机床的运行之外，其他的机床动作直至加工完毕，都是自动连续完成，不需要进行繁重的重复性手工操作，劳动强度与紧张程度均可大为减轻，劳动条件也得到相应改善
具有加工复杂形状的能力	数控车床可用于加工手工难以控制尺寸的零件，如外形轮廓为椭圆、内腔为成形面的零件；有些复杂零件加工质量直接影响整体的性能，数控车床可以对卧式车床难以加工的复杂型面进行加工
加工适应性强	利用数控车床加工改型零件，只需要重新编制程序就能实现对零件的加工。它不同于传统的机床，不需要制造、更换许多工具、夹具和量具，更不需要重新调整机床。因此，数控车床可以快速地从加工一种零件转变为加工另一种零件，这就为单件、小批量生产以及试制新产品提供了极大的便利。它不仅缩短了生产准备周期，而且节省了大量工艺装备费用
加工精度高，质量稳定	数控车床是以数字形式给出指令进行加工的，由于目前数控装置的脉冲当量（即每输出一个脉冲后数控机床移动部件相应的移动量）一般达到了0.001mm，也就是1μm，而进给传动链的反向间隙与丝杠螺距误差等均可由数控装置进行补偿，因此，数控车床能达到比较高的加工精度和质量稳定性。这是由数控车床结构设计采用了必要的措施以及具有机电结合的特点决定的。首先是在结构上引入了滚珠丝杠螺母机构、各种消除间隙结构等，使机械传动的误差尽可能小；其次是采用了软件精度补偿技术，使机械误差进一步减小；最后是用程序控制加工，减少了人为因素对加工精度的影响。这些措施不仅保证了较高的加工精度，同时还保持了较高的质量稳定性
生产效率高	数控车床自动化程度高，具有自动换刀和其他辅助操作自动化等功能，而且工序较为集中。数控车床主轴转速和进给量的范围比普通机床的范围大，每一道工序都能选用最有利的切削用量，良好的结构刚性允许数控车床进行大切削用量的强力切削，有效地节省了在线加工时间。数控车床移动部件的快速移动和定位均采用了加速与减速措施，由于选用了很高的空行程运动速度，因而消耗在快进、快退和定位的时间要比一般机床少得多，大大地提高了劳动生产率，缩短了生产周期
有利于生产管理的现代化	用数控车床加工零件，能准确地计算零件的加工工时，并有效地简化检验和工装夹具、半成品的管理工作，这些特点都有利于使生产管理现代化
不足之处	数控车床也有其局限性，主要体现在要求操作者技术水平高、对设备维护的要求较高、数控车床价格高、加工成本高、技术复杂、对加工编程要求高、加工中难以调整、维修困难等
数控加工的适应性	从经济角度考虑，数控车床最适用于加工以下零件： ①多品种、小批量零件 ②形状复杂、精度要求较高，在普通机床上无法加工或难以加工的零件 ③需要多次更改设计后才能定型的零件 ④价格昂贵，不允许报废的零件 ⑤需要最小生产周期的零件

三、数控车床的组成及功能

1. 数控车床的组成

数控车床主要由数控程序及程序载体、输入装置、数控装置、伺服驱动及位置检测装置、辅助控制装置、机床本体等几部分组成，如图1-38所示。具体说明见表1-18。

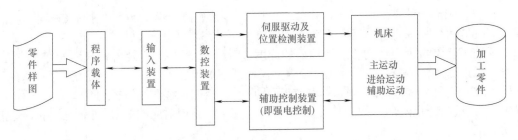

图1-38　数控车床的组成

表 1-18　数控车床的组成

类型	说　明
数控程序及程序载体	数控程序是数控机床自动加工零件的工作指令。在对加工零件进行工艺分析的基础上，确定零件坐标系在机床坐标系中的相对位置，即零件在机床上的安装位置；刀具与零件相对运动的尺寸参数；零件加工的工艺路线、切削加工的工艺参数以及辅助装置的动作等。得到零件的所有运动、尺寸、工艺参数等加工信息后，用由文字、数字和符号组成的标准数控代码，按规定的方法和格式，编制零件加工的数控程序单。编制程序的工作可由人工进行；对于形状复杂的零件，则要在专用的编程机或通用计算机上进行自动编程或 CAD/CAM 设计 编好的数控程序，存放在便于输入到数控装置的一种存储载体上，它可以是穿孔纸带、磁带和磁盘等，采用哪一种存储载体，取决于数控装置的设计类型
输入装置	输入装置的作用是将程序载体（信息载体）上的数控代码传递并存入数控系统内。根据存储介质的不同，输入装置可以是光电阅读机、磁带机或软盘驱动器等。数控机床加工程序可通过键盘用手工方式直接输入数控系统，也可以由编程计算机用 RS-232C 或采用网络通信方式传送到数控系统中 零件加工程序输入过程有两种不同的方式：一种是边读入边加工（数控系统内存较小时）；另一种是一次性将零件加工程序全部读入数控装置内部的存储器，加工时再从内部存储器中逐段逐段调出进行加工
数控装置	数控装置是数控车床的核心。数控装置从内部存储器中取出或接受输入装置送来的一段或几段数控加工程序，经过数控装置的逻辑电路或系统软件进行编译、运算和逻辑处理后，输出各种控制信息和指令，控制机床各部分的工作，使其进行规定的有序运动和动作。数控装置一般由专用（或通用）计算机、输入输出接口板及可编程序控制器（programmable logic controller，简称 PLC）等组成
伺服驱动及位置检测装置	伺服驱动装置接受来自数控装置的指令信息，经功率放大后，严格按照指令信息的要求驱动机床移动部件，以加工出符合图样要求的零件。因此，它的伺服精度和动态响应性能是影响数控机床加工精度、表面质量和生产率的重要因素。伺服驱动装置包括控制器（含功率放大器）和执行机构两大部分。目前大都采用直流或交流伺服电动机作为执行机构 位置检测装置将数控机床各坐标轴的实际位移量检测出来，经反馈系统输入到机床的数控装置之后，数控装置将反馈回来的实际位移量值与设定值进行比较，控制驱动装置按照指令设定值运动
辅助控制装置	辅助控制装置的主要作用是接收数控装置输出的开关量指令信号，经过编译、逻辑判别和运动，再经功率放大后驱动相应的电器，带动机床的机械、液压、气动等辅助装置完成指令规定的开关动作。这些控制包括主轴运动部件的变速、换向和启停指令，刀具的选择和交换指令，冷却、润滑装置的启动、停止，工件和机床部件的松开、夹紧，分度工作台转位分度等开关辅助动作。可编程逻辑控制器可用于对数控机床辅助功能、主轴转速功能和刀具功能等进行控制，具有响应快、性能可靠、易于使用、编程和修改程序方便并可直接启动机床开关等特点，现已广泛用作数控机床的辅助控制装置
机床本体	数控机床的机床本体与传统机床相似，由主轴传动装置、进给传动装置、床身、工作台以及辅助运动装置、液压气动系统、润滑系统、冷却装置等组成。与传统的机床相比，数控机床的结构强度、刚度和抗振性，传动系统和刀具系统的部件结构，操作机构等方面都发生了很大的变化，其目的是为了满足数控技术的要求和充分发挥数控机床的效能

2. 数控车床的功能

数控车床又称 CNC 车床，能自动地完成对轴类与盘类零件内外圆柱面、圆锥面、圆弧面、螺纹等切削加工，并能进行切槽、钻孔、扩孔和铰孔等工作。数控车床具有加工精度稳定性好、加工灵活、通用性强，能适应多品种、小批生产自动化的要求，特别适合加工形状复杂的轴类或盘类零件。

从总体上看，数控车床没有脱离卧式车床的结构形式，其结构上仍然是由主轴箱、刀架、进给系统、床身以及液压、冷却、润滑系统等部分组成，只是数控车床的进给系统与卧式车床的进给系统在结构上存在着本质的差别。卧式车床的进给运动是经过交换齿轮架、进给箱、溜板箱传到刀架实现纵向和横向进给运动的，而数控车床是采用伺服电动机经滚珠丝杠传到滑板和刀架，实现 Z 向（纵向）和 X 向（横向）进给运动，其结构较卧式车床大为简化。如图 1-39 所示为数控车床的结构示意图。由于数控车床刀架的两个方向运动分别由两台伺服电动机驱动，所以它的传动链短，不必使用交换齿轮、光杠等传动部件。伺服电动机可以直接与丝杠连接带动刀架运动，也可以用同步齿形带连接。多功能数控车床一般采用直流或交流主轴控制单元来驱动主轴，按控制指令作无级变速，所以数控车床主轴箱内的结构也比卧式车床简单得多。

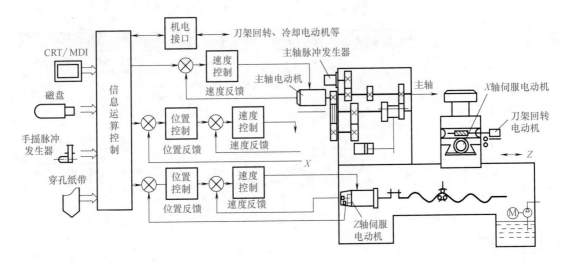

图 1-39　数控车床结构

在数控车床上增加刀塔（架）和 C 轴控制，可使它除了能车削、镗削外，还能进行端面和圆周面上任意部位的钻、铣、攻螺纹，而且在具有插补功能的情况下，还能铣削曲面，这样就构成了车削中心，如图 1-40 所示。

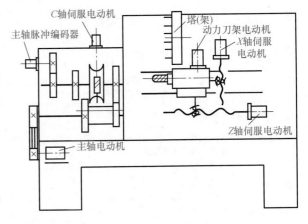

图 1-40　车削中心结构示意

四、数控车床的布局与分类

1. 数控车床的布局

数控车床的主轴、尾座等部件相对床身的布局形式与卧式车床基本一致，但刀架和床身导轨的布局形式却发生了根本的变化。这是因为刀架和床身导轨的布局形式不仅影响机床的结构和外观，还直接影响数控车床的使用性能，如刀具和工件的装夹、切屑的清理以及机床的防护和维修等。

数控车床床身导轨与水平面的相对位置有四种布局形式，其说明见表 1-19。

2. 数控车床的分类

数控车床品种繁多，规格不一，分类方法也较多，其分类方法如下。

① 按数控车床主轴位置分类　按数控车床主轴位置分类见表 1-20。

表 1-19　数控车床床身导轨与水平面的相对位置

特点	图示	说　　明
水平床身	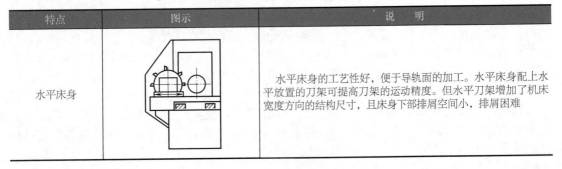	水平床身的工艺性好，便于导轨面的加工。水平床身配上水平放置的刀架可提高刀架的运动精度。但水平刀架增加了机床宽度方向的结构尺寸，且床身下部排屑空间小，排屑困难

特点	图示	说　明
水平床身斜刀架	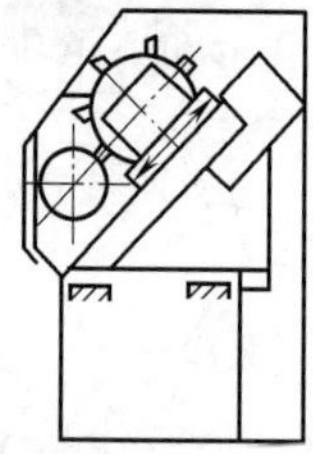	水平床身配上倾斜放置的刀架滑板,这种布局形式的床身工艺性好,机床宽度方向的尺寸也较水平配置刀架滑板的要小且排屑方便
斜床身	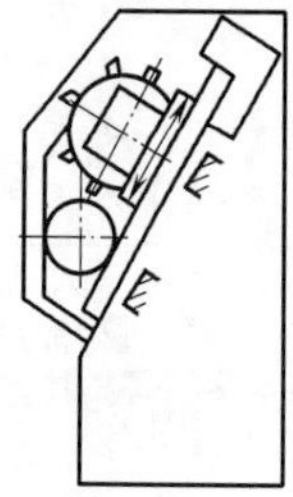	斜床身的导轨倾斜角度分别为30°、45°、75°。它和水平床身斜刀架滑板都因具有排屑容易、操作方便、机床占地面积小、外形美观等优点,而被中小型数控车床普遍采用
立床身	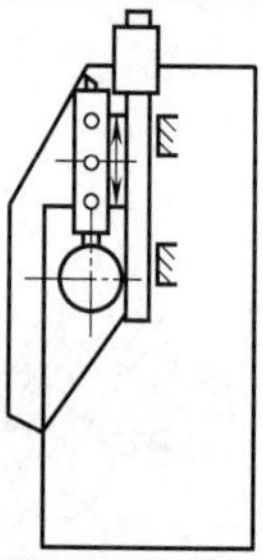	从排屑的角度来看,立床身布局最好,切屑可以自由落下,不易损伤导轨面,导轨的维护与防护也较简单,但机床的精度不如其他三种布局形式的精度高,故运用较少

表 1-20　数控车床主轴位置分类

类型	说　明
立式数控车床	立式数控车床的主轴垂直于水平面,并有一个直径很大的圆形工作台,供装夹工件用。这类数控机床主要用于加工径向尺寸较大、轴向尺寸较小的大型复杂零件
卧式数控车床	卧式数控车床的主轴轴线处于水平位置,它的床身和导轨有多种布局形式,是应用最广泛的数控车床

② 按加工零件的基本类型分类　按加工零件的基本类型分类见表1-21。

表 1-21　按加工零件的基本类型分类

类型	说　明
卡盘式数控车床	这类数控车床未设置尾座,主要适于车削盘类(含短轴类)零件,其夹紧方式多为电动液压控制
带尾座式数控车床	这类数控车床设置有普通尾座或数控尾座,主要适合车削较长的轴类零件及直径不太大的盘、套类零件

③ 按刀架数量分类　按刀架数量分类见表1-22。

表 1-22　按刀架数量分类

类型	说　明
单刀架数控车床	普通数控车床一般都配置有各种形式的单刀架,如四刀位卧式回转刀架,如图1-41(a)所示;多刀位回转刀架,如图1-41(b)所示

类型	说　明
单刀架数控车床	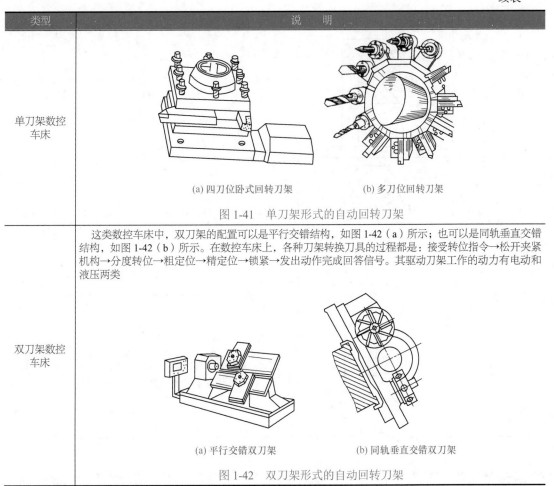 (a) 四刀位卧式回转刀架　　　(b) 多刀位回转刀架 图 1-41　单刀架形式的自动回转刀架
双刀架数控车床	这类数控车床中，双刀架的配置可以是平行交错结构，如图 1-42（a）所示；也可以是同轨垂直交错结构，如图 1-42（b）所示。在数控车床上，各种刀架转换刀具的过程都是：接受转位指令→松开夹紧机构→分度转位→粗定位→精定位→锁紧→发出动作完成回答信号。其驱动刀架工作的动力有电动和液压两类 (a) 平行交错双刀架　　　(b) 同轨垂直交错双刀架 图 1-42　双刀架形式的自动回转刀架

④ 按数控车床的档次分　按数控车床的档次分类见表 1-23。

表 1-23　按数控车床的档次分类

类型	说　明
经济数控车床	经济数控车床一般是用单板机或单片机进行控制，属于低档次数控车床。机械部分由卧式车床略做改进而成。主电动机一般不做改动，进给多采用步进电动机，开环控制，四刀位回转刀架。经济数控车床没有刀尖圆弧半径自动补偿功能，所以编程时计算比较烦琐，加工精度较低
普及型数控车床	普及型数控车床一般有单显 CRT、程序储存和编辑功能，属于中档次数控车床。多采用开环或半闭环控制。它的主电动机多采用变频调速电动机，所以它的显著缺点是没有恒线速度切削功能
高级数控车床	高级数控车床主轴一般采用能调速的直流或交流主轴控制单元来驱动，进给采用伺服电动机，半闭环或闭环控制，属于较高档次的数控车床。多功能数控车床具备的功能很多，特别是具备恒线速度切削和刀尖圆弧半径自动补偿功能
高精度数控车床	高精度数控车床主要用于加工类似 VTR 的磁鼓、磁盘的合金铝基板等需要镜面加工，并且形状、尺寸精度都要求很高的零部件，可以代替后续的磨削加工。这种车床的主轴采用超精密空气轴承，进给采用超精密空气静压导向面，主轴与驱动电动机采用磁性联轴器等。床身采用高刚性厚壁铸铁，中间填砂处理，支承也采用空气弹簧三点支承。总之，为了进行高精度加工，在机床各方面均采取了很多措施
高效率数控车床	高效率数控车床主要有一个主轴两个回转刀架及两个主轴两个回转刀架等形式，两个主轴和两个回转刀架能同时工作，提高了机床加工效率
FMC 车床	FMC 车床实际上是一个由数控车床、机器人等构成的一个柔性加工单元。它除了具备车削中心的功能外，还能实现工件的搬运、装卸的自动化和加工调整装备的自动化，如图 1-43 所示

类型	说　明
车削中心	在数控车床上增加刀塔（架）和 C 轴控制后，除了能车削、镗削外，还能对端面和圆周面上任意部位进行钻、铣、攻螺纹等加工；而且在具有插补的情况下，还能铣削曲面，这样就构成了车削中心，如图 1-44 所示。车削中心是在转盘式刀架的刀座上安装上驱动电动机，可进行回转驱动，主轴可以进行回转位置的控制（ C 轴控制）。车削加工中心可进行四轴（ X 、 Z 、 C 、 Y ）控制，而一般的数控车床只能两轴（ X 、 Z ）控制。车削中心的主体是在数控车床上配刀塔（架）和换刀机械手，它与数控车床单机相比，自动选择和使用刀具数量大大增加。但是，卧式车削中心与数控车床的本质区别并不在刀库上，它还应具备如下两种功能：一种是动力刀具功能，如铣刀和钻头，通过刀架内部结构，可使铣刀、钻头回转；另一种是 C 轴位置控制功能， C 轴是指以 Z 轴（对于车床是卡盘与工件的回转中心轴）为中心的旋转坐标轴。位置控制原有 X 、 Z 坐标，再加上 C 坐标，就使车床变成三坐标两联动轮廓控制。例如，圆柱铣刀轴向安装、 $X\text{-}C$ 坐标联动就可以在工件端面铣削；圆柱铣刀径向安装、 $Z\text{-}C$ 坐标联动，就可以在工件外径上铣削。这样，车削中心就能铣削出凸轮槽和螺旋槽，如图 1-45 所示

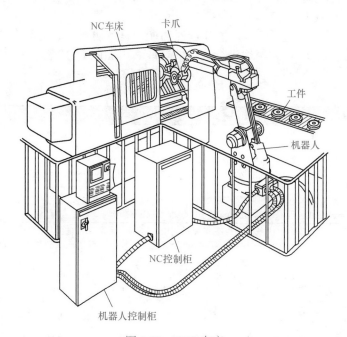

图 1-43　FMC 车床

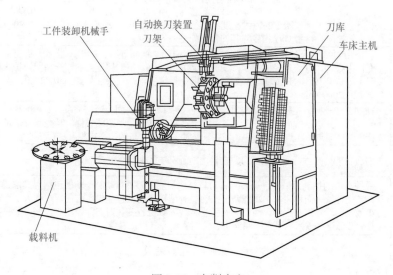

图 1-44　车削中心

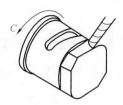

图 1-45　车削中心 C 轴加工能力

五、数控系统的主要功能及加工过程

1. 数控系统的主要功能

数控车床中数控系统的硬件有各种不同的组成和配置，再安装不同的监控软件，就可以实现许多功能，从而满足数控车床的复杂控制要求。

数控系统的功能一般包括基本功能和选择功能。基本功能是数控系统的必备功能，选择功能是供用户根据机床特点和用途进行选择的功能。下面以 FANUC 系统为例，简述其部分功能，见表 1-24。

表 1-24　数控系统的主要功能

类别		说　明
多坐标控制功能		控制系统可以控制坐标轴的数目，其中包括平动坐标轴和回转坐标轴。基本平动坐标轴是 X、Y、Z 轴，基本回转坐标轴是 A、B、C 轴。联动轴数是指数控系统按照加工的要求可以控制同时运动的坐标轴的数目。如某型号的数控机床具有 X、Y、Z 三个坐标轴运动方向，而数控系统只能同时控制两个坐标（XY、YZ 或 XZ）方向的运动，则该机床的控制轴数为 3 轴（称为三轴控制），而联动轴数为 2 轴（称为两轴联动） 控制轴有移动轴和回转轴、基本轴和附加轴。控制的轴数越多，特别是同时控制的轴数越多，数控系统的功能越强，数控系统也越复杂，编程也就越困难
插补、辅助和进给功能	插补功能	所加工零件的形状多数由直线和圆弧构成，有的由更复杂的曲线构成。因此，插补功能有直线插补、圆弧插补、抛物线插补、螺旋线插补、极坐标插补、样条曲线插补等。数控机床的插补功能越强，说明能够加工的轮廓种类越多
	辅助功能	辅助功能是数控加工中必不可少的辅助操作，用地址符 M 和其后任意两位数字表示。在 ISO 标准中，有 M00～M99 共 100 种。辅助功能用来规定主轴的启停、切削液的开与关等
	进给功能	进给功能也称为 F 功能，是表示进给速度的功能，是用地址符 F 和其后的若干位数字来表示的。实际进给速度可以通过 CNC 操作面板上的进给倍率修调旋钮调整。进给功能包括快速进给、切削进给、手动连续进给等
主轴功能	恒线速度控制	在车削表面粗糙度要求十分均匀的变径表面，如车端面、圆锥面及任意曲线构成的旋转面时，车刀刀尖处的切削速度（主轴转速）必须随着刀尖所处直径的不同位置而相应自动调整变化。该功能由 G96 指令控制主轴按规定的恒线速度值运行，如 G96 200，表示其恒线速度值为 200m/min；当需要恢复恒定转速时，可用 G97 指令对其注销，如 G97 S1200
	主轴最高转速控制	当采用 G96 指令加工变径表面时，如加工端面、锥面等时，由于 X 坐标不断变化，当刀尖接近工件旋转中心时，因其直径接近零，线速度又为恒定值，主轴转速会急剧升高。为防止出现事故，必须限定主轴最高转速。FANUC 系统用 G50 指令限定主轴最高转速。如 G50 S2000，表示把主轴最高转速限定为 2000r/min
	同步进给控制	在加工螺纹时，主轴的旋转与进给运动必须保持一定的同步运行关系。如车等距螺纹时，主轴每旋转一周，其进给方向（Z 向或 X 向）必须严格位移一个螺距或导程。其控制方法是通过检测主轴转数及角位移原点（起点）的元件（如主轴脉冲发生器）与数控系统相互进行脉冲信号的传递而实现的
刀具补偿和螺纹车削功能	刀具功能	刀具功能用来进行选刀和换刀，它是用地址符 T 和其后的数字表示
	刀具补偿功能	数控车床的控制系统中，一般都有刀具补偿功能。刀具自动补偿功能包括刀具位置（长度）补偿和刀具半径补偿（简称刀补）功能两种。刀具补偿功能为编程提供了方便。编程人员可以直接按照零件的实际轮廓尺寸编制程序，当刀尖圆弧半径或刀具位置变化时，无需更改程序，而只要将变化的尺寸或刀尖圆弧半径输入到系统存储器中，便能实现刀具自动补偿
	螺纹车削功能	该功能可控制完成各种等螺距（米制或寸制）螺纹的加工，如圆柱（右、左旋）、圆锥以及端面螺纹等

类别		说　明
固定循环和操作控制功能	固定循环功能	用数控车床加工零件时，一些典型的加工工序如车削外圆、端面、圆锥面、镗孔、车螺纹等，所需完成的动作循环十分典型，可将这些典型动作预先编好程序并存储在存储器中，用 G 代码进行调用。使用固定循环功能，可大大简化程序编制。FANUC 系统的固定循环功能包括单一固定循环功能和多重复合循环功能两种
	操作控制功能	数控车床通常有单程序段运行、跳步功能、图形模拟运行、机床锁住、空运行以及急停等功能
在线编程和图形显示功能	在线编程功能	此功能可以在数控加工过程中进行程序的编辑，即后台编辑，故不占用机时。在线编程时使用的自动编程软件有人机交互式自动编程系统、APT 语言编程系统、整图直接编程系统等
	图形显示功能	CNC 装置可以配置单色或彩色 CRT，通过软件和接口实现字符和图形显示，包括加工程序、参数、各种补偿量、坐标位置、报警信息、动态刀具运动轨迹等
自诊断报警和通信功能	自诊断报警功能	自诊断报警功能是指数控系统对其软件、硬件故障进行自我诊断的能力。该功能可用于监视整个机床和整个加工过程是否正常，并在发生异常时及时报警，从而能迅速查明故障类型及位置，减少因故障而造成的停机时间
	通信功能	现代数控系统一般都配有 RS-232C 接口或 DNC 接口，可以与上级计算机进行信号的高速传输。高档数控系统还可与 INTERNET 相连，以适应 FMS、CIMS 的要求

2. 数控车床的加工过程

数控车床的加工过程如图 1-46 所示。

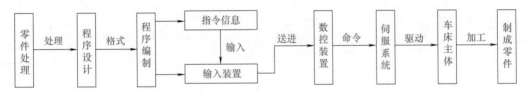

图 1-46　数控车床的加工过程

① 根据零件加工图样进行工艺分析，确定加工方案、工艺参数和位移数据。

② 用规定的程序代码和格式规则编写零件加工程序单；或用自动编程软件进行 CAD/CAM 工作，直接生成零件的加工程序文件。

③ 将加工程序的内容以代码形式完整记录在信息介质（如穿孔带或磁带）上。

④ 通过阅读机把信息介质上的代码转变为电信号，并输送给数控装置。由手工编写的程序，可以通过数控机床的操作面板输入；由编程软件生成的程序，通过计算机的串行通信接口直接传输到数控机床的数控单元（MCU）。

⑤ 数控装置将所接收的信号进行一系列处理后，再将处理结果以脉冲信号形式向伺服系统发出执行的命令。

⑥ 伺服系统接到执行的信息指令后，立即驱动车床进给机构严格按照指令的要求进行位移，使车床自动完成相应零件的加工。

六、数控车床的维护、保养与故障诊断

（一）数控车床日常维护和保养

数控车床和车削加工中心集机、电、液于一身，具有技术密集和知识密集的特点，是一种自动化程度较高、结构复杂且价格昂贵的、先进的加工设备。为了充分发挥其效益，减少

故障的发生，必须进行日常维护工作。为做好维护工作，应为数控车床配备数控系统编程、操作和维修的专门人员。这些人员应熟悉所用车床的机械、数控系统、强电设备、液压、气压等部分及使用环境、加工条件等，并能按机床和系统使用说明书的要求正确使用数控车床，这样才能全面了解、正确使用和掌握数控车床，及时做好维护工作。主要的维护工作如下。

1. 选择合适的使用环境

数控车床的使用环境（如温度、湿度、振动、电源电压、频率及干扰等）会影响机床的正常运转，故在安装机床时，应严格按照机床说明书规定的安装条件和要求进行安装。

2. 制定严格的操作维护制度

由于数控车床是自动化程度较高的设备，操作不当容易引起事故。因此，必须制定严格的操作维护制度，禁止非数控车床操作或维护人员操作、使用和维护。

3. 制订机床的维护程序表

如空气过滤器的清扫、电气柜的清扫、印制电路板的清扫等。数控车床的维护程序见表 1-25。通用数控车床的维护要求见表 1-26。

表 1-25 数控车床的维护程序

检查周期	检查项目	检查及维护要求
1 天	导轨润滑油箱	检查油量，及时添加润滑油，润滑油泵是否定时启动及停止
1 天	主轴润滑恒温油箱	工作是否正常，油量是否充足，温度范围是否合适
1 天	机床液压系统	液压泵有无异常噪声，工作油面高度是否合适，压力表指示是否正常，管路及各接头有无泄漏
1 天	压缩空气源压力	气动控制系统压力是否在正常范围之内
1 天	X、Z 轴导轨面	清除切屑和脏物，检查导轨面有无划伤损坏，润滑油是否充足
1 天	各防护装置	机床防护罩是否齐全有效
1 天	电气柜各散热通风装置	各电气柜中冷却风扇是否工作正常、风道过滤网有无堵塞，及时清洗过滤器
1 周	各电气柜过滤网	清洗黏附的尘土
不定期	切削液箱	随时检查液面高度，及时添加切削液，太脏时，应及时更换
不定期	排屑器	经常清理切屑，检查有无卡住现象
半年	检查主轴驱动带	按说明书要求调整驱动带松紧程度
半年	各轴导轨上镶条，压紧滚轮	按说明书要求调整松紧状态
1 年	液压油路	清洗溢流阀、减压阀、过滤器、油箱，过滤或更换液压油
1 年	主轴润滑恒温油箱	清洗过滤器、油箱，更换润滑油
1 年	冷却液压泵过滤器	清洗冷却油池，更换过滤器
1 年	滚珠丝杠	清洗丝杠上旧的润滑脂，涂上新润滑脂
不定期	机床电缆线	主要检查电缆线的移动接头、拐弯处是否出现接触不良、断线和短路等故障
1 年	存储器电池的定期更换	一定要在数控系统通电的状态下进行，否则会使存储参数丢失，导致数控系统不能工作

表 1-26 通用数控车床维护要求

维护类型	具体要求
日常维护	①擦拭车床丝杠和导轨的外露部分，用轻质油洗去污物和切屑 ②擦拭全部外露限位开关的周围区域。仔细擦拭各传感器的齿轮、齿条、连杆和检测头 ③检查润滑油箱和液压油箱及油压、油温、油雾的油量 ④使电气系统和液压系统至少升温 30min，检查各参数是否正常，气压压力是否正常，有无泄漏 ⑤空运转使各运动部件得到充分润滑防止卡死 ⑥检查刀架转位、定位情况

维护类型		具体要求
定期维护	每月维护	①清理控制柜内部 ②检查、清洗或更换通风系统的空气滤清器 ③按钮及指示灯是否正常 ④检查全部电磁铁和限位开关是否正常 ⑤检查并紧固全部电缆接头及有无腐蚀破损 ⑥全面检查安全防护设施是否完整牢固
	每两月维护	①检查并紧固液压管路接头 ②检查电源电压是否正常，有无缺相和接地不良 ③检查所有电机，并按要求更换电刷 ④液压马达是否有渗漏，并按要求更换油封 ⑤开动液压系统，打开放气阀，排出油缸和管路中空气 ⑥检查联轴器、带轮和带是否松动和磨损 ⑦清洗或更换滑块和导轨的防护毡垫
	每季度维护	①清洗冷却液箱，更换冷却液 ②清洗或更换液压系统的滤油器及伺服控制系统的滤油器 ③清洗主轴箱齿轮箱，重新注入新润滑油 ④检查联锁装置，定时器和开关是否正常工作 ⑤检查继电器接触压力是否合适，并根据需要清洗和调整触点 ⑥检查齿轮箱和传动部件的工作间隙是否合适
	每半年维护	①对液压油化验，根据化验结果，对液压油箱进行清洗换油；疏通油路，清洗或更换滤油器 ②检查车床工作台是否水平，检查锁紧螺钉及调整垫铁是否锁紧，并按要求将工作台调整水平 ③检查镶条、滑块的调整机构，调整间隙 ④检查并调整全部传动丝杠负荷，清洗滚动丝杠并涂新油 ⑤拆卸、清扫电机，加注润滑油脂，检查电机轴承，并予以更换 ⑥检查、清洗并重新装好机械式联轴器 ⑦检查、清洗和调整平衡系统，并更换钢缆或钢丝绳 ⑧清扫电气柜、数控柜及电路板，更换维持 RAM 内容的失效电池

4. 闲置数控车床的保养

在数控车床闲置不用时，应经常给数控系统通电，在机床锁住的情况下，使其空运行。在空气湿度较大的梅雨季节，应该天天通电，利用电气元件本身的发热驱走数控柜内的潮气，以保证电气元件的性能稳定可靠。

（二）数控系统的保养与维护

正确的操作是保证数控车床正常使用的前提，同时必要的保养和维护也是减少数控车床故障率的重要保障。其中，数控系统是数控车床的控制指挥中心，对其进行保养和维护是延长元件的使用寿命，防止各种故障，特别是恶性事故的发生，从而延长整台数控系统的使用寿命的有效手段。

不同数控车床的数控系统的使用、维护，在随机所带的说明书中一般都有明确的规定。总的来说，应注意以下几点，见表 1-27。

表 1-27 数控系统的保养和维护

项目	说　　明
制订严格的设备管理制度	制订严格的设备管理制度，定岗、定人、定机，严禁无证人员随便开机
制定数控系统的日常维护的规章制度	根据各种部件的特点，确定各自的保养条例
严格执行车床说明书中的通断电顺序	一般来讲，通电时先强电后弱电；先外围设备（如纸带机、通信 PC 机等），后数控系统。断电时，与通电顺序相反

项目	说　明
应尽量少开数控柜和强电柜的门	因为机加工车间空气中一般都含有油雾、飘浮的灰尘甚至金属粉末。一旦它们落在数控装置内的印刷线路板或电子器件上，容易引起元器件间绝缘电阻下降，并导致元器件及印刷线路板的损坏。为使数控系统能超负荷长期工作，采取打开数控装置柜门散热的降温方法更不可取，其最终结果是导致系统的加速损坏。因此，除进行必要的调整和维修外，不允许随便开启柜门，更不允许敞开柜门加工
定时清理数控装置的散热通风系统	应每天检查数控装置上各个冷却风扇工作是否正常。视工作环境的状况，每半年或每季度检查一次风道过滤网是否有堵塞现象。如过滤网上灰尘积聚过多，需及时清理，否则将会引起数控装置内部温度过高（发生过热报警现象）
数控系统的输入/输出装置的定期维护	光电式纸带阅读机、软驱及通信接口等是数控装置与外部进行信息交换的一个重要的途径，如有损坏，将导致读入信息出错。为此，纸带阅读机小门、软驱仓门应及时关闭；通信接口应有防护盖，以防止灰尘、切屑落入
经常监视数控装置用的电网电压	数控装置通常允许电网电压在额定值的±（10%～15%）的范围内，频率在±2Hz内波动，如果超出此范围，就会造成系统不能正常工作，甚至会引起数控系统内的电子部件损坏。必要时可增加交流稳压器
存储器电池的定期更换	存储器一般采用CMOS RAM器件，设有可充电电池维持电路，防止断电期间数控系统丢失存储的信息。在正常电路供电时，由+5V电源经一个二极管向CMOS RAM供电，同时对可充电电池进行充电。当电源停电时，则改由电池供电保持CMOS RAM的信息。在一般情况下，即使电池尚未失效，也应每年更换一次，以便确保系统能正常地工作 注意：更换电池时应在CNC装置通电状态下进行，以免系统数据丢失
数控系统长期不用时的维护	若数控系统处在长期闲置的情况下，要经常给系统通电，特别是在环境湿度较大的梅雨季节。在车床锁住不动的情况下，让系统空运行，一般每月通电2～3次，通电运行时间不少于1h。利用电气元件本身的发热来驱散数控装置内的潮气，以保证电气元、部件性能的稳定可靠及充电电池的电量。实践表明，在空气湿度较大的地区，经常通电是降低故障率的一个有效措施
备用印刷线路板的维护	印刷线路板长期不用是很容易出故障的。因此，已购置的备用印刷线路板应定期装到数控装置上通电运行一段时间，以防损坏

（三）数控车床常见故障诊断和处理

数控车床通常由电气控制、机械传动控制、液压传动等系统组成，它们之间相互制约、相互关联，每一部分出现故障时，都会影响整个机床的运行状态。当数控系统故障发生后，如何迅速诊断故障并解决问题，恢复其正常运行，是提高数控设备使用率的关键，对于数控车床故障的排除，从整体上维护好数控车床有着重要的意义。

现有数控车床上的数控系统品种较多，有国产华中数控 HNC-21 系列、广州数控等，以及国外 FANUC 0i 系列、SINUMERIK 802 系列等。对于数控车床集成的复杂综合系统，故障诊断应遵循一定的规律，需要综合运用各方面的知识进行判断和处理。

1. 故障的分类

根据机床部件、故障性质以及故障原因等，对常见故障作以下分类，见表 1-28。

表 1-28　故障性质以及故障原因

类别		说　明
按数控车床发生故障的部件分类	主机故障	数控车床的主机部分主要包括机械、润滑、冷却、排屑、液压、气动与防护等装置。常见的主机故障为因机械安装、调试、实际操作使用不当等引起的机械传动故障与导轨运动摩擦过大故障。故障表现为传动噪声大、加工精度差、运行阻力大
	电气故障	电气故障又分弱电故障和强电故障 弱电部分主要指 CNC 装置、PLC 控制器、CRT 显示器以及伺服单元、输入/输出装置等电路，这部分又有硬件故障与软件故障之分。硬件故障主要指上述各装置的印制电路板上的集成电路芯片、分离元件、接插件以及外部连接组件等发生的故障 强电部分是指继电器、接触器、开关、熔断器、电源变压器、电动机、电磁铁、行程开关等电气元件以及所组成的电路

类别		说　明
按数控车床发生的故障的性质分类	系统故障	通常是指只要满足一定的条件或超过某一设定的限度，工作中的数控车床必然会发生故障。例如液压系统的压力值随着液压回路过滤器的阻塞而降到某一设定参数时，必然会发生液压系统故障报警，使系统断电停机
	随机性故障	通常是指数控车床在同样条件下工作时，只偶尔发生一次或两次的故障。这类故障的发生往往与安装质量、组件排列、参数设定元件的质量、操作失误、维护不当以及工作环境影响等因素有关，例如接插件与连接组件因疏忽未加锁定，印制电路板上的元件松动变形或焊点虚脱，继电器触点、各类开关触点因污染锈蚀以及直流电动机电刷不良等造成的接触不可靠等
按报警发生后有无报警显示分类	有报警显示的故障	这类故障可分为硬件报警显示的故障与软件报警显示的故障两种 硬件报警显示的故障通常是指各单元装置的警示灯（一般由 LED 发光管或小型指示灯组成）显示的故障 软件报警显示的故障通常是指在显示器上显示出来的报警号和报警信息。由于数控系统具有自诊断功能，一旦检测到故障，即按故障的级别进行处理，同时在显示器上以报警号的形式显示该故障信息
	无报警显示的故障	例如机床通电后，在手动方式或自动方式运行时，X 轴出现爬行，无任何报警显示
按故障发生的原因分类		①数控车床自身故障　这类故障发生是由于数控车床自身的原因引起的，与外部使用条件无关 ②数控车床外部故障　这类故障是由外部原因造成的，例如数控车床的供电电压过低、波动过大、相序不对或三相电压不平衡，周围环境温度过高，有害气体、潮气、粉尘侵入等 另外，按故障发生时有无破坏性来分，可分为破坏性故障和非破坏性故障；按故障发生的部位分，可分为数控装置故障，进给伺服系统故障，主轴系统故障，刀架、工作台故障等

2. 故障的诊断原则与方法

在故障检测过程中，应充分利用数控系统的自诊断功能，如系统的开机诊断、运行诊断、PLC 的监控功能。同时，在检测故障过程中还应掌握以下原则与方法，见表 1-29。

表 1-29　故障的诊断原则与方法

类别		说　明
故障的诊断原则	先外部后内部	数控车床的检修要求维修人员掌握先外部后内部的原则，即当数控车床发生故障后，维修人员应先用望、听、闻等方法，由外向内逐一进行检查
	先机械后电气	先机械后电气就是在数控车床的维修中，首先检查机械部分是否正常、行程开关是否灵活、气动液压部分是否正常等。在故障检修之前，首先注意排除机械的故障
	先静后动	维修人员本身要做到先静后动，不可盲目动手，应先询问机床操作人员故障发生的过程及状态，阅读机床说明书、图样资料，并进行分析后，才可动手查找和处理故障
	先公用后专用	只有先解决影响一大片的主要矛盾，局部的、次要的矛盾才会迎刃而解
	先简单后复杂	应首先解决容易的问题，后解决难度较大的问题。常常在解决简单故障的过程中，难度大的问题也可变得容易，或者在排除简易故障时受到启发，对复杂故障的认识更为清晰，从而也有了解决办法
	先一般后特殊	在排除某一故障时，要首先考虑最常见的故障原因，然后再分析很少发生的特殊故障原因
故障的诊断方法	观察检查法	检查机床硬件的外观、特性连接等直观及易测的部分、软件的参数数据等
	PLC 程序法	借助 PLC 程序分析车床故障，这要求维修人员必须掌握数控车床的 PLC 程序的基本指令、功能指令及接口信号的含义
	接口信号法	要求维修人员掌握数控系统的接口信号含义及功能、PLC 和 NC 信号交换的知识
	试探交换法	对某单元、模块进行故障判断时，要求维修人员确定插拔这些单元和模块可能造成的后果（如参数丢失等），并事先采取措施，确定更换部件的设定与交换前一致

3. 常见故障的处理（表1-30）

表 1-30　常见故障的处理

类别	说　明
数控系统开启后，显示器无任何画面显示	①检查与显示器有关的电缆及其连接。若电缆连接不良，应重新连接 ②检查显示器的输入电压是否正常 ③如果此时也伴有输入单元的报警灯亮，则故障原因往往是 +24V 负载有短路现象 ④如果此时显示器无其他报警而机床不能移动，则其故障是由主印制电路板或控制 ROM 板的问题引起的 ⑤如果显示器虽无显示但车床却正常工作，说明数控系统的控制部分正常，仅是显示器本身的印制电路板出了故障
机床不能动作	其原因可能是数控系统的复位按钮被接通，数控系统处于紧急停止状态。程序执行时，显示器有位置显示变化，而机床不动，应检查机床是否处于锁住状态、进给速度设定是否有错误、系统是否处于报警状态
不能正常返回零点，且有报警产生	其原因一般是脉冲编码器的一转信号没有输入到主印制电路板，如脉冲编码器断线或脉冲编码器的连接电缆、接头断线
面板显示值与机床实际进给值不符	此故障多与位置检测元件有关，为快速进给时丢脉冲所致，需要更换位置检测元件
系统开机之后死机	一般是由于机床数据混乱或偶然因素，使系统进入死循环。将内存全部清除后，重新输入车床参数，或关机后重新启动
刀架连续运转不停或在某规定刀位不能定位	产生原因：发信盘接地线断路或电源线断路，霍尔元件断路或短路 措施：修理或更换霍尔元件
刀架突然停止运转，步进电动机抖动而不运转	产生原因：手动转动手轮，若某位置较重或出现卡死现象，则为机械问题，如滚珠丝杠滚道内有异物等；若全长位置均较轻，则判断为切削过深或进给速度太快 措施：清除机械传动部分的异物、杂物及毛刺等；减少切削深度，调整进给速度，以减小加工中的切削力
电动刀架工作不稳定	产生原因：切屑、油污等进入刀架体内；撞刀后，刀体松动变形；刀具夹紧力过大，使刀具变形；刀杆过长，刚性差
编程错误	如出现编程格式错误，例如 "G03 X12 Z-6 F100"，少写了圆弧半径 "R6"，则会出现报警 "No Circle Radius"；基点计算错误；输入错误，如误把 G01 写成 G100 等
对刀测出刀补值有误	开机后或图形模拟运行之后，必须重新回一次参考点，这样测出的刀补值才是准确的；否则，加工零件时可能发生撞刀事故
发生干涉	换刀时刀架一定要远离工件，以免与工件、卡盘等发生碰撞。此外，在加工内凹工件时，刀具的副切削刃不能与工件发生干涉，加工螺纹时要先切好退刀槽
超程处理	在手动、自动加工过程中，若机床移动部件超出其运动的极限位置（软件行程限位或机械限位），则系统出现超程报警。此时，蜂鸣器尖叫或报警灯亮，机床锁住 措施：手动将超程部件移至安全行程内；解除报警
报警处理	数控系统对其软件、硬件及故障具有自我诊断能力，该功能用于监视整个加工过程是否正常，并及时报警。报警内容常见的有程序出错、操作出错、超程、各类接口错误、伺服系统出错、数控系统出错、刀具磨损等 处理方法：一般，当屏幕有出错显示信号时，可查阅维修手册的"错误代码表"，找出产生故障的原因，采取相应措施

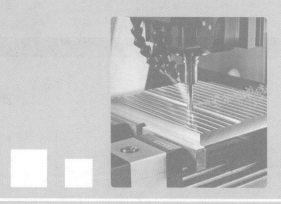

第二章
车削工艺和数控车削工艺

第一节　车削运动及切削用量

一、车削运动

金属切削加工是通过金属切削刀具与被加工零件之间的相对运动，从而在工件上切除多余材料的机械加工过程。车削加工是利用车床、刀具以及各种其他工艺装备对零件进行切削的机械加工手段。作为一名车工应对金属切削的基本知识有所了解。

车削工件时，为了切除多余的金属，必须使工件和车刀产生相对的车削运动。按其作用划分，车削运动可分为主运动和进给运动两种，如图 2-1 所示。

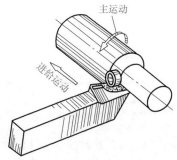

图 2-1　车削圆柱表面的切削运动

1. 主运动

直接切除毛坯上的被切削层，使之变为切屑的运动，称为主运动。主运动的特征是速度高，需消耗大部分机床功率。在车削加工中，工件由主轴带动的旋转运动为主运动。通常，主运动的速度较高。

2. 进给运动

进给运动是保证将被切削层不断地或间断地投入切削，以逐渐加工出整个工件表面的运动。如图 2-1 所示，车削外圆柱表面中的运动为车刀的纵向进给运动。另外，在车床上加工内圆柱孔时，钻头或铰刀的轴向运动也为进给运动。进给运动速度较低，消耗机床功率很少，如卧式车床的进给功率仅为主电动机功率的 1/30 ～ 1/25。

二、车削加工时工件上形成的表面

工件在车削加工时有三个不断变化的表面，它们是已加工表面、过渡表面与待加工表面，见表 2-1。

表 2-1 车削时工件上形成的三个表面

类别	图示	说明
已加工表面	待加工表面 过渡表面 已加工表面 车外圆 f—每转进给量，mm/r	工件上经车刀车削多余金属后产生的新表面
过渡表面	待加工表面 已加工表面 过渡表面 车内圆	工件上由切削刃正在形成的那部分表面
待加工表面	已加工表面 过渡表面 待加工表面 车端圆	工件上有待切除的表面，它可能是毛坯表面或加工过的表面

三、切削用量

如图 2-2 所示为车外圆、车端面及切槽的切削用量。切削用量是度量主运动和进给运动大小的参数，它包括背吃刀量、进给量和切削速度，其说明见表 2-2。

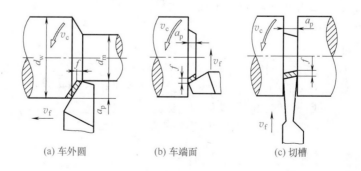

(a) 车外圆　　　(b) 车端面　　　(c) 切槽

图 2-2 车削时的切削用量

表 2-2　切削用量的组成

类别	说明	图示
背吃刀量 （a_p）	工件上已加工表面和待加工表面之间的垂直距离称为背吃刀量，单位为 mm 车外圆时，背吃刀量可用下式计算： $$a_p = \frac{d_w - d_m}{2}$$ 式中　a_p——背吃刀量，mm 　　　d_w——工件待加工表面直径，mm 　　　d_m——工件已加工表面直径，mm	
进给量 （f）	车削时，进给量 f 为工件每转 1 周，车刀沿进给方向移动的距离，如右图所示中的尺寸 f，单位为 mm/r。车削时的进给速度 v_f（mm/min）为： $$v_f = nf$$ 式中　n——工件转速，r/min 　　根据进给方向的不同，进给量又为分纵向进给量和横向进给量。纵向进给量是指沿车床床身导轨方向的进给量，横向进给量是指垂直于车床床身导轨方向的进给量	(a) 纵向进给量　　(b) 横向进给量
切削速度 （v_c）	车削时，刀具切削刃上某一选定点相对于待加工表面在主运动方向的瞬时速度称为切削速度。切削速度也可以理解为车刀在 1min 内车削工件表面的理论展开直线和长度（假定切屑没有变形或收缩），如右图所示，单位为 m/s 或 m/min。切削速度可用下式计算： $$v_c = \frac{\pi d n}{1000} \approx \frac{d n}{318}$$ 式中　v_c——切削速度，m/min 　　　n——工件转速，r/min 　　　d——工件待加工表面直径，mm	

四、切削层参数

切削层是指在切削过程中，切削刃在一次进给中从工件上所切除的金属层。车外圆时的切削层为工件旋转一周，刀具移动一个进给量，由主切削刃所切除的一层金属层，如图 2-3 所示。切削层的截面尺寸即为切削层参数。切削层参数在切削加工中具有重要地位，它不仅决定了刀具所承受负荷的大小，还与刀具的磨损、工件表面质量以及生产率密切相关。

切削层参数通常指切削层公称厚度、切削层公称宽度及切削层公称横截面积。

① 切削层公称厚度（h_D）切削刃前进一个进给量，前后两相邻过渡表面间的距离。

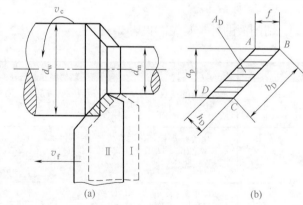

图 2-3　车外圆时的切削层

② 切削层公称宽度（b_D）该参数反映了切削刃参与切削的长度，可沿过渡表面测量而得。

③ 切削层公称横截面积（A_D）切削层横截面的面积，其大小为：

$$A_D = h_D b_D$$

五、切削用量的选择

1. 半精车、精车时切削用量的选择

半精车、精车时选择切削用量首先应考虑保证加工质量，并注意兼顾生产率和刀具寿命。

（1）背吃刀量

半精车、精车时的背吃刀量是根据加工精度和表面粗糙度要求，由粗车后留下的余量确定的。一般情况下，在数控车床上所留的精车余量比在卧式车床上的小。半精车、精车时的背吃刀量为：半精车时选取 $a_p=0.5 \sim 2.0$mm；精车时选取 $a_p=0.1 \sim 0.8$mm。在数控车床上进行精车时，选取 $a_p=0.1 \sim 0.5$mm。

（2）进给量

半精车、精车时的背吃刀量较小，产生的切削力不大，所以加大进给量对工艺系统的强度和刚度影响较小。半精车、精车时，进给量的选择主要受表面粗糙度值的限制。要求表面粗糙度值小，进给量就选择小些。

（3）切削速度

为了提高工件的表面质量，用硬质合金车刀精车时，一般采用较高的切削速度（ $v_c >$ 80m/min ）；用高速钢车刀精车时，一般选用较低的切削速度（ $v_c < 5$m/min ）。在数控车床上车削工件时，切削速度可选择高些。

2. 粗车时切削用量的选择

粗车时选择切削用量主要是考虑提高生产率，同时兼顾刀具寿命。加大背吃刀量 a_p、进给量 f 和提高切削速度 v_c 都能提高生产率。但是，它们都会对刀具寿命产生不利影响，其中影响最小的是 a_p，其次是 f，最大的是 v_c。因此，粗车时选择切削用量，首先应选择一个尽可能大的背吃刀量 a_p，其次选择一个较大的进给量 f，最后根据已选定的 a_p 和 f，在工艺系统刚度、刀具寿命和机床功率许可的条件下，选择一个合理的切削速度 v_c。

第二节　切削液

一、切削液的种类

切削液的种类及说明见表2-3。

表2-3　切削液的种类及说明

类别	说　　明
水溶液	水溶液的主要成分是水及防锈剂、防霉剂等。为了提高清洗能力，可加入清洗剂；为具有一定的润滑性，还可加入油性添加剂。例如，加入聚乙二醇和油酸时，水溶液既有良好的冷却性，又有一定的润滑性，并且溶液透明，加工中便于观察
乳化液	乳化液是水和乳化油经搅拌后形成的乳白色液体。乳化油是一种油膏，由矿物油和表面活性乳化剂（石油磺酸钠、磺化蓖麻油等）配制而成，表面活性剂的分子上带极性一端与水亲和，不带极性一端与油亲和，使水油均匀混合，并添加乳化稳定剂（乙醇、乙二醇等）不使乳化液中的油、水分离，具有良好的冷却性能
合成切削液	合成切削液是国内外推广使用的高性能切削液。它是由水、各种表面活性剂和化学添加剂组成，具有良好的冷却、润滑、清洗和防锈性能。热稳定性好，使用周期长
切削油	切削油主要起润滑作用。常用的有10号机械油、20号机械油、轻柴油、煤油、豆油、菜油、蓖麻油等矿物油和动、植物油。其中，动、植物油容易变质，一般较少使用
极压切削油	极压切削油是在矿物油中添加氯、硫、磷等添加剂配制而成。它在高温下不破坏润滑膜，并具有良好的润滑效果，故被广泛使用

类别	说　明
固体润滑剂	目前，所用的固体润滑剂主要以二硫化钼（MoS_2）为主。二硫化钼形成的润滑膜具有极低的摩擦系数（0.05～0.09）、较高的熔点（1185℃），因此，高温不易改变它的润滑性能，具有很高的抗压性能和牢固的附着能力，有较高的化学稳定性和温度稳定性。种类有油剂、水剂和润滑脂三种。应用时，将二硫化钼与硬脂酸及石蜡做成蜡笔，涂抹在刀具表面上；也可混合在水中或油中，涂抹在刀具表面上

二、切削液的作用

切削液的主要作用是润滑作用和冷却作用，加入特殊添加剂后，还可以起到清洗和防锈的作用，以保护机床、刀具、工件等不被周围介质腐蚀。切削液的作用及特点说明见表2-4。

表2-4　切削液的作用及特点说明

类别	说　明
润滑作用	切削液的润滑作用是通过切削液渗透到刀具与切屑、工件表面之间形成润滑膜，减小摩擦，减缓刀具的磨损，降低切削力，提高已加工表面的质量。同时，还可减小切削功率，提高刀具寿命
冷却作用	切削液的冷却作用是使切屑、刀具和工件上的热量散逸，使切削区的切削温度降低，既起到了减少工件因热膨胀而引起的变形和保证刀具切削刃强度、延长刀具寿命、提高加工精度的作用，又为提高劳动生产效率创造了有利条件。切削液的冷却性能取决于它的热导率、比热容、汽化热、流量、流速等，但主要靠热传导。水的热导率为油的3～5倍，比热约大1倍，故冷却性能比油好得多。乳化液的冷却性能介于油和水之间，接近水
清洗作用	浇注切削液能冲走碎屑或粉末，防止它们黏结在工件、刀具、模具上，起到了提高工件的表面粗糙度、减少刀具磨损和保护机床的作用。清洗性能的好坏，与切削液的渗透性、流动性和压力有关。一般而言，合成切削液比乳化液和切削油的清洗作用好，乳化液浓度越低，清洗作用越好
防锈作用	切削液能够减轻工件、机床、刀具受周围介质（空气、水分等）的腐蚀作用。在气候潮湿的地区，切削液的防锈作用显得尤为重要。切削液防锈作用的好坏，取决于切削液本身的性能和加入的防锈添加剂

总之，切削液的润滑、冷却、清洗、防锈作用并不是孤立的，它们既有统一的一面，又有对立的一面。油基切削液的润滑、防锈作用较好，但冷却、清洗作用较差；水溶性切削液的冷却、清洗作用较好，但润滑、防锈作用较差。

三、切削液的选用

切削液的种类繁多，性能各异，在加工过程中应根据加工性质、工艺特点、工件和刀具材料等具体条件合理选用。切削液的选用类型及特点说明见表2-5。

表2-5　切削液的选用类型及特点说明

类别	说　明
根据加工性质选用	①粗加工时，由于加工余量和切削用量均较大，因此在切削过程中产生大量的切削热，易使刀具迅速磨损，这时应降低切削区域温度，所以应选择以冷却作用为主的乳化液或合成切削液。用高速钢刀具粗车或粗铣碳素钢时，应选用3%～5%的乳化液，也可以选用合成切削液。用高速钢刀具粗车或粗铣铜及铝合金工件时，应选用5%～7%的乳化液。粗车或粗铣铸铁时，一般不用切削液 ②精加工时，为了减少切屑、工件与刀具间的摩擦，保证工件的加工精度和表面质量，应选用润滑性能较好的极压切削油或高浓度极压乳化液。用高速钢刀具精车或精铣碳钢时，应选用10%～15%的乳化液，或10%～20%的极压乳化液。用硬质合金刀具精加工碳钢工件时，可以不用切削液，也可用10%～25%的乳化液，或10%～20%的极压乳化液。精加工铜及其合金、铝及其合金工件时，为了得到较高的表面质量和较高的精度，可选用10%～20%的乳化液或煤油 ③半封闭式加工时，如钻孔、铰孔和深孔加工，排屑、散热条件均非常差。不仅使刀具磨损严重，容易退火，而且切屑容易拉毛工件已加工表面。为此，需选用黏度较小的极压乳化液或极压切削油，并加大切削液的压力和流量，这样，一方面进行冷却、润滑，另一方面可将部分切屑冲刷出来
根据工件材料选用	一般钢件，粗加工时选用乳化液，精加工时选用硫化乳化液。加工铸铁、铸铝等脆性金属时，为了避免细小切屑堵塞冷却系统或黏附在机床上难以清除，一般不用切削液。但在精加工时，为了提高工件表面加工质量，可选用润滑性好、黏度小的煤油或7%～10%的乳化液。加工有色金属或铜合金时，不宜采用含硫的切削液，以免腐蚀工件。加工镁合金时，不能用切削液，以免燃烧起火。必要时，可用压缩空气冷却。加工难加工材料，如不锈钢、耐热钢等，应选用10%～15%的极压切削油或极压乳化液

类别	说　明
根据刀具材料选用	①高速钢刀具　粗加工时，选用乳化液；精加工钢件时，选用极压切削油或浓度较高的极压乳化液 ②硬质合金刀具　为避免刀片因骤冷或骤热而产生崩裂，一般不使用冷却润滑液。如果要使用，必须连续充分浇注。例如，加工某些硬度高、强度大、导热性差的工件时，由于切削温度较高，会造成硬质合金刀片与工件材料发生黏结和扩散磨损，应加注以冷却为主的 2% ～ 5% 的乳化液或合成切削液。若采用喷雾加注法，则切削效果更好

四、使用切削液的注意事项

使用切削液应注意如下几点。

① 油状乳化油必须用水稀释后才能使用。但乳化液会污染环境，应尽量选用环保型切削液。

② 切削液应浇注在过渡表面、切屑和前刀面接触的区域，因为此处产生的热量最多，最需要冷却润滑，如图 2-4 所示。

③ 用硬质合金车刀切削时，一般不加切削液。如果使用切削液，必须从开始就连续充分地浇注，否则硬质合金刀片会因骤冷而产生裂纹。

④ 控制好切削液的流量。流量太小或断续使用，起不到应有的作用；流量太大，则会造成切削液的浪费。

⑤ 加注切削液可以采用浇注法和高压冷却法。浇注法是一种简便易行、应用广泛的方法，一般车床均有这种冷却系统，如图 2-5（a）所示。高压冷却是以较高的压力和流量将切削液喷向切削区，如图 2-5（b）所示，这种方法一般用于半封闭加工或车削难加工材料。

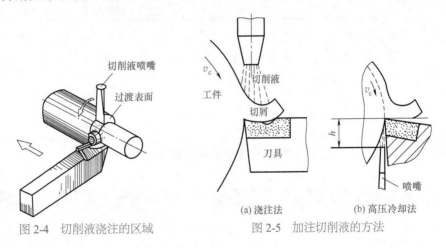

图 2-4　切削液浇注的区域　　　图 2-5　加注切削液的方法

第三节　车刀结构及刃磨

一、车刀的结构、组成及位置作用

1. 车刀的结构

车刀在结构上可分为整体式、机夹式、焊接式、可转位式四种形式，其类型、特点及用途见表 2-6。

表 2-6　车刀类型、特点及用途

简图	名称	特点及用途
 刀柄　刀体	整体式	用整体高速钢制造，刃口可磨得较锋利。主要用于小型车床或加工非铁金属
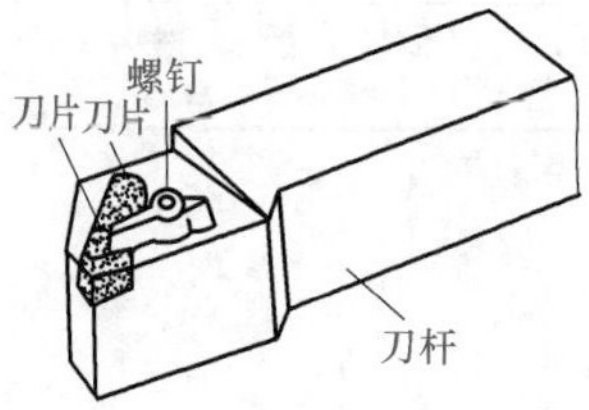 螺钉　刀片刀片　刀杆	机夹式	避免了焊接产生的应力、裂纹等缺陷，刀杆利用率高。刀片可集中刃磨获得所需参数，使用灵活方便，用于外圆、端面、镗孔、切断、螺纹车刀等
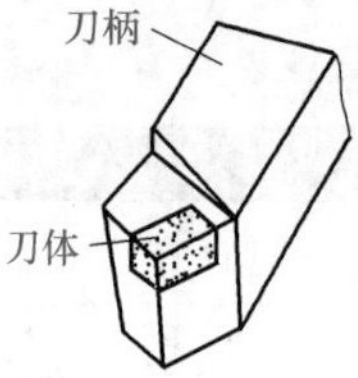 刀柄　刀体	焊接式	焊接硬质合金或高速钢刀片，结构紧凑，使用灵活。用于各类车刀特别是小刀具
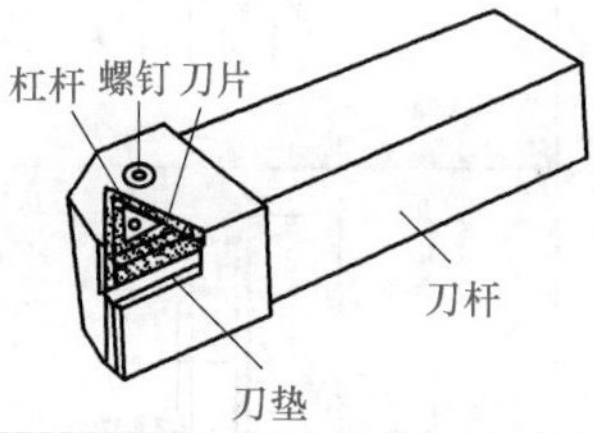 杠杆　螺钉 刀片　刀杆　刀垫	可转位式	避免了焊接刀的缺点，刀片可快换、转位；生产率高；断屑稳定；可使用涂层刀片。用于大中型车床加工外圆、端面、镗孔，特别适用于自动线、数控机床

2. 车刀的组成及位置作用

车刀的组成及位置作用见表 2-7。

表 2-7　车刀的组成及位置作用

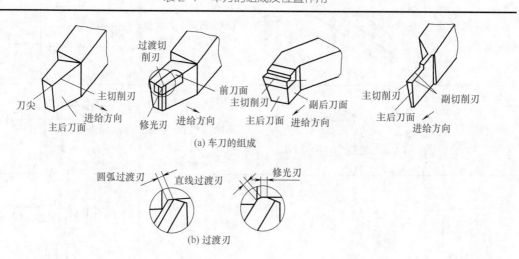

(a) 车刀的组成

(b) 过渡刃

前刀面	刀具上切屑流过的表面，也称前面
后刀面	分主后刀面和副后刀面。与工件上过渡表面相对的刀面称主后刀面 A_a；与工件上已加工表面相对的面称副后刀面 A_a'。后刀面又称后面，一般是指主后刀面
主切削刃	前刀面与主后刀面的交线。它担负着主要的切削工作，与工件上过渡表面相切
副切削刃	前刀面与副后刀面的交线，它配合主切削刃完成少量的切削工作
刀尖	指主切削刃与副切削刃的连接处的交点或连接部位。为了提高刀尖强度和延长车刀寿命，通常在车刀的刀尖处磨出一小段圆弧或直线形过渡刃，以改善刀具的切削性能
修光刃	副切削刃上，近刀尖处一小段平直的切削刃，它在切削时起修光已加工表面的作用。装刀时必须使修光刃与进给方向平行，且修光刃的长度必须大于进给量才能起到修光作用

二、常用车刀的种类与材料

1. 车刀的种类和用途

车刀的种类很多，可按用途和结构分类，具体见表 2-8。

表 2-8　常用车刀的种类及用途

车刀种类	车刀的外形图	用途	车削示意图
45°车刀（弯头车刀）	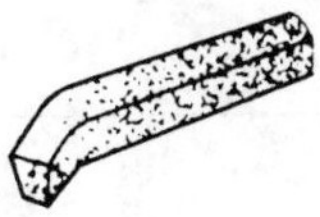	车削工件的外圆、端面和倒角	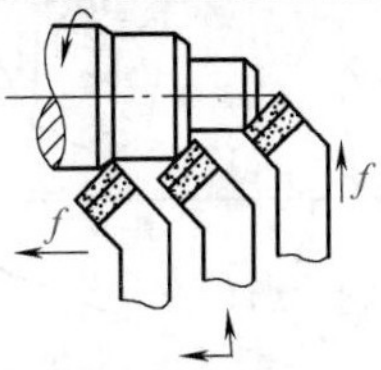
75°车刀		车削工件的外圆和端面	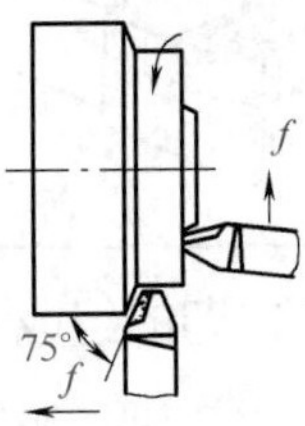
90°车刀（偏刀）		车削工件的外圆、台阶和端面	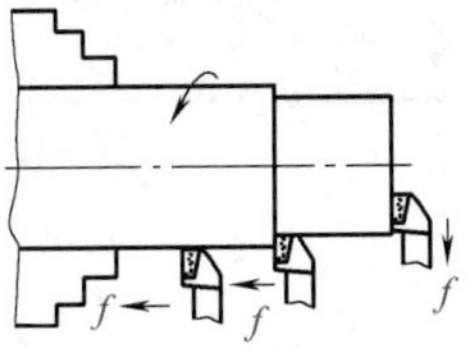
圆头车刀		车削工件的圆弧或成形面	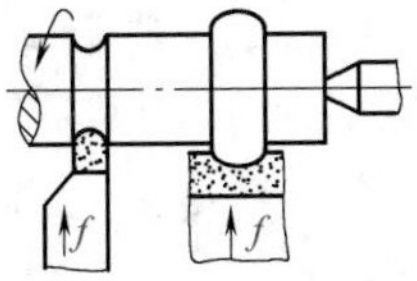
切断刀	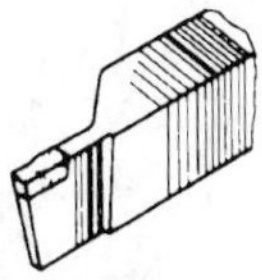	切断工件或在工件上车槽	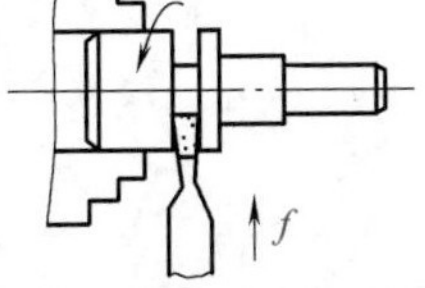

车刀种类	车刀的外形图	用途	车削示意图
内孔车刀		车削工件上的内孔	
螺纹车刀		车削螺纹	

2. 车刀切削材料

目前常用车刀切削材料有高速钢和硬质合金两大类，另外还有陶瓷和超硬刀具材料（见表2-9）。

表2-9　车刀切削材料

类别	说　明
高速钢	高速钢是含钨、钼、铬、钒等合金元素较多的工具钢。普通高速钢热处理后硬度为62～66HRC，可耐600℃左右的高温。高速钢刀具制造简单，刃磨方便，容易刃磨得到锋利的刃口，而且韧性较好，能承受较大的冲击力，因此常用于承受冲击力较大的场合。高速钢特别适用于制造各种结构复杂的成形刀具、孔加工刀具。例如成形车刀、螺纹刀具、钻头、铰刀等。高速钢可用于加工的材料范围也很广泛，包括有色金属、铸铁、碳钢、合金钢等。但它的耐热性较差，因此不能用于高速切削。普通高速钢最常用的有以下两个品种 ① W18Cr4V　属钨系高速钢　国内广泛应用，性能稳定，刃磨及热处理工艺控制较方便 ② W6Mo5Cr4V2　属钨钼系高速钢　它的主要优点是：钢中合金元素少，减少了碳化物数量及分布的不均匀性，有利于提高塑性、抗弯强度与冲击韧性。加入3%～5%的钼可改善钢的刃磨加工性能
硬质合金	硬质合金是用钨和钛的碳化物粉末加钴作为黏结剂，高压压制成型后再高温烧结而成的粉末冶金制品。常用硬质合金牌号中含有大量的WC、TiC，因此硬度、耐磨性、耐热性均高于工具钢。常温硬度达89～94HRA，耐热性达800～1000℃。切削钢时，切削速度可达220m/min。硬质合金的缺点是韧性较差，承受不了大的冲击力。但这一缺陷可通过刃磨合理的刀具角度来弥补。所以硬质合金是目前应用最广泛的一种车刀材料 切削加工用硬质合金按其切屑排出形式和加工对象的范围可分为三个主要类别，分别以字母P、M、K表示。P类适于加工长切屑的黑色金属，M类适于加工长切屑或短切屑的黑色金属和有色金属，K类适于加工短切屑的黑色金属、有色金属及非金属材料 ① K类（钨钴类）硬质合金　由碳化钨（WC）和钴（Co）组成。它的代号是K。这类合金的抗弯强度和韧性较好，因此适用于加工铸铁、有色金属等脆性材料或冲击性较大的场合。因为切削脆性材料时切屑呈崩碎状，对刀具冲击较大且切削力集中在切削刃附近。K类合金与钢的黏结温度较低（640℃左右），与钢摩擦时，其耐磨性较差，因此不能用于高速切削钢料，但在切削难加工材料或振动较大（如断续切削塑性金属）的特殊情况时，由于切削速度不高，而对刀具材料的强度和韧性要求较突出，采用K类合金反而较合适 K类合金按不同的含钴量，分为YG3、YG6、YG8等多种牌号。牌号中的数字表示含钴量的百分数，其余为碳化钨。合金中含钴量较多的（如YG8），其硬度较低，而韧性较好，适合于粗加工。含钴量较少的（如YG3），其硬度、耐磨性和耐热性较高，适合于精加工 ② P类（钨钛钴类）硬质合金　由碳化钨、碳化钛（TiC）和钴组成。它的代号是P。这类合金的耐磨性和抗黏附性较好，能承受较高的切削温度，所以适用于加工钢或其他韧性较大的塑性金属。但由于它较脆，不耐冲击，因此不宜加工脆性金属。P类合金按不同的含碳化钛量，分为YT5、YT15、YT30等几种牌号。牌号中的数字表示碳化钛含量的百分数。合金中含碳化钛较少者，含钴量多（如YT5），抗弯强度高，较能承受冲击，适合于粗加工。含碳化钛较多者，含钴量少（如YT30），耐磨性、耐热性更好，适合于精加工 ③ M类［钨钛钽（铌）类］硬质合金　这类合金是在P类合金中添加少量TaC或NbC而成。它的抗弯强度、冲击韧性以及与钢的黏结温度均高于P类合金，使之既可加工铸铁、有色金属，又可加工碳素钢、合金钢。因其能加工多种金属，故又称通用合金，常用牌号为YW₁、YW₂。它主要用于加工高温合金、高锰钢、不锈钢以及可锻铸铁、球墨铸铁、合金铸铁等难加工材料

类别	说　明
陶瓷	陶瓷刀具材料是以人造化合物为原料，在高压下成型、在高温下烧结而形成的，其主要特点如下 ①硬度高，耐磨性好　陶瓷刀具材料的硬度和耐磨性均比硬质合金更为优越，其硬度达到 91～95HRA，使用寿命比硬质合金高几倍到几十倍 ②良好的高温性能　陶瓷材料的耐热性高达 1200℃，在此温度下的硬度与硬质合金在 200～600℃时的硬度相当 ③化学稳定性好　即使在接近熔化的温度下也不会与钢进行化学作用，抗氧化能力较好 ④良好的抗黏结性能　陶瓷材料与金属亲和力小，不易与被切削金属发生黏结 ⑤摩擦系数低　其摩擦系数低于硬质合金，有利于减小切削力。常用的陶瓷材料有 Al_2O_3、Al_2O_3- 碳化物 - 金属、Si_3N_4、Al_2O_3-TiC 等
超硬刀具材料	①金刚石　金刚石是自然界中至今为止所发现的最硬的材料。金刚石分为天然金刚石（代号 JT）和人造金刚石（代号 JR）两种。由于天然金刚石价格昂贵，在工业上主要使用人造金刚石。人造金刚石由石墨作原料，在高温、高压条件下烧结转化而成，硬度可达 10000HV 金刚石刀的最大特点是具有极高的硬度和耐磨性，加工对象越硬，这种特性越突出。由金刚石制作的刀具，刀刃十分锋利，刀面表面粗糙度很小，能进行精密加工。另外，这种刀具材料的导热性好，热胀系数小 金刚石刀具材料的缺点是耐热性差，切削温度不宜超过 700～800℃。另外，金刚石刀具强度低，韧性差，对振动敏感，只宜进行微量切削 金刚石刀具主要用于对有色金属及其合金、陶瓷等高硬度、高耐磨材料的切削，而不适合于加工铁族材料，因为在高温下（达到 800℃），金刚石中的碳原子会迅速扩散到铁中，使刀具急剧磨损 ②立方氮化硼　立方氮化硼是由六方氮化硼在高温、高压下加入催化剂转变而成的。这种材料的硬度可达 8000～9000HV，耐热温度可达 1400℃。主要用于对高温合金、淬硬钢、冷硬铸铁等材料进行精加工和半精加工。以前立方氮化硼主要用于制作磨具，但近年来，这种材料也开始用于车刀中

三、车刀的切削角度

1. 确定切削角度的参考系

　　用来确定刀具几何角度的参考坐标系有两大类：一类称为标注参考系（静态参考系），是刀具设计计算、绘图标注、制造、刃磨及测量时用来确定刀刃、刀面空间几何角度的定位基准，用它定义的角度称为刀具的标注角度（静态角度）；另一类称为工作参考系（动态参考系），是确定刀具切削刃、刀面在切削过程中相对于工件的几何位置的基准，用它来定义的角度称为刀具的工作角度。

　　下面以外圆车刀为例，说明标注参考系（见表 2-10）。

表 2-10　外圆车刀切削角度的标注参考系

类别	说　明
标注参考系的假定条件	①假定没有进给运动，只考虑主运动，并且限定主运动垂直水平面，方向向上 ②假定刀具的刃磨和安装基准面垂直于切削速度方向（或平行于基面），对车刀来说，规定其刀尖安装在工件中心高度上，刀杆中心线垂直于工件的回转轴线
刀具标注参考系	刀具的标注参考系有三个坐标平面：基面、切削平面、刃截面。当讨论主切削刃时称为主切削刃截面，简称主截面。同理，在讨论副切削刃时，称为副切削刃剖面，简称副截面，其坐标平面说明如下 ①基面 P_r　垂直于主运动方向并通过切削刃上选定点（即要研究的点）。如果切削刃是直线，并平行于水平面，切削刃的各点均符合这个条件）。根据假设条件，只考虑主运动方向和刀尖恰在工件中心线上的假设，可以认为基面就是由工件中心线和刀尖规定的一个平面。如果刀尖安装得过高或过低，根据主运动垂直向上的假设，该点不在刀尖上，而是在刀刃上的某一点，此时并不会改变基面的位置，如果刀刃是直线，也不会影响其测量的角度，如图 2-6 所示 ②切削平面 P_s　指切削刃上选定点与主切削刃相切并垂直于基面的平面，如图 2-6 所示。一般情况下，切削平面就是指主切削平面 ③主截面 P_o　指通过切削刃上某选定点同时垂直于基面和切削平面的平面

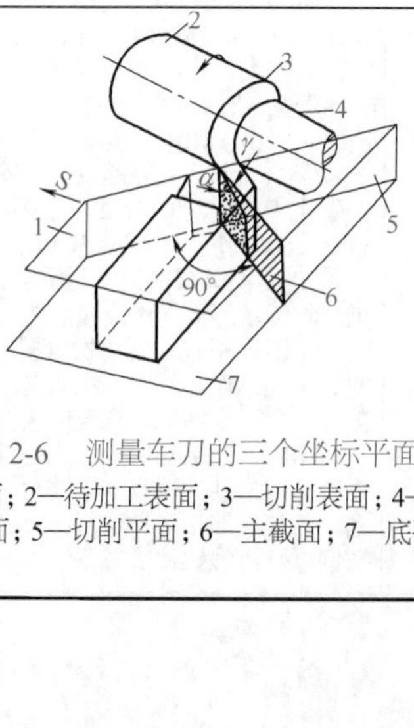

图 2-6　测量车刀的三个坐标平面

1—基面；2—待加工表面；3—切削表面；4—已加工表面；5—切削平面；6—主截面；7—底平面

以上刀具各标注角度参考系均适用于选定点选在主切削刃上，如果选定点选在副切削刃上，则所定义的是副切削刃标注参考系的坐标平面，应在相应的符号右上角加标"′"以示区别，如副截面 P_o'。

2. 车刀切削角度及其作用

车刀切削部分共有六个独立的基本角度，它们是：主偏角、副偏角、前角、主后角、副后角和刃倾角；另外还有两个派生角度：刀尖角和楔角，如图 2-7 所示。车刀切削部分的角度及其作用见表 2-11。

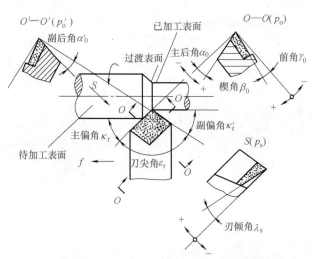

图 2-7　车刀切削部分主要角度标注

表 2-11　车刀切削部分的角度及其作用

名称	代号	角度及其作用
主偏角（基面内测量）	κ_r	主切削刃在基面上的投影与进给运动方向之间的夹角。常用车刀的主偏角有：45°、60°、75°、90° 等。其作用是改变主切削刃的受力及导热能力，影响切屑的厚度
副偏角（基面内测量）	κ_r'	副切削刃在基面上的投影与背离进给运动方向之间的夹角。其作用是减少副切削刃与工件已加工表面的摩擦，影响工件表面质量及车刀强度
前角（主正交平面内测量）	γ_0	前刀面与基面间的夹角。其作用是影响刃口锋利程度和强度，影响切削变形和切削力
主后角（主正交平面内测量）	α_0	主后刀面与主切削平面间的夹角。其作用是减少车刀主后刀面与工件过渡表面间的摩擦
副后角（副正交平面内测量）	α_0'	副后刀面与副切削平面间的夹角。其作用是减少车刀副后刀面与工件已加工表面的摩擦
刃倾角（主切削平面内测量）	λ_s	主切削刃与基面间的夹角。其作用是控制排屑方向。当刃倾角为负值时可增加刀头强度，并在车刀受冲击时保护刀尖
刀尖角（基面内测量）	ε_r	主、副切削刃在基面上的投影间的夹角。其作用是影响刀尖强度和散热性能
楔角（主正交平面内测量）	β_0	主、副切削刃在基面上的投影间的夹角。其作用是影响刀头截面的大小，从而影响刀头的强度

3. 车刀的工作角度

以上所介绍的车刀切削角度是车刀在静止状态时的切削角度，也就是一般刀具图纸上所标注的角度。车刀在进行切削加工时，由于受进给运动、刀具安装及工件形状的影响，其实际的切削角度与静止状态时的切削角度相比发生一定的变化。一般情况下，这种变化较小，可以忽略不计。但在某些加工情况下，则应加以考虑。车刀在切削状态下的切削角度称为工作角度。

（1）车刀安装位置对车刀工作角度的影响

① 车刀刀尖与工件中心相对位置对工作角度的影响　车刀车削外圆时，如果刀尖对准工件中心，刀具的工作角度与静止角度相同，否则会发生变化，如图 2-8 所示。

当刀尖高于工件中心时，前角增大，后角减小，如图 2-8（a）所示。

当刀尖低于工件中心时，前角减小，后角增大，如图 2-8（b）所示。

应当注意的是，在车削内孔时，刀尖相对工件中心安装位置对工作角度的影响与车外圆时相反。

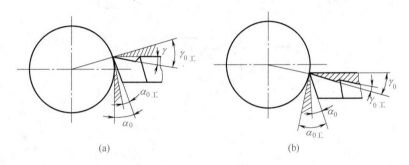

图 2-8　刀尖相对工件中心安装位置对刀具工作角度的影响

② 刀杆与进给方向不垂直对工作角度的影响　安装车刀时，如车刀刀杆的轴线与进给方向垂直，刀具的工作主偏角、副偏角与静止角度相比均不发生变化，否则会发生变化，如图 2-9 所示。

当刀杆轴线向右倾斜时，主偏角偏大，副偏角减小，如图 2-9（a）所示。

当刀杆轴线向左倾斜时，主偏角减小，副偏角增大，如图 2-9（b）所示。

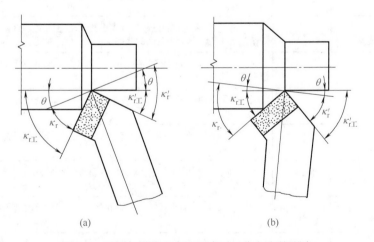

图 2-9　刀杆与进给方向不垂直对工作角度的影响

（2）进给运动对工作角度的影响

① 纵向进给对工作角度的影响　车刀在做纵向进给时，刀刃上选定相对于工件表面的运动轨迹为一螺旋线，基面和切削平面均发生偏转，从而使工作角度与静止角度相比发生变

化。此时的工作前角较静止前角增大，后角较静止后角减小，如图2-10所示。一般车削时，由于进给量不足以使基面及切削平面偏转过大，故可不考虑工作角度的变化。但进给量大时，如车削大螺距螺纹或多头螺杆时，在刃磨刀具时就应当考虑工作角度的变化。

② 横向进给对工作角度的影响　车刀做横向进给时（如进行切断），刀尖的运动轨迹也为螺旋线，工作角度也发生变化，此时刀具的工作前角增大，工作后角减小，如图2-11所示。

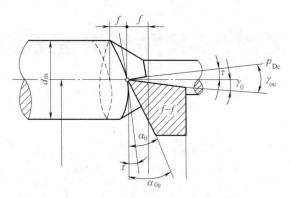

图 2-10　纵向进给对工作角度的影响

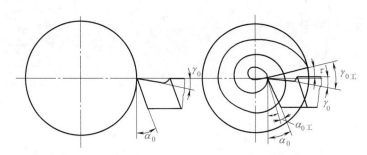

图 2-11　横向进给对工作角度的影响

四、车刀切削角度的作用与选择

1. 前角的作用与选择（表2-12）

表 2-12　前角的作用与选择

类别	说　明
前角的作用	前角是车刀最重要的一个角度，其大小影响刀具的锐利程度与强度。加大前角，可使刃口锋利，减小切削变形和切削力，使切削轻快。但前角过大，楔角β_0减小，降低了切削刃和刀头的强度，使刀头散热条件变差，切削时刀头容易崩刃
前角的初步选择及选择原则	（1）初步选择前角的大小应根据工件材料、刀具材料及加工性质选择 ①工件材料软时，可取较大的前角；工件材料硬时，应取较小的前角 ②车削塑性材料时，可取较大的前角；车削脆性材料时，应取较小的前角 ③车削塑性材料的强度较低、韧性较差，前角应取小些；反之，前角可取大些 （2）根据粗精加工选择前角 粗加工时，为了保证切削刃有足够的强度，应取小的前角；精加工时，为了获得较细的表面粗糙度，应取较大的前角。车刀前角的参考数值见表2-13 （3）前角的选择原则 ①加工塑性材料时，切屑变形大，为减少切屑变形，改善切削状态，前角可选大些；加工脆性材料，如铸铁时，前角则应选小一些 ②加工较软材料时，前角可选大些；加工较硬材料时，为了提高刀尖的强度，增加车刀的耐用度，前角应选小些 ③车刀切削部分材料韧性较差时，为了避免在冲击力下发生崩刃，前角应选小些；切削部分材料韧性较好时，可选较大的前角 ④粗加工时，切削力大，而且由于工件表面有硬皮，会对刀具产生冲击作用，故前角适当取小些；精加工时，表面质量要求高，为了改善切屑变形，减小切削力，降低表面粗糙度，前角应取大些 ⑤工艺系统（包括工件、车刀、夹具和机床等）的刚度较差，为减小切削力，前角可适当取大些

类别	说　　明
前刀面的常见形式	①正前角平面型［图2-12（a）］制造简单，切削刃口锋利，但强度低，散热差，主要用于精车 ②正前角平面带倒棱型［图2-12（b）］为提高刀刃强度和抗冲击能力，改善其散热条件，常在主切削刃的刃口处磨出一条很窄的棱，称为倒棱。切削塑性材料时，倒棱宽度可按$b_{r1}=(0.5\sim1.0)f$（f为进给量），$\gamma_{01}=-5°\sim-15°$选取。一般用硬质合金车刀切削塑性或韧性较大的金属材料及进行强力车削和断续车削时，可在刃口上磨出倒棱 ③正前角曲面带倒棱型［图2-12（c）］在上述正前角平面带倒棱型的基础上，在前刀面上磨出一定形状的曲面就形成了这种形式。这样不但可增大前角，而且在前刀面上形成了卷屑槽。卷屑槽的参数通常为：$l_{Bn}=(6\sim8)f$，$r_{Bn}=(0.7\sim0.8)l_{Bn}$ ④负前角单面型［图1-49（d）］在车削高硬度或高强度材料和淬火钢材料时，刀具的切削刃要承受较大的压力，为了改善切削刃的强度，常使用这种前刀面形式 ⑤负前角双面型［图1-49（e）］当磨损同时发生在前、后两刀面时，可将前刀面磨成负前角双面型。这样可增加刀刃的重磨次数。负前角的棱面应有足够宽度，以便于切屑沿该棱面流出 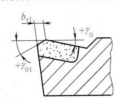 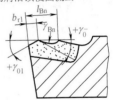 （a）正前角平面型　　（b）正前角平面带倒棱型　　（c）正前角曲面带倒棱型 （d）负前角单面型　　（e）负前角双面型 图2-12　常见前刀面形式

表 2-13　车刀前角的参考数值

工件材料		刀具材料	
		高速钢	硬质合金
		前角（γ_0）数值	
灰铸铁及可锻铸铁	HBS ≤ 220	20°～25°	15°～20°
	HBS > 220	10°	8°
铝及铝合金		25°～30°	25°～30°
纯铜及铜合金（软）		25°～30°	25°～30°
铜合金	粗加工	10°～15°	10°～15°
	精加工	5°～10°	5°～10°
结构钢	σ_b ≤ 800MPa	20°～25°	15°～20°
	σ_b=800～1000MPa	15°～20°	10°～15°
铸、锻钢件或断续切削灰铸铁		10°～15°	5°～10°

2. 后角的作用与选择（表2-14）

表 2-14　后角的作用与选择

类别	说　　明
后角的作用	主要是减少车刀主后面和工件已加工表面之间的摩擦，从而提高加工表面质量，减少刀具的磨损。另外，后角的大小也影响着刀具切削部分的强度和车刀的散热。有时，为了减小切削时的振动，也可采取减小后角的措施

类别	说明
后角的选择 原则	①工件材料硬度、强度大或塑性较差时，后角应取小些，反之则可取大些 ②粗加工时，后角应取小些，这样可以提高刀尖的强度 ③工件或车刀刚度较差时，后角应取较小值，这样可增大车刀后面与工件之间的接触面积，有利于减少工件或车刀的振动

3. 主偏角的作用及选择（表2-15）

表2-15　主偏角的作用及选择

类别	说明
主偏角的 作用	主偏角的大小对切削力的分配及刀具耐用度均有影响。增大主偏角会使切削力的背向分力 F_y 减小，进给分力 F_x 增大，如图2-13所示。减小主偏角可使主切削刃参加切削的长度增加，增大刀尖角，切屑变薄，改善散热条件，从而使刀具的耐用度得到提高 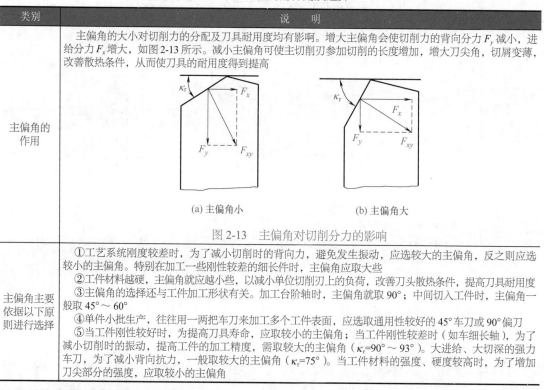 (a) 主偏角小　　　　　　　(b) 主偏角大 图2-13　主偏角对切削分力的影响
主偏角主要 依据以下原 则进行选择	①工艺系统刚度较差时，为了减小切削时的背向力，避免发生振动，应选择较大的主偏角，反之则应选较小的主偏角。特别在加工一些刚性较差的细长件时，主偏角应取大些 ②工件材料越硬，主偏角就应越小些，以减小单位切削刃上的负荷，改善刀头散热条件，提高刀具耐用度 ③主偏角的选择还与工件加工形状有关。加工台阶轴时，主偏角就取90°；中间切入工件时，主偏角一般取45°～60° ④单件小批生产，往往用一两把车刀来加工多个工件表面，应选取通用性较好的45°车刀或90°偏刀 ⑤当工件刚性较好时，为提高刀具寿命，应取较小的主偏角；当工件刚性较差时（如车细长轴），为了减小切削时的振动，提高工件的加工精度，需取较大的主偏角（κ_r=90°～93°）。大进给、大切深的强力车刀，为了减小背向抗力，一般取较大的主偏角（κ_r=75°）。当工件材料的强度、硬度较高时，为了增加刀尖部分的强度，应取较小的主偏角

4. 副偏角的作用及选择（表2-16）

表2-16　副偏角的作用及选择

类别	说明
副偏角的 作用	副偏角可减小副切削刃与已加工表面之间的摩擦，影响刀尖部分的强度和散热条件，影响已加工表面的粗糙度
副偏角的 选择	副偏角的大小主要根据工件表面粗糙度和刀尖强度要求选择 ①对于外圆车刀，一般取，κ_r'=6°～10° ②精加工车刀，为了减小已加工表面粗糙度值，副偏角应取得更小些。必要时，可磨出一段 κ_r'=0° 的修光刃，修光刃的长度 b_ε' 应略大于进给量，即 b_ε'=1.2～1.5mm，如图2-14所示 ③加工强度、硬度较高的材料时，为了提高刀尖部分的强度，应取较小的副偏角（κ_r'=4°～6°） ④工件刚性较差时，为了减小背向抗力，避免产生切削振动，应取较大的副偏角 ⑤切断时，为了保证刀头强度，保证重磨后刀头宽度变化较小，只能取很小的副偏角，即 κ_r'=1°～2° 图2-14　车刀的过渡刃和修光刃

5. 刃倾角的作用及选择（表2-17）

表2-17　刃倾角的作用及选择

类别	说　明
刃倾角的作用	①刃倾角有正值（$+\lambda_s$）、负值（$-\lambda_s$）和零度（$\lambda_s=0°$）三种，如图2-15所示。当刀尖是主切削刃的最高点时，刃倾角为正值；当刀尖是主切刃上的最低点时，刃倾角为负值；当主切削刃与基面重合时，刃倾角为零 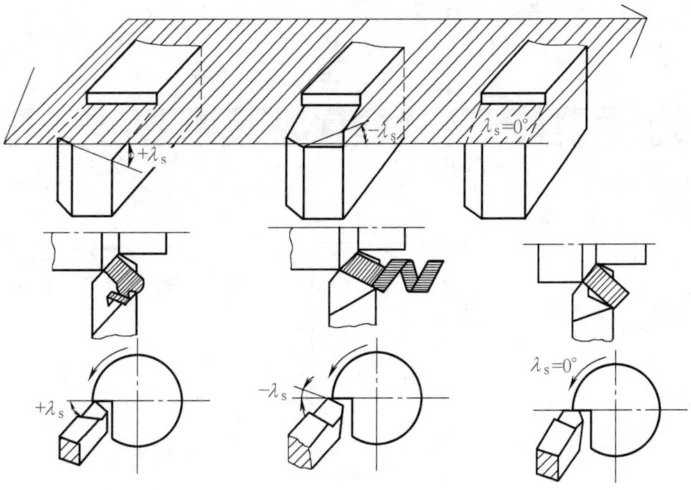 图2-15　车刀的刃倾角及对切削的影响 ②刃倾角可控制切屑的流出方向。正值的刃倾角可使切屑流向待加工表面；负值的刃倾角可使切屑流向已加工表面；零值的刃倾角可使切屑垂直于主切削刃方向流出，如图2-15所示 ③刃倾角影响刀尖部分的强度。正值的刃倾角可提高工件表面加工质量，但刀尖强度较差，不利于承受冲击负荷，容易损坏 ④刃倾角影响切削分力的大小。正值刃倾角可使背向抗力减小而进给抗力加大；负值刃倾角可使背向抗力加大而进给抗力减小
刃倾角的选择	刃倾角主要根据刀尖部分的要求和切屑流出方向选择，具体如下 ①粗车一般钢材和铸铁时，应取负值的刃倾角，即 $\lambda_s=-5°\sim0°$ ②精车一般钢材和铸铁时，为了保证切屑流向待加工表面，应取较小的正值刃倾角，即 $\lambda_s=0°\sim5°$ ③有冲击负荷或断续切削时，为了保证足够的刀尖强度，应取较大的负值刃倾角，即 $\lambda_s=-15°\sim-5°$ ④当工件刚性较差时，应选取正值刃倾角，即 $\lambda_s=3°\sim5°$

6. 过渡刃的作用与选择（表2-18）

表2-18　过渡刃的作用与选择

类别	说　明
过渡刃的作用	主要是提高刀尖强度，改善散热条件。过渡刃从形状来分有直线形和圆弧形两种，如图2-16所示。直线形过渡刃的偏角 $\kappa_{r\varepsilon}$ 一般取主偏角的一半；过渡刃的长度 b_ε 一般取 $0.5\sim2$mm。圆弧形过渡刃不仅能提高刀尖强度，还能减少车削后的残留面积，改善工件表面粗糙度，但半径不宜太大，以免引起振动 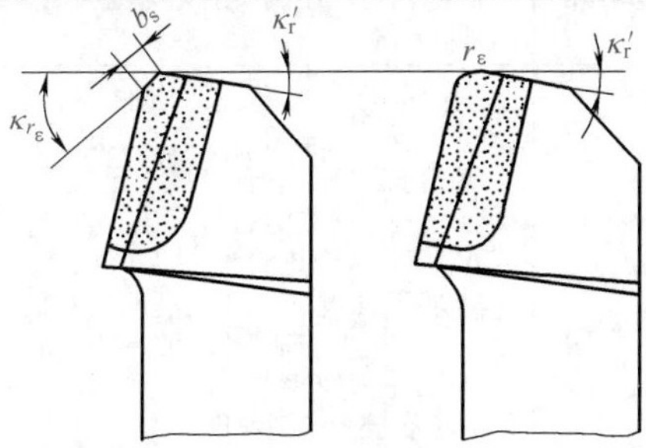 图2-16　车刀的过渡刃

类别	说　明
过渡刃的 选择	①精车时，一般选取较小的过渡刃；粗车时，切削力及切屑变形大，切削热也多，应选取较大的过渡刃 ②工件材料较硬或容易引起刀具磨损时，应选取较大的过渡刃，否则，应取较小的过渡刃 ③工艺系统刚度较好时，可选较大的过渡刃；反之，则应取较小的过渡刃

五、刀具的磨损和刃磨

刀具随着切削过程的进行必然会钝化，刀具钝化后，改变了原有的几何形状正常的切削性能，这时必须重新刃磨或更换切削刃（可转位刀具）。刀具钝化的主要原因有两种：一种叫磨损，就是在切削过程中，由于工件 - 刀具 - 切屑的接触区里发生着强烈的摩擦，以致刀具表面某些部位（如前、后刀面）的材料被切屑或工件逐渐带走而磨损，刀具的磨损是一种不可避免的现象；另一种叫破损，可能是由于刀具的设计、制造及使用不当，也可能是由于刀具（尤其是一些脆性材料，如硬质合金、陶瓷等刀具）受切削力冲击而疲劳，以致在切削过程中切削刃或刀片发生脆性破损，这种破损也遵循一定的统计规律。

1. 刀具磨损的形式

由于加工材料不同，切削用量不同，刀具磨损的形式也不同，主要形式见表 2-19。

表 2-19　刀具磨损的主要形式

简图	形式	说明
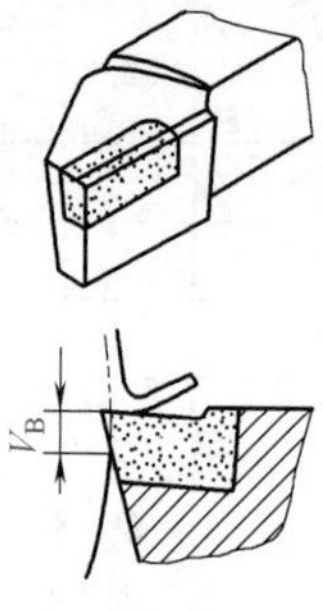	后刀面磨损	指磨损部位主要发生在后刀面上。磨损后形成 $\alpha_0=0°$ 的磨损带，它用宽度 V_B 示磨损量，这种磨损一般是在切削脆性材料或用较低的切削速度和较小的切削厚度（$a_c < 0.1mm$）切削塑性材料时发生的。这时前刀面上的机械摩擦较小，温度较低，所以后刀面上的磨损大于前刀面上的磨损
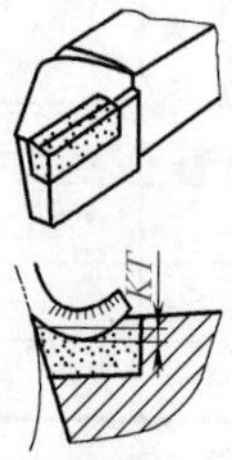	前刀面磨损	指磨损部位主要发生在前刀面上。磨损后在前刀面靠近刃口处出现月牙洼，在磨损过程中，月牙洼逐渐加深加宽，并向刃口方向扩展，甚至导致崩刃。这种磨损一般是在用较高的切削速度和较大的切削厚度（$a_c > 0.1mm$）切削塑性材料时发生的
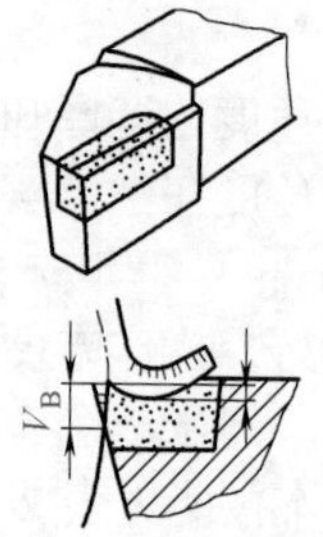	前、后刀面同时磨损	指前面的月牙洼和后面的棱面同时发生的磨损。这种磨损发生的条件介于以上两种磨损之间，即发生在切削厚度 $a_c=0.1 \sim 0.5mm$ 时，切削塑性材料的情况下。因为在大多数情况下后面部有磨损，V_B 的大小对加工精度和表面粗糙度影响较大，而且对 V_B 的测量也较方便，所以车刀的磨钝标准以测出的 V_B 大小为准

2. 刀具的磨损限度

如前所述，一般的刀具都可用后刀面的摩擦带宽度 V_B 来表示刀具的磨损程度。随着切削加工的进行，V_B 值将逐渐增大，切削力及切削温度也随之上升。但在整个切削过程中，V_B 值的扩展速度是变化的，新刃磨好的刀具刚开始切削时，磨损速度较快，然后就很快稳定下来进入正常磨损阶段，磨损速度减慢并趋于一个常数。当 V_B 达到一定值后，切削力及切削温度都明显升高，于是磨损速度急剧上升，若继续切削则刀具会迅速毁损。另外，随 V_B 值的增大，加工表面质量及加工精度也会恶化。因此，当 V_B 达到某一数值后就必须及时换刀、刃磨或更换新的切削刃，这就是通常所说的"磨损限度"。表 2-20 所列为常用刀具的磨损限度。

表 2-20　常用刀具的磨损限度

刀具名称		工件材料	刀具材料 /mm			
			高速钢		硬质合金	
			粗加工	精加工	粗加工	精加工
外圆车刀		钢材	1.5 ～ 2.0	0.3 ～ 0.5	0.8 ～ 1.0	0.3 ～ 0.5
		铸铁	3.0 ～ 4.0	1.5 ～ 2.0	1.4 ～ 1.7	0.5 ～ 0.7
		高温合金	—	—	0.6 ～ 0.8	0.2 ～ 0.4
切断车刀		钢材	0.8 ～ 1.0	—	0.8 ～ 1.0	—
		铸铁	1.5 ～ 2.0	—	0.8 ～ 1.0	—
钻头	$D \leqslant 10$	钢材	0.4 ～ 0.7	—	—	—
		铸铁	0.5 ～ 0.8	—	0.3 ～ 0.5	—
	$10 < D \leqslant 20$	钢材	0.7 ～ 1.0	—	—	—
		铸铁	0.8 ～ 1.2	—	0.5 ～ 0.8	—
	$D > 20$	钢材	1.0 ～ 1.4	—	—	—
		铸铁	1.2 ～ 1.6	—	0.8 ～ 1.0	—
铰刀		钢材与铸铁	—	0.3 ～ 0.6	—	$D < 18$ 0.2 ～ 0.3 D=18 ～ 25 0.3 ～ 0.6
面铣刀		钢材	1.2 ～ 1.8	0.3 ～ 0.5	0.8 ～ 1.0	0.3 ～ 0.5
		铸铁	1.5 ～ 1.8		1.0 ～ 1.2	
齿轮滚刀		钢材	0.8 ～ 0.8	0.2 ～ 0.4		
插齿刀		钢材	0.5 ～ 1.0	0.1 ～ 0.3		
圆孔拉刀		钢材与铸铁	—	0.2 ～ 0.3		
花键拉刀		钢材与铸铁	—	0.3 ～ 0.4		

注：高速钢刀具切钢时加切削液，其余为干切削。

3. 刀具的手工刃磨及研磨

正确刃磨车刀是车工必须掌握的基本功之一。只懂得切削原理和刀具角度的选择知识还是不够的，还要正确地掌握车刀的刃磨技术，否则仍然不能使合理的切削角度在生产实践中发挥作用。

车刀的刃磨一般有机械刃磨和手工刃磨两种。机械刃磨效率高、质量好、操作方便，在有条件的工厂应用较多。手工刃磨灵活，对设备要求低，目前仍普遍采用。对于一个车工来说，手工刃磨是基础，是必须掌握的基本技能。刀具的手工刃磨及研磨基本技能见表 2-21。

表 2-21　刀具的手工刃磨及研磨基本技能

类别	说　明
砂轮的选择	目前工厂中常用的磨刀砂轮有两种：一种是氧化铝砂轮，另一种是绿色碳化硅砂轮。刃磨时必须根据刀具材料来决定砂轮的种类。氧化铝砂轮的砂粒韧性好，比较锋利，但硬度稍低，用来刃磨高速钢车刀和硬质合金刀的刀杆部分。绿色碳化硅砂轮的砂粒硬度高，切削性能好，但较脆，用来刃磨硬质合金车刀
手工刃磨的步骤	现以主偏角为 90° 的钢料车刀（YT15）为例，介绍手工刃磨的步骤 ①先把车刀前刀面、后刀面上的焊渣磨去，并磨平车刀的底平面　磨削时采用粒度号为 F24～F36 的氧化铝砂轮 ②粗磨主后刀面和副后刀面的刀杆部分　其后角应比刀片后角大 2°～3°，以便刃磨刀片上的后角。磨削时应采用粒度号为 F24～F36 的氧化铝砂轮 ③粗磨刀片上的主后刀面和副后刀面　粗磨出的主后角、副后角应比所要求的后角大 2° 左右，刃磨方法如图 2-17 所示。刃磨时采用粒度号为 F36～F60 的绿色碳化硅砂轮  图 2-17　粗磨主后刀面、副后刀面 ④刃磨断屑槽　为使切屑碎断，一般要在车刀前面磨出断屑槽。断屑槽有三种形状，即直线形、圆弧形和直线圆弧形。如刃磨圆弧形断屑槽的车刀，必须先把砂轮的外圆与平面的交角处用修砂轮的金刚石笔（或用硬砂条）修整成相适应的圆弧。如刃磨直线形断屑槽，砂轮的交角就必须修整得很尖锐。刃磨时，刀尖可向下或向上移动，如图 2-18 所示 刃磨断屑槽的注意事项 a. 磨断屑槽的砂轮交角处应经常保持尖锐或具有很小的圆角。当砂轮上出现较大的圆角时，应及时用金刚石笔修整砂轮 b. 刃磨时的起点位置应跟刀尖、主切削刃离开一小段距离。绝不能一开始就直接刃磨到主切削刃和刀尖上，而使刀尖和切削刃坍 c. 刃磨时，不能用力过大。车刀应沿刀杆方向上下平稳移动 d. 磨断屑槽可以在平面砂轮和杯形砂轮上进行。对尺寸较大的断屑槽，可分粗磨和精磨，尺寸较小的断屑槽可一次磨削成形。精磨断屑槽时，有条件的工厂可在金刚石砂轮上进行 ⑤精磨主后刀面和副后刀面　刃磨的方法如图 2-19 所示。刃磨时，将车刀底平面靠在调整好角度的搁板上，并使切削刃轻轻靠住砂轮的端面，车刀应左右缓慢移动，使砂轮磨损均匀，车刀刃口平直。精磨时采用粒度为 180～200 的绿色碳化硅杯形砂轮或金刚石砂轮 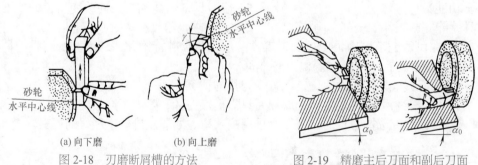 (a) 向下磨　　　(b) 向上磨 图 2-18　刃磨断屑槽的方法　　　　图 2-19　精磨主后刀面和副后刀面 ⑥磨负倒棱　为使切削刃强固，加工钢料的硬质合金车刀一般要磨出负倒棱，倒棱的宽度一般为 $b=(0.5～0.8)f$；负倒棱前角为 $\gamma_0=-10°～-5°$。磨负倒棱的方法如图 2-20 所示。用力要轻微，车刀要沿主切削刃的后端向刀尖方向摆动。磨削方法可以采用直磨法和横磨法。为保证切削刃质量，最好用直磨法。采用的砂轮与精磨后刀面时相同 ⑦磨过渡刃　过渡刃有直线形和圆弧形两种。刃磨方法和精磨后刀面时基本相同。刃磨车削硬材料的车刀时，也可以在过渡刃上磨出负倒棱。对于大进给刀量车刀，可用相同的方法在副切削刃上磨出修光刃，采用的砂轮与精磨后刀面时的相同，如图 2-21 所示

类别	说　明

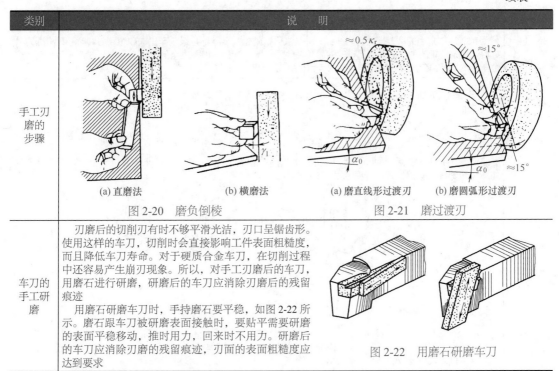

手工刃磨的步骤

(a) 直磨法　　　　　(b) 横磨法　　　　　(a) 磨直线形过渡刃　　　　(b) 磨圆弧形过渡刃

图 2-20　磨负倒棱　　　　　　　　　　图 2-21　磨过渡刃

车刀的手工研磨

　　刃磨后的切削刃有时不够平滑光洁，刃口呈锯齿形。使用这样的车刀，切削时会直接影响工件表面粗糙度，而且降低车刀寿命。对于硬质合金车刀，在切削过程中还容易产生崩刃现象。所以，对手工刃磨后的车刀，用磨石进行研磨，研磨后的车刀应消除刃磨后的残留痕迹

　　用磨石研磨车刀时，手持磨石要平稳，如图 2-22 所示。磨石跟车刀被研磨表面接触时，要贴平需要研磨的表面平稳移动，推时用力，回来时不用力。研磨后的车刀应消除刃磨的残留痕迹，刃面的表面粗糙度应达到要求

图 2-22　用磨石研磨车刀

第四节　数控车刀和刀具系统

　　数控车床加工时，能根据程序指令实现全自动换刀。为了缩短数控车床的准备时间，适应柔性加工要求，数控车床对刀具提出了更高的要求，不仅要求刀具耐磨损、寿命长、可靠性好、精度高、刚性好、耐用度高，而且要求安装、调整、刃磨方便，断屑及排屑性能好。在全功能数控车床上，可预先安装 8 ～ 12 把刀具，当被加工工件改变后，一般不需要更换刀具就能完成工件的全部车削加工，为了满足要求，刀具配备时应注意以下几个问题。

　　① 在可能的范围内，使被加工工件的形状、尺寸标准化，从而减少刀具的种类，实现不换刀或少换刀，以缩短准备和调整时间。

　　② 使刀具规格化和通用化，以减少刀具的种类，便于刀具管理。

　　③ 尽可能采用可转位刀片，磨损后只需更换刀片，增加了刀具的互换性。

　　④ 在设计或选择刀具时，应尽量采用高效率、断屑及排屑性能好的刀具。

一、数控车削对刀具的要求

1. 刀具性能

数控车削对刀具性能的具体要求见表 2-22。

2. 刀具材料

刀具材料的选择对刀具寿命、加工效率、加工质量和加工成本等的影响很大。刀具切削时，要承受高压、高温、摩擦、冲击和振动等作用。因此，刀具材料应具备以下一些基本性能。

表 2-22 数控车削对刀具性能的具体要求

要求	说明
具有高的可靠性	数控车削在数控车床上进行,切削速度和自动化程度高,要求刀具应具有很高的可靠性。如果刀具可靠性差,将会增加换刀次数和时间,降低生产效率,这将使数控车削失去意义,而且还将产生废品,损坏车床与设备,甚至造成人员伤亡。因此,数控车削刀具的可靠性十分重要。在选择数控车削刀具时,除需要考虑刀具材料本身的可靠性外,还应考虑刀具的结构和夹固的可靠性
具有高的耐热性、抗热冲击性和高温力学性能	为了提高生产效率,现在的数控车床向着高速度、高刚性和大功率的方向发展。切削速度的提高,往往会导致切削温度的急剧升高。因此,要求刀具材料的熔点高、氧化温度高、耐热性好、抗热冲击性能强,还要具有很高的高温力学性能,如高温强度、高温硬度、高温韧性等
具有高的精度	由于在数控加工生产中,被加工零件要求在一次装夹后完成其加工精度,因此,要求刀具借助专用的对刀装置或对刀仪调整到所要求的尺寸精度后,再安装到机床上使用。这样,就要求刀具的制造精度要高。尤其在使用可转位结构的刀具时,刀片的尺寸公差、刀片转位后刀尖空间位置尺寸的重复精度都有严格的精度要求
能实现快速更换	数控车削刀具应能与数控车床快速、准确地接合和脱开,并能适应机械手和机器人的操作,并且要求刀具互换性好、更换迅速、尺寸调整方便、安装可靠,以减少因更换刀具而造成的停顿时间。刀具的尺寸应能借助对刀仪在机外进行预调,以减少换刀调整的停机时间
系列化、标准化和通用化	数控车削刀具应系列化、标准化和通用化,尽量减少刀具规格,以便于数控编程和刀具管理,降低加工成本,提高生产效率。应建立刀具准备单元进行集中管理,负责刀具的保管、维护、预调、配置等工作
尽量采用机夹可转位刀具	由于机夹可转位刀具能满足耐用、稳定、易调和可换等要求,目前,在数控车床设备上广泛采用机夹可转位刀具结构。机夹可转位刀具在数量上达到整个数控车削刀具的30%～40%
尽量采用多功能复合刀具及专用刀具	为了充分发挥数控车床的技术优势、提高加工效率,对复杂零件加工时,要求在一次装夹中进行多工序的集中加工,并淡化传统的车、铣、镗、螺纹加工等不同切削工艺的界限。为此,对数控车削刀具提出了多功能(复合刀具)的新要求,即要求一种刀具能完成零件不同工序的加工,以减少换刀次数,节省换刀时间,减少刀具的数量和库存量,便于刀具管理
能可靠地断屑或卷屑	为了保证生产稳定运行,数控车削对切屑处理有更高的要求。切削塑性材料时,切屑的折断与卷曲常常是决定数控车削能否正常进行的重要因素。因此,数控车削刀具必须具有很好的断屑、卷屑和排屑性能。要求切屑不能缠绕在刀具或工件上、不影响工件的已加工表面、不妨碍冷却浇注效果。数控车削刀具一般都采取了一定的断屑措施(如可靠的断屑槽型、断屑台和断屑器等),以便可靠地断屑或卷屑
能适应难加工材料和新型材料加工的需要	随着科学技术的发展,对工程材料提出了越来越高的要求,各种高强度、高硬度、耐腐蚀和耐高温的工程材料越来越多地被采用。它们中的大多数属于难加工材料。目前,难加工材料已占工件的40%以上。因此,数控车削刀具应能适应难加工材料和新型材料加工的需要

① 硬度和耐磨性 刀具材料的硬度必须高于工件材料的硬度,一般要求在60HRC以上。刀具材料的硬度越高,耐磨性就越好。

② 强度和韧性 刀具材料应具备较高的强度和韧性,以便承受切削力、冲击和振动,以防刀具脆性断裂和崩刃。

③ 耐热性 刀具材料的耐热性要好,能承受高的切削温度,具备良好的抗氧化能力。

④ 工艺性能和经济性 刀具材料应具备好的锻造性能、热处理性能、焊接性能、磨削加工性能等,而且要追求高的性价比。

二、数控车刀的种类及其选用

1. 常用数控车刀的种类和用途

常用数控车刀一般分为尖形车刀、圆弧形车刀和成形车刀三类,其说明见表2-23。

2. 机夹可转位车刀的选用

机夹可转位车刀是使用可转位刀片的机夹刀具,如图2-29所示。它是由刀垫、刀片和套装在刀杆的夹紧元件(图2-30)组成。夹紧元件将刀片压向支承面而紧固,车刀的前、后角靠刀片在刀杆槽中安装后获得。一条切削刃用钝后可迅速转位换成相邻的新切削刃继续切削，直到刀片上所有的切削刃均已用钝，刀片才报废回收。更换新刀片后，车刀又可继续切削工作。

表 2-23　常用数控车刀的种类和用途

类型	说　明
尖形车刀	尖形车刀是以直线切削刃为特征的车刀。这类车刀的刀尖（同时也为其刀位点）由直线形的主、副切削刃构成，例如 90℃外圆车刀、左右端面车刀、切断（车槽）车刀以及刀尖倒棱很小的各种外圆和内孔车刀均为尖形车刀 用这类车刀加工零件时，其零件的轮廓形状主要由一个独立的刀尖或一条直线形主切削刃位移后加工得到，它与另两类车刀加工时所得到零件轮廓形状的原理是截然不同的 尖形车刀几何参数（主要是几何角度）的选择方法与普通车削时基本相同，但应全面考虑适合数控加工的特点（如加工路线、加工干涉等），并应兼顾刀尖本身的强度 例如，在加工如图 2-23 所示的零件时，要使其左右两个 45° 锥面由一把车刀加工出来，并使车刀的切削刃在车削圆锥面时不致发生加工干涉 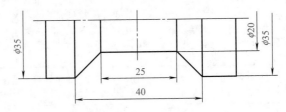 图 2-23　示例件 又如，车削如图 2-24 所示大圆弧内表面零件时，所选择尖形内孔车刀的形状及主要几何角度如图 2-25 所示（前角为 0°），这样刀具可将其内圆弧面和右端面一刀车出，而避免了用两把车刀进行加工 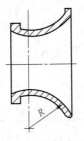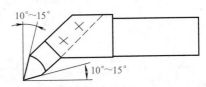 图 2-24　大圆弧内表面零件　　　图 2-25　尖形内孔车刀示列 选择尖形车刀不发生干涉的几何角度，可用作图或计算的方法。如副偏角的大小，大于作图或计算所得不发生干涉的极限角度值 6°～ 8° 即可。当确定几何角度困难或无法确定（如尖形车刀加工接近于半个凹圆弧的轮廓等）时，则应考虑选择其他类型车刀
圆弧形车刀	圆弧形车刀是较为特殊的数控加工用车刀，它是以一圆度误差或线轮廓误差很小的圆弧形切削刃为特征的车刀，如图 2-26 所示。该车刀圆弧刃上每一点都是圆弧形车刀的刀尖，因此刀位点不在圆弧上，而在该圆弧的圆心上 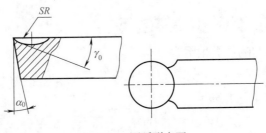 图 2-26　圆弧形车刀

类型	说　明
圆弧形车刀	当某些尖形车刀或成形车刀（如螺纹车刀）的刀尖具有一定的圆弧形状时，也可作为这类车刀使用 对于某些精度要求较高的凹曲面车削（图 2-27）或大外圆弧面的批量车削，以及尖形车刀所不能完成的加工，宜选用圆弧形车刀进行。圆弧形车刀具有宽刃切削（修光）性质，能使精车余量保持均匀而改善切削性能，还能一刀车出跨多个象限的圆弧面 如图 2-27 所示零件的曲面精度要求不高时，可以选择用尖形车刀进行加工；当曲面形状精度和表面粗糙度均要求较高时，选择尖形车刀加工就不合适了，因为车刀主切削刃的实际背吃刀量在圆弧轮廓段总是不均匀的，如图 2-28 所示。当车刀主切削刃靠近其圆弧终点时，该位置上的背吃刀量（a_1）将大大超过其圆弧起点位置上的背吃刀量（a），致使切削阻力增大，则可能产生较大的轮廓度误差，并增大其表面粗糙度数值 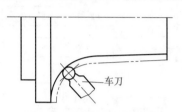　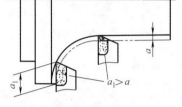 图 2-27　凹曲面车削示意　　　　图 2-28　背吃刀量不均匀性示例 圆弧形车刀的几何参数除了前角及后角外，主要几何参数为车刀圆弧切削刃的形状及半径 选择车刀圆弧半径的大小时，应考虑两点：第一，车刀切削刃的圆弧半径应当小于或等于零件凹形轮廓上的最小半径，以免发生加工干涉；第二，该半径不宜选择太小，否则既难以制造，还会因其刀头强度太弱或刀体散热能力差，使车刀容易受到损坏 圆弧形车刀前、后角的选择，原则上与普通车刀相同，只不过形成其前角（大于 0° 时）的前刀面一般都为凹球面，形成其后角的后刀面一般为圆锥面。圆弧形车刀前、后刀面的特殊形状，是为满足在刀刃的每一个切削点上，都具有恒定的前角和后角，以保证切削过程的稳定性及加工精度。为了制造车刀的方便，在精车时，其前角多选择为 0°（无凹球面）
成形车刀	成形车刀俗称样板车刀，其加工零件的轮廓形状完全由车刀刀刃的形状和尺寸决定。数控车削加工中，常见的成形车刀有小半径圆弧车刀、非矩形槽车刀和螺纹车刀等。在数控加工中，应尽量少用或不用成形车刀，当确有必要选用时，则应在工艺准备文件或加工程序单上详细说明

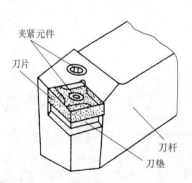　　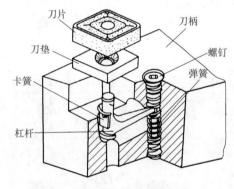

图 2-29　机夹可转位车刀结构形式　　　图 2-30　可转位车刀的内部结构

可转位刀片是各种可转位刀具最关键的部分。正确选择和使用可转位刀片是使用可转位刀具的重要内容。

① 刀片材质的选择　常见的刀片材料有高速钢、硬质合金、涂层硬质合金、陶瓷、立方氮化硼和金刚石等，其中，应用最多的是硬质合金和涂层硬质合金刀片。选择刀片材料的主要依据是被加工工件的材料、被加工表面的精度、表面质量要求、切削载荷的大小以及切削过程有无冲击和振动等。

② 刀片尺寸的选择　刀片尺寸的大小取决于必要的有效切削刃长度 L。有效切削刃长度与背吃刀量 a_p 和车刀的主偏角 κ_r 有关，使用时可查阅有关刀具手册选取。

可转位刀片的型号及意义如图 2-31 所示，代码的具体含义可查阅 GB/T 2076—2007《切削刀具用可转位刀片型号表示规则》。

③ 刀片形状的选择　刀片形状主要依据被加工工件的表面形状、切削方法、刀具寿命和刀片的转位次数等因素选择。被加工表面形状及其适用的刀片可参考图2-32选取，图中刀片的型号组成见国家标准 GB/T 2076—2007《切削刀具用可转位刀片型号表示规则》。

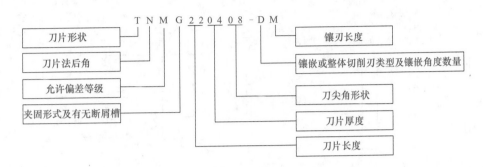

图 2-31　可转位刀片的型号及意义

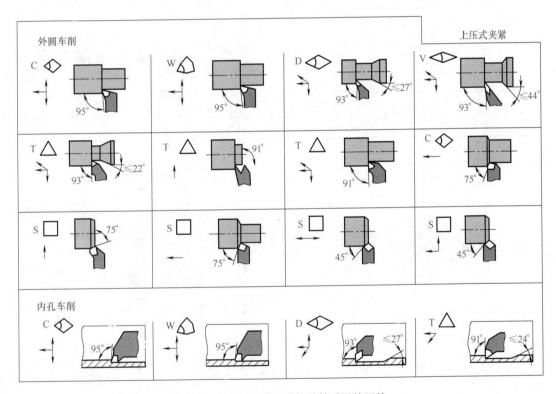

图 2-32　被加工表面形状及其适用的刀片

三、装夹刀具的工具系统选择

数控车床的刀具系统，常用的有两种形式：一种是刀块形式，用凸键定位，螺钉夹紧，该结构定位可靠，夹紧牢固，刚性好，但换装费时，不能自动夹紧，如图2-33所示。另一种是圆柱柄上铣齿条的结构，可实现自动夹紧，换装也快捷，刚性较刀块形式的稍差，如图2-34所示。

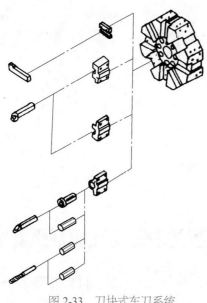

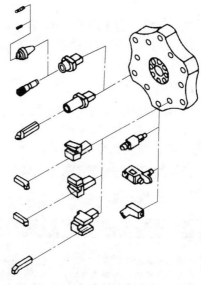

图 2-33　刀块式车刀系统　　　　　图 2-34　圆柱柄上铣齿条式车刀系统

四、装刀与对刀

装刀与对刀是数控机床加工中极其重要并十分棘手的一项基本工作。对刀的好与差，将直接影响到加工程序的编制及零件的尺寸精度。通过对刀或刀具预调，还可同时测定各号刀的刀位偏差，有利于设定刀具补偿量。

（一）车刀的安装

在实际切削中，车刀安装得高低，车刀刀杆轴线是否垂直，对车刀角度有很大影响。以车削外圆（或横车）为例，当车刀刀尖高于工件轴线时，因其车削平面与基面的位置发生变化，使前角增大，后角减小；反之，则前角减小，后角增大。车刀安装得歪斜，对主偏角、副偏角影响较大，特别是在车螺纹时，会使牙形半角产生误差。因此，正确地安装车刀，是保证加工质量、减小刀具磨损、提高刀具使用寿命的重要步骤。

如图 2-35 所示为车刀安装角度示意。图 2-35(a) 为 "−" 的倾斜角度，增大刀具切削力；图 2-35（b ）所示为 "+" 的倾斜角度，减小刀具切削力。

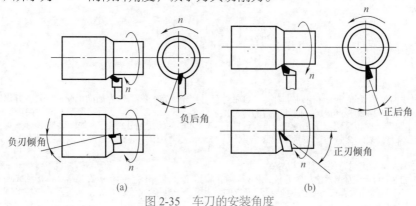

图 2-35　车刀的安装角度

（二）数控车床对刀

对刀是数控机床加工中极其重要和复杂的工作。对刀精度的高低将直接影响到零件的加工精度。

在数控车床车削加工过程中，首先应确定零件的加工原点，以建立准确的工件坐标系；其次要考虑刀具的不同尺寸对加工的影响，这些都需要通过对刀来解决。

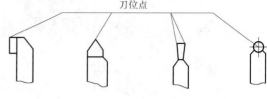

图 2-36　各类车刀的刀位点

1. 刀位点

刀位点是指程序编制中，用于表示刀具特征的点，也是对刀和加工的基准点。对于各类车刀，其刀位点如图 2-36 所示。

2. 刀补的设置与测量（表 2-24）

表 2-24　刀补的设置与测量

类型	说　明
刀补设置的目的	数控车床刀架内有一个刀具参考点（即基准点），如图 2-37 中的"×"。数控系统通过控制该点运动，间接地控制每把刀的刀位点的运动。而各种形式的刀具安装后，由于刀具的几何形状及安装位置的不同，其刀位点的位置是不一致的，即每把刀的刀位点在两个坐标方向的位置尺寸是不同的。所以，刀补设置的目的是测出各刀的刀位点相对刀具参考点的距离即刀补值（X'，Z'），并将其输入 CNC 的刀具补偿寄存器中。在加工程序调用刀具时，系统会自动补偿两个方向的刀偏量，从而准确控制每把刀的刀尖轨迹 图 2-37　刀补值
刀补值的测量原理与方法	刀补值的测量过程称为对刀操作。对刀的方法常见有两种：试切法对刀、对刀仪对刀。对刀仪又分机械检测对刀仪（又称电子对刀仪）和光学检测对刀仪；车刀用对刀仪和镗铣类用对刀仪。各类数控机床的对刀方法各有差异，可查阅机床说明书，但其原理及目的是一致的，即通过对刀操作，将刀补值测出后输入 CNC 系统，加工时系统根据刀补值自动补偿两个方向的刀偏量，使零件加工程序不受刀具安装位置（刀位点）的不同，而给切削带来影响。刀具偏置补偿测量有两种形式 （1）试切法对刀 试切法对刀的原理图如图 2-38 所示。以 1 号外圆刀作为基准刀，在手动状态下，用 1 号外圆刀车削工件右端面和外圆，并把外圆刀的刀尖退回至工件外圆和端面的交点 A，将当前坐标值置零作为基准（$X=0$，$Z=0$）。然后向 X、Z 的正方向退出 1 号刀，刀架转位，依次把每把刀的刀尖轻微接触棒料端面和外圆，或直接接触角落点 A，分别读出每把刀触及时的 CRT 动态坐标 X、Z，即为各把刀的相对刀补值。如图 2-38 所示，三把刀的刀补值分别为： $$1 号刀 \begin{cases} X=0 \\ Z=0 \end{cases} 基准刀$$ $$2 号刀 \begin{cases} X=-5 \\ Z=-5 \end{cases}$$ $$3 号刀 \begin{cases} X=+5 \\ Z=+5 \end{cases}$$ 上述刀补的设置方法称相对补偿法，即在对刀时，先确定一把刀作为基准（标准）刀，并设定一个对刀基准点，如图 2-38 中的 A 点。把基准刀的刀补值设为零（$X=0$，$Z=0$），然后使每把刀的刀尖与这一基准点 A 接触。利用这一点为基准，测出各把刀与基准刀的 X、Z 轴的偏置值 ΔX，ΔZ，如图 2-39 所示。如上述 2 号刀的刀补 $X=-5$，表示 2 号刀比 1 号刀在 X 方向短了 5mm；3 号刀的刀补 $X=+5$，表示 3 号刀比 1 号刀在 X 方向长了 5mm （2）光学检测对刀仪对刀（机外对刀） 如图 2-40 所示为光学检测对刀仪，将刀具随同刀架座一起紧固在刀具台安装座上，摇动 X 向和 Z 向进给手柄，使移动部件载着投影放大镜沿着两个方向移动，直至刀尖或假想刀尖（圆弧刀）与放大镜中十字线交点重合为止，如图 2-41 所示。这时通过 X 和 Z 向的微型读数器分别读出 X 和 Z 向的长度值，就是该刀具的对刀长度 机外对刀的实质是测量出刀具假想刀尖到刀具参考点之间在 X 向和 Z 向的长度。利用机外对刀仪可将刀具预先在机床外校对好，以便装上机床即可以使用，大大节省辅助时间

类型	说　　明

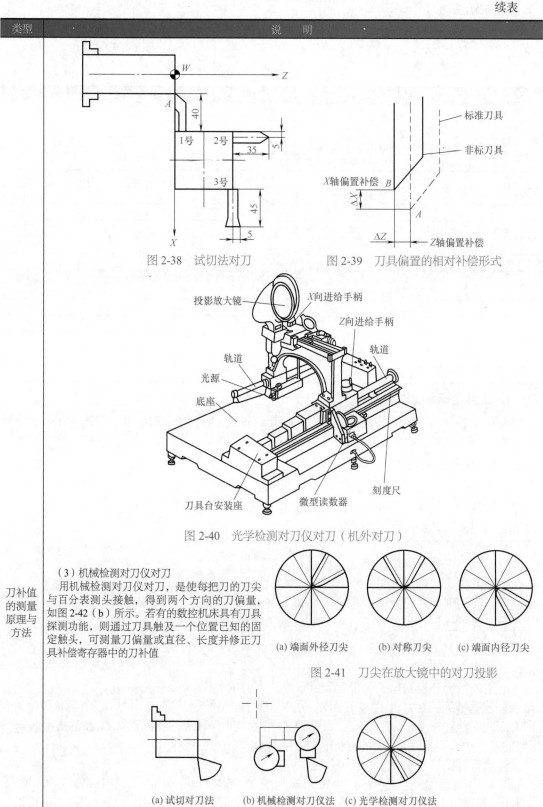

图 2-38　试切法对刀

图 2-39　刀具偏置的相对补偿形式

图 2-40　光学检测对刀仪对刀（机外对刀）

刀补值的测量原理与方法

（3）机械检测对刀仪对刀

用机械检测对刀仪对刀，是使每把刀的刀尖与百分表测头接触，得到两个方向的刀偏量，如图 2-42（b）所示。若有的数控机床具有刀具探测功能，则通过刀具触及一个位置已知的固定触头，可测量刀偏量或直径、长度并修正刀具补偿寄存器中的刀补值

(a) 端面外径刀尖　(b) 对称刀尖　(c) 端面内径刀尖

图 2-41　刀尖在放大镜中的对刀投影

(a) 试切对刀法　(b) 机械检测对刀仪法　(c) 光学检测对刀仪法

图 2-42　三种对刀方法

3. 试切法对刀的步骤

设1号刀为90°外圆车刀，并作为基准刀；2号刀为切槽刀；3号刀为螺纹刀，4号刀为内孔镗刀。其对刀的步骤见表2-25。

表2-25 试切法对刀的步骤

步骤	说 明
1	用1号刀车削工件右端面，Z向不动，沿X轴正向退出后置零
2	用1号刀车削工件外径，X向不动，沿Z轴正向退出后置零
3	让1号刀分别沿X、Z轴正向离开工件
4	刀具转位，让2号切槽刀转至切削位置
5	让槽刀左刀尖和工件右端面对齐，并记录CRT显示器上Z轴数据Z_2
6	让切槽刀主切削刃和工件外径对齐，并记录CRT显示器上X轴数据X_2
7	让2号刀分别沿X、Z轴正向离开工件
8	刀具转位，让3号螺纹刀转至切削位置
9	让螺纹刀刀尖和工件右端面对齐，并记录CRT显示器上Z轴数据Z_3
10	让螺纹刀刀尖和工件外径对齐，并记录CRT显示器上X轴数据X_3
11	让3号刀分别沿X、Z轴正向离开工件。X_2、Z_2数值即为2号切槽刀的刀补值；X_3、Z_3，数值即为3号螺纹刀的刀补值
12	刀具转位，让4号镗刀转至切削位置
13	让4号镗刀刀尖和工件右端面对齐，并记录CRT显示器上Z轴数据Z_4
14	让4号镗刀镗削工件内孔，并记录CRT显示器上X轴数据X_4
15	测量工件外圆直径d，内孔直径D
16	$X_4+（d-D）$即为4号刀X轴的刀补，Z轴的刀补为Z_4

4. 工件坐标系建立的步骤

假定程序中工件坐标系设定指令为：G50（G92）X100.0 Z100.0，工件坐标系设置在工件轴线和右端面的交点处。

（1）方法一

① 用1号刀（基准刀）车削工件右端面和工件外圆。

② 让基准刀尖退到工件右端面和外圆母线的交点A，见图2-39所示。

③ 让刀尖向Z轴正向退100mm。

④ 停止主轴转动。

⑤ 用外径千分尺测量工件外径尺寸d。

⑥ 让刀尖向Z轴正向退100-d。

⑦ 则刀尖现在的位置就为程序中G50（G92）规定的X100.0，Z100.0的位置。

（2）方法二

① 让1号刀（基准刀）车削工件外圆，X向不动，刀具沿Z轴正向退出后置零。

② 停止主轴转动。

③ 用外径千分尺测量工件外径尺寸d。

④ 让基准刀刀尖和工件右端面对齐或车削右端面，让刀尖向工件中心运动d数值（若测得工件外径为38mm，刀尖向工件中心运动时，在手动状态下注意CRT显示器上X轴坐标值向工件中心增量进给-38mm时，停止进给）。

⑤ 然后再次将当前X、Z坐标数值置零。

⑥ 将刀尖运动到程序G50（G92）规定的X、Z坐标值。如主程序中编制G50（G92）X100.0 Z100.0，则将刀尖运动到CRT显示器上X、Z轴的坐标值均为100处，当前点即为程序的起始点。

当程序运行加工工件时，执行 G50（G92）程序后，系统内部即对当前刀具点（X、Z）进行记忆并显示在显示器上，这就相当于在系统内部建立了一个工件原点为坐标原点的工件坐标系，当前刀具点位于工件坐标系的 X100.0，Z100.0 处。

第五节　定位、夹紧及工件的装夹

车工在车削时，工件必须安装在车床的夹具上，经过定位、夹紧，使工件在加工过程中始终保持正确的位置。工件安装是否正确可靠，直接影响生产效率和加工质量，应该十分重视。

一、定位和夹紧

（一）定位

1. 定位与定位基准

使工件在机床上或夹具中占有正确位置的过程，称为定位。工件的定位是靠工件上的某些表面和夹具中的定位元件（或装置）相接触来实现的。定位时，用来确定工件在夹具中位置所依据的点、线、面称为定位基准。在工件的机加工过程中，合理地选择定位基准对保证工件的尺寸精度和相互位置精度起重要的作用。定位基准一旦确定，工件的其他部分的位置也随之确定。工件定位时，作为定位基准的点和线，往往由某些具体面体现出来，这些表面称为定位基准面。用两顶尖装夹车轴时，轴的两端中心孔是定位基准面，定位基准是轴线。

定位基准有粗基准和精基准两种。毛坯在开始加工时，都是以未加工的表面定位，这种基准面称为粗基准；用加工后的表面作为定位基准面称为精基准。定位与定位基准的选择见表 2-26。

表 2-26　定位与定位基准的选择

类别	说　明
粗基准的选择	选择粗基准时，必须要达到以下两个基本要求：首先，应保证所有加工表面都有足够的加工余量；其次，应保证工件加工表面和不加工表面之间具有一定的位置精度。一般情况下，粗基准的选择应遵从以下原则 ①加工表面与不加工表面有位置精度要求时，应选择不加工表面为粗基准 ②所有表面都需要加工的工件，应该根据加工余量最小的表面找正，这样不会因位置的偏移而造成余量太少的部位加工不出来 ③应选用工件上强度、刚性好的表面作为粗基准，否则会使工件夹坏或松动 ④粗基准应选择平整光滑的表面，铸件装夹时应让开浇冒口部分 ⑤粗基准不能重复使用
精基准的选择	①尽可能采用设计基准或装配基准作为定位基准 ②尽可能使定位基准和测量基准重合 ③尽可能使基准统一，除第一道工序外，其余加工表面尽量采用同一个精基准，因为基准统一后，可减少定位误差，提高加工精度，使装夹方便 ④选择精度较高、形状简单和尺寸较大的表面作为精基准，这样可减少定位误差，使定位稳固，还使工件减少变形

2. 定位的原理

工件在机床上或夹具中的定位问题，可以采用类似确定刚体在空间直角坐标系中位置的方法加以分析。工件没有采取定位措施以前，与空间自由状态的刚体相似，每个工件的位置将是任意的、不确定的。对一批工件来说，它们的位置将是一致的。工件空间位置的这种不确定性，可按一定的直角坐标分为如图 2-43 所示的六个独立方面（自由度）。

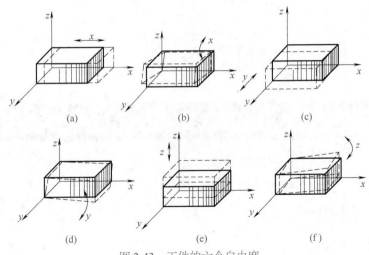

图 2-43　工件的六个自由度

沿 x 轴位置的不确定，称为沿 x 轴的自由度，以 $\vec{x}$ 表示；
沿 y 轴位置的不确定，称为沿 y 轴的自由度，以 $\vec{y}$ 表示；
沿 z 轴位置的不确定，称为沿 z 轴的自由度，以 $\vec{z}$ 表示；
绕 x 轴位置的不确定，称为绕 x 轴的自由度，以 $\hat{x}$ 表示；
绕 y 轴位置的不确定，称为绕 y 轴的自由度，以 $\hat{y}$ 表示；
绕 z 轴位置的不确定，称为绕 z 轴的自由度，以 $\hat{z}$ 表示。

六个方面位置的自由度都存在，是工件在机床或夹具中位置不确定的最大程度，即工件最多只能有六个自由度。限制工件在某一方面的自由度，工件在某一方面的位置就得以确定。工件定位的任务就是通过各种定位元件限制工件的自由度，以满足工序的加工精度要求。

（1）常见加工形式中应限制的自由度（表2-27）

表 2-27　常见加工形式中应限制的自由度

工序简图	加工要求	必须限制的自由度
加工面宽为W的槽	①尺寸 B ②尺寸 H	$\vec{x}$、$\vec{z}$ $\hat{x}$、$\hat{y}$、$\hat{z}$
加工面宽为W的槽	①尺寸 B ②尺寸 H ③尺寸 L	$\vec{x}$、$\vec{y}$、$\vec{z}$ $\hat{x}$、$\hat{y}$、$\hat{z}$
加工平面	尺寸 H	$\vec{z}$ $\hat{x}$

工序简图	加工要求	必须限制的自由度	
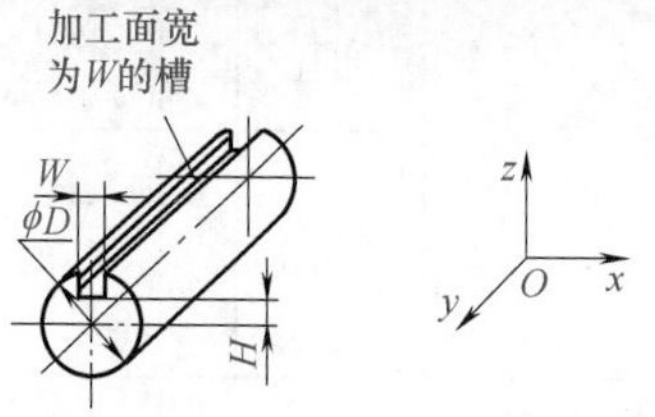 加工面宽为W的槽 （图）	①尺寸 H ② W 中心对 ϕD 中心的对称度	$\vec{x}$、$\vec{z}$ $\hat{x}$、$\hat{z}$	
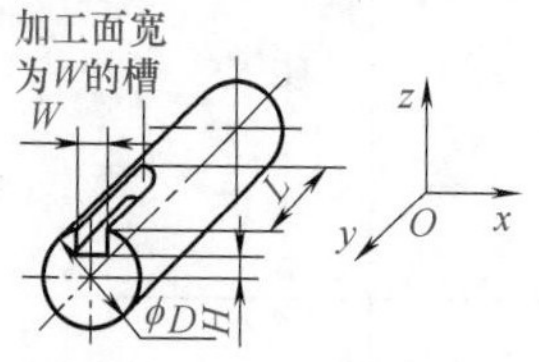 加工面宽为W的槽 （图）	①尺寸 H ②尺寸 L ③ W 中心对 ϕD 中心的对称度	$\vec{x}$、$\vec{y}$、$\vec{z}$ $\hat{x}$、$\hat{z}$	
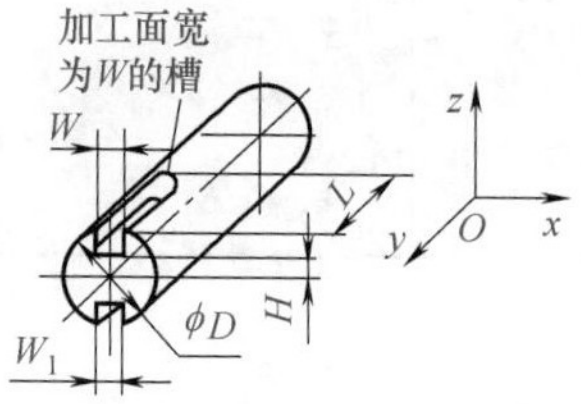 加工面宽为W的槽 （图）	①尺寸 H ②尺寸 L ③ W 中心对 ϕD 中心的对称度 ④ W_1 中心对 ϕD 中心的对称度	$\vec{x}$、$\vec{y}$、$\vec{z}$ $\hat{x}$、$\hat{y}$、$\hat{z}$	
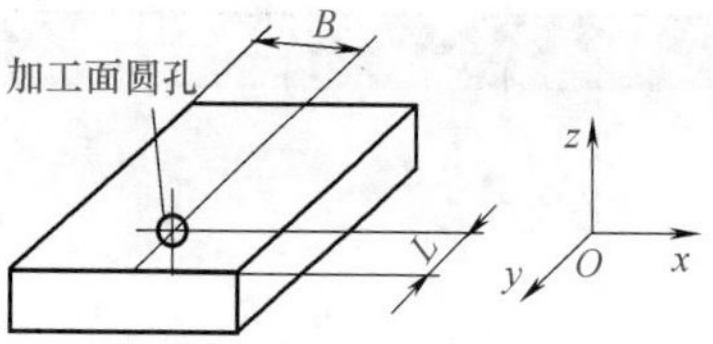 加工面圆孔 （图）	①尺寸 B ②尺寸 L	通孔	$\vec{x}$、$\vec{y}$、 $\hat{x}$、$\hat{y}$、$\hat{z}$
		不通孔	$\vec{x}$、$\vec{y}$、$\vec{z}$ $\hat{x}$、$\hat{y}$、$\hat{z}$
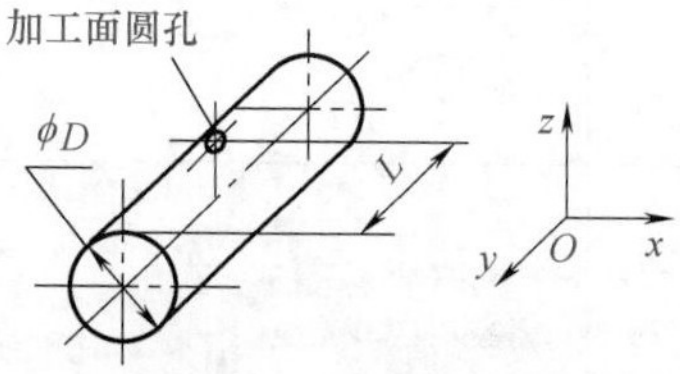 加工面圆孔 （图）	①尺寸 L ②加工孔轴线对 ϕD 轴线的位置度	通孔	$\vec{x}$、$\vec{y}$ $\hat{x}$、$\hat{z}$
		不通孔	$\vec{x}$、$\vec{y}$、$\vec{z}$ $\hat{x}$、$\hat{z}$
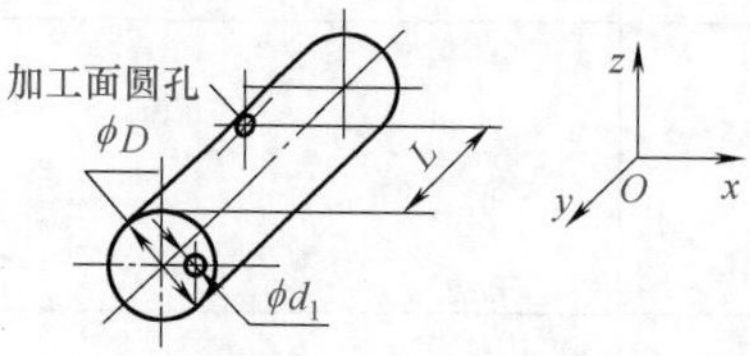 加工面圆孔 （图）	①尺寸 L ②加工孔轴线对 ϕD 轴线的位置度 ③加工孔轴线对 ϕd_1 的位置度	通孔	$\vec{x}$、$\vec{y}$ $\hat{x}$、$\hat{y}$、$\hat{z}$
		不通孔	$\vec{x}$、$\vec{y}$、$\vec{z}$ $\hat{x}$、$\hat{y}$、$\hat{z}$
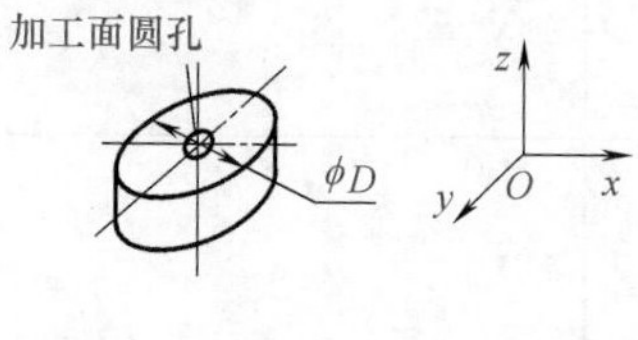 加工面圆孔 （图）	加工孔轴线对 ϕD 轴线的同轴度	通孔	$\vec{x}$、$\vec{y}$ $\hat{x}$、$\hat{y}$
		不通孔	$\vec{x}$、$\vec{y}$、$\vec{z}$ $\hat{x}$、$\hat{y}$

工序简图	加工要求	必须限制的自由度	
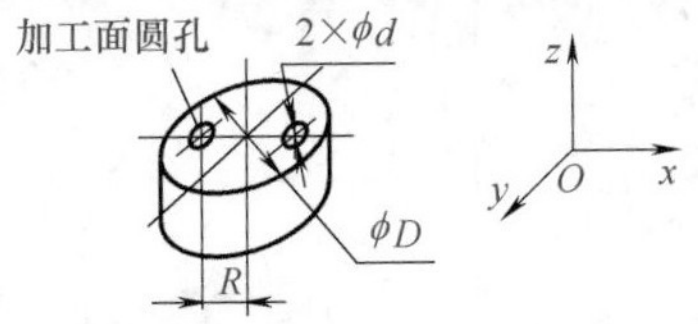 加工面圆孔 $2\times\phi d$ ϕD R	①尺寸 R ②加工孔轴线对 ϕd 轴线的位置度	通孔	$\vec{x}$、$\vec{y}$ $\hat{x}$、$\hat{y}$、$\hat{z}$
		不通孔	$\vec{x}$、$\vec{y}$、$\vec{z}$ $\hat{x}$、$\hat{y}$、$\hat{z}$
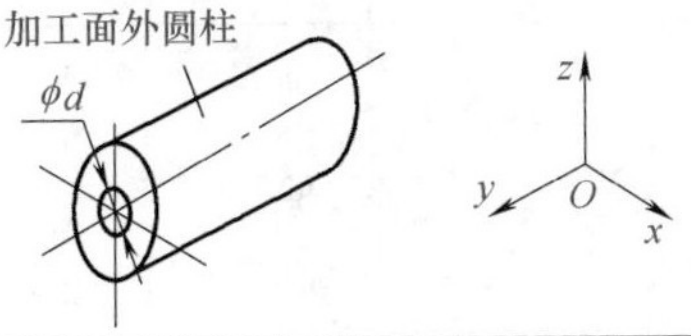 加工面外圆柱 ϕd	加工面轴线对 ϕd 轴线的同轴度	$\vec{x}$、$\vec{z}$ $\hat{x}$、$\hat{z}$	
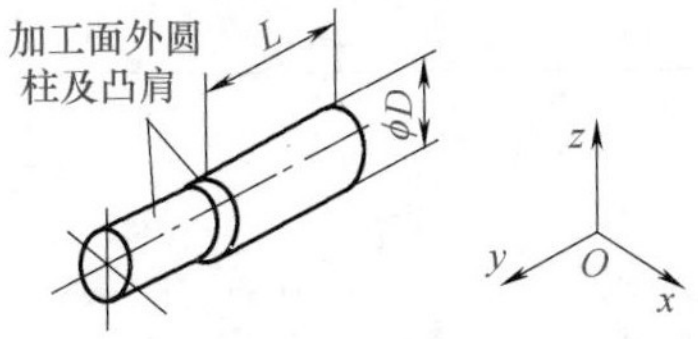 加工面外圆柱及凸肩 L ϕD	①加工面轴线对 ϕD 轴线的同轴度 ②尺寸 L	$\vec{x}$、$\vec{y}$、$\vec{z}$ $\hat{x}$、$\hat{z}$	

（2）常用定位方式所能限制的自由度（表2-28）

表2-28　常用定位方式所能限制的自由度

定位基面	定位元件	定位简图	限制的自由度
圆孔	短定位销 （短心轴）	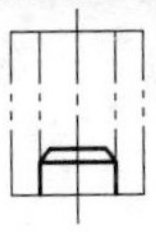	$\vec{x}$、$\vec{y}$
	长定位销 （长心轴）	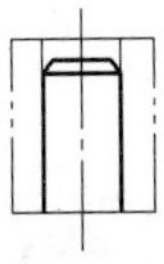	$\vec{x}$、$\vec{y}$、$\hat{x}$、$\hat{y}$
	锥销 （顶尖）	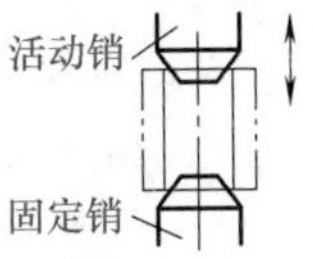 活动销 固定销	固定销　$\vec{x}$、$\vec{y}$、$\vec{z}$ 活动销　$\hat{x}$、$\hat{y}$
外圆柱面	窄 V 形块	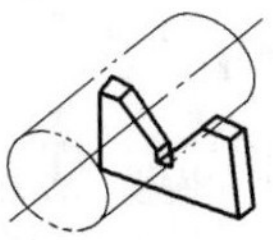	$\vec{x}$、$\vec{z}$
	宽 V 形块	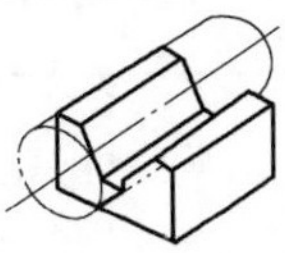	$\vec{x}$、$\vec{z}$ $\hat{x}$、$\hat{z}$
	短定位套	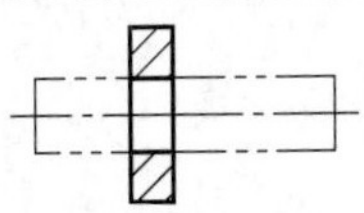	$\vec{y}$、$\vec{z}$

定位基面	定位元件	定位简图	限制的自由度
外圆柱面	长定位套	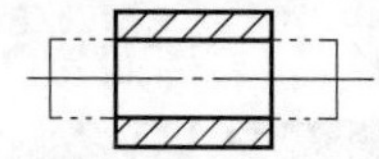	$\vec{y}$、$\vec{z}$ $\hat{y}$、$\hat{z}$
	锥套	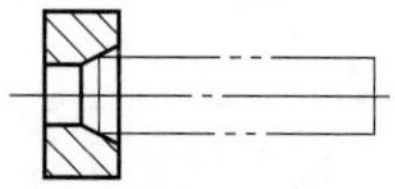	$\vec{x}$、$\vec{y}$、$\vec{z}$
		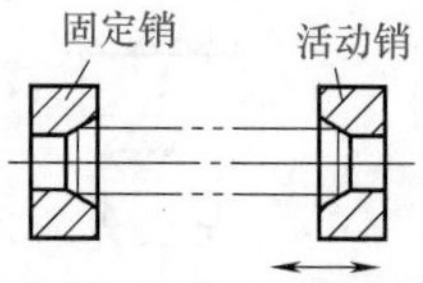 固定销　活动销	固定销　$\vec{x}$、$\vec{y}$、$\vec{z}$ 活动销　$\hat{y}$、$\hat{z}$
二锥孔组合	顶尖	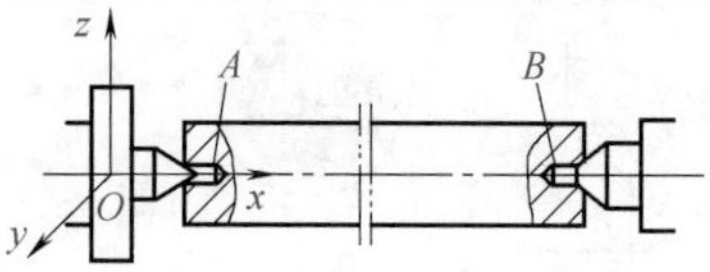	$\vec{x}$、$\vec{y}$、$\vec{z}$ $\hat{y}$、$\hat{z}$
平面和孔组合	支承板短销和挡销	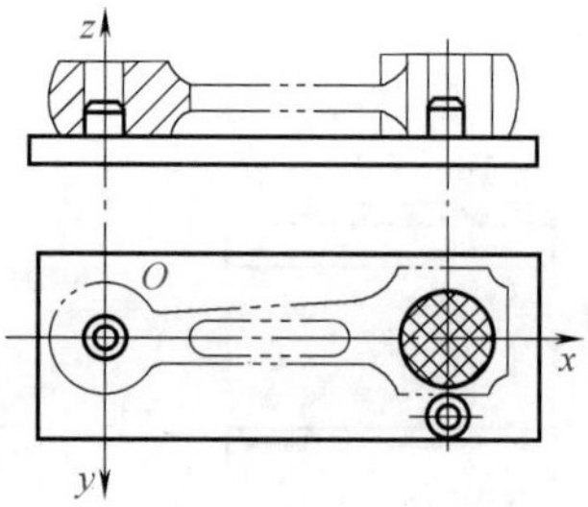	$\vec{x}$、$\vec{y}$、$\vec{z}$ $\hat{x}$、$\hat{y}$、$\hat{z}$
	支承板和削边销	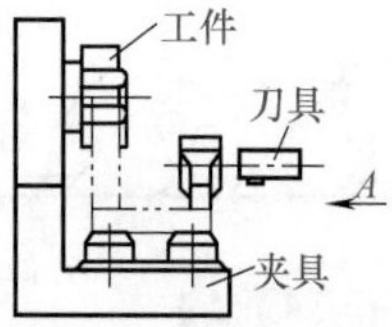 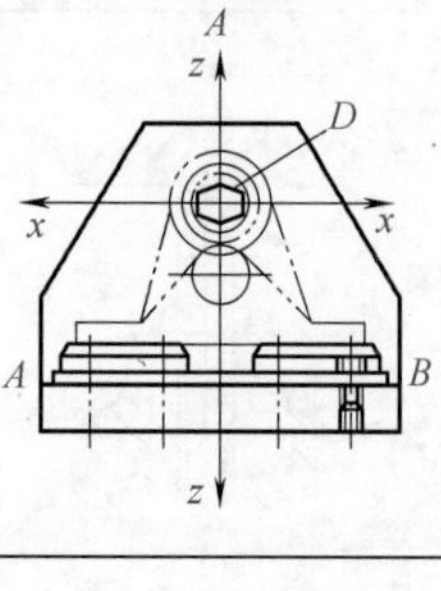 工件　刀具　夹具	$\vec{x}$、$\vec{y}$、$\vec{z}$ $\hat{x}$、$\hat{y}$、$\hat{z}$
圆柱面和平面组合	定位圆柱、支承板和支承钉	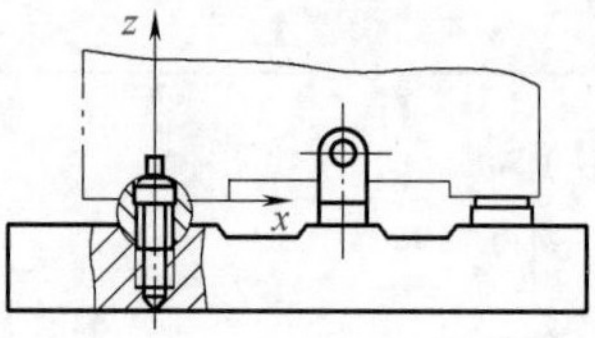	定位圆柱　$\vec{x}$、$\vec{z}$、$\hat{x}$、$\hat{z}$ 支承板　$\hat{x}$、$\hat{y}$ 支承钉　$\vec{y}$ 定位圆柱和支承板重复限制　$\hat{x}$

3. 常用定位方法

（1）工件以平面定位（表2-29）

表2-29　工件以平面定位

类别	结构简图	说明
支承钉	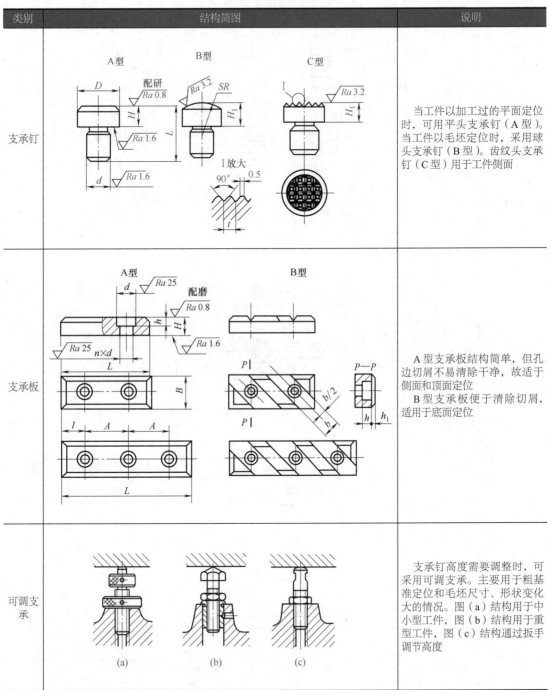	当工件以加工过的平面定位时，可用平头支承钉（A型）。当工件以毛坯定位时，采用球头支承钉（B型）。齿纹头支承钉（C型）用于工件侧面
支承板		A型支承板结构简单，但孔边切屑不易清除干净，故适于侧面和顶面定位 B型支承板便于清除切屑，适用于底面定位
可调支承		支承钉高度需要调整时，可采用可调支承。主要用于粗基准定位和毛坯尺寸、形状变化大的情况。图（a）结构用于中小型工件，图（b）结构用于重型工件，图（c）结构通过扳手调节高度

（2）工件以圆柱孔定位（表2-30）

（3）工件以外圆柱面定位（表2-31）

（4）工件以外圆柱定位（表2-32）

表 2-30　工件以圆柱孔定位

类别	结构简图	说明
圆柱销（定位销）	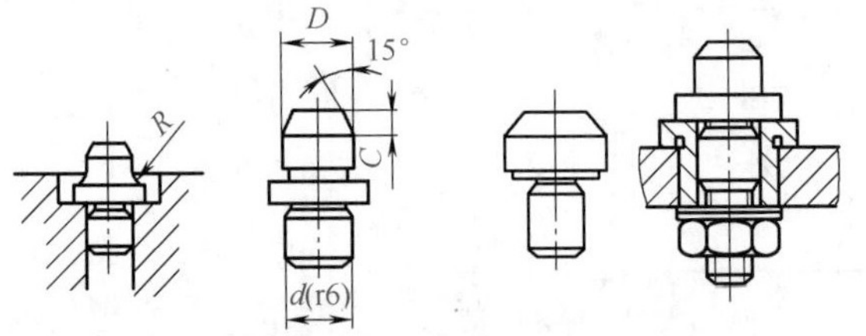 (a) $D>3\sim10$mm　(b) $D>10\sim18$mm　(c) $D>18$mm　(d)	当定位销直径 D 避免热处理淬裂，常将根部倒成圆角，并在夹具体上加工出沉孔，如图（a）～（c）所示。为便于大批大量生产时定位销的更换，可用图（d）结构
圆柱心轴	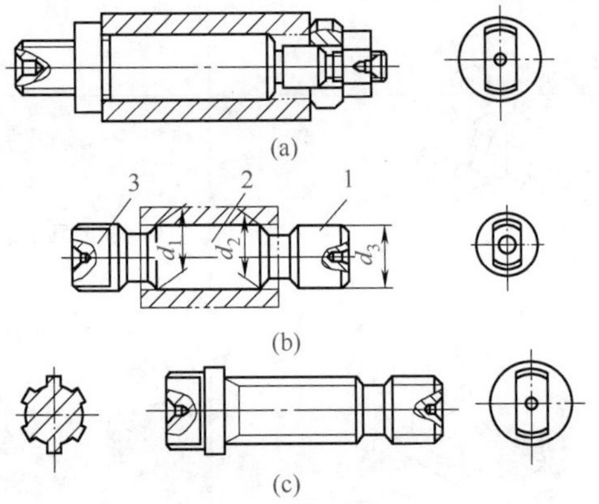	心轴主要用于车、铣、磨床上加工套和盘类零件 图（a）为间隙配合心轴限位基面按 h6、g6 或 f7 制造，装卸方便，但定心精度低 图（b）为过盈配合心轴，引导部分 1 的直径 d_3 按 e8 制造，工作部分 2 的直径 d_2 按 r6 制造。当定位孔长径比大于 1 时，工作部分 d_1 按 r6，d_2 按 h6 制造 图（c）为花键心轴，用于花键孔的工件定位
圆锥销	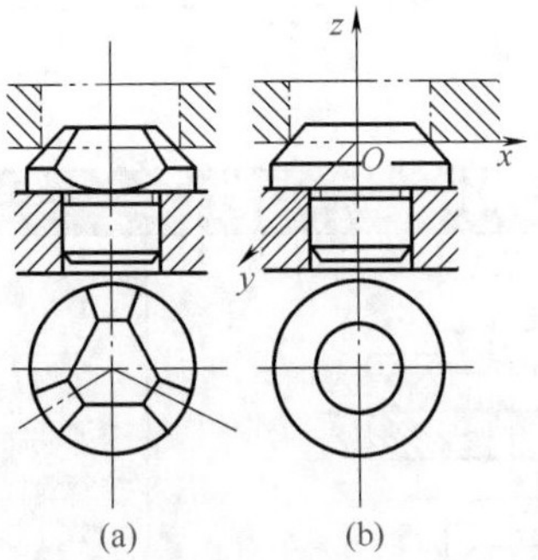 (a)　　　　(b)	工件以圆孔在圆锥销上定位限制工件 $\vec{x}$、$\vec{y}$、$\vec{z}$ 三个自由度 图（a）结构用于粗定位基面，图（b）结构用于精定位基面
圆锥销与其他定位元件组合	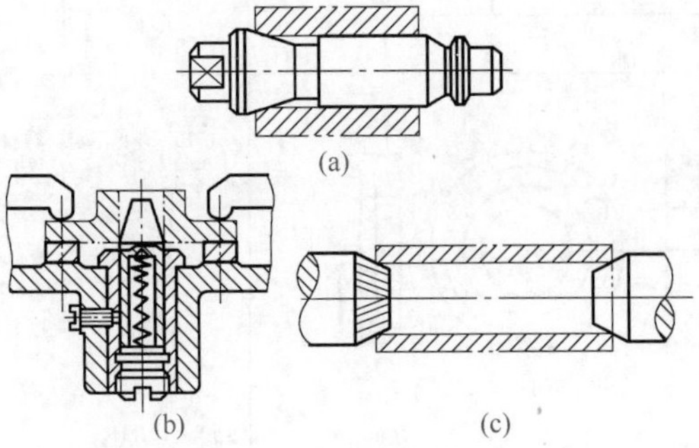 (a) (b)　　　　(c)	圆锥销与其他定位元件组合使用的情况很广泛。图（a）中，轴的锥度部分使工件准确定位，圆柱部分减少工件倾斜。图（b）为工件以底面为主要定位基面，采用活动圆锥销，适应孔径变化大的情况，也能准确定位。图（c）为双圆锥销定位

表 2-31　工件以外圆柱面定位

类别	结构简图	说明
V 形块结构尺寸	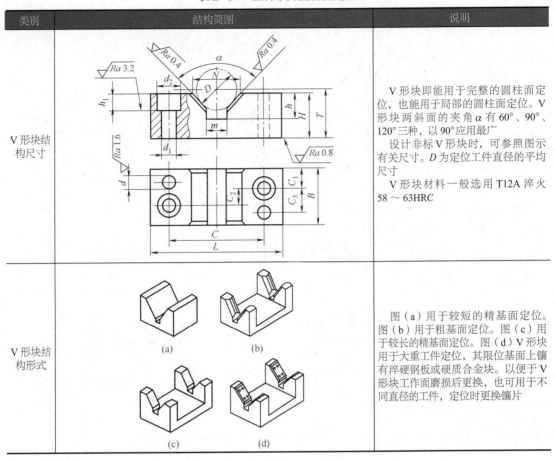	V 形块即能用于完整的圆柱面定位，也能用于局部的圆柱面定位。V 形块两斜面的夹角 α 有 60°、90°、120° 三种，以 90° 应用最广 　设计非标 V 形块时，可参照图示有关尺寸。D 为定位工件直径的平均尺寸 　V 形块材料一般选用 T12A 淬火 58～63HRC
V 形块结构形式	(a)　(b) (c)　(d)	图（a）用于较短的精基面定位。图（b）用于粗基面定位。图（c）用于较长的精基面定位。图（d）V 形块用于大重工件定位，其限位基面上镶有淬硬钢板或硬质合金块。以便于 V 形块工作面磨损后更换，也可用于不同直径的工件，定位时更换镶片

表 2-32　工件以外圆柱定位

类别	结构简图	说明
活动 V 形块	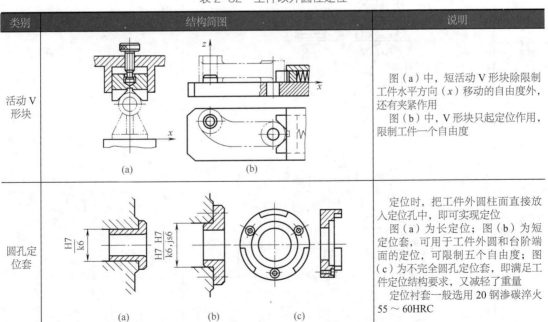　(a)　(b)	图（a）中，短活动 V 形块除限制工件水平方向（x）移动的自由度外，还有夹紧作用 　图（b）中，V 形块只起定位作用，限制工件一个自由度
圆孔定位套	(a)　(b)　(c)	定位时，把工件外圆柱面直接放入定位孔中，即可实现定位 　图（a）为长定位；图（b）为短定位套，可用于工件外圆和台阶端面的定位，可限制五个自由度；图（c）为不完全圆孔定位套，即满足工件定位结构要求，又减轻了重量 　定位衬套一般选用 20 钢渗碳淬火 55～60HRC

4. 定位的种类（表2-33）

表2-33 定位的种类

类别	说　明
完全定位	工件在机床上或夹具中定位，若六个自由度都被限制时，称为完全定位。为了便于进行定位分析，可将具体的定位元件抽象转化为相应的定位支承点，与工件各定位基准面相接触的支承点将分别限制工件在各个方面的自由度 　　如图2-44（a）所示，在长方形工件上加工一个ϕD的孔，要求孔中心线对底面垂直，对两侧面保持尺寸$A\pm\dfrac{TA}{2}$和$B\pm\dfrac{TB}{2}$，在进行钻孔之前，工件上各个平面均已加工。钻孔时，工件在夹具中的定位如图2-44（b）所示，长方形工件的底面及两个相邻侧面分别选用两个支承板和三个支承钉定位。为了对工件的定位进行分析，可抽象转化成如图2-44（c）所示的六个支承点的定位形式。与工件的底面接触的三个支承点，相当于两个支承板所确定的平面，限制沿z轴和绕x、y轴的三个自由度；与工件侧面接触的两个支承点，相当于两个支承钉所确定的直线，限制沿x轴和绕z轴的两个自由度；与工件端面接触的一个支承点，相当于一个支承钉所确定的点，限制最后一个沿y轴的自由度，实现完全定位 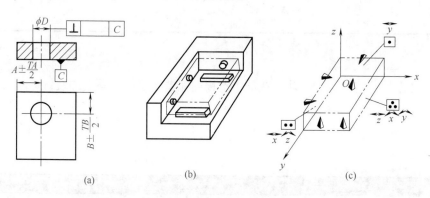 图2-44　长方形工件钻孔工序及工件定位分析
部分定位	工件在机床上或夹具中定位，若六个自由度没有被完全限制，称为部分定位。车削如图2-45所示的较短的轴类工件外圆时沿x方向的自由度和绕x轴的自由度不影响工件的加工要求。为简化装置，可用自定心卡盘装夹，采用四点定位即可 　　在满足加工要求的前提下，采用部分定位可简化定位装置，因此部分定位是允许的。部分定位在生产中应用很多，如在球面上钻孔、在套筒上铣一平面以及在圆盘周边铣一个槽等，都没有必要、也不可能限制绕它们自身回转轴线的自由度。这方面的自由度未被限制，并不影响一批零件在加工中位置的一致性 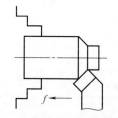 图2-45　工件的部分定位
欠定位	工件在机床或夹具中定位时，若定位支承点数少于工序加工要求应予以限制的自由度数，则工件定位不足，称为欠定位。欠定位不能保证加工质量，往往会产生废品，因此是绝对不允许的。用一夹一顶装夹方式车削台阶轴时（图2-46），若在卡盘内不装轴向定位装置，则台阶轴在z轴方向的位置不确定，从而不能保证台阶长度 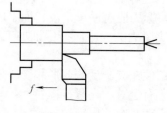 图2-46　工件的欠定位
重复定位	工件在机床上或夹具中定位，若几个定位支承点重复限制同一个或几个自由度，称为重复定位。工件的定位是否允许重复定位应根据工件的不同情况进行分析。一般来说，对于工件上以形状精度和位置精度很低的毛坯表面作为定位基准时，是不允许出现重复定位的；而对以加工过的工件表面或精度高的毛坯表面作为定位基准时，为了提高工件定位的稳定性和刚度，在一定条件下是允许采用重复定位的

类别	说　明
重复定位	如图 2-47 所示，用一夹一顶装夹工件，当卡盘夹持部分较长时，相当于四个支承点，限制了 $\vec{y}$、$\hat{y}$、$\vec{z}$、$\hat{z}$四个自由度，后顶尖相当于两个支承点，限制了 $\hat{y}$和$\hat{z}$两个自由度，$\hat{z}$和$\hat{y}$被重复限制。因此，当卡盘夹紧后，后顶尖往往顶不到中心处，如果强制顶住，工件容易变形。所以，用一夹一顶装夹工件时，防止重复定位的方法是卡盘夹持部分短些，只限制 $\vec{y}$、$\vec{z}$两个自由度 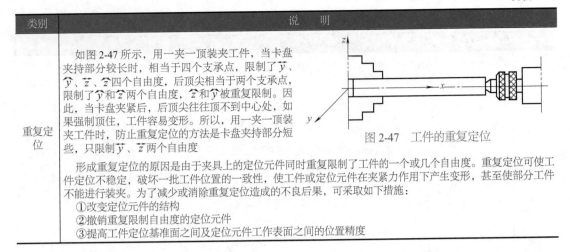 图 2-47　工件的重复定位
	形成重复定位的原因是由于夹具上的定位元件同时重复限制了工件的一个或几个自由度。重复定位可使工件定位不稳定，破坏一批工件位置的一致性，使工件或定位元件在夹紧力作用下产生变形，甚至使部分工件不能进行装夹。为了减少或消除重复定位造成的不良后果，可采取如下措施： ①改变定位元件的结构 ②撤销重复限制自由度的定位元件 ③提高工件定位基准面之间及定位元件工作表面之间的位置精度

（二）工件的夹紧

工件定位后将其固定，使其在加工过程中保持定位位置不变的装置称为夹紧装置。

1. 夹紧装置的组成

夹具中的夹紧装置一般由动力源和夹紧机构两个部分组成，见表 2-34。

表 2-34　夹紧装置的组成

类别	说　明
动力源	即产生原始作用力的部分。如用人的体力对工件进行夹紧，称为手动夹紧；若采用气动、液动、电动以及机床运动等动力装置来代替人力进行夹紧，则称为机动夹紧
夹紧机构	即接受和传递原始作用力，使其变为夹紧力并执行夹紧任务的部分。它包括中间传力机构和夹紧元件。中间传力机构把来自人力或动力装置的力传给夹紧元件，再由夹紧元件直接与工件受压面接触，最终完成夹紧任务 根据动力源的不同和工件夹紧的实际需要，一般中间传力机构在传递夹紧力的过程中可起到如下作用： ①改变夹紧力的方向 ②改变夹紧力的大小 ③具有一定的自锁性能，以保证夹紧的可靠性，这方面对手动夹紧尤为重要

2. 夹紧装置的设计要求

夹紧装置的设计和选用是否正确合理，对保证加工精度、提高生产效率、减轻工人劳动强度有很大影响。为此，对夹紧装置提出如下基本要求：

① 夹紧力应有助于定位，而不应破坏定位；

② 夹紧力的大小应能保证加工过程中工件不发生位置变动和振动，并能在一定范围内调节；

③ 工件在夹紧后的变形和受压表面的损伤不应超出允许范围；

④ 应有足够的夹紧行程；

⑤ 手动时应有自锁性能；

⑥ 结构简单紧凑、动作灵活，制造、操作、维护方便，省力、安全并有足够的强度和刚度。

3. 夹紧力的确定

正确确定夹紧力，主要是确定夹紧力的方向、作用点和大小，其具体说明见表 2-35。

表 2-35　夹紧力的确定

类别	说　明
夹紧力的方向	①夹紧力的方向应垂直于主要定位基准面。为使夹紧力有助于定位，工件应靠近支承点，并保证工件上各个定位基准与定位元件接触可靠。一般来说，工件的主要定位基准面的面积较大，精度较高，限制的自由度多，夹紧力垂直作用于此面上，有利于保证工件的准确定位 ②夹紧力的方向应尽量与切削力的方向保持一致
夹紧力的作用点	①夹紧力的作用点应能保持工件定位稳定，不至于引起工件产生位移或偏转 ②夹紧力的作用点应使被夹紧工件的夹紧变形尽可能小，设计夹具时，为尽量减少工件的夹紧变形，可采用增大工件受力面积和合理布置夹紧点的位置等措施 ③夹紧力的作用点应尽量靠近切削部位，以提高夹紧的可靠性，若切削部位刚性不足，可采用辅助支承
夹紧力的大小	夹紧力的大小必须适当，夹紧力过小，工件在夹具中的位置可能在加工过程中产生变动，破坏原有的定位，这样不仅影响工件的加工质量，甚至还可能造成事故。夹紧力过大，不但会使工件和夹具产生过大的变形，对加工质量不利，而且还将造成人力、物力的浪费 计算夹紧力，通常将夹具和工件看成一个刚性系统简化计算。根据工件受切削力、夹紧力（大工件还应考虑重力，高速运动的工件还应考虑惯性力等）后处于静力平衡条件，计算出理论夹紧力 W，再乘以安全系数 K，作为实际所需的夹紧力 W_0，即 $$W_0 = KW$$ 根据生产经验，一般取 $K = 1.5 \sim 3$，粗加工取 $K = 2.6 \sim 3$，精加工取 $K = 1.5 \sim 2$ 夹紧工件所需的夹紧力的大小，除与切削力的大小有关外，还与切削力对定位支承的作用方向有关

二、工件的装夹

（一）在三爪自定心卡盘上安装工件

三爪自定心卡盘的三个卡爪是同步运动的，能自动定心（一般不需要找正）。但在安装较长工件时，工件离卡盘夹持部分较远处的旋转中心不一定与车床主轴中心重合，这时必须找正。或当三爪自定心卡盘使用时间较长，已失去应有精度，而工件的加工精度要求又较高时，也需要找正。总的要求是，要使工件的回转中心与车床主轴的回转中心重合。通常可采用以下几种方法：

① 粗加工时可用目测和划线找正工件毛坯表面；

② 半精车、精车时可用百分表找正工件外圆和端面；

③ 装夹轴向尺寸较小的工件时，还可以先在刀架上装夹一圆头铜棒，再轻轻夹紧工件，然后使卡盘低速带动工件转动，移动床鞍，使刀架上的圆头棒轻轻接触已粗加工的工件端面，观察工件端面大致与轴线垂直后即停止旋转，并夹紧工件，如图 2-48 所示。

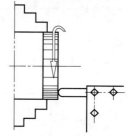

图 2-48　在三爪自定心卡盘上找正工件端面的方法盘

（二）在四爪单动卡盘上安装工件

1.结构特征

四爪单动卡盘有四个各自独立运动的卡爪 1、2、3 和 4，如图 2-49 所示，它们不像三爪自定心卡盘的卡爪那样同时一起做径向移动。四个卡爪的背面都有半圆弧形螺纹与丝杠啮合，在每个丝杠的顶端都有方孔，用来插卡盘钥匙的方榫，转动卡盘钥匙，便可通过丝杠带动卡爪单独移动，以适应所夹持工件的大小。通过四个卡爪的相应配合，可将工件装夹在卡盘中，与三爪自定心卡盘一样，卡盘背面有定位台阶（止口）或螺纹（老式车床用的连接）与车床主轴上的连接盘连接成一体。它的优点是夹紧力较大，装夹精度较高，不受卡爪磨损的影响。因此，适用于装夹形状不规则或大型的工件。

2. 四爪单动卡盘装夹操作须知

① 应根据工件被装夹处的尺寸调整卡爪，使其相对两爪的距离略大于工件直径即可。

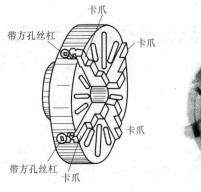

图 2-49　四爪单动卡盘

② 工件被夹持部分不宜太长，一般以 10 ～ 15mm 为宜。

③ 为了防止工件表面被夹伤和找正工件时方便，装夹位置应垫 0.5mm 以上的铜皮。

④ 在装夹大型、不规则工件时，应在工件与导轨而之间串放防护小板，以防工件掉下，损坏机床表面。

3. 找正工件

四爪单动卡盘的四个卡爪是各自单独运动的。因此，在安装工件时，必须将工件的旋转中心找正到与车床主轴旋转中心重合后才可车削。找正工件方法见表 2-36。

表 2-36　找正工件方法

类别	说　明
用划线盘校正外圆	用划线盘校正外圆如图 2-50 所示，校正时，先使划线稍离工件外圆，然后缓慢旋转工件，仔细观察工件外圆与划针之间间隙的大小。随后移动间隙最大一方的卡爪，移动距离约为最大间隙值与相对方向最小间隙值差的 1/2。经过几次反复，直到工件转动 1 周，划针与工件表面之间的距离基本相同为止。对较长的工件，应对工件两端外圆都进行校正
校正短工件的端面	用划线盘校正短工件时，除了校正工件的外圆外，还必须校正端面。校正时，把划针尖放在工件端面近边缘处如图 2-51 所示，慢慢转动工件，观察工件端面与针尖之间的间隙的大小。根据间隙大小，用铜锤或木棒轻轻敲击，直到端面各处与针尖距离相等为止。在校正工件时，平面和外圆必须同时兼顾
用百分表校正工件	用百分表校正工件如图 2-52 所示，用四爪卡盘装夹的工件精加工时，校正要求较高，可使用百分表对工件进行校正

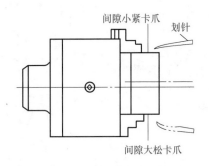

图 2-50　用划线盘校正外圆

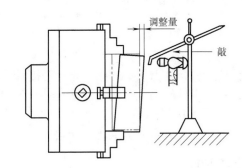

图 2-51　用划线盘校正端面

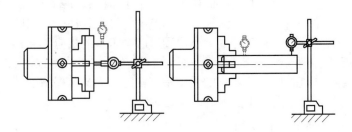

图 2-52　用百分表校正工件

（三）一夹一顶装夹

由于两顶尖装夹刚性较差，因此在车削轴类零件，尤其是较重的工件时，常采用一夹一顶装夹。为了防止工件轴向位移，需在卡盘内装一限位支承，如图 2-53（a）所示，或利用工件的台阶作限位，如图 2-53（b）所示。由于一夹一顶装夹刚性好，轴向定位准确，且比较安全，能承受较大的轴向切削力，因此应用广泛。

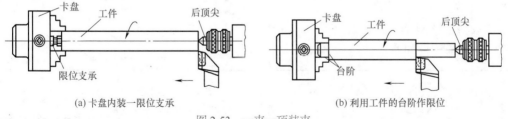

(a) 卡盘内装一限位支承　　　　　(b) 利用工件的台阶作限位

图 2-53　一夹一顶装夹

（四）在两顶尖之间安装工件

对于较长或必须经过多道工序才能完成的工件（如长轴、长丝杠等），为保证每次安装时的精度，可用车床的前后顶尖装夹，其装夹形式如图 2-54 所示。工件由前顶尖和后顶尖定位，用鸡心夹头夹紧，并带动工件同步运动。

两顶尖安装工件方便，不需找正，而且定位精度高，但装夹前必须在工件的两端钻出合适的中心孔。

（五）中心孔及其加工

用顶尖装夹工件时，必须先在工件的端面上加工出中心孔。

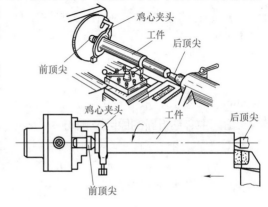

图 2-54　两顶尖装夹

1. 中心孔的类型及选用

国家标准 GB/T 145—2001 规定，中心孔有 A 型（不带护锥）、B 型（带护锥）、C 型（带护锥和螺纹）和 R 型（弧形）四种，其类型、结构和用途见表 2-37。

表 2-37　中心孔类型、结构和用途

类型	图示	结构说明	应用范围
A 型		由 60° 圆锥孔和圆柱孔两部分组成	适用于精度要求一般的工件
B 型		在 A 型中心孔的端部再加工一个 120° 的圆锥面，用以保护 60° 锥面，并使工件端面容易加工	适用于精度要求较高或工序较多的工件

续表

类型	图示	结构说明	应用范围
C 型	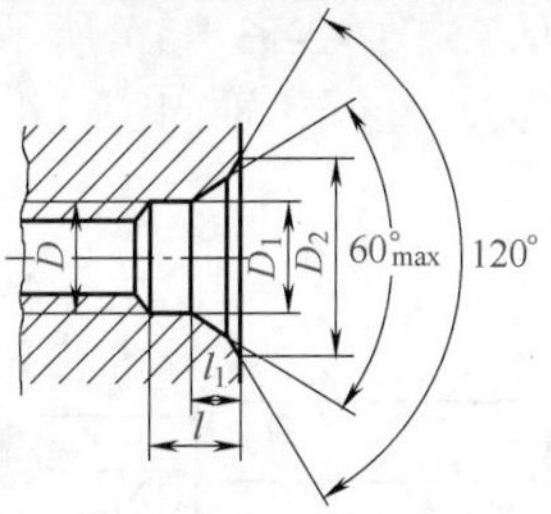	在 B 型中心孔的 60° 锥孔后钻一短圆柱孔，再用丝锥攻制成内螺纹	适用于当需要把其他零件轴向固定在轴端时
R 型	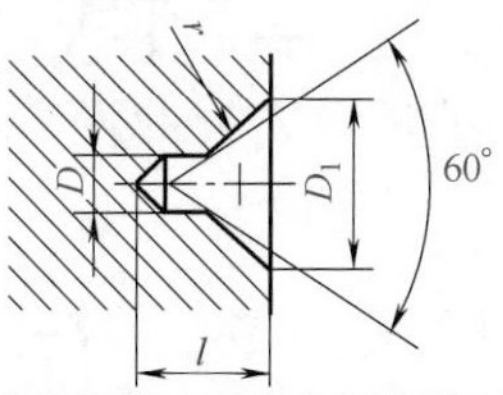	将 A 型中心孔的 60° 圆锥面改成圆弧面，使其与顶尖的配合变成线接触	适用于轻型和高精度轴类工件

中心孔的基本尺寸为圆柱孔的直径 D，它是选取中心钻的依据。圆柱孔可储存润滑脂，并能防止顶尖头部触及工件，保证顶尖锥面和中心孔锥面配合贴切，以达到正确定心。

2. 用中心钻钻中心孔

圆柱孔直径 $d \leqslant 6.3$mm 的中心孔，常用高速钢制成的中心钻直接钻出（表 2-32）；$d >$ 6.3mm 的中心孔，常用锪孔或车孔等方法加工。用中心钻钻中心孔的类型及说明见表 2-38。

3. 中心钻折断的原因及预防

钻中心孔时，由于中心钻切削部分的直径很小，承受不了过大的切削力，稍不注意就会折断。如果中心钻折断，必须从中心孔中取出，并将中心孔修整后才能继续加工。导致中心钻折断的原因及预防措施如下。

表 2-38　中心钻钻中心孔的类型及说明

类型	图示	说明
零件图样	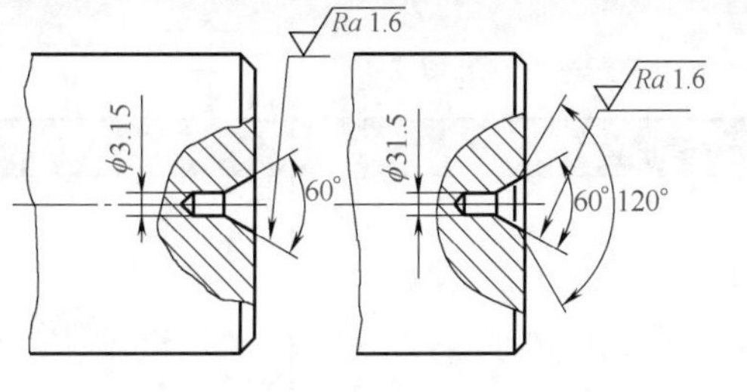	在端面上钻中心孔 材料：45 钢棒料 尺寸为：2 件 ×ϕ40mm × 235mm
中心钻	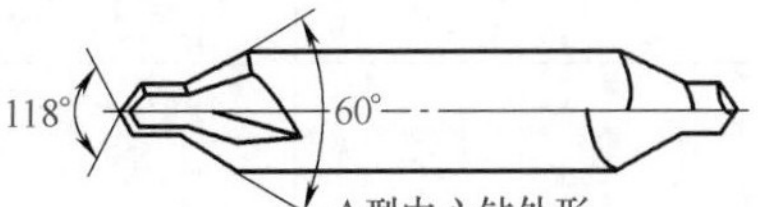 A型中心钻外形 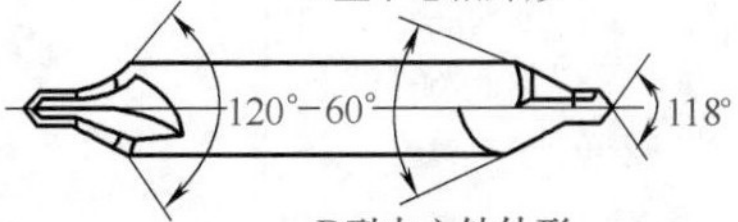 B型中心钻外形	中心钻的切削部分由圆柱和圆锥构成

类型	图示	说明
装夹中心钻	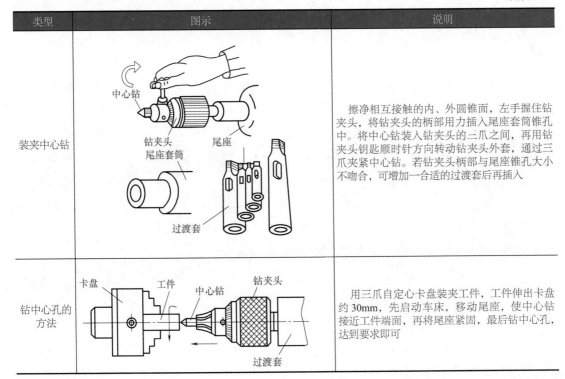	擦净相互接触的内、外圆锥面，左手握住钻夹头，将钻夹头的柄部用力插入尾座套筒锥孔中。将中心钻装入钻夹头的二爪之间，再用钻夹头钥匙顺时针方向转动钻夹头外套，通过三爪夹紧中心钻。若钻夹头柄部与尾座锥孔大小不吻合，可增加一合适的过渡套后再插入
钻中心孔的方法		用三爪自定心卡盘装夹工件，工件伸出卡盘约30mm，先启动车床，移动尾座，使中心钻接近工件端面，再将尾座紧固，最后钻中心孔，达到要求即可

（1）原因

① 中心钻轴线与工件旋转轴线不一致；

② 工件端面不平整或中心处留有凸头；

③ 工件转速太低而中心钻进给太快；

④ 中心钻已磨损；

⑤ 切屑堵塞。

（2）预防措施

① 校正尾座轴线，使之和主轴轴线重合；

② 将工件端面车平；

③ 选用较高的工件转速，降低进给速度；

④ 及时修磨或调换中心钻；

⑤ 多次退刀，注入充分的切削液。

4. 顶尖的种类

顶尖的作用是确定中心、承受工件重力和切削力，根据其位置分为前顶尖和后顶尖。

（1）前顶尖

前顶尖有装夹在主轴锥孔内的前顶尖和在卡盘上车成的前顶尖两种结构，如图 2-55 所示。工作时前顶尖随同工件一起旋转，与中心孔无相对运动，因此不产生摩擦。

（2）后顶尖

后顶尖有固定顶尖和同转顶尖两种。固定顶尖的结构如图 2-56（a）、（b）所示，其特点是刚度好，定心准确；但与工件中心孔之间为滑动摩擦，容易产生过多热量而将中心孔或顶尖"烧坏"，尤其是普通固定顶尖 [图 2-56（a）]。因此，固定顶尖只适用于低速、加工精度要求较高的工件。目前，多使用镶硬质合金的固定顶尖如图 2-56（b）所示。回转顶尖如

图 2-56（c）所示，它可使顶尖与中心孔之间的滑动摩擦变成顶尖内部轴承的滚动摩擦，故能在很高的转速下正常工作，克服了固定顶尖的缺点，因此应用非常广泛。但是，由于回转顶尖存在一定的装配累积误差，且滚动轴承磨损后会使顶尖产生径向圆跳动，从而降低了定心精度。

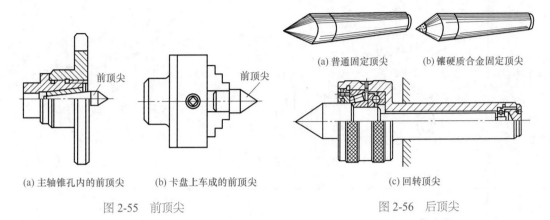

(a) 普通固定顶尖　　(b) 镶硬质合金固定顶尖

(a) 主轴锥孔内的前顶尖　　(b) 卡盘上车成的前顶尖

(c) 回转顶尖

图 2-55　前顶尖　　　　　　　图 2-56　后顶尖

（六）装夹工件时应注意的事项

① 前后顶尖的中心线应与车床主轴轴线同轴，否则车出的工件会产生锥度如图 2-57 所示。

② 在不影响车刀切削的前提下，尾座套筒应尽量伸出短些，以增加刚度，减少振动。

③ 中心孔的形状应正确，表面粗糙度要小。装入顶尖前，应清除中心孔内的切屑或异物。

④ 两顶尖与中心孔的配合必须松紧适当。

⑤ 当后顶尖用固定顶尖时，应在中心孔内加入润滑脂，以防温度过高而"烧坏"顶尖或中心孔。

⑥ 用三爪卡盘装夹较长工件时，必须将工件的轴线找正到与主轴轴线重合。

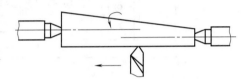

图 2-57　后顶尖的中心线不在车床主轴轴线上产生锥度

三、常用夹具及夹具设计

（一）车床夹具的定义

车床夹具作为一种附加装置，既要与主轴定心轴颈相连接，又要装夹工件，使车床（主轴定心轴颈或尾座锥孔）—工件—刀具之间的车削加工能保持高效、便捷、安全地进行。可以认为，车床夹具是用以连接主轴定心轴颈或尾座锥孔、装夹工件（和引导刀具）的装置。

（二）车床夹具的功能和作用

1. 车床夹具的功能

车床夹具的主要功能就是在车削加工工件的过程中，按照正确的位置和方向，稳定可靠地装夹工件。即使工件在加工过程中受到切削力和其他外力的影响，仍能始终保持工件被装夹在正确的位置和方向。同时，车床夹具应保证工件不致因受夹紧力的影响而造成尺寸精度或形状位置精度超过允许范围。

2. 车床夹具的作用

在车削加工件的过程中，车床夹具的主要作用就是缩短辅助时间，提高劳动生产率；可靠装夹工件，保证加工精度；改善劳动条件，降低劳动强度，有利于安全文明生产和工艺纪律的贯彻执行。

（三）车床组合夹具和成组夹具

1. 车床组合夹具

车床组合夹具组成如图 2-58 所示。

组合夹具大致可分为槽系列和孔系列两大类。槽系组合夹具主要通过键与槽确定元件之间的相互位置。孔系组合夹具主要通过销和孔确定元件之间的相互位置。

组合夹具系列型号见表 2-39。组合元件类别、品种和规格见表 2-40。组合夹具的组装顺序见表 2-41。

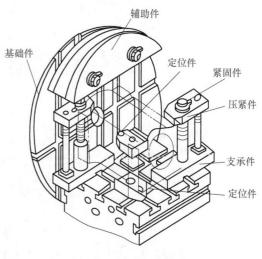

图 2-58　车床组合夹具

表 2-39　组合夹具系列型号

系列名称及代号	结构要素	可加工最大工件轮廓尺寸 /mm
大型组合夹具元件 DZY	槽口宽度 16mm，连接螺栓 M16	2500×2500×1000
中型组合夹具元件 ZZY	槽口宽度 12mm，连接螺栓 M12	1500×1000×500
小型组合夹具元件 XZY	槽口宽度 8mm、6mm，连接螺栓 M8、M6	500×250×250

表 2-40　组合元件类别、品种和规格

序号	类别	品种数			规格数		
		大型	中型	小型	大型	中型	小型
1	基础件	3	9	8	9	39	35
2	支承件	17	24	34	105	230	186
3	定位件	7	25	27	30	335	236
4	导向件	6	12	17	16	406	300
5	压紧件	6	9	11	13	32	31
6	紧固件	15	16	18	96	143	133
7	其他件	8	18	13	25	135	74
8	组合件	2	6	11	4	13	22

表 2-41　组合夹具的组装顺序

顺序	步骤	内　容
1	熟悉工件加工工艺和技术要求	了解图样技术要求和工艺规程，透彻理解本工序要达到的各项要求。掌握现有元件的结构和规格情况
2	拟定组装方案	根据工件定位基准选择定位元件，根据工件形状选择夹定元件、确定夹紧装置的结构，考虑特殊要求和总布局
3	试装	按设想的夹具方案，将各元件放到相应位置，摆好样子不固定。通过试装，再进行修正
4	组装和调整	由内至外，由下至上进行组装。边装边量边调整。保证定位和紧固的可靠性
5	检查	全部紧固后，检查结构的合理性、夹紧的可靠性，满足加工要求的使用性

2. 车床成组夹具实例

（1）成组车盘形分布孔夹具

成组车盘形分布孔夹具如图 2-59 所示。

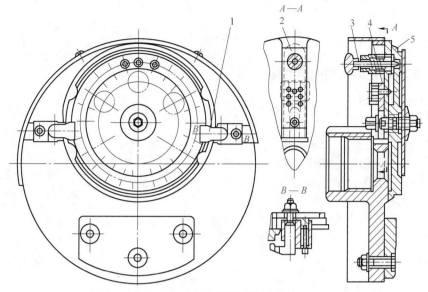

图 2-59　成组车盘形分布孔夹具
1—可调钩形压板；2—花盘滑块；3—插销；4—销子；5—可换定位销

该夹具适用于加工盘类零件上沿圆周分布的孔。加工零件组简图如图 2-60 所示。

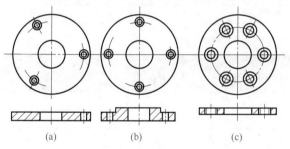

(a)　　　　(b)　　　　(c)

图 2-60　成组车盘形分布孔夹具加工零件组简图

工件在分度圆盘和可换定位销上定位，用垫片和可调钩形压板分别在中心线和外圆处将工件压紧。一组工件分布孔的分度半径，通过花盘上的定位销，插入滑块上的一组相应的定位孔来进行调整。工件的分度孔是用滑块上插销插入分度圆盘来保证的。

（2）成组车摇臂孔夹具

成组车摇臂孔夹具如图 2-61 所示。本夹具适用加工摇臂或连杆类零件。加工零件组简图如图 2-62 所示。

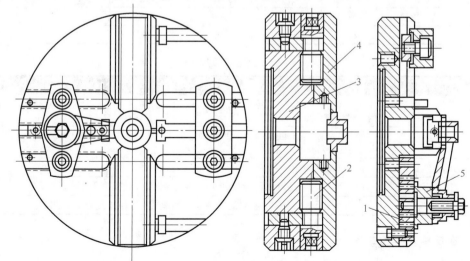

图 2-61　成组车摇臂孔夹具
1—可换定位板；2—螺栓；3—基体；4—卡爪；5—可换定位座

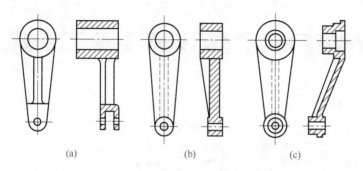

| (a) | (b) | (c) |

图 2-62　加工零件组简图

　　工件以一个加工过的孔和端面在可换定位座上定位和夹紧。通过螺栓使滑块上的卡爪将工件毛坯外圆夹压，即可进行加工。可换定位座可以根据工件两孔中心距的不同，插入安装在夹具体可换定位板适当的孔中进行定位。可换定位板可按工件尺寸的要求更换。尺寸精度可达 0.01mm。

（四）车床夹具夹紧装置

1. 常用夹紧机构（表 2-42）

表 2-42　常用夹紧机构

类别	结构简图	说明
螺旋夹紧机构		
单个螺旋夹紧	(a)　(b)	直接用螺钉、螺母、垫圈夹紧工件。结构简单、夹紧可靠，应用广泛。其不足是比较费时力力 　螺钉前端有一段圆柱，并把它淬硬，防止使用中头部挤压变形
摆动压板	A型　B型　K (a)　　K　(b)	为防止螺钉头直接与工件表面接触，造成压痕并防止产生相对运动，常采用摆动压块
快装螺旋夹紧	螺纹 光滑孔 (a)　(b)	为了使螺旋夹紧机构装卸工件时省时省力，可采用图（a）所示的开口垫圈、螺母式夹紧机构 　图（b）为一种带有斜光滑孔的快装螺母

类别	结构简图	说明
	螺旋压板机构	

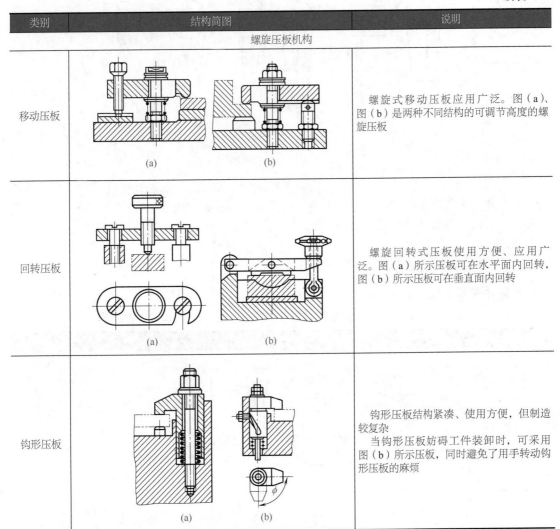

移动压板	(a)　　　　　(b)	螺旋式移动压板应用广泛。图（a）、图（b）是两种不同结构的可调节高度的螺旋压板
回转压板	(a)　　　　　(b)	螺旋回转式压板使用方便、应用广泛。图（a）所示压板可在水平面内回转，图（b）所示压板可在垂直面内回转
钩形压板	(a)　　　　　(b)	钩形压板结构紧凑、使用方便，但制造较复杂 当钩形压板妨碍工件装卸时，可采用图（b）所示压板，同时避免了用手转动钩形压板的麻烦

2. 定心夹紧装置（表2-43）

（五）典型车床夹具

1. 花盘式车床夹具

花盘式车床夹具的夹具体为圆盘形。多数情况下工件的定位基准为圆柱面和与其垂直的端面。夹具上的平面定位件与车床主轴的轴线相垂直。

回水盖工序图如图2-63所示。本工序加工回水盖上2×G1螺孔。加工要求：两螺孔中心距为78mm±0.3mm，两螺孔的连线与ϕ9H9两孔的连心线之间的夹角为45°，两螺孔轴线应与底面垂直。

如图2-64所示为花盘式车床夹具。工件以底平面和两个ϕ9mm孔分别在分度盘3、圆柱销7和削边销6上定位。拧螺母9，由两块螺旋压板8夹紧工件。

车完一个螺孔后，松开三个螺母5，拔出对定销10，将分度盘3回转180°，当对定销10在弹簧的作用下插入另一分度孔中，即可加工另一螺孔。夹具体2以端面和止口在过渡盘1上定位，并用螺钉紧固。为使整个夹具回转时平衡，夹具上配置了配重块11。

表 2-43 定心夹紧装置

类别	结构简图	说明
斜楔-滑块式定心夹紧三爪卡盘	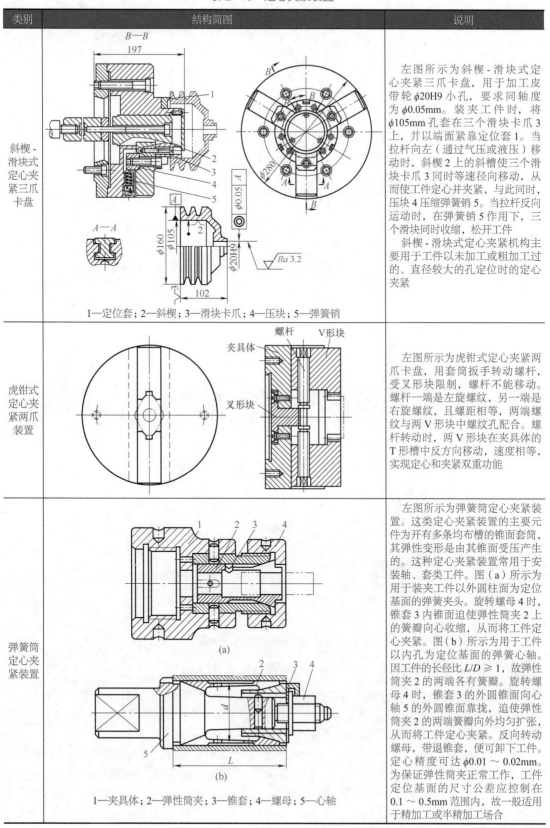 1—定位套；2—斜楔；3—滑块卡爪；4—压块；5—弹簧销	左图所示为斜楔-滑块式定心夹紧三爪卡盘，用于加工皮带轮 ϕ20H9 小孔，要求同轴度为 ϕ0.05mm。装夹工件时，将 ϕ105mm 孔套在三个滑块卡爪 3 上，并以端面紧靠定位套 1。当拉杆向左（通过气压或液压）移动时，斜楔 2 上的斜槽使三个滑块卡爪 3 同时等速径向移动，从而使工件定心并夹紧，与此同时，压块 4 压缩弹簧销 5。当拉杆反向运动时，在弹簧销 5 作用下，三个滑块同时收缩，松开工件 斜楔-滑块式定心夹紧机构主要用于工件以未加工或粗加工过的、直径较大的孔定位时的定心夹紧
虎钳式定心夹紧两爪装置		左图所示为虎钳式定心夹紧两爪卡盘，用套筒扳手转动螺杆，受叉形块限制，螺杆不能移动。螺杆一端是左旋螺纹，另一端是右旋螺纹，且螺距相等，两端螺纹与两 V 形块中螺纹孔配合。螺杆转动时，两 V 形块在夹具体的 T 形槽中反方向移动，速度相等，实现定心和夹紧双重功能
弹簧筒定心夹紧装置		左图所示为弹簧筒定心夹紧装置。这类定心夹紧装置的主要元件为开有多条均布槽的锥面套筒，其弹性变形是由其锥面受压产生的。这种定心夹紧装置常用于安装轴、套类工件。图（a）所示为用于装夹工件以外圆柱面为定位基面的弹簧夹头。旋转螺母 4 时，锥套 3 内锥面迫使弹性筒夹 2 上的簧瓣向心收缩，从而将工件定心夹紧。图（b）所示为用于工件以内孔为定位基面的弹簧心轴。因工件的长径比 $L/D \geqslant 1$，故弹性筒夹 2 的两端各有簧瓣。旋转螺母 4 时，锥套 3 的外圆锥面向心轴 5 的外圆锥面靠拢，迫使弹性筒夹 2 的两端簧瓣由内向外均匀扩张，从而将工件定心夹紧。反向转动螺母，带退锥套，便可卸下工件。定心精度可达 ϕ0.01～0.02mm。为保证弹性筒夹正常工作，工件定位基面的尺寸公差应控制在 0.1～0.5mm 范围内，故一般适用于精加工或半精加工场合

1—夹具体；2—弹性筒夹；3—锥套；4—螺母；5—心轴

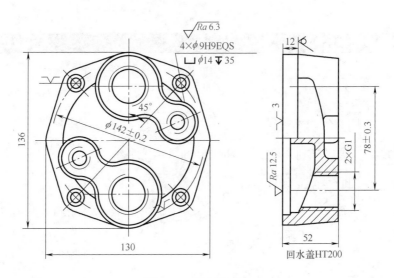

图 2-63　回水盖工序

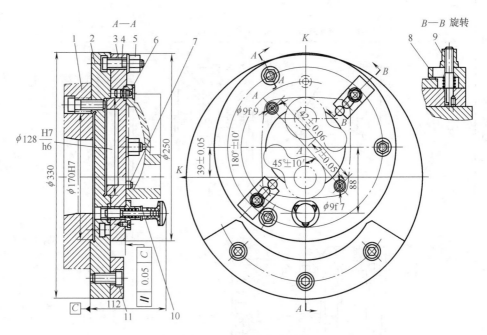

图 2-64　花盘式车床夹具

1—过渡盘；2—夹具体；3—分度盘；4—T形螺钉；5，9—螺母；6—削边销；7—圆柱销；
8—压板；10—对定销；11—配重块

2. 角铁式车床夹具

夹具体呈角铁状的车床夹具称为角铁式车床夹具，其结构不对称，用于加工壳体、支座、杠杆、接头等零件上的回转面和端面。

图 2-65 所示为开合螺母车削工序图。

如图 2-66 所示角铁式车床夹具是镗开合螺母上 $\phi 40^{+0.027}_{0}$ mm 孔的专用夹具。工件的燕尾面和两个 $\phi 12^{+0.019}_{0}$ mm 孔已经加工，两孔距离为（38±0.1）mm，$\phi 40^{+0.027}_{0}$ mm 孔经过粗加工。本道工序为精镗 $\phi 40^{+0.027}_{0}$ mm 孔及车端面。加工要求是 $\phi 40^{+0.027}_{0}$ mm 孔轴线至燕尾底面 C 的距离为（45±0.05）mm，$\phi 40^{+0.027}_{0}$ mm 孔轴线与 C 面的平行度为 0.05mm，加工孔轴线与

$\phi 12_0^{+0.019}$ mm 孔的距离为（8 ± 0.05）mm。为贯彻基准重合原则，工件用燕尾面 B 和 C 在固定支承板 3 及活动支承板 1 上定位（两板高度相等），限制五个自由度；用 $\phi 12_0^{+0.019}$ mm 孔与活动菱形销 2 配合，限制一个自由度。工件装卸时，可从上方推开活动支承板 1 将工件插入，靠弹簧力使工件靠近固定支承板 3，并略推移工件使活动菱形销 2 弹入定位孔 $\phi 12_0^{+0.019}$ mm 内。采用带摆动 V 形块的回转式螺旋压板机构夹紧。用平衡块来保持夹具的平衡。

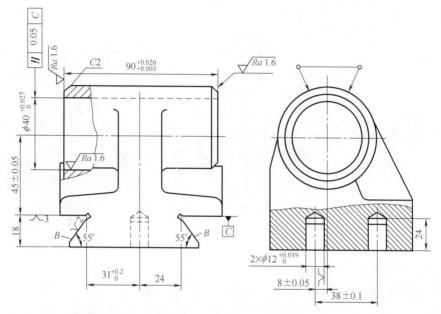

技术要求：$\phi 40_0^{+0.027}$ mm 的孔轴线对两 B 面的垂直度为0.05mm

图 2-65　开合螺母车削工序图

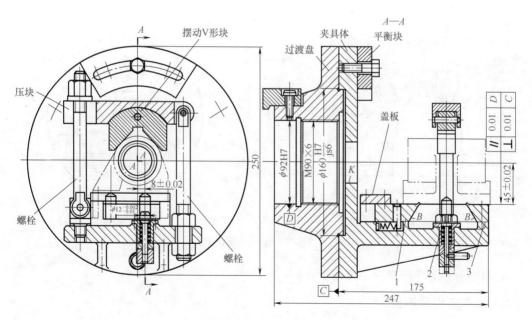

图 2-66　角铁式车床夹具工序图

1—活动支承板；2—活动菱形销；3—固定支承板

3.角度式和移动式车床夹具

（1）角度式车床夹具

如图 2-67 所示为车工件斜面的角度式车床夹具。工件以底面、底面上的槽及两侧面的孔定位，顶面用螺钉压紧。框架的两个定位平面 A、B 具有与工件相同的角度 α，且对称于轴承的轴线，框架用两个铰链螺钉压紧在定位块上，即可加工具有斜角 α 的斜面。在加工另一面时，框架翻转 180° 框架斜面的斜角可根据工件斜角的不同而改变。

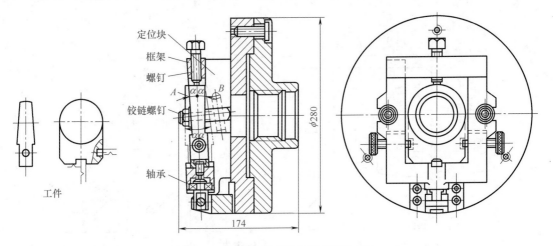

图 2-67　车工件斜面的角度式车床夹具

（2）移动式车床夹具

如图 2-68 所示为移动式车床夹具。工件底平面和两侧面定位装夹在角铁上，角铁一侧和定位板一侧的定位螺钉接触定位，车削第一孔 $\phi 40^{+0.039}_{0}$ mm，当第一孔加工好后，把角铁沿着定位板平行移动（至中心距 75mm）到与另一端定位螺钉接触，定位后紧固角铁车第二孔 $\phi 30^{+0.033}_{0}$ mm。

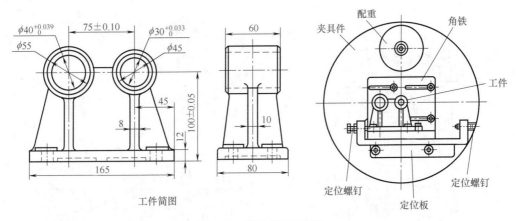

图 2-68　移动式车床夹具

4.其他形式的车床夹具（表 2-44）

（六）车床夹具设计

1.车床夹具的设计要求

车床在高速回转状态下，工件具有离心力和不平衡惯量。因此，夹具的定位基准必须保证工件被加工孔或外圆的轴线与主轴的回转轴线重合。设计车床夹具除满足工序要求外，还要满足表 2-45 所列要求。

表 2-44　其他形式的车床夹具

类别	结构简图	说明
法兰式车偏心卡盘	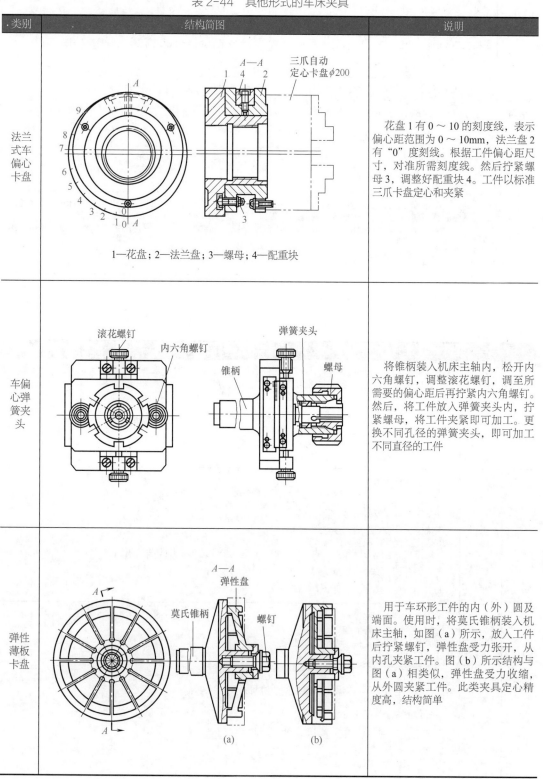 1—花盘；2—法兰盘；3—螺母；4—配重块	花盘 1 有 0～10 的刻度线，表示偏心距范围为 0～10mm，法兰盘 2 有"0"度刻线。根据工件偏心距尺寸，对准所需刻度线。然后拧紧螺母 3，调整好配重块 4。工件以标准三爪卡盘定心和夹紧
车偏心弹簧夹头		将锥柄装入机床主轴内，松开内六角螺钉，调整滚花螺钉，调至所需要的偏心距后再拧紧内六角螺钉。然后，将工件放入弹簧夹头内，拧紧螺母，将工件夹紧即可加工。更换不同孔径的弹簧夹头，即可加工不同直径的工件
弹性薄板卡盘		用于车环形工件的内（外）圆及端面。使用时，将莫氏锥柄装入机床主轴，如图（a）所示，放入工件后拧紧螺钉，弹性盘受力张开，从内孔夹紧工件。图（b）所示结构与图（a）相类似，弹性盘受力收缩，从外圆夹紧工件。此类夹具定心精度高，结构简单

表 2-45　车床夹具的设计要求

项目	内　容
结构要求	①力求夹具结构简单、紧凑、轻便、轮廓尺寸、悬伸长度、质量要求尽量小，重心尽量靠近主轴连接盘端面 ②夹具结构应使切屑顺利排出且便于清理 ③夹具体的最大外圆应有校准回转中心的环槽基面，以备安装找正使用 ④装卸工件要方便，要便于观察切削情况 ⑤要选择适当的结构形式，当定位基准和加工表面同轴时，采用悬臂式带柄心轴或顶尖心轴。定轴基准轴线和加工表面轴线相互成一定角度时，采用角铁式夹具。当定位基准轴线和加工表面轴线相互平行且偏离一定距离时，用花盘式夹具 ⑥工艺性能要求好
夹紧装置要求	①夹紧点应选在工件直径最大处。夹紧点尽量靠近加工部位，或借助尾座顶尖压紧工件 ②夹紧力应足够，但不得使定位基面变形 ③加工薄壁工件，应使夹紧力作用点数量较多且分布均匀。夹紧部位应选在工件刚度较大处，推荐采用自定心夹具 ④夹具体和夹紧机构应有足够刚度，应安全、耐用
平衡要求	夹具各零件的重心应尽量靠近回转轴线。夹具平衡可在夹具体上适当位置钻孔或铣去多余金属，或在其上直接铸出配重、减重孔，或灌铅、加配重等方法来实现。平衡重块可采用整块或不同厚度的薄片以便调节，平衡重块应尽量小，其位置、质量可调
安全要求	①夹具体在径向回转范围内应为圆柱形，无突出部分和易松脱零件，或加防护罩。装在机床主轴连接盘内的夹具体应有凸肩。夹具与主轴的连接应有防松装置 ②气、液动夹紧装置中，与机床主轴一同回转的活塞杆和夹紧螺纹拉杆，要防止主轴回转时产生相对转动而松动，要有防范措施 ③铰链压板回转轴线应靠近操作者一侧，可防止车床偶然启动，不致损坏机床 ④采用离心式拨盘加工时，转速不应低于 200r/min

2. 车床夹具的设计步骤（表 2-46）

表 2-46　车床夹具的设计步骤

阶段	名称	设计工作内容
一阶段	设计准备	这一阶段的工作是收集资料、明确设计任务 ①分析产品零件图和装配图，分析零件的作用、形状、结构、材料和技术要求 ②分析零件的工艺规程，特别是工艺基准、切削用量、加工余量 ③分析工艺装备设计任务书，发现问题，与有关人员沟通 ④了解所用机床、刀具、量具的规格、精度，特别是机床与夹具连接部分的结构、尺寸 ⑤了解零件的生产纲领和生产组织等有关问题 ⑥收集国家、部颁、行业、企业标准以及典型夹具的技术资料 ⑦熟悉夹具制造车间的制造工艺
二阶段	方案设计	①确定夹具的类型 ②定位设计。根据六点原则确定工件的定位方式，选择定位元件 ③确定工件的夹紧方式和夹紧装置，注意缩短辅助时间 ④确定刀具的对刀导向方案，选择对刀和导向元件 ⑤确定夹具与机床的连接方式 ⑥确定其他元件和装置的结构形式，如分度、移位、靠模装置等 ⑦确定夹具总体布局和夹具的结构形式，处理好定位元件在夹具体上的位置 ⑧绘制夹具方案设计图 ⑨进行精度分析 ⑩对动力夹紧装置进行夹紧力验算
三阶段	审核	①夹具的标志是否完整 ②夹具的搬运是否方便 ③夹具与机床的连接是否牢固和正确 ④定位元件是否可靠和精确 ⑤夹紧装置是否安全和可靠 ⑥工件的装卸是否方便 ⑦夹具与有关刀具、辅助、量具之间的协调关系是否良好 ⑧加工过程中切屑的排除是否良好 ⑨操作的安全性是否可靠 ⑩加工精度能否符合工件图样所规定的要求 ⑪生产率能否达到工艺要求 ⑫夹具是否具有良好的工艺性和经济性 ⑬夹具的标准化审核

阶段	名称	设计工作内容
四阶段	夹具总装配图设计	（1）绘制注意事项 ①应按国家制图标准绘制，尽量选用 1∶1 的绘图比例 ②尽可能选择面对操作者的方向作为主视图，同时应符合视图最少原则 ③应把夹具的工作原理、结构和元件间的装配关系表达清楚 ④用双点划线绘制工件外形轮廓、定位基准面、夹紧表面和加工表面 ⑤合理标注尺寸、公差和技术要求 ⑥合理选择夹具制造材料 （2）绘图步骤如下 ①布置图面，用双点划线绘出工件轮廓线 ②绘制定位元件的详细结构 ③绘制对刀导向元件 ④绘制夹紧装置 ⑤绘制其他元件或装置 ⑥绘制夹具体 ⑦标注视图符号、尺寸、技术要求，编制明细表及标题栏
五阶段	绘夹具零件图	夹具中的非标准件均要画出零件图，按装配总图要求确定零件尺寸、公差和技术要求。零件主视图选择应满足合理位置和形状特征原则。尺寸标注先选择基准和标注主要尺寸，再考虑工艺要求，结合形体分析法注全其余尺寸。最后检查是否有多余重复和遗漏的尺寸

3. 心轴设计

心轴以工件孔为定位基准，对套、连接盘和杯形工件进行外圆和两端面加工。加工较长和定心精度高的工件，使用顶尖心轴。加工较短较重的大工件时，使用在机床主轴连接端面夹紧的带连接盘心轴。装卸频繁的工件可使用带柄心轴。

心轴的定心结构形式主要有定径式和胀开式两种。

（1）定径式定心结构的心轴

定径式定心结构心轴的种类及选用见表 2-47。

表 2-47　定径式定心结构心轴的种类及选用

心轴名称	定心夹紧元件		工件基准孔配合状态	工件基准孔径公差等级	最小装夹误差和形状位置公差等级（IT）				定心夹紧动作	加工直径范围/mm
					径向		轴向			
	结构	形状			误差/μm	公差等级	误差/μm	公差等级		
带键心轴	同一整体	带键圆柱	保证最小间隙	7～8	在配合间隙的一半范围内①	9～12	10	—	螺母一端压紧	φ16～100
花键心轴螺纹心轴		花键螺纹牙型				—				φ14～82
圆柱		—		—						
心轴		圆柱		8～11		9～12				顶尖式 φ8～80 带柄式 >φ16
圆柱心轴			过盈	8～9	5～10	4～6			工件压入	>φ3
圆锥心轴		圆锥	一端圆周楔紧	5～8 分级心轴9	5～10	4～7 1～2	—			>φ3～100
带圆柱锥度心轴		圆锥和圆柱		7	5～10	3～5	—	2～5		φ8～80

注：①通常为 0.02～0.03mm。

②圆柱心轴和锥度心轴的设计要点（表 2-48）。

表 2-48　圆柱心轴和锥度心轴的设计要点

圆柱心轴设计要点		锥度心轴设计要点
间隙配合的心轴	①工件的定位工作面与工件基准孔的配合，一般有0.02～0.025mm 的最小配合间隙，心轴公差带取 h6。若工件基准孔直径公差等级低，可将工件孔公差带分成几组，采取对应配套的分级心轴，减小配合间隙 ②工件的夹紧一般用螺母，并使用开口垫圈，以减少装卸时间。螺纹直径应尽量大，长度力求短。螺纹尾端宜留 4～10mm 长圆柱段，保护螺纹不碰坏 ③工件孔如有键槽、矩形或渐开线花键，则心轴截面应为相应剖面结构。花键心轴均以其外径与工件配合定心，键宽仅起带动作用，键宽一般比工件减少0.25～0.5mm ④圆柱心轴一般为带肩结构，用于轴向定位。心轴直径大于 50mm，可用空心钢管或轴向钻孔以减轻重量。直径大的定位基面可沿轴向铣平数处，留有 6mm左右弧长的圆柱面，但薄壁筒不易采用。心轴驱动端铣扁，用于装夹	①心轴的圆锥度一般为 1/1500～1/3000，两端有中心孔 ②适用于工件的基准孔公差等级高于 IT7 级精度的光滑孔或花键孔。多用于长径比为 1～1.5 的薄壁筒的定心夹紧精加工 ③用于精细加工，孔径精度越高，表面粗糙度值越小，心轴锥度越小，定心和楔紧越可靠。同时心轴工作部分越长，刚度越低。只能用于轻型小件，不适于长工件以及端面加工，不适于大批量生产 ④心轴圆锥工作部分的大端应留有 5～10mm 长的圆柱台肩作为储备量，导向部分取 5mm 长，并有10° 引导斜角 ⑤工件基准孔直径公差带较大，而同轴度要求较高或孔较长时，应选用配套的一组分级心轴、带圆柱部分的锥度心轴或双圆锥组合心轴
过盈配合的心轴	①心轴由传动部分、轴向定位轴肩、工作部分、空刀槽和导向部分组成 ②工作部分按两种情况选择公差带：当心轴与工件配合长度小于孔径时选 r6，大于孔径时，前端选 h6，后端选 r6，做成锥形	

（2）胀开式定心结构的心轴

① 胀开式定心结构的心轴的种类及选用见表 2-49。

表 2-49　胀开式定心结构的心轴的种类及选用

心轴名称	定心夹紧元件		工件基准孔配合状态	工件基准孔径公差等级	最小装夹误差和形状位置公差等级（IT）				定心夹紧动作	加工直径范围 /mm
	结构	形状			径向		轴向			
					误差/μm	公差等级	误差/μm	公差等级		
弹簧卡头心轴	套装弹性元件	弹簧夹头	张紧	6～13	20～100	5～10	5～50	7～10	定位同时夹紧	外圆定心>φ5～200 内孔定心>φ15～200
塑胶心轴		薄壁套筒		6～8	5～10	3～5		2～5		φ12～310
波形套心轴		波形薄壁套		6～9	5～10	25		2～5		φ6～350
V 形弹簧垫心轴		V 形弹性垫		6～11	10～30	3～5	—			φ25～200
碟形弹簧垫心轴		碟形弹性垫		7～11	10～30	4～9		—		φ4～200
薄壁鼓膜卡盘		整体薄壁带爪卡盘		7～9	3～5		20～50			φ65～300
楔式卡爪心轴		斜面张紧滑块		①	50～100	3～5		5～7		带柄式 φ36～90 法兰式 φ80～140
钢球心轴		钢球在圆锥上张紧		7～8	5～20		—			φ4～200
滚柱自紧心轴		滚柱自动张开楔紧		8～9	②				自动	φ18～110

注：① 工件孔已加工或未加工均可。

② 单滚柱的为配合间隙 1/2，三滚柱的为 30/μm，滚针式为 5μm。

② 弹性心轴和可胀心轴的结构，见表 2-50。

表 2-50　弹性心轴和可胀心轴的结构

名称	结构简图	说　明
弹性定心夹紧心轴	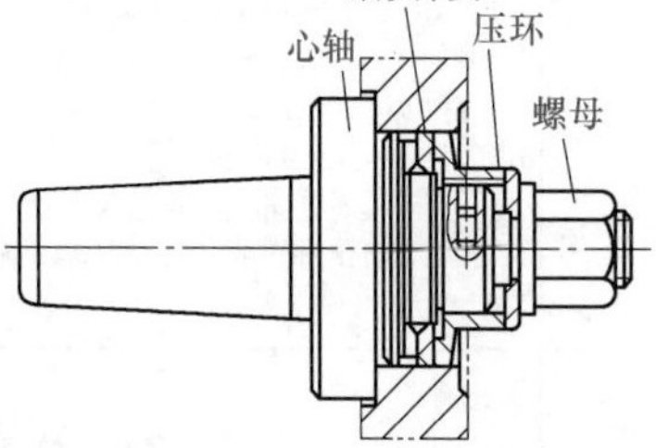 碟形弹簧　压环 心轴　螺母	莫氏锥柄装在主轴孔内，工件以内孔和端面在心轴上定位，拧螺母，通过压环使碟形弹簧受压外胀，将工件定心、夹紧。可车削工件外圆和端面
可胀式弹性盘心轴	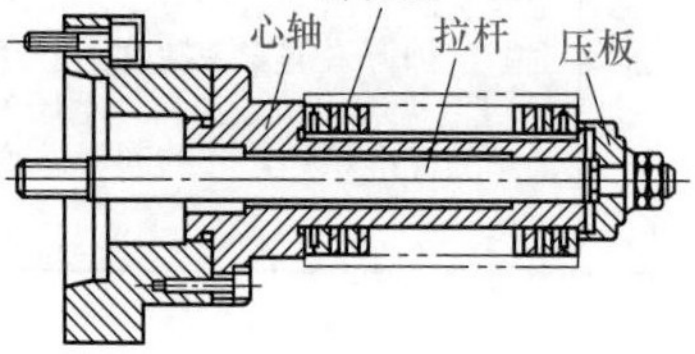 弹性盘 心轴　拉杆　压板	动力源通过拉杆带动压板，使装在心轴上的弹性盘受压、外胀，将工件定心、夹紧。拉杆右移，松开工件 这种心轴适用于精车长薄壁工件外圆
弹性胀力心轴	 (a) 直式 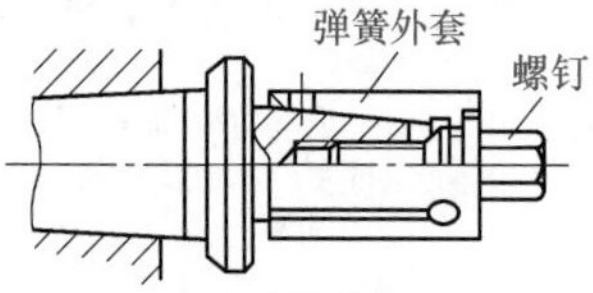 弹簧外套　螺钉 (b) 台阶式	图（a）所示为直式弹性胀力心轴，直径膨胀量达 1.5～5mm 图（b）所示为台阶式弹性胀力心轴，直径膨胀量为 1～2mm。旋转螺钉，依靠螺钉小台阶带动弹簧外套一起向外松脱 这种心轴既能定心又能夹紧
胀力心轴	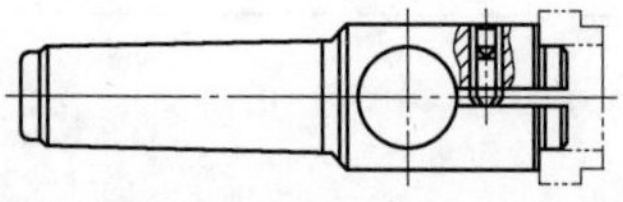	胀力心轴一般装在主轴孔内，依靠材料弹性变形产生的胀力固定工件 适用于内孔定位加工外圆

4. 车床夹具与机床连接的形式（表 2-51）

表 2-51　车床夹具与机床连接的形式

名称	结构简图	说　明
带锥柄夹具装入主轴锥孔	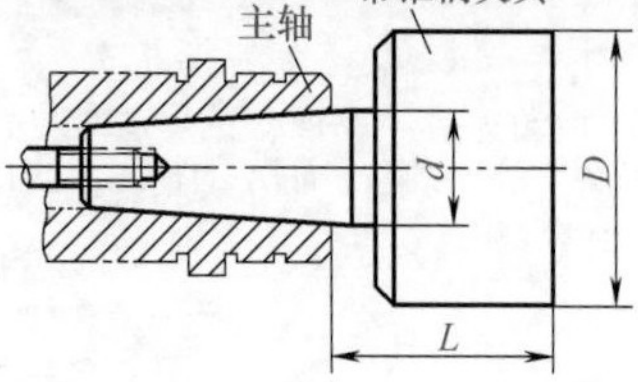 主轴　带锥柄夹具 d　D　L	当夹具直径 D＜140mm 或 D＜（2～3）d 时，可采用锥柄连接形式。夹具尾端的莫氏锥柄直接安装在主轴锥孔中，并用螺钉拉紧。锥板淬硬 48～53HRC。锥面表面粗糙度值 $Ra0.8\mu m$，锥柄表面与主轴锥孔接触 80% 这种方式的安装误差小，定心精度高

名称	结构简图	说明
夹具通过过渡盘与主轴连接	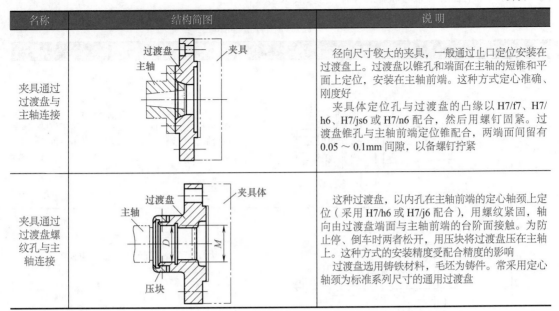	径向尺寸较大的夹具，一般通过止口定位安装在过渡盘上。过渡盘以锥孔和端面在主轴的短锥和平面上定位，安装在主轴前端。这种方式定心准确、刚度好 夹具体定位孔与过渡盘的凸缘以 H7/f7、H7/h6、H7/js6 或 H7/n6 配合，然后用螺钉固紧。过渡盘锥孔与主轴前端定位锥配合，两端面间留有 0.05～0.1mm 间隙，以备螺钉拧紧
夹具通过过渡盘螺纹孔与主轴连接		这种过渡盘，以内孔在主轴前端的定心轴颈上定位（采用 H7/h6 或 H7/j6 配合），用螺纹紧固，轴向由过渡盘端面与主轴前端的台阶面接触。为防止停、倒车时两者松开，用压块将过渡盘压在主轴上。这种方式的安装精度受配合精度的影响 过渡盘选用铸铁材料，毛坯为铸件。常采用定心轴颈为标准系列尺寸的通用过渡盘

5. 车床夹具典型结构的技术要求（表2-52）

表 2-52　车床夹具典型结构的技术要求

结构简图	说明
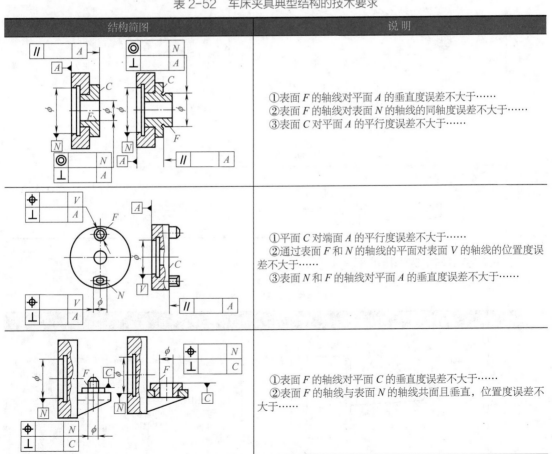	①表面 F 的轴线对平面 A 的垂直度误差不大于…… ②表面 F 的轴线对表面 N 的轴线的同轴度误差不大于…… ③表面 C 对平面 A 的平行度误差不大于……
	①平面 C 对端面 A 的平行度误差不大于…… ②通过表面 F 和 N 的轴线的平面对表面 V 的轴线的位置度误差不大于…… ③表面 N 和 F 的轴线对平面 A 的垂直度误差不大于……
	①表面 F 的轴线对平面 C 的垂直度误差不大于…… ②表面 F 的轴线与表面 N 的轴线共面且垂直，位置度误差不大于……

结构简图	说 明
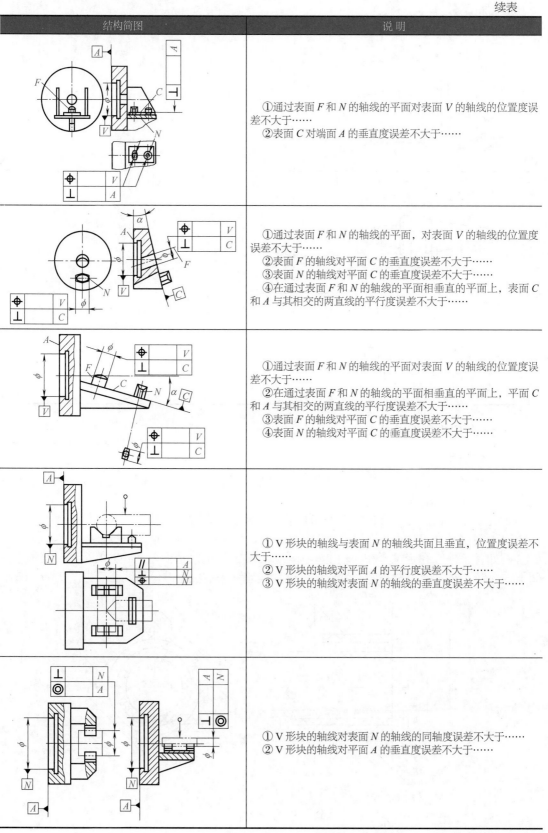	①通过表面 *F* 和 *N* 的轴线的平面对表面 *V* 的轴线的位置度误差不大于…… ②表面 *C* 对端面 *A* 的垂直度误差不大于……
	①通过表面 *F* 和 *N* 的轴线的平面,对表面 *V* 的轴线的位置度误差不大于…… ②表面 *F* 的轴线对平面 *C* 的垂直度误差不大于…… ③表面 *N* 的轴线对平面 *C* 的垂直度误差不大于…… ④在通过表面 *F* 和 *N* 的轴线的平面相垂直的平面上,表面 *C* 和 *A* 与其相交的两直线的平行度误差不大于……
	①通过表面 *F* 和 *N* 的轴线的平面对表面 *V* 的轴线的位置度误差不大于…… ②在通过表面 *F* 和 *N* 的轴线的平面相垂直的平面上,平面 *C* 和 *A* 与其相交的两直线的平行度误差不大于…… ③表面 *F* 的轴线对平面 *C* 的垂直度误差不大于…… ④表面 *N* 的轴线对平面 *C* 的垂直度误差不大于……
	① V 形块的轴线与表面 *N* 的轴线共面且垂直,位置度误差不大于…… ② V 形块的轴线对平面 *A* 的平行度误差不大于…… ③ V 形块的轴线对表面 *N* 的轴线的垂直度误差不大于……
	① V 形块的轴线对表面 *N* 的轴线的同轴度误差不大于…… ② V 形块的轴线对平面 *A* 的垂直度误差不大于……

结构简图	说 明
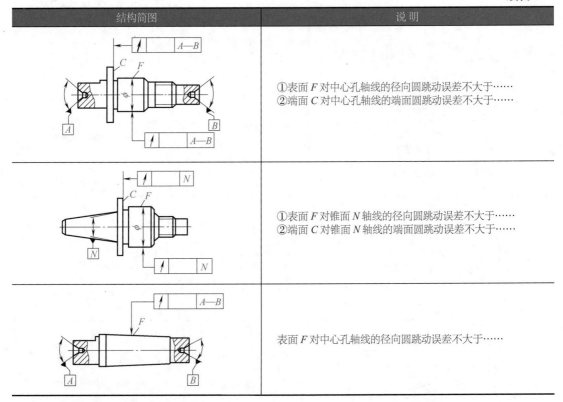	①表面 F 对中心孔轴线的径向圆跳动误差不大于…… ②端面 C 对中心孔轴线的端面圆跳动误差不大于……
	①表面 F 对锥面 N 轴线的径向圆跳动误差不大于…… ②端面 C 对锥面 N 轴线的端面圆跳动误差不大于……
	表面 F 对中心孔轴线的径向圆跳动误差不大于……

（七）车床夹具误差分析

1. 定位误差

工件在夹具上定位时，由于工件和定位元件总会有制造误差，因而使工件在夹具中的位置在一定范围内变动而产生定位误差。

定位误差包括定位基准位移误差和基准不重合误差两部分。

（1）定位基准位移误差

例如，工件以孔定位套在心轴上车削外圆，由于孔的制造误差、心轴的制造误差和定位间隙的存在，必然使定位基准产生位移，这种误差称为定位基准位移误差。由图 2-69 可知：

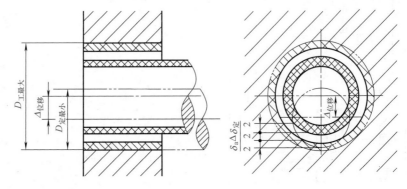

图 2-69　孔的位移误差

$$\Delta_{位移} = \delta_a + \delta_定 + \Delta$$

$$\Delta_{位移} = D_{工最大} - D_{定最小}$$

式中　$\Delta_{位移}$——定位基准位移误差，mm；

　　　δ_a——工件孔的制造误差，mm；

　　　$\delta_定$——心轴的制造误差，mm；

　　　Δ——最小的定位间隙，mm；

　　$D_{工最大}$——工件孔的最大直径，mm；

　　$D_{定最小}$——心轴的最小直径，mm。

（2）基准不重合误差

如图 2-70 所示的工件，$\phi25H6$ 孔的设计基准为 A。设计夹具时，用 A 面作为定位基准显然不够稳固，如图 2-70（a）所示。如果用 B 面来定位，则因定位面较大，比较稳固，如图 2-70（b）所示，但由于定位基准 B 与设计基准 A 不重合，因此产生了基准不重合误差。

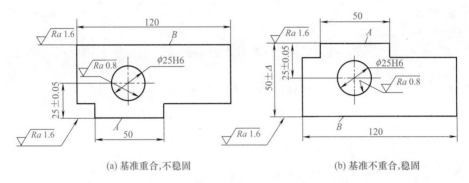

(a) 基准重合,不稳固　　　　　　　　　　(b) 基准不重合,稳固

图 2-70　基准不重合误差的典型工件

2. 夹具误差

夹具误差包括三方面：

① 工件定位误差 $\Delta_定$；

② 夹具制造、安装误差 $\Delta_{制、安}$，其中夹具的制造公差一般不超过工件公差的 1/3；

③ 工艺系统的加工误差 $\Delta_工$，包括工艺系统的受力、受热变形和刀具磨损等。

以上各种误差之和必须不超过工件的公差 δ_a，即：

$$\Delta_定 + \Delta_{制、安} + \Delta_工 \leqslant \delta_a$$

式中　$\Delta_定$——工件定位误差，mm；

　　$\Delta_{制、安}$——夹具制造、安装误差，mm；

　　　$\Delta_工$——工艺系统加工误差，mm；

　　　δ_a——工件孔的制造公差，mm。

第六节　机械加工工艺规程的制订

一、制订工艺规程的依据和步骤

1. 制订工艺规程的依据

① 制造零件的图样。包括加工精度、表面质量要求和指定的技术要求。

②制造零件的生产纲领。

③零件材料、零件毛坯图和供应资料。

④零件加工车间设备种类、规格、型号、精度，工人操作水平和工艺习惯，刀、夹、量具供应状况，检测与质量控制手段，工作面积和起重、物流情况等。

⑤国内外、本企业同类零件工艺技术参考资料。

⑥有关工艺标准。

⑦有关设备和工艺装备资料。

⑧可参考的新工艺技术资料。

2.制订工艺规程的步骤

①进行零件工艺分析。首先对零件图样进行分析，着重分析零件的结构和零件的技术要求。同时确定生产类型和生产纲领。

②确定毛坯。

③确定定位基准。

④拟定加工工艺路线。包括确定各表面的加工方法、划分加工阶段和安排加工顺序，并选择机床和工艺装备。

⑤确定各工序的加工余量，计算工序尺寸及其公差。

⑥确定各工序切削用量和时间定额。

⑦确定各主要工序的技术要求和检验方法。

⑧进行方案比较，确定最佳方案。

⑨编制工艺文件。

二、表面加工方案的选择

1.外圆表面加工

（1）外圆表面加工中各种加工方法的加工经济精度及表面粗糙度（表 2-53）

表 2-53　外圆表面加工中各种加工方法的加工经济精度及表面粗糙度

加工方法	加工性质	加工经济精度（IT）	表面粗糙度 $Ra/\mu m$
车	粗车	13～12	80～10
	半精车	11～10	10～2.5
	精车	8～7	5～1.25
	金刚石车	6～5	1.25～0.02
外磨	粗磨	9～8	10～1.25
	半精磨	8～7	2.5～0.63
	精磨	7～6	1.25～0.16
	精密磨	6～5	0.32～0.08
	镜面磨	5	0.08～0.008
研磨	粗研	6～5	0.63～0.16
	精研	5	0.32～0.04
超精加工	精	5	0.32～0.08
	精密	5	0.16～0.01
砂带磨	精磨	6～5	0.16～0.02
	精密磨	5	0.04～0.01
滚压	—	7～6	1.25～0.16

（2）外圆表面加工方案（表 2-54）

表 2-54 外圆表面加工方案

序号	加工方案	经济精度等级（IT）	表面粗糙度 Ra/μm	适用范围
1	粗车	11～13	50～12.5	适用于淬火钢以外的各种金属
2	粗车→半精车	8～9	6.3～3.2	
3	粗车→半精车→精车	6～7	1.6～0.8	
4	粗车→半精车→精车→滚压	6～7	0.2～0.025	
5	粗车→半精车→磨削	6～7	0.8～0.4	主要用于淬火钢，也用于未淬火钢，但不宜用于有色金属
6	粗车→半精车→粗磨→精磨	5～7	0.4～0.1	
7	粗车→半精车→粗磨→精磨→超精磨	5	0.1～0.012	
8	粗车→半精车→精车→金刚石车	5～6	0.4～0.025	主要用于要求较高的有色金属
9	粗车→半精车→粗磨→精磨—超精磨	5级以上	0.025～0.006	主要用于要求极高的外圆加工
10	粗车→半精车→精车→精磨→研磨	5级以上	0.1～0.006	—

2. 孔加工方法和加工方案

（1）孔加工方法的加工经济精度及表面粗糙度（表2-55）

表 2-55 孔加工方法的加工经济精度及表面粗糙度

加工方法	加工性质	加工经济精度（IT）	表面粗糙度 Ra/μm
钻	实心材料	12～11	20～2.5
扩	粗扩	12	20～10
	铸或冲孔后一次扩	12～11	—
	精扩	10	10～2.5
铰	半精铰	11～10	10～5
	精铰	9～8	5～1.25
	细铰	7～6	1.25～0.32
拉	粗拉	11～10	5～2.5
	精拉	9～7	2.5～0.63
镗	粗镗	12	20～10
	半精镗	11	10～5
	精镗	10～8	5～1.25
	细镗	7～6	1.25～0.32
内磨	粗磨	9	10～1.25
	精磨	8～7	1.25～0.32
珩	粗珩	6～5	1.25～0.32
	精珩	5	0.32～0.04
研	粗研	6～5	1.25～0.32
	精研	5	0.32～0.01
滚压	—	8～7	0.63～0.16

（2）孔加工方案（表2-56）

表 2-56 孔加工方案

序号	加工方案	经济加工精度的公差等级（IT）	加工表面粗糙度 Ra/μm	适用范围
1	钻	11～12	12.5	加工未淬火钢及铸铁的实心毛坯，也可用于加工非铁金属（但表面粗糙度值稍高），孔径<20mm
2	钻→铰	8～9	3.2～1.6	
3	钻→粗铰→精铰	7～8	1.6～0.8	

续表

序号	加工方案	经济加工精度的公差等级（IT）	加工表面粗糙度 Ra/μm	适用范围
4	钻→扩	11	12.5 ～ 6.3	加工未淬火钢及铸铁的实心毛坯，也可用于加工非铁金属（但表面粗糙度值稍高），但孔径＞20mm
5	钻→扩→铰	8 ～ 9	3.2 ～ 1.6	
6	钻→扩→粗铰→精铰	7	1.6 ～ 0.8	
7	钻→扩→机铰→手铰	6 ～ 7	0.4 ～ 0.1	
8	钻（扩）→拉（或推）	7 ～ 9	1.6 ～ 0.1	大批量生产中小零件的通孔
9	粗镗（或扩孔）	11 ～ 12	12.5 ～ 6.3	除淬火钢外各种材料，毛坯有铸出孔或锻出孔
10	粗镗（粗扩）→半精镗（精扩）	9 ～ 10	3.2 ～ 1.6	
11	粗镗（粗扩）→半精镗（精扩）→精镗（铰）	7 ～ 8	1.6 ～ 0.8	
12	粗镗（扩）→半精镗（精扩）→精镗→浮动镗刀块精镗	6 ～ 7	0.8 ～ 0.4	除淬火钢外各种材料，毛坯有铸出孔或锻出孔
13	粗镗（扩）→半精镗→磨孔 粗镗（扩）→半精镗	7 ～ 8	0.8 ～ 0.2	主要用于加工淬火钢
14	粗磨→精磨	6 ～ 7	0.2 ～ 0.1	宜用于非铁金属
15	粗镗→半精镗→精镗→金刚镗	6 ～ 7	0.4 ～ 0.05	主要用于精度要求较高的非铁金属加工
16	钻→（扩）→粗铰→精铰→珩磨 钻→（扩）→拉→珩磨 粗镗→半精镗→精镗→珩磨	6 ～ 7	0.2 ～ 0.025	精度要求很高的孔
17	以研磨代替上述方案中的珩磨	5 ～ 6	<0.1	
18	钻（或粗镗）→扩（半精镗）→精镗→金刚镗→脉冲滚挤	6 ～ 7	0.1	成批大量生产的非铁金属零件中的小孔，铸铁箱体上的孔

3. 平面加工方法和加工方案

（1）平面加工方法和加工方案（表 2-57）

表 2-57　平面加工方法和加工方案

加工方法	加工性质	加工经济精度（IT）	表面粗糙度 Ra/μm
周铣	粗铣 精铣	12 ~ 11 10	20 ~ 5 5 ~ 1.25
端铣	粗铣 精铣	12 ~ 11 10 ~ 9	20 ~ 5 5 ~ 0.63
主	半精车 精车 细车（金刚石车）	11 ~ 10 9 8 ~ 7	10 ~ 5 10 ~ 2.5 1.25 ~ 0.63
刨	粗刨 精刨 宽刀精刨	12 ~ 11 10 ~ 9 9 ~ 7	20 ~ 10 10 ~ 2.5 1.25 ~ 0.32
平磨	粗磨 半精磨 精磨 精密磨	9 8 ~ 7 7 6	5 ~ 2.5 2.5 ~ 1.25 0.63 ~ 0.16 0.16 ~ 0.016
刮研	手工刮研	10 ~ 20 点 / 25mm × 25mm	1.25 ~ 0.16
研磨	粗研 精研	7 ~ 6 5	0.63 ~ 0.32 0.32 ~ 0.08

（2）平面加工方案（表2-58）

表2-58 平面加工方案

序号	加工方案	经济加工精度的公差等级（IT）	加工表面粗糙度 $Ra/\mu m$	适用范围
1	粗车→半精车	8～9	6.3～3.2	端面
2	粗车→半精车→精车	6～7	1.6～0.8	
3	粗车→半精车→磨削	7～9	0.8～0.2	
4	粗刨（或粗铣）→精刨（或精铣）	7～9	6.3～1.6	一般不淬硬的平面（端的表面粗糙度值较低）
5	粗刨（或粗铣）→精刨（或精铣）→刮研	5～6	0.8～0.1	精度要求较高的不淬硬面，批量较大时宜采用宽刃刨方案
6	粗刨（或粗铣）→精刨（或精铣）→宽刃精刨	6～7	0.8～0.2	
7	粗刨（或粗铣）→精刨（或精铣）→磨削	6～7	0.8～0.2	精度要求较高的淬硬平面或不淬硬平面
8	粗刨（或粗铣）→精刨（或精铣）→粗磨→精磨	5～6	0.4～0.25	
9	粗铣→拉	6～9	0.8～0.2	大量生产，较小的平面
10	粗铣→精铣→磨削→研磨	5级以上	<0.1	高精度平面

三、加工顺序的安排

零件加工顺序的安排原则见表2-59。

表2-59 零件加工顺序的安排原则

工序类别	工序	安排原则
机械加工	—	①对于形状复杂、尺寸较大的毛坯或尺寸偏差较大的毛坯，应首先安排划线工序，为精基准加工提供找正基准 ②按"先基面后其他"的顺序，首先加工精基准面 ③在重要表面加工前应对精基准进行修正 ④按"先主后次、先粗后精"的顺序，对精度要求较高的各主要表面进行粗加工、半精加工和精加工 ⑤对于与主要表面有位置精度要求的次要表面应安排在主要表面加工之后加工 ⑥对于易出现废品的工序，精加工和光整加工可适当提前，一般情况下，主要表面的精加工和光整加工应放在最后阶段进行
热处理	退火与正火	属于毛坯预备性热处理，应安排在机械加工之前进行
	时效	为了消除残余应力，对于尺寸大、结构复杂的铸件，需在粗加工前、后各安排一次时效处理；对于一般铸件在铸造后或粗加工后安排一次时效处理；对于精度要求高的铸件，在半精加工前、后各安排一次时效处理；对于精度高、刚度差的零件，在粗车、粗磨、半精磨后各安排一次时效处理
	淬火	淬火后工件硬度提高且易变形，应安排在精加工阶段的磨削加工前进行
	渗碳	渗碳易产生变形，应安排在精加工前进行，为控制渗碳层厚度，渗碳前需要安排精加工
	氮化	一般安排在工艺过程的后部、该表面的最终加工之前。氮化处理前应调质
辅助工序	中间检验	一般安排在粗加工全部结束之后，精加工之前；送往外车间加工的前后（特别是热处理前后）；花费工时较多和重要工序的前后
	特种检验	荧光检验、磁力探伤主要用于表面质量的检验，通常安排在精加工阶段。荧光检验如用于检查毛坯的裂纹，则安排在加工前
	表面处理	电镀、涂层、发蓝、氧化、阳极化等表面处理工序一般安排在工艺过程的最后进行

一、数控车削加工工艺概述

数控车削加工工艺以普通车削加工工艺为基础，结合数控车床的特点，综合运用多方面的知识解决数控车削加工过程中面临的工艺问题。在数控加工前，要将车床的运动过程、零件的工艺过程、刀具的选用、切削用量和走刀路线等都编入程序，这就要求程序设计人员具有多方面的知识基础。合格的程序员首先是一个合格的工艺人员，否则就无法做到全面周到地考虑零件加工的全过程，以及正确、合理地编制零件的加工程序。

（一）数控车削加工的主要对象

数控车削是数控加工中用得最多的加工方法之一。由于数控车床具有加工精度高、能做直线和圆弧插补（高档车床数控系统还有非圆曲线插补功能）以及在加工过程中能自动变速等特点，因此其工艺范围较普通车床宽得多。

对于一个零件来说，并非全部加工工艺过程都适合在数控车床上完成，而往往只是其中的一部分工艺内容适合数控加工。这就需要对零件图样进行仔细的工艺分析，选择那些最适合、最需要进行数控加工的内容和工序。在考虑选择内容时，应结合本企业设备的实际，立足于解决难题、攻克关键问题和提高生产效率，充分发挥数控加工的优势。

1. 适于数控车削加工的内容

普通车床上无法加工的内容应作为选择的内容；普通车床难加工、质量也难保证的内容应作为重点选择的内容；普通车床加工效率低、工人手工操作劳动强度大的内容，可在数控车床尚存在富余加工能力时选择。

针对数控车床的特点，最适合数控车削加工的几种零件，见表2-60。

表2-60　适于数控车削加工的零件

类别	说　明
轮廓形状特别复杂或难以控制尺寸的回转体零件	由于数控车床具有直线和圆弧插补功能，部分车床数控系统还有某些非圆曲线插补功能，所以可以车削由任意直线和平面曲线组成的形状复杂的回转体零件和难以控制尺寸的零件，如具有封闭内成形面的壳体零件。如图2-71所示的壳体零件封闭内腔的成形面，"口小肚大"，在普通车床上是无法加工的，而在数控车床上则很容易加工出来。组成零件轮廓的曲线可以是数学方程式描述的曲线，也可以是列表曲线。对于由直线或圆弧组成的轮廓，直接利用机床的直线或圆弧插补功能。对于由非圆曲线组成的轮廓，可以用非圆曲线插补功能；若所选机床没有非圆曲线插补功能，则应先用直线或圆弧去逼近，然后再用直线或圆弧插补功能进行插补切削 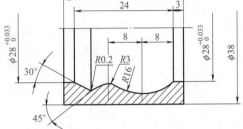 图2-71　成形内腔壳体零件示例

类别	说　　明
精度要求高的回转体零件	零件的精度要求主要指尺寸、形状、位置和表面等精度要求，其中，表面精度主要指表面粗糙度。例如尺寸精度高（达 0.001mm 或更小）的零件；圆柱度要求高的圆柱体零件；素线直线度、圆度和倾斜度均要求高的圆锥体零件；线轮廓度要求高的零件（其轮廓形状精度可超过用数控线切割加工的样板精度）；在特种精密数控车床上，还可加工出几何轮廓精度极高（达 0.0001mm）、表面粗糙度数值极小（Ra 达 0.02μm）的超精零件（如复印机中的回转鼓及激光打印机上的多面反射体等），以及通过恒线速度切削功能加工表面精度要求高的各种变径表面类零件等
带特殊螺纹的回转体零件	普通车床所能车削的螺纹相当有限，它只能车削等导程的直、锥面米制或寸制螺纹，而且一台车床只能限定加工若干种导程的螺纹。数控车床不但能车削任何等导程的直、锥和端面螺纹，而且能车削增导程、减导程及要求等导程与变导程之间平滑过渡的螺纹，还可以车削高精度的模数螺旋零件（如圆柱、圆弧蜗杆）和端面（盘形）螺旋零件等。数控车床可以配备精密螺纹切削功能，再加上一般采用硬质合金成形刀具以及可以使用较高的转速，所以车削出来的螺纹精度高、表面粗糙度值小
淬硬工件的加工	在大型模具加工中，有不少尺寸小而形状复杂的零件。这些零件热处理后的变形量较大，磨削加工有困难，因此可以用陶瓷车刀在数控车床上对淬硬后的零件进行车削加工，以车代磨，提高加工效率

2. 不适合数控加工的内容

一般来说，上述这些加工内容采用数控加工后，在产品质量、生产效率与综合效益等方面都会得到明显提高。相比之下，下列一些内容不宜采用数控加工。

① 占机调整时间长。例如：以毛坯的粗基准定位加工第一个精基准，需用专用工艺装备（简称工装）协调的内容。

② 加工部位分散，需要多次安装、设置原点。不能在一次安装中加工完成的其他零星部位，采用数控加工很麻烦，效果不明显，可安排普通车床补加工。

③ 按某些特定的制造依据（如样板、样件、模胎等）加工的型面轮廓。主要原因是获得数据困难，易于与检验依据发生矛盾，增加了程序编制的难度。

④ 必须按专用工装协调的孔及其他加工内容（主要原因是采集编程用的数据有困难，协调效果也不一定理想）。

此外，在选择和决定加工内容时，也要考虑生产批量、生产周期、工序间周围情况等。总之，要尽量做到合理，达到多、快、好、省的目的，防止把数控车床降格为通用车床使用。

（二）数控车削加工工艺的主要内容

数控车削加工工艺是指从工件毛坯（或半成品）的定位、装夹开始，至工件正常车削加工完毕，机床复位的整个工艺执行过程。该过程又汇集在加工程序单及其说明的工艺文件中。

普通车床上用的工艺规程是工人在加工时的指导性文件。由于普通车床受控于操作工人，因此，在普通车床上用的工艺规程实际上只是一个工艺过程卡，切削加工中的切削用量、进给路线、工序的工步等往往都由操作工人自行选定。而数控车床加工程序是数控车床加工中的指令性文件。数控车床受控于程序指令，加工的全过程都是按程序指令自动执行的。因此，数控车床加工程序与普通车床工艺规程有较大的差别，涉及的内容比较广。数控车床加工程序不仅要包括零件的工艺过程，而且还要包括切削用量、进给路线、刀具、夹具以及车床的运动过程等。因此，数控车削加工工艺主要包括以下内容。

① 选择适合在数控车床上加工的零件，确定工序内容。

② 根据加工表面的特点和数控车床的功能，对零件进行加工工艺分析。

③ 进行数控加工的工艺设计。

④ 根据编程的需要，对零件图形进行数学处理和计算。

⑤编写加工程序单（自动编程时为源程序，由计算机自动生成目标程序即加工程序）。

⑥检验与修改加工程序。

⑦首件试切以进一步修改加工程序，并对现场问题进行处理。

⑧编制数控加工工艺文件，如数控加工工序卡、数控加工刀具明细表、数控车床调整单、进给路线图以及数控加工程序单等。

（三）数控车削加工工艺的基本特点

数控车削加工与一般车床加工相比较，许多方面遵循的原则基本一致。但由于数控车床本身自动化程度较高，控制方式不同，设备费用也高，使数控加工工艺相应形成了以下几个特点，见表2-61。

表2-61　数控车削加工工艺的基本特点

类　型	说　　明
工艺内容具体	在数控车床加工时，许多具体的工艺问题，如工艺中各工步的划分与安排、刀具的几何形状、走刀路线及切削用量等不仅成为数控工艺设计时必须认真考虑的内容，而且还必须做出正确的选择并编入加工程序中
工艺设计严密	数控车床虽然自动化程度较高，但自适性差。在数控加工的工艺设计中，必须注意加工过程中的每一个细节。同时，在对零件图样进行数学处理、计算和编程时，都要求准确无误，以使数控加工顺利进行。在实际工作中，一个小的计算错误或输入错误都可能酿成重大车床事故或质量事故
注重加工的适应性	根据数控车削加工的特点，正确选择加工方法和加工对象，注重加工的适应性。数控加工自动化程度高、质量稳定、可多坐标联动、便于工序集中，但价格昂贵，操作技术要求高，如果加工方法、加工对象选择不当，往往会造成较大损失。为了既能充分发挥出数控加工的优点，又能达到较好的经济效益，在选择加工方法和对象时要特别慎重，甚至有时还要在基本不改变工件原有性能的前提下，对其形状、尺寸、结构等做适应数控加工的修改

二、数控车削加工工艺的制订

数控车削加工工艺制订的合理与否，对程序编制、机床的加工效率和零件的加工精度都有重要影响。在选择并决定数控车床加工零件及其加工内容后，应对零件的数控车床加工工艺进行全面、认真、仔细的分析。首先应熟悉零件在产品中的作用、位置、装配关系和工作条件，搞清楚各项技术要求对零件装配质量和使用性能的影响，找出主要的、关键的技术要求，然后再对零件图样、零件结构与毛坯等进行工艺性分析。

（一）零件图样分析

分析零件图样是工艺准备中的首要工作，它包括工件轮廓的几何条件、尺寸、形状位置公差要求，表面粗糙度要求，毛坯、材料与热处理要求及件数要求的分析，这些都是制订合理工艺方案必须考虑的，也直接影响到零件加工程序的编制及加工的结果。分析零件图样主要包括的内容见表2-62。

（二）工序和装夹方式的确定

数控加工工艺路线制订与通用车床加工工艺路线制订的主要区别，在于它往往不是指从毛坯到成品的整个工艺过程，而仅是几道数控加工工序工艺过程的具体描述。在工艺路线制订中一定要注意，由于数控加工工序一般都穿插于零件加工的整个工艺过程中，因此要与其他加工工艺衔接好。常见加工流程为：毛坯→热处理→通用车床加工→数控车床加工→通用车床加工→成品。

表 2-62 分析零件图样主要内容

类 型	说 明
尺寸标注应符合数控加工的特点	在数控编程中，所有点、线、面的尺寸和位置都是以编程原点为基准的。因此零件图样上最好直接给出坐标尺寸，或尽量以同一基准标注尺寸
检查构成加工轮廓的几何要素是否完整、准确	在程序编制中，编程人员必须充分掌握构成零件轮廓的几何要素参数及各几何要素间的关系。因为在自动编程时要对零件轮廓的所有几何元素进行定义，手工编程时要计算出每个节点的坐标，无论哪一点不明确或不确定，编程都无法进行。但由于零件设计人员在设计过程中考虑不周或忽略，常常出现参数不全或不清楚，如圆弧与直线、圆弧与圆弧是相切还是相交或相离，图样上图线位置模糊、尺寸封闭等缺陷，这些缺陷不仅增加编程工作难度，有时甚至无法编程，或由于图样几何条件不清，造成加工失误，使零件报废，造成不必要的损失 如图 2-72 所示，图样上给定的几何元素自相矛盾，各段长度之和不等于零件总长尺寸。如图 2-73 所示，图样上所示圆弧的圆心位置是不确定的，不同的理解将得到完全不同的结果 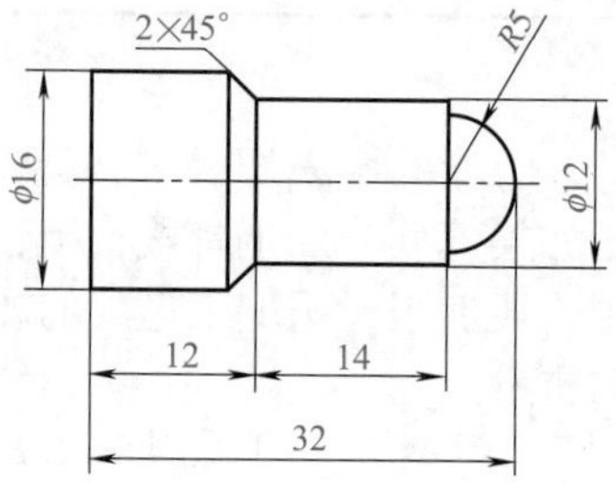 图 2-72　几何元素缺陷一 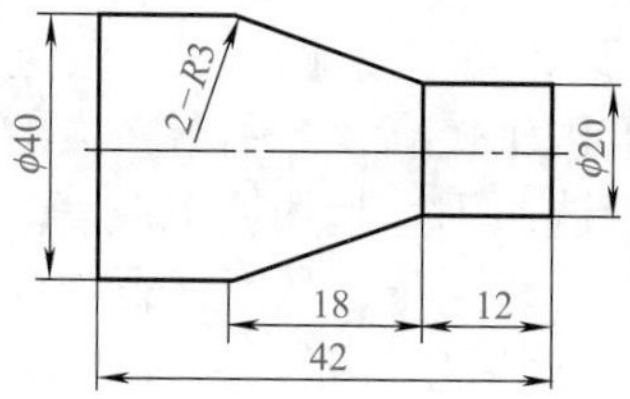　　　图 2-73　几何元素缺陷二 当发生了上述或其他图样上的各项缺陷时，应及时向图样的设计人员或技术管理人员反映，解决后方可进行程序的编制工作，不可凭自己的盲目推断或想象来进行加工，以避免不必要的错误发生
分析尺寸公差、表面粗糙度要求	分析零件图样的尺寸公差要求和表面粗糙度要求，是确定机床、刀具、切削用量，以及确定零件尺寸精度的控制方法、手段和加工工艺的重要依据。在分析过程中，对不同精度的尺寸要求和表面粗糙度要求，在刀具选择、切削用量、走刀线路等方面进行合理的选择，并将这些选择在程序编制中予以应用
分析形状和位置公差要求	除了零件的尺寸公差和表面粗糙度要达到图样要求外，形状和位置公差也是保证零件精度的重要要求。在工艺准备过程中，应按图样的形状和位置公差要求来确定零件的定位基准、加工工艺，以满足其公差要求 对于数控车床加工，零件形状和位置的公差要求主要受车床机械运动副精度和加工工艺的影响，例如，对于圆柱度、垂直度的公差要求，其车床本身在 Z 轴和 X 轴方向线与主轴轴线的平行度和垂直度的公差要小于其图样的形位公差要求，否则无法保证其加工精度，即车床机械运动副误差不得大于图样的形位公差要求。在机床精度达不到要求时，则需在工艺准备中，考虑进行技术性处理的相关方案
结构工艺性分析	零件的结构工艺性是指零件对加工方法的适应性，即所设计的零件结构有利于加工成形。在数控车床上加工零件时，应根据数控车削的特点，认真审视零件结构的合理性。在进行结构分析时，若发现问题，应向设计人员或有关部门提出修改意见

1. 选择加工方法

进行数控加工的零件的结构形状是多种多样的，但它们都是由平面、外圆柱面、内圆柱面或曲面、成形面等基本表面组成的。在决定某个零件进行数控加工后，并不等于要把它所有的加工内容都包下来，而可能只是其中的一部分进行数控车削加工，为此必须对零件图样进行仔细的工艺分析，根据零件的加工精度、表面粗糙度、材料、结构形状、尺寸及生产类型等因素，选用相应的加工方法和加工方案，选择那些适合、需要进行数控车削加工的内容和工序。

2. 加工阶段的划分

当零件的加工质量要求较高时，往往不可能用一道工序来满足其要求，而要用几道工序逐步达到所要求的加工质量。为保证加工质量，合理地使用设备、人力。零件的加工过程通常按工序性质不同，可分为粗加工、半精加工、精加工和光整加工四个阶段，见表2-63。

表2-63　加工阶段的划分

阶段划分	说　　明
粗加工阶段	粗加工阶段的任务是切除毛坯上大部分多余的金属，使毛坯在形状和尺寸上接近零件成品。其主要目标是提高生产率
半精加工阶段	半精加工阶段的任务是使主要表面达到一定的精度，留有一定的精加工余量，为主要表面的精加工（如精车、精磨）做好准备，并可完成一些次要表面加工，如扩孔、攻螺纹、铣键槽等
精加工阶段	精加工阶段的任务是保证各主要表面达到规定的尺寸精度和表面粗糙度要求。其主要目标是全面保证加工质量
光整加工阶段	对零件的精度和表面粗糙度要求很高（IT6级以上，表面粗糙度为$Ra0.2\mu m$以下）的表面，需进行光整加工，其主要目标是提高尺寸精度，减小表面粗糙度，一般不用来提高位置精度

划分粗、精加工阶段的目的如下。

① 保证加工质量。工件在粗加工时，切除的金属层较厚，切削力和夹紧力都比较大，切削温度也比较高，会引起较大的变形。如果不划分加工阶段，粗、精加工混在一起，就无法避免上述原因引起的加工误差。按加工阶段加工，粗加工造成的加工误差可以通过半精加工和精加工来纠正，从而保证零件的加工质量。

② 合理使用设备。粗加工余量大，切削用量大，可采用功率大、刚度好、效率高而精度低的车床。精加工切削力小，对车床破坏小，采用高精度车床。这样发挥了设备的各自特点，既能提高生产率，又能延长精密设备的使用寿命。

③ 便于及时发现毛坯缺陷。

④ 便于安排热处理工序。

3. 工序的划分

工序的划分可以采用两种不同原则，即工序集中原则和工序分散原则。在数控车床上加工零件，应按工序集中的原则划分工序，在一次安装下尽可能完成大部分甚至全部的表面加工。根据零件的结构形状不同，通常选择外圆、端面或内孔装夹，并力求设计基准、工艺基准和编程原点的统一。在批量生产中，常用表2-64所示方法划分工序。

表2-64　工序的划分

类　型	说　　明
按零件加工表面划分工序	将位置精度要求较高的表面安排在一次安装下完成，以免多次安装所产生的安装误差影响位置精度。如图2-74所示的轴承内圈，其内孔对小端面的垂直度、滚道与大挡边对内孔回转中心的角度差，以及滚道与内孔间的壁厚差均有严格的要求，精加工时划分成两道工序，用两台数控车床完成。第一道工序采用如图2-74（a）所示的以大端面和大外径装夹的方案，将滚道、小端面及内孔等安排在一次安装下车出，很容易保证上述的位置精度。第二道工序采用如图2-74（b）所示的以内孔和小端面装夹的方案，车削大外圆和大端面 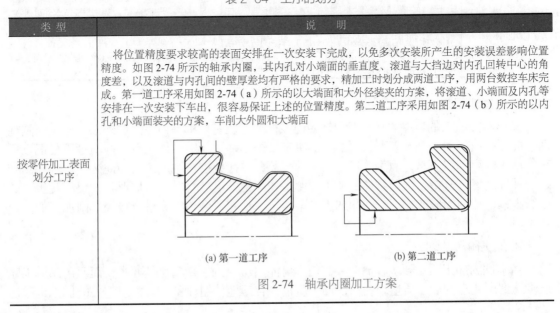 (a) 第一道工序　　　　　　　　(b) 第二道工序 图2-74　轴承内圈加工方案

类型	说明
以粗、精加工划分工序	对于易发生加工变形的零件，由于粗加工后可能发生较大的变形而需要进行校正，故一般来说，凡要进行粗、精加工的都要将工序分开。对于毛坯余量较大和精加工的精度要求较高的零件，应将粗车和精车分开，划分成两道或更多的工序。将粗车安排在精度较低、功率较大的数控车床上，将精车安排在精度较高的数控车床上。如图 2-74 所示的轴承内圈就是按粗、精加工划分工序的 　　下面以车削如图 2-75（a）所示手柄零件为例，说明工序的划分及装夹方式的选择。该零件加工所用坯料为 $\phi32$mm 棒料，批量生产，加工时用一台数控车床。工序的划分及装夹方式如下。 　　第一道工序：按如图 2-75（b）所示，将一批工件全部车出，包括切断，夹棒料外圆柱面。先车出 $\phi12$mm 和 $\phi20$mm 两圆柱面及圆锥面（粗车 $R42$mm 圆弧的部分余量），换刀后按总长要求留下加工余量切断 　　第二道工序：如图 2-75（c）所示，用 $\phi12$mm 外圆及 $\phi20$mm 端面装夹。先车削包含 $SR7$mm 球面的 30° 圆锥面，然后对全部圆弧表面半精车（留少量的精车余量），最后换精车刀将全部圆弧表面精车成形 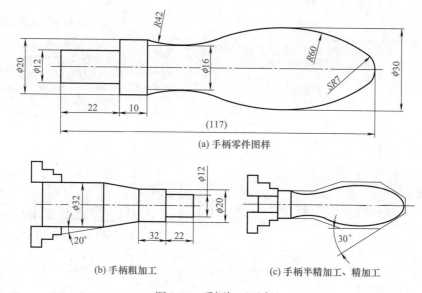 （a）手柄零件图样 （b）手柄粗加工　　　　　　　　（c）手柄半精加工、精加工 图 2-75　手柄加工示意
以同一把刀具加工的内容划分工序	有些零件虽然能在一次安装中加工出很多待加工表面，但考虑到程序太长，会受到某些限制，如控制系统的限制（主要是内存容量），机床连续工作时间的限制（如一道工序在一个工作班内不能结束）等。此外，程序太长会增加出错与检索的困难。因此程序不能太长，一道工序的内容不能太多
以加工部位划分工序	对于加工内容很多的工件，可按其结构特点将加工部位分成几个部分，如内腔、外形、曲面或平面，并将每一部分的加工工作作为一道工序

（三）加工顺序的安排

　　在分析了零件图样并确定了工序、装夹方式之后，接着要确定零件的加工顺序。制订零件车削加工顺序一般应遵循表 2-65 给出的原则。

（四）进给路线的确定

　　进给路线是刀具在整个加工工序中的运动轨迹，即刀具从对刀点（或机床固定点）开始进给运动起，直到结束加工程序后退刀返回该点及所经过的路径，包括了切削加工的路径及刀具切入、切出等非切削空行程。加工路线是编写程序的重要依据之一。在确定加工路线时最好画一张工序简图，将已经拟定出的加工路线画上去（包括进、退刀路线），这样可为编程带来不少方便。表 2-66 给出了常用的进给路线方法的选择。

表 2-65　工序的划分原则

原则	说　明
先粗后精	在车削加工中，应先安排粗加工工序。在较短的时间内，将毛坯的加工余量去掉，以提高生产效率，如图 2-76 中的虚线内所示的部分。同时应尽量满足精加工的余量均匀性要求，以保证零件的精加工质量 在零件进行了粗加工后，应接着安排换刀后进行的半精加工和精加工。安排半精加工的目的：当粗加工后所留余量的均匀性满足不了精加工要求时，如图 2-76 所示的 R 圆弧处余量比其他处多，则可安排半精车作为过渡性工序，使精车的余量基本一致，便于精度的控制 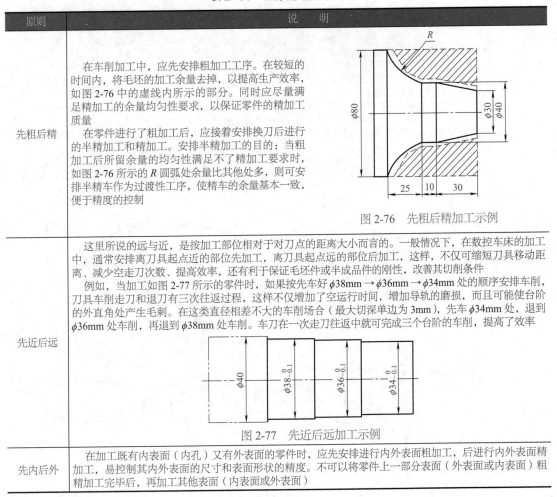 图 2-76　先粗后精加工示例
先近后远	这里所说的远与近，是按加工部位相对于对刀点的距离大小而言的。一般情况下，在数控车床的加工中，通常安排离刀具起点近的部位先加工，离刀具起点远的部位后加工，这样，不仅可缩短刀具移动距离、减少空走刀次数、提高效率，还有利于保证毛坯件或半成品件的刚性，改善其切削条件 例如，当加工如图 2-77 所示的零件时，如果按先车好 ϕ38mm → ϕ36mm → ϕ34mm 处的顺序安排车削，刀具车削走刀和退刀有三次往返过程，这样不仅增加了空运行时间，增加导轨的磨损，而且可能使台阶的外直角处产生毛刺。在这类直径相差不大的车削场合（最大切深单边为 3mm），先车 ϕ34mm 处，退到 ϕ36mm 处车削，再退到 ϕ38mm 处车削。车刀在一次走刀往返中就可完成三个台阶的车削，提高了效率 图 2-77　先近后远加工示例
先内后外	在加工既有内表面（内孔）又有外表面的零件时，应先安排进行内外表面粗加工，后进行内外表面精加工，易控制其内外表面的尺寸和表面形状的精度。不可以将零件上一部分表面（外表面或内表面）粗精加工完毕后，再加工其他表面（内表面或外表面）

表 2-66　常用的进给路线方法的选择

方法		说　明
最短的空行程路线	巧用起刀点	如图 2-78 所示采用矩形循环方式进行粗车的一般情况示例，其对刀点 A 的设定是考虑到精车等加工过程中需方便地换刀，故设置在离工件较远的位置处。如图 2-78（a）所示，将起刀点 B 与其对刀点 A 重合在一起，图 2-78（b）所示则是将起刀点 B 与对刀点 A 分离，刀具从对刀点 A 快速移动至起刀点 B 后开始进行循环粗加工。显然，如图 2-78（b）所示的空行程路线短，进给路线也短，可大大节省在加工过程的执行时间

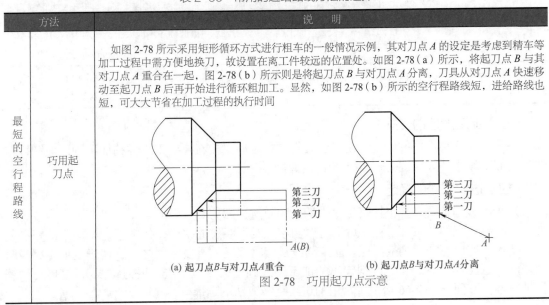

(a) 起刀点 B 与对刀点 A 重合　　　　(b) 起刀点 B 与对刀点 A 分离

图 2-78　巧用起刀点示意

方法		说　明
最短的空行程路线	合理安排"回零"路线	在手工编制复杂轮廓的加工程序时，为简化计算过程，便于校核，程序编制者（特别是初学者）有时将每一刀加工完成后的刀具终点，通过执行"回零"指令，使其全部返回到对刀点，然后再执行后续程序。这样会增加走刀路线的距离，降低生产效率。因此，在合理安排"回零"路线时，应使前一刀的终点与后一刀的起点间的距离尽量短，或者为零，以满足最短进给路线要求
最短的切削进给路线		在粗加工时，毛坯余量较大，采取不同的循环加工方式，如轴向进刀、径向进刀或固定轮廓形状进给等，将获得不同的切削进给路线。在安排粗加工或半精加工的切削进给路线时，应在兼顾被加工零件的刚性及加工工艺性等要求下，采取最短的切削进给路线，减少空行程时间，可有效提高生产效率，降低刀具损耗
零件轮廓精加工一次走刀完成		为保证工件轮廓表面加工后的粗糙度要求，精加工时，最终轮廓应安排在最后一次走刀连续加工出来。刀具的进、退刀（切入与切出）路线要认真考虑，尽量减少在轮廓处停刀，避免切削力（大小、方向）突然变化造成弹性变形而留下刀痕。一般应沿着零件表面的切向切入和切出，尽量避免沿工件轮廓面垂直方向进、退刀而划伤工件
		此外，要选择工件在加工后变形较小的路线，例如，对细长零件或薄板零件，应采用分几次走刀加工到最后尺寸，或采用对称去余量法安排走刀路线。在确定轴向移动尺寸时，应考虑刀具的引入长度和超越长度
特殊处理		特殊处理方法见表2-67

目前数控车床的编程功能日益完善，许多仿形、循环车削指令的车削线路是按最便捷的方式运行的。例如 FANUC 中 G70、G71、G73 等指令，在加工中都非常实用。选择正确加工工序、合理地运用各种指令，可大大简化程序编制工作。对重复的加工动作，可编写成子程序，由主程序调用，以简化编程，缩短程序长度。

表 2-67　特殊处理方法

方法	说　明
先精后粗	在特殊情况下，其加工顺序可能不按"先近后远""先粗后精"的原则考虑。如图 2-79 所示的长筒零件，若按一般情况安排最后加工孔的走刀路线为 ϕ80mm → ϕ60mm → ϕ52mm。这时，加工基准将由所车第一个台阶孔（ϕ80mm）来体现，对刀时也以其为参考。由于该零件上的 ϕ52mm 孔要求与滚动轴承形成过渡配合，其尺寸公差较严，只有 0.03mm 公差。此外，该孔的位置较深，因此，车床纵向长丝杠在该加工段区域可能产生误差，车刀的刀尖在切削过程中也可能产生磨损等，使其尺寸精度难以保证。对此，在安排工艺路线时，宜将 ϕ52mm 孔作为加工（兼对刀）的基准，并按 ϕ52mm → ϕ80mm → ϕ60mm 的顺序车削各孔，就能较好地保证其尺寸公差要求 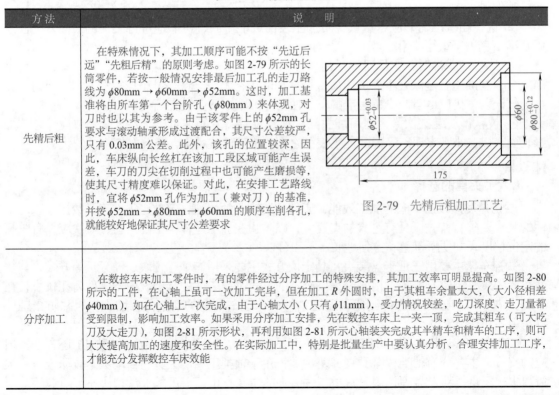 图 2-79　先精后粗加工工艺
分序加工	在数控车床加工零件时，有的零件经过分序加工的特殊安排，其加工效率可明显提高。如图 2-80 所示的工件，在心轴上虽可一次加工完毕，但在加工 R 外圆时，由于其粗车余量太大，（大小径相差 ϕ40mm），如在心轴上一次完成，由于心轴太小（只有 ϕ11mm），受力情况较差，吃刀深度、走刀量都受到限制，影响加工效率。如果采用分序加工安排，先在数控车床上一夹一顶，完成其粗车（可大吃刀及大走刀），如图 2-80 所示形状，再利用如图 2-81 所示心轴装夹完成其半精车和精车的工序，则可大大提高加工的速度和安全性。在实际加工中，特别是批量生产中要认真分析、合理安排加工工序，才能充分发挥数控车床效能

方法	说　明
分序加工	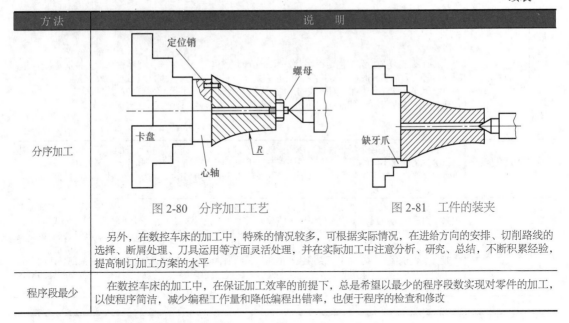 图 2-80　分序加工工艺　　　　　图 2-81　工件的装夹 另外，在数控车床的加工中，特殊的情况较多，可根据实际情况，在进给方向的安排、切削路线的选择、断屑处理、刀具运用等方面灵活处理，并在实际加工中注意分析、研究、总结，不断积累经验，提高制订加工方案的水平
程序段最少	在数控车床的加工中，在保证加工效率的前提下，总是希望以最少的程序段数实现对零件的加工，以使程序简洁，减少编程工作量和降低编程出错率，也便于程序的检查和修改

（五）定位与夹紧方案的确定

在零件加工的工艺过程中，合理选择定位基准对保证零件的尺寸和相互位置精度起着决定性的作用。定位基准有两种，一种是以毛坯表面作为基准面的粗基准，另一种是以已加工表面作为基准面的精基准。在确定定位基准与夹紧方案时，应注意以下几点。

① 力求设计基准、工艺基准与编程原点统一，以减小基准不重合误差和数控编程中的计算工作量。

② 选择粗基准时，应尽量选择不加工表面或能牢固、可靠地进行装夹的表面，并注意粗基准不宜进行重复使用。

③ 选择精基准时，应尽可能采用设计基准或装配基准作为定位基准，并尽量与测量基准重合，基准重合是保证零件加工质量最理想的工艺手段。精基准虽可重复使用，但为了减小定位误差，仍应尽量减少精基准的重复使用（即多次调头装夹等）。

④ 设法减少装夹次数，尽可能做到一次定位装夹后能加工出工件上全部或大部分待加工表面，以减小装夹误差，提高加工表面之间的相互位置精度，充分发挥机床的效率。

⑤ 避免采用占机人工调整式方案，以免占机时间太多，影响加工效率。

（六）夹具的选择

要充分发挥数控车床的加工效能，工件的装夹必须快速，定位必须准确，数控车床对工件的装夹要求：首先应具有可靠的夹紧力，以防止在加工过程中工件松动；其次应具有较高的定位精度，并便于迅速和方便地装、拆工件。

数控车床主要用三爪卡盘装夹，其定位方式主要采用心轴、顶块、缺牙爪等方式，与普通车床的装夹定位方式基本相同。采用心轴的方式进行工件的装夹，由于工件内孔较小，在心轴上做一个定位销与工件固定，通过销钉来传递车削时的切削力，增大扭矩并防止工件打滑。

工件的装夹方式可根据加工对象的不同灵活选用，除此之外，数控车床加工还有许多相应的夹具，主要分为轴类和盘类夹具两大类：用于轴类工件的夹具有自动夹紧拨动卡盘、拨齿顶尖、三爪拨动卡盘等；用于盘类工件装夹的主要有可调卡爪式卡盘和快速可调卡盘。

在数控车削加工中，除了可使用多种与普通车削加工所用的相同夹具（如三爪自定心卡盘、四爪单动卡盘和前、后顶尖等）外，还可使用拨齿顶尖和可调卡爪式卡盘等诸多夹具。

（七）切削用量的选择

数控车削加工中的切削用量是机床主运动和进给运动速度大小的重要参数，包括切削深度 a_p、主轴转速 $S(n)$ 或切削速度 v_c、进给量 f 或进给速度 v_f，并与普通车床加工中所要求的各切削用量基本一致。

加工程序的编制过程中，选择好切削用量，使切削深度、主轴转速和进给速度三者间能互相适应，形成最佳切削参数，是工艺处理的重要内容之一。

1. 切削深度 a_p 的确定

在车床主体—夹具—刀具—零件这一系统刚性允许的条件下，尽可能选取较大的切削深度，以减少走刀次数，提高生产效率。当零件的精度要求较高时，则应考虑适当留出精车余量，其所留精车余量一般比普通车削时所留余量小，常取 $0.2 \sim 0.5$mm。

2. 主轴转速 $S(n)$ 或切削速度 v_c 的确定

（1）非车削螺纹时主轴转速 $S(n)$

主轴转速的确定方法，除螺纹加工外，其他与普通车削加工时一样，应根据零件上被加工部位的直径，并按零件和刀具的材料及加工性质等条件所允许的切削速度来确定。在实际生产中，主轴转速为：

$$S(n) = 1000v_c / (\pi d)$$

式中　　$S(n)$——主轴转速，r/min；

　　　　v_c——切削速度，m/min；

　　　　d——零件待加工表面的直径，mm。

在确定主轴转速时，需要首先确定其切削速度，而切削速度又与切削深度和进给量有关。

（2）车螺纹时的主轴转速 $S(n)$

在加工螺纹时，因为传动链的改变，原则上转速只要能保证每转一周时，刀具沿主进给轴（多为 Z 轴）方向位移一个螺距即可，不受到限制。但数控车床车螺纹时，会受到以下几方面的影响。

① 螺纹加工程序段中指令的螺距值，相当于以进给量 f（mm/r）表示的进给速度 v_f，如果将机床的主轴转速选择过高，其换算后的进给速度（mm/min）则必定大大超过正常值。

② 刀具在其位移过程的始终，都将受到伺服驱动系统升降频率和数控装置插补运算速度的约束，由于升降频率特性满足不了加工需要等原因，则可能因主进给运动产生的"超前"和"滞后"而导致部分螺纹的螺距不符合要求。

③ 车削螺纹必须通过主轴的同步运行功能来实现，即车削螺纹需要有主轴脉冲发生器（编码器）当其主轴转速选择过高，通过编码器发出的定位脉冲（即主轴每转一周时所发出的一个基准脉冲信号）将可能因"过冲"（特别是当编码器的质量不稳定时）而导致工件螺纹产生"乱牙"。

车削螺纹时，车床的主轴转速的选取将考虑到螺纹的螺距（或导程）大小、驱动电机的升降频率特性及螺纹插补运算速度等多种因素影响，故对于不同的数控系统，推荐用不同的主轴转速范围。

（3）切削速度 v_c。

切削时，车刀切削刃上某一点相对待加工表面在主运动方向上的瞬时速度（v_c），单位为 m/min，又称为线速度（恒线速度）。

如何确定加工时的切削速度，除了可参考如表 2-68 所示的数值外，主要根据实践经验进行确定。

表 2-68　切削速度参考表

零件材料	刀具材料	a_p/mm			
		0.38 ～ 0.13	2.40 ～ 0.38	4.70 ～ 2.40	9.50 ～ 4.70
		f/（mm/r）			
		0.13 ～ 0.05	0.38 ～ 0.13	0.76 ～ 0.38	1.30 ～ 0.76
低碳钢	高速钢 硬质合金	— 215 ～ 365	70 ～ 90 165 ～ 215	45 ～ 60 120 ～ 165	20 ～ 40 90 ～ 120
中碳钢		— 130 ～ 165	45 ～ 60 100 ～ 130	30 ～ 40 75 ～ 100	15 ～ 20 55 ～ 75
灰铸铁		— 135 ～ 185	35 ～ 45 105 ～ 135	25 ～ 35 75 ～ 105	20 ～ 25 60 ～ 75
黄铜青铜		— 215 ～ 245	85 ～ 105 185 ～ 215	70 ～ 85 150 ～ 185	45 ～ 70 120 ～ 150
铝合金		105 ～ 150 215 ～ 300	70 ～ 105 135 ～ 215	45 ～ 70 90 ～ 135	30 ～ 45 60 ～ 90

3. 进给量 f 或进给速度 v_f 的确定

进给量是指工件旋转一周，车刀沿进给方向移动的距离（mm/r），它与切削深度有着较密切的关系。粗车时一般取为 0.3 ～ 0.8mm/r，精车时常取 0.1 ～ 0.3mm/r，切断时宜取 0.05 ～ 0.2mm/r。

进给速度主要是指在单位时间内，刀具沿进给方向移动的距离，单位为 mm/min。有些数控车床规定可以进给量（mm/r）表示进给速度。

（1）确定进给速度的原则

① 当工件的质量要求能够得到保证时，为提高生产效率，可选择较高（2000mm/min 以下）的进给速度。

② 切断、车削深孔或用高速钢刀具车削时，宜选择较低的进给速度。

③ 刀具空行程，特别是远距离"回零"时，可设定尽量高的进给速度。

④ 进给速度应与主轴转速和切削深度相适应。

（2）进给速度的确定

① 每分钟进给速度的计算　进给速度（v_f）包括纵向进给速度（v_z）和横向进给速度（v_x）。其每分钟进给速度的计算式为：

$$v = S(n)f（mm/min）$$

② 合成进给速度的确定　合成进给速度是指刀具的进给速度由刀具做成（斜线及圆弧插补等）运动的速度决定，即：

$$\overline{v_H} = \overline{v_z} + \overline{v_X}$$

式中　v_H——合成进给速度，mm/min。

合成速度的值为：

$$v_H = \sqrt{v_z^2 + v_x^2}$$

由于计算合成进给速度的过程比较烦琐，所以，除特别需要外，在编制加工程序时，大多凭实践经验或通过试切确定其速度值。

（八）数控加工工艺与普通工序的衔接

数控加工工序前后一般都穿插有其他普通加工工序，如衔接不好就容易产生矛盾。因此在熟悉整个加工工艺内容的同时，要清楚数控加工工序与普通加工工序各自的技术要求、加工目的、加工特点，如要不要留加工余量、留多少，定位面与孔的精度要求及形位公差，对校形工序的技术要求，对毛坯的热处理状态等，这样才能使各工序相互满足加工需要，且质量目标及技术要求明确，交接有依据。

三、典型零件数控车削加工工艺分析

（一）轴类零件的数控车削加工工艺分析

轴类零件是各种机械设备中最主要和最基本的典型零件，主要用于支承传动件（如齿轮、带轮、凸轮等）和传递扭矩，除承受交变弯曲应力外，还受冲击载荷作用。因此，轴类零件除了要求具有较高的综合机械性能外，还需具有较高的疲劳强度。

轴类零件的结构特点是均为长度大于直径的回转体，长径比小于 6 的称为短轴，大于 20 的称为细长轴。轴类零件一般由同轴线的外圆柱面、圆锥面、圆弧面、螺纹及键槽等组成。按结构形状的不同，轴类零件可分为光轴、阶梯轴、空心轴和曲轴四种，如图 2-82 所示。

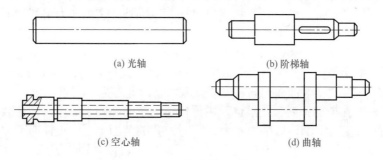

(a) 光轴　　　　　　　　　　(b) 阶梯轴

(c) 空心轴　　　　　　　　　(d) 曲轴

图 2-82　典型轴类零件

轴类零件的技术要求是设计者根据轴的主要功用以及使用条件确定的，通常有以下几方面的内容，见表 2-69。

表 2-69　轴类零件的结构特点和技术要求

技术要求	说　明
加工精度	轴的加工精度主要包括结构要素的尺寸精度、形状精度和位置精度 ①尺寸精度　主要指结构要素的直径和长度的精度。直径精度由使用要求和配合性质确定，对于主要支承轴颈，常为 IT9～IT6；特别重要的轴颈，也可为 IT5。轴的长度精度要求一般不严格，常按未注公差尺寸加工；要求较高时，其允许偏差约为 0.05～0.2mm ②形状精度　主要指轴颈的圆度、圆柱度等，因轴的形状误差直接影响与之相配合零件的接触质量和回转精度，一般限制在公差范围内；要求较高时可取直径公差的 1/4～1/2，或另外规定允许偏差 ③位置精度　包括装配传动件的配合轴颈对于支承轴颈的同轴度、圆跳动及端面对轴心线的垂直度等。普通精度的轴、配合轴颈对支承轴颈的径向圆跳动一般为 0.01～0.03mm，高精度的轴为 0.005～0.01mm
表面粗糙度	轴类零件主要工作表面的粗糙度，根据其运动速度和尺寸精度等级决定。支承轴颈的表面粗糙度 Ra 值一般为 0.8～0.2μm；配合轴颈的表面粗糙度 Ra 值一般为 3.2～0.8μm
其他要求	为改善轴类零件的切削加工性能或提高综合力学性能及使用寿命等，还必须根据轴的材料和使用条件，规定相应的热处理和平衡要求

（二）轴类零件的材料、毛坯及热处理

轴类零件大都用优质中碳钢（如 45 钢）制造；对于中等精度而转速较高的轴，可选用

40Cr、20CrMnTi 等低碳合金钢，这类钢以渗碳淬火处理后，心部保持较高的韧性，表面具有较高的耐磨性和综合力学性能，但热处理变形大。若选用 38CrMoAl 经调质和表面渗碳，不仅具有优良的耐磨性和耐疲劳性，而且热处理变形小。常用的热处理工艺有正火、调质、表面淬火、渗碳淬火和氮化等。

轴类零件的毛坯类型和轴的结构有关。一般光轴或直径相差不大的阶梯轴可用热轧或冷拔的圆棒料；直径相差较大或比较重要的轴，大都采用锻件；少数结构复杂的大型轴，也有采用铸钢的。

（三）轴类零件的加工工艺分析

1. 加工顺序的安排和工序的确定

具有空心和内锥特点的轴类零件，在考虑支承轴颈、一般轴颈和内锥等主要表面的加工顺序时，可有以下几种方案（深孔应在粗车外圆后进行加工）。

① 外表面粗加工→钻深孔→外表面精加工→锥孔粗加工→锥孔精加工。

② 外表面粗加工→钻深孔→锥孔表面粗加工→锥孔表面精加工→外表面精加工。

③ 外表面粗加工→钻深孔→锥孔粗加工→外表面精加工→锥孔精加工。

如图 2-83 所示，针对 CA6140 型车床主轴的加工顺序来说，可进行如下的分析比较。

方案①：在锥孔粗加工时，由于要用已精加工过的外圆表面作为精基准面，会破坏外圆表面质量，所以此方案不宜采用。

方案②：在精加工外圆表面时，还要再插上锥堵，这样会破坏锥孔精度。另外，在加工锥孔时不可避免地会有加工误差（锥孔的磨削条件比外圆磨削条件差），加上锥堵本身的误差等就会造成外圆表面和内锥面的同轴度误差增大，故此方案也不宜采用。

方案③：在锥孔精加工时，虽然也要用已精加工过的外圆表面作为精基准面，但由于锥面精加工的加工余量已很小，磨削力不大；同时锥孔的精加工已处于轴加工的最终阶段，对外圆表面的精度影响不大；加上这一方案的加工顺序，可以采用外圆表面和锥孔互为基准，交替使用，逐步提高同轴度。

经过比较可知，像 CA6140 型车床主轴一类的轴件加工顺序，以方案③为佳。

2. 大批量生产和小批量生产工艺过程的比较

如表 2-70 所示是大批量生产时加工 CA6140 型车床主轴的工艺过程，但对于小批量生产基本上也是适用的，区别较大的地方一般在于定位基准面、加工方法以及加工装备的选择。

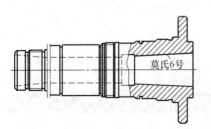

图 2-83　CA6140 型车床主轴简图

表 2-70　大批量生产时加工 CA6140 型车床主轴的工艺过程

工序名称	定 位 基 准	
	大批生产	小批生产
加工中心孔	毛坯外圆	划线
粗车外圆	中心孔	中心孔
钻深孔	粗车后的支承轴颈	夹一端，托另一端
半精车和精车	两端锥堵的中心孔	夹一端，顶另一端
粗、精车外锥	两端锥堵的中心孔	两端锥堵的中心孔
粗、精车外圆	两端锥堵的中心孔	两端锥堵的中心孔
粗、精磨锥孔	两支承轴颈外表面或靠近两支承轴颈的外圆表面	夹小端，托大端

在大批量生产时，主轴的工艺过程基本体现了基准重合、基准统一与互为基准的原则，而在单件小批生产时，按具体情况有较多的变化。同样一种类型主轴的加工，当生产类型不同时，定位基准面的选择也会不一样，如表 2-70 所示。

轴端两中心孔的加工，在单件小批生产时，一般在车床上通过划线找正中心，并经两次安装才加工出来，不但生产效率低，而且精度也低。在成批生产时，可在中心孔钻床上，一次安装加工出两个端面上的中心孔，生产率高，加工精度也高。若采用专用机床（如双面铣床）加工，则能在同一工序中铣出两端面并钻好中心孔，更可应用于大批量生产中。

外圆表面的车削加工，在单件小批量生产时，一般在普通车床上进行；而在大批生产时，则广泛采用高生产率的多刀半自动车床或液压仿形车床等设备，其加工生产率高，但加工精度则要取决于调整精度（指多刀半自动车床加工）或机床本身的精度（如液压仿形车床，主要取决于液压仿形系统的精度及靠模的精度）。大批量的生产通常都组成专用生产线（用专用车床或组合车床组成流水线或自动线）。

深孔加工，在单件小批生产时，通常在车床上用麻花钻头进行加工，当钻头长度不够时，可用焊接的办法把钻头柄接长。为了防止引偏（钻歪），可以用几个不同长度的钻头分几次钻，先用短的后用长的。有时也可以从轴的两端分别钻孔，以减短钻孔深度，但在孔的接合部会产生台阶。在大批量生产中，可采用锻造的无缝钢管作为毛坯，从根本上免去了深孔加工工序；若是实心毛坯，可用深孔钻头在深孔钻床上进行加工；如果孔径较大，还可采用套料的先进工艺，不仅生产率高，还能节约大量金属材料。

花键轴加工，在单件小批生产时，常在卧式铣床上用分度头以圆盘铣刀铣削；而在成批生产（甚至小批生产）时，都广泛采用花键滚刀在专用花键铣床上加工。

前后支承轴颈以及与其有较严格的位置精度要求的表面精加工，在单件小批生产时，一般在普通外圆磨床上加工；而在成批大量生产中则采用高效的组合磨床加工。

3. 锥堵和锥堵心轴的作用

对于空心的轴类零件，在深孔加工后，为了尽可能使各工序的定位基准面统一，一般都采用锥堵或锥堵心轴的中心孔作为定位基准。

当主轴锥孔的锥度比较小时，例如，CA6140 型车床主轴的锥孔分别为 1 ： 20 和莫氏 6 号时就常用锥堵，如图 2-84 所示。

当锥堵较大时，例如，C6132 型卧式铣床主轴锥孔是 7 ： 24，就用带锥堵的拉杆心轴，如图 2-85 所示。

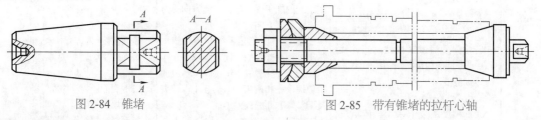

图 2-84 锥堵

图 2-85 带有锥堵的拉杆心轴

> **注意**
>
> ① 一般不中途更换锥堵或锥堵心轴，也不要将同一锥堵或锥堵心轴卸下后再重新装上，因为不管锥堵或锥堵心轴的制造精度多高，其锥面和中心孔也会有程度不等的同轴度误差，因此必然会引起加工后的主轴外圆表面与锥孔之间的同轴度误差，使加工精度降低，特别在精加工时这种影响就更为明显。

② 用锥堵心轴时，两个锥堵的锥面要求同轴度较高，否则拧紧螺母后会使工件变形。如图 2-85 所示的锥堵心轴结构比较合理，其特点是右端锥堵与拉杆心轴是一体的，其锥面与中心孔的同轴度较好，而左端有个球面垫圈，拧紧螺母时，能保证左端锥堵与锥孔配合良好，使锥堵的锥面和工件的锥孔以及拉杆心轴上的中心孔三者之间有较好的同轴度。

③ 装配锥堵或锥堵心轴时，不能用力过大，特别是对壁厚较薄的轴类零件，如果用力过大，会引起零件变形，使加工后出现圆度、圆柱度等误差。为防止这种变形，使用塑料或尼龙制造的锥堵心轴有良好的效果。

第八节 车削加工质量控制

一、机械加工精度与表面质量

1. 加工精度、加工误差、表面质量的概念

加工精度、加工误差、表面质量的概念见表 2-71。

表 2-71 加工精度、加工误差、表面质量的概念

分类	加工精度	加工误差	表面质量
定义	机械加工精度是指零件加工后的实际几何参数（尺寸、形状和位置）与理想几何参数的符合程度	机械加工误差是指零件加工后的实际几何参数与理想几何参数的偏离程度	机械加工表面质量是指零件在机械加工后表面层的微观几何形状误差和力学性能。其含义可以用表面完整性来概括
组成	由尺寸精度、形状精度和位置精度构成 尺寸精度通过试切法、调整法、定尺寸刀具法和自动控制法来获得 形状精度由机床精度或刀具精度来保证 位置精度主要取决于机床精度、夹具精度和工件安装精度	加工误差与原始误差的大小和方向有着密切的关系。原始误差所处方向引起的加工误差最大，此方向称为误差的敏感方向 原始误差由工艺系统初始状态和加工过程两部分原始误差组成 工艺系统初始状态原始误差由加工原理误差和机床、刀具、工件装夹及调整等方面的误差组成 与加工过程有关的原始误差由测量误差、刀具磨损、工艺系统受力受热变形和工件残余应力引起的变形等方面的误差构成	（1）表面几何特征 表面粗糙度 表面波度 表面加工纹理 伤痕 （2）表面层力学物理性能 表面层加工硬化 表面层金相组织的变化 表面层残余应力

2. 加工误差产生的原因和修正方法

（1）产生尺寸误差的原因和修正方法（表 2-72）

（2）产生形状误差的原因和修正方法（表 2-73）

（3）装夹原因引起的位置误差和修正方法（表 2-74）

表 2-72　产生尺寸误差的原因和修正方法

获得尺寸精度的方法	产生尺寸误差的原因	修正方法
试切法	①微小进给量控制不准确 ②刀刃不锋利 ③测量误差	①调整进给机构，提高进给机构的精度和刚度。保证清洁和润滑，减少摩擦力。采用新型微量进给机构。准确控制进给量 ②减小刀具刀刃钝圆半径和刀尖圆弧半径，精研刃口，提高刀具刚度 ③合理选择和正确使用量具
调整法	①刀具磨损 ②定程机构重复定位误差 ③工件装夹误差 ④工艺系统热变形 ⑤仿形车削时，样件尺寸误差和对刀块、导套的位置偏差 ⑥抽样误差	①及时更换、刃磨刀具，调整机床 ②提高定程机构刚度和操作机构灵敏性 ③正确选定定位基准面，提高定位副的制造精度 ④充分散热，工艺系统达热平衡状态再调整加工 ⑤提高样件、靠模的制造精度和刀块、导向套的安装精度 ⑥试切一组工件，正确测量和计算，提高工件尺寸分布中心位置的判断准确性
定尺寸刀具法	①刀具尺寸有误差、精度低 ②刀具磨损 ③刀具热变形 ④刀具安装出现偏差 ⑤机床精度差	①选择尺寸适当，精度高于加工表面的刀具 ②选择耐磨性好的刀具材料和刀具，改善切削条件，减少刀具磨损量，及时更换刀具 ③充分冷却、润滑刀具 ④提高刀具安装精度 ⑤调整有关的机床精度
自动控制法	控制系统的灵敏度和可靠性达不到要求	①提高进给机构的重复定位精度和灵敏性 ②提高自动检测精度 ③减小刃口半径与提高刀具刚度

表 2-73　产生形状误差的原因和修正方法

（1）加工方法		
	产生误差的原因	修正方法
轨迹法	车床主轴回转误差。采用滚动轴承时，轴承内外环滚道不圆、有波度，滚动体尺寸不一致，轴颈与箱体孔不圆，造成加工圆度误差。轴承端面、止推轴承、过渡套端面跳动造成加工端面的平面度误差 采用滑动轴承时，主轴轴颈误差造成工件加工表面圆度误差	①对滚动轴承预加载荷，调整消除间隙 ②前后轴承采用选配和定向装配 ③采用高精度滚动轴承或液、气体静压轴承 ④提高主轴轴颈与轴瓦的形状精度 ⑤采用死顶尖支承工件，避开主轴回转误差影响
	车床导轨的导向误差。导轨在水平面或垂直面的直线度误差，前后导轨的平行度误差，横向导轨与主轴轴线垂直度误差，会使车削工件表面产生圆度和平面度误差	①保证机床安装技术要求 ②提高或修复导轨精度和刚度 ③采用液体静压导轨或合理润滑方式，控制润滑油压力 ④预加反向变形，抵消导轨变形
	车床精度达不到要求，会产生加工表面圆度、圆柱度误差	提高车床几何精度
	刀尖磨损造成圆柱度等形状误差	①采用硬度高、耐磨性好的新型刀具材料 ②改进刀具几何参数，提高刀具刃磨质量，降低前、后刀面表面粗糙度值，使用适当的冷却液和冷却方式 ③选择适当的切削用量 ④采用自动补偿装置，补偿刀尖磨损
成形法	成形刀具的制造、安装误差与磨损，以及测量误差都会造成加工表面的形状误差 螺纹加工时，成形运动间的速比误差等造成了螺距误差	①选择耐磨性好的刀具材料，选择磨损少、合理的刀具几何参数，提高刀具制造和刃磨质量。使用优质冷却液 ②提高刀具安装精度和检测精度 ③采用短传动链、校正装置、提高机床螺母、丝杠精度等措施，减少螺距误差

（2）工艺系统	
产生误差的原因	修正方法

	产生误差的原因	修正方法
热变形	机床受热变形，降低了车床的静态几何精度	①注意润滑或使用减摩润滑油，降低摩擦，减少发热 ②移出、隔离热源，冷却热源，控制环境温度，减轻热源的影响 ③进行空运转或局部加热、冷却，保证工艺系统热平衡 ④用补偿法均衡温度场，减少热变形
	加工时，工件受热变形，冷却到室温后出现形状误差	①工件粗加工后要充分冷却，然后再精加工。选用合理切削液，采用适当方式进行有效的冷却 ②合理选择切削用量，不过分产生切削热 ③改善细长轴的装夹方法，使其能够受热伸长，薄板类零件的装夹方法要考虑到有利于散热，以减小热变形 ④根据工件的热变形规律，预加反向变形
	刀具热变形造成工件表面的形状误差	①选用减摩涂层刀具材料，减少摩擦和发热 ②缩短刀杆悬伸量，增大刀杆截面积，使刀具散热好，减少刀具热变形对加工的影响 ③充分冷却
受力变形	毛坯余量和材料硬度不均匀，引起切削力变化，造成形状误差	①改进刀具几何角度，减小背吃量，减少吃刀抗力，减少弯曲变形的影响 ②提高毛坯质量，合理安排粗、精加工顺序
	工艺系统刚度在不同加工位置上差别较大，造成形状误差	①提高工艺系统低刚度环节的刚度 ②使用跟刀架、中心架等辅助支承减小刚度变化
工件残余应力引起的变形	加工中破坏了残余应力平衡条件，引起残余应力重新分布，工件发生变形	①铸、锻、焊接毛坯要进行回火或退火处理，零件淬火后要回火 ②除精密零件外，用热校直代替冷校直 ③粗车和精车之间要有一定的时间间隔，或粗车后先松开，再用较小力夹紧后再精车 ④精密零件，粗车后进行高温时效处理，半精车后进行低温时效处理，要安排多次时效处理 ⑤分析毛坯结构，要使壁厚均匀，焊缝均匀，减小毛坯的残余应力

表 2-74　装夹原因引起的位置误差和修正方法

装夹方式	产生误差的原因	修正方法
找正装夹	①找正方法不完善，选择量具及使用不当 ②工件和夹具的定位基准面质量差 ③夹具精度不高或安装不当，与机床主轴轴线产生位置误差 ④工人操作技术水平低	①选择工件的正确位置，精心找正，合理选择及使用量具 ②提高工件和夹具定位面质量 ③修正夹具与主轴轴线的位置误差 ④提高工人操作水平
专用夹具装夹	①工件定位基准与设计基准位置误差 ②夹具的制造和安装误差 ③夹具刚性低 ④工件定位面质量差 ⑤刀具切削成形面与车床装夹面的位置误差	①减少定位误差 ②提高夹具制造、安装精度 ③提高夹具刚性 ④提高工件定位面和定位元件质量 ⑤提高车床几何精度
工件外锥直接装入主轴锥孔	①工件定位基准面与加工面设计基准面之间的位置误差 ②工件外锥与主轴内锥孔配合不好 ③主轴内锥孔与主轴回转中心不重合	①提高工件定位基准面与加工面设计基准面间的位置精度 ②以车床内锥孔为准，配作工件外锥 ③修复主轴内锥孔与回转中心的同轴度

3. 提高加工精度的途径（表2-75）

表2-75　提高加工精度的途径

途径	方　法	示　例
直接减少原始误差	在查明影响加工精度的主要原始因素之后，设法对其直接消除或减少	在细长轴加工时，容易产生弯曲，采用大进给反向切削法，再辅之弹簧顶尖，可消除轴向切削力和工件热伸长引起的弯曲变形
转移原始误差	将工艺系统的几何误差，受力变形和热变形转移出去或移到不影响加工精度的方向	转塔车床的转塔刀架经常旋转要长期保持它的转位精度比较困难。采用立刀，把刀架的转位误差转移到误差不敏感方向
均化原始误差	机床、刀具的某些误差只是根据局部地方的最大误差值来判定的。利用有密切联系的表面之间相互比较、相互修正、互为基准进行加工，使加工误差较为均匀	配合精度要求很高的轴和孔，常采用研磨的方法来达到精度要求
均分原始误差	毛坯或上道工序加工的半成品精度太低，引起定位误差或反映误差过大。把毛坯按尺寸误差大小分组，比提高毛坯精度和工序精度简便易行	把毛坯按尺寸误差大小分为 n 组，每组毛坯的误差缩小为原来的 $1/n$，然后按各组的平均尺寸调整刀具、定位元件，就可较大地缩小整批工件的尺寸分散范围
误差补偿	人为地制造出一种新的原始误差，去抵消原来工艺系统中固有的原始误差，从而减少了加工误差	用校正机构，提高机床丝杠的精度。对于变值系统性误差，常采用在线检测，随时测量工件实际尺寸，随时给刀具附加补偿量
就地加工	有些重要表面，装配前不进行精加工，等装配到机床上后，再在自身机床上对这些表面进行精加工	转塔车床制造中，采用就地加工法，加工转塔上六个安装刀架的大孔。车镗、修磨顶尖，修磨丧失精度的车床卡盘三爪均可使用就地加工法
更换机床	原来使用的机床达不到加工精度要求，可改换到高精度机床、数控机床上加工	使用数控车床、车削中心加工特形曲面，使用车、铣复合，车、磨复合数控机床加工高精度零件

4. 表面粗糙度的形成及影响因素和改善措施

（1）表面粗糙度的形成（表2-76）

表2-76　表面粗糙度的形成

主要方面	分　析	原　因
几何因素	主要指刀具几何形状和切削运动引起的残留面积	主、副偏角和刀尖圆弧半径以及进给量引起
塑性变形	切削过程中存在着金属塑性变形，使已加工表面存在一些不规则的金属生成物、黏附物或刻痕，使得表面粗糙度的实际轮廓与理论分析轮廓有较大的差异	积屑瘤、鳞刺、摩擦、切削刃不平整、切屑划伤、振动等
振动	机械加工过程中，工件和刀具之间常产生振动，使工艺系统正常切削过程受干扰破坏，产生振纹，无法进行切削，甚至崩刃、打刀	外界的周期性激励引起的受迫振动，振动系统吸收了非振荡能量转化的交变力维持的自激振动

（2）影响表面粗糙度的工艺因素和改善措施（表2-77）

表2-77　影响表面粗糙度的工艺因素和改善措施

①切削用量

影响因素	说　明	改善措施
进给量 f	影响表面粗糙度最显著，进给量越小表面粗糙度越好，但，太小，会对加工表面挤压，使冷硬程度增加	结合考虑生产率，适当减小进给量
切削速度 v_c	加工塑性材料，低速或高速切削不会产生积屑瘤。脆性材料加工与 v_c 关系较小	精加工塑性材料选择高速和低速精切
背吃刀量 a_p	背吃刀量大会加快刀具磨损，增大摩擦。背吃刀量太小，会留有粗加工刀痕	在考虑各种误差和能切去破坏层的情况下，取小背吃刀量

②刀具

影响因素	说　明	改善措施
材料	对加工表面的影响主要取决于它们与被加工材料间的摩擦系数、亲和程度、耐磨性和刃磨工艺性	合理选用刀具材料，采用立方氮化硼、陶瓷、涂层和新型刀具材料
几何角度	前角对塑性变形影响很大，后角太小会使后刀面与已加工表面产生摩擦，主、副偏角大会增大残留面积高度	减小主、副偏角，适当增大前、后角（精加工一般取 $\alpha \geqslant 8°$）。增大刀尖圆弧半径
刃磨质量	对表面粗糙度值影响较大	提高前、后刀面和刃口的刃磨质量

③工件

影响因素	说　明	改善措施
材料	韧性较大的塑性材料，晶粒组织粗大的材料，加工表面粗糙度低	加工前对材料进行调质或正火处理
刚度	工件刚度差，加工表面粗糙度低	采用辅助支承，提高工件刚度
装夹	定位副接触面积小、不均匀，刚度低，加工表面粗糙度低	提高定位副接触面质量，提高装夹刚度

④机床

影响因素	说　明	改善措施
主轴、导轨	主轴轴承、机床导轨间隙大，精度低	调节主轴轴承、导轨压板、镶条间隙，提高机床精度
进给传动机构	进给传动机构间隙大、刚度低、精度差	调整间隙，提高刚度和精度

⑤切削液

说　明	改善措施
冷却和润滑不充分，使刀具与切屑、工件界面摩擦加大，切削温度升高，产生积屑瘤和鳞刺	合理选择切削液，采用可行的和先进的（气雾法等）冷却润滑方式，充分冷却

（3）修正表面缺陷，降低粗糙度值的措施（表 2-78）

表 2-78　修正表面缺陷，降低粗糙度值的措施

表面缺陷	影响因素	修正措施
残留面积	运动轨迹残留没被切除的面积	①减小主、副偏角，加大刀尖圆弧半径 ②减少进给量，修正背吃刀量
鳞刺毛刺	积屑瘤	①选择高速和低速进行切削，修正进给量 ②及时消除积屑瘤，充分冷却降温
切削纹变形	①工艺系统产生振动 ②刀具后刀面摩擦 ③崩碎的切屑产生的影响	①查找振源，消除振源，提高刚性 ②加大后角，修复后刀面 ③修正断屑槽、棱、台，平稳断屑，使排屑顺畅
其他缺陷	①刃口粗糙度低，不平整 ②切屑拉毛已加工表面 ③前刀面粗糙度低，前角不合适	①修磨刃口 ②修磨卷屑槽，改变排屑方向，及时断屑 ③修磨前角和前刀面

5. 表面层加工硬化及其影响因素（表2-79）

表2-79　表面层加工硬化及其影响因素

成　因	衡量标准	影响因素		改善措施
在切削或磨削加工过程中，工件表层金属受切削力而产生塑性变形、晶格扭曲，晶粒间产生滑移剪切，晶粒被拉长和纤维化甚至破碎，引起表面层强度和硬度提高，塑性降低，这种现象称加工硬化或冷作硬化	加工硬化可用硬化层深度 h，表面层的显微硬度 HV 和硬化程度 N 来衡量：$$N = \frac{HV - HV_0}{HV_0} \times 100\%$$ 式中　HV_0——金属原来的显微硬度	刀具	刃口圆角和后刀面磨损量越大，冷作硬化层的深度也越大	及时修磨刃口和后刀面。增大刀具前角，可使切削层变形减小而减小冷作硬化层
		切削用量	当 v_c 增大时，表面层硬度和深度都有所减小。当进给量增大时，塑性变形加剧，加工硬化会增大，但 f 过小会使加工表面产生剧烈磨损，使加工硬化加强	提高切削速度，适当减小走刀量
		被加工材料	加工材料的硬度越低、塑性越大，加工硬化越严重	采用合理的切削液，可减轻加工硬化现象

6. 车削中的振动及消除措施（表2-80）

表2-80　车削中的振动及消除措施

（1）强迫振动

振动特点	振动原因	消除振动方法
①工艺系统在外界激振力作用下产生和维持的振动是强迫振动 ②强迫振动的频率等于激振力的频率 ③激振力越大，系统的刚度和阻尼系数越小，振幅就越大 ④当激振力的频率与系统的固有频率相等或接近时，将发生"共振"，这时振幅最大，振动也最严重	①不平衡离心惯性力 ②由于齿形加工中存在原理误差及装配误差 ③滚动轴承的振动因素 ④V形带厚度不均匀、平带接头质量差，液压脉冲等 ⑤断续切削而产生周期性的激振力 ⑥地基振动	①减小激振力。对 600r/min 以上的电动机转子、主轴部件、卡盘等采取平衡措施。提高齿轮制造、安装质量，提高传动的平稳性 提高带传动元件及装配、调整质量，选用精度好的滚动轴承及提高装配质量 ②调节振源频率，避开共振 ③提高工艺系统刚性和增加阻尼 ④消振与隔振

（2）自激振动——颤振

振动特点	振动原因	消除振动方法
①自激振动是一种不衰减的振动 ②自激振动的频率与系统的固有频率非常接近。其频率与振幅是由系统本身的参数决定的，与外界的干扰无关 ③停止切削，即使外界激振力依然存在，自激振动也会消失 ④车削中的振动主要是自激振动，分为低频和高频两种 低频自激振动主要是工件系统的弯曲振动。振动频率与工件的固有频率接近。振动剧烈，尾架机床松动，打坏刀片 高频自激振动是车刀的弯曲振动，其频率与车刀的固有频率接近。振动时只有刀具本身振，在切削表面留下细而密的振动痕迹	①自激振动过程本身能引起某种周期性变化的力，这种力使振动系统获得能量补充，使振动继续 ②自激振动能否产生及其振幅大小决定于每一振动周期内，系统的能量获得与消耗的情况。能量获得多，消耗小，振幅则会不断增大 ③切削用量选择不当，背吃刀量大和进给量小，一般中等速度时，振幅较大，易产生自激振动 ④刀具几何参数不合理，后角不合适，刀尖圆大，刀尖装高或装低 ⑤工艺系统刚性不足，抗振性差	①采用较高和较低的切削速度，对余量较大的车削采取增加走刀次数和增大进给量的策略 ②尽量选择大的主偏角、副偏角和前角。尽可能选择小的后角，但后角不能过小 ③车内孔刀尖要略低于机床中心，车外圆刀尖要略高于机床中心，刀杆伸出要短 ④可采用弹簧车刀 ⑤提高工艺系统刚性

二、零件精度的测量方法

（一）表面粗糙度的检测

1. 表面粗糙度的测量方法、特点及应用（表 2-81）

表 2-81　表面粗糙度的测量方法、特点及应用

测量方法	测量范围 Ra/μm	特 点 及 应 用
目测法	3.2～50	将被测表面与标准样块进行比较，在车间应用于外表面检测
触觉法	0.8～6.3	用手指或指甲抚摸被测表面与标准样块进行比较。在车间应用于内、外表面检查
电容法	0.2～6.3	电容极板（极板应与被测面形状相同）靠三个支承点与被测表面接触，按电容量大小评定。适用于外表面检测，用于大批量100%检验表面粗糙度的场合
光切法	0.4～25	用光切原理测量表面粗糙度，常用量仪为光切显微镜。适用于平面、外圆表面检测，在车间、实验室均可应用
干涉法	0.008～0.2	用光波干涉原理对被测表面的微观不平度和光波波长进行比较，检测表面粗糙度，常用量仪为干涉显微镜。适用于在实验室对平面、外圆表面检测
针描法	电感法 0.008～6.3 压电法 0.05～25	用触针直接在被测表面上轻轻划过，由指示表读出 Ra 值，方法简单。常用量仪有电感轮廓仪（电感法），压电轮廓仪（压电法）。适用于内、外表面检测，但不能用于检测柔软和易划伤表面。电感法用于实验室，压电法用于实验室和车间
印模法	0.1～100	用塑性材料粘合在被测表面上，将被测表面轮廓复制成印模，然后测量印模。适用于对深孔、不通孔、凹槽、内螺纹、大工件及其难测部位检测

2. 表面粗糙度标准器具

（1）表面粗糙度标准样块（表 2-82）

表 2-82　表面粗糙度标准样块

类 型	轮廓形状与技术参数	图例	用途	沟槽深平均值的标准偏差/%
单刻线（或几个沟槽样块）	平底宽沟槽 深度：0.3～100μm 宽度：100～500μm		检验干涉显微镜、双管显微镜、针描式轮廓仪垂直放大倍数	2～3
	圆弧底宽沟槽 深度：0.1～100μm 半径：0.75～1.5mm			
多刻线（重复平行沟槽）样块	正弦波轮廓 Ra0.1～30μm 波长：0.08mm、0.25mm、0.8mm、2.5mm		检验针描式轮廓仪的示值与传输特性	2～3
	三角形轮廓 Ra0.1～30μm 沟槽间距：0.08mm、0.25mm、0.8mm、2.5mm 沟槽夹角：144°～178°			
	模拟正弦波沟槽 峰谷为圆弧或平面的三角形轮廓。谐波含量有效值不超过基波有效值10%			
窄沟槽样块	三角形沟槽、沟槽夹角150°、Ra 为 0.5μm 时，沟槽间距近似为15μm	150°	检查触针针尖	5

类 型	轮廓形状与技术参数	图例	用途	沟槽深平均值的标准偏差/%
单向不规则的磨削样块	平行于加工纹路方向上，轮廓形状基本恒定 垂直于加工纹路的横截面，呈不规则磨削轮廓，但有一定重复性 Ra：0.15μm、0.5μm、1.5μm	—	综合校验仪器示值	3～4

（2）表面粗糙度比较样块

① 机械加工表面粗糙度比较样块见表2-83，机械加工比较样块的允许偏差见表2-84。

表2-83　机械加工表面粗糙度比较样块

纹理形式	加工方法	样块表面形式	粗糙度参数 Ra 公称值 /μm	表面纹理特征图
直纹理	圆周磨削	平面 圆柱凸面	0.025，0.05，0.1，0.2，0.4，0.8，1.6，3.2	
	车	圆柱凸面	0.4，0.8，1.6，3.2，6.3，12.5	
	镗	圆柱凹面		
	平铣	平面	0.4，0.8，1.6，3.2，6.3，12.5	
	插	平面	0.8，1.6，3.2，6.3，12.5，25	
	刨	平面		
弓形纹理	端车	平面	0.4，0.8，1.6，3.2，6.3，12.5	
	端铣			
交叉式弓形纹理	端磨	平面	0.025，0.05，0.1，0.2，0.4，0.8，1.6，3.2	
	杯形砂轮磨	平面		
	端铣	平面	0.4，0.8，1.6，3.2，6.3，12.5	

表2-84　机械加工比较样块的允许偏差

样块的制造方法	平均值公差（公称值百分数）/%	评定长度所包括的取样长度数目				
		2个	3个	4个	5个	6个
		标准偏差（有效值百分数）/%				
磨、铣	＋10 −20	32	26	22	20	18
车、镗、插刨		24	19	17	15	14

② 机械加工比较样块的最小尺寸见表2-85。

表2-85　机械加工比较样块的最小尺寸

样块规格	表面粗糙度参数公称值 Ra/μm											
	0.2	0.4	0.8	1.6	3.2	6.3	12.5	25	50	100	200	400
Ⅰ型	20						30			50		
Ⅱ型	17										26	
Ⅲ型	110											

（二）形位误差的检测

1. 形位误差的检测原则（表2-86）

表2-86　形位误差的检测原则及说明

检测原则	图　例	说　明
与理想要素比较原则	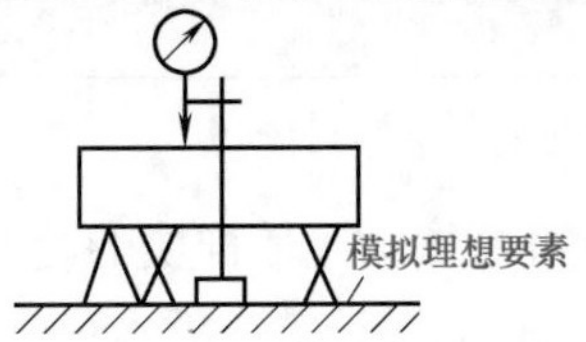 模拟理想要素 （a）量值由直接法获得 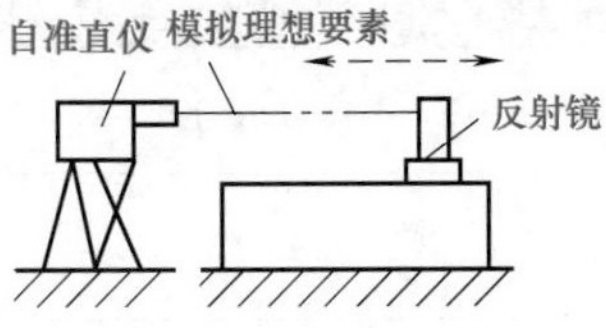 自准直仪　模拟理想要素　反射镜 （b）量值由间接法获得	理想要素用模拟方法获得。如用细直光束、刀口尺、平尺等模拟理想直线；用精密平板、光扫描平面模拟理想平面；用精密心轴、V形块等模拟理想轴线等。模拟要素的误差直接影响被测结果，故一定要保证模拟要素具有足够的精度。此原则在生产中用得最多
测量坐标值原则	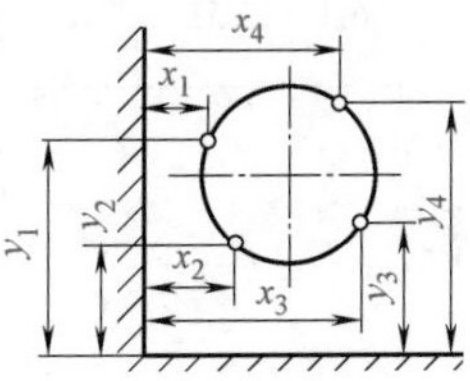 x_4　x_1　y_1 y_2 y_4　x_2 x_3 y_3 测量直角坐标值	测量被测实际要素的坐标值（如直角坐标值、极坐标值、圆柱面坐标值），并经过数据处理获得形位误差值
测量特征参数原则	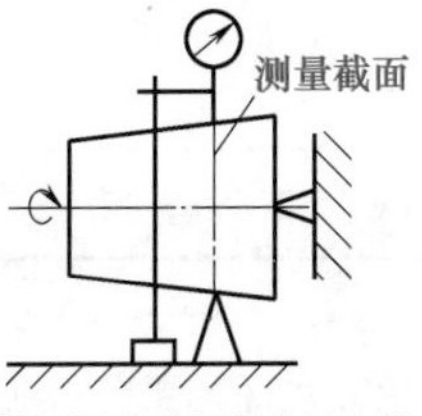 测量截面 两点法测量圆度特征参数	测量被测实际要素上具有代表性的参数（即特征参数）来表示形位误差值。如用两点法、三点法来测量圆度误差。应用这一原则的测量结果是近似的，特别要注意能否满足测量精度要求
测量跳动原则	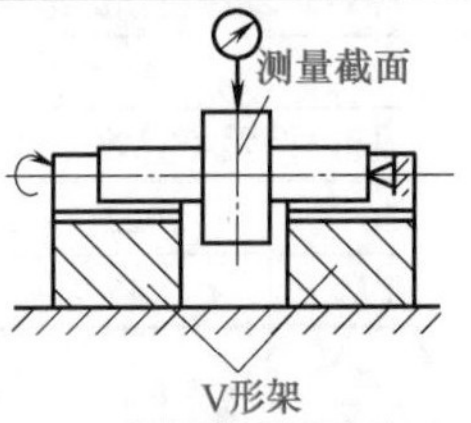 测量截面 V形架 测量径向圆跳动	被测实际要素绕基准轴线回转过程中，沿给定方向测量其对某参考点或线的变动量。一般测量都是用各种指示表读数，变动量就是指指示表最大与最小读数之差。这是根据跳动定义提出的一个检测原则，主要用于跳动的测量
控制实效边界原则	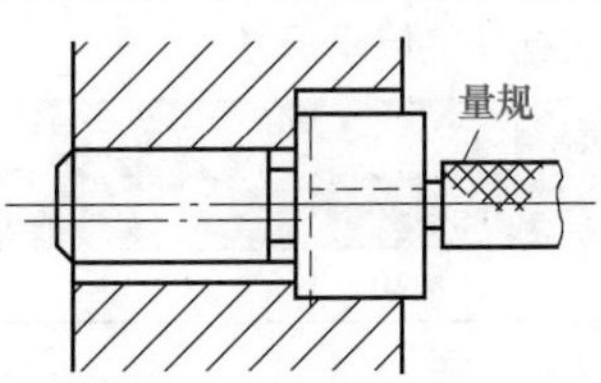 量规 用综合量规检验同轴度误差	检测被测实际要素是否超过实效边界，以判断合格与否 　这个原则适用于采用了最大实体原则的情况。实用中一般都是用量规综合检验。量规的尺寸公差（包括磨损公差）应比实测要素的相应尺寸公差高2～4个公差等级，其形位公差按被测要素相应形位公差的1/10～1/5选取

2. 平面度误差的常用测量方法（表2-87）

表2-87　平面度误差的常用测量方法

测量方法	图　例	说　明
平板测微仪法	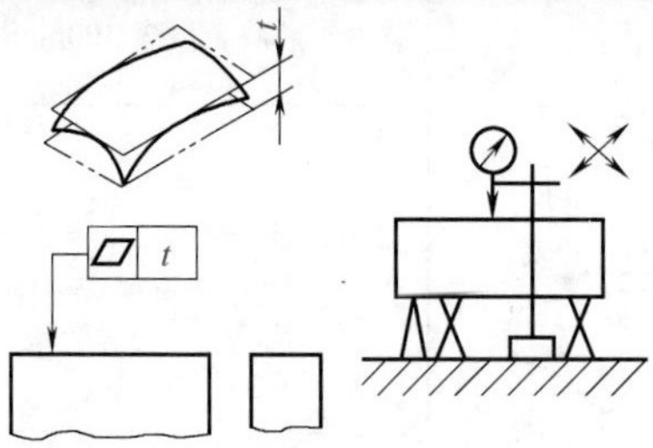	以测量平板工作表面作测量基面，用带架测微仪测出各点对测量基面的偏离量。适用于中、小型平面
平晶干涉法	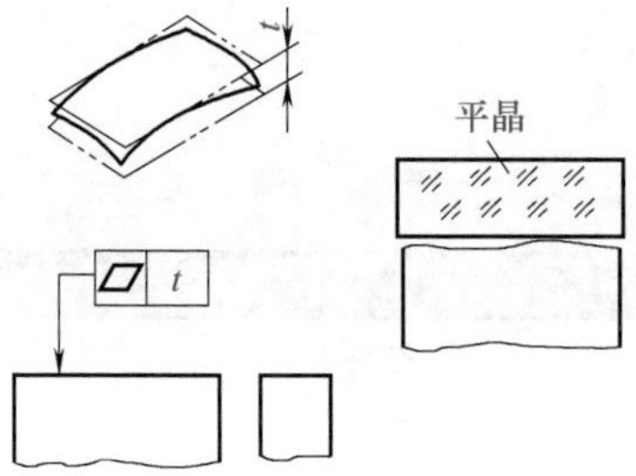	以光学平晶工作面作测量基面，利用光波干涉原理测得平面度误差。适用于精研小平面
水平仪测量法	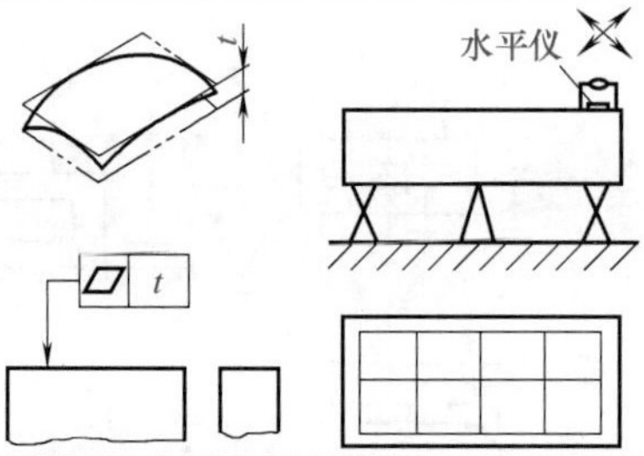	以水平面作测量基准，按一定布线测得相邻点高度差，再换算出各点对同一水平面的高度差值

3. 直线度误差的常用测量方法（表2-88）

表2-88　直线度误差的常用测量方法

测量方法	图　例	说　明
平板测微仪法	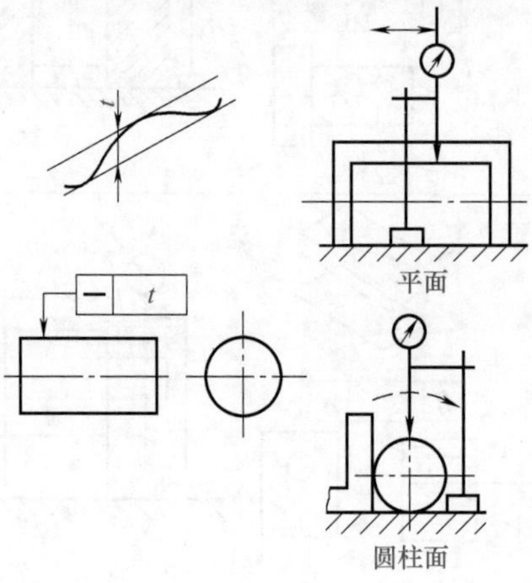	用测量平板或平尺作理想要素，用测微仪测量被测线上各点相对测量平板的变动量。适用于中、小型零件

测量方法	图 例	说 明
间隙法	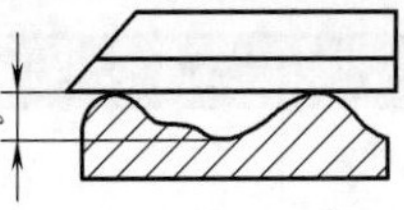	用刀口尺或样板平尺作理想要素,使其与被测线贴合,观测光隙大小,可直接得出直线度误差。适用于被测长度≤300mm
分段测量法	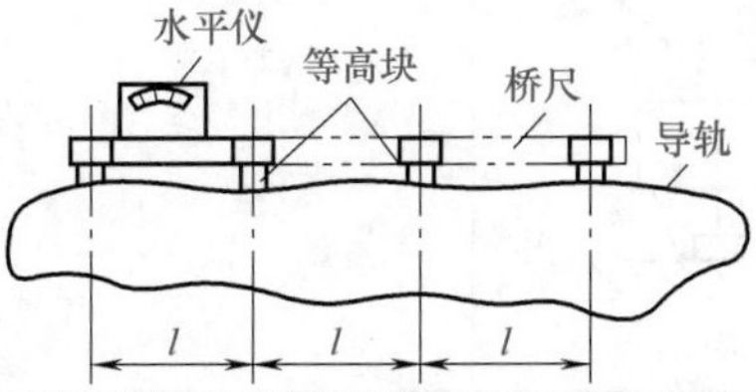	用水平仪或准直仪,按节距 l 沿被测素线移动分段测量,由各段测量值中,求出全长的直线度误差。适用于中、长导轨水平方向直线度测量

4.定向误差的常用测量方法(表2-89)

表2-89 定向误差的常用测量方法

检测方法	测量项目	图 例
在平板上检测	面对面的平行度误差测量	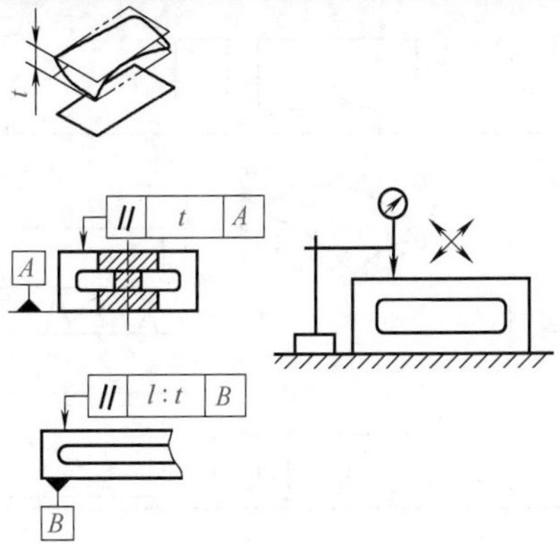
	面对线的垂直度误差测量	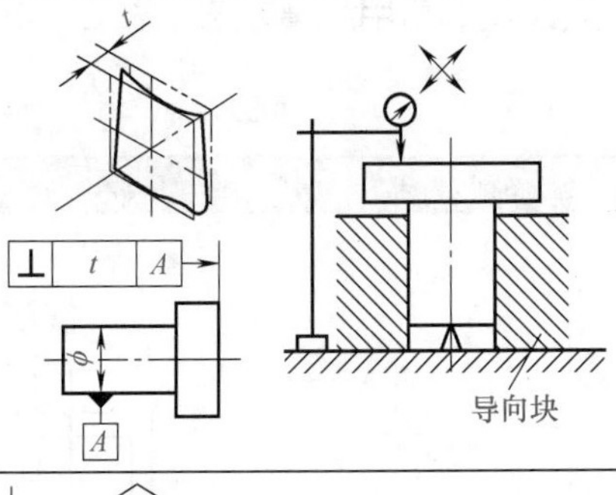
	线对面的平行度误差测量	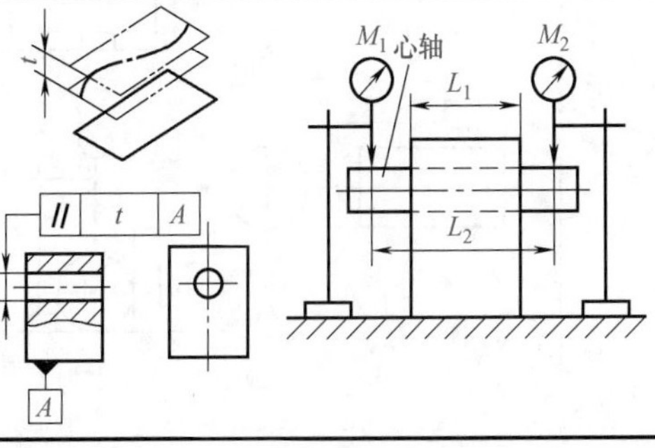

检测方法	测量项目	图　例
在平板上检测	面对线的平行度误差测量	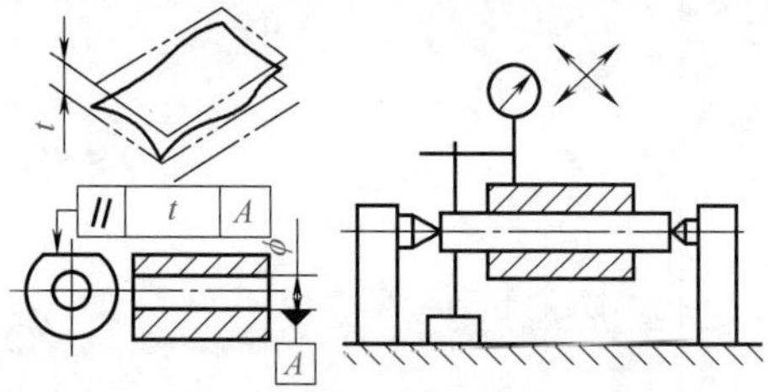
	面对面的垂直度误差测量	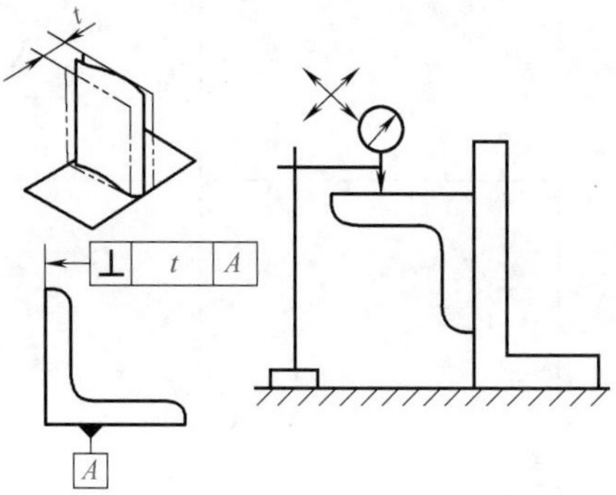
	面对面的倾斜度误差测量	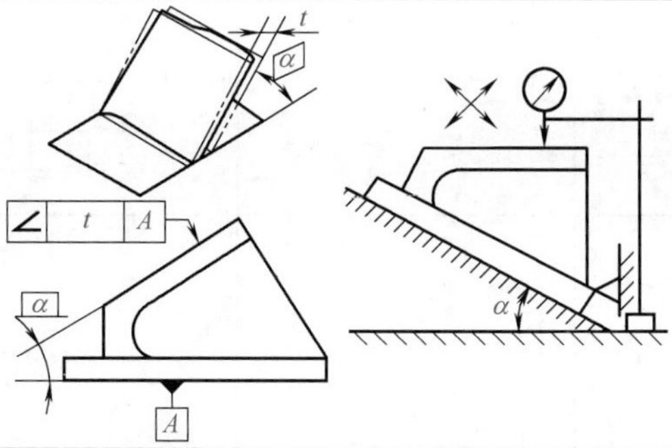
	线对面的垂直度误差测量	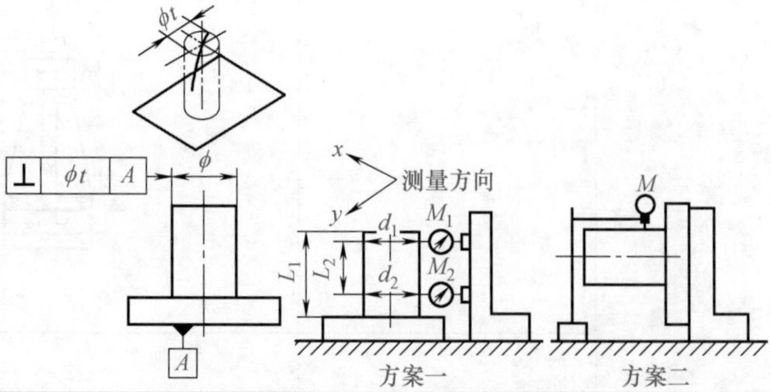
	线对面的倾斜度误差测量	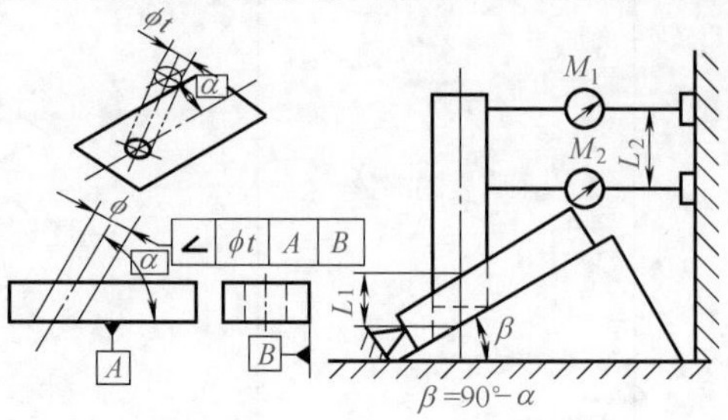

检测方法	测量项目	图例
在平板上检测	线对线的平行度误差测量	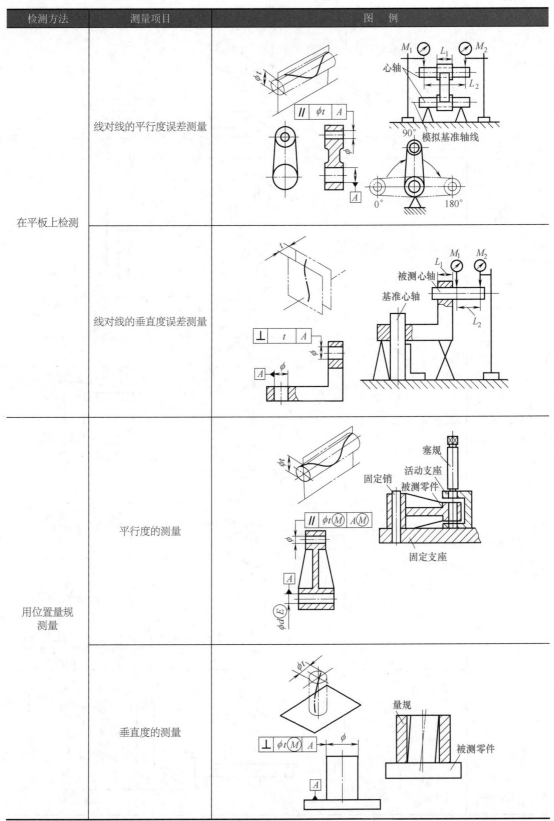
	线对线的垂直度误差测量	
用位置量规测量	平行度的测量	
	垂直度的测量	

5. 定位误差的常用测量方法（表2-90）

表2-90　定位误差的常用测量方法

测量方法	测量项目	图　例
用测量径向变动的方法	同轴度误差测量	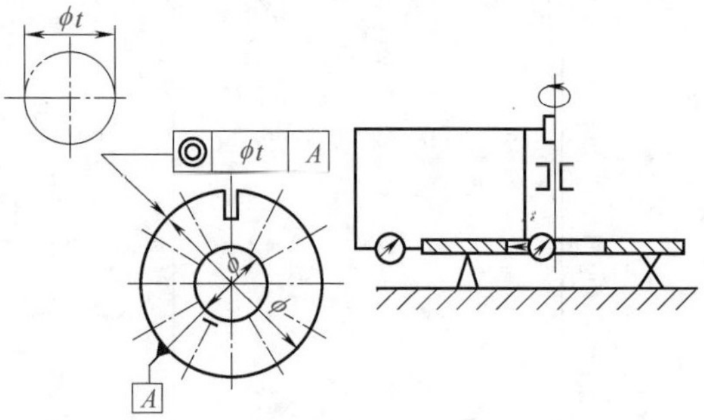
在平板上测量	同轴度误差测量	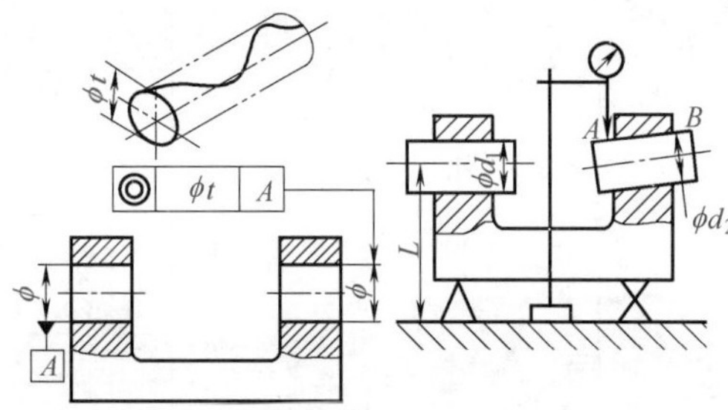
	对公共基准轴线的同轴度误差测量	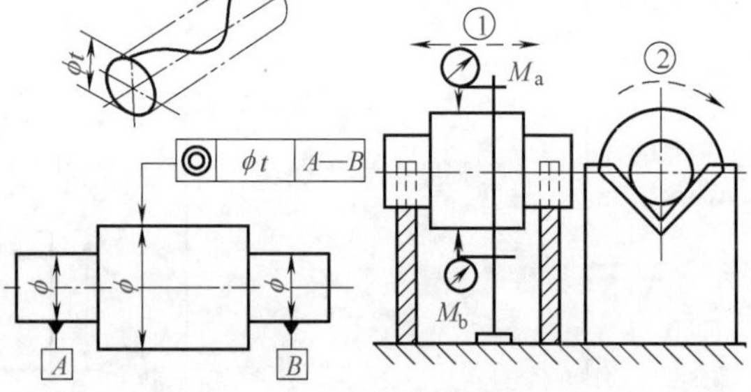
用同轴度量规测量	同轴度误差测量	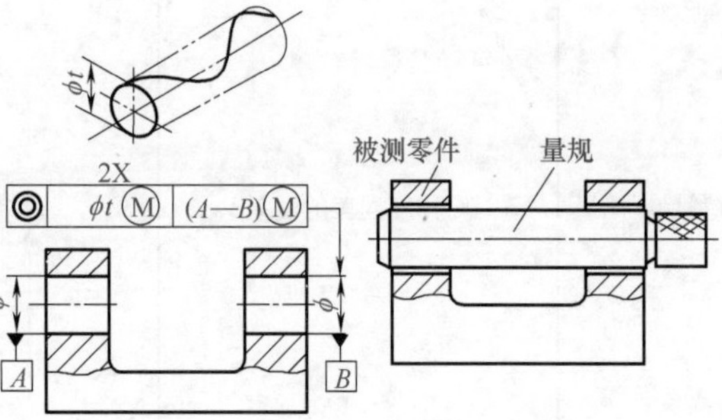

测量方法	测量项目	图 例
在平板上用打表测量	面对面的对称度误差测量	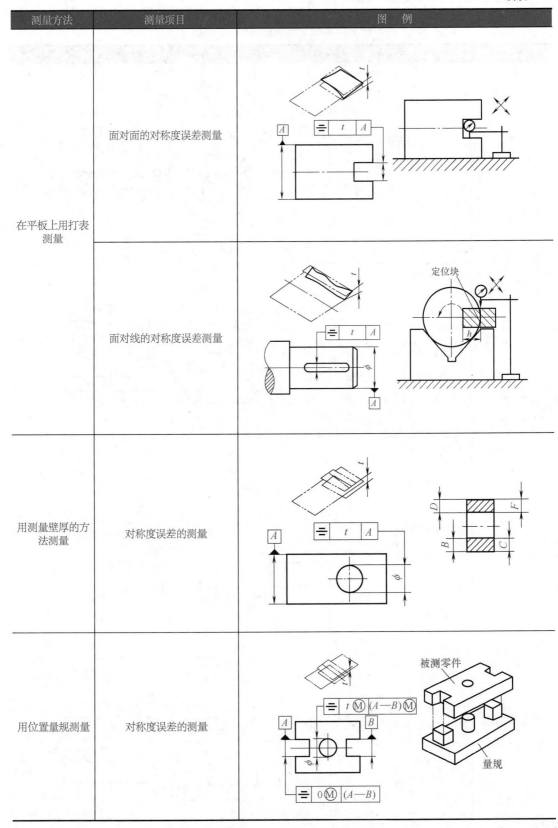
	面对线的对称度误差测量	
用测量壁厚的方法测量	对称度误差的测量	
用位置量规测量	对称度误差的测量	

6. 圆度误差的常用测量方法（表 2-91）

表 2-91　圆度误差的常用测量方法

测量方法	图　例	说　明
投影比较法	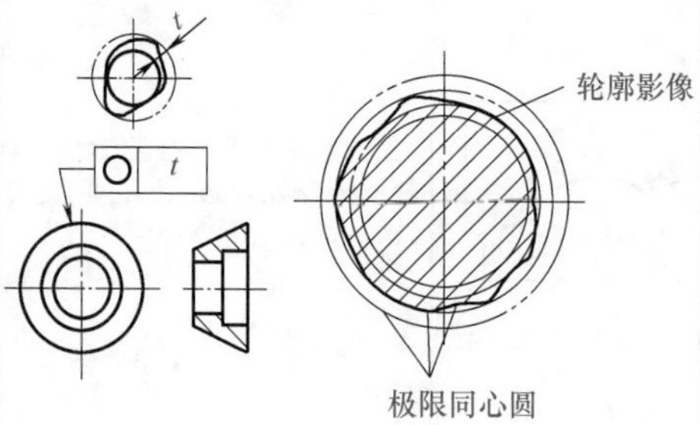 轮廓影像　极限同心圆	将被测要素的投影与极限同心圆比较。适用于薄型或刃口形边缘的小零件
圆度仪法	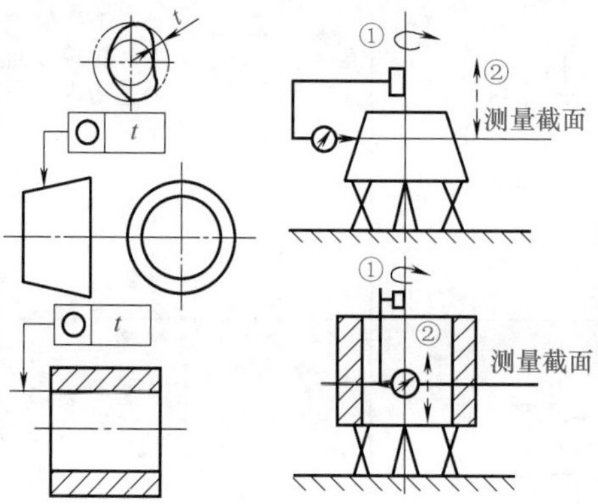 ①②测量截面	用精密回转轴系上的一个动点（测头）所产生的理想圆与被测实际轮廓比较，测得半径变动量（也可工件转动，测头不动）。适用于精度要求较高的零件（在缺少圆度仪时，也可用光学分度头、分度台作回转分度机构）
两点、三点法	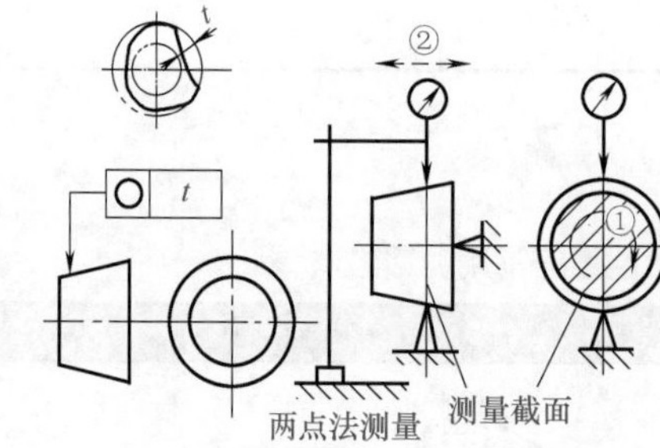 ② ① 两点法测量　测量截面	按测量特征参数的原则，在被测圆周上，通过对直径上两点或两个固定支承和一个测头共三点进行测量，确定圆度误差 　两点测量法用来测量被测轮廓为偶数棱的圆柱误差
	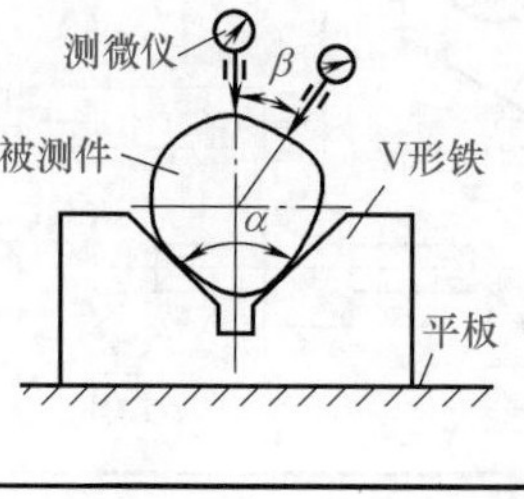 测微仪　β　被测件　V形铁　α　平板	三点测量法用来测奇数棱的圆度误差 　两者组合用于测量不知具体棱数的轮廓

7. 轮廓度误差的常用测量方法（表2-92）

表2-92 轮廓度误差的常用测量方法

测量方法	图 例	说 明
轮廓样板法	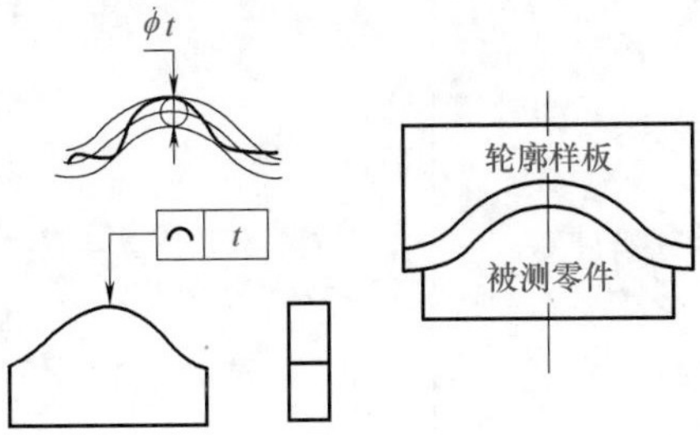	用轮廓样板与被测零件实际轮廓曲线进行比较，根据光隙法原理，取最大间隙作为该零件的线轮廓度误差
投影放大比较法	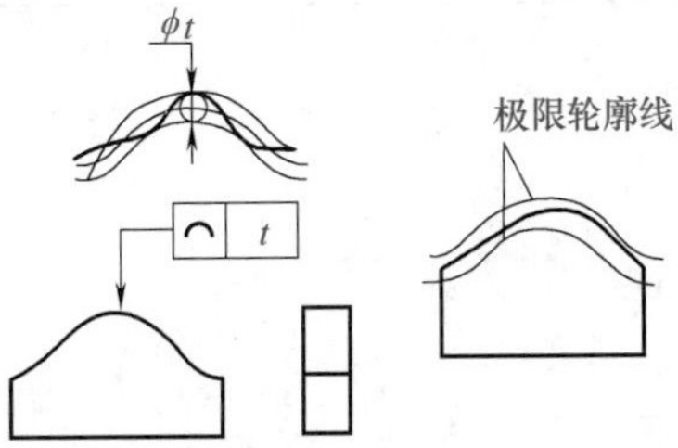	在投影仪上，将被测零件的轮廓曲线投影到屏幕上，与已放大的理想轮廓曲线进行比较。根据比较结果是否在公差带内，来判断被测零件轮廓是否合格，适用于对较小、较薄零件的线轮廓误差的测量
坐标法	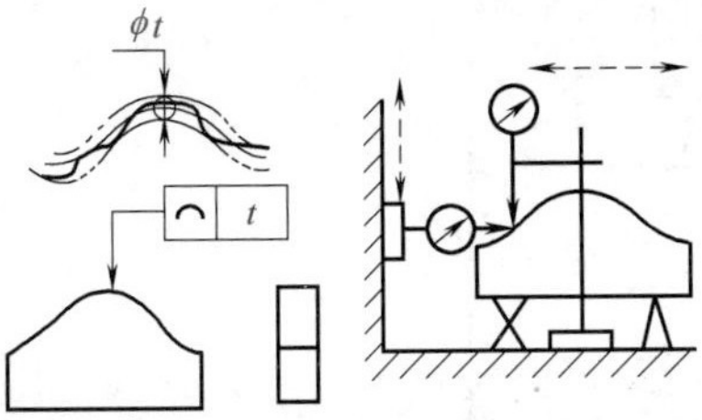	利用工具显微镜、三坐标测量机、光学分度头加辅助设备，均可测量被测轮廓上各点的坐标值。按测得的坐标值与理想轮廓的坐标值进行比较，即可求出被测件的轮廓度误差值

8. 跳动量的常用测量方法（表2-93）

表2-93 跳动量的常用测量方法

方法	测量项目	图 例
用双顶尖方法	径向圆跳动误差测量	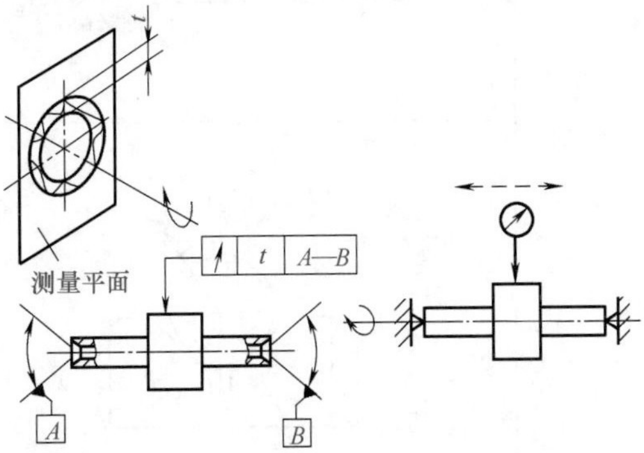

方　法	测量项目	图　　例
用单套筒方法	斜向圆跳动误差测量	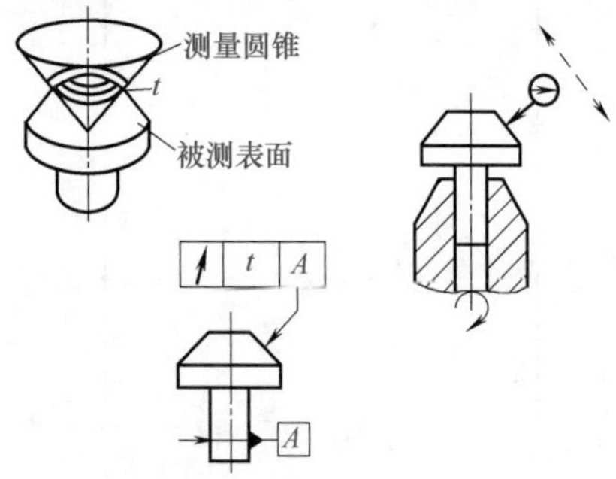
用单套筒方法	端面全跳动误差测量	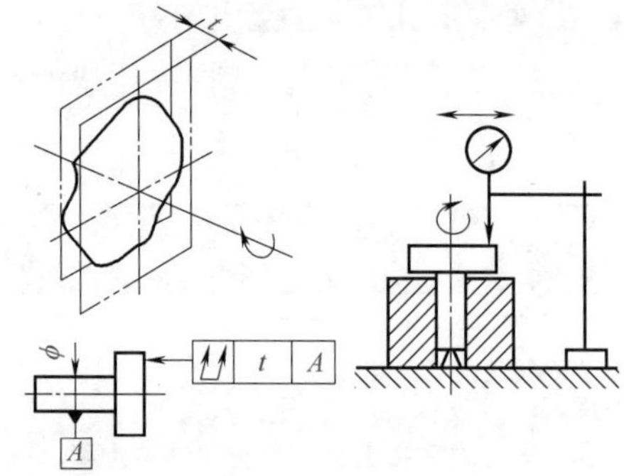
用双套筒方法	径向全跳动误差测量	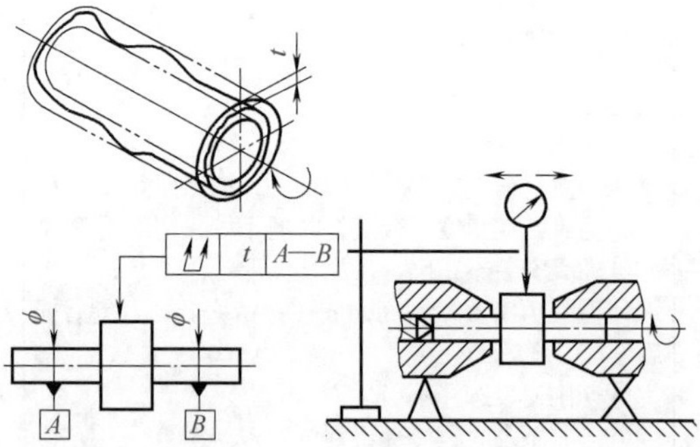
用 V 形块方法	端面圆跳动误差测量	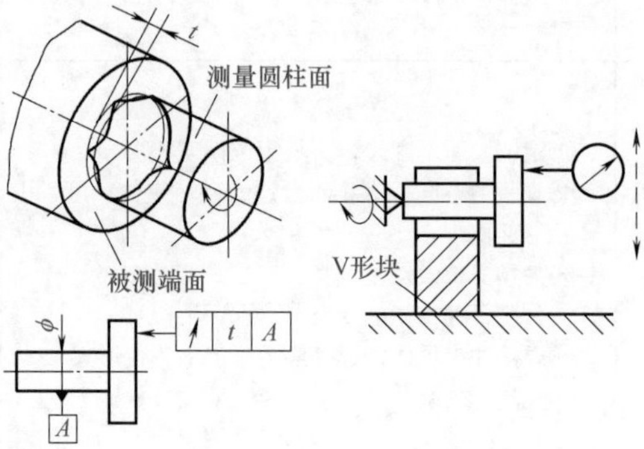

方 法	测量项目	图 例
用心轴方法	径向圆跳动误差测量	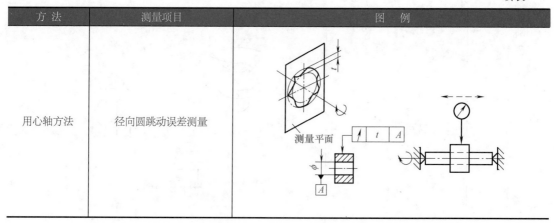

三、影响加工质量的因素

影响机械加工质量的因素和提高质量的措施见表2-94。

表2-94 影响机械加工质量的因素和提高质量的措施

影响因素	产生加工质量问题的原因	提高质量的措施
操作方面	①看错刻度盘或所转圈数不对 ②刻度盘调整不好，操作方法不当，造成微进刀不准 ③机床、附件和夹具安装、调试不协调、不准确，调整不及时 ④不能正确归纳加工规律，操作决策不当，操作技术不到位 ⑤防振措施不到位 ⑥冷却润滑不够，不能及时排屑	①操作者应熟悉机床的各项技术性能和各项精度及磨损情况，还需要掌握机床工作中的一些规律。并能掌握精细熟练的操作技术 ②了解夹具的结构，正确使用夹具，并掌握工件在夹具内可能产生定位误差的规律 ③了解工件的可加工性。熟悉工件受力变形和热变形的情况及其规律 ④根据加工实际对刀具及设备进行及时调整
刀具方面	①刀具材料选择不当，磨损快，加工误差大 ②刀具几何角度不合适，断屑不好，切削不正常 ③刀具安装不正确，产生几何形状误差 ④刀具刃磨质量不高，成形刀精度低，刀具磨损后没及时修磨 ⑤切削用量选择不当 ⑥排屑不及时，冷却不到位 ⑦选择切削液不合理	①合理选择刀具材料，一般精加工可采用M10及涂层刀具材料，精密加工可采用立方氮化硼、金刚石 ②合理选择刀具结构和几何参数。适当增大前角，使刀刃的切割作用加强。减小刃口圆弧半径，使刃口锋利。适当减小主、副偏角和修磨刀尖圆弧 ③提高刀具刃磨质量和刃口质量。减小前面和后面及刃口的表面粗糙度值。刃口磨得光整、锋利和线性好 ④合理选用切削用量 ⑤正确选择切削液，加入合理添加剂，并采用正常的冷却润滑方式
夹具方面	①定位原理不理想，夹具定位误差大 ②夹紧力方向、大小不合适，破坏定位精度，引起工件变形 ③夹具安装误差大 ④分度、翻转精度低 ⑤焊接件夹具体，焊接应力未消除，变形大 ⑥夹具不平衡	①提高夹具的制造精度。夹具定位支承面的形位精度低会使工件定位不稳和不准确，要保证平面度或圆度精度 ②合理定位，减少定位误差 ③防止夹具变形而影响加工精度，一是要提高夹具刚性，二是用力要适当。夹具使用中会磨损，应定时检查及修复 ④加工精度高的工件时，合理采用重复定位 ⑤焊接件夹具体应采取措施消除焊接应力 ⑥注意调整好夹具平衡和精度

影响因素	产生加工质量问题的原因	提高质量的措施
检测方面	①量具选择不当，用低精度量具去测量高精度工件 ②量具使用不当，测量不准，没定期鉴定 ③测量方法不正确，没按标准规定的检查方法去测量 ④间接测量，尺寸计算有错误 ⑤专用检具设计不合理，制造误差大	①合理选用量具和量仪 ②定期检查量具及量仪 ③正确选择测量基面 ④正确控制测量力 ⑤减小测量时的温差 ⑥建立合理的检验制度和交接班制度
机床方面	①机床精度低 ②机床刚性差 ③机床零部件松动 ④机床安装不合要求 ⑤机床陈旧、磨损严重、精度下降，加工精度不稳定	①及时调整机床主轴轴承间隙和导轨间隙到最佳状态 ②在加工高精度工件时，应把运动部件间隙调整好，修复并提高配合件之间的接触面和配合精度 ③对新机床要保证其安装精度，对旧机床要定期检查、调整精度 ④合理选用机床，精度达不到要求的机床应及时修理
毛坯和热处理方面	①铸造缺陷在加工后才显示出来 ②毛坯错位大，加工达不到要求 ③毛坯余量小 ④铸件未进行时效处理，锻件未退火，变形大，尺寸不稳定 ⑤热处理消除应力不充分，工件材料达不到应用的力学性能 ⑥热处理裂纹在精加工后才显示出来 ⑦工件热处理后硬度不合格。工件校直后未消除内应力，引起工件产生较大变形	①提高工件材料的质量，消除杂质，改善其切削性 ②提高毛坯组织的均匀性及外形的几何精度 ③毛坯制造留够加工余量 ④毛坯制造过程中，减小内应力 ⑤通过热处理改善工件材料的加工性能，通过热处理消除内应力 ⑥工件热处理工艺要合理、规范
工艺方面	①基准选择不合理，基准面精度低 ②工序余量小，不能纠正前面工序的缺陷和误差 ③工序尺寸计算错误或公差大，造成本工序和下道工序尺寸超差 ④加工顺序安排不合理，粗精没分开，产生变形。漏掉工序，热处理后无法加工 ⑤机床选用不合理，加工精度达不到 ⑥背吃刀量过大，进给次数少，不能消除误差复映 ⑦加工方法不当，切削用量过大，产生振动	①合理选择定位基准，要求定位基准与设计基准重合，装配和测量基准重合，否则需作尺寸链计算并提高某部位的尺寸精度 ②确定合理的工序余量，正确计算工序尺寸并确定相应经济等级的公差 ③正确计算工序尺寸 ④合理安排加工顺序 ⑤尽量做到粗加工时，用粗加工机床，精加工用精加工机床，确保加工精度 ⑥减少背吃刀量，增加切除余量次数，减少误差复映 ⑦选择正确加工方法和合理切削用量，消除加工中的振动

第三章

数控车床编程

一、数控编程的种类和内容

1. 数控编程的种类

数控编程有三种方法，即手工编程、自动编程和 CAD/CAM 编程，采用哪种编程方法应视零件的难易程度而定（见表 3-1）。

表 3-1　数控编程的种类

类　型	说　　明
手工编程	手工编程就是从分析零件图样、确定加工工艺过程、数值计算、编写零件加工程序单、程序输入数控系统到程序校验都由人工完成。对于加工形状简单、计算量小、程序不多的零件（如点位加工或由直线与圆弧组成的轮廓加工），采用手工编程较容易，而且经济、快捷。对于形状复杂的零件，特别是具有非圆曲线、曲面组成的零件，用手工编程就有一定困难，出错的概率增大，有时甚至无法编出程序，必须用自动编程的方法编制程序 手工编程的缺点：手工计算、验证等所需的时间较长，错误率较高，不能确认刀具路径等。手工编程的优点：需要程序员全身心地投入，对编程技术进行最详细的了解，同样程序员可以随心所欲地构建程序结构，始终知道程序运行过程中发生了什么以及它们为什么会发生。掌握手工编程的方法绝对是有效管理 CAD/CAM 编程的本质所在，可以将编程技能直接应用到 CAD/CAM 编程中
自动编程	自动编程是由编程人员将加工部位和加工参数以一种限定格式的语言写成源程序，然后由专门的软件转换成数控程序。常用的有 APT 语言，APT 是一种自动编程工具（Automatically Programmed Tools）的简称，是一种对工件、刀具的几何形状及刀具相对于工件的运动等进行定义所用的一种接近于英语的符号语言。把用 APT 语言书写的零件加工程序输入计算机，经计算机的 APT 语言编程系统编译产生刀位文件，然后进行数控后置处理，生成数控系统能接受的零件加工程序的过程，称为 APT 语言编程。自动编程使得一些计算烦琐、手工编程困难或无法编出的程序能够顺利地完成
CAD/CAM 编程	计算机辅助数控编程是以待加工零件 CAD 模型为基础的一种集加工工艺规划及数控编程为一体的自动编程方法。目前，以 CAD/CAM 一体化集成形式的软件已成为数控加工自动编程系统的主流。这些软件可以采用人机交互方式，进行零件几何建模（绘图、编辑和修改），对车床与刀具参数进行定义和选择，确定刀具相对于零件的运动方式、切削加工参数，自动生成刀具轨迹和程序代码。最后经过后置处理，按照所使用车床规定的文件格式生成加工程序。通过串行通信的方式，将加工程序传送到数控车床的数控单元

2. 数控编程的内容

通常程序的编制工作主要包括以下几个方面的内容（见表 3-2）。

表 3-2　程序的编制内容

类 型	说 明
分析零件图、确定加工工艺	编程人员首先要根据加工零件的图纸及技术文件，对零件的材料、几何形状、尺寸精度、表面粗糙度、热处理要求等进行分析，从而确定零件加工工艺过程及设备、工装、加工余量、切削用量等
数值计算	根据零件图中的加工尺寸和确定的工艺路线，建立工件坐标系，计算出零件粗、精加工运动的轨迹。加工形状简单零件的轮廓，要计算出几何元素的起点、终点、圆弧的圆心、两几何元素的交点或切点的坐标值。加工非圆曲线、曲面组成的零件，要计算直线段或圆弧段逼近零件轮廓时的节点坐标
编写零件加工程序单	根据加工路线、工艺参数、刀具号、辅助动作，以及数值计算的结果等，按所使用的机床数控系统规定的功能指令及程序段格式，编写零件加工程序单。此外，还应附上必需的加工示意图、刀具布置图、机床调整卡、工序卡及必需的说明等
程序输入数控系统	把编制好的程序单上的内容记录通过一定的方法将其输入数控系统。通常的输入方法有下面几种 ①手动数据输入。按所编程序单的内容，通过操作数控系统的键盘进行逐段输入，同时利用 CRT 显示内容来进行检查 ②利用控制介质输入。控制介质多为穿孔带、磁带、读机、磁带收录机、磁盘软驱等装置将程序输入数控系统 ③通过车床通信接口输入。将计算机编制好的程序，通过与车床控制通信接口连接直接输入车床的控制系统
程序校对和首件试切	输入的程序必须进行校验，校验的方法有下面几种 ①启动数控车床，按照输入的程序进行空运转，即在车床上用笔代替刀具（主轴不转），坐标纸代替工件，进行空运转画图，检查车床运动轨迹的正确性 ②在具有 CRT 屏幕图形显示功能的数控车床上，进行工件图形的模拟加工，检查工件图形的正确性 ③用易加工材料，如塑料、木材、石蜡等，代替零件材料进行试切削 当发现问题时，应分析原因，调整刀具或改变装夹方式，或进行尺寸补偿。首件试切之后，方可进行正式切削加工

二、程序的构成

数控编程中使用四个基本术语：字符—字—程序段—程序。

（一）字符和程序字

1. 字符

字符是一个关于信息交换的术语，它是用来组织、控制或表示数据的各种符号。字符是计算机进行存储或传送的信号。字符也是我们所要研究的加工程序的最小组成单位。常规加工程序用的字符分四类：一类是字母，它由 26 个大写英文字母组成；第二类是数字和小数点，它由 0 ~ 9 共 10 个阿拉伯数字及一个小数点组成；第三类是符号，由正号（＋）和负号（－）组成，第四类是功能字符，它由程序开始（结束）符、程序段结束符、跳过任选程序段符、机床控制暂停符、机床控制恢复符和空格符等组成。

2. 程序字

数控机床加工程序由若干"程序段"组成，每个程序段由按照一定顺序和规定排列的程序字组成。程序字是一套有规定次序的字符，可以作为一个信息单元（即信息处理的单位）存储、传递和操作，如 X1234.56 就是由 8 个字符组成的一个字。

（二）地址和地址字

1. 地址

地址又称为地址符，在数控加工程序中，它是指位于程序字头的字符或字符组，用以识别其后的数据；在传递信息时，它表示其出处或目的地。在数控车床加工程序中常用的地址有 N、G、X、Z、U、W、I、K、R、F、S、T 和 M 等字符，每个地址都有它的特定含义，见表3-3。

表 3-3　常用地址符含义

功　能	代　码	备　注
程序号	O	程序号
程序段号	N	顺序号
准备功能	G	定义运动方式
坐标地址	X、Y、Z	轴向运动指令
	U、V、W	附加轴运动指令
	A、B、C	旋转坐标轴
	R	圆弧半径
	I、J、K	圆心坐标
进给速度	F	定义进给速度
主轴转速	S	定义主轴转速
刀具功能	T	定义刀具号
辅助功能	M	机床的辅助动作
子程序号	P	子程序号
重复次数	L	子程序的循环次数

2. 地址字

由带有地址的一组字符而组成的程序字，称为地址字。例如"N200 M30"这一程序段中，就有 N200 及 M30 这两个地址字。加工程序中常见的地址字有以下几种。

（1）顺序号字

顺序号字也称程序段号，它是数控加工程序中用的最多但又不容易引起人们重视的一种程序字。顺序号字一般位于程序段开头，它由地址符 N 及其后面的 1～4 位数字组成。

使用顺序号字应注意如下问题：数字部分应为正整数，所以最小顺序号是 N1，建议不使用 N0；顺序号字的数字可以不连续使用，也可以不从小到大使用；顺序号字不是程序段中的必用字，对于整个程序，可以每个程序段均有顺序号字，也可以均没有顺序号字，也可以部分程序段没有顺序号字。

顺序号字的作用：便于人们对程序作校对和检索修改；用于加工过程中的显示屏显示；便于程序段的复归操作，此操作也称"再对准"，如回到程序的中断处，或加工从程序的中途开始的操作；主程序或子程序或宏程序中用于条件转向或无条件转向的目标。

（2）准备功能字

准备功能字的地址符是 G，所以又称 G 功能或 G 指令，它是设立机床工作方式或控制系统工作方式的一种命令。所以在程序段中 G 功能字一般位于尺寸字的前面。机械工业部根据 ISO 标准制定了 JB/T 3208—1999 标准，规定 G 指令由字母 G 及其后面的两位数字组成，从 G00 到 G99 共 100 种代码，见表3-4。

表 3-4　准备功能 G 代码（JB/T 3208—1999）

代码	功　能	程序指令类别	功能仅在所出现的程序段内有使用
G00	点定位	a	
G01	直线插补	a	

代码	功能	程序指令类别	功能仅在所出现的程序段内有使用
G02	顺时针圆弧插补	a	
G03	逆时针圆弧插补	a	
G04	暂停		*
G05	不指定	#	#
G06	抛物线插补	a	
G07	不指定	#	#
G08	自动加速		*
G09	自动减速		*
G10～G16	不指定	#	#
G17	XY 面选择	c	
G18	ZX 面选择	c	
G19	YZ 面选择	c	
G20～G32	不指定	#	#
G33	等螺距螺纹切削	a	
G34	增螺距螺纹切削	a	
G35	减螺距螺纹切削	a	
G36～G39	永不指定	#	#
G40	注销刀具补偿或刀具偏置	d	
G41	刀具左补偿	d	
G42	刀具右补偿	d	
G43	刀具正偏置	#(d)	#
G44	刀具负偏置	#(d)	#
G45	刀具偏置（I象限）＋/＋	#(d)	#
G46	刀具偏置（Ⅳ象限）＋/－	#(d)	#
G47	刀具偏置（Ⅲ象限）－/－	#(d)	#
G48	刀具偏置（Ⅱ象限）/＋	#(d)	#
G49	刀具偏置（Y轴正向）0/＋	#(d)	#
G50	刀具偏置（Y轴负向）0/－	#(d)	#
G51	刀具偏置（X轴正向）＋/0	#(d)	#
G52	刀具偏置（X轴负向）－/0	#(d)	#
G53	直线偏移注销	f	
G54	沿 X 轴直线偏移	f	
G55	沿 Y 轴直线偏移	f	
G56	沿 Z 轴直线偏移	f	
G57	XY 平面直线偏移	f	
G58	YZ 平面直线偏移	f	
G59	YZ 平面直线偏移	f	
G60	准确定位 1（精）	h	
G61	准确定位 2（中）	h	
G62	快速定位（粗）	h	
G63	攻螺纹方式		*
G64～G67	不指定	#	#
G68	内角刀具偏置	#(d)	#

代码	功 能	程序指令类别	功能仅在所出现的程序段 内有使用
G69	外角刀具偏置	#（d）	#
G70～G79	不指定	#	#
G80	注销固定循环	e	
G81～G89	固定循环	e	
G90	绝对尺寸	j	
G91	增量尺寸	j	
G92	预置寄存，不运动		*
G93	时间倒数，进给率	k	
G94	每分钟进给	k	
G95	主轴每转进给	k	
G96	主轴恒线速度	I	
G97	主轴每分钟转速，注销 G96	I	
G98～G99	不指定	#	#

注：1.# 号表示如选作特殊用途必须在程序格式解释中说明。

2.指定功能代码中，程序指令类别标有 a，c，h，e，f，j，k 及 I，为同一类别代码。在程序中，这种代码为模态指令。可以被同类字母指令所代替或注销。

3.指定了功能的代码，不能用于其他功能。

4.* 号表示功能仅在所出现的程序段内有用。

5.永不指定代码，在本标准内，将来也不指定。

G 指令分为模态指令（又称续效代码）和非模态指令（又称非续效代码）两类。表 3-4 中第三列标有字母的行所对应的 G 指令为模态指令，标有相同字母的 G 指令为一组。模态指令在程序中一经使用后就一直有效，直到出现同组中的其他任一 G 指令将其取代后才失效。表中第三列没有字母的行所对应的 G 指令为非模态指令，它只在编有该代码的程序段中有效（如 G04），下一程序段需要时必须重写。

在程序编制时，对所要进行的操作，必须预先了解所使用的数控装置本身所具有的 G 功能指令。对于同一台数控车床的数控装置来说，它所具有的 G 指令功能只是标准中的一部分，而且各机床由于性能要求不同，也各不一样。

（3）坐标尺寸字

坐标尺寸字在程序段中主要用来指令机床的刀具运动到达的坐标位置。尺寸字是由规定的地址符及后续的带正、负号或者带正、负号又有小数点的多位十进制数组成。地址符用的较多的有三组：第一组是 X，Y，Z，U，V，W，P，Q，R，主要是用来指令到达点坐标值或距离；第二组是 A，B，C，D，E，主要用来指令到达点角度坐标；第三组是 I，J，K，主要用来指令零件圆弧轮廓圆心点的坐标尺寸。

尺寸字可以使用公制，也可以使用英制，多数系统用准备功能字选择。例如，FANUC 系统用 G21/G20 切换，美国 A-B 公司系统用 G71/G70 切换，也有一些系统用参数设定来选择是公制还是英制。尺寸字中数值的具体单位，采用公制时一般用 1μm、10μm、1mm；采用英制时常用 0.0001in 和 0.001in。选择何种单位，通常用参数设定。现代数控系统在尺寸字中允许使用小数点编程，有的允许在同一程序中有小数点和无小数点的指令混合使用，给用户带来方便。无小数点的尺寸字指令的坐标长度等于数控机床设定单位与尺寸字中后续数字的乘积。例如，采用公制单位若设定为 1μm，我们指令 Y 向尺寸 360mm 时，应写成 Y360.或 Y360000。

（4）进给功能字

进给功能字的地址符为 F，所以又称为 F 功能或 F 指令。它的功能是指令切削的进给速度。现代的 CNC 机床一般都能使用直接指定方式（也称直接指定法），即可用 F 后的数字直接指定进给速度，为用户编程带来方便。

有的数控系统，进给速度的进给量单位用 G94 和 G95 指定。G94 表示进给速度与主轴速度无关的每分钟进给量，单位为 mm/min 或 in/min；G95 表示与主轴速度有关的主轴每转进给量，单位为 mm/r 或 in/r，如用在切螺纹、攻丝或套扣的进给速度单位用 G95 指定。

（5）主轴转速功能字

主轴转速功能字的地址符用 S，所以又称为 S 功能或 S 指令。它主要来指定主轴转速或速度，单位为 r/min 或 m/min。中档以上的数控车床的主轴驱动已采用主轴伺服控制单元，其主轴转速采用直接指定方式，例如 S1500 表示转速为 1500r/min。

对于中档以上的数控车床，还有一种使切削速度保持不变的所谓恒线速度功能。这意味着在切削过程中，如果切削部位的回转直径不断变化，那么主轴转速也要不断作相应变化，此时 S 指令是指定车削加工的线速度。在程序中是用 G96 或 G97 指令配合 S 指令来指定主轴的速度。G96 为恒线速控制指令，如用 G96 S200 表示主轴的速度为 200m/min，G97 S200 表示取代 G96，即主轴不是恒线速功能，其转速为 200r/min。

（6）刀具功能字

刀具功能字用地址符 T 及随后的数字代码表示，所以也称为 T 功能或 T 指令。它主要用来指令加工中所用刀具号及自动补偿编组号，其自动补偿内容主要指刀具的刀位偏差或长度补偿及刀具半径补偿。

数控车床的 T 的后续数字可分为 1，2，4，6 位四种。T 后随 1 位数字的形式用的比较少，在少数车床（如 CK0630）的数控系统（如 HN-100T）中，因除了刀具的编码（刀号）之外，其他如刀具偏置、刀具半径的自动补偿值，都不需要填入加工程序段内，故只需用一位数表示刀具编码号即可。在经济型数控车床系统中，普遍采用 2 位数的规定，一般前位数字表示刀具的编码号，常用 0～8 共 9 个数字，其中"0"表示不转刀；后位数字表示刀具补偿的编组号，常用 0～8 共 9 个数字，其中"0"表示补偿量为零，即撤销其补偿。T 后随 4 位数字的形式用的比较多，一般前两位数来选择刀具的编码号，后两位为刀具补偿的编组号。T 后随 6 位数字的形式用的比较少，一般前两位数来选择刀具的编码号，中间两位表示刀尖圆弧半径补偿号，后两位为刀具长度补偿的编组号。

（7）辅助功能字

辅助功能字又称 M 功能或 M 指令，它是用以指令数控机床中辅助装置的开关动作或状态。例如，主轴的启、停，冷却液通、断，更换刀具等。与 G 指令一样，M 指令由字母 M 和其后的两位数字组成，从 M00 至 M99 共 100 种，见表 3-5。

表 3-5　辅助功能 M 代码

| 代码 | 功能开始时间 | | 功能保持到被注销或被适当程序指令代替 | 功能仅在所出现的程序段内有作用 | 功　　能 |
	与程序段指令运动同时开始	在程序段指令运动完成后开始			
M00		*		*	程序停止
M01		*		*	计划停止
M02		*		*	程序结束
M03	*		*		主轴顺时针方向运转
M04	*		*		主轴逆时针方向运转

代码	功能开始时间		功能保持到被注销或被适当程序指令代替	功能仅在所出现的程序段内有作用	功　能
	与程序段指令运动同时开始	在程序段指令运动完成后开始			
M05		*	*		主轴停止
M06	#	#		*	换刀
M07	*		*		2 号冷却液开
M08	*		*		1 号冷却液开
M09		*	*		冷却液关
M10	#	#	*		夹紧
M11	#	#	*		松开
M12	#	#	#	#	不指定
M13	*		*		主轴顺时针方向，冷却液开
M14	*		*		主轴逆时针方向，冷却液开
M15	*			*	正运动
M16	*			*	负运动
M17 ～ M18	#	#	#	#	不指定
M19		*	*		主轴定向停止
M20 ～ M29	#	#	#	#	永不指定
M30		*	*		纸带结束
M31	#	#		*	互锁旁路
M32 ～ M35	#	#	#	#	不指定
M36	*		*		进给范围 1
M37	*		*		进给范围 2
M38	*		*		主轴速度范围 1
M39	*		*		主轴速度范围 2
M40 ～ M45	#	#	#	#	如有需要作为齿轮换挡，此外不指定
M46 ～ M47	#	#	#	#	不指定
M48		*	*		注销 M49
M49	*		*		进给率修正旁路
M50	*		*		3 号冷却液开
M51	*		*		4 号冷却液开
M52 ～ M54	#	#	#	#	不指定
M55	*		*		刀具直线位移，位置 1
M56	*		*		刀具直线位移，位置 2
M57 ～ M59	#	#	#	#	不指定
M60		*		*	更换工件
M61	*		*		工件直线位移，位置 1
M62	*		*		工件直线位移，位置 2
M63 ～ M70	#	#	#	#	不指定
M71	*		*		工件角度位移，位置 1
M72	*		*		工件角度位移，位置 2
M73 ～ M89	#	#	#	#	不指定
M90 ～ M99	#	#	#	#	永不指定

注：1. "#" 号表示：如选作特殊用途，必须在程序中注明。

2. "*" 号表示对该具体情况起作用。

M 指令又分为模态指令与非模态指令。常用的 M 指令见表 3-6。

表 3-6 常用的 M 指令

指令	说明
程序暂停 M00	执行 M00 指令，主轴停、进给停、切削液关闭、程序停止。按下控制面板上的"循环启动"按钮可取消 M00 状态，使程序继续向下执行
选择停止 M01	功能和 M00 相似。不同的是 M01 只有在机床操作面板上的"选择停止"开关处于"ON"状态时此功能才有效。M01 常用于关键尺寸的检验和暂停
程序结束 M02	该指令表示加工程序全部结束。它使主轴运动、进给运动、切削液供给等停止，机床复位
主轴正转 M03	该指令使主轴正转。主轴转速由主轴功能字 S 指定。如某程序段为：N10 S500 M03，它的意义为指定主轴以 500r/min 的转速正转
主轴反转 M04	该指令使主轴反转，与 M03 相似
主轴停止 M05	在 M03 或 M04 指令作用后，可以用 M05 指令使主轴停止
自动换刀 M06	该指令为自动换刀指令，用于电动控制刀架或多轴转塔刀架的自动换刀
切削液开 M08	该指令使切削液开启
切削液关 M09	该指令使切削液停止供给
程序结束并返回到程序开始 M30	程序结束并返回程序的第一条语句，准备下一个零件的加工

（三）指令字

指令字是用于命令 CNC 完成控制功能的基本指令单元，指令字由一个英文字母（称为指令地址）和其后的数值（称为指令值，为有符号的数或无符号数）构成。指令地址规定了其后指令值的意义。在不同的指令字组合情况下，同一个指令地址可能有不同的意义。

例如：X 100 中的 X 是指令地址，100 是指令值，合起来叫指令字。

一个指令字是由地址符（指令字符）和带符号（如定义尺寸的字）或不带符号（如准备功能 G 代码）的数字数据组成的。

程序段不同的指令字符及其后续数值确定了每个指令字的含义。在程序段中包含的主要指令字符见表 3-7。

表 3-7 指令字符一览表

指令地址	指令值取值范围	功能意义
O	$0 \sim 9999$	程序名
N	$0 \sim 9999$	程序段号
G	$00 \sim 99$	准备功能
X	$-9999.999 \sim 9999.999$（mm）	X 轴坐标
X	$0 \sim 9999.999$（s）	暂停时间
Z	$-9999.999 \sim 9999.999$（mm）	Z 轴坐标
U	$-9999.999 \sim 9999.999$（mm）	X 轴增量
U	$0 \sim 9999.999$（s）	暂停时间
U	$-99.999 \sim 99.999$（mm）	G71、G72、G73 指令中 X 轴精加工余量
U	$0.001 \sim 99.999$（mm）	G71 中切削深度
U	$-9999.999 \sim 9999.999$（mm）	G73 中 X 轴退刀距离
W	$-9999.999 \sim 9999.999$（mm）	Z 轴增量
W	$0.001 \sim 99.999$（mm）	G72 中切削深度
W	$-99.999 \sim 99.999$（mm）	G71、G72、G73 指令中 Z 轴精加工余量
W	$-9999.999 \sim 9999.999$（mm）	G73 中 Z 轴退刀距离

指令地址	指令值取值范围	功能意义
R	− 9999.999 ～ 9999.999（mm）	圆弧半径
R	0.001 ～ 99.999（mm）	G71、G72 中循环退刀量
R	1 ～ 9999（次）	G73 中粗车循环次数
R	0.001 ～ 99.999（mm）	G74、G75 中切削后的退刀量
R	0.001 ～ 99.999（mm）	G74、G75 中切削后到终点时的退刀量
R	0.001~9999.999（mm）	G76 中精加工余量
R	− 9999.999 ～ 9999.999（mm）	G90、G92、G94 中锥度
I	− 9999.999 ～ 9999.999（mm）	圆弧中心相对起点在 X 轴矢量
I	0.06~25400（牙/英寸）	英制螺纹牙数
K	− 9999.999 ～ 9999.999（mm）	圆弧中心相对起点在 Z 轴矢量
F	0 ～ 8000（mm/min）	分钟进给速度
F	0.0001 ～ 500（mm/r）	每转进给量
F	0.001 ～ 500（mm）	公制螺纹导程
S	0 ～ 9999（r/min）	主轴转速指定
S	00 ～ 04	多挡主轴输出
T	01 ～ 32	刀具功能
M	00 ～ 99	辅助功能输出、程序执行流程
M	9000 ～ 9999	子程序应用
P	0 ～ 9999999（0.001s）	暂停时间
P	0 ～ 9999	调用的子程序号
P	0 ～ 999	子程序调用次数
P	0 ～ 9999999（0.001mm）	G74、G75 中 X 轴循环移动量
P	0.001 ～ 9999.999（mm）	G76 中螺纹切削参数
P	0 ～ 9999	复合循环指令精加工程序段中起始程序段号
Q	0 ～ 9999	复合循环指令精加工程序段中结束程序段号
Q	0 ～ 9999999（0.001mm）	G74、G75 中轴循环移动量
Q	0 ～ 9999999（0.001mm）	G76 中第一次切入量
Q	0 ～ 9999999（0.001mm）	G76 中最小切入量
H	01 ～ 99	G65 中运算符

（四）程序段

每一行程序即为一个程序段。程序段中包含：程序刀具指令、车床状态指令、车床坐标轴运动方向（即刀具运动轨迹）指令等各种信息代码。

1. 程序段格式

① 程序段　程序段由若干个指令字构成，以"；"结束，CNC 程序运行的基本单位。

一个程序段中可输入若干个指令字，也允许无指令字而只有"；"号结束符，有多个指令字时，指令字之间必须输入一个或一个以上空格。

在同一程序段中，除 N、G、S、T、H、L 等地址外，其他的地址只能出现一次，否则，将产生报警（指令字在同一程序段中被重复指令），N、G、S、T、H、L 指令字在同一程序段中重复输入时，相同地址的最后一个指令字有效。同组的 G 指令在同一程序段中重复输入时，最后一个 G 指令有效。

② 程序段号 程序段号由地址和后面四位数构成：N0000 至 N9999，前导零可以省略。程序段号应位于程序段的开头，否则无效。

程序段号可以不输入，但程序调用、跳转的目标程序段必须有程序段号，程序段号的顺序可以是任意的，其间隔也可以不相等，为了方便查找、分析程序，建议程序段号按编程顺序递增或递减。

如果在开关设置页面将"自动序号"设置为"开"，将在插入程序段时自动生成递增的程序段号。

数控车床有三种程序段格式，即固定程序段格式、带分隔符的固定程序段格式及字地址可变程序段格式。前两种出现最早，现在基本不再使用。字地址可变程序段格式如下：

可见每个程序段的开头是程序段的序号，以字母 N 和 4 位（有的数控系统不用 4 位）数字表示，接着是准备功能指令，由 G 和两位数字组成；再接着是运动坐标；如有圆弧半径 R 等尺寸，放在其他坐标位置；在工艺性指令中，F 指令为进给速度，S 指令为主轴转速，T 指令为刀具号；M 为辅助功能指令；还可以有其他的附加指令。

2. 程序段特点

（1）程序长度可变

例如：N1　　G17　T1

　　　　N2　　G00　Z100

　　　　N6　　G41　G46　A5　X10　Y5　G00　G61　M60

上述 N1、N2 程序段中仅由两个字构成，而 N6 程序段却由 8 个字组成，即这种格式写出的各个程序段长度是可变的。

（2）不同组的代码在同一个程序段内可同时使用

例如，（1）中 N6 程序段中的 G41、G46、G00、G61 代码，由于其含义不同，可在同一程序段内同时使用。

（3）不需要的或与上一段程序相同功能的字可省略不写

例如：%1

N1　G00　Z100

N2　G17　T1

N3　G00　Z2　　S1000

N4　G00　X50　Y70

N5　G01　Z-10　F200

N6　G01　X100

N7　G01　X100　Y-40

N8　G01　X0　　Y-40

例如：%2

N1　G00　Z100

N2 G17 T1

N3 G00 Z2 S1000

N4 X50 Y70

N5 G01 Z-10 F200

N6 X100

N7 Y-40

N8 X0

%1 和 %2 两条程序是等效的。对这两条程序，%1 中的 N5 程序段已经给出 G01 指令，而后面各段也均执行 G01 指令，故在 N6～N8 程序中可省略 G01，如程序 %2。

同样，N2 程序段中的 T1，N3 程序段中的 S1000，N5 程序段中的 F200，在下面的程序段中都是指 T1 刀具，使用的是 1000r/min 转速及 200mm/min 的进给量，故可省略。

（五）程序

不同控制系统的程序结构不一样，编程人员必须严格按照 CNC 车床的控制器进行编程。但是逻辑方法并不随控制器的不同而变化，一个完整的程序，一般由程序号、程序内容和程序结束三部分组成

例如：

程序号——O0100

程序内容
$\begin{cases}
\text{N1 G0 Z100.000} \\
\text{N2 G17 \quad T1} \\
\text{N4 G0 \quad Z2.000 S2000} \\
\text{N5 G1 \quad Z1~10.000 F200 M70} \\
\text{N6 G42 \quad G46 A5.000 X50.000 Y5.000 G1 G60 M61} \\
\quad ... \\
\text{N18 G0 Z100.00}
\end{cases}$

程序结束——N19 M30

上面的程序中，O0100 表示加工程序号，N1～N18 程序段是程序内容，N19 程序段是程序结束。

① 程序号 程序号是程序的开始部分，每个独立的程序都要有一个自己的程序编号，在编号前采用程序编号地址码。FANUC 系列数控系统中，程序编号地址是用英文字母"O"表示；SIEMENS 系列数控系统中，程序编号地址是用符号"%"表示。

② 程序内容 程序内容包含加工前车床状态要求和刀具加工零件时的运动轨迹。

a. 加工前车床状态要求。该部分一般由程序前面几个程序段组成，通过执行该部分的程序完成指定刀具的安装、刀具参数补偿、旋转方向及进给速度，以什么方式、什么位置切入工件等一系列刀具切入工件前的车床状态的切削准备工作。

b. 刀具加工零件时的运动轨迹。该部分用若干程序段描述被加工工件表面的几何轮廓，完成被加工工件表面轮廓的切削加工。

③ 程序结束 程序结束内容是当刀具完成对工件的切削加工后，刀具以什么方式退出切削，退出切削后刀具停留在何处，车床处在什么状态等，并以 M02 或 M30 结束整个程序。

三、主程序和子程序

在一个加工过程中，如果有多个程序段完全相同，例如，在一块较大的材料上加工多个形状和尺寸相同的零件，为了缩短程序，可将这些重复的程序段单独抽出，按规定格式编成

子程序，并事先存储在子程序存储器中。子程序以外的程序段为主程序。主程序在执行过程中，如需执行该子程序即可随即调用，并可多次重复调用，从而大大简化编程工作。

四、典型数控系统的指令代码

数控车床根据功能和性能要求，配置不同的数控系统。系统不同，其指令代码也有差别，世界上典型的数控系统主要有 FANUC（日本）、SIEMENS（德国）、FAGOR（西班牙）等公司的数控系统及相关产品，如表 3-8 和表 3-9 所示，在数控车床行业占据主导地位。我国的数控产品有华中数控、广州数控、航大数控、沈阳高精、大连大森等。

表 3-8　FANUC0-TD 系统常用 G 指令表

| G 代码 | | | 组 | 功　能 | G 代码 | | | 组 | 功　能 |
A	B	C			A	B	C		
G00	G00	G00		快速定位	G70	G70	G72		精加工循环
G01	G01	G01		直线插补（切削进给）	G71	G71	G73		外圆粗车循环
C02	G02	G02	01	圆弧插补（顺时针）	G72	G72	G74		端面粗车循环
G03	G03	G03		圆弧插补（逆时针）	G73	G73	G75		多重车削循环
G04	G04	G04		暂停	G74	G74	G76	00	排屑钻孔
G10	G10	G10	00	可编程数据输入	G75	G75	G77		外径/内径钻孔循环
G11	G11	G11		可编程数据输入方式取消	G76	G76	G78		多头螺纹循环
G20	C20	G70	06	英制输入	G80	G80	G80		固定循环取消
G21	G21	G71		公制输入	G83	G83	G83		钻孔循环
G27	G27	G27	00	返回参考点检查	G84	G84	G84		攻螺纹循环
G28	G28	G28		返回参考点位置	G85	G85	G85		正面镗循环
G32	G33	G33	01	螺纹切削	G87	G87	G87	10	侧面循环
G34	G34	G34		变螺距螺纹切削	G88	G88	G88		侧镗丝循环
G36	G36	G36	00	自动刀具补偿 X	G89	G89	G89		侧镗循环
G37	G37	G37		自动刀具补偿 Z	G90	G77	G20		外径/内径车削循环
G40	G40	G40		取消刀尖半径补偿	G92	G78	G21	01	螺纹车削循环
G41	G41	G41	07	刀尖半径左补偿	G94	G79	G24		端面车削循环
G42	G42	G42		刀尖半径右补偿	G96	G96	G96	02	恒表面切削速度控制
G50	G92	G92	00	坐标系或主轴最大速度设定	G97	G97	G97		恒表面切削速度控制取消
G52	G52	G52	00	局部坐标系设定	G98	G94	G94	05	每分钟进给
G53	G53	G53		车床坐标系设定	G99	G95	G95		每转进给
G54～G59			14	选择工件坐标系 1～6	—	G90	G90	03	绝对值编程
G65	G65	G65	00	调用宏指令	—	G91	G91		增量值编程

1. FANUC 数控系统

FANUC 数控系统性能高、功能全，适用于各种车床，在市场上占有率最大。

① 高可靠性的 Power Mate 0 系统：用于控制 2 轴的小型车床，取代步进电机的伺服系统，配有中文显示的 CRT/MDI。

② 普及型 CNC 0-D 系列：0-MD 用于铣床及小型号加工中心。

③ 全功能型的 0-C 系列：0-TC 用于通用车床、自动车床，0-MC 用于铣床、钻床加工中心。

④ 0i 系统：0i-MB/MA 用于加工中心和铣床，4 轴四联动；0i-mate MA 用于铣床，3 轴三联动；0i-mate TA 用于车床，2 轴两联动。

表 3-9　SIEMENS 802S/C 系统常用指令表

功能	代码	功能	代码
路径数据		暂停时间	G4
绝对/增量尺寸	G90/G91	程序结束	M02
公制/英制尺寸	G71/G70	主轴运动	
半径/直径尺寸	G22/G23	主轴转速	S
可编程零点偏置	G158	旋转方向	M03/M04
可编程零点偏置	G54～G57，G500，G53	主轴转速限制	G25，G26
轴运动		主轴定位	SPOS
快速直线运动	G0	特殊车床功能	
进给直线插补	G1	恒速切削	G96/G97
进给圆弧插补	G2/G3	圆弧倒角/直线倒角	CHF/RND
中间点的圆弧插补	G5	刀具及刀具偏置	
定螺距螺纹加工	G33	刀具	T
接近固定点	G75	刀具偏置	D
回参考点	G74	刀具半径补偿选择	G41/G42
进给率	F	转角处加工	G450/G451
准确停/连续路径加工	G9，G60，G64	取消刀具半径补偿	G40
在准确停时的段转换	G601/G602	辅助功能	M

⑤ 具有网络功能的超小型、超薄型 CNC 16i/18i/21i 系统。

2. SIEMENS 数控系统

SIEMENS 数控系统稳定性高，广泛应用于我国数控行业，主要包括 802、810、840 等系列。

① SINUMERIK 802S/C：用于车床、铣床等，可控 3 个进给轴和 1 个主轴。802S 适于步进电机驱动，802C 适于伺服电机驱动，具有数字 I/O 接口。

② SINUMERIK 802D：控制 4 个数字进给轴和 1 个主轴，PLC I/O 模块，具有图形式循环编程，车削/钻削工艺循环。

③ SINUMERIK 810D：用于数字闭环驱动控制，最多可控 6 轴（包括 1 个主轴和 1 个辅助主轴）。

④ SINUMERIK 840D：全数字模块化数控设计，用于复杂机床、模块化旋转加工机床和传送机，最大可控 31 个坐标轴。

3. 华中数控系统

华中数控以"世纪星"系列数控单元为典型产品，HNC-21T 为车削系统，最大联动轴数为 4 轴；HNC-21/22M 为铣削系统，最大联动轴数为 4 轴，采用开放式体系结构，内置嵌入工业 PC。

五、部分指令的编程要点（表 3-10）

表 3-10　部分指令的编程要点

要点	说明
主轴功能（S 功能）	主轴功能也称主轴转速功能，用 S 指令编程。S 指令后的数值为主轴转速，要求为整数，速度范围从 1 到最大的主轴转速。单位为转速单位（r/min）。例如，S500 表示主轴转速为 500 r/min ①线速度控制（G96）。当数控车床的主轴为伺服主轴时，可以通过指令 G96 来设定恒线速度控制。系统执行 G96 指令后，便认为用 S 指令的数值表示切削速度。例如，G96 S180 表示切削速度为 180m/min

要点	说　明
主轴功能 （S功能）	②主轴转速控制（G97）。G97 是取消恒线速度控制指令，S 指定的数值表示主轴每分钟的转速。例如，G97 S1500，表示主轴转速为 1500 r/min ③最高速度限制（G50）。G50 除有坐标系设定功能外，还有主轴最高转速设定功能。例如，G50 S2000 表示把主轴最高转速设定为 2000r/min。用恒定速度控制进行切削加工时，为了防止出现事故，必须限定主轴转速 对如图 3-1 所示中的零件，为保持 A、B、C 各点的线速度在 150m/min，则各点在加工时的主轴转速分别计算如下 A 点：$n = 1000 \times 150 \div (\pi \times 40) = 1193$（r/min） B 点：$n = 1000 \times 150 \div (\pi \times 60) = 795$（r/min） C 点：$n = 1000 \times 150 \div (\pi \times 70) = 682$（r/min） 注意： ①有些数控车床没有伺服主轴，即采用机械变速装置，编程时可以不编写 S 功能 ②在零件加工之前一定要先启动主轴运转（M03 或 M04） 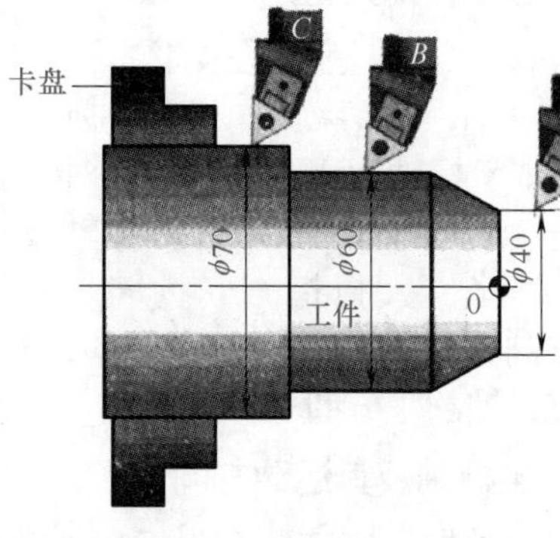 图 3-1　恒线速度切削方式
刀具功能 （T功能）	T功能用于选择刀具库中的刀具，其编程格式因数控系统不同而异，主要格式有以下几种 ①采用 T 指令编程。由地址功能码 T 和其后面的若干位数字组成 例如：T0202 表示选择第 2 号刀，2 号偏置量；T0300 表示选择第 3 号刀，刀具偏置取消 ②采用 T、D 指令编程。利用 T 功能可以选择刀具，利用 D 功能可以选择相关的刀具偏置。在定义这两个参数时，其编程的顺序为 T、D。T 和 D 可以编写在一起，也可以单独编写 例如：T3D11 表示选择 3 号刀，采用刀具偏置表 11 号的偏置尺寸
进给功能 （F功能）	F功能就是刀具在切削运动中的进给速度，用 F 指令编程。F 指令后面的数值表示刀具的运动速度，单位为 mm/min（直线进给率）或 mm/r（旋转进给率），如图 3-2 所示 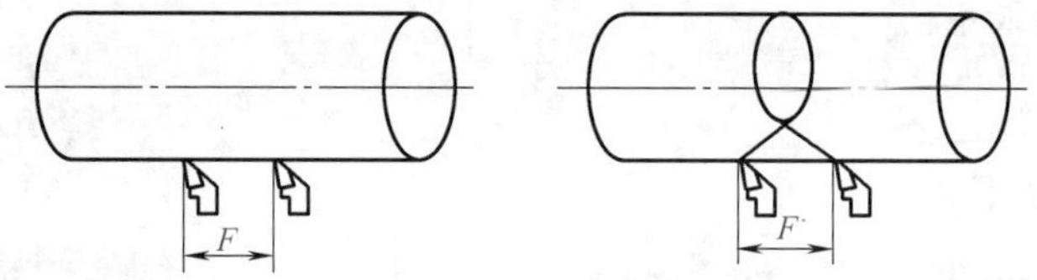 (a) 直线进给率(mm /min)　　　(b) 旋转进给率(mm/r) 图 3-2　刀具进给速度 注意： ①在程序启动第一个 G01、G02 或 G03 功能时，必须同时启动 F 功能 ②如果没有编写 F 指令，则 CNC 采用 F0，当执行 G00 指令时，车床将按设定的快速进给率移动，与编写的 F 指令无关 ③F 功能为模态指令，实际进给率可以通过 CNC 操作面板上的进给倍率旋钮，在 0% ～ 120% 之间调整
辅助功能 （M功能）	数控机床各种顺序逻辑动作、典型操作都属于辅助功能，用 M 指令编程。M 指令由地址代码 M 和其后的两位数字组成，从 M00 ～ M99，共 100 种。常用的 M 指令有以下几种 ①M00：程序停止。在执行完 M00 指令程序段之后，主轴停转、进给停止、冷却液关闭、程序停止。当重新按下车床控制面板上的"循环启动"按钮之后，继续执行下一程序段 ②M02：程序结束。该指令用于程序全部结束，命令主轴停转、进给停止及冷却液关闭，常用于车床复位。 ③M03、M04、M05：分别为主轴顺时针旋转、主轴逆时针旋转及主轴停转 ④M06：换刀。用于具有刀库的数控车床（如加工中心）的换刀 ⑤M08：冷却液开 ⑥M09：冷却液关 ⑦M30：程序结束并返回。在完成程序段的所有指令后，使主轴停转、进给停止并关闭冷却液，将程序指针返回到第一个程序段并停下来
尺寸单位	工程图纸中的尺寸标注有公制和英制两种形式，可利用 G21/G20 代码进行公制尺寸或英制尺寸的转换，系统加电后，车床处在 G21 状态

六、数控车床的坐标系统

数控车床的坐标系统包括直角坐标系、坐标原点和运动方向。建立车床的坐标系是为了确定刀具或工件在车床中的位置，确定车床运动部件的位置及其运动范围。

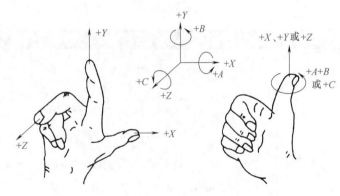

图 3-3　右手笛卡儿直角坐标系

1. 右手笛卡儿直角坐标系

数控车床的坐标系采用右手笛卡儿直角坐标系，如图 3-3 所示。基本坐标轴为 X、Y、Z，相对于每个坐标轴的旋转运动坐标轴为 A、B、C。大拇指方向为 X 轴的正方向，食指为 Y 轴的正方向，中指为 Z 轴的正方向。

2. 坐标轴及其运动方向

普通数控车床有两个坐标轴：X 轴和 Z 轴，两轴相互垂直，X 轴表示切削刀具的横向运动，Z 轴表示它的纵向运动。数控车床工作时，一律假定工件静止，刀具在工件坐标系内相对于工件运动。从操作者的位置看卧式车床的传统轴定向是：X 轴为上下运动，Z 轴为左右运动。

如图 3-4 所示为数控车床上两个运动的正方向。

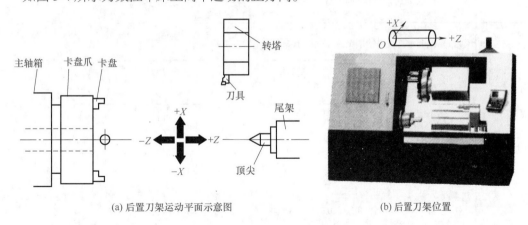

(a) 后置刀架运动平面示意图　　　　　　　(b) 后置刀架位置

图 3-4　数控车床运动方向——后置刀架式

（1）Z 轴的确定

Z 轴定义为平行于车床主轴的坐标轴，其正方向为从工作台到刀具夹持的方向，即刀具远离工作台的运动方向。

（2）X 轴的确定

X 轴为水平的、平行于工件装夹面的坐标轴，对于车床 X 坐标的方向在工件的径向上，且平行于横滑座。刀具离开工件旋转中心的方向为 X 轴正方向。

（3）Y 轴的确定

Y 轴垂直于 X、Z 坐标轴。当 X 轴、Z 轴确定之后，按笛卡儿直角坐标系右手定则来确定。

（4）旋转坐标轴 A、B 和 C

旋转坐标轴 A、B 和 C 的正方向相应地在 X、Y、Z 坐标轴正方向上，按右手螺旋前进的方向来确定。

3. 坐标原点

（1）机床原点

机床原点又称机械原点，它是车床坐标系的原点。该点是车床上的一个固定的点，是车床制造商设置在车床上的一个物理位置，通常不允许用户改变。机床原点是工件坐标系、车床参考点的基准点。机床原点为主轴旋转中心与卡盘后端面的交点，如图 3-5 所示的 O 点。

（2）车床参考点

车床参考点是机床制造商在机床上用行程开关设置的一个物理位置，与机床原点的相对位置是固定的，车床出厂之前由机床制造商精密测量确定。

> **注意**
>
> 使用 G28（返回参考点）代码，指令轴经过中间点自动返回参考点；而 G29（从参考点返回）代码，指令轴由参考点经过中间点移动到被指令的位置。

（3）程序原点

程序原点是编程人员在数控编程过程中定义在工件上的几何基准点，一般也称为工件原点，是由编程人员根据情况自行选择的。在车床上工件原点如图 3-6 所示。

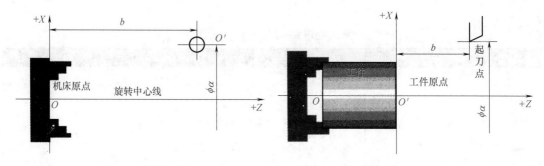

图 3-5　机床原点　　　　　　　图 3-6　工件原点

（4）选择工件原点的原则

① 选在工件图样的基准上，以利于编程。

② 选在尺寸精度高、粗糙度值低的工件表面上。

③ 选在工件的对称中心上。

④ 便于测量和验收。

> **注意**
>
> 数控车床程序原点一般用 G50 代码设置。

4. 绝对坐标与相对坐标

FANUC 0-TD 系统可用绝对坐标（X，Z）、相对坐标（U，W）或混合坐标（Z/U，Z/W）进行编程。

（1）绝对坐标

刀具运动过程中，刀具的位置坐标以程序原点为基准标注或计量，这种坐标值称为绝对坐标，如图 3-7（a）所示。

（2）相对坐标

刀具运动的位置坐标是指刀具从当前位置到下一个位置之间的增量。相对坐标也称为增量坐标，如图 3-7（b）所示。

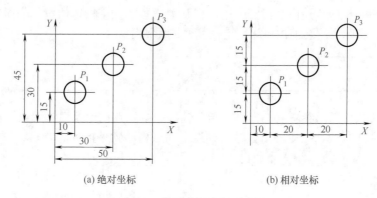

(a) 绝对坐标　　　　　　　　　　(b) 相对坐标

图 3-7　绝对坐标和相对坐标

例如加工如图 3-7 所示的三个孔，分别写出绝对坐标和相对坐标编程的指令（见表 3-11）。

表 3-11　绝对坐标和相对坐标编程的指令

类　型	说　明
（1）绝对坐标编程［图 3-7（a）］	
G00　　X10　　Y15　　…	绝对坐标编程，快速定位到 P_1 点　加工第一个孔
G00　　X30　　Y30　　…	绝对坐标编程，快速定位到 P_2 点　加工第二个孔
G00　　X50　　Y45　　…	绝对坐标编程，快速定位到 P_3 点　加工第三个孔
（2）相对坐标编程［图 3-7（b）］	
G00　　X10　　Y15　　…	绝对坐标编程，快速定位到 P_1 点　加工第一个孔
G00　　U20　　V15　　…	相对坐标编程。快速定位到 P_2 点　加工第二个孔
G00　　U20　　V15　　…	相对坐标编程，快速定位到 P_3 点　加工第三个孔

七、程序编制中的数值处理

根据被加工零件图样，按照已经确定的加工工艺路线和允许的编程误差，计算数控系统所需要输入的数据，称为数学处理。

对图形的数学处理一般包括两个方面：

① 要根据零件图给出的形状、尺寸和公差等直接通过数学方法（如三角、几何与解析几何法等）计算出编程时所需要的有关各点的坐标值、圆弧插补所需要的圆弧圆心、圆弧端点的坐标；

② 按照零件图给出的条件还不能直接计算出编程时所需要的所有坐标值，也不能按零件图给出的条件直接根据工件轮廓几何要素的定义来进行自动编程时，那么就必须根据所采

用的具体工艺方法、工艺装备等加工条件，对零件原图形及有关尺寸进行必要的数学处理或改动，才可以进行各点的坐标计算和编程工作。

（一）数值换算

1.选择原点、换算尺寸

原点是指编制加工程序时所使用的编程原点。加工程序中的字大部分是尺寸字，这些尺寸字中的数据是程序的主要内容。由于同一个零件，同样的加工，如果原点选择不同，尺寸字中的数据就不一样，所以，编程之前首先要选定原点。从理论上讲，原点选在任何位置都是可以的。但实际上，为了换算尽可能简便以及尺寸较为直观（至少让部分点的指令值与零件图上的尺寸值相同），应尽可能把原点的位置选得合理些。

车削件的编程原点 X 向应取在零件的回转中心，即车床主轴的轴心线上，原点的位置只在 Z 向做选择。原点 Z 向位置一般在工件的左端面或右端面两者中做选择。如果是左右对称的零件，Z 向原点应选在对称平面内，这样同一个程序可用于调头前后的两道加工工序。对于轮廓中有椭圆之类非圆曲线的零件，Z 向原点取在椭圆的对称中心较好。

2.标注尺寸换算

在很多情况下，因其图样上的尺寸基准与编程所需要的尺寸基准不一致，故应首先将图样上的基准尺寸换算为编程坐标系中的尺寸，再进行下一步数学处理工作。

① 直接换算　直接通过图样上的标注尺寸，即可获得编程尺寸的一种方法。进行直接换算时，可对图样上给定的基本尺寸或极限尺寸取平均值，经过简单的加、减运算后即可完成。

例如，如图 3-8（b）所示，除尺寸 42.1mm 外，其余均属直接按如图 3-8（a）所示的标注尺寸经换算后得到编程尺寸。其中，$\phi 59.94$mm、$\phi 20$mm 及 $\phi 140.8$mm 三个尺寸为分别取两极限尺寸平均值后得到的编程尺寸。

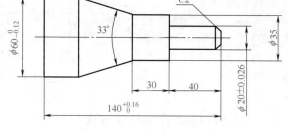

(a) 换算前尺寸

在取极限尺寸中值时，如果遇到有第三位小数值（或更多位小数），基准孔按照四舍五入的方法处理，基准轴则将第三位进上一位，例如：

当孔尺寸为 $\phi 20^{+0.052}_{0}$ mm 时，其中值尺寸值取 $\phi 20.03$mm；

当轴尺寸为 $\phi 16^{0}_{-0.07}$ mm 时，其中值尺寸取 $\phi 15.97$mm；

当孔尺寸为 $\phi 16^{+0.07}_{0}$ mm 时，其中值尺寸取 $\phi 16.04$mm。

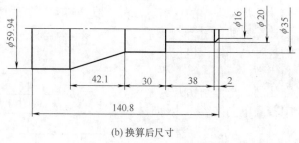

(b) 换算后尺寸

图 3-8　标注尺寸换算

② 间接换算　需要通过平面几何、三角函数等计算方法进行必要解算后，才能得到其编程尺寸的一种方法。

用间接换算方法所换算出来的尺寸，是直接编程时所需的基点坐标尺寸，也可以是为计算某些基点坐标值所需要的中间尺寸。如图 3-8（b）所示的尺寸 42.1mm 就是间接换算后得到的编程尺寸。

③ 尺寸链解算　如果仅仅为得到其编程尺寸，只需按上述方法即可。但在数控加工中，除了需要准确地得到其编程尺寸外，还需要掌握控制某些重要尺寸的允许变动量，这就需要

通过尺寸链计算才能得到。

（二）基点与节点

1. 基点

一个零件的轮廓曲线可能由许多不同的几何要素所组成，如直线、圆弧、二次曲线等。各几何要素之间的连接点称为基点。例如两条直线的交点，直线与圆弧的交点或切点，圆弧与二次曲线的交点或切点等。基点坐标是编程中需要的重要数据，可以直接作为其运动轨迹的起点或终点，如图 3-9（a）所示。

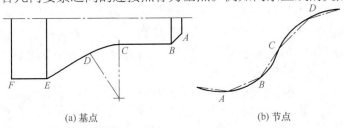

(a) 基点　　　　　　　(b) 节点

图 3-9　零件轮廓上的基点和节点

2. 节点

当被加工零件轮廓形状与车床的插补功能不一致时，如在只有直线和圆弧插补功能的数控车床上加工椭圆、双曲线、抛物线、阿基米德螺旋线或用一系列坐标点表示的列表曲线时，就要用直线或圆弧去逼近被加工曲线。这时，逼近线段与被加工曲线的交点就称为节点。如图 3-9（b）所示的曲线当用直线逼近时，其交点 A、B、C、D 等即为节点。

在编程时，要计算出节点的坐标，并按节点划分程序段。节点数目的多少，由被加工曲线的特性方程（形状）、逼近线段的形状和允许的插补误差来决定。

显然，当选用的数控车床系统具有相应几何曲线的插补功能时，编程中的数值计算是最简单的，只需求出基点坐标，而后按基点划分程序段就行了。但一般数控车床不具备二次曲线与列表曲线的插补功能，因此就要用逼近法加工，这就需要求出节点的数目及其坐标值。为了编程方便，一般都采用直线段去逼近已知的曲线，这种方法称为直线逼近，或称线性插补。常用的逼近方法主要有切线逼近法、弦线逼近法、割线逼近法和圆弧逼近法等。

（三）坐标值常用的计算方法

在手工编程的数值计算工作中，除了非圆曲线的节点坐标值需要进行较复杂和烦琐的几何计算及其误差的分析计算外，其余各种计算均比较简单，通常借助具有三角函数运算功能的计算器即可进行。所需数学基础知识也仅仅为代数、三角函数、平面几何、平面解析几何中较简单的内容。坐标值计算的一般方法如图 3-10 所示。

（四）计算实例

车削如图 3-11 所示的手柄，计算出编程所需数值。

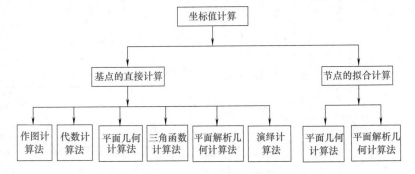

图 3-10　坐标值计算的一般方法

此零件由半径为 $R3\text{mm}$，$R29\text{mm}$，$R45\text{mm}$ 三个圆弧光滑连接而成。对圆弧工件编程时，必须求出以下三个点的坐标值：

① 圆弧的起点坐标值；

② 圆弧的结束点（目标点）坐标值；

③ 圆弧中心点的坐标值。

计算方法如下。

取编程零点为 W_1，如图 3-12 所示。

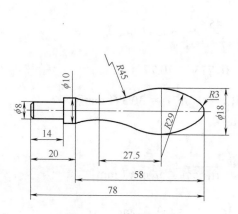

图 3-11　手柄编程实例

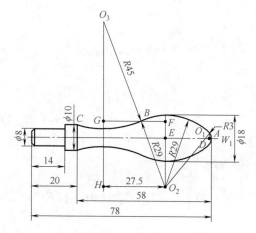

图 3-12　计算圆弧中心的方法

在 $\triangle O_1EO_2$ 中

已知：$O_2E = 29 - 9 = 20$（mm）

$$O_1O_2 = 29 - 3 = 26 \text{（mm）}$$

$$O_1E = \sqrt{(O_1O_2)^2 - (O_2E)^2} = \sqrt{26^2 - 20^2} = 16.613 \text{（mm）}$$

① 先求出 A 点坐标值及 O_1 的 I，K 值，其中 I 代表圆心 O_1 的 X 坐标（直径编程），K 代表圆心 O_1 的 Z 坐标。

因 $\triangle ADO_1 \backsim \triangle O_1EO_2$，则有：

$$\frac{AD}{O_2E} = \frac{O_1A}{O_1O_2}$$

$$AD = O_2E \times \frac{O_1A}{O_1O_2} = 20 \times \frac{3}{26} = 2.308 \text{（mm）}$$

$$\frac{O_1D}{O_1E} = \frac{O_1A}{O_1O_2}$$

$$O_1D = O_1E \times \frac{O_1A}{O_1O_2} = 16.613 \times \frac{3}{26} = 1.917 \text{（mm）}$$

得 A 的坐标值：

$$X_A = 2 \times 2.308 = 4.616 \text{mm（直径编程）}$$

$$DW_1 = O_1W_1 - O_1D = 3 - 1.917 = 1.803 \text{（mm）}$$

则
$$Z_A = 1.803 \text{（mm）}$$

求圆心 O_1 相对于圆弧起点 W_1 的增量坐标，有：

$$I_{O_1} = 0 \text{（mm）}$$

$$K_{O_1} = -3 \text{（mm）}$$

由上可知，A 的坐标值（4.616，1.803），O_1 的 I、K 值（0，－3）。

② 求 B 点坐标值及 O_2 点的 I、K 值。

因 $\triangle O_2HO_3 \backsim \triangle BGO_3$，则有：

$$\frac{BG}{O_2H} = \frac{O_3B}{O_3O_2}$$

$$BG = O_2H \times \frac{O_3B}{O_3O_2} = 27.5 \times \frac{45}{45+29} = 16.723 \,(\text{mm})$$

$$BF = O_2H - BG = 27.6 - 16.723 = 10.777 \,(\text{mm})$$

$$W_1O_1 + O_1E + BF = 3 + 16.613 + 10.777 = 30.39 \,(\text{mm})$$

则
$$Z_B = -30.39 \,(\text{mm})$$

在 $\triangle O_2FB$ 中

$$O_2F = \sqrt{(O_2B)^2 - (BF)^2} = \sqrt{29^2 - 10.777^2} = 26.923 \,(\text{mm})$$

$$EF = O_2F - O_2E = 26.923 - 20 = 6.923 \,(\text{mm})$$

因是直径编程，有：

$$X_B = 2 \times 6.923 = 13.846 \,(\text{mm})$$

求圆心 O_2 有相对 A 点的增量坐标：

$$I_{O_2} = -(AD + O_2E) = -(2.308 + 20) = -22.308 \,(\text{mm})$$

$$K_{O_2} = -(O_1D + O_1E) = -(1.917 + 16.613) = -18.53 \,(\text{mm})$$

由上可知，B 的坐标值（13.846，－30.39），O_2 的 I、K 值（－22.308，－18.53）。

③ 求 C 点的坐标值及 O_3 点的 I、K 值。

从图 3-12 可知：

$$X_C = 10.00 \,(\text{mm})$$

$$Z_C = -(78 - 20) = -58 \,(\text{mm})$$

$$GO_3 = \sqrt{(O_3B)^2 - (GB)^2} = \sqrt{45^2 - 16.723^2} = 14.777 \,(\text{mm})$$

O_3 点相对于 B 点的坐标增量：

$$I_{O_3} = 41.777 \,(\text{mm})$$

$$K_{O_3} = -16.7 \,(\text{mm})$$

由上可知，C 的坐标值（10.00，－58.00），O_3 的 I、K 值（41.777，－16.72）。

第二节　固定循环编程

固定循环是对一系列典型的加工动作（如车外圆、车螺纹等）预先编好程序，存储在内存中，可用称为固定循环的一个 G 代码程序段调用，控制机床进行预设好的一系列固定的操作动作，从而完成各项加工。对非一刀加工完成的轮廓表面，即加工余量较大的表面，采用循环编程，可以减少程序段的数量级、节省存储空间。

数控系统不同，固定循环的编程方法也有所不同，甚至相差很大。下面介绍 FANUC Series 0i Mate-TC 系统的切削固定循环。该系统固定循环可分为单一固定循环和复合固定循环。本节介绍单一固定循环（G90、G94）。

一、外径 / 内径车削固定循环指令（G90）

该循环主要用于圆柱面和圆锥面的循环切削。

1. 直线切削循环

（1）编程格式

G90 X（U）__Z（W）__F__；

（2）说明

① 上述编程格式中：X__、Z__为圆柱面切削终点坐标值；U__、W__为圆柱面切削终点相对于循环起点的增量值。

② 如图 3-13（a）所示，刀具从循环起点开始按矩形循环，最后又回到循环起点。图中的虚线表示快速运动，实线表示按 F 指定的工作进给速度运动，其加工顺序按 1R → 2F → 3F → 4R 进行。

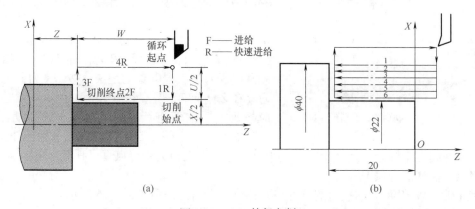

图 3-13　G90 外径车削

如图 3-13（b）所示，刀具从循环起点（刀具所在位置）开始按矩形循环，最后又回到循环起点，操作完成图 3-13（a）所示 1R → 2F → 3F → 4R 路径的循环动作。图 3-13（b）中细实线表示按快速运动，单点划线表示按 F 指定的工作进给速度运动。X、Z 为圆柱面切削终点坐标值；U、W 为圆柱面切削终点相对循环起点的增量值。其加工顺序按 1、2、3、4、5、6 进行。

例 1：加工如图 3-12 所示中的外圆轮廓，其加工程序及其说明见表 3-12。

表 3-12　G90 外径车削加工程序及其说明（供参考）

程　序	简 要 说 明
O1004；	程序文件名
N5　G54　G98　G21；	用 G54 指定工件坐标系，用 G98 指定每分钟进给，用 G21 指定米制单位
N10　M3　S800；	主轴正转，转速为 800r/min
N15　T0101；	选择 1 号刀和 1 号刀补
N20　G0　X80　Z60；	绝对编程，快速到达起刀点
N25　X41　Z2；	快速到达循环起始点（图中刀具所在位置）

程序	简要说明
N30 G90 X37 Z-20 F100;	循环加工 1，背吃刀量为 3mm/ 次，以 100mm/min 进给
N35 X34 Z-20;	
N40 X31 Z-20;	
N45 X28 Z-20;	模态指令，继续进行循环加工 2～6，背吃刀量为 3mm/ 次
N50 X25 Z-20;	
N55 X22 Z-20;	
N60 G0 X80 Z60;	快速返回到起刀点
N65 M30;	程序结束
%	程序结束符

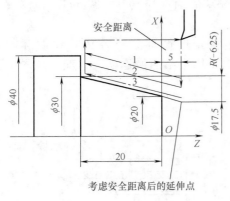

图 3-14 G90 锥面车削

2. 锥面切削循环

程序段格式：G90 X（U）_Z（W）_R_F_;

如图 3-14 所示，刀具从循环起点开始沿径向快速移动，然后按 F 指定的进给速度沿锥面运动，到锥面另一端后沿径向以进给速度退出，最后快速返回到循环起点。X、Z 为圆锥面切削终点坐标值；U、W 为圆锥面切削终点相对循环起点的增量值。其加工顺序按 1、2、3 进行。R 为锥体起、终点的半径差。由于刀具沿径向移动是快速移动，为避免崩刀，刀具在 Z 向应有一定的安全距离，所以在考虑 R 时，应按延伸后的值进行考虑（如图 3-14 中所示 R 应是－6.25，而不是－5）。采用编程时，应注意 R 的符号，锥面起点坐标减去终点坐标时要带符号（起点直径大于终点直径其值为正，起点直径小于终点直径其值为负）。

地址 U、W 和 R 后的数值的符号与刀具轨迹之间的关系如图 3-15 所示。

例 2：加工如图 3-14 所示的圆锥轮廓，其加工程序及其说明见表 3-13。

表 3-13 G90 锥面车削加工程序及其说明（供参考）

程序	简要说明
O1005;	程序文件名
N5 G54 G98 G21;	用 G54 指定工件坐标系，用 G98 指定每分钟进给，用 G21 指定米制单位
N10 M3 S800;	主轴正转，转速为 800r/min
N15 T0101;	换 1 号外圆刀，导入刀具刀补
N20 G0 X80 Z60;	绝对编程（以下同），快速到达起刀点
N25 X41 Z5;	快速到达循环起始点（图中刀具所在位置）
N30 G90 X40 Z-20 R-6.25 F100;	循环加工 1，以 100mm/min 进给
N35 X35 Z-20;	模态指令，继续进行循环加工 2、3
N40 X30 Z-20;	模态指令，继续进行循环加工 2、3
N45 G0 X80 Z60;	快速返回到起刀点
N50 M30;	程序结束
%	程序结束符

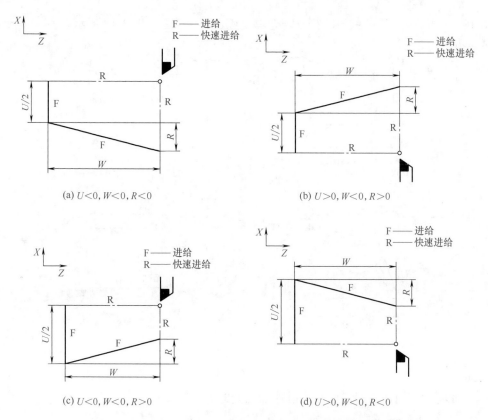

(a) $U<0, W<0, R<0$

(b) $U>0, W<0, R>0$

(c) $U<0, W<0, R>0$

(d) $U>0, W<0, R<0$

图 3-15　G90 指令代码与刀具轨迹之间的关系

二、端面车削固定循环指令（G94）

1. 平端面切削循环

程序段格式：G94　X（U）__Z（W）__F__；

2. 锥面切削循环

程序段格式：G94　X（U）__Z（W）__R__F__；

进入单一程序块方式，操作完成如图 3-16 所示 1R → 2F → 3F → 4R 路径的循环动作。

如图 3-17 所示中虚线表示按 R 快速运动，单点划线表示按 F 指定的工作进给速度运动。

X、Z 为圆柱面切削终点坐标值；U、W 为圆柱面切削终点相对循环起点的增量值。

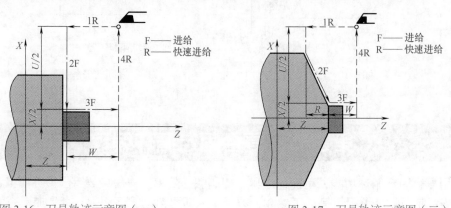

图 3-16　刀具轨迹示意图（一）　　　　　图 3-17　刀具轨迹示意图（二）

地址 U、W 和 R 后的数值的符号与刀具轨迹之间的关系如图 3-18 所示。

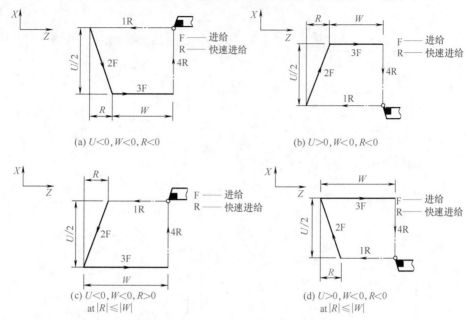

图 3-18　G94 指令代码与刀具轨迹之间的关系

G90/G94 的选用与材料形状和产品形状之间的关系如图 3-19 所示。

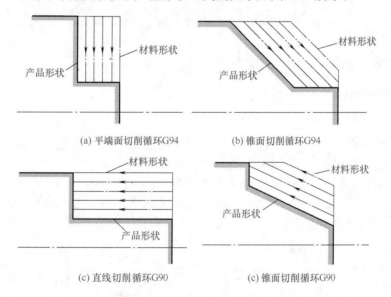

图 3-19　G90/G94 的选用与材料形状和产品形状之间的关系

第三节　复合固定循环编程

　　利用复合固定循环功能，可简化编程，提高编程效率。一般只要写出最终加工路线，给出每次的背吃刀量、退刀量等加工参数，数控车床即可自动循环切削，直到加工完为止。

FANUC Series 0i Mate-TC 系统的复合固定循环（多重固定循环）的代码、编程格式及其用途如表 3-14 所示。

表 3-14　FANUC Series 0i Mate-TC 系统的复合固定循环的代码、编程格式及其用途

G 代码	编 程 格 式	用途
G70	G70　P(ns) Q(nf)；	精车循环
C71	G71　U(Δd) R(e)； G71　P(ns) Q(nf) U(Δu) W(Δw) F(f) S(s) T(t)；	外径／内径粗车循环
G72	G72　W(Δd) R(e)； G72　P(ns) Q(nf) U(Δu) W(Δw) F(f) S(s) T(t)；	端面粗车循环
G73	G73　U(Δi) W(Δk) R(d)； G73　P(ns) Q(nf) U(Δu) W(Δw) F(f) S(s) T(t)；	固定形状粗车循环（型车复循环）
G74	G74　R(e)； G74　X(U) —Z(W) —P(Δi) Q(Δk) R(Δd) F(f)；	端面深孔钻削循环
G75	G75　R(e)； G75　X(U) —Z(W) —P(Δi) Q(Δk) R(Δd) F(f)；	外径／内径钻孔循环（可实现 X 轴向切槽等）

一、精加工循环指令（G70）

1. 精加工循环指令格式

G70　P(ns) Q(nf) F__；

其中　ns——精加工程序第一个程序段的顺序号；

nf——精加工程序最后一个程序段的顺序号；

F——指定精加工进给速度。

2. 功能

用 G71、G72、G73 粗车工件后，可用 G70 指令来实现精加工，切除粗车循环中留下的余量。

3. 说明

① 在 G71、G72、G73 程序段中规定的 F、S 和 T 功能无效，但在执行 G70 时顺序号"ns"和"nf"程序段之间指定的 F、S 和 T 功能有效。

② 当 G70 循环加工结束时，刀具返回到起点并读下一个程序段。

③ G70 至 G73 中，顺序号"ns"至"nf"之间的程序段不能调用子程序。

二、外径／内径粗车循环指令（G71）

1. 功能

G71 适用于圆柱毛坯料粗车外径和圆筒毛坯料粗车内径。当给出如图 3-20 所示的 $A \to A' \to B$ 的精加工形状程序及每次背吃刀量等参数后，就会进行平行于 Z 轴的多次切削。最后一次粗车则把轮廓加工成形，但留有一定的精加工余量（X 向精车余量 Δu，Z 向精车余量 Δw）；最后用精车循环指令 G70 进行精加工。图 3-20 所示中的 C 是粗车循环的起点；A 是粗车循环终点，即 G71 指令前一程序段中的 G00 快速定位的位置；A' 是精加工路线起点；B 是精加工路线终点。

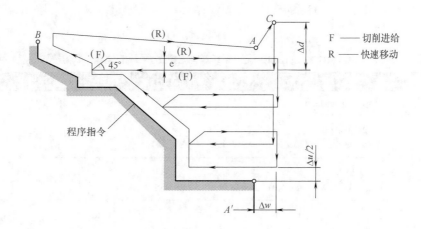

图 3-20　粗车循环 G71 的加工路径

2. 编程格式

G71　U（Δd）　R（e）；

G71　P（ns）　Q（nf）　U（Δu）　W（Δw）　F（f）　S（s）　T（t）；

其中　　Δd——背吃刀量（半径指定），不带符号。切削方向决定于 AA' 方向。该值是模态的，直到指定其他值以前不改变；

　　　e——退刀量（半径指定），该值是模态的；

　　ns——精加工程序第一个程序段的顺序号；

　　nf——精加工程序最后一个程序段的顺序号；

　　Δu——X 方向精加工余量的距离和方向（直径指定）；

　　Δw——Z 方向精加工余量的距离和方向；

f、s、t——包含在 ns 到 nf 程序段中的任何 F、S 和 T 功能在粗车循环中被忽略，而在 G71 程序段或前面程序段中指定的 F、S 和 T 功能有效。但在执行精车循环 G70 时，顺序号 "ns" 和 "nf" 之间指定的 F、S 和 T 功能有效。

3. 说明

① 当加工零件外轮廓时，G71 指令是外径粗车固定循环，此时，X 向精车余量 Δu 为正值；而当加工零件内轮廓时，G71 指令就成为内径粗车固定循环，此时，X 向精车余量 Δu 应指定为负值。

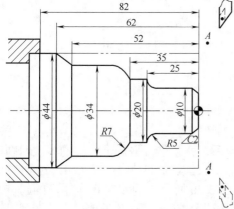

图 3-21　典型加工零件

② 紧接着 G71 指令的程序段（即顺序号为 "ns" 的程序段）中，只能包含 G00 或 G01 而不能指定 Z 轴的运动指令。如不能出现诸如 "G00（G01）X0 Z0" 的情况，而只能分拆为 "G00（G01）X0" 与 "G00（G01）Z0" 两个程序段。

③ A' 和 B 之间的刀具轨迹在 X 和 Z 方向必须具有单调性（逐渐增加或减小）。

④ 沿 AA' 切削是 G00 方式还是 G01 方式，由 A 和 A' 之间的指令决定。

⑤ 顺序号 "ns" "nf" 之间的程序段不能调用子程序。

4. 编程举例

例 3：用外径粗加工复合循环，编制如图 3-21 所示零件的加工程序。要求循环起始点在 A（46，3），背吃刀量为 2.5mm（半径量），X 方向精加工余量为 0.4mm，Z 方向精加工余量为 0.2mm。其中，点画线部分为工件毛坯。加工程序及其说明如表 3-15 所示。

表 3-15 加工程序及其说明（供参考）

程　序	简要说明
O4701；	程序名
N10　G54　G21　G98　F100；	选择工件坐标系 G54（默认），米制尺寸，进给速度设定为 100mm/min
N20　S600　M03；	主轴正转，转速为 600r/min
N30　T0101；	换 1 号外圆车刀
N40　G00　X46　Z0；	快速定位至（46，0）
N50　G01　X−1；	车端面
N60　G00　X46　Z3；	快速返回至（46，3）
N70　G71　U2.5　R1；	调用粗车循环，每次背吃刀量为 2.5mm
N80　G71　P90　Q170　U0.4　W0.2　F80；	留精加工余量 X、Z 单边均为 0.2mm
N90　G00　X0　F50　S800；	精加工程序起始行，定位到倒角延长线
N100　C01　X10　Z−2；	精加工 $C2$ 倒角
N110　Z−20；	精加工 ϕ10mm 外圆
N120　G02　U10　W−5　R5；	精加工 R5mm 圆弧
N130　G01　W−10；	精加工 ϕ20mm 外圆
N140　G03　U14　W−7　R7；	精加工 R7mm 圆弧
N150　G01　Z−52；	精加工 ϕ34mm 外圆锥
N160　U10　W−10；	精加工外圆锥
N170　W−20；	精加工 ϕ44mm 外圆，精加工轮廓结束
N180　G70　P90　Q170；	精加工循环
N190　G00　X100　Z100；	快速退刀
N200　M05；	主轴停止
N210　M30；	主程序结束并复位

例 4：如图 3-22 所示，分别用 G71、G70 进行轮廓的粗加工和精加工。加工程序及其说明如表 3-16 所示。

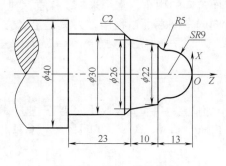

图 3-22 G71、G70 举例

表 3-16　G71、G70 加工程序及其说明

程序	简要说明
O1006;	程序名
N5　G54　G98　G21;	用 G54 指定工件坐标系，G98 指定每分钟进给，G21 指定米制单位
N10　M3　S800;	主轴正转，转速为 800r/min
N15　T0101;	选择 1 号刀和 1 号刀补
N20　G0　X41　Z2;	绝对编程，快速到达轮廓循环起刀点
N25　G71　U1.5　R2;	外径粗车循环，给定加工参数
N30　G71　P35　Q70　U0.5　W0.1　F100;	从循环起刀点以 100mm/min 进给移动到轮廓起始点。注意：起始点位置必须分两行，否则数控系统报警
N35　G1　X0;	
N40　Z0;	粗车循环部分的轮廓轨迹
N45　G3　X18　Z-9　R9;	
N50　G2　X22　Z-13　R5;	
N55　G1　X26　Z-23;	
N60　X30　Z-25;	
N65　Z-46;	
N70　X40;	
N75　G0　X100;	粗车轮廓循环结束后，刀具首先沿径向退出
N80　Z200;	刀具沿轴向退出
N85　M5;	主轴停止
N90　M0;	程序暂停。可对粗加工后的零件进行测量和补偿
N95　M3　S1200;	主轴正转，转速为 1200r/min
N100　T0101;	重新调用 1 号刀和 1 号刀补，可引入刀具偏移量或磨损量
N105　G0　X41　Z2;	精车循环加工
N110　G70　P35　Q70;	
N115　G0　X100;	精车轮廓循环结束后，刀具首先沿径向退出
N120　Z200;	刀具沿轴向退出
N125　M5;	主轴停止
N130　M30;	程序结束
%	程序结束符

三、端面粗车循环指令（G72）

1. 功能

G72 适用于圆柱毛坯端面方向的粗车，常用来加工端面尺寸较大的零件，即所谓的盘类零件。从外径方向往轴心方向的车削端面过程中，刀具是沿 Z 方向进刀，平行于 X 轴切削，其走刀路径如图 3-23 所示。

2. 编程格式

G72　W($\underline{\Delta d}$)　R($\underline{e}$);
G72　P($\underline{ns}$)　Q($\underline{nf}$)　U($\underline{\Delta u}$)　W($\underline{\Delta w}$)　F($\underline{f}$)　S($\underline{s}$)　T($\underline{t}$);
其中，Δd、e、ns、nf、Δu、Δw、f、s 及 t 的含义与 G71 中的意义相同。

3. 说明

① G72 指令是以多次 X 轴向走刀来切削工件的，而 G71 指令则是以多次 Z 轴向走刀来

切削工件的，刀具轨迹不同。

② G72 与 G71 中的背吃刀量 Δd 切入方向不同，G72 中的 Δd 是沿 Z 轴方向进给，而 G71 中的 Δd 则是沿 X 轴方向进给；此外，G72 中的退刀量 e 是沿 Z 轴方向的退刀量，而 G71 中的退刀量 e 则是沿 X 轴方向的退刀量。

③ A 和 A′ 之间的刀具轨迹在包含 G00 或 G01、顺序号为"ns"的程序段中指定，在该程序段中不能指定 X 轴的运动指令。

④ 余同 G71 指令。编程轨迹应是 $A \rightarrow A' \rightarrow B$。

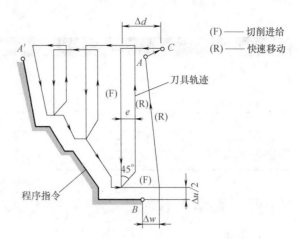

图 3-23　端面粗车 G72 的加工路径

4. 编程举例

例 5：利用端面粗车循环加工图 3-24 所示的零件，采用直径尺寸编程和米制尺寸，加工程序及其说明如表 3-17 所示。

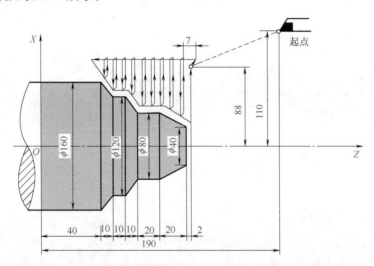

图 3-24　用端面粗车循环（G72）指令加工实例

表 3-17　端面粗车循环（G72）指令加工程序及其说明

程序	简要说明
O4702；	程序名
N10　G21　G98　F100；	米制尺寸，进给速度设定为 100mm/min
N20　S600　M03；	主轴正转，转速为 600r/min
N30　T0101；	换 1 号外圆车刀
N40　G00　X176.0　Z132.0；	到循环起点
N50　G72　W7.0　R1.0；	背吃刀量 7mm，回退 1mm
N60　G72　P70　Q120　U4.0　W2.0；	端面粗车固定循环
N70　G00　Z36.0　S700；	精加工轮廓起始点到锥面延长线
N80　G01　X120　W14.0　F60；	精加工锥面
N90　W10.0；	精加工 ϕ 120mm 外圆

程序	简要说明
N100　X80.0　W10.0;	加工锥面
N110　W20.0;	精加工 ϕ 80mm 外圆
N120　X36.0　W22.0;	加工锥面
N130　G70　P70　Q120;	精加工循环
N140　M05;	主轴停止
N150　M02;	程序结束

四、固定形状粗车循环指令（G73）

1. 功能

G73 指令是命令刀具按照固定的切削形状，逐渐加工出固定图形零件的一种粗车循环。一般用于毛坯轮廓形状与零件轮廓形状基本接近时的粗车，例如一般锻件或铸件的粗车，这种循环方式的走刀路径如图 3-25 所示。

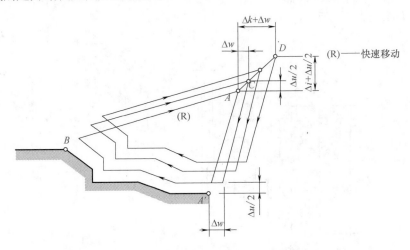

图 3-25　固定形状粗车循环 G73 的加工路径

2. 编程格式

G73　U($\underline{\Delta i}$)　W($\underline{\Delta k}$)　R($\underline{d}$);

G73　P($\underline{ns}$)　Q($\underline{nf}$)　U($\underline{\Delta u}$)　W($\underline{\Delta w}$)　F($\underline{f}$)　S($\underline{s}$)　T($\underline{t}$);

其中　Δi——X 向退刀量的距离和方向（半径指定），该值是模态的；

　　　Δk——Z 方向退刀量的距离和方向，该值是模态的；

　　　d——分割数，此值与粗车循环次数相同，该值是模态的；

Δd、e、ns、nf、Δu、Δw、f、s 及 t 的含义与 G71 中的定义相同。

3. 说明

① G73 中的 X 方向和 Z 方向的精车余量 Δu 和 Δw 的正负号确定方法与 G71 的相同。当加工内孔时，U($\underline{\Delta i}$) 与 U($\underline{\Delta u}$) 中的 Δi、Δu 均为负值。

② G73 指令特别适合加工外轮廓具有凸凹形状的零件，而且在包含 G00 或 G01、顺序号为 "ns" 的程序段中，X 轴与 Z 轴的运动指令均可指定。

4.编程举例

例6：用G73指令加工图3-26所示零件，加工程序及其说明如表3-18所示。

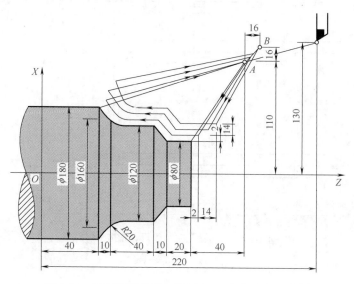

图3-26 用固定形状粗车循环（G73）指令加工实例

表3-18 固定形状粗车循环（G73）指令加工程序及其说明

程序	简要说明
O4703；	程序名
N10 G21 G98 F100；	米制尺寸，进给速度设定为100mm/min
N20 S600 M03；	主轴正转，转速为600r/min
N30 T0101；	换1号外圆车刀并执行1号刀补
N40 G00 X220 Z160；	快速定位至A（220，160）
N50 G73 U14 W14 R3；	调用固定形状粗车循环G73
N60 G73 P70 Q120 U4.0 W2.0 F80；	
N70 G00 X80.0 W-40.0 F50 S800；	精加工轮廓
N80 G01 W-20.0；	
N90 X120.0 W-10.0；	
N100 W-20.0 S600；	
N110 G02 X160.0 W-20.0 R20.0；	
N120 C01 X180.0 W-10.0 S280；	
N130 G70 P70 Q120；	精加工复合循环，循环体N70～N120
N140 M05；	主轴停止
N150 M30；	程序结束

五、端面深孔钻削循环指令（G74）

1. 功能

如图3-27所示，该循环可实现断屑加工。如果X（U）和P都被省略，则只在Z向钻孔。

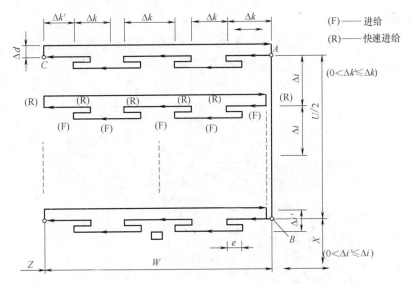

图 3-27　端面深孔钻削循环（G74）过程

2. 编程格式

G74　R$(\underline{e})$；

G74　X(U)＿ Z(W)＿P($\underline{\Delta i}$)　Q($\underline{\Delta k}$)　R($\underline{\Delta d}$)　F($\underline{f}$)；

其中　　e ——回退量，该值是模态值；

　　　　X ——B 点的 X 分量；

　　　　U ——从 A 到 B 点的增量；

　　　　Z ——C 点的 Z 分量；

　　　　W ——从 A 到 C 点的增量；

　　　　Δi ——X 方向的每次循环移动量（不带符号，单位为 μm）；

　　　　Δk ——Z 方向的每次切深（不带符号，单位为 μm）；

　　　　Δd ——刀具在切削底部的退刀量，Δd 的符号总是＋。但是，如果地址 X(U) 和 Δi 省略，退刀方向可以指定为希望的符号；

　　　　f ——进给速度。

3. 说明

① 当 e 和 Δd 两者都由地址 R 规定时，其意义由地址 X(U) 决定。当指定 X(U) 时，就使用 $\triangle$ d。

② 有 X(U) 的 G74 指令执行循环加工。

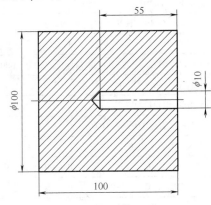

图 3-28　端面深孔钻削循环编程

4. 编程举例

例 7：如图 3-28 所示，用 G74 指令编写加工程序，如表 3-19 所示。

表 3-19　端面深孔钻削循环加工程序及其说明

程　序	简 要 说 明
O4705；	程序名
N10　G21　G99　F0.1；	米制尺寸，进给速度设定为 0.1mm/r

程序	简要说明
N20　S800　M03;	主轴正转，转速为800r/min
N30　T0101;	换1号麻花钻
N40　G00　X0　Z2;	快速定位
N50　G74　R1;	调用端面深孔钻削循环G74
N60　G74　Z-60　Q3000　F10.1;	
N70　G00　X100　Z100;	快速退刀
N80　T0100;	1号刀具取消刀补
N90　M30;	程序结束

六、外径/内径钻孔循环指令（G75）

1. 功能

如图3-29所示，该循环等效于G74，除了用Z代替X外。该加工循环既可以实现断屑，还可以实现X轴向切槽或X向排屑钻孔（此时，忽略Z、W和Q）。

2. 编程格式

G75 R($\underline{e}$);

G75 X($\underline{U}$)_Z($\underline{W}$)_P($\underline{\Delta i}$) Q($\underline{\Delta k}$) R($\underline{\Delta d}$) F($\underline{f}$);

其中　e——每次沿X方向切削Δi后的退刀量（半径值）；

X——C点的X方向绝对坐标值；

U——从A到C点的增量；

Z——B点的Z方向绝对坐标值；

W——从A点到B点的增量；

Δi——X方向的每次循环移动量（不带符号，单位为μm）；

Δk——Z方向的每次切深（不带符号，单位为μm）；

Δd——切削到底部时对在Z方向的退刀量，通常取0；

f——进给速度。

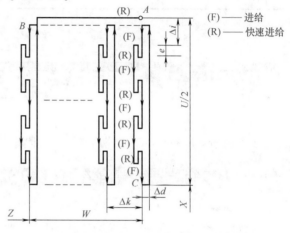

图3-29　外径/内径钻孔循环（G75）的刀具轨迹

3. 说明

G74和G75两者都用于切槽和钻孔，且刀具自动退刀，有4种进刀方向。

4. 编程举例

例8：如图3-30所示，用G75编写切槽加工程序。切槽加工程序及其说明如表3-20。

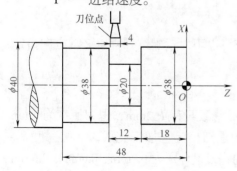

图3-30　切槽循环举例

表 3-20　切槽加工程序及其说明

程序	简要说明
O2010;	程序名（第 2010 号程序）
N10　G54　G21　G98;	用 G54 指定工件坐标系，米制尺寸，每分钟进给量
N20　S600　M03;	主轴正转，转速为 600r/min
N30　T0202;	换 2 号切槽刀（刀宽 4mm）
N40　G00　X42　Z-30;	快速定位切槽起始点
N50　G75　R2;	径向退刀量 2mm，指定槽底、槽宽及加工参数
N60　G75　X20　Z-22　P4000　Q3000　R0　F50;	
N70　G00　X100　Z100;	快速退刀
N80　M30;	程序结束

第四节　螺纹切削循环编程

数控系统不同，螺纹切削循环的编程方法也有所不同，甚至相差很大。下面介绍 FANUC Series 0i Mate-TC 系统的螺纹切削固定循环。

一、单行程螺纹切削指令（G32）

1. 功能

G32 指令可以执行单行程螺纹切削，主要用于车削等螺距圆柱螺纹、圆锥螺纹。螺纹车刀进给运动严格根据输入的螺纹导程进行。在编写螺纹加工程序时，螺纹车刀的切入、切出、返回等均需另外编入程序，编写的程序段较多。在实际编程中，一般很少使用 G32 指令。

2. 编程格式

G32　X（U）_　Z（W）_　F_;

其中　X，Z——螺纹切削终点的绝对坐标值；

U，W——螺纹切削终点坐标相对于螺纹切削起点的相对坐标值；

F——螺纹导程。

3. 说明

G32 车削锥螺纹如图 3-31 所示。其斜角 α 在 45° 以下时，螺纹导程以 Z 轴方向指定；45°～90° 时，以 X 轴方向值指定。

4. 编程举例

例 9：试编写图 3-32 所示的圆柱螺纹加工程序，螺纹导程 P_h2mm，退刀槽宽为 4mm。大螺纹大径 $d = 47.8$mm、螺纹倒角 $C2$ 以及 4mm 的退刀槽等已加工完成，牙型深度 $h = 0.65P_h = 0.65 \times 2$mm $= 1.3$mm，分 5 次进给，每次的吃刀量分别为 0.9mm、0.6mm、0.6mm、0.4mm 和 0.1mm，采用绝对尺寸编程。加工程序及其说明见表 3-21。

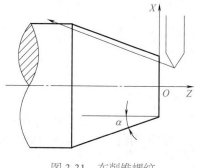

图 3-31　车削锥螺纹

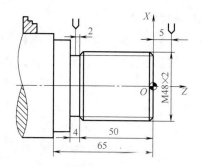

图 3-32　G32 圆柱螺纹切削循环实例

表 3-21　加工程序及其说明

程　序	简要说明
O1002;	程序名（程序号）
N10　G54　G21　G98;	用 G54 指定工件坐标系，米制编程、每分钟进给量
N20　S300　M03;	主轴转速 300r/min，主转正转
N30　T0303;	换 3 号螺纹刀，并执行 03 号刀补
N40　G00　X50.0　Z5;	快速定位到螺纹起始点外侧（起刀点）
N50　X47.1;	第 1 次进给到螺纹切削起点 1，吃刀量为 0.9mm（直径值）
N60　G32　Z-52　F2.0;	第 1 次切削螺纹到螺纹切削终点 1
N70　G00　X58.0;	X 轴方向快速退刀
N80　Z5;	Z 轴方向快速退刀至螺纹起刀点
N90　X46.5;	第 2 次进给到螺纹切削起点 2，吃刀量为 0.6mm（直径值）
N100　G32　Z-52　F2.0;	第 2 次切削螺纹到螺纹切削终点 2
N110　G00　X58.0:	X 轴方向快速退刀
N120　Z5;	Z 轴方向快速退刀至螺纹起刀点
N130　X45.9;	第 3 次进给到螺纹切削起点 3，吃刀量为 0.6mm（直径值）
N140　G32　Z-52　F2.0;	第 3 次切削螺纹到螺纹切削终点 3
N150　G00　X58.0;	X 轴方向快速退刀
N160　Z5;	Z 轴方向快速退刀至螺纹起刀点
N170　X45.5;	第 4 次进给到螺纹切削起点 4，吃刀量为 0.4mm（直径值）
N180　G32　Z-52　F2.0;	第 4 次切削螺纹到螺纹切削终点 4
N190　G00　X58.0;	X 轴方向快速退刀
N200　Z5;	Z 轴方向快速退刀至螺纹起刀点
N210　X45.4;	第 5 次进给到螺纹切削起点 5，吃刀量为 0.1mm（直径值）
N220　G32　Z-52　F2.0:	第 5 次切削螺纹到螺纹切削终点 5
N230　G00　X100;	X 轴方向快速远离工件
N240　Z100;	Z 轴方向快速远离工件
N250　M30;	程序结束

二、螺纹切削固定循环指令（G92）

1. 功能

　　该指令可切削锥螺纹和圆柱螺纹，其循环路线与前述固定循环 G90 基本相同，只是 F 后面的进给量改为螺距值即可。

2. 编程格式

① 直螺纹切削循环 程序段格式：G92 X（U）__ Z（W）__ F__；

② 锥螺纹切削循环 程序段格式：G92 X（U）__ Z（W）__ R__ F__；

其中 X__、Z__——螺纹终点的坐标值；

　　　U__、W__——螺纹终点坐标相对于循环起始点的增量坐标值；

　　　　　　R——锥螺纹考虑空刀导入量和空刀导出量后切削螺纹起点和切削螺纹终点的半径差，其正负号规定与 G90 中的 R 相同。加工圆柱螺纹时 R 为零，可省略；

　　　　　　F——螺纹导程。

3. 说明

在这个螺纹切削循环里，切削螺纹的倒角如图 3-33 所示操作；倒角距离在 $0.1L \sim 12.7L$ 的范围里指定，指定单位为 $0.1L$。螺纹车削固定循环一个程序段同样也会完成如图 3-33、图 3-34 所示 $1 \rightarrow 2 \rightarrow 3 \rightarrow 4$ 路径的循环动作。

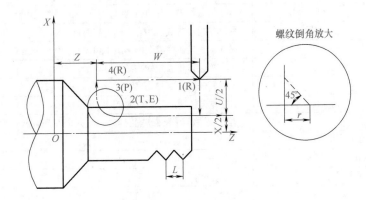

图 33-33　直螺纹切削循环

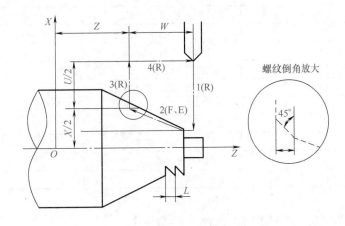

图 3-34　锥螺纹切削循环

4. 编程举例

例 10：用 G92 指令编写如图 3-35（a）所示的螺纹。其加工程序及其说明见表 3-22。

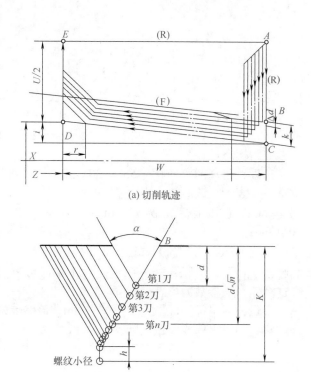

(a) 切削轨迹

(b) 参数定义

图 3-35   螺纹车削多次循环

表 3-22   G92 指令加工程序及其说明

程序	说明
O1009；	程序名
N5　G54　G98　G21；	用 G54 指定工件坐标系，用 G98 指定每分钟进给，用 G21 指定米制单位
N10　M3　S600；	主轴正转，转速为 600r/min
N15　T0303；	换 3 号螺纹刀，导入刀具刀补
N20　G0　X32　Z4；	快速到达循环起点
N25　G92　X29.1　Z-27　F2；	切削螺纹第 1 次
N30　X28.5；	模态指令，切削螺纹第 2 次
N35　X27.9；	切削螺纹第 3 次
N40　X27.5；	切削螺纹第 4 次
N45　X27.4；	切削螺纹第 5 次（精车）
N50　G0　X100　Z200；	快速退出
N55　M30；	程序结束
％	程序结束符

三、螺纹切削复合循环指令（G76）

1. 功能

该指令用于多次自动循环车螺纹，数控加工程序中只需指定一次，并在指令中定义好有关参数，则能自动进行加工。车削过程中，除第一次背吃刀量外，其余各次背吃刀量自动计算，该指令的执行过程如 3-35 所示。

2. 编程格式

指令格式：$G76 P(m)(r)(a)Q(\Delta d_{min})R(d)$；

$G76 X(U)Z(W)R(i)P(k)Q(\Delta d)F(L)$；

其中　　　m ——精车重复次数，范围为 01～99，用两位数表示，该参数为模态量；

　　　　　r ——螺纹尾端倒角值，该值的大小可设置在 0.0～9.9L 之间，系数应为 0.1 的整数倍，用 0.0～9.9 之间的两位整数来表示，其中 L 为螺纹导程，该参数为模态量；

　　　　　a ——刀尖角度，可从 80°、60°、55°、30°、29°、0° 六个角度中选择，用两位整数来表示，该参数为模态量；

m、r、a ——用地址 P 同时指定，例如，m = 2，r = 1.2L，a = 60°，表示为 P021260；

　　Δd_{min} ——最小背吃刀量，用半径编程指定，单位为 μm，车削过程中每次的背吃刀量为 $\Delta d\sqrt{n} - \Delta d\sqrt{n-1}$，当计算深度小于此极限值时，背吃刀量锁定在这个值，该参数为模态量；

　　　　　d ——精车余量，用半径编程指定，单位为 μm，该参数为模态量；

X(U)、Z(W) ——螺纹终点绝对坐标或增量坐标；

　　　　　i ——螺纹锥度值，用半径编程指定，如果 i = 0 则为圆柱螺纹，可省略；

　　　　　k ——螺纹高度，用半径编程指定，单位为 μm；

　　　　Δd ——第一次背吃刀量，用半径编程指定，单位为 μm；

　　　　　L ——螺纹的导程。

3. 说明

① 车螺纹期间的进给速度倍率、主轴速度倍率无效（固定 100%）；

② 车螺纹期间不要使用恒表面切削速度控制，而要使用 G97；

③ 车螺纹时，必须设置空刀导入量和空刀导出量，这样可避免因车刀升降速而影响螺距的稳定；

④ 因受机床结构及数控系统的影响，车螺纹时主轴的转速有一定的限制；

⑤ 螺纹加工中的进给次数和背吃刀量会直接影响螺纹的加工质量，车削螺纹时的进给次数和背吃刀量可参考表 3-23。

表 3-23　常用螺纹切削的进给次数与背吃刀量

公制螺纹							
螺距 /mm	1.0	1.5	2	2.5	3	3.5	4
牙深（半径值）/mm	0.649	0.974	1.299	1.624	1.949	2.273	2.598
进给次数 1 次	0.7	0.8	0.9	1.0	1.2	1.5	1.5
进给次数 2 次	0.4	0.6	0.6	0.7	0.7	0.7	0.8
进给次数 3 次	0.5	0.4	0.6	0.6	0.6	0.6	0.6
进给次数 4 次（背吃刀量（直径值）/mm）		0.16	0.4	0.4	0.4	0.4	0.6
进给次数 5 次			0.1	0.4	0.4	0.4	0.4
进给次数 6 次				0.15	0.4	0.4	0.4
进给次数 7 次					0.2	0.2	0.4
进给次数 8 次						0.15	0.3
进给次数 9 次							0.2

英制螺纹							
牙 /in	24	18	16	14	12	10	8
牙深（半径值）/mm	0.698	0.904	1.016	1.162	1.355	1.626	2.033

进给次数	1 次	背吃刀量（直径值）/mm	0.8	0.8	0.8	0.8	0.9	1.0	1.2
	2 次		0.4	0.6	0.6	0.6	0.6	0.7	0.7
	3 次		0.16	0.3	0.5	0.5	0.6	0.6	0.6
	4 次			0.11	0.14	0.3	0.4	0.4	0.5
	5 次					0.13	0.21	0.4	0.5
	6 次							0.16	0.4
	7 次								0.17

4. 编程举例

例 11：用螺纹切削复合循环指令 G76 编制如图 3-36 所示圆柱螺纹的加工程序，圆柱螺纹加工程序及其说明见表 3-24。

例 12：用螺纹切削复合循环指令 G76 编制图 3-37 所示圆锥螺纹的加工程序。圆锥螺纹加工程序及其说明见表 3-25。

表 3-24　圆柱螺纹加工程序及其说明

程 序	简 要 说 明
O4806；	程序名
N10　G54　G21；	用 G54 指定工件坐标系，米制尺寸
N20　S400　M03；	主轴正转，转速为 400r/min
N30　T0303；	换 3 号螺纹车刀并执行 3 号刀补
N40　G00　X35　Z104；	快速移动到循环起点
N50　G76　P020560　Q50　R0.02；	螺纹加工
N60　G76　X28.05　Z56　P975　Q300　F1.5；	
N70　G00　X100　Z100；	快速退刀
N80　M02；	程序结束

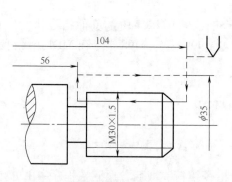

图 3-36　圆柱螺纹切削循环实例

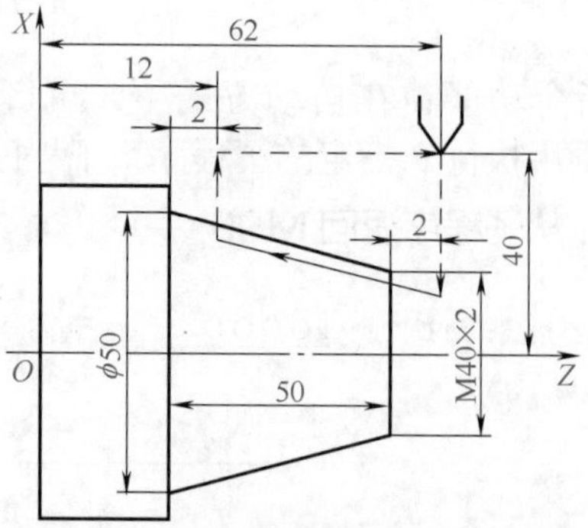

图 3-37　圆锥螺纹切削循环实例

表 3-25　圆锥螺纹加工程序及其说明

程 序	简 要 说 明
O4807；	程序名
N10　G54　G21；	用 G54 指定工件坐标系，米制尺寸

程　序	简要说明
N20　S400　M03；	主轴正转，转速为400r/min
N30　T0303；	换3号螺纹车刀并执行3号刀补
N40　G00　X80　Z62；	快速移动到循环起点
N50　G76　P020560　Q50　R0.02；	螺纹加工
N60　G76　X47　Z12　R-5　P1300　Q300　F2；	
N70　G00　X100　Z100；	快速退刀
N80　M02；	程序结束

第五节　子程序应用和宏程序加工

一、子程序应用

（一）数学内容

程序中某些固定顺序和重复出现的程序单独抽出来，按一定格式编成一个程序供调用，这个程序就是常说的子程序，这样可以简化主程序的编制。子程序可以被主程序调用，同时子程序也可以调用另一个子程序。这样可以简化程序的编制和节省CNC系统的内存空间。

1. 子程序调用M98（FANUC格式）

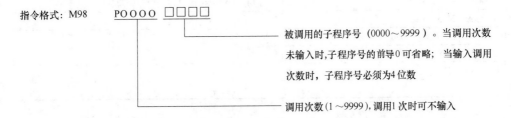

指令格式：M98　POOOO □□□□

被调用的子程序号（0000～9999）。当调用次数未输入时，子程序号的前导0可省略；当输入调用次数时，子程序号必须为4位数

调用次数（1～9999），调用1次时可不输入

指令功能：在自动方式下，执行M98指令时，当前程序段的其他指令执行完成后，CNC调用执行P指定的子程序，子程序最多可执行9999次。M98指令在MDI下运行无效。

2. 从子程序返回M99

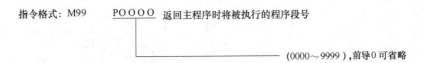

指令格式：M99　POOOO 返回主程序时将被执行的程序段号

（0000～9999），前导0可省略

指令功能：（子程序中）当前程序段的其他指令执行完成后，返回主程序中由P指定的程序段继续执行，当未输入P时，返回主程序中调用当前子程序的M98指令的后一程序段继续执行。如果M99用于主程序结束（即当前程序不是由其他程序调用执行），当前程序将反复执行。M99指令在MDI下运行无效。

如图3-38所示，表示调用子程序（M99中有P指令字）的执行路径。如图3-39所示，表示调用子程序（M99中无P指令字）的执行路径。

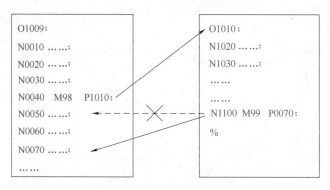

图 3-38 调用子程序的执行路径（有 P 指令字）

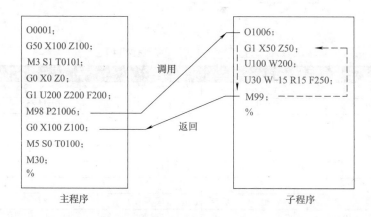

图 3-39 调用子程序的执行路径（无 P 指令字）

3. 子程序的嵌套

为了进一步简化程序，可以让子程序调用另一个子程序，称为子程序的嵌套。

注意：子程序的嵌套不是无限次的，子程序调用最多可嵌套 4 级，如图 3-40 所示为子程序的嵌套及执行轨迹。

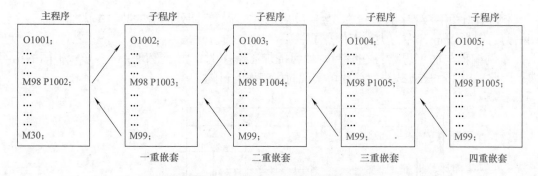

图 3-40 子程序的嵌套及执行轨迹

子程序结束时，如果用 P 指定顺序号，不返回到上一级子程序调出的下一个程序段，而返回到用 P 指定的顺序号 n 程序段。这种情况只用于存储器工作方式。

（二）编程实例

例 13：如图 3-41 所示为零件尺寸，其编制加工程序见表 3-26（供参考）。

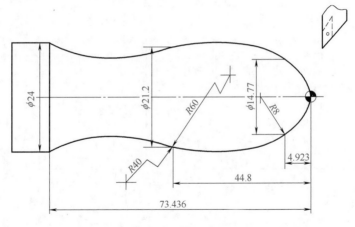

图 3-41 零件尺寸（一）

表 3-26 加工程序及其说明

程 序	简 要 说 明
O9098;	主程序程序名
N1 T0101 G00 X24 Z1;	换 1 号刀执行 1 号刀补，定位在 X24 Z1 处
N2 G01 Z0 M03 F100;	移到子程序起点处、主轴正转
N3 M98 P039099;	调用子程序，并循环 3 次
N4 G00 X24 Z1;	返回对刀点
N6 M05;	主轴停
N7 M30;	主程序结束并复位
O9099;	子程序名
N1 G01 U-18 F100;	进刀到切削起点处，注意留下后面切削的余量
N2 G03 U14.77 W-4.923 R8;	加工 R8 圆弧
N3 U6.43 W39.877 R60;	加工 R60 圆弧
N4 G02 U2.8 W-28.636 R40;	加工切 R40 圆弧
N5 G00 U4;	离开已加工表面
N6 W73.436;	回到循环起点 Z 轴处
N7 G01 U-11 F100;	调整每次循环的切削量
N8 M99;	子程序结束，并回到主程序

例 14：试用子程序的编辑方式编写如图 3-42 所示手柄外形槽的数控车床加工程序（设切槽刀刀宽为 2mm，左刀尖为刀位点）。

本例编程与加工思路：在编写本项目的加工程序时，由于轮廓由许多形状相同的槽组成，因此采用子程序方式进行编程可实现简化编程的目的。

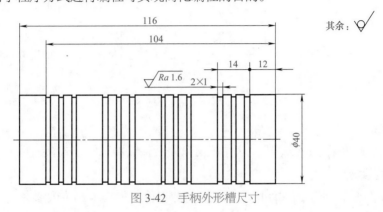

图 3-42 手柄外形槽尺寸

参考程序如下：

O2000；（主程序）	O2001；（子程序）	O2002；（子程序）
T0101；	M98 P00032002；	G1 U-13 F100；
M3 S800；	W8；	U13；
G0 X41 Z-104；	M99；	W6；
M98 P00042001；		M99；
G0 X100 Z100；		
M30；		

例 15：如图 3-43 所示的零件尺寸，其编写加工程序如下。

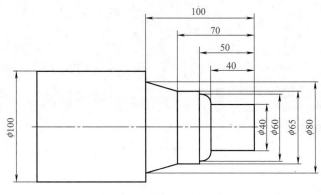

图 3-43　零件尺寸（二）

主程序：   子程序：

O0012	O0090
N010 M03 S1000	N010 G1 Z-40 F0.3；子程序
N020 T0101；　　　　1 号刀具补偿	N020 G3 X60 Z-50 R10
N030 G00 X40 Z2	N030 G1 X65
N040 M98 P20090；　呼叫二次子程序名称	N040 Z-70
O00090	N050 X80 Z-100
N050 G00 X120 Z80	N060 M99；返回到主程序
N060 M05	
N070 M30	

例 16：如图 3-44 所示为零件尺寸，其编写加工程序如下。

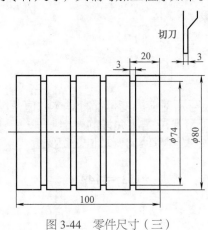

图 3-44　零件尺寸（三）

```
O123；主程序
M3 S600 G95 T0101；
G00 X82.0 Z0；
M98 P1234 L4；            调用子程序 1234 执行 4，切削 4 个凹槽
X150.0 Z200.0；
M30；
O1234；子程序
W-20.0；
G01 X74.0 F0.08；
G00 X82.0；
M99；
```

M99 指令也可用于主程序最后程序段，此时程序执行指针会跳回主程序的第一程序段继续执行此程序，所以此程序将一直重复执行，除非按下 RESET 键才能中断执行。

二、宏程序加工

（一）宏程序基础

用户宏程序：能完成某一功能的一系列指令，像子程序那样存入存储器，用一个总指令来代表它们，使用时只需给出这个总指令就能执行其功能。所存入的这一系列指令叫做用户宏程序。调用宏程序的指令叫做宏指令。特点：使用变量。

1. 变量表示

#I（I = 1，2，3…）或 # [<式子>]

例如：#5，#109，#501，# [#1 + #2 − 12]。

2. 变量的使用

（1）地址字后面指定变量号或公式

格式： <地址字>#I

<地址字> # − I

<地址字> [<式子>]

例如：F#103，设 #103 = 15，则为 F15；Z − #110，设 #110 = 250，则为 Z − 2500

X[#24 + #18*COS[#1]。

（2）变量号可用变量代替

例如：# [#30]，设 #30 = 3，则为 #3。

（3）变量不能使用地址 O、N、I

例如，下述方法不允许：

O # 1；

1 # 2 6.00~100.0；

N # 3 Z200.0；

（4）对每个地址来说变量号所对应的变量都有具体数值范围

例如：#30 = 1100 时，则 M # 30 是不允许的。

（5）# 0 为空变量，没有定义变量值的变量也是空变量

（6）变量值定义

程序定义时可省略小数点，例如：#123 = 149。

3. 变量的种类

（1）局部变量 #1 ～ #33

一个在宏程序中局部使用的变量，叫局部变量。

例如：

A 宏程序　　　　　　　　　B 宏程序

…　　　　　　　　　　　　…

#10＝20　　　　　　　　　X＃10

…　　　　　　　　　　　　…

B 宏程序中的"X#10"不表示"X20"。

断电后清空，调用宏程序时要代入变量值。

（2）公共变量指各用户宏程序内公用的变量

如 #100～#149，#500～#531。

例如：上例中 #10 改用 #100 时，B 宏程序中的 X#100 表示 X20。

#100～#149 断电后清空。

#500～#531 保持型变量（断电后不丢失）。

（3）系统变量

系统变量是固定用途的变量，其值取决于系统的状态。

例如：#2001 值为 1 号刀补 X 轴补偿值。

#5221 值为 X 轴 G54 工件原点偏置值。

输入时必须输入小数点，小数点省略时单位为 μm。

4. 运算指令

运算式的右边可以是常数、变量、函数、式子。式中 #j、#k 也可为常量，式子右边为变量号、运算式。

（1）定义

#I＝#j

（2）算术运算

#I＝#j＋#k

#I＝#j－#k

#I＝#j＊#k

#I＝#j/#k

（3）逻辑运算

#I＝#JOK#k

#I＝#JXOK#k

#I＝#JAND#k

（4）函数

#I＝#SIN [#j] 正弦

#I＝#COS [#j] 余弦

#I＝TAN [#j] 正切

#I＝ATAN[#j] 反正切

#I＝SQRT [#j] 半方根

#I＝ABS [#j] 绝对值

#I＝ROUND [#j] 四舍五入化整

#I＝FIX [#j] 下取整

#I＝FUP [#j] 上取整

#I ＝ BIN [#j] BCD → BIN（二进制）

#I ＝ BCN [#j] BIN → BCD

（5）说明

① 角度单位为度。

例如：90°30 分为 90.5°。

② ATAN 函数后的两个边长要用 "1" 隔开。

例如：#1 ＝ ATAN [I]/[－1] 时，#1 赋值为 45°。

③ ROUND 用于语句中的地址，按各地址的最小设定单位进行四舍五入。

例如：设 #1 ＝ 1.2345，#2 ＝ 2.3456，设定单位 1μm。

G91 X － #1；X － 1.235

X － #2 F300；X － 2.346

X [#1 ＋ #2]；X3.580

未返回原处，应改为

X [ROUND [#1] ＋ ROUND [#2]]

④ 取整后的绝对值比原值大为上取整，反之为下取整。

例如：设 #1 ＝ 1.2，#2 ＝－1.2 时

若 #3 ＝ FUP[#1] 时，则 #3 ＝ 2.0

若 #3 ＝ FIX [#1] 时，则 #3 ＝ 1.0

若 #3 ＝ FUP [#2] 时，则 #3 ＝－2.0

若 #3 ＝ FIX [#2] 时，则 #3 ＝－1.0

⑤ 指令函数时，可只写开头 2 个字母。

例如：ROUND → RO

　　　 FIX → FI

⑥ 优先级。

函数→乘除（＊，1，AND）加减（＋，－，OR，XOR）

例如：#1 ＝ #2 ＋ #3 ＊ SIN [#4]；

⑦ 括号为中括号，最多 5 重，圆括号用于注释语句。

例如：#1 ＝ SIN [[[#2 ＋ #3] ＊ #4 ＋ #5] ＊ 6]；（3 重）

5. 转移与循环指令

（1）无条件的转移

格式：GOTO 1；

　　　 GOTO #10：

（2）条件转移

格式：

IF[＜条件式＞]GOTO n；

IF[＜条件表达式＞]THEN：

如果 "条件表达式" 满足，执行预先决定的宏程序语句。只执行一个宏程序语句。

条件式：

#j EQ #k 表示＝；

#j NE #k 表示≠；

#j GT #k 表示＞；

#j LT #k 表示＜；

#j GE #k 表示≥；

#j LE #k 表示≤。

例如：IF[#1GT10] GOTO 100；

…

N100 G00 691 X10；

例如：求1～10之和。

O9500；

#1 ＝ 0；

#2 ＝ 1；

N1 IF [#2 GT10] GOTO 2；

#1 ＝ #1 ＋ #2；

#2 ＝ #2 ＋ 1；

GOTO 1；

N2 M30；

（3）循环

格式：WHILE [＜条件式＞]DO m；（m ＝ 1，2，3）

…

END m

说明：

① 条件满足时，执行 DOm 到 ENDm，条件不满足时，执行 ENDm 后的程序段。

② 当指定 DO 而没有指定 WHILE 语句时，产生从 DO 到 END 的无限循环。

（二）主要应用

1. 数学表达式

常见曲线的数学表达式见表 3-27。

表 3-27　常见曲线的数学表达式

	椭　圆	双曲线	抛物线	正弦曲线
标准方程	$\dfrac{x^2}{a^2}+\dfrac{r^2}{b^2}=1$	$\dfrac{x^2}{a^2}-\dfrac{r^2}{b^2}=1$	$y^2=2px$	$y=A\sin x$
坐标计算	$y=\pm b\sqrt{1-x^2/a^2}$ 或用三角函数换元表达： $x=a\cos\alpha$　$y=b\sin\alpha$	$y=\pm b\sqrt{x^2/a^2-1}$	$y=\pm\sqrt{2px}$	$y=A\sin x$
曲线图形	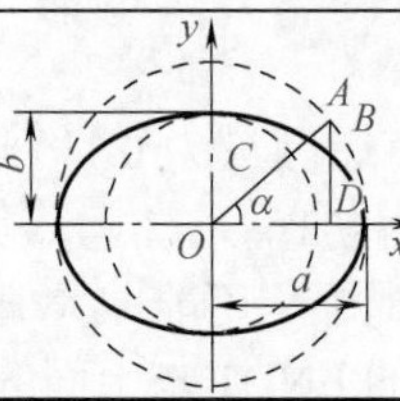	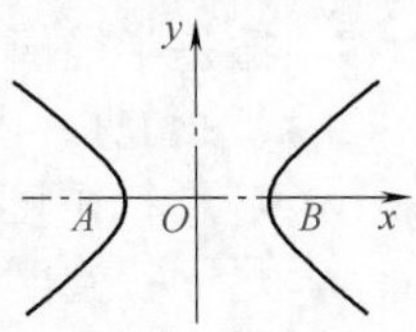	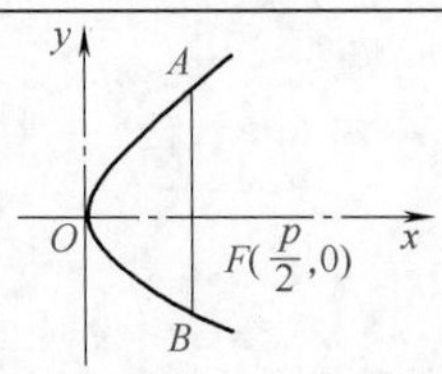	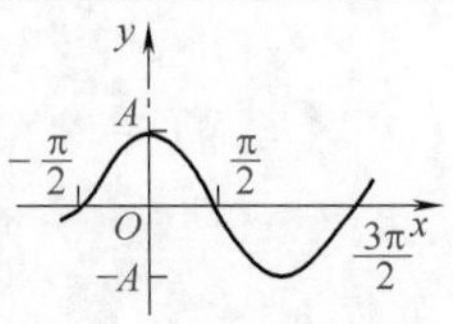

2. 椭圆加工

椭圆宏程序的编制步骤如下。

① 首先要有标准方程（或参数方程），一般图中会给出。

② 对标准方程进行转化，将数学坐标转化成工件坐标。标准方程中的坐标是数学坐标，要应用到数控车床上，必须要转化到工件坐标系中。

③ 求值公式推导，利用转化后的公式推导出坐标计算公式。

④ 求值公式选择，根据实际选择计算公式。

⑤ 编程，公式选择好后就可以开始编程了。

下面分别就工件坐标原点与椭圆中心重合或偏离等两种情况进行编程说明

（1）工件坐标原点与椭圆中心重合（图 3-45）

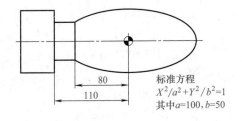

图 3-45 工件坐标原点与椭圆中心重合

椭圆标准方程为：

$$x^2/a^2 + y^2/b^2 = 1 \tag{3-1}$$

转化到工件坐标系中为：

$$Z^2/a^2 + X^2/b^2 = 1 \tag{3-2}$$

根据以上公式可以推导出以下计算公式：

$$X = \pm b\sqrt{1 - Z^2/a^2} \tag{3-3}$$

$$Z = \pm a\sqrt{1 - Z^2/a^2} \tag{3-4}$$

在这里取公式（3-3）。凸椭圆取＋号，凹椭圆取－号。即 X 值根据 Z 值的变化而变化，公式（3-4）不能加工过象限椭圆，所以舍弃。

下面就是 FANUC 0iT 系统椭圆精加工程序：

程序	说明
O0001;	程序名
#1 = 100;	用 #1 指定 Z 向起点值
#2 = 100;	用 #2 指定长半轴
#3 = 50;	用 #3 指定短半轴
G99 T0101 S500 M03;	机床准备相关指令
G00 X150 Z150 M08;	程序起点定位，切削液开
X0 Z101;	快速定位到靠近椭圆加工起点的位置
WHILE [#1GE － 80] DO1;	当 Z 值大于等于－80 时执行 DO1 到 END1 之间的程序
#4 = #3 * SQRT [1 － #1 * #1/ [#2 * #2]];	计算 X 值，就是把式（3-3）里面的各值用变量代替
G01 X [#4 * 2] Z #1 F0.15;	直线插补，这里 #4*2 是因为公式里面的 X 值是半径值
#1 = #1 － 0.1;	步距 0.1，即 Z 值递减量为 0.1，此值过大影响形状精度，过小加重系统运算负担，在满足形状精度的前提下尽可能取大值
END1;	语句结束，这里的 END1 与上面的 DO1 对应
G01 Z-110;	加工圆柱面
X102;	退刀
G00 X150 Z150;	回程序起点
M09;	切削液关
M05;	主轴停止
M30;	程序结束

（2）工件坐标原点与椭圆中心偏离（图3-46）

数控车床编程原点与椭圆中心不重合，这时需要将椭圆$Z(X)$轴负向移动长半轴的距离，使起点为0，原公式$Z^2/a^2 + X^2/b^2 = 1$转变为：

$$(Z - Z_1)^2/a^2 + (X - X_1)^2/b^2 = 1$$

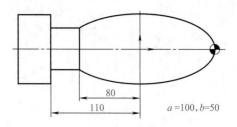

图3-46　工件坐标原点与椭圆中心偏离

式中　Z_1——编程原点与椭圆中心的Z向偏距，此例中为-100；

X_1——编程原点与椭圆中心的X向偏距，此例中为0。

可推导出计算公式为：

$$X = \pm b\sqrt{1 - (Z - Z_1)^2 / a^2} + X_1$$

精加工程序如下：

O0001;	程序名
#1 = 0;	用#1指定Z向起点值
#2 = 100;	用#2指定长半轴
#3 = 50;	用#3指定短半轴
#5 = -100;	Z向偏距
G99 T0101 S500 M03;	
G00 X150 Z150 M08;	
X0 Z1;	
WHILE[[#1 - #5]GE - 80] DO1;	
#4 = #3 * SQRT [1 - [# 1 - # 5] * [# 1 - # 5]/[#2 * # 2]];	
G01 X [#4 * 2] Z [#1 - # 5] F0.15;	
#1 = #1 - 0.1;	
END1;	
G01 Z - 110;	
X102;	
G00 X150 Z150 M09;	
M05;	
M30;	

（3）完整粗、精加工程序

以上两个实例均只编写了精加工程序，另外可以利用宏调用子程序进行粗加工，下面以图3-45工件坐标原点与椭圆中心重合的零件为例来说明。

O0001;	程序名
#6 = 95;	定义总的加工余量
G99 T0101 S500 M03;	
G00 X150 Z150 M08;	
G00 X#6 Z101;	
N10 #6 = #6 - 5;	
M99 P0002;	
IF [#6GE0]GOTO10;	
G00 X150 Z150;	

```
M05；
M30；
O00002；                                    子程序
#1 = 100；                                   用 #1 指定椭圆加工 Z 向起点值
#2 = 100；                                   用 #2 指定长半轴
#3 = 50；                                    用 #3 指定短半轴
WHILE [#1GE － 80 ] DO1；
#4 = #3 * SQRT [1 － #1 * #1/[ #2 * #2 ]]；
G01  X[#4 * 2 ＋ #6] Z #1  F0.15；
#1 = #1 － 0.5；
END1；
G01  Z-110；
X102；
G00  Z101；
X#6；
M99；
```

（4）加工椭圆的注意事项

① 车削后工件的精度与编程时所选择的步距有关。步距值越小，加工精度越高；但是减小步距会造成数控系统工作量加大，运算繁忙，影响进给速度的提高，从而降低加工效率。因此，必须根据加工要求合理选择步距，一般在满足加工要求前提下，尽可能选取较大的步距。

② 对于椭圆轴中心与 Z 轴不重合的零件，需要将工件坐标系进行偏置后，然后按文中所述的方法进行加工。

例 17：以图 3-47 所示的工件为例，进行工件右端轮廓粗加工，双点画线为毛坯轮廓。把宏程序与粗加工复合循环指令结合起来，直接用椭圆的轮廓程序作为粗加工复合循环指令中的精加工循环体。以 G71 无凹槽的粗加工复合循环指令与宏程序结合，程序如下。

```
%0004；
G90 G94；
T0101；
M03 S800；
G00 X51 Z2；
G71 U1 R0.5；
G71 P10 Q20 U0.5 W0.1 F150；
N10 G00 X0；
Z2；
G01 Z0 F80；
#1 = 40；
#2 = 24；
#3 = 40；
WHILE #3 GE 8；
#4 = 24 * SQRT[#1 * # 1 － # 3 * # 3]/40；
G01 X [2 * # 4] Z [ # 3 － 40]；
#3 = #3 － 0.5；
```

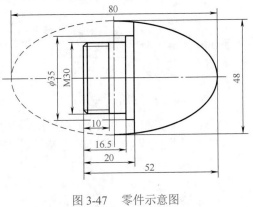

图 3-47   零件示意图

N20 ENDW；

G00 X100 Z50；

M05；

M30；

例 18：已知毛坯材料为 45 钢，毛坯尺寸为 $\phi45 \times 100$mm 的棒料。按图 3-48 所示制订零件加工工艺，编写零件加工程序。

（1）零件图工艺信息分析

① 该零件的加工面由端面、外圆柱面、倒角面、台阶面及二次曲线组成。形状比较简单，是较典型的短轴类零件。因此，可选择现有设备 CK6136S，刀具可选 1 把外圆车刀即可完成。

② 该零件的结构工艺性好，便于装夹、加工。因此，可选用标准刀具进行加工。

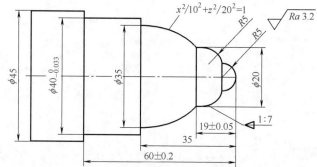

图 3-48　零件尺寸示意

③ 该零件轮廓几何要素定义完整，尺寸标注符合数控加工要求，有统一的设计基准，且便于加工、测量。

④ 该零件生产类型为单件生产，因此，要按单件小批生产类型制订工艺规程。由于该零件为单件生产，因此，定位基准可选在外侧表面。

（2）选择切削用量

① 粗加工：首先取 $a_p = 3.0$mm；其次取 $f = 0.2$mm/r；最后取 $v_c = 120$m/min。然后根据公式计算出主轴转速 $n = 1000$r/min，根据公式计算出进给速度 $= 200$mm/min。

② 精加工：首先取 $a_p = 0.3$mm；其次取 $f = 0.08$mm/r；最后取 $v_c = 200$m/min。然后根据公式计算出主轴转速 $n = 1500$ r/min，根据公式计算出进给速度 $= 100$mm/min。选择切削用量见表 3-28。

表 3-28　切削用量

工步号	刀具号	切削速度 v_c（m/min）	主轴转速 n/（r/min）	进给量 f（mm/r）	进给速度 v_f（mm/min）	背吃刀量 a_p（mm）
1	T01	120	1000	0.2	200	1.5
2	T01	200	1500	0.08	120	0.5

数控加工程序如下：

%1111；

T0101；

G95；

M03 S1000；

G00 X100 Z100；

X50 Z2；

G71 P1 Q2 U3 R0.5 X0.8；

Z0.05 F0.25；

N1 G00 X0 S1200 F0.08；

Z0；

```
G03 X10 Z-5 R5;
G01 X33 CR5;
X35 Z-19;
N2 G01 X50;
G00 X100 Z100;
#1 = 10;
#2 = 20;
#3 = 16;
WHILE #3 GE 0;
#4 = #1/#2 * SQRT [#2 * #2-#3 * #3];
G01 X [2 * #4 + 35] Z-[35-#3];
#3 = #3-0.5;
END;
G01 X40;
Z-60;
N2 G01 X-50;
G00 X100 Z100;
M05;
M30;
%
```

3. 抛物线

零件如图 3-49 所示，抛物线的开口距离为 42mm，抛物线方程 $X^2 = -10Z$。

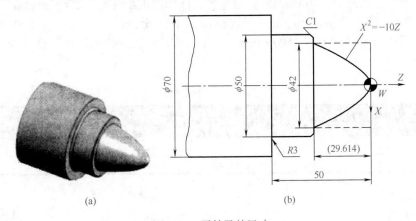

(a)　　　　　(b)

图 3-49　零件及其尺寸

（1）分析

车削抛物线形回转体零件时，可采用直线逼近法。假设工件坐标原点在抛物线顶点上，机床坐标系偏置值设置在 G54 寄存器中。零件各级外圆采用数控系统内外圆粗加工复合循环和精加工复合循环进行车削加工，然后对抛物线形轮廓进行余量切除，最后调整精车削抛物线形轮廓的用户宏程序，对其进行精加工。

（2）刀具及加工参数

刀具起始位置在工件坐标系右侧（90，100）处，精加工余量为 0.5mm。加工参数见表 3-29。

表 3-29　加工参数

刀具号	刀具名称	作用	主轴转速 /（r/min）	进给速度 /（mm/r）
T0101	外圆粗车刀	粗加工	680	0.25
T0202	外圆精车刀	精加工	1000	0.1

（3）局部变量含义

#23 = X0；抛物线顶点的工件坐标横向绝对坐标值。

#25 = Z0；抛物线顶点的工件坐标纵向绝对坐标值。

#16 = Q；抛物线焦点坐标是 Z 轴上绝对值的 2 倍。

#21 = V；抛物线的开口距离。

#10 = K；$K - X$ 向递减均值。

#5 = F；切削速度。

（4）加工参考程序

① 零件主程序如下。

O2008；	
N010 G18 G21 G40 G54 G97 G99；	程序运行初始状态设置
N020 T0101；	调用 1 号粗车刀
N030 M03 S680；	主轴正转 680r/min
N040 G00 X90 Z100 M08；	刀具起点，打开切削液
N050 M98 P1001；	调用外圆粗、精加工复合循环子程序
N060 G00 X90 Z100；	刀具退回起刀点
N070 M98 P1002；	调用抛物线形轮廓余量切除子程序
N080 G00 X90 Z100；	刀具退回起刀点
N090 T0202；	调用 2 号精车刀
N100 M03 S1000；	切换主轴转速到精车转速，主轴正转 1000r/min
N110 M98 P1003 X0 Z0 Q5 V42 K0.1 F0.1；	
	调用抛物线形轮廓精车削的用户宏程序
N120 G00 X90 Z100 M09；	刀具退离零件，切削液停止
N130 M05；	主轴停止
N140 M30；	程序结束并返回程序开头

② 零件子程序。其中 %1001、%1002 为常规编程，这里就不讨论了，只列出基本框架。%1003 为抛物线形轮廓精车削的用户宏程序。

O1001；	外圆粗、精加工复合循环子程序（略）
M99；	子程序结束并返回主程序
O1002；	抛物线形轮廓余量切除子程序（略）
M99；	子程序结束并返回主程序
O1003；	抛物线形轮廓精车削的用户宏程序
N010 G00 X[#23]Z[#25 + 5]；	刀具快速接近抛物线顶点处
N020 G01 Z[#25]F[2 * #5]；	以工进速度直线插补到抛物线顶点
N030 WHILE #23 GT [#21/2]；	如果 #23 小于或等于 #21/2，则跳转到 N070 程序段
N040 #23 = #23-#16；	X 向步距均值递减
N050 #25 = -[#23 * #23]/[2 * #17]；	由 X 值计算抛物线上任一点 Z 坐标值

N060 G01 X[#23]Z[#25]F[3 * #5];	沿抛物线作直线插补
N070 ENDW；	返回循环体
N080 G01 X[#21] Z [#25] F [3 * #5];	斜线退到工件右端面外
N090 M99；	子程序结束并返回主程序

所加工零件的仿真图，如图 3-49（b）所示。

第六节　刀具补偿功能

一、刀具位置补偿

工件坐标系设定是以刀具基准点（以下简称基准点）为依据的，零件加工程序中的指令值是刀位点（刀尖）的值。刀位点到基准点的矢量，即刀具位置补偿。用刀具位置补偿后，改变刀具时，只需改变刀具位置补偿值，而不必变更零件加工程序，以简化编程。

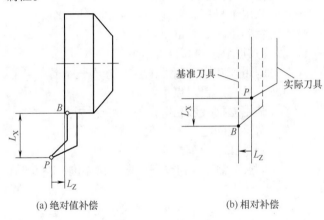

(a) 绝对值补偿　　　　(b) 相对补偿

图 3-50　刀具位置补偿

B—基准线；P— 刀位点

1. 刀具位置补偿的设定

当系统执行过返回参考点操作后，刀架位于参考点上，此时，刀具基准点与参考点重合。刀具基准点在刀架上的位置，由操作者设定。一般可以在刀夹更换基准位置或基准刀具刀位点上。有的机床刀架上由于没有自动更换刀夹装置，此时基准点可以设在刀架边缘。有时用第一把刀作基准刀具，此时基准点设在第一把刀的刀位点上，如图 3-50 所示。

矢量方向是从刀位点指向基准点，车床的刀具位置补偿，用坐标轴上的分量分别表示。当欠量分量与坐标轴正方向一致时，补偿量为正值，反之为负值。当基准点设在换刀基准上时，为绝对值补偿，如图 3-50（a）所示，补偿量等于刀具的实体长度，该值可以用机外对刀仪测量。当基准点设在基准刀具点上时，为相对值补偿，又称为增量值补偿，如图 3-50（b）所示，其补偿值是实际刀具相对于基准刀具的差值。

2. 刀具几何形状补偿与刀具磨损补偿

刀具位置补偿可分为刀具几何形状补偿（G）和刀具磨损补偿（W）两种，分别加以设定。几何形状补偿是对刀具形状的测量值，而磨损补偿是对刀具实切后的变动值，如图 3-51 所示。

有时把刀具形状补偿和刀具磨损补偿合在一起，通称刀具位置补偿，作为刀具磨损补偿量的设定，如图 3-51 所示。则有：

$$L_X = G_X + W_X$$

$$L_Z = G_Z + W_Z$$

3. 刀具位置补偿功能的实现

刀具位置补偿功能是由程序段中的 T 代码来实现。T 代码后的 4 位数字中，前两位为刀具号，后两位为刀具补偿号。刀具补偿号实际上是刀具补偿寄存器的地址号，该寄存器中放有刀具的几何偏置量和磨损偏置量（X 轴偏置和 Z 轴偏置），如图 3-52 所示。刀具补偿号可以是 00 ～ 32 中的任意一个数，刀具补偿号为 00 时，表示不进行刀具补偿或取消刀具补偿。

当刀具磨损后或工件尺寸有误差时，只要修改每把刀具相应存储器中的数值即可。例如某工件加工后外圆直径比要求尺寸大（或小）了 0.02mm，则可以用 U–0.02（或 U0.02）修改相应存储器中的数值；当长度方向尺寸有误差时，修改方向类似。

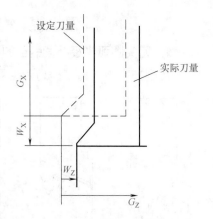

图 3-51　几何形状补偿与磨损补偿

刀具补偿				O0001　N00000
序号	X 组	Z 组	半径	TIP
001	0.000	0.000	0.000	0
002	1.486	– 49.561	0.000	0
003	1.486	– 49.561	0.000	0
004	1.486	0.000	0.000	0
005	1.486	– 49.561	0.000	0
006	1.486	– 49.561	0.000	0
007	1.486	– 49.561	0.000	0
008	1.486	– 49.561	0.000	0
当前位置	（相对坐标）			
U	1.000	W	0.000	
		H	0.000	
>Z120				
MDI⋯ ⋯ ⋯			16：17：33	
[NO. 检索]	[测定]	[C. 输入]	[+输入]	[输入]

图 3-52　刀具补偿寄存器页面

由此可见，刀具偏移可以根据实际需要分别或同时对刀具轴向和径向的偏移量进行修正。修正的方法是在程序中事先给定各刀具及其刀具补偿号，每个刀具补偿号中的 X 向刀具补偿值和 Z 向刀具补偿值，由操作者按实际需要输入数控装置。每当程序调用这一刀具补偿号时，该刀具补偿值就生效，使刀尖从偏离位置恢复到编程轨迹上，从而实现刀具补偿量的修正。

> **注意**
>
> ① 刀具补偿程序段内有 G00 或 G01 功能才有效，而且偏移量补偿在一个程序的执行过程中完成，这个过程是不能省略的。例如 G00 X20.0 Z10.0 T0202 表示调用 2 号刀具，且有刀具补偿，补偿量在 02 号储存器内。
> ② 必须在取消刀具补偿状态下调用刀具。

二、刀尖圆弧半径补偿

1. 刀尖圆弧半径补偿的目的

切削加工中，为了提高刀尖强度，降低加工表面粗糙度，通常在车刀刀尖处制有一圆弧过渡刃。

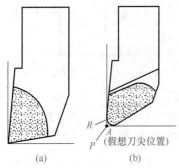

一般的不重磨刀片刀尖处均呈圆弧过渡，且有一定的半径值。即使是专门刃磨的"尖刀"其实际状态还是有一定的圆弧倒角，不可能绝对是尖角。因此，实际上真正的刀尖是不存在的，这里所说的刀尖只是一假想刀尖而已。但是，编程计算点是根据理论刀尖（假想刀尖）P，如图 3-53（b）所示来计算的，相当于图 3-53（a）中尖头刀的刀尖点。

图 3-53　刀尖圆弧和刀尖

如图 3-54 所示的一把带有刀尖圆弧的外圆车刀。无论是采用在机试切对刀还是机外预调仪对刀，得到的长度为 L_1、L_2，建立刀具位置补偿后将由 L_1、L_2 长度获得的"假想刀尖"跟随编程路线轨迹运动。当加工与坐标轴平行的圆柱面和端面轮廓时，刀尖圆弧并不影响其尺寸和形状，只是可能在起点与终点处造成欠切，这可采用分别加导入、导出切削段的方法解决。但当加工锥面、圆弧等非坐标方向轮廓时，刀尖圆弧将引起尺寸和形状误差。图中的锥面和圆弧面尺寸均较编程轮廓大，而且圆弧形状也发生了变化。这种误差的大小不仅与轮廓形状、走势有关，而且与刀具刀尖圆弧半径有关。如果零件精度较高，就可能出现超差。

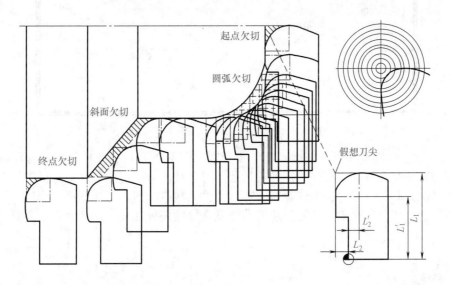

图 3-54　车刀刀尖半径与加工误差

早期的经济型车床数控系统，一般不具备半径补偿功能。当出现上述问题时，精加工采用刀尖半径小的刀具可以减小误差，但这将降低刀具寿命，导致频繁换刀，降低生产率。较好的方法是采用局部补偿计算加工或按刀尖圆弧中心编程加工。

如图 3-55 所示为按刀尖圆弧中心轨迹编程加工的情况，对图中所示手柄的三段轮廓圆弧分别作等距线，即图中虚线，求出其上各基点坐标后按此虚线轨迹编程，但此时使用的刀具位置补偿为刀尖中心参数。当位置补偿建立后，即由刀具中心跟随编程轨迹（图中虚线）

运行，实际工件轮廓通过刀尖刃口圆弧包络而成，从而解决了上述误差问题。

刀尖圆弧中心编程的存在问题是中心轮廓轨迹需要人工处理，轮廓复杂程度的增加将给计算带来困难。尤其在刀具磨损、重磨或更换新刀时，刀具半径发生变化，刀具中心轨迹必须重新计算，并对加工程序作相应修改，既烦琐，又不易保证加工精度，生产中缺乏灵活性。

现代数控车床控制系统一般都具有刀具半径补偿功能。这类系统在编程时不必计算上述刀具

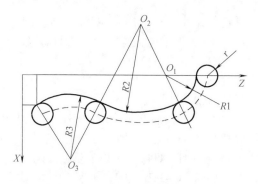

图 3-55   刀尖圆弧中心轨迹编程

中心的运动轨迹，而只需要直接按零件轮廓编程，并在加工前输入刀具半径数据，通过在程序中使用刀具半径补偿指令，数控装置可自动计算出刀具中心轨迹，并使刀具中心按此轨迹运动。也就是说，执行刀具半径补偿后，刀具中心将自动在偏离工件轮廓一个半径值的轨迹上运动，从而加工出所要求的工件轮廓。

2. 刀尖圆弧半径补偿的指令

刀具半径补偿一般必须通过准备功能指令 G41/G42 建立，刀具半径补偿建立后，刀具中心在偏离编程工件轮廓一个半径的等距线轨迹上运动。

（1）刀尖半径左补偿 G41

如图 3-56（a）和图 3-57（b）所示，顺着刀具运动方向看，刀具在工件左侧，称为刀尖半径左补偿，用 G41 代码编程。

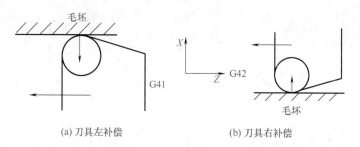

(a) 刀具左补偿   (b) 刀具右补偿

图 3-56   后置刀架刀尖圆弧补偿

（2）刀尖半径右补偿 G42

如图 3-56（b）和图 3-57（b）所示，顺着刀具运动方向看，刀具在工件的右侧，称为刀尖半径右补偿，用 G42 代码编程。

（3）取消刀尖左右补偿 G40

如需要取消刀尖左右补偿，可编入 G40 代码。这时，使假想刀尖轨迹与编程轨迹重合。

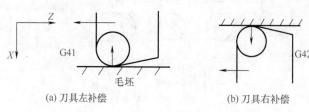

(a) 刀具左补偿   (b) 刀具右补偿

图 3-57   前置刀架刀尖圆弧补偿

使用刀具半径补偿时应注意：

① G41、G42、G40 指令不能与圆弧切削指令写在同一个程序段内，可与 G01，G00 指令在同程序段出现，即它是通过直线运动来建立或取消刀具补偿的。

② 在调用新刀具前或要更改刀具补偿方向时，中间必须取消刀具补偿。

其目的是为了避免产生加工误差或干涉。

③ 刀尖半径补偿取消在 G41 或 G42 程序段后面加 G40 程序段，其格式为：

G41（或 G42）

…

G40

程序的最后必须以取消偏置状态结束，否则刀具不能在终点定位，而是停在与终点位置偏移一个矢量刀尖圆弧半径的位置上。

④ G41、G42、G40 是模态代码。

⑤ 在 G41 方式中，不要再指定 G41 方式，否则补偿会出错。同样，在 G42 方式中，不要再指定 G42 方式，当补偿取负值时，G41 和 G42 互相转化。

⑥ 在使用 G41 和 G42 之后的程序段，不能出现连续两个或两个以上的不移动指令，否则 G41 和 G42 会失效。

3. 刀具半径补偿的过程

刀具半径补偿的过程分为三步：刀补的建立，刀具中心从编程轨迹重合过渡到与编程轨迹偏离一个偏移量的过程；刀补的进行，执行 G41 或 G42 指令的程序段后，刀具中心始终与编程轨迹相距一个偏移量；刀补的取消，刀具离开工件，刀具中心轨迹要过渡到与编程重合的过程。如图 3-58 所示为刀补建立与取消的过程。

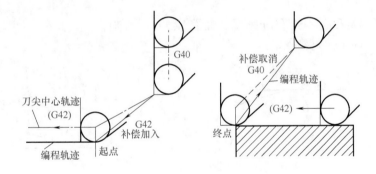

图 3-58　刀具半径补偿的建立与取消

4. 刀尖方位的确定

具备刀具半径补偿功能的数控系统，除利用刀具半径补偿指令外，还应根据刀具在切削时所处的位置，选择假想刀尖的方位，从而使系统能根据假想刀尖方位确定计算补偿量。假想刀尖方位共有 9 种，如图 3-59 所示。

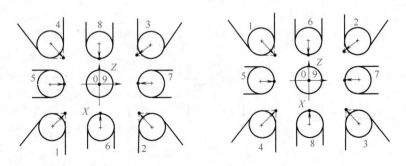

图 3-59　刀尖方位号

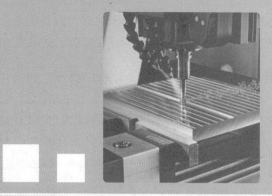

第四章

数控车床操作

第一节 SIEMENS-802S 系统数控车床的基本操作

一、开机的操作步骤

① 检查机床各部分初始状态是否正常。

② 合上机床电气柜总开关。

③ 按下操作面板上的电源开关，显示屏上首先出现 SINUMERIK-802S 系统字样，然后，系统进行自检后进入"加工"操作区 JOC 运行方式，出现"回参考点窗口"，如图 4-1 所示。

二、回参考点

数控机床开机后首先应进行回参考点操作，若不回参考点，螺距误差补偿和间隙补偿等功能将无法实现。机床参考点的位置由设置在机床 X 向、Z 向拖板上的机械挡块的位置来确定。当刀架返回机床参考点时，装在 X 向和 Z 向拖板上的两挡块分别压下对应的开关，向数控装置发出信号，停止刀架拖板运动，即完成了"回参考点"的操作。

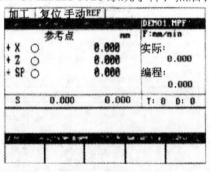

图 4-1 回参考点窗口

在机床通电后，刀架返回参考点之前，不论刀架处于什么位置，此时 CRT 屏幕上显示的 X、Z 坐标值均为 0。当完成了返回机床参考点的操作后，CRT 屏幕上立即显示出刀架中心点（对刀参考点）在机床坐标系中的坐标值，即建立了机床坐标系。

在以下三种情况下，数控系统会失去对机床参考点的记忆，必须进行返回参考点的操作：机床超程报警信号解除后；机床关机以后重新接通电源开关时；机床解除急停状态后。

"回参考点"只有在 JOG 方式下才能进行，操作步骤如下。

① 按下机床控制面板上的"回参考点"键。

② 按坐标轴方向键"+X、+Z"，点动使每个坐标轴逐一回参考点，直到回参考点窗口中显示 ⊕ 符号，表示 X、Z 轴完成回参考点操作。如果选错了回参考点方向，则不会产生运动。

③ 回完参考点后，应按下机床控制面板上的"JOG"键 〰️，进入手动运行方式，再分别按下方向键"-X、-Z"，使刀架离开参考点，回到换刀点位置附近。如刀架返回的速度太小，可旋转进给速度修调按钮，加大进给速度，也可在按下方向键的同时按下"快速叠加"键 〰️，加快返回速度。千万不能按错方向键，如若按下方向键"+X、+Z"，则刀架将超程。

三、手动（JOG）操作

在 JOG 运行方式中，可以使坐标轴点动运行，其速度可以通过进给速度修调按钮调节，JOG 方式的运行状态如图 4-2 所示。操作步骤如下。

① 通过机床控制面板上的 JOG 键圈选择手动运行方式。

② 按相应的方向键"+X"或"-Z"可以使坐标轴运行。只要相应的键一直按着，坐标轴就一直以机床设定数据中规定的速度运行。

③ 在点动运行方式下，同时按压 X、Z 方向的轴手动按键，能同时手动连续移动 X、Z 坐标轴，必要时可用修调按钮调节速度。

④ 在按下方向键的同时按下"快速叠加"键 〰️，可加快坐标轴的运行速度。

⑤ 在选择"增量"键 ⌐.〕 以步进增量方式运行时，依次按"增量"键 ⌐.〕 可以选择 1、10、100、1000 四种不同的增量（单位为 0.001），步进量的大小也依次在屏幕上显示，此时每按一次方向键，刀架相应运动一个步进增量。如果按"点动"键 〰️，则可以结束步进增量运行方式，恢复手动状态。

⑥ 在 JOG 方式，可以通过"功能扩展"键，进入"手轮"方式操作。屏幕上显示"手轮"窗口，如图 4-3 所示。

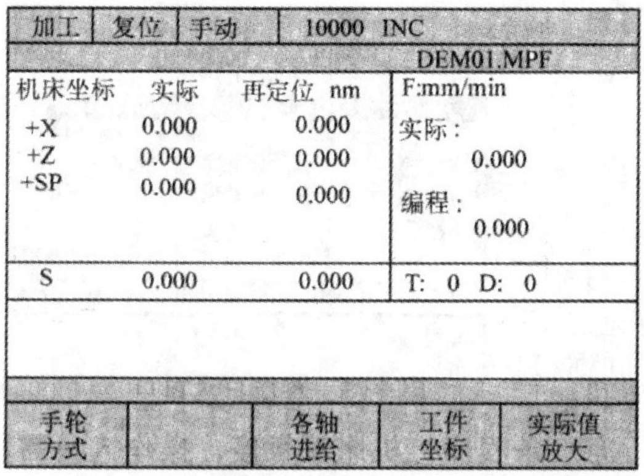

加工	复位	手动	10000 INC	
				DEM01.MPF
机床坐标	实际	再定位 nm	F:mm/min	
+X	0.000	0.000	实际：	
+Z	0.000	0.000		0.000
+SP	0.000	0.000	编程：	
				0.000
S	0.000	0.000	T: 0 D: 0	
手轮方式		各轴进给	工件坐标	实际值放大

图 4-2 JOG 窗口

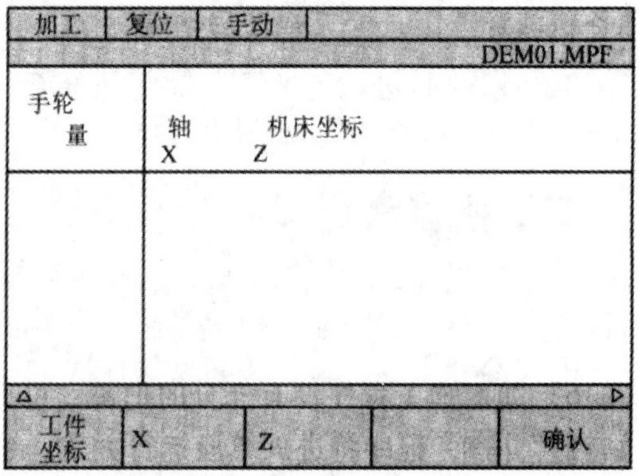

加工	复位	手动		
				DEM01.MPF
手轮量		轴	机床坐标	
		X	Z	
工件坐标	X	Z		确认

图 4-3 手轮窗口

⑦ 移动光标到所选的手轮，然后按相应的坐标轴软键，在窗口中出现符号 √，按"确认"表示已选择该坐标轴手轮。

⑧ 按"机床坐标"或"工件坐标"软键，可以从机床坐标系或工件坐标系中选择坐标轴，用来选手轮，所设定的状态显示在"手轮"窗口中。

四、MDA 运行方式

在 MDA 运行方式下，可以编制一个零件程序段加以执行，此运行方式中所有的安全锁定功能与自动方式一样，MDA 方式的运行状态如图 4-4 所示。操作步骤如下。

① 通过控制面板上的"手动数据"键选择 MDA 运行方式。

② 通过操作面板输入加工程序段，如：S600M03。

③ 按"程序启动"键执行输入的程序段，则主轴以 600r/min 的速度正转，执行完毕后，输入区的内容仍保留，可以重复地执行。

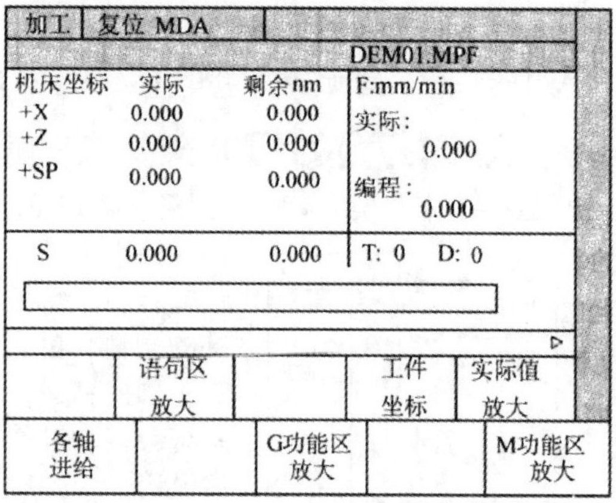

五、自动运行方式

在自动方式下零件程序可以自动加工执行，其前提条件是已经回参考点，加工的零件程序已经装入，输入了必要的补偿值，安全锁定装置已启动，自动方式的运行状态如图 4-5 所示。操作步骤如下。

① 通过机床控制面板上的"自动方式选择"键选择自动运行方式，屏幕上显示系统中所有程序目录窗口，如图 4-6 所示。

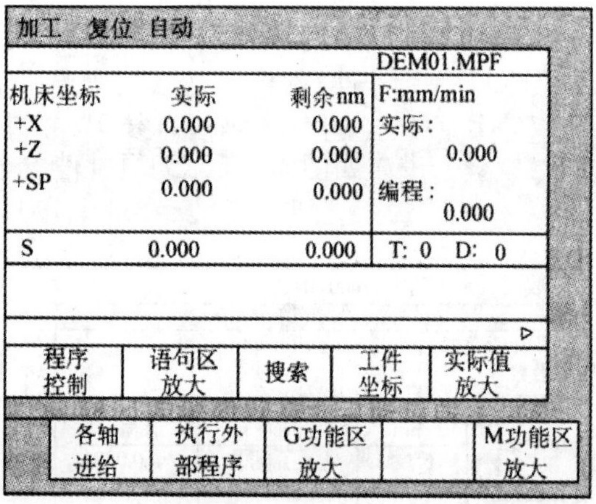

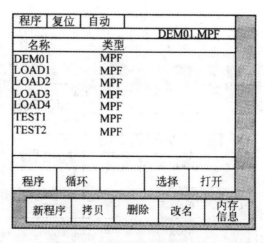

图 4-4　MDA 窗口

图 4-5　自动运行窗口　　　　图 4-6　程序目录窗口

② 用"光标移动"键定位所选的程序。

③ 用"选择"软键选择待加工的程序。

④ 如事先已完成对刀、零点偏移以及机床的其他各项调整工作，按"程序启动键"，程序将自动执行。

⑤ 为了方便观察工件的当前加工状态，可在 CNC 操作面板上按"加工显示"键，可显示加工过程中的有关参数，如主轴转速、进给率，显示机床坐标系（MCS）或工件坐标系（WCS）中坐标轴的当前位置及剩余行程等。

⑥ 如对加工程序没有充分的把握，可按"单段执行键"，程序将进入单段运行方式，每执行完一条程序，机床就暂停，操作人员需再按一次"程序启动键"，机床才执行下一条程序。按"自动方式选择"键，系统立即恢复自动运行。

⑦ 在程序自动运行过程中，可按"程序停止"键，则暂停程序的运行，按"程序启动"键，可恢复程序继续运行。

⑧ 在程序自动运行过程中，如按"复位"键 [//]，则中断整个程序的运行，光标返回到程序开头，按"程序启动"键 [◇]，程序从头开始重新自动执行。

六、对刀及刀具补偿参数的设置

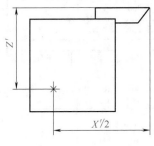

图4-7 刀具补偿值

数控车床刀架内有一个刀具参考点（基准点），如图4-7所示中的"×"。数控系统通过控制该点运动，间接地控制每把刀的刀尖运动。而各种形式的刀具安装后，每把刀的刀尖在两个坐标方向的位置均不同，所以刀补的测量目的是测出刀尖相对刀具参考点的距离即刀补值（X'、Z'），并将其输入CNC的刀补寄存器中。在加工程序调用刀具时，系统会自动补偿两个方向的刀偏移量，从而准确控制每把刀的刀尖轨迹。

刀具参数包括刀具几何参数、磨损量参数和刀具型号参数，不同类型的刀具均有一个确定的刀补参数。刀补参数的测量和设置步骤如下。

① 按机床操作面板上的"手动数据MDA"键 [▣]，进入MDA方式，如图4-4所示。在MDA方式窗口的程序输入区内输入程序段"S600 M03"，按CNC控制面板上的"输入确认"键 [⊖]，再按机床操作面板上的"程序启动"键 [◇]，则主轴以600r/min的速度正转。

② 主轴启动后，在程序输入区输入"T1 D1"，按"输入确认"键 [⊖]，再按"程序启动"键 [◇]，则刀架转位，1号外圆刀转到当前刀具位置。

③ 按"点动"键 [≋]，进入手动方式，用1号外圆刀车削工件右端面，沿X方向退刀。

④ 在CNC操作面板上按"区域转换"键 [☰] 返回主菜单，在主菜单中按"参数"软键，弹出R参数窗口，如图4-8所示。按"刀具补偿"软键，进入如图4-9所示刀具补偿参数窗口。

参数	复位	手动	10000 INC
			DEM01.MPF

R 参数

R0	0.000000	R7	0.000000
R1	0.000000	R8	0.000000
R2	0.000000	R9	0.000000
R3	0.000000	R10	0.000000
R4	0.000000	R11	0.000000
R5	0.000000	R12	0.000000
R6	0.000000	R13	0.000000

R 参数	刀具补偿	设定数据	零点偏移	

图4-8 R参数窗口

参数	复位	手动	1000 INC
			DEM01.MPF

刀具补偿数据 T-型：500
刀沿数 :1 T-号：1
D——号 :1 刀沿位置码：1

nm	几何尺寸	磨损
长度 1	0.000	0.000
长度 2	0.000	0.000
半径	0.000	0.000

<<D	D>>	<<T	T>>	搜索
复位刀沿	新刀沿	删除刀具	新刀具	对刀

图4-9 刀具补偿参数窗口

注：a.图4-9中T为刀具号，D为刀沿（补）号，一把刀具可以有若干个刀补号，例如T1 D1或T1 D2。

b.按"<<T"或"T>>"软键，可选择不同的刀具号；按"<<D"或"D>>"软键；可选择不同的刀沿号。

c.按"复位刀沿"可使刀具补偿值复位为零；按"删除刀具"可删除一把刀具所有刀沿的刀补参数。

d.按"新刀具"可创建新的刀具，按"新刀沿"可创建新的刀沿。

⑤ 在图4-9所示刀具补偿参数窗口中按"扩展"键▶，出现下层一排软键，按"对刀"软键，进入图4-10所示对刀窗口。图4-10（a）为X轴对刀窗口，图4-10（b）为Z轴对刀窗口，对刀窗口之间的切换可通过"轴＋"软键来实现。由于现在进行的是Z轴对刀，所以选择图4-10（b）窗口。

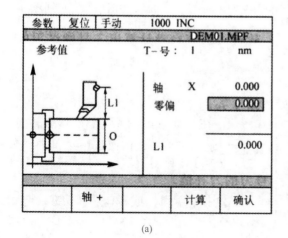

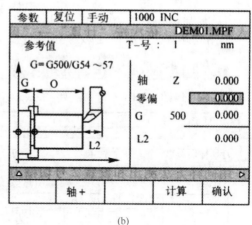

(a)   (b)

图4-10　对刀窗口

⑥ 按"主轴停转"键⏻，使主轴停转，测量卡爪右端面到工件右端面的尺寸，并把这个值输入到图4-10（b）所示零偏中。

⑦ 按"计算"→"确认"软键，系统自动计算出1号外圆刀的Z轴刀补L2，并自动输入到图4-9所示刀具补偿参数窗口中长度2的几何尺寸中。

⑧ 再次按下"MDA"键▣，在MDA方式窗口的程序输入区内输入程序段"S600 M03"，按"输入确认"键⮐，再按"程序启动"键◇，再次启动主轴。

⑨ 按"点动"键⚡，进入手动方式，用1号外圆刀车削工件外圆，沿Z轴退刀。

⑩ 再次按"区域转换"键▤返回主菜单，依次按"参数"→"刀具补偿"→"对刀"软键进入对刀窗口，按"轴＋"软键，将图4-10（b）所示窗口切换到图4-10（a）所示窗口。

⑪ 按"主轴停转"键⏻，使主轴停转，退刀，测量工件外圆直径，并把这个值输入到图4-10（a）所示零偏中。

⑫ 按"计算"→"确认"软键，系统自动计算出1号外圆刀的X轴刀补L1，并自动输入到图4-9所示刀具补偿参数窗口中长度1的几何尺寸中。这样就完成了1号外圆刀X、Z轴刀补的测量与设置。

⑬ 按"＋X、＋Z"方向键，使刀架退回换刀位置，再次按下"MDA"键▣，在MDA方式窗口的程序输入区内输入程序段"T3 D1"，依次按"输入确认"键⮐→"程序启动"键⮐，刀架转位，3号螺纹刀换为当前刀具。

⑭ 用步骤①的方法启动主轴正转，按"点动"键⚡，进入手动方式，将螺纹刀的刀尖逐渐靠近工件外圆。

⑮ 在刀尖距离工件外圆约0.5mm时，按"增量"键⌷以步进增量方式运行，依次按"增量"键⌷可以选择1、10、100、1000四种不同的增量（单位为0.001）。步进量的大小也依次在屏幕上显示，将增量调至100INC，然后反复点动"-X"方向键，使刀尖离工件更近。在刀尖离工件外圆约0.1mm时，再按一次"增量"键⌷，将步进增量调到10INC，再反复点动"-X"方向键，直到刀尖碰到工件有铁屑飞出为止。

⑯ 打开图4-10（a）所示对刀窗口，确认刀具号为3，刀沿号为1或2都可以，把工件

直径值输入到零偏中，依次按"计算"→"确认"软键，系统自动计算出 3 号螺纹刀的 X 轴刀补 L1，并自动输入到图 4-9 刀具补偿参数窗口中长度 1 的几何尺寸中。

⑰ 将螺纹刀尖对齐工件右端面（大致对齐就可以了，螺纹刀 Z 轴方向刀补要求并不严格），把卡爪右端面距工件右端面的值输入到图 4-10（b）所示对刀窗口的零偏中，同样按"计算"→"确认"软键，系统自动计算出 3 号螺纹刀的 Z 轴刀补 L2，并自动输入到图 4-9 所示刀具补偿参数窗口中长度 1 的几何尺寸中。

⑱ 用同样方法测出和设置 2 号切槽刀、4 号刀的刀补值。

七、刀尖圆弧半径补偿的设置

在应用 G41/G42 指令时，需要在系统中设置刀尖圆弧半径补偿，具体步骤如下。

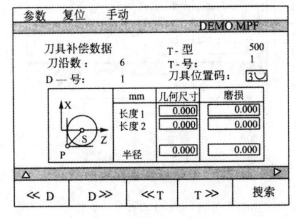

图 4-11　刀尖圆弧半径补偿设置窗口

① 在 CNC 操作面板上按"区域转换"键⊟返回主菜单，依次按主菜单中"参数"→"刀具补偿"软键，打开如图 4-11 所示刀尖圆弧半径补偿设置窗口。

② 按" <<T"或"T>> "软键，选择相应的刀具号，按" <<D"或"D>>"软键，可选择相应的刀沿号。

③ 将光标移到刀具位置码编辑区，按"选择转换"键 ↻ ，将刀具位置码调整为 3（外圆车刀的位置码为 3）。

④ 移动光标至几何尺寸半径编辑区，输入刀尖圆弧半径值。

八、刀具补偿值的修改

当我们使用带有刀具补偿值的车刀加工工件时，如果测得加工后的工件尺寸比图样要求的尺寸大，说明刀具磨损了，这就需要修改已存储在刀具补偿存储器里的该刀具的补偿值，以便加工出合格的工件。

例如：加工如图 4-12 所示 ϕ25mm 外圆，在加工过程中发现由于刀具磨损或刀补尺寸不准确，使工件尺寸产生误差，测量工件直径为 25.1mm，计算差值为 25.1-25.0=0.1（mm），即工件实际尺寸比图样要求尺寸大了 0.1mm，故需对原刀具补偿值进行修改。假设 X 轴原输入的刀具补偿值 L=12.2mm，则修改刀具补偿值的操作步骤如下。

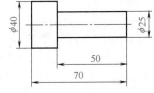

图 4-12　车削外圆

① 在 CNC 操作面板上按"区域转换"键⊟返回主菜单，依次按主菜单中"参数"→"刀具补偿"软键，打开如图 4-9 所示刀具补偿参数窗口。

② 按" <<T"或"T>> "软键，选择相应的刀具号，按" <<D"或"D>>"软键，可选择相应的刀沿号。

③ 将光标移到窗口中长度 1 的几何尺寸右边的磨损中，输入 -0.05 即可（为误差的半径值，若测得工件实际尺寸比图样尺寸小了 0.1mm，则在磨损中输入 +0.05）；也可直接将光标移到窗口中长度 L1 的几何尺寸上，将原来的刀具补偿值 L1=12.2 改成 12.15。

九、G54 ~ G57 零点偏移的设置

在回参考点后，实际值储存器及实际值的显示均以机床零点为基准，而工件的加工程序

则以工件零点为基准，这之间的值就是可设定零点偏移。零点偏移的设置步骤如下。

① 在 CNC 操作面板上按"区域转换"键 ▣ 返回主菜单，在主菜单中按"参数"软键，弹出如图 4-8 所示 R 参数窗口，按"零点偏移"软键，进入如图 4-13 所示零点偏移窗口，选择其中一个可设置零点偏移 G54 或 G55，若要选 G56 或 G57，可按 CNC 操作面板上的"翻页"键 ▼ 。

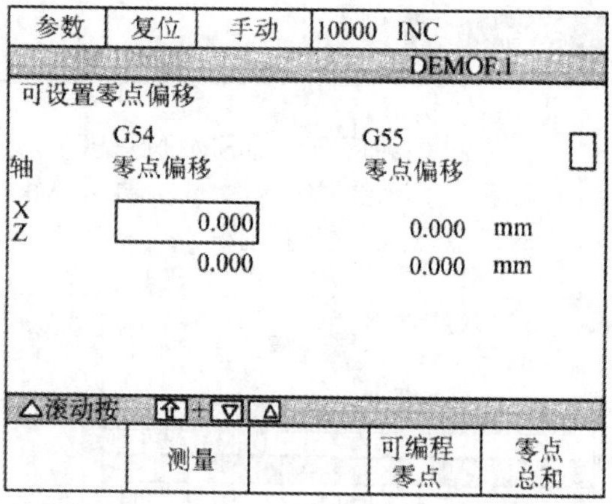

② 将光标移到 G54 的 X 轴零点偏移编辑区，输入 0.000，然后下移光标至 G54 的 Z 轴零点偏移编辑区，输入卡爪右端面距工件右端面的距离，则建立了以工件右端面中心为工件

参数	复位	手动	10000 INC	

DEMOF.1

可设置零点偏移

轴	G54 零点偏移	G55 零点偏移	
X Z	0.000	0.000	mm
	0.000	0.000	mm

△滚动按 ⬆+▽ △

	测量		可编程 零点	零点 总和

图 4-13　G54 ～ G57 零点偏移的设置窗口

原点的工件（编程）坐标系，程序中可直接调用 G54 指令。如用可编程零点偏移 G158 指令设置工件坐标系，不需要进行上述零点偏移的设置，只需在程序中书写 G158 X0 Z__程序段，地址 Z 后面的数值即为卡爪右端面距工件右端面的距离。

十、对刀正确性校验

在完成各刀补值的设置后，可进行对刀结果校验，如需校验 2 号切槽刀，具体步骤如下。

① 按机床操作面板上的"手动数据 MDA"键 ▣ ，进入 MDA 方式，在如图 4-4 所示 MDA 方式窗口的程序输入区内，输入程序段"S600 M03"，按 CNC 控制面板上的"输入确认"键 ⇥ ，再按机床操作面板上的"程序启动"键 ◇ ，则机床主轴以 600r/min 的速度正转。

② 主轴启动后，在程序输入区输入"T2 D1"，按"输入确认"键 ⇥ ，再按"程序启动"键 ◇ ，则刀架转位，2 号切槽刀转到当前刀具位置。

③ 继续在程序输入区内输入"G158 X0 Z__"或"G54"。

④ 继续在程序输入区内输入"G90 G94 G01 X50 Z0 F600"，再按"输入确认"键 ⇥ ，再按"程序启动"键 ◇ 。

⑤ 调节进给倍率按钮，控制刀架的进给速度，并观察刀尖是否到达预定的目标点。

⑥ 可用同样的方法校验其他几把刀具。

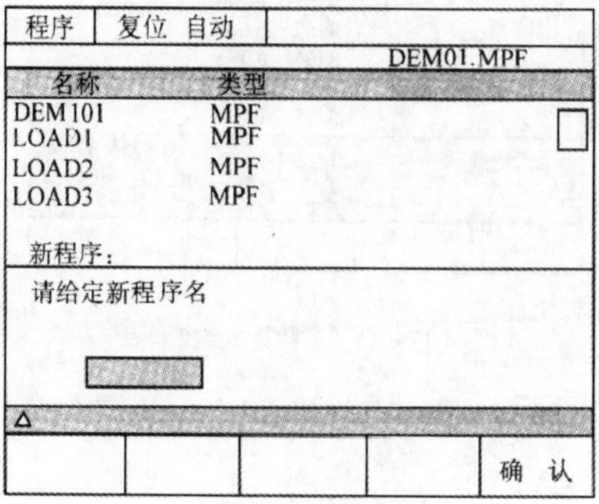

十一、程序的管理

1. 新程序的输入与编辑

① 在 CNC 操作面板上按"区域转换"键 ▣ 进入主菜单，在主菜单中按"程序"软键，打开如图 4-6 所示程序目录窗口。

② 按"扩展"键 ▶ ，在扩展软键菜单中按"新程序"软键，打开如图 4-14 所示新程序输入窗口，在新程序名输入区中输入新的程序名。

程序	复位	自动	

DEM01.MPF

名称	类型	
DEM101	MPF	
LOAD1	MPF	
LOAD2	MPF	
LOAD3	MPF	

新程序：

请给定新程序名

△

				确认

图 4-14　新程序输入窗口

程序名应符合 SIEMENS-802S 系统有关规则。如输入的是主程序，只需输入程序名，系统能自动生成扩展名 .MPF；如输入的是子程序，则在输入程序名的同时，需输入扩展名 .SPF。

③ 输入新程序名后，按"确认"软键，系统生成新程序文件，并自动进入如图 4-15 所示程序编辑窗口，通过 CNC 操作面板上的字母和数字键，就可以将新程序输入系统，每输完一段程序，按"输入确认"键 $\boxed{\Leftrightarrow}$，系统将自动生成程序段结束符 LF 并换行，直至输完所有的程序段。

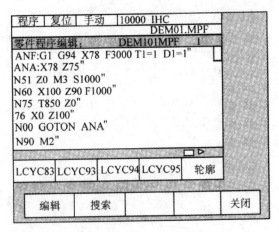

图 4-15　程序编辑窗口

2. 程序的打开、编辑和关闭

① 打开如图 4-6 所示程序目录窗口，将光标移到要打开的程序上，按"选择"软键，窗口右上角立即显示所选择的程序名，再按"打开"软键，即可打开该程序并进入该程序的编辑窗口，可对该程序进行删除、拷贝、粘贴等编辑修改。

② 在程序编辑状态，按"垂直菜单"键 $\boxed{\text{🔲}}$，可打开如图 4-16 所示垂直菜单，移动光标到显示的菜单列表中选择所需插入的 NC 指令处，按"输入确认"键 $\boxed{\Leftrightarrow}$，可在程序中方便地直接插入 NC 指令。

③ 也可在程序编辑窗口直接按"LCYC93""LCYC95"等循环指令软键，打开如图 4-17 所示循环参数输入窗口，在窗口中直接输入循环 R 参数。

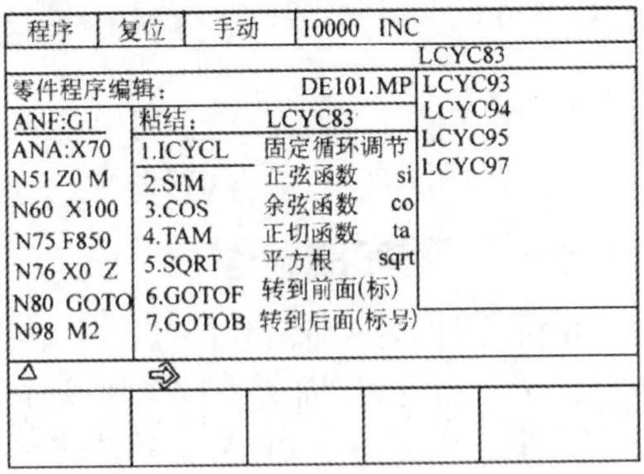

图 4-16　垂直菜单

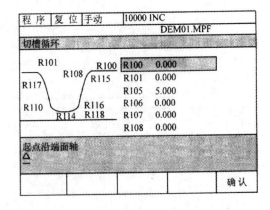

图 4-17　循环参数输入窗口

④ 如需关闭已打开的程序，可按"扩展"键 ▶，在扩展软键菜单中按"关闭"软键，即可关闭该程序，返回主菜单窗口。

3. 程序的拷贝与删除

① 打开如图 4-6 所示程序目录窗口，将光标移到要拷贝的程序上，按扩展软键菜单中

"拷贝"软键，打开程序拷贝窗口。

② 在程序拷贝窗口新程序名输入区内输入新程序名，按"确认"软键，则系统完成程序拷贝，生成新的程序，并返回程序目录窗口。

③ 若要删除某个程序，将光标移到要删除的程序上，按扩展软键菜单中"删除"软键，系统会显示删除窗口，并提示要删除的程序名，如按"确认"软键，则程序被删除。

4. 程序的通信

① 选用一台计算机，安装专用程序传输软件（如 CNC-EDIT），根据数控车床程序传输具体要求，设置传输参数。

② 通过 RS-232C 串行端口将计算机和数控车床连接起来。

③ 在计算机上打开 CNC-EDIT 程序传输软件，打开需传输的程序，如图 4-18 所示，并在程序开头输入传输的程序头，其格式为：

% __ N __ KG100 __ MPF

: $ PATH=/__ N __ MPF__ DIR

其中 KG100 为程序名。

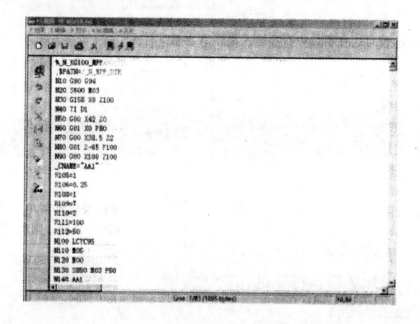

图 4-18　CNC-EDIT 编辑窗口

④ 在 CNC 操作面板上按"区域转换"键 ▤ 进入主菜单，在主菜单中按"通信"软键，打开如图 4-19 所示通信窗口，按"输入启动"软键，进入图 4-20 所示通信接收窗口，数控系统做好了接收程序的准备。

⑤ 单击 CNC-EDIT 编辑界面上的 ▦⚡▦ 按钮，弹出图 4-21 所示程序传输窗口，按 **4. Setup** 按钮，弹出如图 4-22 所示参数设置窗口，按图中椭圆圈的参数进行设置，设置完毕后，单击 **0. Save & Exit** 按钮，返回如图 4-21 所示程序传输窗口，单击窗口内 **1. Send** 按钮，程序开始传输，在程序传输窗口的下方显示传输的进度。

⑥ 程序传输完毕，在机床通信接收窗口显示输入程序的字节等参数。

⑦ 按"停止"软键，则完成程序的通信。

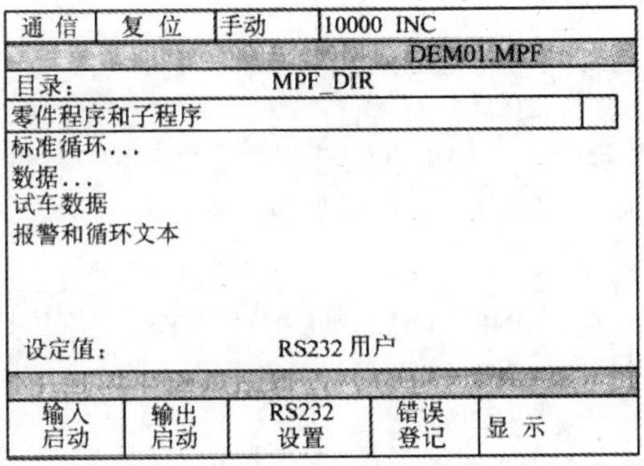

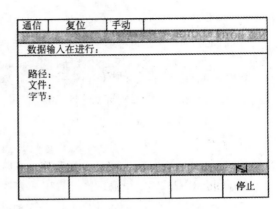

图 4-19　通信窗口

图 4-20　通信接收窗口

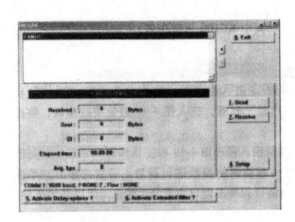

图 4-21　程序传输窗口

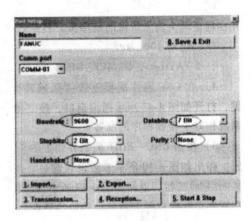

图 4-22　参数设置窗口

在规定的存取权限下还可以通过：RS-232C 接口读入或读出相应的数据（如机床数据、设定数据、刀具补偿、零点偏移、R 参数等）、零件程序（包括子程序）、开机调试数据（如 NCK 数据、PLC 数据、报警文本）、补偿参数、循环等文件。

十二、程序的空运行测试和断点搜索

1. 程序的空运行测试

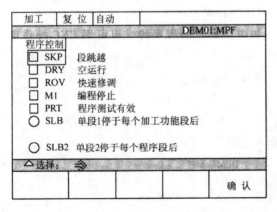

图 4-23　程序控制窗口

在自动加工前，通常要进行程序的校验，其校验的步骤如下。

① 选择要校验的程序。

② 按机床控制面板上的"自动方式选择"键 ⇒，系统进入如图 4-5 所示自动运行窗口，按"程序控制"软键，打开如图 4-23 所示程序控制窗口。

③ 移动光标至"空运行"选项，按"输入确认"键 ⇨，该选项左边的方框被打上激活标记 ⊠，程序测试时，程序中的 G01 进给速度将以 G00 快速进给速度运行，可提高程序测试效率。但实际加工时，一定要恢复不

激活状态，否则进给速度全以 G00 速度运行，非常危险。

④ 移动光标至"快速修调"，按"输入确认"键 ⊖，激活该选项，则可使快速进给速度可以调节。

⑤ 移动光标至"测试程序有效"选项，按"输入确认"键 ⊖，激活该选项，机床将处于锁定状态，程序照常运行，位置显示值变化，而机床各坐标轴不动，主轴、冷却、刀架照常工作。

⑥ 激活上述三个选项后，按"确认"软键，系统将返回自动运行窗口，按"程序启动"键 ◇，启动程序测试。

⑦ 程序中如有非法代码或语法错误，系统将报警，并停止测试。操作者可按"区域转换"键 ⊟ 进入主菜单，在主菜单中按"诊断"软键，打开如图 4-24 所示诊断窗口，根据报警号和文字提示，判断程序错误发生报警类型。

图 4-24　诊断报警窗口

⑧ 按机床控制面板上的"复位"键 //，消除报警，然后在主菜单窗口中按"程序"软键，打开测试的程序进行修改。修改完后按上述步骤重新测试，直至全部通过。

> **注意** 💡
>
> 该程序测试过程，只能测试出程序中的一些非法代码和语法错误，而不能检查出撞刀、尺寸等错误。

⑨ 程序测试完毕，应将图 4-23 所示程序控制窗口中"空运行"和"程序测试有效"两个选项恢复不激活状态，否则机床无法正常加工。

2. 断点搜索

在程序自动运行过程中，如按"复位"键 //，则中断整个程序的运行，光标返回到程序开头，按"程序启动"键 ◇，程序从头开始重新自动执行。

数控车床在自动加工时，有时发现后续程序有错误或某些影响机床正常加工的情况（如刀具崩刃、切屑缠绕工件等），操作人员可按下机床控制面板上的"复位"键 //，则中断整个程序的运行，机床的所有动作也全部停止，光标返回到程序开头。

当程序修改或故障排除后，如直接按下"程序启动"键 ◇，数控车床将从程序的头部重新开始加工，这样会造成许多空切，浪费加工时间。此时，可使用断点搜索功能，找出加工程序的中断点。即使刀具离开了中断的加工点（如在点动方式下将刀具退出未完成加工的工件轮廓排除铁屑），系统也能找到程序中断点，从断点的前一条程序恢复加工。其具体操作步骤如下。

① 按机床控制面板上的"自动方式选择"键 →。

② 在 CNC 操作面板上按"区域转换"键 ⊟ 进入主菜单，在主菜单中按"加工"软键，系统进入如图 4-5 所示自动运行窗口。

③ 在自动运行窗口，按"搜索"软键，进入图 4-25 所示程序段搜索窗口，准备装载中

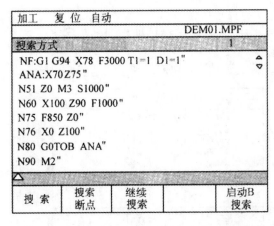

加工	复位	自动			
				DEM01.MPF	
搜索方式					1
NF:G1 G94 X78 F3000 T1=1 D1=1"					
ANA:X70 Z75"					
N51 Z0 M3 S1000"					
N60 X100 Z90 F1000"					
N75 F850 Z0"					
N76 X0 Z100"					
N80 G0TOB ANA"					
N90 M2"					
搜 索	搜索 断点	继续 搜索		启动B 搜索	

图 4-25　程序段搜索窗口

中断点，并从断点的前一条程序恢复加工。

断点坐标。

④ 在程序段搜索窗口按"搜索断点"软键，系统自动装载中断坐标，光标到达中断点程序段，即找到了程序的中断点。如机床操作人员知道中断点的程序段，也可用 CNC 操作面板上的光标移动键，直接移动到程序中断处。

⑤ 按图 4-25 所示程序段搜索窗口中的"启动 B 搜索"软键，机床将启动中断点搜索。

⑥ 按机床控制面板上的"程序启动"键 ◇，对窗口出现的报警不予理睬，再按一次"程序启动"键 ◇，机床会自动搜索到程序

第二节　FANUC 0i 系统数控车床的操作

数控车床的操作与数控车床的编程相比要容易得多，一般有一定的机械基础，经过几天或十几天的上车床培训，都能掌握基本的操作方法。虽然数控车床的操作简单易学，但数控车床型号众多，现在市场上常用的数控系统有几十种，各有特色，不同的数控系统的操作差别较大。因此，在操作时应根据所使用的数控系统进行灵活运用。

按照数控车床操作规程，操作任何数控车床之前，必须认真阅读该机床的使用说明书。

一、操作面板

FANUC 0i 系统车床的操作面板如图 4-26 所示。它由 CRT/MDI 操作面板及用户操作面板（两块）所组成。对于 CRT/MDI 操作区只要采用的是 FANUC 0i Mate-TC 系统，都是相同的；对于用户操作面板，由于生产厂家的不同而有所不同，主要在按钮或旋钮的设置方面有所不同。

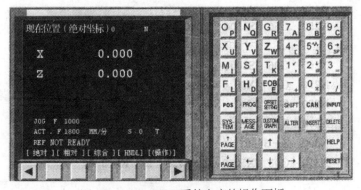

图 4-26　FANUC 0i 系统车床的操作面板

1. MDI 键盘说明

MDI 键盘如图 4-27 所示。其说明见表 4-1。

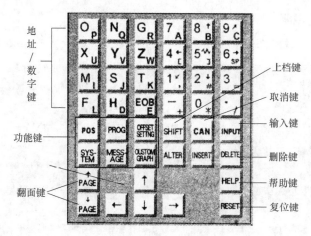

图 4-27 MDI 键盘

表 4-1 MDI 键盘的说明

名称	说　　明
（1）地址 / 数字键	
地址 / 数字键	用于输入数据到输入区域，系统自动判别取字母还是取数字
（2）编辑键	
ALTER（替换键）	用输入的数据替代光标所在的数据
DELETE（删除键）	删除光标所在的数据，或者删除一个数控程序或者删除全部数控程序
INSERT（插入键）	把输入域之中的数据插入到当前光标之后的位置
CAN（取消键）	消除输入域内的数据
EOBE（回撤换行键）	结束一行程序的输入并且换行
SHIFT（上档键）	上档键
（3）页面切换键	
PROG	数控程序显示与编辑页面键
POS	坐标位置显示页面键。位置显示有三种方式，用 PAGE 按钮选择
OFFSET SETTING	参数输入页面键。按第一次进入坐标系设置页面，按第二次进入刀具补偿参数页面。进入不同的页面以后，用 PAGE 键切换
HELP	系统帮助页面键
OUSTOM GRAPH	图形参数设置页面键
MESS-AGE	信息页面键，如"报警"
SYS-TEM	系统参数页面键
RESET	复位键
（4）翻面键	
↑ PAGE	向上翻面键
↓ PAGE	向下翻面键
（5）光标准移动（CURSOR）	
↑	向上移动光标
↓	向下移动光标
←	向左移动光标
→	向右移动光标
（6）输入键	
INPUT	把输入域内的数据输入到参数页面或者输入一个外部的数控程序

2.控制按钮功能说明

如图4-28所示为FANUC-0i数控系统机床控制面板，各按钮名称及用法见表4-2。

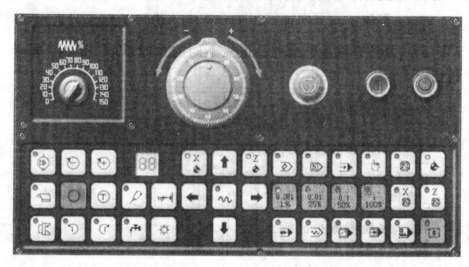

图4-28　FANUC-0i数控系统机床控制面板

表4-2　机床控制面板键盘的说明

名称	用　法	名称	用　法
	自动运行方式按钮		主轴反转按钮
	编辑方式按钮，显示当前加工状态（EDIT）		主轴停按钮
	手动数据输入方式按钮（MDI）		自动运行按钮
	返回参考点方式按钮		循环保持按钮
	手动控制（JOG）方式按钮		机床锁定按钮
	手摇脉冲控制方式按钮		自动运行状态控制按钮——单段运行程序
	主轴正转按钮		自动运行状态控制按钮——任选程序段跳过，选定此程序行前加"/"标记的程序段跳过

二、机床回参考点

1. 开机

① 检查 CNC 机床外表是否正常，例如，检查前门和后门是否已关闭。

② 打开位于车床后面电控柜上的主电源开关，应听到电控柜风扇和主轴电动机风扇开始工作的声音。

③ 按操作面板上的 POWER ON 按钮接通电源，几秒后 CRT 显示器上出现如图 4-26 所示的画面，然后才能操作数控系统的按钮，否则容易损坏机床。

④ 顺时针方向松开急停 EMERGENCY 按钮。

⑤ 绿灯亮后，机床液压泵已启动，机床进入准备状态。

2. 电源断开步骤

① 检查操作面板上的 IED 指示循环启动应在停止状态。

② 检查 CNC 机床的所有可移动部件都处于停止状态。

③ 外部输入输出设备（如便携式软盘机等）已连接到 CNC，则关闭外部输入输出设备。

④ 连续按 POWER OFF（电源断）按钮约 5s。

3. 机床回参考点

检查操作面板上回原点指示灯是否亮。若指示灯亮，则已进入回原点模式；若指示灯不亮，则点击 ⚬ 按钮，转入回原点模式。

在回原点模式下，先将 X 轴回原点，点击操作面板上的 ⬇ 按钮，此时 X 轴将回原点，X 轴回原点灯变亮°ˣ。同样，再点击 Z 轴方向移动按钮 ➡，此时 Z 轴将回原点，Z 轴回原点灯变亮°ᶻ，此时 CRT 界面如图 4-29 所示。

```
现在位置（绝对坐标）        O          N

X                390.000

Z                300.000



JOG  F    1000
ACT . F   1000  MM/分              S  O  T
REF  ****  ****  ***
[ 绝对 ]  [ 相对 ]  [ 综合 ]  [ HNDL ]  [（操作）]
```

图 4-29　机床回参考点

三、手动操作

1. 手动 / 连续方式

点击操作面板上的手动按钮 ⚬，使其指示灯亮，机床进入手动模式。点击 ⬆、⬇ 或 ➡、⬅ 键，控制机床的移动方向。点击 ⚬ 按钮，当其上面的指示灯亮时便能实现快速移动。点击 ⚬、⚬、O 按钮能实现主轴正反方向转动和停止。

2. 手动脉冲方式

在手动 / 连续方式或在对刀需精确调节机床时，可用手动脉冲方式调节机床。点击操作面板上的手摇脉冲控制方式按钮 ⚬，使指示灯变亮。通过按钮 °ˣ 或 °ᶻ 选择坐标轴；再通过 ⚬ 按钮，选择脉冲量的大小，此时转动手轮能精确控制机床的移动。

四、对刀

数控程序一般按工件坐标系编程，对刀的过程就是建立工件坐标系与机床坐标系之间关系的过程。一般将工件右端面中心点（车床）设为工件坐标系原点。常见对刀方法有以下几种。

1. 测量工件原点，直接输入工件坐标系 G54 ～ G59

① 切削外径。点击操作面板上的手动按钮，手动状态指示灯变亮，机床进入手动操作

模式，点击控制面板上的 ⬆ 按钮，使机床在 X 轴方向移动；同样通过 ⬅ 使机床在 Z 轴方向移动。

点击操作面板上的 ⟳、⟲ 按钮，启动主轴。再点击 Z 轴方向 ⬅ 移动按钮，用所选刀具试切工件外圆，然后按 ➡ 按钮，X 方向保持不动，刀具退出。

② 测量切削位置的直径，记下 X 的值 a。

③ 按下 MDI 键盘上的 OFFSET/SETTING 键。

④ 把光标定位在需要设定的坐标系上。

⑤ 光标移到 X。

⑥ 输入直径值 a。

⑦ 按软键"输入"或"INPUT"键。

⑧ 切削端面。点击操作面板上的 ⟳、⟲ 按钮，使其指示灯变亮，主轴转动。点击控制面板上的 ⬆ 按钮，切削工件端面。然后按 ⬇ 按钮，Z 方向保持不动，刀具退出。

⑨ 点击操作面板上的主轴停止按钮，使主轴停止转动。

⑩ 把光标定位在需要设定的坐标系上。

⑪ 按下需要设定的轴"Z"键。

⑫ 输入工件坐标系原点的距离（注意距离有正负号）。

⑬ 按软键"测量"，自动计算出坐标值填入。

工具补正		00000	N	0000
番号	X	Z	R	T
01	0.000	0.000	0.000	0
02	0.000	0.000	0.000	0
03	0.000	0.000	0.000	0
04	0.000	0.000	0.000	0
05	0.000	0.000	0.000	0
06	0.000	0.000	0.000	0
07	0.000	0.000	0.000	0
08	0.000	0.000	0.000	0

现在位置（相对坐标）
U   0.000   W   0.000
>   S   O   T
MDI   ****   ***   ***
[NO 检索] [测量]   [C. 输入]   [+ 输入]   [输入]

图 4-30　刀偏假定屏幕显示界面

中 Z 的坐标值，记为 β（此处以工件端面中心点为工件坐标系原点，则 β 为 0）。

保持 Z 轴方向不动，刀具退出。进入形状补偿参数设定界面，将光标移到相应的位置，输入 Z_β，按"测量"软键输入到指定区域。

2. 测量、输入刀具偏移量

使用这个方法对刀，在程序中直接使用机床坐标系原点作为工件坐标系原点。

用所选刀具试切工件外圆，点击主轴停止按钮，使主轴停止转动，点击菜单"测量 / 坐标测量"，得到试切后的工件直径，记为 a。

保持 X 轴方向不动，刀具退出。点击 MDI 键盘上的 OFFSET/SETTING 键，进入形状补偿参数设定界面，将光标移到相应的位置，输入 X_a，按"测量"软键（如图 4-30 所示）输入。

试切工件端面，读出端面在工件坐标系

3. 设置偏置值完成多把刀具对刀

方法一：选择一把刀为标准刀具，采用试切法或自动设置坐标系法完成对刀，把工件坐标系原点放入 G54～G59，然后通过设置偏置值完成其他刀具的对刀，下面介绍刀具偏置值的获取办法。

点击 MDI 键盘上 POS 键和"相对"软键，进入相对坐标显示界面，如图 4-31 所示。

现在位置（绝对坐标）		O		N
U	390.000			
W	300.000			

JOG   F   1000
ACT . F   1000   MM/分   S   O   T
REF   ****   ****   ***

图 4-31　相对坐标显示界面

选定的标准刀试切工件端面，将刀具当前的 Z 轴位置设为相对零点（设零前不得有 Z 轴位移）。

依次点击 MDI 键盘上的 ⊞shift、⊞Z_W、⊞0_* 输入 "WO"，按软键 "预定"，则将 Z 轴当前坐标值设为相对坐标原点。

标准刀试切零件外圆，将刀具当前 X 轴的位置设为相对零点（设零前不得有 X 轴的位移）。依次点击 MDI 键盘上的 ⊞shift、⊞X_U、⊞0_* 输入 "UO"，按软键 "预定"。则将 X 轴当前坐标值设为相对坐标原点。此时 CRT 界面如图 4-32 所示。

换刀后，移动刀具使刀尖分别与标准刀切削过的表面接触。接触时显示的相对值即为该刀相对于标准刀的偏置值 ΔX、ΔZ（为保证刀准确移到工件的基准点上，可采用手动脉冲进给方式）。此时 CRT 界面如图 4-33 所示，所显示的值即为偏置值。将偏置值输入到磨损参数补偿表或形状参数补偿表内。

```
现在位置（绝对坐标）         O          N


U           0.000


W           0.000



JOG    F   1000
ACT . F  1000  MM/分                  S  O  T
REF  ****  ****  ***
```

图 4-32　用 G54 ～ G59 建立工件坐标系

```
现在位置（绝对坐标）         O          N


U         - 114.567


W           89.550



JOG    F   1000
ACT . F  1000  MM/分                  S  O  T
REF  ****  ****  ***
```

图 4-33　相对坐标显示界面

> **注意** 💡
>
> MDI 键盘上的 ⊞shift 键用来切换字母键，如 ⊞X_U 键，直接按下输入的为 "X"，按 ⊞shift 键，再按 ⊞X_U，输入的为 "U"。

方法二：分别对每一把刀测量，输入刀具偏移量。

五、车床刀具补偿参数

车床的刀具补偿包括刀具的磨耗量补偿参数和形状补偿参数，两者之和构成车刀偏置量补偿参数。

1. 输入磨耗量补偿参数

刀具使用一段时间后磨耗，会使产品尺寸产生误差，因此需要对刀具设定磨耗量补偿，步骤如下。

在 MDI 键盘上点击 ⊞OFFSET SETTING 键，进入磨耗补偿参数设定界面，如图 4-34 所示。

用方位键 ↑ ↓ 选择所需的番号，并用 ← → 确定所需补偿的值。点击数字

工具补正 / 磨耗		O	N	
番号	**X**	**Z**	**R**	**T**
01	0.000	0.000	0.000	0
02	0.000	0.000	0.000	0
03	0.000	0.000	0.000	0
04	0.000	0.000	0.000	0
05	0.000	0.000	0.000	0
06	0.000	0.000	0.000	0
07	0.000	0.000	0.000	0
08	0.000	0.000	0.000	0

现在位置（相对坐标）
　U　　-114.567　　　　W　　　89.550
> 　　　　　　　　　　　　　　S　O　T
JOG　****　***　***

图 4-34　刀具磨耗量的设置

工具补正		00000		N	0000
番号	X	Z	R		T
01	0.000	0.000	0.000		0
02	0.000	0.000	0.000		0
03	0.000	0.000	0.000		0
04	0.000	0.000	0.000		0
05	0.000	0.000	0.000		0
06	0.000	0.000	0.000		0
07	0.000	0.000	0.000		0
08	0.000	0.000	0.000		0

现在位置（相对坐标）

U   -114.567   W   89.550

\>   S   O   T

MDI   ****   ***   ***

[NO 检索]   [测量]   [C. 输入]   [+输入]   [输入]

图 4-35   刀具偏置量的设置

输入半径或方位号，按"输入"软键输入。

键，输入补偿值到输入域。按软键"输入"或按 INPUT ，参数输入到指定区域。按 CAN 键逐字删除输入域中的字符。

2. 输入形状补偿参数

在 MDI 键盘上点击 OFFSET/SETTING 键，进入形状补偿参数设定界面，如图 4-35 所示。用方位键 ↑ ↓ 选择所需的番号，并用 ← → 确定所需补偿的值。点击数字键，输入补偿值到输入域。按软键"输入"或按 INPUT ，参数输入到指定区域。按 CAN 键逐字删除输入域中的字符。

3. 输入刀尖半径和方位号

分别把光标移到 R 和 T，按数字键

六、数控程序处理

1. 编辑程序

数控程序可以直接用 FANUC-0i 系统的 MDI 键盘输入。

点击操作面板上的编辑按钮 ，编辑状态指示灯变亮，此时已进入编辑状态。点击 MDI 键盘上的 PROG ，CRT 界面转入编辑页面。选定了一个数控程序后，此程序显示在 CRT 界面上，可对数控程序进行编辑操作。

① 移动光标   按 PAGE↑ 和 PAGE↓ 用于翻页，按方位键 ↑ ↓ ← → 移动光标。

② 插入字符   先将光标移到所需位置，点击 MDI 键盘上的数字/字母键，将代码输入到输入域中，按 INSERT 键，把输入域的内容插入到光标所在代码后面。

③ 删除输入域中的数据   按 CAN 键用于删除输入域中的数据。

④ 删除字符   先将光标移到所需删除字符的位置，按 DELETE 键，删除光标所在的代码。

⑤ 查找   输入需要搜索的字母或代码，按 ↓ 开始在当前数控程序中光标所在位置后搜索。如果此数控程序中有所搜索的代码（代码可以是一个字母或一个完整的代码，例如："N0010""M"等），则光标停留在找到的代码处；如果此数控程序中光标所在位置后没有所搜索的代码，则光标停留在原处。

⑥ 替换   先将光标移到所需替换字符的位置，将替换成的字符通过 MDI 键盘输入到输入域中，按 ALTER 键，用输入域的内容替代光标所在的代码。

2. 数控程序管理

① 显示数控程序目录   经过导入数控程序操作后，点击操作面板上的编辑按钮 ，编辑状态指示灯变亮，此时已进入编辑状态。点击 MDI 键盘上的 PROG ，CRI 界面转入编辑页面。按软键"LIB"经过 DNC 传送的数控程序名显示在 CRT 界面上，如图 4-36 所示。

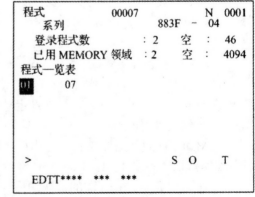

程式	00007		N	0001
系列		883F	-	04
登录程式数	: 2	空	:	46
已用 MEMORY 领域	: 2	空	:	4094

程式一览表

01   07

\>   S   O   T

EDTT ****   ***   ***

图 4-36   显示数控程序目录

② 选择一个数控程序　经过导入数控程序操作后，点击 MDI 键盘上的 PROG，CRT 界面转入编辑页面。利用 MDI 键盘输入 "O×"（× 为数控程序目录中显示的程序号），按 ↓ 键开始搜索，搜索到后 "O××××" 显示在屏幕首行程序号位置，NC 程序显示在屏幕上。

③ 删除一个数控程序　点击操作面板上的编辑按钮 ，编辑状态指示灯变亮，此时已进入编辑状态。利用 MDI 键盘输入 "O×"（× 为要删除的数控程序在目录中显示的程序号），按 DELETE 键，程序即被删除。

④ 新建一个 NC 程序　点击操作面板上的编辑按钮 ，编辑状态指示灯变亮，此时已进入编辑状态。点击 MDI 键盘上的 PROG，CRT 界面转入编辑页面。利用 MDI 键盘输入 "O×"（× 为程序号，但不可以与已有程序号重复）按 INSERT 键则程序号被输入，按下 EOBE 键，再按下 INSERT 键，则程序结束符 "；" 被输入，CRT 界面上显示一个空程序，可以通过 MDI 键盘开始程序输入。输入一段代码后，按 EOBE 键→ INSERT 键，输入域中的内容显示在 CRT 界面上，光标移到下一行，然后可以进行其他程序段的输入，直到全部程序输完为止。

⑤ 删除全部数控程序　点击操作面板上的编辑按钮 ，编辑状态指示灯变亮，此时已进入编辑状态。点击 MDI 键盘上的 PROG，CRT 界面转入编辑页面。利用 MDI 键盘输入 "0—9999"，按 DELETE 键，全部数控程序即被删除。

3. 保存程序

编辑好的程序需要进行保存操作。点击操作面板上的编辑按钮 ，编辑状态指示灯变亮，此时已进入编辑状态。按软键 "操作"，在下级子菜单中按软键 "PUNCH"，在弹出的对话框中输入文件名，选择文件类型和保存路径，按 "保存" 按钮。

七、自动加工方式

1. 自动 / 连续方式

① 自动加工流程　检查机床是否回零，若未回零，先将机床回零。导入数控程序或自行编写一段程序。点击操作面板上的 "自动运行" 按钮，使其指示灯变亮。点击操作面板上的 按钮，程序开始执行。

② 中断运行　数控程序在运行过程中可根据需要暂停、停止、急停和重新运行。数控程序在运行时，按循环保持 ，程序停止执行；再点击 按钮，程序从暂停位置开始执行。数控程序在运行时，按下急停按钮 ，数控程序中断运行，继续运行时，先将急停按钮松开，再按 按钮，余下的数控程序从中断行开始作为一个独立的程序执行。

2. 自动 / 单段方式

检查机床是否机床回零，若未回零，先将机床回零。再导入数控程序或自行编写一段程序。点击操作面板上的 "自动运行" 按钮，使其指示灯变亮。点击操作面板上的 "单节" 按钮 。点击操作面板上的 ，程序开始执行。

注意

自动 / 单段方式执行每一行程序均需点击一次 按钮。

可以通过主轴倍率旋钮和进给倍率旋钮来调节主轴旋转的速度和移动的速度。按 RESET 键可将程序重置。

3. 运行轨迹

NC 程序导入后，可检查运行轨迹。点击操作面板上的自动运行按钮，使其指示灯变亮，转入自动加工模式，点击 MDI 键盘上的 PROG 按钮，点击数字 / 字母键，输入 "O×"（× 为所需要检查运行轨迹的数控程序号），按 ↓ 开始搜索，找到后，程序显示在 CRT 界面上。点击 CUSTOM GRAPH 按钮，进入检查运行轨迹模式，点击操作面板上的循环启动按钮 🔒，即可观察数控程序的运行轨迹，此时也可通过"视图"菜单中的动态旋转、动态放缩、动态平移等方式对三维运行轨迹进行全方位的动态观察。

八、MDI 模式

点击操作面板上的 🔒 按钮，使其指示灯变亮，进入 MDI 模式。在 MDI 键盘上按 PROG 键，进入编辑页面。输入数据指令：在输入键盘上点击数字 / 字母键，可以做取消、插入、删除等修改操作。按数字 / 字母键输入字母 "O"，再输入程序号，但不可以与已有程序号重复。输入程序后，用回车换行键 EOBE 结束一行的输入后换行。移动光标，按 ↑PAGE 和 ↓PAGE 上下方向键翻页。按方位键 ↑ ↓ ← → 移动光标。按 CAN 键，删除输入域中的数据；按 DELETE 键，删除光标所在的代码。按键盘上 INSERT 键，输入所编写的数据指令。输入完整数据指令后，按循环启动按钮 🔒 运行程序。用 RESET 清除输入数据。

第三节 广州数控 980TD 系统数控车床的基本操作

广州数控 980TD 系统操作面板如图 4-37 所示。

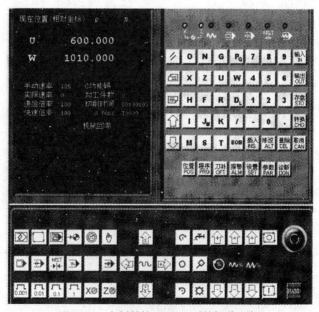

图 4-37　广州数控 980TD 系统操作面板

一、程序的录入

① 打开程序开关：按［录入］→［设置］→［↓］→［1］或［0］→［输入］→［翻页］→［↓］→［W］左移或［DL］右移→录完后关程序开关。

② 建立新程序：按［编辑］→［程序］→输入程序名→［EOB］。

③ 录入程序内容：程序段尾按［EOB］。

④ 程序的选择：按［编辑］或［自动］→［程序］→输入程序名→［↓］或按［编辑］或［自动］→［程序］→输入［0］→［↓］→［程序］→输入［O］一［↓］。

⑤ 单个程序的删除：按［编辑］→［程序］→输入程序名→［删除］。

⑥ 指令字的插入：光标位于前→地址→输入内容→［插入］。

⑦ 指令字的删除：光标位于该地址下→［删除］。

⑧ 指令字的修改：光标位于被修改指令字→输入新指令字→［修改］。

⑨ 程序的改名：按［编辑］→［程序］→输入新名→［修改］。

⑩ 程序目录检索：非编辑方式按程序→［转换］显示其余。

二、机械回零对刀

以工件右端面中心点为坐标系的 0 点为例介绍机械回零对刀。

1. 简介

① 按［机械零点］→［X+］至 XO →［Z+］至 Z0。

② 选任一把刀并使其刀的偏置号为 00（操作方法见本节四、刀偏值的修改（3）：刀具偏置值清零）。

③ 切右端面按［刀补］→选刀号。

④ 依次键入［Z］→［0］→［输入］，Z 轴偏置值被设定。

⑤ 切外圆，测量后按［刀补］选刀号。

⑥ 依次键入［X］→［测量值］→［输入］，X 轴偏置值被设定。

⑦ 其余刀按以上步骤设定。

⑧ 注意事项：

a. 第一程序段必须为：G0　X__Z__T0101；

b. 按急停后及重开机，必须做一次回机械零点操作；

c. 程序中不能用 G50 指令设定工件坐标系。

2. 详细介绍

以工件端面建立工件坐标系，如图 4-38 所示。操作步骤如下。

（1）Z 轴偏置值设定

① 按［机械零点］键进入机械回零操作方式，使两轴回机械零点；

② 选择任意一把刀，使刀具中的偏置号为 00（如 T0100，T0300）；

③ 使刀具沿 A 表面切削；

④ 在 Z 轴不动的情况下，沿 X 退出刀具，并且停止主轴旋转；

⑤ 按［刀补］键进入偏置页面，移动光标选择某一偏置号；

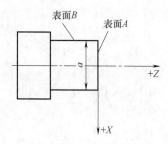

图 4-38　以工件端面建立工件坐标系

⑥ 依次按地址键［Z］、数字键［0］及［输入］键，Z 轴偏置值被设定。

（2）X轴偏置值设定

① 使刀具沿 B 表面切削；

② 在 X 轴不动的情况下，沿 Z 退出刀具，并且停止主轴旋转；

③ 测量距离 "a"（假定 a=15）；

④ 按［刀补］键进入偏置页面，移动光标选择某一偏置号；

⑤ 依次按地址键［X］、数字键［1］、［5］及［输入］键，X 轴偏置值被设定。

（3）另一把刀 Z 轴偏置值设定

另一把刀 Z 轴偏置值设定如图 4-39 所示。

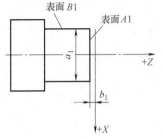

图 4-39 另一把刀 Z 轴偏置值设定

① 移动刀具至安全换刀位置；

② 换另一把刀，使刀具中的偏置号为 00（如 T0100，T0300）；

③ 刀具沿 A1 表面切削；

④ 在 Z 轴不动的情况下，沿 X 退出刀具，并且停止主轴旋转，测量 A1 表面与工件坐标系原点之间的距离 "b_1"（假定 b_1=1）；

⑤ 按［刀补］键进入偏置页面，移动光标选择某一偏置号；

⑥ 依次按地址键［Z］、符号键［-］、数字键［1］及［输入］键，Z 轴偏置值被设定。

（4）另一把刀 X 轴偏置值设定

① 使刀具沿 B1 表面切削；

② 在 X 轴不动的情况下，沿 Z 退出刀具，并且停止主轴旋转；

③ 测量距离 "a_1"（假定 a_1=10）；

④ 按［刀补］键进入偏置页面，移动光标选择某一偏置号；

⑤ 依次按地址键［X］、数字键［1］、［0］及［输入］键，X 轴偏置值被设定；

⑥ 移动刀具至安全换刀位置。

重复步骤（3）和（4），即可完成所有刀的对刀。

三、试切对刀

1. 任意一把刀对刀

任意一把刀对刀如图 4-40 所示。

① 选择任意一把刀，使刀具沿 A 表面切削；

② 在 Z 轴不动的情况下，沿 X 退出刀具，并且停止主轴旋转；

③ 按［刀补］键进入偏置页面，移动光标选择某一偏置号；

④ 依次按地址键［Z］、数字键［0］及［输入］键；

⑤ 使刀具沿 B 表面切削；

⑥ 在 X 轴不动的情况下，沿 Z 退出刀具，并且停止主轴旋转；

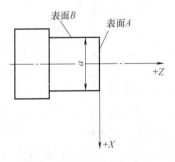

图 4-40 任意一把刀对刀

⑦ 测量距离 "a"（假定 a=15）；

⑧ 按［刀补］键进入偏置页面，移动光标选择某一偏置号；

⑨ 依次按地址键［X］、数字键［1］、［5］及［输入］键。

2.另一把刀对刀

另一把刀对刀如图 4-41 所示。

① 移动刀具至安全换刀位置，换另一把刀，使刀具沿 $A1$ 表面切削；

② 在 Z 轴不动的情况下，沿 X 退出刀具，并且停止主轴旋转；

③ 测量 $A1$ 表面与工件坐标系原点之间的距离 "b_1"（假定 $b_1=1$）；

④ 按［刀补］键进入偏置页面，移动光标选择某一偏置号；

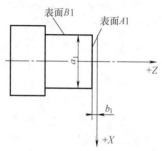

图 4-41　另一把刀对刀

⑤ 依次按地址键［Z］、符号键［-］、数字键［1］及［输入］键；

⑥ 使刀具沿 $B1$ 表面切削；

⑦ 在 X 轴不动的情况下，沿 Z 退出刀具，并且停止主轴旋转；

⑧ 测量距离 "a_1"（假定 $a_1=10$）；

⑨ 按［刀补］键进入偏置页面，移动光标选择某一偏置号，依次按地址键［X］、数字键［1］、［0］及［输入］键，X 轴偏置值被设定。

重复步骤 2，即可完成所有刀的对刀。

四、刀偏值的修改

1.简介

① 绝对值输入：按［刀补］→［翻页］［↓］选刀号→［X］或［Z］及补偿量→［输入］。

② 增量值输入：按［刀补］→［翻页］［↓］选刀号→［U］或［W］及补偿量→［输入］。

2.详细介绍

按［刀补］键进入偏置界面，通过按翻页键，分别显示 000 至 032 偏置号。

刀具偏置

序号	X	Z	R	T
000	0.000	0.000	0.000	0
001	90.720	-116.424	0.000	0
002	0.000	0.000	0.000	0
003	0.000	0.000	0.000	0
004	0.000	0.000	0.000	0
005	0.000	0.000	0.000	0
006	0.000	0.000	0.000	0
007	0.000	0.000	0.000	0

相对坐标

U　0.000　　　　W　0.000

序号 000　　　　S0000 T0100

录入方式有如下几种。

（1）绝对值输入

① 按［刀补］键进入偏置页面，通过按翻页键，分别显示 000 至 032 偏置号；

② 移动光标至要输入的刀具偏置号的位置；

③ 按地址键［X］或［Z］后，输入数字（可以输入小数点）；

④ 按［输入］键后，CNC 自动计算刀具偏置量，并在页面上显示出来。

（2）增量值输入

① 按［刀补］键进入偏置页面，通过按翻页键，分别显示 000 至 032 偏置号；

② 移动光标至要输入的刀具偏置号的位置；

③ 如要改变 X 轴的刀具偏置值键入 U；改变 Z 轴刀具偏置值键入 W；

④ 键入增量值；

⑤ 按［输入］，系统即把现在的刀具偏置值与键入的增量值相加，其结果作为新的刀具偏置值显示出来。

（3）刀具偏置值清零

① 把 X 轴的刀具偏置值清零：按［X］键，再按［输入］键，X 轴的刀具偏置值被清零。

② 把 Z 轴的刀具偏置值清零：按［Z］键，再按［输入］键，Z 轴的刀具偏置值被清零。

五、程序的校验

① 图形参数设置：按［设置］→［翻页］进入图形参数页→［录入］→移动光标至项目前→设置 Z 最大（稍大于工件 Z）→设置 Z 最小（稍小于工件 Z）→设置 X 最大（稍大于工件 X）→设置 X 最小（稍小于工件 X）→［输入］。

② ［设置］→［翻页］进入图形轨迹演示→［自动］→［机床锁］［辅助锁］［空运行］→［S］→［运行］（如看不到刀具轨迹，按［I］放大或按［M］缩小）。

六、其他操作（表 4-3）

表 4-3　其他操作

类别	说　明
超程解除	按［超程解除］不放→［复位］→［翻页］→［复位］→［复位］→［X+］或［X-］或［Z+］或［Z-］
自动运行	选程序→［自动］→［运行］
单段运行	按［自动］→［单段］→［运行］
单步运行	按［单步］→选增量值→［X+］或［X-］或［Z+］或［Z-］
MDI 运行	按［录入］→［程序］进 MDI 页→键入各指令字→数字→输入→［运行］（按复位键可删除输入内容）
空运行	按［自动］→［空运行］→［运行］
液晶亮度调整	按［位置］进相对坐标→按［U］或［W］即闪动 U 或 W→按［↑］暗→按［↓］亮
相对坐标清零	按［位置］进相对坐标→按［U］或［W］即闪动 U 或 W→［取消］
机床坐标清零	按［位置］进综合坐标→按［取消］不放→按［X］或［Z］
多功能键的功能	①［位置］：相对坐标，绝对坐标，综合坐标，位置，程序 ②［程序］：程序，程序目录，MDI ③［刀补］：刀补数据，宏变量 ④［报警］：报警信息，外部信息 ⑤［设置］： a. 设置：代码设置，开关设置 b. 图形：图形参数，图形显示
手动操作	按［手动］进入手动操作方式，可以进行以下操作 标轴移动：①按方向键实现 X、Z 轴移动，按转换键实现手动进给／手动快速转换 ②手动进给倍率、手动快速倍率、主轴转速倍率的调整：按相应键实现 ③主轴正转、反转、停止控制：按相应键实现 ④冷却液控制：按相应键实现 ⑤手动换刀：按相应键实现 ⑥手轮操作：通过选择增量和选择 X 或 Z 方向以及手轮的正反转，可实现刀的移动

类别	说　明
要点提示	①过对刀建立工件坐标系。编程时，首先要确定工件坐标系的零点，所有程序中的坐标值，都是工件坐标系中的坐标值。在加工前，工件坐标系的零点要通过对刀建立。所以，对刀的操作要认真、细致和准确 ②机械回零对刀和试切对刀，都是通过设置刀偏数据来实现的。刀具补偿包括刀具位置补偿和刀尖圆弧半径补偿。刀具补偿号从"01"组开始，"00"为取消刀具补偿号，一般用同一编号指令刀具号和补偿号，例如"T0101""T0202"中 T 后的"01""02"是刀具号，后两位的"01""02"是刀具补偿号。机械回零对刀和试切对刀都是设置刀具位置补偿，并通过设置刀具位置补偿建立工件坐标系 ③刀尖半径补偿的设置，是设置 R、T 的参数，操作步骤如下 a. 按 [刀补] 键进入偏置页面，移动光标选择某一偏置号 b. 分别键入刀尖半径 R 的数值和假想刀尖号码 T 的数值 ④当出现刀具磨损或改变加工数据的时候，要进行刀具偏置值的修改
GSK980TA 系统对刀	①基准刀试切对刀：[手动]→车右端面→[录入]→[程序] 翻页进 MDI →键入 G50 →[输入]→键入 Z0 →[输入]→[循环启动]→[刀补]→选刀号→键入 Z0 →[输入]，X 对刀同上 ②其他刀试切对刀：[手动]→刀紧靠右端面→[录入]→[程序] 翻页进 MDI →[刀补]→选刀号→键入 Z0 →[输入]，X 对刀同上

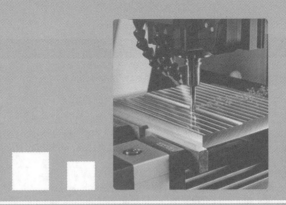

第五章
轴类零件的车削

第一节 概 述

在机械制造业中，轴是机器中最常用的零件之一，几乎每台机器上都具有轴类零件。轴类零件一般由倒角、端面、过渡圆角、外圆柱面、沟槽、台阶和中心孔等结构要素组成。轴类零件按其用途不同，可分为光轴、台阶轴、偏心轴、异形轴、曲轴、凸轮轴、空心轴、花键轴等。

一、轴类零件的结构特点

轴类零件是回转体零件，其长度大于直径，加工表面通常有内外圆柱面、内外圆锥面、螺纹、花键盘、键槽、横向孔和沟槽等。

若根据轴的长度 L 与直径 d 之比，又可分为刚性轴（$L/d < 12$）和挠性轴（$L/d > 12$）两类。

二、轴类零件的技术要求（表 5-1）

表 5-1 轴类零件的技术要求

类别	说 明
尺寸精度	轴类零件的支承轴颈一般与轴承相配，尺寸精度要求较高，为 IT5～IT7。装配传动件的轴颈尺寸精度要求较低，为 IT7～IT9。轴向尺寸一般要求较低，阶梯轴的阶梯长度要求高时，其公差可达 0.005～0.01mm
形状精度	轴类零件的形状精度主要是指支承轴颈和有特殊配合要求的轴颈及内外圆锥面的圆度、圆柱度等。一般应将其误差控制在尺寸公差范围内，形状精度要求高时，可在零件图上标注允许偏差
位置精度	轴类零件的位置精度主要指装配传动件的轴颈相对于支承轴颈的同轴度，通常用径向跳动来标注。普通精度轴的径向跳动为 0.01～0.03mm，高精度轴通常为 0.001～0.005mm
表面粗糙度	一般与传动件相配合的轴颈表面粗糙度 Ra 为 3.2～0.4μm，与轴承相配合的轴颈表面粗糙度 Ra 为 0.8～0.1μm

三、轴类零件的车削加工

轴类零件是回转体零件，通常都是采用车削进行粗加工、半精加工。精度要求不高的表面往往用车削作为最终加工。外圆车削一般可划分为荒车、粗车、半精车、精车和超精车（细车）。轴类零件的车削加工见表 5-2。

表 5-2 轴类零件的车削加工

类别	说 明
荒车	轴的毛坯为自由锻件或是大型铸件时，需要荒车加工，以减小毛坯外圆表面的形状误差和位置偏差，使后续工序的加工余量均匀。荒车后工件的尺寸精度可达 IT15 ～ IT18
粗车	对棒料、中小型的锻件和铸件，可以直接进行粗车。粗车后的精度可达到 IT10 ～ IT13，表面粗糙度 Ra 为 30 ～ 20μm，可作为低精度表面的最终加工
半精车	一般作为中等精度表面的最终加工，也可以作为磨削和其他精加工工序的预加工。半精车后，尺寸精度可达 IT9 ～ IT10，表面粗糙度 Ra 为 6.3 ～ 3.2μm
精车	通常作为最终加工工序或作为光整加工的预加工。精车后，尺寸精度可达 IT7 ～ IT8，表面粗糙度 Ra 为 0.6 ～ 0.8μm
超精车	超精车是一种光整加工方法。采用很高的切削速度（160 ～ 600m/min）、小的背吃刀量（0.03 ～ 0.05mm）和小的进给量（0.02 ～ 0.12mm/r），并选用具有高的刚度和精度的车床及良好的耐磨性的刀具，这样可以减少切削过程中的发热量、积屑瘤、弹性变形和残留面积。因此，超精车尺寸精度可达 IT6 ～ IT7，表面粗糙度 Ra 为 0.4 ～ 0.2μm，往往作为最终加工。在加工大型精密外圆表面时，超精车常用于代替磨削加工

安排车削工序时，应该综合考虑工件的技术要求、生产批量、毛坯状况和设备条件。对于大批量生产，为达到加工的经济性，则选择粗车和半精车为主；如果毛坯精度较高，可以直接进行精车或半精车。一般粗车时，应选择刚性好而精度较低的车床，避免用精度高的车床进行荒车和粗车。为了增加刀具的耐用度，轴的加工主偏角应尽可能选择小一些，一般选取 45°。加工刚度较差的工件（$L/d > 15$）时，应尽量使径向切削分力小一些，为此，刀具的主偏角应尽量取大一些，这时 κ_r 可取 60°、75° 甚至 90° 来代替最常用的 κ_r=45° 的车刀。

由于 κ_r 增大（大于 45°），径向切削力减小，工件和刀具在半径方向的弹性变形减小，所以可提高加工精度，同时增加抗振能力。但是 κ_r 增大后，切削厚度同时也增加，轴向切削力也相应增大，减少了刀具耐用度。因此，无特殊的必要不宜用主偏角很大的刀具。然而对于精车，应采用主偏角为 30° 或更小角度的刀具，副偏角也要小一些，这样加工的表面粗糙度 Ra 值低，同时也提高了刀具的耐用度。

车削强度 σ_b=700 ～ 900MPa 钢时，一般前角取 12° ～ 18°，精车时前角应放大 5° ～ 8°。但是切削强度极限高的韧性材料时，必须减小刀具前角。加工硬度低的韧性材料（低碳钢和韧性有色合金等）时，应使用前角大一些的车刀。但是前角太大（超过 35°）可能造成"咬刀"现象。

轴类零件加工时，工艺基准一般是选用轴的外表面和中心孔。然而中心孔在图纸上，只有当零件本身需要时才注出，一般情况下则不注明。轴类零件加工，特别是 $L/d > 5$ 以上的轴，必须借助中心孔定位，此时中心孔应按中心孔标准选用，中心孔型号和尺寸见表 5-3、表 5-4 及表 5-5。

表 5-3　A 型中心孔的型号和尺寸　　　　　　　　　　　　　　（单位：mm）

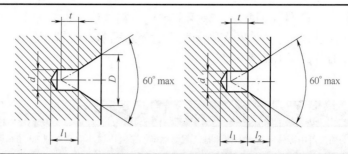

d	D	l_2	t 参考尺寸	d	D	l_2	t 参考尺寸
（0.50）	1.06	0.48	0.5	2.50	5.30	2.42	2.2
（0.63）	1.32	0.60	0.6	3.15	6.70	3.07	2.8
（0.80）	1.70	0.78	0.7	4.00	8.50	3.90	3.5
1.00	2.12	0.97	0.9	（5.00）	10.60	4.85	4.4
（1.25）	2.65	1.21	1.1	6.30	13.20	5.98	0.3
1.6	3.35	1.52	1.4	（8.00）	17.00	7.79	7.0
2.0	4.25	1.95	1.8	10.0	21.20	9.70	8.7

注：1. 尺寸 l_2 取决于中心钻的长度 l_1，即使中心钻重磨后再使用，此值也不应小于 t 值。

2. 表中同时列出了 D 和 l_2 尺寸，制造厂可任选其中一个尺寸。

3. 括号内的尺寸尽量不采用。

表 5-4　B 型中心孔的型号和尺寸　　　　　　　　　　　　单位：mm

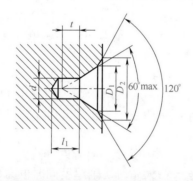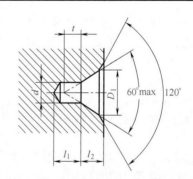

d	D_1	D_2	l_2	t 参考尺寸	d	D_1	D_2	l_2	t 参考尺寸
1.00	2.12	3.15	1.27	0.9	1.60	3.35	5.00	1.99	1.4
（1.25）	2.65	4.0	1.60	1.1	2.0	4.25	6.30	2.54	1.8
2.50	5.30	8.00	3.20	2.2	6.30	13.20	18.00	7.36	5.5
3.15	6.70	10.00	4.03	2.8	（8.00）	17.00	22.40	9.36	7.0
4.00	8.50	12.50	5.05	3.5	10.00	21.20	28.00	11.66	8.7
（5.00）	10.60	16.00	6.41	4.4	—	—	—	—	—

注：1. 尺寸 l_2 取决于中心钻的长度 l_1，即使中心钻重磨后再使用，此值也不应小于 t 值。

2. 表中同时列出了 D_2 和 l_2 尺寸，制造厂可任选其中一个尺寸。

3. 尺寸 d 和 D_1 与中心钻的尺寸一致。

4. 括号内的尺寸尽量不采用。

表 5-5　C 型中心孔的型号和尺寸　　　　　　　　单位：mm

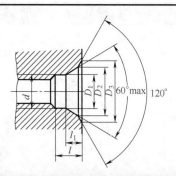

d	D_1	D_2	D_3	l	L_1 参考尺寸	d	D_1	D_2	D_3	l	L_1 参考尺寸
M3	3.2	5.3	5.8	2.6	1.8	M10	10.5	14.9	16.3	7.5	3.8
M4	4.3	6.7	7.4	3.2	2.1	M12	13.0	18.1	19.8	9.5	4.4
M5	5.3	8.1	8.8	4.0	2.4	M16	17.0	23.0	25.3	12.0	5.2
M6	6.4	9.6	10.5	5.0	2.8	M20	21.0	28.4	31.3	15.0	6.4
M8	8.4	12.2	13.2	6.0	3.3	M24	26.0	34.2	38.0	18.0	8.0

第二节　车外圆与端面

一、车削外圆

（一）外圆车刀的种类、特征和用途（表 5-6）

表 5-6　外圆车刀的种类、特征和用途

类别	说　　明
粗车刀	粗车刀必须适应粗车时切削深度、进给快的特点，要求车刀有足够的强度，能在一次进给中车去较多的余量。选择粗车刀几何参数的基本原则是 ①为了增加刀头强度，前角和后角应取小些 ②主偏角不宜太小，太小容易引起振动，引起崩刃，或使工件表面粗糙度差，在工件形状许可情况下，最好选用 75° 左右 ③粗车时用 0°～3° 的刃倾角以增加刀头强度 ④为了增加刀尖强度，改善散热条件，提高刀具寿命，刀尖处应磨有过渡刃 ⑤为了增加切削刃的强度，主切削刃上应磨有负倒棱，其倒棱宽度一般为 $b_{r1}=(0.5\sim0.8)f$，倒棱前角 $\gamma_{r1}=-5°\sim10°$ ⑥粗车塑性材料时，为保证切削顺利，应在前刀面上磨有断屑槽，以自行断屑
精车刀	精车时要求工件必须达到图样规定的精度要求，所以要求精车刀必须锋利，切削刃要平直光洁，刀尖处应磨有修光刃，并使切屑排向工件的待加工表面。选择精车刀几何参数的原则是 ①选取较大的前角（γ_0），使刀具锋利，切削轻快 ②选取较大的后角（α_0），减小车刀与工件之间的摩擦 ③选取较小的副偏角（κ_r'）或在刀尖处磨修光刃，减小工件已加工表面的粗糙度 ④选取正值的刃倾角（$\lambda_s=3°\sim8°$），使切屑排向待加工表面 ⑤精车塑性金属材料时，为了断屑，车刀前刀面应磨有较窄的断屑槽

类别	说　明

90°外圆车刀简称偏刀。按车削时进给方向的不同又分为左偏刀和右偏刀两种，如图5-1所示

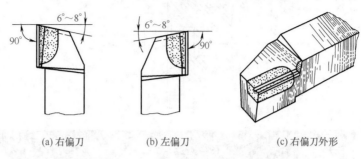

(a) 右偏刀　　　　　　(b) 左偏刀　　　　　　(c) 右偏刀外形

图 5-1　偏刀

　　左偏刀的主切削刃在刀体右侧，如图5-1（a）所示，由左向右纵向进给（反向进刀），又称反偏刀。右偏刀的主切削刃在刀体左侧，如图5-1（b）所示，由右向左纵向进给，又称正偏刀。右偏刀一般用来车削工件的外圆、端面和右向台阶。因为它的主偏角较大，车削外圆时作用于工件的径向切削力较小，不易将工件顶弯，如图5-2（a）所示。左偏刀是车刀从车床主轴箱向尾座方向进给的车刀，一般用来车削工件外圆和左台阶，也可用来车削直径较大、长度较短的工件端面，如图5-2（b）、（c）所示。

90°外圆车刀

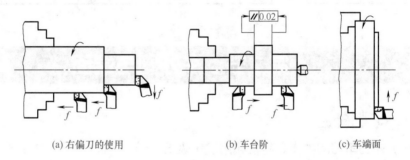

(a) 右偏刀的使用　　　　　　(b) 车台阶　　　　　　(c) 车端面

图 5-2　偏刀的使用

　　在车削端面时，因是副切削刃担任切削任务，如果由工件外圆向中心进给，当切削深度（a_p）较大时，切削力（f）会使车刀扎入工件形成凹面，如图5-3（a）所示。为避免这一现象，可改由轴中心向外圆进给，由主切削刃切削，如图5-3（b）所示，但切削深度（a_p）应取小值，在特殊情况下可改为如图5-3（c）所示的端面车刀车削。左偏刀常用来车削工件的外圆和左向台阶，也适用于车削外径较大而长度较短的工件的端面，如图5-3（d）所示（图中f为受力方向）。

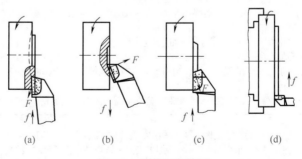

(a)　　　　　(b)　　　　　(c)　　　　　(d)

图 5-3　用偏刀车端面

75°偏刀

　　75°偏刀的主偏角（κ_r）为75°，刀尖角（ε_r）大于90°，刀头强度好，较耐用，因此适用于粗车轴类工件的外圆以及强力切削铸、锻件等余量较大的工件，如图5-4（a）所示。75°左偏刀还可以用来车铸、锻件的大平面，如图5-4（b）所示。

类别	说　明
75°偏刀	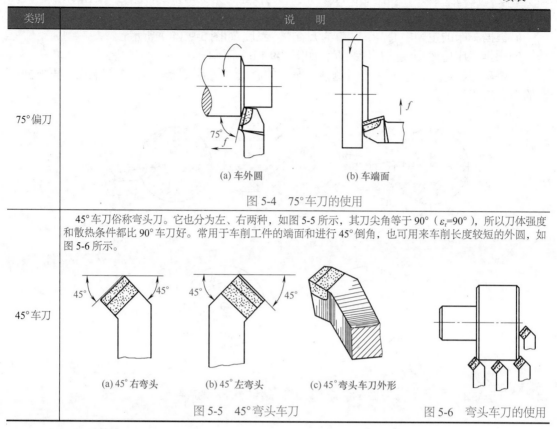

图 5-4　75°车刀的使用

45°车刀俗称弯头刀。它也分为左、右两种，如图 5-5 所示，其刀尖角等于 90°（ε_r=90°），所以刀体强度和散热条件都比 90°车刀好。常用于车削工件的端面和进行 45°倒角，也可用来车削长度较短的外圆，如图 5-6 所示。

(a)45°右弯头　　(b)45°左弯头　　(c)45°弯头车刀外形

图 5-5　45°弯头车刀　　　　　图 5-6　弯头车刀的使用

（二）车刀安装

将刃磨好的车刀装夹在方刀架上。车刀安装正确与否，直接影响车削顺利进行和工件的加工质量。所以，在装夹车刀时必须注意下列事项。

① 车刀装夹在刀架上的伸出部分应尽量短，以增强其刚性。伸出长度约为刀柄厚度的 1 ～ 1.5 倍。车刀下面垫片的数量要尽量少（一般为 1 ～ 2 片），并与刀架边缘对齐，且至少用两个螺钉平整压紧，以防振动，如图 5-7 所示。

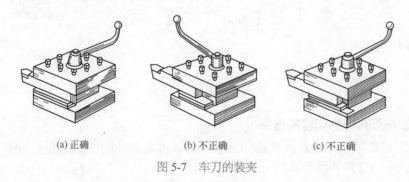

(a) 正确　　　　　　(b) 不正确　　　　　　(c) 不正确

图 5-7　车刀的装夹

② 车刀刀尖高于工件轴线，如图 5-8（a）所示，会使车刀的实际后角减小，车刀后面与工件之间的摩擦增大。车刀刀尖应与工件中心等高，如图 5-8（b）所示。车刀刀尖低于工件轴线，如图 5-8（c）所示，会使车刀的实际前角减小，切削阻力增大。刀尖不对准中心，在车至端面中心时会留有凸头，如图 5-8（d）所示。使用硬质合金车刀时，若忽视此点，车

到中心处会使刀尖崩碎，如图 5-8（e）所示。为使车刀刀尖对准工件中心，通常采用下列几种方法：

　　a. 根据车床的主轴中心高，用钢直尺测量装刀，如图 5-9（a）所示；

　　b. 根据机床尾座顶尖的高低装刀，如图 5-9（b）所示；

　　c. 将车刀靠近工件端面，用目测估计车刀的高低、然后夹紧车刀，试车端面，再根据端面的中心来调整车刀。

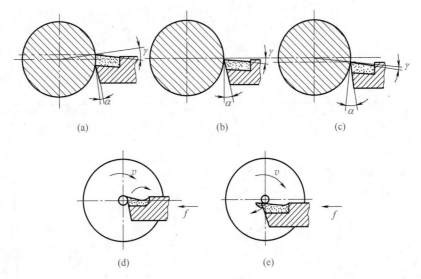

图 5-8　车刀刀尖不对准工件中心的后果

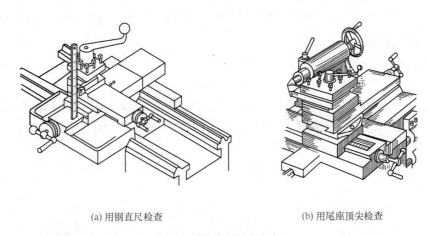

(a) 用钢直尺检查　　　　　　　　　　(b) 用尾座顶尖检查

图 5-9　检查车刀中心高

（三）车外圆的切削用量的选择

　　选择切削用量就是根据加工要求和切削条件，确定合理的切削速度、切削深度和进给量。粗车和精车时选择切削用量的一般原则如下。

（1）粗车

粗车时首先应考虑切削深度 a_p，在工艺系统刚度允许和留出精车余量的前提下，尽量选大一些，以减少进给次数，一般可选 $a_p=2 \sim 5$mm。半精车和精车余量可留 $1 \sim 3$mm，其中精车余量为 $0.1 \sim 0.5$mm。其次是提高进给量 f，以缩短加工时间，一般 $f=0.3 \sim 0.8$mm/r。

然后选择合适的切削速度 v_c。粗车时切削速度不能选得很高，否则会使车刀耐用度明显降低，车刀易于磨损。

（2）精车

切削用量的选择顺序与粗车相反，首先确定切削速度 v_c，因为提高切削速度可避免积屑瘤，降低表面粗糙度值和提高生产率。其次为进给量，一般 $f=0.08 \sim 0.3\text{mm/r}$，表面粗糙度值要求低，进给量应选小些，切削深度 a_p 则根据粗车或半精车后的余量而定。

（3）不同切削条件下选择切削用量的原则（表5-7）

表5-7　不同切削条件下选择切削用量的原则

车削条件	选择切削用量的原则
粗车铸、锻件	由于工件毛坯表面很不平整，而且表皮硬度较高，为防止刀尖受到不均匀的冲击而损坏，粗车第一刀时应该加大切削深度，同时适当减少进给量和切削速度，尽量使工件表面一刀车出
车脆性材料	由于车削时形成崩碎切屑，热量集中在刀刃附近，不易散热，因此切削速度应比车塑性材料低些
车削强度和硬度较高的工件	因为切削力和切削热都比较大，车刀容易磨损，所以切削速度应选小些
车有色金属	车削铜合金和铝合金时，由于材料强度和硬度较低，可选择较大的切削用量
高速钢刀具	其耐热性比硬质合金刀具差，因此选择切削速度时，高速钢刀具应选小些，硬质合金刀具应选大些

（四）车削方法

1. 车削外圆的一般步骤

① 按要求装夹和校正工件。

② 按要求装夹车刀，调整合理的转速和进给量。

③ 用手摇动床鞍和中溜板的进给手柄，使车刀刀尖靠近并接触工件右端外圆表面。

④ 反向摇动床鞍手柄，使车刀向尾座方向移动，至车刀距工件端面 3 ~ 5mm 处。

⑤ 摇动中溜板手柄，使车刀做横向进给，进给量为选定的切削深度。

⑥ 合上进给手柄，使车刀纵向进给车削工件 3 ~ 5mm 后，不动中溜板，将车刀纵向快速退回，停车测量工件，与要求的尺寸比较，得出需要修正的切削深度，摇动中溜板重新调整切削深度。

⑦ 合上进给手柄，待车削到尺寸时，停止进给，退出车刀，停车检查。

2. 控制加工精度的方法

控制外径尺寸：控制外径尺寸一般采用试切削的方法（如上述车削方法中的步骤⑤和⑥）。切削深度可利用中溜板的刻度盘来控制。小溜板刻度盘用来控制车刀短距离的纵向移动。试切后，经过测量，再利用中溜板的刻度盘的刻度调整切削深度。但在使用中、小溜板刻度盘时应注意以下两点。

① 由于丝杠和螺母之间有间隙存在，因此，在使用刻度盘时会产生空行程（即刻度盘转动，而刀架并未移动）。根据加工需要慢慢地把刻度盘转到所需位置，如果不慎多转过几格，不能简单地直接退回多转的格数，必须向相反方向退回全部空行程，再将刻度盘转到正确的位置。

② 由于工件在加工时是旋转的，在使用中溜板刻度盘时，车刀横向进给后的切除量正好是切削深度的两倍。因此，当工件外圆余量确定后，中溜板刻度盘控制的切削深度是外圆余量的 1/2。而小溜板的刻度值，则直接表示工件长度方向的切除量。测量外径时，应根据加工要求来选择合适的量具。粗车时，一般可选用游标卡尺测量；精车时，一般选用外径千分尺测量。

锥度控制：在一夹一顶或两顶尖装夹工件时，如果尾座中心与车床主轴旋转中心不重合，车出的工件外圆将是圆锥形，即出现圆柱度误差。为消除圆柱度误差，加工轴类零件前，必须首先调整车床尾座位置。校正方法为：用一夹一顶或两顶尖装夹工件，试切削外圆（注意工件精加工余量），用外径千分尺分别测量尾座和卡爪端外圆，记录各自读数，进行比较，如果靠近卡爪端直径比尾座直径大，则尾座应向离开操作者方向调整，尾座的移动量为两端直径差的1/2，并用百分表控制尾座的偏移量，调整尾座后，再进行试切削。这样反复操作，直到消除锥度后再进行正常车削。

（五）车削外圆时易出现的问题及防止措施（表5-8）

表5-8　车削外圆时易出现的问题及防止措施

易出现问题	产生原因	防止措施
尺寸精度不够	①测量时误差太大	①量具使用前，必须仔细检查和调整零位，正确掌握测量方法
	②没有进行试切	②根据加工余量算出切削深度，进行试切削，然后修正切削深度
	③由于切削热的影响，使工件尺寸发生变化	③不能在工件温度较高时测量
圆度超差	①车床主轴间隙太大	①车削前，检查主轴间隙，并调整合适
	②毛坯余量不均匀，切削过程中切削深度发生变化	②分粗车、精车
	③顶尖装夹时，顶尖与中心孔接触不良或后顶尖太松或前后顶尖产生径向跳动	③工件装夹松紧适当，检查顶尖的回转精度，及时修理或更换
产生锥度	①用一夹一顶装夹工件时，尾座顶尖与主轴轴线偏离	①调整尾座位置，使顶尖与主轴对准
	②用卡盘装夹，工件悬伸太长，车削时因径向切削力影响使前端让开，产生锥度	②增加后顶尖支承，采用一夹一顶装夹方式
	③用小溜板车外圆时，小溜板位置不正确	③将小溜板的刻线与中溜板"0"刻线对准
	④车床导轨与主轴轴线不平行	④调整车床主轴与床身导轨的平行度
	⑤刀具磨损过快，工件两端切削深度不一样	⑤选用合适的刀具材料，降低切削速度
粗糙度超差	①车床刚性不足	①消除或防止由于车床刚性不足引起的振动
	②车刀刚性不足或伸出太长引起振动	②增加车刀刚性和正确装夹车刀
	③工件刚性不足引起振动	③增加工件的装夹刚性
	④车刀几何参数不合理，例如选用过小的前角、后角和主偏角	④合理选择车刀角度
	⑤切削用量选择不恰当	⑤选用合理的切削用量，进给量不宜太大，精车余量和切削速度应选择适当

（六）外圆的测量

1. 径向圆跳动的测量

将工件支承在车床上的两顶尖之间，如图5-10所示，百分表的测量头与工件被测部分的外圆接触，并预先将测头压下1mm以消除间隙，当工件转过一圈，百分表读数的最大差值就是该测量面上的径向圆跳动误差。按上述方法测量若干个截面，各截面上测得圆跳动中的最大值就是该工件的径向圆跳动。也可将工件支承在平板上的V形架上，并在其轴向设一支承限位，以防止测量时的轴向位移，如图5-11所示。让百分表测量头和工件被测部分外圆接触，工件转动一圈，百分表读数的最大差值就是该测量面上的径向圆跳动误差。按上述方法测量若干个截面，取各截面上测得跳动量的最大值，就是该工件的径向圆跳动。

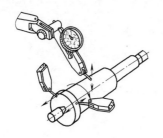

图 5-10　用百分表测量圆跳动

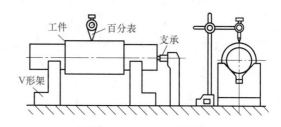

图 5-11　用 V 形架支承测量

2.端面圆跳动的测量

将百分表测量头与所需测量的端面接触，并预先使测头压下 1mm，当工件转过一圈，百分表读数的最大差值即为该直径测量面上的端面圆跳动误差。按上述方法在若干直径处测量，其端面圆跳动量最大值为该工件的端面圆跳动误差。

二、车削端面的方法

1.用 45°车刀车削端面

通常车削端面时选用 45°车刀进行加工，45°车刀又称弯头刀，主偏角（κ_r）为 45°，刀尖角 ε_r 为 90°。45°车刀由主切削刃进行切削，切削顺利、平稳，工件表面粗糙度较小。刀头强度和散热条件比偏刀好，常用于车削端面、倒角和车外圆，但 45°车刀在车外圆时，径向切削力较大，所以一般只能车削长度较短的外圆。

2.用偏刀车削端面（表 5-9）

表 5-9　用偏刀车削端面的方法

类别	说　明
用右偏刀车削端面	由工件外圆向工件中心进给车削端面，车刀由副切削刃担任主要切削，切削不平稳，当切削深度较大时，切削力会使车刀扎入工件而形成凹面。为改善切削条件，可改为由工件中心向外圆进给，用主切削刃切削，但切削深度要小。或者可在副切削刃上磨出前角，使车刀能更为顺利地切削
用左偏刀车削端面	用左偏刀车削端面时，主切削刃与工件轴线平行，由主切削刃担任切削，切削平稳，从外圆向中心加工时，工件表面粗糙度好。用左偏刀精车端面时，车刀应由外圆向中心进给，这样切屑流向待加工面，有利于保护工件表面。在车大端面时，为了提高车刀刀尖强度和改善散热条件，可选用主偏角 κ_r=60°～70°，刀尖角 ε_r > 90°的左偏刀由外圆向中心加工，如图 5-12 所示 图 5-12　75°的左偏刀车削端面

三、数控车外圆

车圆弧是数控车工编程的难点，也是重点。车圆弧是数控车床加工零件的特长，所以，学好车圆弧是学习数控车床编程的关键。下面以例题形式详细叙述。

例题 1：被加工零件如图 5-13 所示（图中左侧是零件图，右侧是刀具路线图，本书中下同，不再提示）。材料 45 钢，刀具 YT5。

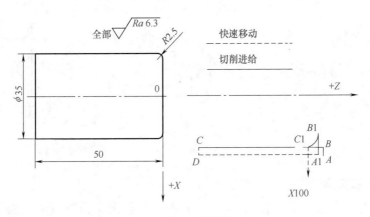

图 5-13　被加工零件图（一）

（1）设定工件坐标系

工件右端面的中心点为坐标系的零点。

（2）选定换刀点

点（*X*100，*Z*100）为换刀点。

（3）编写加工程序

指令介绍：G3 顺圆插补，G2 逆圆插补（顺：顺时针，逆：逆时针。）

参考程序见表 5-10。

表 5-10　参考程序（一）

程　　序	简要说明
O0304；	程序名，用 O 及 O 后 4 位数表示
10　G0　X100　Z100　T0101；	到换刀点，换 1 号刀，建立 1 号刀补，建立工件坐标系
20　G97　G98　M3　S800　F80；	主轴正转，800r/min，走刀量 80mm/min
30　G0　Z2；	快速定位到 Z2
40　　X37；	快速定位到 X37（*A* 点）
50　G1　X35；	直线插补到 X35
60　　Z-50；	直线插补到 Z-50
70　G0　X37；	快速定位到 X37
80　　Z0；	快速定位到 Z0
90　G1　X30；	直线插补到 X30
100　G3　X35　Z-2.5　R2.5；	顺圆插补至 X35，Z-2.5，圆弧半径 2.5
110　G0　X100；	快速定位到 X100
120　　Z100；	快速定位到 Z100
130　M30；	程序结束，主轴停，冷却泵停，返回程序开头

（4）要点提示

① 注意圆弧的起点坐标：X30，Z0 是由 80 及 90 两个程序段定位的。

② 注意圆弧的终点坐标：X35，Z-2.5 是由 100 程序段定位的。

③ 注意圆弧的走刀方向为顺时针方向，用 G3 指令。

④ 刀移动路线：*A* → *B* → *C* → *D* → *A*1 → *B*1 → *C*1 → *X*100（到换刀点）。

例题 2：被加工零件如图 5-14 所示。材料 45 钢，刀具 YT5。

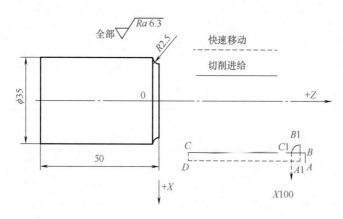

图 5-14 被加工零件图（二）

（1）设定工件坐标系

工件右端面的中心点为坐标系的零点。

（2）选定换刀点

点（*X*100，*Z*100）为换刀点。

（3）编写加工程序（表 5-11）

表 5-11　参考程序（二）

程　序	简要说明
O0305；	程序名，用 O 及 O 后 4 位数表示
10　G0　X100　Z100　T0101；	到换刀点，换 1 号刀，建立 1 号刀补，建立工件坐标系
20　G97　G98　M3　S800　F80；	主轴正转，800r/min，走刀量 80mm/min
30　G0　Z2；	快速定位到 Z2
40　　X37；	快速定位到 X37（*A* 点）
50　G1　X35；	直线插补到 X35
60　　Z–50；	直线插补到 Z–50
70　G0　X37；	快速定位到 X37
80　　Z0；	快速定位到 Z0
90　G1　X30；	直线插补到 X30
100　G2　X35　Z–2.5　R2.5；	逆圆插补至 X35，Z–2.5，圆弧半径 2.5
110　G0　X100；	快速定位到 X100
120　　Z100；	快速定位到 Z100
130　M30；	程序结束，主轴停，冷却泵停，返回程序开头

（4）要点提示

① 注意圆弧的起点坐标：X30，Z0 是由 80 及 90 两个程序段定位的。

② 注意圆弧的终点坐标：X35，Z–2.5 是由 100 程序段定位的。

③ 注意圆弧的走刀方向为逆时针方向，用 G2 指令。

④ 注意在 G3 和 G2 之后刀的直线运动必须写 G0 或 G1 指令。

⑤ 刀移动路线：*A* → *B* → *C* → *D* → *A*1 → *B*1 → *C*1 → *X*100（到换刀点）。

例题 3：被加工零件如图 5-15 所示。材料 45 钢，刀具 YT5。

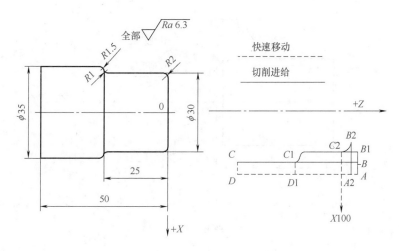

图 5-15 被加工零件图（三）

（1）设定工件坐标系

工件右端面的中心点为坐标系的零点。

（2）选定换刀点

点（X100，Z100）为换刀点。

（3）编写加工程序（表 5-12）

表 5-12 参考程序（三）

程 序	简要说明
O0306	程序名，用 O 及 O 后 4 位数表示
10　G0　X100　Z100　T0101	到换刀点，换 1 号刀，建立 1 号刀补，建立工件坐标系
20　G97　G98　M3　S800　F80	主轴正转，800r/min，走刀量 80mm/min
30　G0　Z2	快速定位到 Z2
40　　X37	快速定位到 X37（A 点）
50　G1　X35	直线插补到 X35
60　　Z−50	直线插补到 Z−50
70　G0　X37	快速定位到 X37
80　　Z2	快速定位到 Z2
90　G1　Z−24	直线插补到 Z−24
110　G2　X35　Z−25　R1	逆圆插补至 X35，Z−25，圆弧半径 1
120　G3　X35　Z−26.5　R1.5	顺圆插补至 X35，Z−26.5，圆弧半径 1.5
130　G0　X37	快速退刀定位到 X37
140　　Z0	快速定位到 Z0
150　G1　X26	直线插补到 X26
160　G3　X30　Z−2　R2	顺圆插补至 X30，Z−2，圆弧半径 2
170　G0　X00	快速定位到 X100
180　　Z100	快速定位到 Z100
190　　M30	程序结束，主轴停，冷却泵停，返回程序开头

（4）要点提示

① 注意圆弧的起点坐标。

②注意圆弧的终点坐标。

③注意圆弧的走刀方向。

④注意在 G3 和 G2 之后刀的直线运动必须写 G0 或 G1 指令。

⑤刀移动路线：$A \to B \to C \to D \to A \to B1 \to C1 \to D1 \to A2 \to B2 \to C2 \to X100$（到换刀点）。

例题 4：被加工零件如图 5-16 所示。材料 45 钢，刀具 YT5。

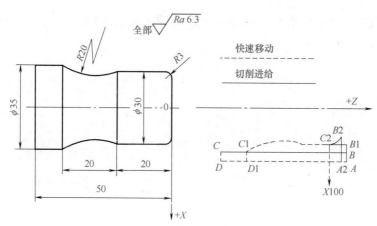

图 5-16 被加工零件图（四）

（1）设定工件坐标系

工件右端面的中心点为坐标系的零点。

（2）选定换刀点

点（$X100$，$Z100$）为换刀点。

（3）编写加工程序（表 5-13）

表 5-13 参考程序（四）

程　序	简要说明
O0307;	程序名，用 O 及 O 后 4 位数表示
10　G0　X100　Z100　T0101;	到换刀点，换 1 号刀，建立 1 号刀补，建立工件坐标系
20　G97　G98　M3　S800　F80;	主轴正转，800r/min，走刀量 80mm/min
30　G0　Z2;	快速定位到 Z2
40　　X37;	快速定位到 X37（A 点）
50　G1　X35;	直线插补到 X35
60　　Z−50;	直线插补到 Z−50
70　G0　X37;	快速定位到 X37
80　　Z2;	快速定位到 Z2
90　G1　X30;	直线插补到 X30
100　　Z−20;	直线插补到 Z−20
110　G2　X35　Z−40　R20;	逆圆插补至 X35，Z−40，圆弧半径 20
120　G0　X37;	快速定位到 X37
130　　Z0;	快速定位到 Z0
140　G1　X24;	直线插补到 X24
150　G3　X30　Z−3　R3;	顺圆插补至 X30，Z−3，圆弧半径 3
160　G0　X100;	快速定位到 X100
170　　Z100;	快速定位到 Z100
180　　M30;	程序结束，主轴停，冷却泵停，返回程序开头

（4）要点提示

①注意圆弧的起点坐标。

②注意圆弧的终点坐标。

③注意圆弧的走刀方向。

④注意在 G3 和 G2 之后刀的直线运动必须写 G0 或 G1 指令。

⑤ 注意大圆弧的编程格式。刀移动路线：$A \rightarrow B \rightarrow C \rightarrow D \rightarrow A \rightarrow B1 \rightarrow C1 \rightarrow D1 \rightarrow A2 \rightarrow B2 \rightarrow C2 \rightarrow X100$（到换刀点）。

例题 5：被加工零件如图 5-17 所示。材料 45 钢，刀具 YT5。

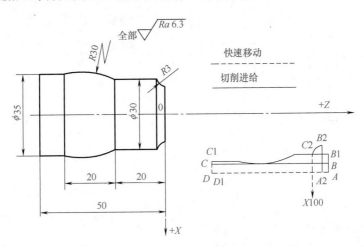

图 5-17　被加工零件图（五）

（1）设定工件坐标系

工件右端面的中心点为坐标系的零点。

（2）选定换刀点

点（*X*100，*Z*100）为换刀点。

（3）编写加工程序（表 5-14）

表 5-14　参考程序（五）

程　序	简要说明
O0308;	程序名，用 O 及 O 后 4 位数表示
10　G0　X100　Z100　T0101;	到换刀点，换 1 号刀，建立 1 号刀补，建立工件坐标系
20　G97　G98　M3　S800　F80;	主轴正转，800r/min，走刀量 80mm/min
30　G0　Z2;	快速定位到 Z2
40　　　X37;	快速定位到 X37（*A* 点）
90　G1　X30;	直线插补到 X30
100　　　Z-20;	直线插补到 Z-20
110　G3　X35　Z-40　R30;	顺圆插补至 X35，Z-40，圆弧半径 30
114　G1　Z-50;	直线插补到 Z-50
120　G0　X37;	快速定位到 X37
130　　　Z0;	快速定位到 Z0
140　G1　X24;	直线插补到 X24
150　G2　X30　Z-3　R3;	逆圆插补至 X30，Z-3，圆弧半径 3
160　G0　X100;	快速定位到 X100
170　　　Z100;	快速定位到 Z100
180　M30;	程序结束，主轴停，冷却泵停，返回程序开头

（4）要点提示

①注意圆弧的起点坐标。

②注意圆弧的终点坐标。

③注意圆弧的走刀方向。

④注意在 G3 和 G2 之后必须写 G0、G1 或 G2（G3）指令。

⑤注意大圆弧的编程方法。在 100 程序段和 110 程序段之间可以插入 104 程序段，其段号大于 100 小于 110 即可。刀移动路线：$A \rightarrow B \rightarrow C \rightarrow D \rightarrow A \rightarrow B1 \rightarrow C1 \rightarrow D1 \rightarrow A2 \rightarrow B2 \rightarrow C2 \rightarrow X100$（到换刀点）。

第三节　车　台　阶

车削台阶时，不仅要车削台阶的外圆，还要车削环形的端面，它是外圆车削和平面车削的组合。因此，车削台阶时既要保证外圆和台阶面的尺寸精度，还要保证台阶面与工件轴线的垂直度要求。

一、车刀的选择与装夹

车刀的选择和装夹一般要求如下。

①车削台阶时，通常选用 90°外圆车刀（偏刀）。

②车刀的装夹应根据粗车、精车和余量的多少来调整。

③粗车时，余量多，为了增大车削深度和减少刀尖的压力，车刀装夹时可取主偏角小于 90°为宜，一般主偏角为 85°～90°，如图 5-18（a）所示。

④精车时，为了保证台阶平面与工件轴线的垂直，车刀装夹时实际应取主偏角大于 90°，一般为93°左右，如图 5-18（b）所示。

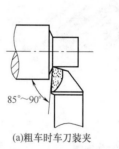
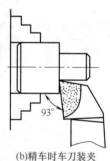

(a)粗车时车刀装夹　　(b)精车时车刀装夹

图 5-18　车刀的选择和装夹

二、台阶的车削方法

车削带有台阶的工件，一般分粗、精车。粗车时，台阶的长度除第一台阶的长度因留精车余量而略短外，采用链接式标注的其余各级台阶的长度可车削至要求的尺寸。精车时，通常用机动进给进行车削，在车削至近台阶处，应以手动进给替代机动进给；当车削台阶面时，变纵向进给为横向进给，移动中滑板由里向外慢慢精车台阶平面，以确保其对轴线的垂直度。

车削低台阶时，由于相邻两直径相差不大，可选 90°偏刀，如图 5-19（a）所示进给方式车削。车削高台阶时，由于相邻两直径差较大，可选 $\kappa_r < 90°$ 的偏刀，如图 5-19（b）所示进给方式车削。

1. 台阶长度尺寸的控制方法

台阶长度尺寸的控制方法如图 5-20 所示，先用钢直尺或样板量出台阶的长度尺寸，然后用车刀刀尖在台阶的所在位置处车刻出 1 圈细线，按刻线痕车削。

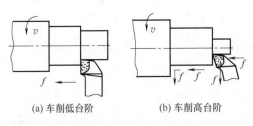

(a) 车削低台阶　　　　(b) 车削高台阶

图 5-19　台阶工件的车削方法

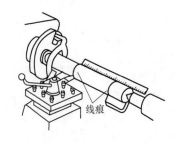

图 5-20　台阶长度尺寸的控制方法

（1）挡铁控制法

挡铁控制法如图 5-21 所示。当成批车削台阶轴时，可用挡铁定位控制台阶的长度。挡铁固定在床身导轨上，并与工件上台阶 a_3 的轴向位置一致，量块的长度分别等于 a_1、a_2 的长度。挡铁定位控制台阶长度的方法，可节省大量的测量时间，且成批工件长度尺寸一致性较好，台阶长度的尺寸精度可达 0.1 ～ 0.2mm。当床鞍纵向进给快碰到挡铁时，应改机动进给为手动进给。

（2）床鞍（手轮）刻度盘控制法

床鞍（手轮）刻度盘控制法如图 5-22 所示。CA6140 型车床床鞍（溜板）的进给刻度 1 格等于 1mm，可利用床鞍进给时，刻度盘转动的格数来控制台阶的长度。

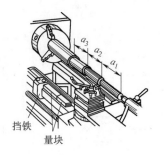

图 5-21　用挡铁定位车台阶

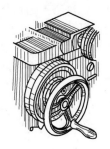

图 5-22　用床鞍（手轮）刻度盘控制车台阶

2. 端面和台阶的测量

对端面的要求是既与轴心线垂直，又要求平直、光洁。一般可用钢直尺和刀口尺来检测端面的平面度，如图 5-23（a）所示。台阶的长度尺寸和垂直误差可以用钢直尺［图 5-23（b）］和游标深度尺［图 5-23（c）］测量，对于批量生产或精度要求较高的台阶，可以用样板测量，如图 5-23（d）所示。

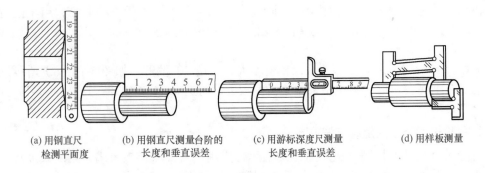

(a) 用钢直尺　　(b) 用钢直尺测量台阶的　　(c) 用游标深度尺测量　　(d) 用样板测量
检测平面度　　　长度和垂直误差　　　　长度和垂直误差

图 5-23　端面和台阶的测量

3. 端面对轴线垂直度的测量

端面圆跳动和端面对轴线垂直度有一定的联系，但两者又有不同的概念。端面圆跳动是端面上任一测量直径处的轴向跳动，而垂直度是整个端面的垂直度误差。如图 5-24（a）所示的工件，由于端面为倾斜平面，其端面圆跳动量为 Δ，垂直度也为 Δ，两者相等。如图 5-24（b）所示的工件，端面为一凹面，端面圆跳动量为零，但垂直度误差却不为零。

测量端面垂直度时，首先检查其端面的圆跳动是否合格，若符合要求再测量端面垂直度。对于精度要求较低的工件，可用 90° 角尺通过透光检查，如图 5-25（a）所示。精度要求较高的工件，可按图 5-25（b）所示，将轴支承在置于平板上的标准套中，然后用百分表从端面中心点逐渐向边缘移动，百分表指示读数的最大值就是端面对轴线的垂直度。还可将轴安装在三爪自定心卡盘上，再用百分表仿照上述方法测量。

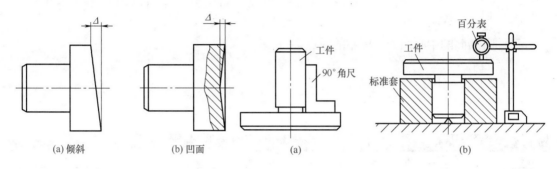

图 5-24　端面和台阶的测量　　　　图 5-25　垂直度的检验

三、数控车台阶

数控车床与普通车床的主要区别在于，普通车床的纵向和横向进给运动是由手摇手轮或机械传动实现的，而数控车床的纵向和横向进给运动是由电脑控制通过伺服电机的动作实现的。电脑控制伺服电机的指令是根据加工程序发出的，零件的加工程序是根据刀具的运行轨迹编制的，刀具的运行轨迹是根据刀具在工件坐标系的坐标移动规律规定的。如图 5-26 和图 5-27 所示。

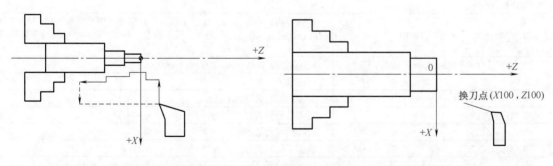

图 5-26　刀具的运行轨迹（一）　　　　图 5-27　刀具的运行轨迹（二）

（1）设置工件坐标系

车床工件坐标系（以前置刀架叙述），如图 5-27 所示，以工件右端面的中心点为坐标系的原点，工件的回转轴线为 Z 轴，远离工件为 Z 轴正方向。

前置刀架向下为 X 的正方向（可不以工件右端面的中心点为坐标系原点，但是，坐标

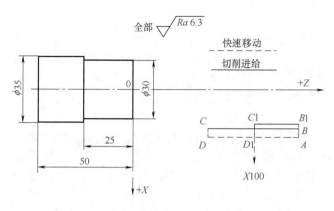

图 5-28 被加工零件图（六）

（1）设定工件坐标系

工件右端面的中心点为坐标系的零点。

（2）选定换刀点

点（X100，Z100）为换刀点。

（3）编写加工程序，见表 5-15。

原点应在工件的轴线上）。

（2）设置换刀点

设置点（X100，Z100）为换刀点。换刀点的设置原则：在换刀时刀具不碰撞工件和其他物体的情况下，换刀点离工件越近越好，可减少空行程的时间。

（3）编写加工程序

本节用 GSK980TD 系统编写加工程序。

例题 6：被加工零件如图 5-28 所示。材料 45 钢，刀具 YT5。

表 5-15　参考程序（六）

程　　序	简要说明
①指令介绍（本节部分指令格式不详细介绍，有疑问的地方参照例题）	
G0	快速定位
G1	直线插补
G97	主轴转速，r/min
G98	走刀量，mm/min
M3	主轴正转
M30	程序结束，主轴停，冷却泵停，返回程序开头
T0101	换 1 号刀并建立 1 号刀补
S	轴转速（r/min）或切削速度（m/min）
F	进给速度（走刀量）（mm/min）或进给量（走刀量）（mm/r）
②编写加工程序	
O0301	主程序名，用 O 及 O 后 4 位数表示
10　G0　X100　Z100　T0101;	到换刀点，换 1 号刀，建立 1 号刀补，建立工件坐标系，10 即程序段段号，应为 N10，可省略 N，以下类推。本书例题均以机械回零对刀方式对刀
20　G97　G98　M3　S800　F80;	主轴正转，800r/min，走刀量 80mm/min
30　G0　Z2;	快速定位到 Z2
40　　　X37;	快速定位到 X37（A 点）
50　G1　X35;	直线插补到 X35
60　　　Z-50;	直线插补到 Z-50
70　G0　X37;	快速定位到 X37
80　　　Z2;	快速定位到 Z2
90　G1　X30;	直线插补到 X30
100　　　Z-25;	直线插补到 Z-25
110　　　X37;	直线插补到 X37
120　G0　X100;	快速定位到 X100
130　　　Z100;	快速定位到 Z100
140　M30;	程序结束，主轴停，冷却泵停，返回程序开头

（4）要点提示

① 编程序时，第一程序段必须到换刀点，刀号及刀补必须在第一程序段。

② G97、G98 必须写在刀具移动之前。

③ 为避免刀具快速移动时碰工件，最好 G0 速度时不要接触工件。

④ 第 110 程序段是车台阶，只能用 G1 速度。

⑤ 程序结束前，刀要回到换刀点。刀移动路线：$A \rightarrow B \rightarrow C \rightarrow D \rightarrow A \rightarrow B1 \rightarrow C1 \rightarrow D1 \rightarrow X100$（到换刀点）。

例题 7：被加工零件如图 5-29 所示，材料 45 钢，$\phi36 \times$ 长 100mm，粗车、精车及切断刀具 YT5。

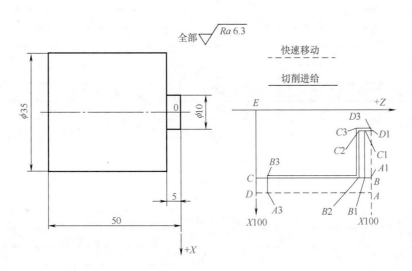

图 5-29　被加工零件图（七）

（1）设定工件坐标系

工件右端面的中心点为坐标系的零点。

（2）选定换刀点

点（$X100$，$Z100$）为换刀点。

（3）写工序卡（表 5-16）

表 5-16　被加工零件工序卡

工步号	工步内容	刀具号	刀具规格	切削速度 /（m·min⁻¹）	进给量 /（mm·r⁻¹）	背吃刀量 /mm	备注
1	粗车外圆 $\phi35.4$ 长 54	0101	90°右偏刀	80	0.3	1	
2	粗车端面 $\phi10.4$ 长 2.3	0303	90°左偏刀	80	0.3	2.5	
3	粗车端面 $\phi10.4$ 长 4.8	0303	90°左偏刀	80	0.3	2.5	
4	精车	0303	90°左偏刀	120	0.1	0.4	
5	切断	0202	宽 4	50	0.1	4	
6	检验						

（4）编写加工程序（表 5-17）

表 5-17 参考程序（七）

程　　序	简要说明
O0503；	程序名，用 O 及 O 后 4 位数表示
10　G0　X100　Z100　T0101；	到换刀点，换 1 号刀，建立 1 号刀补，建立工件坐标系
20　G99　G96　M3 S80　F0.3；	主轴正转，恒线速度切削 80m/min，每转切削进给 0.3mm
25　G50　S2000；	主轴最高速度值限制：2000r/min
30　G0　Z2；	快速定位到 Z2
40　　X37；	快速定位 X37（A 点）
50　G90　X35.4　Z-54　G90；	切削循环
51　G0　X100；	快速定位到 X100
52　　Z100；	快速定位到 Z100
53　T0303；	
54　G0　Z2；	快速定位到 Z2
55　　X37；	快速定位到 X37（A 点）
60　G94　X10.4　Z-2.5；	G94 切削循环
62　　X10.4　Z-5；	G94 切削循环
100　S120　F0.1；	恒线速切削 120m/min，每转切削进给 0.1mm
110　G0　Z-50；	快速定位到 Z-50
120　　X37；	快速定位到 X37（A3 点）
130　G1　X35；	精车，直线插补到 X35
140　　Z-5；	直线插补到 Z-5
150　　X10；	直线插补到 X10
160　　Z2；	直线插补到 Z2
170　G0　X100；	快速定位到 X100
180　　Z100；	快速定位到 Z100
190　T0202　S50　F0.1；	换 2 号刀，恒线速度切削 50m/min，每转切削进给 0.1mm
200　G0　Z-54；	快速定位到 Z-54
210　　X37；	快速定位到 X37
220　G1　X0；	直线插补到 X0
230　G0　X100；	快速定位到 X100
240　　Z100；	快速定位到 Z100
250　M30；	程序结束，主轴停，冷却泵停，返回程序开头

（5）要点提示

①加工路线：先粗车外圆和端面，而后精车。

②刀移动路线：$A \to B \to C \to D \to X100$（到换刀点）$\to A1 \to B1 \to C1 \to D1 \to A \to B2 \to C2 \to D1 \to A3 \to B3 \to C3 \to D3 \to X100$（到换刀点）$\to D \to E \to X100$（到换刀点）。

③注意 60 和 62 程序段，60 程序段要写 G94，而 62 程序段则不要写 G94。

④G94 的每个程序段都走一个例如 $A1 \to B1 \to C1 \to D1$ 的方框，起点和终点都是 A1 点。

第四节　切断和车外沟槽

在车削加工中，若棒料较长，需按要求切断后再车削，或者在车削完成后把工件从原材料上切割下来，这样的加工方法叫切断。一般采用正向切断法，即车床主轴正转，车刀横向进给进行车削。切断与车槽是车工的基本操作技能之一，能否掌握好，关键在于车槽刀和切断刀的刃。

车削外圆及轴肩部分的沟槽，称为车外沟槽。常见的外沟槽有：外圆沟槽、45°外沟槽、外圆端面沟槽及圆弧沟槽，如图 5-30 所示。

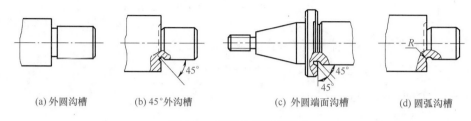

| (a) 外圆沟槽 | (b) 45°外沟槽 | (c) 外圆端面沟槽 | (d) 圆弧沟槽 |

图 5-30　常见几种沟槽形式

一、切断刀

1.切断刀的种类

切断刀根据材料的分类方法分为：高速钢切断刀、硬质合金钢切断刀、弹性切断刀和反向切断刀，其种类及特点说明见表 5-18。

表 5-18　切断刀的种类及特点

类别	简　图	说　明
高速钢切断刀		高速钢切断刀的切削部分与刀杆为同一材料锻造而成（如左图所示），是目前使用较普遍的切断刀
硬质合金钢切断刀		硬质合金切断刀是由用于切削的硬质合金焊接在刀体上而成（如左图所示），适用于高速切削
弹性切断刀	(a) 弹性切断刀　(b) 应用	用高速钢做成的片状刀体，装夹在弹性刀柄上，组成弹性切断刀，如左图（a）所示。弹性切断刀不仅节省高速钢材料，而且当进给量过大时，弹性刀柄因受力而产生变形。由于刀柄的弯曲中心在刀柄上面，所以刀头就会自动让刀，从而避免了因扎刀而导致切断刀折断，如左图（b）所示
反向切断刀	(a) 反切刀　(b) 应用	在切断直径较大的工件时，由于刀体较长，刚度低，用正向切断容易引起振动。这时可采用反向切断法（如左图所示）。用反向切断法切断工件时，卡盘与主轴采用螺纹连接的车床，其连接部分必须装有保险装置，以防切断中卡盘松脱。反向切断时，刀受力方向向上，所选用车床刀架应有足够的刚度

2.切断刀几何参数

切断刀以横向进给为主，前端的切削刃为主切削刃，两侧的切削刃是副切削刃。一般切断刀的主切削刃较窄，刀体较长，因此强度较低，在选择和确定切断刀的几何参数和切削用

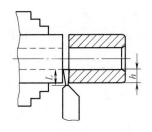

图 5-31　切断刀的刀体长度

量时应特别注意提高切断刀的强度问题。

①主切削刃宽度（a）可按以下经验公式计算：

$$a \approx (0.5 \sim 0.6)\sqrt{d}$$

式中　a——主切削刃宽度，mm；

d——工件待加工表面直径，mm。

②刀头长度（L）　刀体太长也容易引起振动和使刀体折断。刀体长度（图 5-31）可用下式计算：

$$L = h + (2 \sim 3)$$

式中　L——刀头长度，mm；

h——切入深度，mm。

③常用切断刀几何参数（表 5-19）。

表 5-19　常用切断刀几何参数

加工材料	刀片牌号	前角	后角	切削刃形状	副偏角 k'_r	副后角 α'_0	负倒棱 b_r 及 γ_f	刃倾角 γ_s	卷屑槽斜角 γ	冷却条件
铸铁	YG8	8°	5°	平直刀	2°	2°	0.1（-5°）	—	—	一般干切
碳钢	YT15	8°～16°	4°～6°	平直刀和倒角刃	1°30′	1°30′	0.1～0.2×（-10°-5°）	-2°	3°～5°	乳化液冷却
合金钢	YT15	5°～12°	4°～6°	宝剑形刃 ε_r=120°～60°	2°	2°	0.1～0.3×（-10°-5°）	—	3°～5°	乳化液冷却
不锈钢	YG6	15°～25°	4°～6°	凸台分屑形刀	2°	2°	0.1～0.15×（-6°-3°）	-2°-4°	4°～6°	乳化液冷却
紫铜	W18Cr4V	15°～25°	6°～8°	平直刃	2°	2°	—	—	全圆弧形	乳化液冷却
脆钢	W18Cr4V 或 YG6	10°～20°	4°～6°	波形刃	1°30′	1°30′	—	—	—	一般不用

3.几种典型切断刀

（1）高速钢切断刀（表 5-20）

表 5-20　高速钢切断刀特点

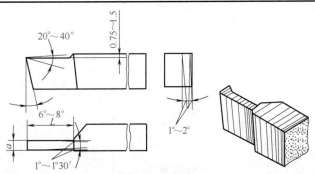

高速钢切断刀

类别	说　　明
前角（γ_0）	切断中碳钢材料时 γ_0=20°～30°，切断铸铁材料时 γ_0=0°～10°
后角（α_0）	切断塑性材料时取大些，切断脆性材料时取小些，一般取 α_0=6°～8°
副后角（α'_0）	切断刀有两个对称的副后角 α'_0=1°～2°，其作用是减少副后刀面与工件已加工表面的摩擦

类别	说明
主偏角（κ_r）	切断刀以横向进给为主，因此κ_r=90°。为防止切断时在工件端面中心外留有小凸台及使切断空心工件不留飞边，可以把主切削刃略磨斜些，如图5-32所示 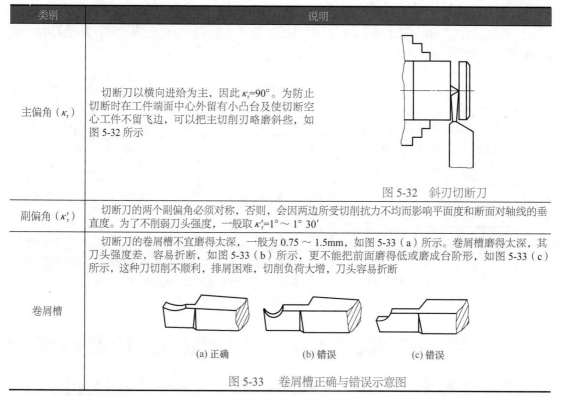 图5-32　斜刃切断刀
副偏角（κ_r'）	切断刀的两个副偏角必须对称，否则，会因两边所受切削抗力不均而影响平面度和断面对轴线的垂直度。为了不削弱刀头强度，一般取κ_r'=1°～1°30′
卷屑槽	切断刀的卷屑槽不宜磨得太深，一般为0.75～1.5mm，如图5-33（a）所示。卷屑槽磨得太深，其刀头强度差，容易折断，如图5-33（b）所示，更不能把前面磨得低或磨成台阶形，如图5-33（c）所示，这种刀切削不顺利，排屑困难，切削负荷大增，刀头容易折断 （a）正确　　　　（b）错误　　　　（c）错误 图5-33　卷屑槽正确与错误示意图

（2）硬质合金钢切断刀

当硬质合金切断刀的主切削刃采用平直刃时，由于切断时的切屑和工件槽宽相等，切屑容易堵塞在槽内而不易排出。为排屑顺利，可把主切削刃两边倒角或磨成人字形，如图5-34所示。

高速切断时，会产生大量的热量，为防止刀片脱焊，必须浇注充分的切削液，发现切削刃磨钝时，应及时刃磨。为增加刀头的支承刚度，常将切断刀的刀头下部做成凸圆弧形，如图5-34所示。

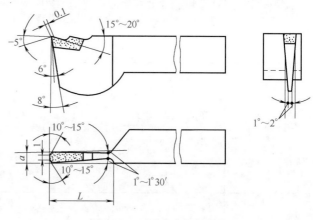

图5-34　硬质合金钢切断刀

（3）反切刀

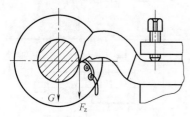

图5-35　反向切断和反切刀

切削直径较大的工件时，由于刀头较长，刚性较差，容易引起振动。这时可采用反向切断法，即工件反转，用反切刀来切断，如图5-35所示。这样切断时，切削力F_z的方向与工件重力G方向一致，不容易引起振动。另外，反向切断时切屑从下面排出，不容易堵在工件槽内。

使用反向切断时，卡盘与主轴连接部分必须装有保险装置（以免卡盘因反转而从主轴上松开，引发事故）。此时刀架受力是向上的，故刀架应有足够的刚性。

（4）车槽刀

一般外沟槽车刀的角度和形状与切断刀基本相同。在车较窄的外沟槽时，车槽刀的主切削刃宽度应与槽宽度相等，刀体长度要略大于槽深。

（5）切断刀的安装

① 安装时，切断刀不宜伸出过长，同时切断刀的中心线必须装得与工件中心线垂直，以保证两个副偏角对称。

② 切断实心工件时，切断刀的主切削刃必须装得与工件中心等高，否则不能车到中心，而且容易崩刃，甚至折断车刀。

③ 切断刀的底平面应平整，以保证两个副后角对称。

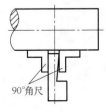

90°角尺

图 5-36　车槽刀的装夹

二、外沟槽的车削

（1）车槽刀的装夹

车槽刀的装夹如图 5-36 所示，车槽刀装夹必须垂直于工件轴线，否则车出的槽壁可能不平直，影响车槽的质量。装夹车槽刀时，可用 90° 角尺检查车槽刀或切断刀的副偏角。

（2）外圆沟槽车削方法及特点（表 5-21）

表 5-21　外圆沟槽的车削方法及特点说明

车削类型	特点说明	图　示
圆弧形槽的车削	车削较小的圆弧形槽，一般以成形刀一次车出。较大的圆弧形槽，可用双手联动车削，用样板检查修整	
梯形槽的车削	车削较小的梯形槽，一般用成形刀一次车削完成，如右图（a）所示；较大的梯形槽，通常先车削成直槽，然后用梯形刀采用直进法或左右切削法完成，如右图（b）所示	(a)　　　(b)
直进法车矩形沟槽	车削精度不高且宽度较窄的矩形沟槽时，可用刀宽等于槽宽的车槽刀，采用直进法一次进给车出即可	
宽矩形沟槽的车削	车削较宽的矩形沟槽时，可用多次直进法车削，并在槽壁两侧留有精车余量，然后根据槽深和槽宽精车至尺寸要求	

车削类型	特点说明	图　　示
矩形沟槽的精车	车削精度要求较高的矩形沟槽时，一般采用二次进给车成。第一次进给时，槽壁两侧留有精车余量；第二次进给时，用与槽宽相等的车槽刀修整。也可用原车槽刀根据槽深和槽宽进行精车	

（3）斜沟槽的车削方法及特点（表 5-22）

表 5-22　斜沟槽的车削方法及特点

车削方法	特点说明	图示
45°外斜直沟槽的车削方法	车削 45°外斜直沟槽时，可用 45°外斜直沟槽专用车刀进行。车削时，将小滑板转过 45°，用小滑板进给车削成形	
外斜圆弧沟槽的车削方法	车削外斜圆弧沟槽时，根据沟槽圆弧的大小，将车刀磨出相应的圆弧刀刃，其中切削端面的一段圆弧刀刃必须磨有相应的圆弧 R。车削方法与车直沟槽相同	
外圆端面沟槽的车削方法	车削外圆端面沟槽时，其车刀形状较为特殊，车刀的前端磨成外圆切槽刀形式，侧面则磨成平面切槽刀形式，刀尖 a 处副后刀面上应磨成相应的圆弧 R。车削时，采用纵、横向交替进给的方法，由横向控制槽底的直径，纵向控制端面沟槽的深度	

（4）外沟槽的检查和测量

外沟槽的检查和测量分低精度矩形沟槽的检查和测量和高精度矩形沟槽的检查和测量。其说明如下。

① 精度要求低的矩形沟槽，可用钢直尺和外卡钳检查和测量其宽度和直径，如图 5-37 所示。

② 精度要求较高的矩形沟槽，通常用千分尺［图 5-38（a）］、样板［图 5-38（b）］及游标卡尺［图 5-38（c）］检查和测量。圆弧形槽和梯形槽的形状则用样板检查。

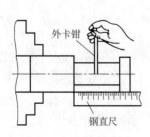

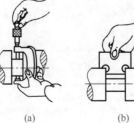
(a)

(b)

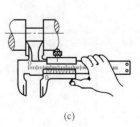
(c)

图 5-37　精度要求低的矩形　　　　图 5-38　精度要求较高的矩形
　　沟槽的检查和测量方法　　　　　　沟槽的检查和测量方法

三、切断

由于切断刀的刀体强度较差，在选择切削用量时，应适当减小其数值。总的来说，硬质合金切断刀比高速钢切断刀选用的切削用量要大，切断钢件材料时的切削速度比切断铸铁材料时的切削速度要高，而进给量要略小一些。切断时，切削用量的选择方法如下。

① 切削深度（a_p）：切断、车槽均为横向进给切削，切削深度a_p是垂直于已加工表面方向所量得的切削层宽度的数值，所以切断时的切削深度等于切断刀刀体的宽度。

② 进给量（f）：一般用高速钢车刀切断钢料时f=0.05～0.1mm/r；切断铸铁料时f=0.1～0.2mm/r；用硬质合金切断刀切断钢料时f=0.1～0.2mm/r；切断铸铁料时f=0.15～0.25mm/r。

③ 切削速度（v_c）：用高速钢车刀切断钢料时v_c=30～40m/min，切断铸铁料时v_c=15～25m/min；用硬质合金切断刀切断钢料时v_c=80～120m/min，切断铸铁料时v_c=60～100m/min。

（1）切断方法

工件的切断方法分为：直进法、左右借刀法和反切法，其说明见表5-23。

表5-23　工件的切断方法

类别	说　　明
直进法	直进法切断如图5-39所示，直进法是指垂直于工件轴线方向进给切断工件。直进法切断的效率高，但对车床、切断刀的刃磨和装夹都有较高的要求。否则，容易造成切断刀折断 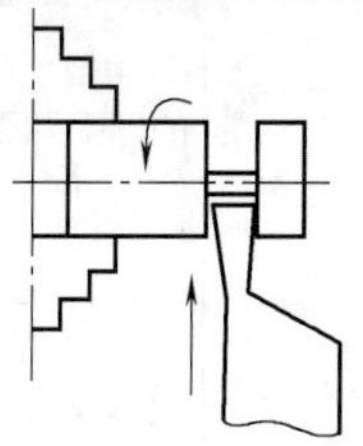 图5-39　直进法切断
左右借刀法	左右借刀法切断如图5-40所示，左右借刀法是指切断刀在工件轴线方向反复地往返移动，随之两侧径向进给，直至工件被切断。左右借刀法常用在切削系统（如刀具、工件、车床）刚度不足的情况下，用来对工件进行切断 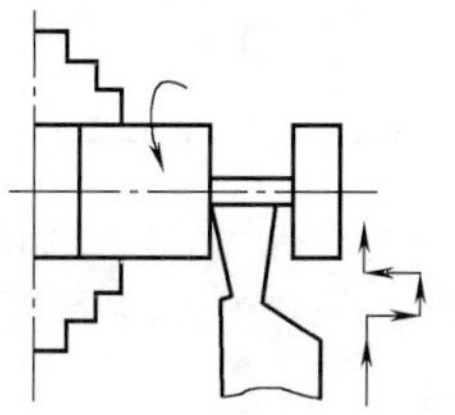 图5-40　左右借刀法切断
反切法	反切法是指工件反转，车刀反向装夹，如图5-41所示，这种切断方法宜用于较大直径工件的切断。切断工件时，切断刀伸入工件被切的槽内，周围被工件和切屑包围，散热情况极差，切削刃容易磨损（尤其在切断刀的两个刀尖处），排屑也比较困难，极易造成扎刀现象，严重影响刀具的使用寿命。为了克服上述缺点，使切断工件顺利进行，可以采用下列措施：控制切屑形状和排屑方向，切屑形状和排出方向对切断刀的使用寿命、工件的表面粗糙度及生产率都有很大的影响 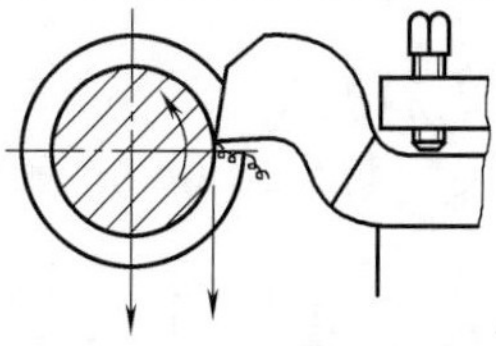 图5-41　反切法切断 切断钢类工件时，工件槽内的切屑成发条状卷曲，排屑困难，切削力增加，容易产生"扎刀"现象，并损伤工件已加工表面。如果切屑呈片状，同样影响切屑排出，也容易造成"扎刀"现象（切断脆性材料时，刀具前面无断屑槽的情况下除外）。理想的切屑是呈直带状从工件槽内流出，然后再卷成"圆锥形螺旋""垫圈形螺旋"或"发条状"，才能防止扎刀 在切断刀上磨出3°左右的刃倾角（左高右低）。刃倾角太小，切屑便在槽中呈"发条状"，不能理想地卷出；刃倾角太大，刀尖对不准工件中心，排屑困难，容易损伤工件表面，并使切断工件的平面歪斜，造成扎刀现象 卷屑槽的大小和深度要根据进给量和工件直径的大小来决定。进给量大，卷屑槽相应增大。进给量小，卷屑槽要相应减小，否则切屑极易呈长条状缠绕在车刀和工件上，产生严重后果

（2）减少振动和防止刀体折断的方法（表 5-24）

表 5-24　减少振动和防止刀体折断的方法

类别	说　明
防止刀体折断的方法	①增强刀体强度，切断刀的副后角或副偏角不要过大，其前角亦不宜过大，否则容易产生扎刀，致使刀体折断 ②切断刀应安装正确，不得歪斜或高于、低于工件中心太多 ③切断毛坯工件前，应先车圆再切断或开始时尽量减小进给量 ④手动进给切断时，摇手柄应连续、均匀。若切削中必须停车时，应先退刀，后停车
减少切断时振动	切断工件时经常会引起振动使切断刀振坏。防止振动可采取以下几点措施 ①适当加大前角，但不能过大，一般应控制在 20° 以下，使切削阻力减小。同时适当减小后角，让切断刀刃附近消振作用把工件稳定，防止工件产生振动 ②在切断刀主切削刃中间磨 0.5mm 左右的凹槽，这样不仅能起消振作用，还能起导向作用，保证切断的平直性 ③大直径工件宜采用反切断法，既可防止振动，排屑也方便 ④选用适宜的主切削刃宽度，主切削刃宽度狭窄，使切削部分强度减弱；主切削刃宽度宽，切断阻力大容易引起振动 变刀柄的形状，增大刀柄的刚性，刀柄下面做成"鱼肚形"，可减弱或消除切断时的振动现象

四、易出现的问题、原因及预防措施

切断和车沟槽时易出现的问题、原因及预防措施见表 5-25。

表 5-25　切断和车沟槽时易出现的问题、原因及预防措施

问题	原　因	预防措施
沟槽尺寸不正确	①尺寸计算错误	①仔细计算尺寸，对留有磨削余量的工件，切槽时必须把磨削余量考虑进去
	②主刀刃太宽或太窄	②根据沟槽宽度刃磨主刀刃宽度
	③没有及时测量或测量不正确	③车槽过程中及时、正确测量
切下时工件表面凸凹不平	①切断刀安装不正确	①正确装夹切断刀
	②刀尖圆弧刃磨或磨损不一致，使主刀刃受力不均而产生凹凸面	②刃磨时保证两刀尖圆弧对称
	③切断刀强度不够，主刀刃不平直，切削时由于切削力作用使刀具偏斜，切下的工件凹凸不平	③增加切断刀的强度，刃磨时必须使主刀刃平直
	④刀具角度刃磨不正确，两副偏角过大而且不对称，降低了刀头强度，产生让刀现象	④正确刃磨切断刀，保证两副偏角对称

五、数控车槽

（一）外圆沟槽的车削方法

车槽是数控车床基本加工方法之一。沟槽的种类有外圆沟槽、内沟槽、端面沟槽等；按其作用分有退刀槽、定位槽、密封槽、油槽等。一般退刀槽等精度要求不高，按自由公差即可。密封槽的加工精度和表面粗糙度要求较高，需要进行精加工。

车外圆沟槽的加工方法见表 5-26。

表 5-26　车外圆沟槽的加工方法

类别		图　示	加工方法
直外圆沟槽	窄直沟槽		对于 2～6mm 宽的直外圆沟槽，一般用等宽的车槽刀，用直进法一次车出。车刀在槽底用 G04 指令做短暂停留，以使槽底光滑

类别		图　示	加工方法
直外圆沟槽	宽直沟槽		较宽的沟槽，可采取多次直进法车削，并在槽底和槽的两侧留有精加工余量，然后根据槽宽和槽深进行精车。第1刀、第2刀在槽底留约0.5mm的余量（半径值），第3刀用直进法车到槽底，用G04指令作短暂停留以车平槽底，然后向右轴向进给切削至要求的槽宽，最后用G01指令径向退出以保证槽侧面的粗糙度要求
圆弧外圆沟槽	窄圆弧槽		车削窄圆弧槽时，可采用成形车刀用直进法一次车出。方法与车直外圆沟槽相同。在磨成形车刀时，应根据圆弧的形状和尺寸磨刃，并以样板检查并修磨
	宽圆弧槽		在数控车床上，对于宽圆弧沟槽，可采用35°尖刀用G02指令加工。如果加工精度要求较高，则采用刀尖圆弧半径补偿功能加工
梯形沟槽		(a) 窄梯形槽　　(b) 宽梯形槽	车削较窄的梯形槽，一般用成形车刀一次车削完成，如左图（a）所示；较宽的梯形槽通常用车槽刀先车出直槽，然后用成形车刀采用直进法或左右切削法完成，如左图（b）所示

（二）切削指令与实训

1. 暂停指令（G04）（FANUC 0i Mate-TC 系统车床编程）

（1）功能

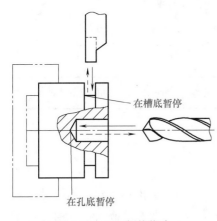

图 5-42　G04 暂停指令

该指令为进给暂停指令，按指令的时间延迟执行下一个程序段。在车削槽时，常用 G04 指令使刀具在槽底可以做短暂的无进给光整加工，如图 5-42 所示。

指令格式：G04　P（X）__；

其中，P（X）__是暂停时间，X 后用小数表示，单位为 s，P 后用整数表示，单位为 ms。

说明

　　G04 指令常用于车槽、镗平面、孔底光整以及车台阶轴清根等场合，可使刀具做短时间的无进给光整加工，以提高表面加工质量。执行该程序段后暂停一段时间，当暂停时间过后，继续执行下一段程序。G04 指令为非模态指令，只在本程序段有效。

（2）编程

若要暂停 2s，则可写成如下两种格式：

G04 X2.0；或 G04 P2000；

（3）应用

车削沟槽或钻孔时，为使槽底或孔底得到准确的尺寸精度及光滑的加工表面，在加工到槽底或孔底时，应该暂停一适当时间，使工件回转一周以上。

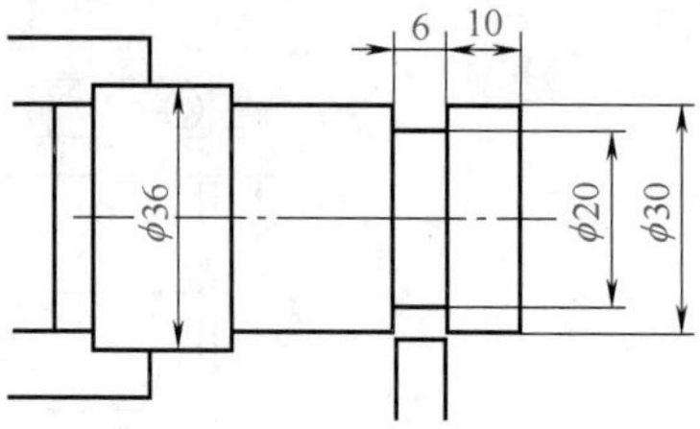

图 5-43 车槽

2. 实训

如图 5-43 所示，切槽刀宽 6mm，毛坯材料为尼龙 06，试编程（见表 5-27）。

表 5-27 车槽加工参考程序

程　序	说　明
主程序：	
O3018；	程序名
N10 M03 S300；	主轴正转，300r/min
N20 T0202；	换 02 号切槽刀
N30 G00 X35；	X 方向快速定位
N40 Z16；	Z 方向快速定位
N50 G01 X20 F0.1；	车槽
N60 G04 X2；	槽底暂停 2s
N70 G01 X35 F0.2；	G01 退出，保证两侧粗糙度值
N80 G00 X50；	快速退出
N90 Z150；	退刀
N100 M30；	程序结束并返回

注意

如果在 N60 段车完槽底后，在 N70 段就直接用"G00 X50 Z150；"退刀，则车刀和工件相撞。所以在车槽一类的程序时，要先在 X 方向退出到安全位置，然后再退 Z 轴。

第五节　加工实例

实例一：车台阶轴

如图 5-44 所示为车削台阶轴零件图样的尺寸。其图样分析如下。

① 图 5-44 所练习内容为一夹一顶台阶轴车削。

② 工件材料为 45 钢。

③ 下料尺寸 ϕ38mm×235mm。

④ 件数 1 件，工时 150min。

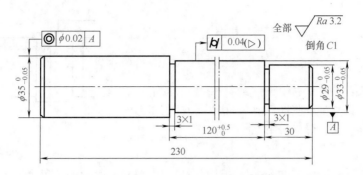

图 5-44　车削台阶轴零件图样的尺寸

1. 加工方法

工艺分析，该零件形状较简单，结构尺寸变化不大，为一般用途的轴。零件有 3 个台阶面、2 个直槽，左、右两台阶同轴度公差为 0.02mm，中段台阶轴颈圆柱度公差为 0.04mm，且只允许左大右小，零件精度要求较高。因此，加工时应分粗、精加工两个阶段。粗加工时，采用一夹一顶的装夹方法；精加工时，采取两顶尖支承装夹方法。车槽安排在精车后进行。为保证工件圆柱度要求，粗加工阶段应校正好车床的锥度。

2. 加工步骤

① 检查坯料，将毛坯伸出三爪自定心卡盘长约 40mm，校正后夹紧。

② 车端面，钻中心孔 B2.5/8；粗车外圆 ϕ35mm×25mm。

③ 调头夹持工件 ϕ35mm 外圆处，校正后夹紧，车端面保证总长 230mm，钻中心孔 B2.5/8。

④ 用后顶尖顶住工件，粗车整段外圆（夹紧处 ϕ35mm 除外）至 ϕ36mm。

⑤ 调头一夹（夹持 ϕ36mm 处外圆）一顶装夹工件，粗车右端两处外圆：

a. 车削 ϕ29$_{-0.05}^{0}$mm 外圆至 ϕ29.8mm、长 29.5mm；

b. 车削 ϕ33$_{-0.05}^{0}$mm 外圆至 ϕ35mm、长 119.5mm，检查并校正锥度后，再将外圆车削至 ϕ33.8mm。

⑥ 修研两端中心孔。

⑦ 工件调头，用两顶尖支承装夹，精车左端外圆至 ϕ35$_{-0.05}^{0}$mm，表面粗糙度 Ra3.2μm，倒角 C1。

⑧ 工件调头，用两顶尖支承装夹。精车右端两处外圆如下：

a. 车削外圆至 ϕ29$_{-0.05}^{0}$mm，长 30mm，表面粗糙度 Ra3.2μm，倒角 C1；

b. 复查锥度后，车削外圆至 ϕ33$_{-0.05}^{0}$mm，长 120$_{-0.05}^{0}$mm，表面粗糙度 Ra3.2μm。

⑨ 车两处矩形沟槽 3mm×1mm 至要求。

⑩ 检查两端外圆同轴度、中段台阶外圆圆柱度及各处尺寸符合图样要求后，卸下工件。

实例二：车削多台阶长轴

如图 5-45 所示为车削多台阶长轴零件图样的尺寸。材料为 45 调质钢，毛坯材料为热轧圆钢，其图样分析如下。

① 如图 5-45 所示图样主要尺寸 ϕ22mm、ϕ30mm 的精度要求，表面粗糙度均为 Ra3.2μm，同轴度为 0.05mm，ϕ30mm 端面对基准轴线垂直度为 0.05mm。

② 材料为 45 调质钢，规格为 ϕ30mm×245mm。

③ 加工数量为 10 件。

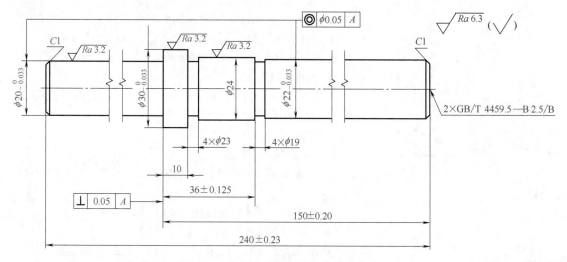

图 5-45 车削多台阶长轴零件图样的尺寸

1. 加工要求

① 由于工件长度较短，外径尺寸一般，所以调质工序放在毛坯落料后进行（调质 250HBS）。

② 为保证各外圆轴线与两中心孔公共轴线同轴，所以精车外圆时，应装夹在两顶尖间进行。

③ 多台阶长轴加工顺序如下：

调质处理→车端面→打中心孔→一夹一顶粗车外圆→半精车外圆→精车外圆→倒角→调头搭中心架→取总长→打中心孔→一夹一顶粗车外圆→半精车外圆→精车外圆→车槽→倒角。

④ 工件选用三爪自定心卡盘定位夹紧。

⑤ 用中心孔定位。

⑥ 刀具选用：选用 90°、45° 外圆车刀及外沟槽车刀。

⑦ 设备选用 C6140A 型车床

2. 车削加工步骤

（1）热处理调质 250HBS

（2）三爪自定心卡盘装夹

① 车端面。

② 钻中心孔（ϕ2.5mm B 型）如图 5-46 所示。

③ 一夹一顶粗车 ϕ30mm 外圆、ϕ24mm 外圆及 ϕ22mm 外圆留精车余量 1～1.5mm，车削长度分别是 160mm、36mm。校正后顶尖轴线与主轴轴线的同轴度，如图 5-47 所示。

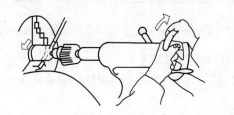

图 5-46　钻中心孔

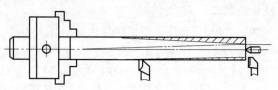

图 5-47　后顶尖不在主轴中心线上

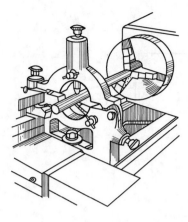

图 5-48 应用中心架车端面

a. 半精车 ϕ30mm 外圆、ϕ24mm 外圆及 ϕ22mm 外圆留精车余量 0.5 ～ 1mm，车削长度分别是 160mm、36mm。

b. 精车 ϕ30mm 外圆、ϕ24mm 外圆及 ϕ22mm 外圆，车削长度分别是 160mm、36mm。

c. 车槽 4mm×ϕ23mm、4mm×ϕ19mm。安装车槽刀时主偏角要与轴线平行。

d. 倒角 C1、锐边倒钝。

（3）应用中心架

① 车端面取对长度尺寸（240mm±0.23mm）如图 5-48 所示。

② 钻中心孔（ϕ2.5mm B 型）。

（4）装夹于两顶尖间（两次装夹）

① 精车外圆 $\phi30_{-0.33}^{0}$mm、ϕ24mm、$\phi22_{-0.33}^{0}$mm 至尺寸。

② 车外沟槽 5mm×ϕ23mm、4mm×ϕ19mm 至尺寸。

③ 调头，车外圆 $\phi20_{-0.33}^{0}$mm 至尺寸，车削长度为 80mm。

④ 倒角。

3. 误差分析及精度检验（表 5-28）

表 5-28　误差分析及精度检验说明

误差类型	说　明
尺寸精度达不到要求	①操作者粗心大意，看错图样或刻度盘使用不当 ②没有进行试切削 ③量具有误差或测量不正确 ④由于切削热的影响，使工件尺寸发生变化
产生锥度	①用两顶尖装夹工件时，由于前后顶尖轴线不在主轴轴线上 ②用小滑板车外圆时产生锥度，是小滑板位置不正，即小滑板刻线与中滑板刻线没有对准 "0" 线 ③刀具中途逐渐磨损
圆度超差	①车床主轴间隙太大 ②毛坯余量不均匀，在切削过程中背吃刀量发生变化 ③一夹一顶装夹时，后顶尖顶得不紧
表面粗糙度达不到要求	①车床刚性不足，如滑板镶条过松，传动零件（如带轮）不平衡或主轴太松引起振动 ②车刀刚性不足或伸出太长引起振动 ③工件刚性不足引起振动 ④车刀几何形状不正确，例如选用过小的前角、主偏角和后角 ⑤低速切削时，没有加切削液 ⑥切削用量选择不当
精度测量	①同轴度、垂直度的测量是以中心孔定位来测量 ②外圆精度测量，要测量圆周表面不同点，而且整个外圆长度要测几个点，保证精度准确 ③长度尺寸、沟槽尺寸用游标卡尺测量

实例三：车主轴

如图 5-49 所示为车削主轴零件图样的尺寸。其图样分析如下。

① 局部热处理：4 号莫氏内锥孔及 $\phi50_{+0.02}^{+0.039}$mm 外圆淬硬 40HRC；$\phi60_{-0.06}^{-0.03}$mm 及 $\phi40_{+0.041}^{+0.025}$mm 外圆淬硬 48 ～ 55HRC（允许氮化处理）。

② 4 号莫氏内锥孔在插入心轴检查时，其径向跳动在近端（锥孔处）或距 150 处都应小于 0.005。

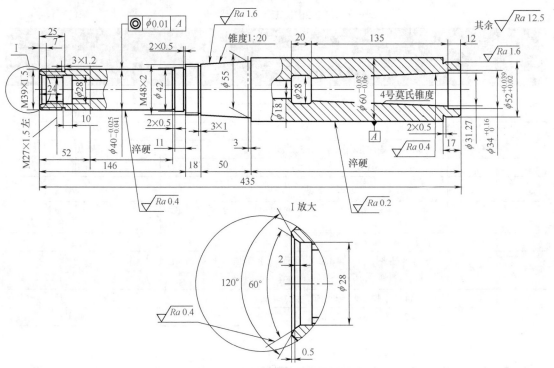

图 5-49 车削主轴零件图样的尺寸

③ 各螺纹必须保持与主轴轴线同心。

④ 4 号莫氏内锥孔及 1：20 锥度与相配件在接合长度上的接触面积应大于等于 85%。

⑤ 调质处理 220～250HBS。

1. 加工要求

① 工件材料采用 38CrMoA14，局部热处理后 4 号莫氏内锥孔及 $\phi52^{+0.039}_{+0.02}$ mm 外圆淬硬 40HRC；$\phi60^{+0.03}_{+0.06}$ mm 及 $\phi40^{+0.025}_{+0.041}$ mm 外圆淬硬 48～55HRC，硬度较高。表面粗糙度 Ra 值较小，表面精度也很高。

② 以 $\phi60^{-0.03}_{-0.06}$ mm 外圆柱面的轴线为基准，$\phi40^{-0.025}_{-0.041}$ mm 外圆轴线与基准的同轴度公差为 $\phi0.01$mm。

③ 各螺纹必须保持与主轴轴线同心。

④ 4 号莫氏内锥孔在插入心轴检查时，其径向跳动在近端或距 150 处都应小于 0.005。

⑤ 4 号莫氏内锥孔及 1：20 锥度与相配件在接合长度上的接触面积应大于等于 85%。

⑥ 整体调质处理 220～250HBS。

2. 加工方法

① 该件结构比较复杂，又属长轴类零件，其刚性较差。因此所有表面加工分为粗加工、半精加工和精加工三个阶段，而且工序分得很细，这样可以减小变形误差。

② 由于该件的直径相差较大，有的外圆加工余量较大，所以应在粗加工后进行整体调质处理。

③ 半精车后，局部进行淬火处理。

④ 精磨前，进行时效处理，以消除机械加工内应力。

3. 加工步骤

主轴机械加工工艺步骤卡见表 5-29。

机械加工过程卡		零件名称	主轴	材料	38CrMoA14
		坯料种类	锻件	生产类型	小批量
工序号	工步号	加 工 内 容		设备及刀具	
10		自由锻 $\phi70 \times 450$		空气锤	
20		正火处理		热处理炉	
30		粗车		精通车床	
	1	三爪卡盘夹毛坯外圆，伸出 50，找正，夹紧，车端面		45°弯头车刀	
	2	钻中心孔 A6.3/14		中心钻	
	3	车 $\phi60^{-0.03}_{-0.06}$ 外圆至 $\phi62$，长度至卡爪		45°弯头车刀	
	4	调头。三爪卡盘夹毛坯外圆，伸出 30，找正，夹紧，车端面，保证总长 437		45°弯头车刀	
	5	钻中心孔 A6.3/14		中心钻	
	6	三爪卡盘夹已车过的 $\phi62$ 外圆一端，顶尖顶另一端中心孔。车 $\phi60^{-0.03}_{-0.06}$ 外圆至 $\phi62$，与车过的 $\phi62$ 外圆相接		45°弯头车刀	
	7	车 M48×2 螺纹大径至 $\phi50$，长 164		90°外圆车刀	
	8	车 $\phi42$ 外圆至 $\phi44$，长 146		90°外圆车刀	
	9	调头。三爪卡盘夹已车过的 $\phi44$ 外圆一端，顶尖顶另一端中心孔。车 $\phi52^{+0.039}_{+0.02}$ 外圆至 $\phi54$，长 17		90°外圆车刀	
	10	在 $\phi62$ 外圆靠近顶尖端装上中心架，移去顶尖，钻 $\phi18$ 通孔至 $\phi16$		加长外排屑钻头	
	11	在 $\phi16$ 孔端车出 2×60° 锥面		90°外圆车刀	
40		整体调质处理 220～250HBS		—	
50		精车		普通车床	
	1	三爪卡盘夹 $\phi44$ 外圆一端，顶尖顶另一端中心孔，车 $\phi60^{-0.03}_{-0.06}$ 外圆至 $\phi60.7$		90°外圆车刀	
	2	在 $\phi60.7$ 外圆右端装上中心架，找正，夹紧，移去顶尖。车端面，保证总长 436		45°弯头车刀	
	3	$\phi52^{+0.039}_{+0.02}$ 外圆至 $\phi52.3$，保证尺寸 17		90°外圆车刀	
	4	切 2×0.5 退刀槽		切槽刀	
	5	在 $\phi44$ 外圆靠近卡爪处车一段找正带		45°弯头车刀	
	6	钻 $\phi18$ 通孔至要求		扩孔钻	
	7	镗 $\phi34^{-0.16}_{0}$ 孔至要求，深 12		闭孔镗刀	
	8	钻 $\phi21$ 孔，深 167		钻头	
	9	镗 $\phi28$ 空刀槽至要求，保证尺寸 147，长 20		闭孔镗刀	
	10	镗 4 号莫氏内锥孔，直径上留余量 0.5，大头直径至 $\phi30.8$		镗孔刀	
	11	调头。三爪卡盘夹 $\phi60.7$ 外圆一端，在 $\phi44$ 外圆上已车的找正带上装上中心架，找正，夹紧。车端面，保证总长 435		45°弯头车刀	
	12	镗 M27×1.5 左螺纹底孔至 $\phi25.5$，深 24		闭孔镗刀	
	13	镗 $\phi28$ 退刀槽至要求，宽 10，保证尺寸 24		闭孔镗刀	
	14	车 M27×1.5 左螺纹至要求，深 24		内螺纹车刀	
	15	镗 $\phi28$ 孔至要求，深 7		闭孔镗刀	
	16	车 60° 锥角至要求		90°外圆车刀	
	17	车 120° 锥角至要求		90°外圆车刀	

机械加工过程卡		零件名称		主轴	材料	38CrMoA14
		坯料种类		锻件	生产类型	小批量
工序号	工步号	加 工 内 容			设备及刀具	
	18	用顶尖顶住 60° 锥面，车 1：20 锥面至 φ55.5，长至轴端面 214			90° 外圆车刀	
	19	车 M48×2 螺纹大径至 φ47.9，长 18			90° 外圆车刀	
	20	车 φ42 外圆至要求，保证尺寸 146			90° 外圆车刀	
	21	车 φ40$_{-0.041}^{-0.025}$ 外圆至 φ40.5，保证尺寸 135			90° 外圆车刀	
	22	车 M39×1.5 螺纹大径至 φ38.9，长 25			90° 外圆车刀	
	23	车所有退刀槽和倒角			切断车刀	
	24	车 M48×2 螺纹至要求			螺纹车刀	
	25	车 M39×1.5 螺纹至要求			螺纹车刀	
	26	车 1：20 锥面，直径上留余量 0.3			90° 外圆车刀	
60		局部热处理：4 号莫氏内锥孔及 φ52$_{+0.02}^{+0.039}$ 外圆淬硬 40HRC；φ60$_{-0.06}^{-0.03}$ 及 φ40$_{-0.041}^{-0.025}$ 外圆淬硬 48～55HR（允许氮化处理）			—	
70		时效处理			—	
80		精磨 φ60$_{-0.06}^{-0.03}$、φ52$_{+0.02}^{+0.039}$、φ60$_{-0.041}^{-0.025}$ 外圆、1：20 外圆锥面及 4 号莫氏内锥孔至要求			万能外圆磨床	
90		检验			—	

实例四：车长轴

如图 5-50 所示为车削长轴零件图样的尺寸。其图样分析如下。

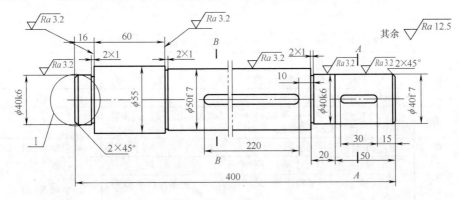

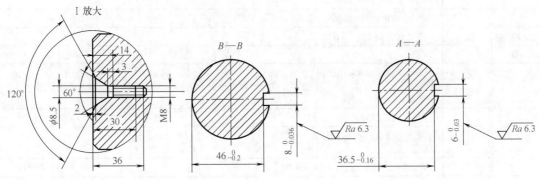

图 5-50　车削长轴零件图样的尺寸

① 上图中尺寸 ϕ40k6、ϕ50f7、ϕ40f7 精度要求较高。

② 工件总长 400，比较长。

③ 工件材料为 45 圆钢。

④ 调质处理 28～32HRC。

1. 加工方法

① 该轴的结构比较典型，代表了一般轴的结构形式，其加工工艺过程具有普遍性。

② 由于各轴颈直径相近，且坯料直径不大，所以在加工工艺流程中，也可以采用调质处理后再粗车加工。

③ 在单件或小批量生产时，采用普通车床加工，粗、精车可在一台车床上完成，批量较大时，粗、精车应在不同的车床上完成。

④ ϕ40k6、ϕ50f7、ϕ40f7 外圆精度要求较高，除精车外，也可留磨量，最后用外圆磨床来磨削。

⑤ 为了保证两端中心孔同心，该轴左端中心孔在开始时仅作为临时中心孔。最后在精加工左端 ϕ50f7、ϕ40k6 外圆前，用中心架找正 ϕ50f7 外圆，精加工中心孔，再以精加工过的中心孔定位。

2. 加工步骤

长轴机械加工工艺步骤卡见表 5-30。

表 5-30　长轴机械加工工艺步骤卡　　　　　　　　　单位：mm

机械加工过程卡		零件名称	主　轴	材料	45
		坯料种类	锻件	生产类型	小批量
工序号	工步号	加工内容		设备及刀具	
10		下料 ϕ60×406		锯床	
20		粗车		普通车床	
	1	夹坯料的外圆，伸出长度小于 50，车端面，见光即可		45°弯头车刀	
	2	钻一端临时中心孔 A2/5		中心钻	
	3	调头，夹坯料的外圆，伸出长度小于 50，车端面，保证总长 402		45°弯头车刀	
	4	钻另一端中心孔 A2/5		中心钻	
	5	三爪卡盘夹坯料的一端外圆，另一端用顶尖顶住中心孔，夹紧，粗车外圆至尺寸 ϕ58，长度至卡爪处		45°弯头车刀	
	6	粗车 ϕ50f7 外圆至尺寸 ϕ53，长 324		90°外圆车刀	
	7	粗车 ϕ40k6 外圆至尺寸 ϕ43，长 70		90°外圆车刀	
	8	调头。夹 ϕ40f7 处外圆，另一端顶住中心孔，夹紧，粗车 ϕ55 外圆至尺寸 ϕ58		90°外圆车刀	
	9	粗车 ϕ40k6 外圆至尺寸 ϕ43，长 16		90°外圆车刀	
30		热处理调质 28～32HRC		热处理炉	
40		精车		普通车床	
	1	三爪卡盘夹 ϕ40k6 处外圆，另一端用顶尖顶住中心孔，在 ϕ40f7 外圆处车一段架位，装上中心架，找正，移去顶尖，车端面。保证总长 401		45°弯头车刀	
	2	修中心孔至 A3/7.5		中心钻	
	3	用顶尖顶住中心孔，移去中心架，车 ϕ50f7 外圆至尺寸 ϕ51，长 324		90°外圆车刀	
	4	车 ϕ40k6 外圆至尺寸 ϕ41，长 70		90°外圆车刀	
	5	精车 ϕ40f7 外圆至要求，保证尺寸 50		90°精车刀	

机械加工过程卡		零件名称	主轴	材料	45
		坯料种类	锻件	生产类型	小批量
工序号	工步号	加工内容		设备及刀具	
	6	切两个尺寸为 2×0.5 的槽, 分别保证尺寸 324、20		硬质合金切断刀	
	7	精车 φ50f7 外圆至要求, 表面粗糙度 Ra3.2		90° 精车刀	
	8	精车 φ40k6 外圆至要求, 表面粗糙度 Ra3.2		90° 精车刀	
	9	倒角 2×45°		45° 弯头车刀	
	10	调头。三爪卡盘夹 φ40f7 外圆处, 在 φ50f7 外圆端处装上中心架, 找正, 车端面, 保证总长 400		45° 弯头车刀	
	11	钻 M8 螺纹底孔至 φ6.7, 深 36		钻头	
	12	用平头钻扩孔 φ8.5, 深 14		平头钻	
	13	车顶尖孔锥面至要求		镗刀	
	14	倒 120° 保护锥		镗刀	
	15	攻螺纹 M8, 深 30		丝锥	
	16	顶住精中心孔, 移去中心架, 车 φ55 外圆至要求		90° 外圆车刀	
	17	车 φ40k6 外圆至 φ41, 保证尺寸 16		90° 外圆车刀	
	18	车 2×0.5 槽至要求		切断车刀	
	19	精车 φ40k6 外圆至要求, 表面粗糙度 Ra3.2		90° 精车刀	
		倒角 2×45°		45° 弯头车刀	
50		铣键槽		—	
60		检验		—	

实例五：车冷轧轴

如图 5-51 所示为车削冷轧轴零件图样的尺寸。其图样分析如下。

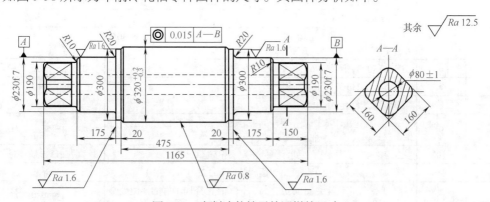

图 5-51　车削冷轧轴零件图样的尺寸

① 工件材料 9Cr2, 热处理后辊身硬度为 90～100HS, 硬度很高。表面粗糙度 Ra0.8, 表面精度也很高。

② 两轴颈 φ230f7 圆柱面的轴线为基准, 辊身相对于基准的同轴度公差为 0.015。

③ 辊身本身的圆度、圆柱度公差为 0.03, 要求也很高。

④ 轧辊长度和直径都较大, 重量也很重, 属大型轴类件。

⑤ 粗加工后调质处理 220～250HB, 精加工后时效处理。

⑥ 未注倒角 2×45°。

1. 加工方法

① 为了防止生成片层，轧辊在锻造后必须进行退火，以求得到颗粒形的珠光体结构。

② 由于轧辊的直径和加工余量较大，应在粗加工后进行调质处理。

③ 半精车后，辊身进行淬火处理。

④ 精车完成后，进行时效处理，以消除内应力。

⑤ 由于轧辊的辊颈和辊身的尺寸精度和表面质量要求较高，最后采用磨削加工。

2. 加工步骤

冷轧轴机械加工工艺步骤卡见表5-31。

表5-31 冷轧轴机械加工工艺步骤卡　　　　　　（单位：mm）

机械加工过程卡		零件名称		轧螺	材料	9Cr2
		坯料种类		锻件	生产类型	小批量
工序号	工步号	加工内容			设备及刀具	
10		下料			锯床	
20		自由锻			锻锤	
30		退火处理			热处理炉	
40		检验金相组织			—	
50		划两端中心线，检查毛坯余量			—	
60		铣两端面，保证总长1171			专用铣床	
70		钻两端中心孔A10/21			中心钻	
80		粗车			大型车床	
	1	四爪卡盘夹毛坯一端外圆，另一端顶住、找正、夹紧。车$\phi320_{-0.3}^{+0.2}$外圆至$\phi326$			45°弯头车刀	
	2	车$\phi230$f7外圆至$\phi236$，长325，并车出过渡圆角			90°外圆车刀、圆弧车刀	
	3	车$\phi190$外圆至$\phi196$，长150，并车出过渡圆角			90°外圆车刀、圆弧车刀	
	4	所有锐边倒角$3\times45°$			45°弯头车刀	
	5	调头。三爪卡盘夹$\phi196$外圆，顶尖顶另一端中心孔。车$\phi230$f7外圆至$\phi236$，长325，并车出过渡圆角			90°外圆车刀、圆弧车刀	
	6	车$\phi190$外圆至$\phi196$，长150，并车出过渡圆角			90°外圆车刀、圆弧车刀	
	7	在两个$\phi236$外圆上各车出一段中心架架位			90°外圆车刀	
	8	所有锐边倒角$3\times45°$			45°弯头车刀	
	9	三爪卡盘夹$\phi196$外圆，另一端在已经加工好的架位处装上中心架，找正、夹紧。车端面，留余量1			45°弯头车刀	
	10	钻$\phi80$深孔至尺寸，要求孔面光滑，不得有凹凸不平			加长外排屑钻头	
	11	在$\phi80$孔口车出$60°$锥面，表面粗糙度Ra3.2			90°外圆车刀	
	12	调头。三爪卡盘夹$\phi196$外圆，另一端在已经加工好的架位处装上中心架，找正、夹紧。车端面，保证总长1167			45°弯头车刀	
	13	在$\phi80$孔口车出$60°$锥面，表面粗糙度Ra3.2			90°外圆车刀	
90		调质处理220～250HBS			热处理炉	
100		用油石或砂布将$\phi80$孔口的$60°$锥面打磨平整				
110		半精车			大型车床	
	1	三爪卡盘夹$\phi196$外圆，顶尖顶另一端中心孔。车$\phi320_{-0.3}^{+0.2}$外圆至$\phi320.8$，表面粗糙度Ra3.2			90°外圆车刀	
	2	车$\phi300$外圆至要求，长至$\phi320_{-0.3}^{+0.2}$端面到要求尺寸，过渡部分车成圆弧			90°外圆车刀、圆弧车刀	

机械加工过程卡		零件名称		轧螺	材料	9Cr2
		坯料种类		锻件	生产类型	小批量
工序号	工步号	加工内容			设备及刀具	
	3	车 ϕ230f7 外圆至 ϕ233，表面粗糙度 Ra6.3，长至 ϕ300 端面，留余量 0.5，过渡部分车成圆弧			90° 外圆车刀、圆弧车刀	
	4	车 ϕ190 外圆至 ϕ193，表面粗糙度 Ra12.5，长至 ϕ230 端面，留余量 0.5，过渡部分车成圆弧			90° 外圆车刀、圆弧车刀	
	5	倒所有锐边			45° 弯头车刀	
	6	调头。三爪卡盘夹 ϕ193 外圆，顶尖顶另一端中心孔。车 ϕ300 外圆至要求，长至 ϕ320$^{+0.2}_{-0.3}$ 端面，保证尺寸 475，过渡部分车成圆弧			90° 外圆车刀、圆弧车刀	
	7	车 ϕ230f7 外圆至 ϕ233，表面粗糙度 Ra6.3，长至 ϕ300 端面，留余量 0.5，过渡部分车成圆弧			90° 外圆车刀、圆弧车刀	
	8	车 ϕ190 外圆至 ϕ193，表面粗糙度 Ra12.5，长至 ϕ230 端面，留余量 0.5，过渡部分车成圆弧			90° 外圆车刀、圆弧车刀	
	9	倒所有锐边			45° 弯头车刀	
120		辊身淬火 90～100HS			—	
130		检验硬度			—	
140		精车			大型车床	
	1	三爪卡盘夹 ϕ193 外圆，顶尖顶另一端中心孔，在 ϕ233 外圆处装上中心架，夹紧，撤去顶尖。车端面至要求			45° 弯头车刀	
	2	在 ϕ80 孔口端车出 ϕ100×80 的止口，把事先准备好的中心堵按过盈配合压入			闭孔镗刀	
	3	调头。三爪卡盘夹 ϕ193 外圆，顶尖顶另一端中心孔，在 ϕ233 外圆处装上中心架，夹紧，撤去顶尖。车端面，保证总长 1165			45° 弯头车刀	
	4	在 ϕ80 孔口端车出 ϕ100×80 的止口，把事先准备好的中心堵按过盈配合压入			闭孔镗刀	
	5	卸去卡盘，装上拨盘，将工件两端用顶尖顶住，用鸡心夹头夹紧工件，车 ϕ230f7 外圆至 ϕ230.5，表面粗糙度 Ra6.3，长至 ϕ300 端面，留余量 0.2，过渡部分按图样要求车成圆弧			90° 外圆车刀 圆弧车刀	
	6	车 ϕ190 外圆至要求，长 150			90° 外圆车刀	
	7	倒角 2×45°			45° 弯头车刀	
	8	调头。用同样的方法装夹工件，车 ϕ230f7 外圆至 ϕ230.5，表面粗糙度 Ra6.3，长至 ϕ300 端面，留余量 0.2，过渡部分按图样要求车成圆弧			90° 外圆车刀 圆弧车刀	
	9	车 ϕ190 外圆至要求			90° 外圆车刀	
	10	倒角 2×45°			45° 弯头车刀	
150		检验			—	
160		时效处理			—	
170		铣两端方头			龙门铣床	
180		精磨辊身和两辊颈至要求			外圆磨床	
190		检验			—	

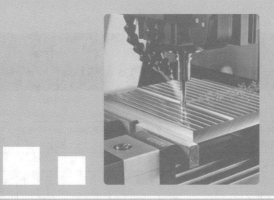

第六章

盘套类零件的车削

第一节 概 述

一、盘套类零件的功用与结构特点

在机械零件中，一般把轴套、衬套零件称为套类零件。机器中盘套类零件的应用非常广泛。例如：支承回转轴的各种形式的滑动轴承、夹具中的导向套、液压系统中的油缸、内燃机上的气缸套、法兰盘以及透盖等。套类零件通常起支承和导向作用。盘类零件一般起连接和压紧作用。

套类零件由于用途不同，其结构和尺寸有着较大的差异，但仍有其共同的特点：零件结构不太复杂，主要表面为同轴度要求较高的内外旋转表面；多为薄壁件，容易变形；零件尺寸大小各异，但长度 L 一般大于直径 d，长径比大于 5 的深孔比较多。盘类零件一般长度比较短，直径比较大。

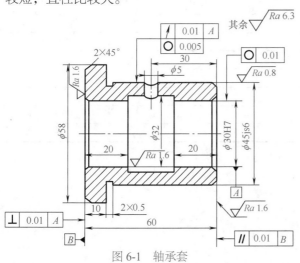

图 6-1 轴承套

二、套类零件的特点及形状精度

1. 套类零件特点

套类零件是车削加工的重要内容之一，它的主要作用是支承、导向、连接以及和轴组成精密的配合等。为研究方便，把轴承座、齿轮、带轮等这些带有孔的零件都作为套类零件来介绍。套类零件主要由同轴度要求较高的内、外回转表面以及端面、台阶、沟槽等部分组成，如图 6-1 所示。

套类零件上作为配合的孔，一般都要求较高的尺寸精度、较小的表面粗糙度和较高的形位精度。车削套类工件的圆柱孔比车削外圆困难得多，原因有四个方面，见表6-1。

表6-1 车削套类工件圆柱孔困难的原因

类别	说　明
观察困难	孔加工是在工件内部进行的，观察切削情况很困难，尤其是小而深的孔，根本无法观察
刀杆刚性差	刀杆尺寸受孔径和孔深的限制，不能做得太粗，又不能太短，因此刀杆的刚性较差，特别是加工孔径小、长度长的孔时，更加突出
排屑和冷却困难	因刀具和孔壁之间的间隙小，使切削液难以进入，又使切屑难以排除
测量困难	因孔径小，使量具进出及调整都很困难

2. 套类零件形状精度（表6-2）

表6-2 套类零件形状精度

类别	说　明
尺寸精度	指套类零件的各部分尺寸应达到一定的精度要求。如图6-1中的$\phi30H7$、$\phi45js6$ 等
形状精度	指套类零件的圆度、圆柱度和直线度等。如图6-1中的$\phi30H7$ 孔的圆度公差为0.01mm，$\phi45js6$ 外圆的圆度公差为0.005mm
位置精度	指套类零件各表面之间的相互位置精度，如同轴度、垂直度、平行度、径向圆跳动和端面跳动等。如图6-1中左端面对$\phi30H7$ 孔的轴线的垂直度公差为0.01mm，$\phi30H7$ 孔的右端面对B面平行度公差为0.01mm，$\phi45js6$ 外圆对$\phi30H7$ 孔的轴线径向圆跳动公差为0.01mm

三、套类零件的技术要求

套类零件各主要表面在机器中所起的作用不同，其技术要求差别较大，主要技术要求见表6-3。

表6-3 套类零件的技术要求

类别	说　明
内孔的技术要求	内孔是套类零件起支承或导向作用最主要的表面，通常与运动着的轴、刀具或活塞相配合。其直径尺寸精度一般为IT7，精密轴承套为IT6；形状公差一般应控制在孔径公差以内，较精密的套应控制在孔径公差的$1/3 \sim 1/2$，甚至更小。对长套筒除了有圆度要求外，还应对孔的圆柱度有要求。为保证套类零件的使用要求，内孔表面粗糙度Ra 为$0.16 \sim 2.5\mu m$，某些精密套类要求更高，Ra 值可达$0.04\mu m$
外圆的技术要求	外圆表面常以过盈或过渡配合与箱体或机架上的孔相配合起支承作用。其直径尺寸精度一般为IT6～IT7；形状公差应控制在外径公差以内；表面粗糙度Ra 为$5 \sim 0.63\mu m$
各主要表面间的位置精度	①内外圆之间的同轴度。若套筒是装入机座上的孔之后再进行最终加工，这时对套筒内外圆间的同轴度要求较低；若套筒是在装入前进行最终加工则同轴度要求较高，一般为$0.01 \sim 0.05mm$ ②孔轴线与端面的垂直度。套筒端面（或凸缘端面）如果在工作中承受轴向载荷，或是作为定位基准和装配基准，这时端面与孔轴线有较高的垂直度或端面圆跳动要求，一般为$0.02 \sim 0.05mm$

四、盘套类零件的内孔加工

盘套类零件加工的主要工序多为内孔与外圆表面的粗精加工，尤以孔的粗精加工最为重要。常采用的加工方法有钻孔、扩孔、铰孔、镗孔、磨孔、拉孔及研磨孔等。其中钻孔、扩孔与镗孔一般作为孔的粗加工与半精加工，铰孔、磨孔、拉孔及研磨孔为孔的精加工。盘套类零件的内孔加工见表6-4。

表 6-4　盘套类零件的内孔加工

类别	说　明
确定孔的加工方案	在确定孔的加工方案时一般按以下原则进行： ①孔径较小的孔，大多采用钻→扩→铰的方案 ②孔径较大的孔，大都采用钻孔后镗孔及进一步精加工的方案 ③淬火钢或精度要求较高的套筒类零件，则需采用磨孔的方法
钻孔工艺特点	钻孔是孔加工的一种基本方法，钻孔所用刀具一般是麻花钻，可在实体材料上加工或扩大已有孔的直径。钻头一般只能用来加工精度要求不高的孔，或作为精度要求较高孔的预加工。一般尺寸精度为 IT11～IT14，表面粗糙度 Ra 为 12.5～60μm 钻孔直径一般不超过 75mm。孔径大于 30mm 的孔应分两次钻，第一次钻孔直径应大于第二次钻孔所用钻头的横刃宽度。第一次钻孔直径约为被加工孔径的 0.4～0.6 倍
扩孔和镗孔工艺特点	扩孔是用扩孔钻来扩大工件上已有孔径的加工方法。扩孔的加工质量较高，一般尺寸精度为 IT10～IT11，表面粗糙度 Ra 为 10～5μm，且可在一定程度上校正钻孔的轴线歪斜。扩孔加工余量一般为孔径的 1/8 左右，进给量一般较大（0.4～2mm/r），生产率较高。因此在钻较大直径的孔时（一般 $D \geqslant 30mm$），当钻出小直径孔后再用扩孔钻来扩孔，比分两次钻孔效率高。对于孔径大于 100mm 的孔，扩孔应用较少，而多采用镗孔 镗孔是在已加工孔上用镗刀使孔径扩大并提高加工质量的加工方法。它能应用于孔的精加工、半精加工或粗加工。因为镗刀是属于非定尺寸刀具，结构简单，通用性大，所以在单件、小批生产中应用较多。特别是当加工大孔时，镗孔往往是唯一的加工方法。镗孔可在镗床上加工，也可在车床、钻床或铣床上进行。镗孔质量（指孔的几何精度）主要取决于机床精度，能获得的尺寸精度为 IT6～IT8，表面粗糙度 Ra 为 3～0.63μm。镗刀的刀杆尺寸，因受孔径和孔深尺寸的限制，一般刚性较低，镗孔时容易产生振动，故生产率较低。此外，镗孔能修正前工序加工后所造成的轴线歪斜和偏移，以获得较高的位置精度
铰孔工艺特点	铰孔是用铰刀对未淬硬孔进行精加工的一种方法。其加工精度一般为 IT7～IT8，表面粗糙度 Ra 可达 1.6～0.8μm。铰刀是定尺寸刀具，因此铰孔直径不宜太大，一般为 $\phi3 \sim \phi150mm$。机用铰刀与机床采用浮动连接，故孔的加工质量不取决于机床精度，而取决于铰刀的精度和安装方式及切削条件。铰孔不能纠正孔的轴线歪斜，因此，孔的有关位置精度应由铰孔前工序或后工序保证。铰孔不宜加工短孔、深孔和断续孔

五、套类工件的装夹

套类工件一般由内孔、外圆、平面等组成，在车削过程中，为了保证工件的形状和位置精度以及表面粗糙度要求，应选择合理的装夹方式及正确的车削方法。在车削薄壁工件时，还应注意避免由于夹紧力引起的工件变形。套类工件的装夹方法见表 6-5。

表 6-5　套类工件的装夹方法

类别	说　明
在一次装夹中完成车削加工	在单件小批量生产中，可以在卡盘或花盘上一次装夹就把工件的全部或大部分表面加工完毕。这种方法没有定位误差，如果车床精度较高，可获得较高的形位精度。但采用这种方法车削时，需要经常转换刀架，尺寸较难掌握，切削用量也需要经常改变，如图 6-2 所示 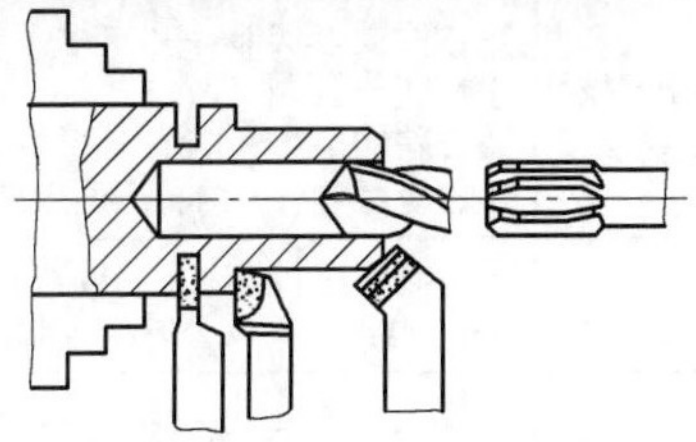 图 6-2　一次装夹中加工工件
以孔为定位基准，采用心轴定位	车削中小型的轴套、带轮、齿轮等工件时，一般可用已加工好的孔为定位基准，采用心轴定位的方法进行车削。常用的心轴有下列两种 ①实体心轴　实体心轴有小锥度心轴和圆柱心轴两种。小锥度心轴的锥度 $C=（1：1000）\sim（1：5000）$，如图 6-3（a）所示，这种心轴的特点是制造简单，定心精度高，但轴向无法定位，承受切削力小，装卸不太方便。用台阶心轴如图 6-3（b）所示装夹工件时，心轴的圆柱部分与工件孔之间保持较小的间隙配合，工件靠螺母压紧。其特点是一次可以装夹多个工件，若采用开口垫圈，装卸工件就更方便，但定心精度较低，只能保证 0.02mm 左右的同轴度 ②胀力心轴　胀力心轴依靠材料弹性变形所产生的胀力来固定工件。图 6-3（c）为装夹在机床主轴锥孔中的胀力心轴。胀力心轴的圆锥角最好为 30°左右，最薄部分壁厚 3～6mm。为了使胀力均匀，槽可做成三等分，如图 6-3（d）所示。长期使用的胀力心轴可用弹簧钢制成。胀力心轴装卸方便，定心精度高，故应用广泛

类别	说　明
以孔为定位基准，采用心轴定位	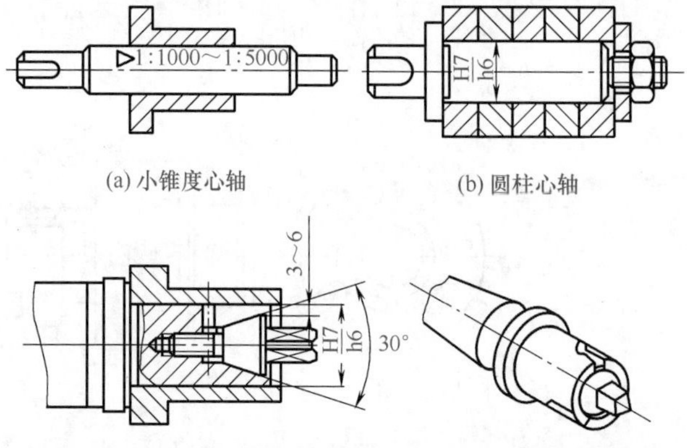 (a) 小锥度心轴　　　　(b) 圆柱心轴 (c) 胀力心轴　　　　(d) 槽做成三等分 图 6-3　各种常用心轴示意
以外圆为定位基准采用软卡爪装夹工件	当加工外圆较大、内孔较小、长度较短的套类零件，并且工件以外圆为基准保证位置精度时，车床上一般应用软卡爪装夹工件。软卡爪是用未经淬火的 45 钢制成。使用时，将软卡爪装入卡盘内，然后将软卡爪车成所需要的圆弧尺寸。车软卡爪时，为了消除间隙，应在软卡爪内（或软卡爪外）放一适当直径的定位圆柱（或圆环）。当用软卡爪夹持工件外圆时（或称正爪），定位圆柱应放在软卡爪的里面如图 6-4（a）所示；当用软卡爪夹持工件时（或称反爪），定位环应放在软卡爪外面如图 6-4（b）所示。用软卡爪装夹工件时，因为软卡爪是在本身车床上车削成形，因此可确保装夹精度；其次，当装夹已加工表面或软金属时，不易夹伤工件表面 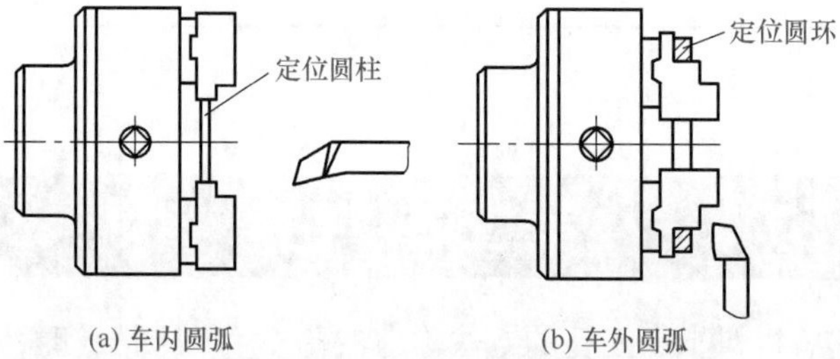 (a) 车内圆弧　　　　(b) 车外圆弧 图 6-4　软卡爪的车削示意
用专用夹具装夹工件	依据加工零件的特点设计制作专用夹具，工件装入夹具体的孔中（用外圆定位），用锁紧螺母将工件轴向夹紧，可防止工件变形如图 6-5 所示 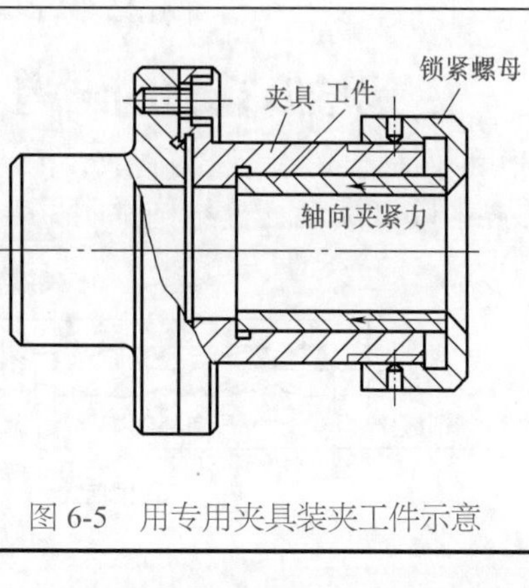 图 6-5　用专用夹具装夹工件示意

类别	说　明
用开口套装夹工件	车薄壁工件时，由于工件的刚性差，在夹紧力的作用下容易产生变形，为防止或减小薄壁套类工件的变形，常采用开口套装夹工件。由于开口套与工件的接触面积大，夹紧力均匀分布在工件外圆上，所以可减小夹紧变形，同时能达到较高的同轴度。使用时，先把开口套装在工件外圆上，然后再一起夹紧在三爪自定心卡盘上，如图 6-6 所示 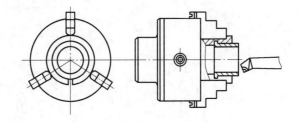 图 6-6　采用开口套装夹工件
用花盘装夹工件	对于直径较大，尺寸精度和形状位置精度要求较高的薄壁圆盘工件，可装夹在花盘上车削如图 6-7 所示，采用端面压紧方法，工件不易产生变形 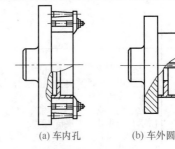 (a) 车内孔　　(b) 车外圆 图 6-7　用花盘装夹工件

第二节　钻　孔

　　用钻头在实心材料上加工孔的方法称为钻孔。用车床钻孔时，工件装夹在工作台上固定不动，钻头装在车床主轴上随主轴旋转，并沿轴线方向直线运动。钻孔属于粗加工，其尺寸精度一般可达 IT11 ～ IT12，表面粗糙度 Ra12.5 ～ 25μm。根据钻头结构和用途可分为麻花钻、中心钻、锪孔钻、深孔钻等，其中麻花钻使用最广泛。

一、标准麻花钻的结构

　　麻花钻一般用高速钢制成，淬火后为 62 ～ 68HRC。麻花钻由柄部、颈部和工作部分组成，如图 6-8 所示，其结构说明见表 6-6。

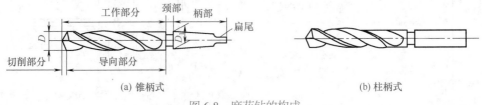

(a) 锥柄式　　　　　　　　　　　　　(b) 柱柄式

图 6-8　麻花钻的构成

表6-6 麻花钻的结构说明

类别	说 明
柄部	柄部是麻花钻的夹持部分，用以定心和传递动力，分为锥柄和柱柄两种，一般直径小于13mm的钻头做成直柄，直径大于13mm的做成锥柄
颈部	颈部是为磨制钻头时砂轮退刀而设计的，钻头的规格、材料和商标一般也刻在颈部
工作部分	工作部分由切削部分和导向部分组成 ①导向部分用来保持麻花钻工作时的正确方向，有两条螺旋槽，作用是形成切削刃及容纳和排除切屑，便于切削液沿着螺旋槽流入 ②切削部分主要起切削作用，由六面五刃组成。两个螺旋槽表面就是前刀面，切屑沿其排除；切削部分顶端的两个曲面叫后刀面，它与工件的切削表面相对，钻头的棱带是与已加工表面相对的表面，称为副后刀面；前刀面和后刀面的交线称为主切削刃，两个后刀面的交线称为横刃，前刀面与副后刀面的交线称为副切削刃，如图6-9所示 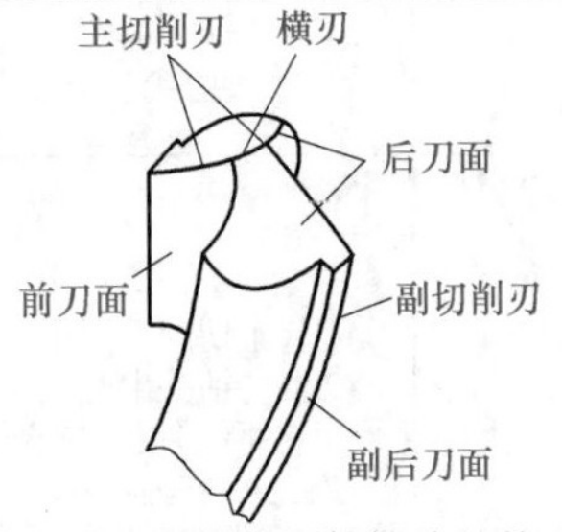

图 6-9 麻花钻切削部分的构成

（主切削刃、横刃、后刀面、前刀面、副切削刃、副后刀面）

二、麻花钻切削部分的几何角度（表6-7）

表6-7 麻花钻切削部分的几何角度

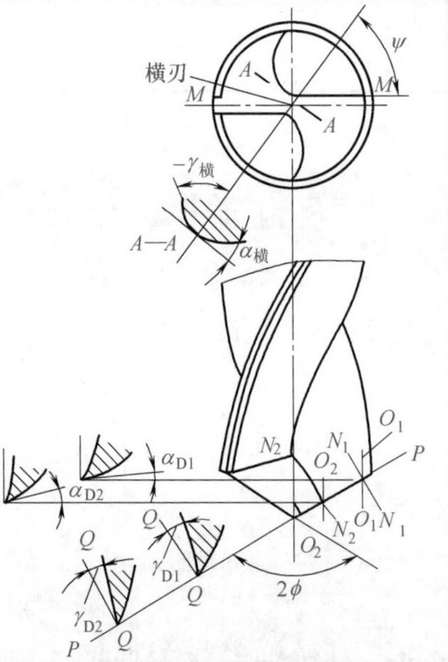

类别	说 明
前角（γ_0）	在主截面内，前刀面与基面之间的夹角。标准麻花钻的前刀面为螺旋面，主切削刃上各点倾斜方向均不相同，所以主切削刃上各点的前角大小不相等，近外缘处前角最大，$\gamma_0=30°$，从外缘向中心逐渐减小，接近横刃处前角孔 $\gamma_0=-30°$。前角大小决定着切除材料的难易程度和切屑在前刀面上的摩擦阻力大小。前角越大，切削越省力
后角（α_0）	在柱截面内，后刀面与切削平面之间的夹角称为后角。主切削刃上各点的后角刃磨不等。外缘处后角较小，越接近钻心后角越大。后角主要影响后刀面与切削平面的摩擦和主切削刃的强度
顶角（2ϕ）	钻头两主切削刃在其平行平面上的投影之间的夹角称为顶角。标准麻花钻的顶角 $2\phi=118°±2°$，顶角的大小直接影响到主切削刃上轴向力的大小。顶角大，钻尖强度好，但钻削时轴向阻力大
横刃斜角（ϕ）	横刃与主切削刃在钻头端面内的投影之间的夹角。它是在刃磨钻头时自然形成的，其大小与后角、顶角大小有关。标准麻花钻的横刃斜角 $\phi=50°\sim55°$，靠近横刃处的后角磨得越大，横刃斜角 ϕ 越小，横刃越锋利，但横刃的长度会增大，钻头不易定心

三、麻花钻的刃磨

标准麻花钻使用一段时间后，会出现钝化现象，或因使用时温度高而出现退火、崩刃或折断等问题，故需重新刃磨钻头才能使用，如图6-10所示。麻花钻的刃磨要求及步骤见表6-8。

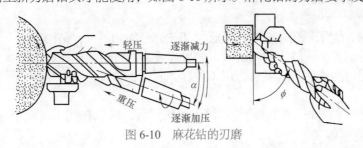

图 6-10 麻花钻的刃磨

表 6-8　麻花钻的刃磨要求及步骤

类别	说　明
刃磨要求	①顶角 2ϕ 为 $118° \pm 2°$ ②外缘处的后角 α_0 为 $10° \sim 14°$ ③横刃斜角 ϕ 为 $50° \sim 55°$ ④两主切削刃的长度以及和钻头轴心线组成的两角要相等 ⑤两个主后刀面要刃磨光滑
刃磨步骤	①将主切削刃置于水平状态并与砂轮外圆平行 ②保持钻头中心线和砂轮外圆面成 ϕ 角 ③右手握住钻头导向部分前端，作为定位支点，刃磨时使钻头绕其轴心线转动，左手握住钻头柄部，做上下扇形摆动，磨出后角，同时，掌握好作用在砂轮上的压力 ④左右两手的动作要协调一致，相互配合。一面磨好后，翻转 $180°$ 刃磨另一面 ⑤在刃磨过程中，主切削刃的顶角、后角和横刃斜角同时磨出。为防切削部分过热退火，应注意蘸水冷却 ⑥刃磨后的钻头，常用目测法进行检查，也可如图6-11所示用样板检验 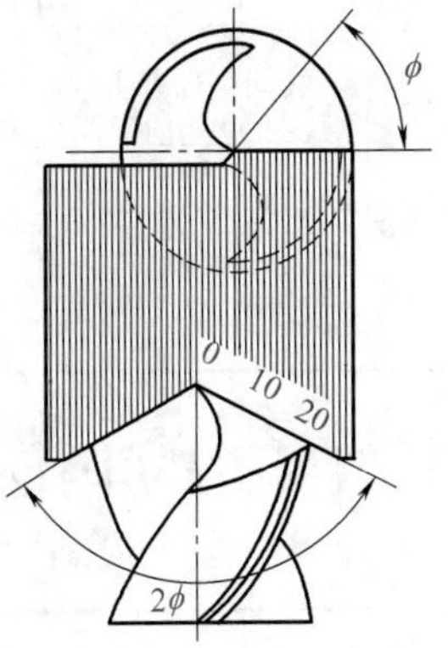

图 6-11　用样板检验刃磨后的钻头

四、钻孔方法

（一）钻孔时的切削用量和切削液

（1）背吃刀量（a_p）

钻孔时的背吃刀量是钻头直径的一半。因此它是随钻头直径大小而改变的。

（2）切削速度（v_c）

钻孔时切削速度可按下式计算：

$$v_c = \pi Dn/1000$$

式中　v_c——切削速度，m/min；

　　　D——钻头的直径，mm；

　　　n——工件转速，r/min。

用高速钢钻头钻钢料时，切削速度一般为 $20 \sim 40$m/min。钻铸铁时，应稍低些。

（3）进给量（f）

在车床上，钻头的进给量是用手慢慢转动车床尾座手轮来实现的。使用小直径钻头钻孔时，进给量太大会使钻头折断。用直径 30mm 的钻头钻钢料时，进给量选 $0.1 \sim 0.35$mm/r；钻铸铁时，进给量选 $0.15 \sim 0.4$mm/r。

（4）切削液

钻削钢料时，为了不使钻头过热，必须加注充分的切削液。钻削时，可以用煤油；钻削铸铁、黄铜、青铜时，一般不用切削液，如果需要，也可用乳化液；钻削镁合金时，切忌用切削液，因为用切削液后会起氧化作用（助燃）而引起燃烧，甚至爆炸，只能用压缩空气来排屑和降温。

由于在车床上钻孔时，切削液很难深入到切削区，所以在加工过程中应经常退出钻头，以利排屑和冷却钻头。

（二）钻孔要点

1. 麻花钻的装夹

车工常用麻花钻分直柄和锥柄两种，其特点说明如下。

（1）直柄麻花钻

如图 6-12 所示，用钻夹头夹住直柄处，然后再将钻夹头用力装入尾座锥孔内，就可以进行钻孔了。

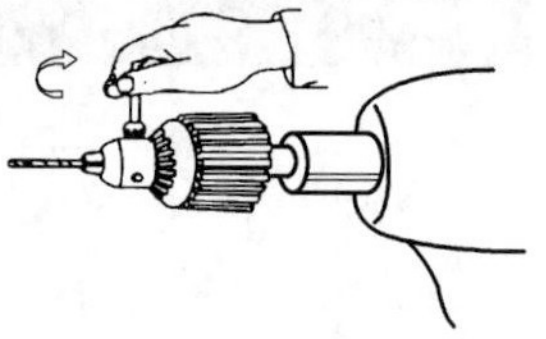

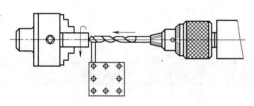

图 6-12　直柄麻花钻的装夹

（2）锥柄麻花钻

锥柄的锥度为莫氏锥度，常用的钻头柄部的圆锥规格为 2#、3#、4#。如果钻柄规格与尾座套筒锥孔的规格一致，可直接装入进行钻孔，如果钻头柄规格小于套筒锥孔的规格，则还应采用锥套作过渡。锥套内锥孔要与钻头锥柄规格一致，外锥则应与尾座套筒内锥孔的规格一致。钻头装入锥套时，柄部的舌尾要对准锥套上的腰形孔，如不对准，一般圆锥不会相接触。

2. 钻孔时的注意事项

① 在钻孔前，必须把端面车平，工件中心处不允许留有凸头，否则钻头不能定心，甚至使钻头折断。

② 钻头装入尾套筒后，必须检查钻头轴线是否和工件的旋转轴线重合。如果不重合，则会使钻头折断。

③ 用小直径麻花钻钻孔时，一般先用中心钻定心，再用钻头钻孔，这样操作同轴度较好。

④ 用细长麻花钻钻孔时，为防止钻头晃动，可以在刀架上夹一挡铁，以支持钻头头部，帮助钻头定心，如图 6-13 所示。其方法是：先用钻头钻入工件平面（少量），然后摇动滑板移动挡铁支顶，钻头逐渐不晃动时，退出挡铁后继续钻削即可。但挡铁不能把钻头顶过中心，以免折断钻头。

图 6-13　用挡铁支顶防止钻头晃动孔

⑤ 钻较深的孔时，要经常把钻头退出清除切屑，这样做可以防止因为切屑堵塞把钻头折断。

⑥ 钻通孔快要钻透时，要减少进给量，这样做可以防止钻头的横刃被"咬住"，使钻头折断。因为钻头轴向进给时钻头的横刃用较大的轴向力对材料进行挤压，当孔快要钻透时，横刃会突然把和它接触的那一块材料挤压掉，在工件上形成一个不规则的通孔；与此同时，钻头的横刃进入该孔中，就不再参加切削了。钻头的切削刃也进入了该孔中，切削厚度突然增加许多，钻头所承受的转矩突然增加，容易使钻头折断。

⑦ 钻钢料时，必须浇注充分的切削液，使钻头冷却。钻铸铁时可以不用切削液。

⑧ 钻了一段深度以后，应该把钻头退出，停机测量孔径，用这个方法可防止把孔径扩大，使工件报废。

⑨ 把钻头引向工件端面时，引入力不可过大，否则会使钻头折断。

⑩ 当钻头长度较大但是要求不高的通孔时，可以调头钻孔，就是钻到大于孔长的一半以后，把工件调头安装，校正后再钻孔，一直将孔钻通。

3. 钻孔时常见问题分析

车工在钻孔时，易出现问题的主要原因是孔歪斜以及孔过大，钻孔时易出现的问题、原因及预防措施见表 6-9。

表 6-9 钻孔时易出现的问题、原因及预防措施

问题	产生原因	预防措施
孔歪斜	①工件端面不平，或与轴线不垂直	①钻孔前车平端面，中心不能有凸头
	②尾座偏移	②调整尾座轴线与主轴轴线同轴
	③钻头刚性差，初钻时进给量过大	③选用较短的钻头或用中心钻先钻导向孔，初钻时进给量要小
	④钻头顶角不对称	④正确刃磨钻头
孔错位	①顶角不等，且顶点不在钻头轴线上	①重磨钻头
	②尾座偏离中心	②重调尾座
孔直径过大	①钻头直径选错	①看清图样，仔细检查钻头直径
	②钻头主切削刃不对称	②仔细刃磨，使两主切削刃对称
	③钻头未对准工件中心	③检查钻头是否弯曲，钻夹头、钻套是否装夹正确
孔壁粗糙	①进给量过大	①减小进给量
	②后角太小	②增大后角
	③切削液性能差	③选择性能较好的切削液
钻头磨损过快	①切削速度太大	①降低切削速度
	②钻钢件时，切削液不足	②供足切削液
	③钻头几何角度刃磨不合理	③根据工件材质选择合理的几何角度
折断钻头	①钻头过分磨损，切削刃已不锋利	①及时将钻头刃磨锋利
	②切屑不能通畅排出，塞住螺旋槽	②应经常将钻头从孔中退出
	③钻铸件时碰到缩孔	③加工有缩孔的铸件时，要放慢进给

（三）扩孔和锪孔

用扩孔工具扩大工件孔径的加工方法称为扩孔。常用的扩孔刀具有麻花钻、扩孔钻等。一般工件的扩孔，可用麻花钻。对于孔的半精加工，可用扩孔钻。如孔径大，钻头直径也大时，由于横刃长，轴向钻削力大，轴向进给很费力；铸件或锻件上的预制孔，也常用扩孔法做粗加工。扩孔的方法有以下几种。

1. 用麻花钻扩孔

用大直径的钻头将已钻出的小孔扩大。例如钻 $\phi50mm$ 直径的孔，可先用 $\phi25mm$ 的钻头钻一孔，然后用 $\phi50mm$ 的钻头将孔扩大。扩孔时，由于大钻头的横刃已经不参加工作了，所以进给省力。但是应该注意，钻头外缘处的前角大，不能使进给量过大，否则使钻头在尾座套筒内打滑而不能切削。因此，在扩孔时，应把钻头外缘处的前角修磨得小些，并对进给量加以适当控制，绝不要因为钻削轻松而加大进给量。

2. 用扩孔钻扩孔

这是常用的扩孔方法。扩孔钻有高速钢扩孔钻和硬质合金扩孔钻两种，如图 6-14（a）所示。扩孔在自动机床和镗床上用得较多，它的主要特点如下。

① 切削刃不必自外缘一直到中心，这样就避免了横刃所引起的不良影响。

② 由于背吃刀量小 $a_p=（D-d）/2$（D 为需扩孔直径，d 为预钻孔直径），如图 6-14（b）所示，切屑少，钻心粗，刚性好，且排屑容易，可提高切削用量。

③ 由于切屑少，容屑槽可以做得小些，扩孔钻的刀齿比麻花钻多（一般有 3～4 齿），导向性比麻花钻好。因此，可提高生产效率，改善加工质量。

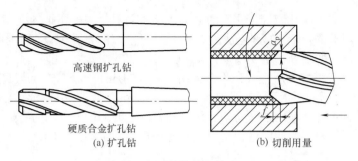

图 6-14　扩孔钻和扩孔

扩孔精度一般可达 IT9 ～ IT10，表面粗糙度 $Ra5 ～ 10\mu m$。扩孔钻一般用于孔的半精加工。

3. 圆锥形锪钻

用锪钻加工平底或锥形沉孔，叫做锪孔。车工常用的是圆锥形锪钻。有些零件钻孔后需要孔口倒角，有些零件要用顶尖顶住孔口加工外圆，这时可用锥形锪钻，在孔口锪出锥孔。

圆锥形锪钻有 60°、75°、90°、120° 等几种。60° 和 120° 锪钻的工作情况，如图 6-15 所示。75° 锪钻用于锪埋头铆钉孔，90° 锪钻用于锪埋头螺钉孔。

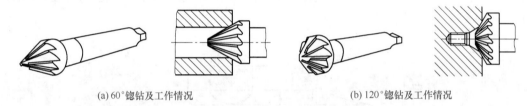

(a) 60°锪钻及工作情况　　　　　(b) 120°锪钻及工作情况

图 6-15　圆锥形锪钻

第三节　车　孔

车孔是一种常用的孔加工方法，就是把预制孔如铸造孔、锻造孔或用钻、扩出来的孔再加工到更高的精度和更低的表面粗糙度。车孔既可作半精加工，也可作精加工。用车孔方法加工时，可加工的直径范围很广。车孔精度一般可达 IT7 ～ IT8，表面粗糙度 $Ra3.2 ～ 0.8\mu m$，精细车削可达到更小（$< Ra0.8\mu m$）。

一、内孔车刀

按被加工孔的类型，内孔车刀可分为通孔车刀［图 6-16（a）］和不通孔车刀［图 6-16（b）］两种。

内孔车刀是加工孔的刀具，其切削部分的几何形状基本上与外圆车刀相似。但是，内孔车刀的工作条件和车外圆有所不同，所以内孔车刀又有自己的特点。内孔车刀的结构：把刀头和刀杆做成一体的整体式内孔车刀。这种刀具因为刀

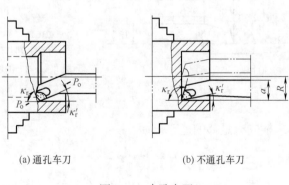

(a) 通孔车刀　　　　　(b) 不通孔车刀

图 6-16　内孔车刀

杆太短，只适合于加工浅孔。加工深孔时，为了节省刀具材料，常把内孔车刀做成较小的刀头，然后装夹在用碳钢合金做成的、刚性较好的刀杆前端的方孔中，在车通孔的刀杆上，刀头和刀杆轴线垂直，如图 6-17 所示。

不通孔车刀用来车削不通孔或台阶孔，切削部分的几何形状基本上与偏刀相似，在加工不通孔用的刀杆上，刀头和刀杆轴线安装成一定的角度。如图 6-17 所示的刀杆的悬伸量是固定的，刀杆的伸出量不能按内孔加工深度来调整。如图 6-18 所示为方形刀杆，能够根据加工孔的深度来调整刀杆的伸出量，可以克服悬伸量是固定的刀杆的缺点。

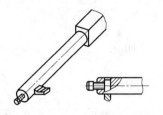

图 6-17　车削内孔车刀

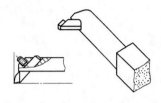

图 6-18　方形刀杆

内孔车刀可做成整体式如图 6-19 所示，为节省刀具材料和增加刀柄强度，也可把高速钢或硬质合金做成较小的刀头，安装在碳钢或合金钢制成的刀柄前端的方孔中，并在顶端或上面用螺钉固定，如图 6-17 和图 6-18 所示。

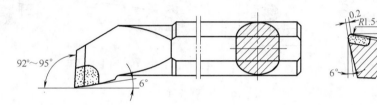

图 6-19　整体式内孔车刀的结构

二、内孔车刀的安装

内孔车刀安装的正确与否，直接影响到车削情况及孔的精度，所以在安装时一定要注意。

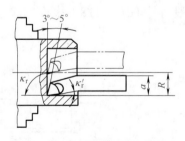

图 6-20　不通孔车刀的安装

① 刀尖应与工件中心等高或稍高。如果装得低于中心，由于切削抗力的作用，容易将刀柄压低而产生扎刀现象，并可造成孔径扩大。

② 刀柄伸出刀架不宜过长，一般比被加工孔长 5~6mm。

③ 刀柄基本平行于工件轴线，否则在车削到一定深度时，刀柄后半部容易碰到工件孔口。

④ 不通孔车刀装夹时，内偏刀的主刀刃应与孔底平面成 3°～5° 夹角，如图 6-20 所示，并且在车平面时要求横向有足够的退刀余地。

三、车孔的关键技术

车孔的关键技术是解决内孔车刀的刚性和排屑问题。增加内孔车刀的刚性主要采取以下几项措施。

① 尽量增加刀杆的截面积，一般的内孔车刀有一个缺点，刀杆的截面积小于孔截面积的四分之一，如图6-21（a）所示。若使内孔车刀的刀尖位于刀杆的中心线上，那么刀杆在孔中的截面积可大大增加，如图6-21（b）所示。

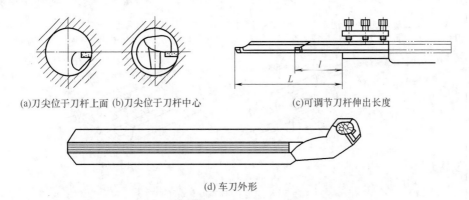

(a)刀尖位于刀杆上面 (b)刀尖位于刀杆中心　　　　(c)可调节刀杆伸出长度

(d) 车刀外形

图 6-21　可调节刀柄长度的内孔车刀

② 刀杆的伸出长度尽可能缩短，如果刀杆伸出太长，就会降低刀杆刚性，容易引起振动。因此，为了增加刀杆刚性，刀杆伸出长度只要略大于孔深即可。在选择内孔车刀的几何角度时，应该使径向切削力 F_p 尽可能小些。一般通孔粗车刀主偏角取 $\kappa_r = 65° \sim 75°$，不通孔粗车刀和精车刀主偏角取 $\kappa_r = 92° \sim 95°$，内孔粗车刀的副偏角 $\kappa_r' = 15° \sim 30°$，精车刀的副偏角 $\kappa_r' = 4° \sim 6°$而且，要求刀杆的伸出长度能根据孔深加以调节，如图6-21（c）所示。

③ 为了使内孔车刀的后面既不和工件孔面发生干涉和摩擦，也不使内孔车刀的后角磨得过大时削弱刀尖强度，内孔车刀的后面一般磨成两个后角的形式，如图6-22所示。

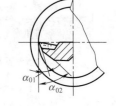

图 6-22　内孔车刀两个后角

④ 为了使已加工表面不至于被切屑划伤，通孔的内孔车刀最好磨成正刃倾角，切屑流向待加工表面（前排屑）。不通孔的内孔车刀无法从前端排屑，只能从后端排屑，所以刃倾角一般取 $0° \sim -2°$。

四、车孔方法

孔的形状不同，车孔的方法也有所差异，其说明见表6-10。

表6-10　车孔方法

类别	说　明
车直孔	①直通孔的车削基本上与车外圆相同，只是进刀和退刀的方向相反。在粗车或精车时也要进行试切削，其横向进给量为径向余量的1/2。当车刀纵向切削至2mm左右时，纵向快速退刀（横向不动），然后停车测试，若孔的尺寸不到位，则需微量横向进刀后再次测试。直至符合要求，方可车出整个内孔表面 ②车孔时的切削用量要比车外圆时适当减小些，特别是车小孔或深孔时，其切削用量应更小
车台阶孔	①车直径较小的台阶孔时，由于观察困难而尺寸精度不宜掌握，所以常采用粗、精车小孔，再粗、精车大孔 ②车大的台阶孔时，在便于测量小孔尺寸而视线又不受影响的情况下，一般先粗车大孔和小孔，再精车小孔和大孔

类别	说　　明
车台阶孔	③车削孔径尺寸相差较大的台阶孔时，最好采用主偏角 $\kappa_r < 90°$（一般为 $85° \sim 88°$）的车刀先粗车，然后再用内偏刀精车，直接用内偏刀车削时切削深度不可太大，否则刀刃易损坏。其原因是刀尖处于刀刃的最前端，切削时刀尖先切入工件，因此其承受切削抗力最大，加上刀尖本身强度差，所以容易碎裂；由于刀柄伸长，在轴向抗力的作用下，切削深度大容易产生振动和扎刀 ④控制车孔深度的方法通常采用粗车时在刀柄上刻线痕作记号［图 6-23（a）］或安放限位铜片［图 6-23（b）］，以及用床鞍刻线来控制等，精车时需用小滑板刻度盘或游标深度尺等来控制车孔深度 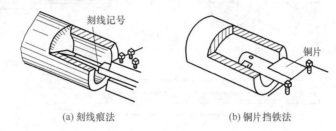 　　(a) 刻线痕法　　　　　　(b) 铜片挡铁法 图 6-23　控制车孔深度的方法
车不通孔（平底孔）	车不通孔时，其内孔车刀的刀尖必须与工件的旋转中心等高，否则不能将孔底车平。检验刀尖中心高的简便方法是车端面时进行对刀，若端面能车至中心，则盲孔底面也能车平。同时还必须保证盲孔车刀的刀尖至刀柄外侧的距离口应小于内孔半径 R 如图 6-23（b）所示，否则切削时刀尖还未车至工件中心，刀柄外侧就已与孔壁上部相碰 （1）粗车盲孔 ①车端面、钻中心孔 ②钻底孔。可选择比孔径小 $1.5 \sim 2mm$ 的钻头先钻出底孔。其钻孔深度从钻头顶尖量起，并在钻头刻线作记号，以控制钻孔深度。然后用相同直径的平头钻将孔底扩成平底。孔底平面留 $0.5 \sim 1mm$ 余量 ③盲孔车刀靠近工件端面，移动小滑板，使车刀刀尖与端面轻微接触，将小滑板或床鞍刻度调至零位 ④将车刀伸入孔口内，移动中滑板，刀尖进给至与孔口刚好接触时，车刀纵向退出，此时将中滑板刻度调至零位 ⑤用滑板刻度指示控制切削深度（孔径留 $0.3 \sim 0.4mm$ 精车余量），若机动纵向进给车削平孔底孔时要防止车刀与孔底面碰撞。因此，当床鞍刻度指示离孔底面还有 $2 \sim 3mm$ 距离时，应立即停止机动进给改用手动继续进给。如孔大而浅，一般车孔底面时能看清。若孔小而深，就很难观察到是否已车到孔底。此时通常要凭感觉来判断刀尖是否已切到孔底。若切削声音增大，表明刀尖已车到孔底。当中滑板横向进给车孔底平面时，若切削声音消失，控制横向进给手柄的手已明显感觉到切削抗力突然减小。则表明孔底平面已车出，应先将车刀横向退出后再迅速纵向退出 ⑥如果孔底面余量较多需车第二刀时，纵向位置保持不变，向后移动中滑板，使刀尖退回至车削时的起始位置，然后用小滑板刻度控制纵向切削深度，第二刀的车削方法与第一刀相同。粗车孔底面时，孔深留 $0.2 \sim 0.3mm$ 的精车余量 （2）精车盲孔 精车时用试切削的方法控制孔径尺寸。试切正确可采用与粗车类似的进给方法，使孔径、孔深都达到图样要求 平头钻刃磨时两刃口磨成平直，横刃要短，后角不宜过大，外缘处的前角要修磨得小些如图 6-24（a）所示，否则容易引起扎刀现象，还会使孔底产生波浪形，甚至使钻头折断。如果加工盲孔，最好采用凸形钻心如图 6-24（b）所示，这样定心较好。如果车孔后还要磨削，应留一定的磨削余量，见表 6-11 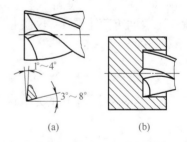 　　(a)　　　　　　(b) 图 6-24　平头钻加工底平面

表6-11　内孔留磨余量

孔的直径 /mm	性质	孔的长度 /mm						公差
		30 以下	30 ~ 50	50 ~ 100	100 ~ 200	200 ~ 300	300 ~ 400	
		孔径余量 /mm						
5 ~ 12	不淬火	0.10	0.10	0.10	—	—	—	按 H9
	淬火	0.10	0.10	0.10	—	—	—	

孔的直径/mm	性质	孔的长度/mm						公差
		30 以下	30～50	50～100	100～200	200～300	300～400	
		孔径余量/mm						
12～18	不淬火	0.20	0.20	0.20	0.20	—	—	+0.10
	淬火	0.30	0.30	0.30	0.30	—	—	
18～30	不淬火	0.30	0.30	0.30	0.30	—	—	+0.12
	淬火	0.40	0.40	0.50	0.50	—	—	
30～50	不淬火	0.30	0.40	0.40	0.40	—	—	+0.14
	淬火	0.50	0.50	0.50	0.50	—	—	
50～80	不淬火	0.40	0.40	0.40	0.50	0.50	—	+0.17
	淬火	0.50	0.50	0.60	0.60	0.60	—	
80～120	不淬火	0.40	0.40	0.40	0.50	0.50	0.60	+0.20
	淬火	0.60	0.70	0.70	0.70	0.80	0.80	
120～180	不淬火	0.50	0.50	0.50	0.60	0.60	0.60	+0.23
	淬火	0.70	0.70	0.80	0.80	0.80	0.90	
180～260	不淬火	0.60	0.60	0.60	0.60	0.60	0.60	+0.26
	淬火	0.80	0.80	0.80	0.85	0.90	0.90	
260～360	不淬火	0.60	0.60	0.60	0.65	0.70	0.70	+0.03
	淬火	0.90	0.90	0.90	0.90	0.90	0.90	

注：1. 选用时还应根据热处理变形程度不同，适当增减表中数值。

2. 留磨表面粗糙度值不应大于 $Ra3.2\mu m$。

在用硬质合金车刀车孔时，一般不需要加切削液。车铝合金孔时，不要加切削液，因为水和铝容易起化学作用，会使加工表面产生小针孔，在精加工铝合金时，一般使用煤油冷却较好。

车孔时，由于工作条件不利，加上刀柄刚性差，容易引起振动，因此它的切削用量应比车外圆时要低些。

五、车孔时产生废品的原因及预防方法（表 6-12）

表 6-12　车孔时产生废品的原因及预防方法

废品种类	产生原因	预防方法
尺寸不对	①测量不正确	①要仔细测量。用游标卡尺测量时，要调整好卡尺的松紧，控制好摆动位置，并进行试切
	②车刀安装不对，刀柄与孔壁相碰	②选择合理的刀柄直径，最好在未开车前，先把车刀在孔内走一遍，检查是否会相碰
	③产生积屑瘤，增加刀尖长度，使孔车大	③研磨前面，使用切削液，增大前角，选择合理的切削速度
	④工件的热胀冷缩	④最好使工件冷下后再精车，加切削液
内孔有锥度	①刀具磨损	①提高刀具的耐用度，采用耐磨的硬质合金
	②刀柄刚性差，产生让刀现象	②尽量采用大尺寸的刀柄，减小切削用量
	③刀柄与孔壁相碰	③正确安装车刀
	④车头轴线歪斜	④检量机床精度，校正主轴轴线跟床身导轨的平行度
	⑤床身不水平，使床身导轨与主轴轴线不平行	⑤校正机床水平
	⑥床身导轨磨损。由于磨损不均匀，使走刀轨迹与工件轴线不平行	⑥大修车床

废品种类	产生原因	预防方法
内孔不圆	①孔壁薄，装夹时产生变形	①选择合理的装夹方法
	②轴承间隙太大，主轴颈成椭圆形	②大修机床，并检查主轴的圆柱度
	③工件加工余量和材料组织不均匀	③增加半精镗，把不均匀的余量车去，使精车余量尽量减小和均匀。对工件毛坯进行回火处理
内孔不光	①车刀磨损	①重新刃磨车刀
	②车刀刃磨不良，表面粗糙度值大	②保证刀刃锋利，研磨车刀前后面
	③车刀几何角度不合理，装刀低于中心	③合理选择刀具角度，精车装刀时可略高于工件中心
	④切削用量选择不当	④适当降低切削速度，减小进给量
	⑤刀柄细长，产生振动	⑤加粗刀柄和降低切削速度

第四节 铰　　孔

　　铰孔是精加工孔的主要方法之一，铰刀是一种尺寸精确的多刃刀具，铰刀切下的切屑很薄，并且孔壁经过它的圆柱部分修光，铰出的孔既精确又有较小的表面粗糙度值。同时铰刀的刚性比内孔车刀好，因此更适合加工小深孔。铰孔的精度可达 IT7～IT9，表面粗糙度一般可达 $Ra1～2.5\mu m$，甚至更细。因车床上铰孔比在车床上镗孔更能获得光洁表面，并且质量稳定，生产效率高，所以在大批量生产中已被广泛采用。

一、铰刀的结构形状及角度

　　铰刀由工作部分、颈部和柄部组成，如图 6-25 所示。其结构形状及几何角度见表 6-13。

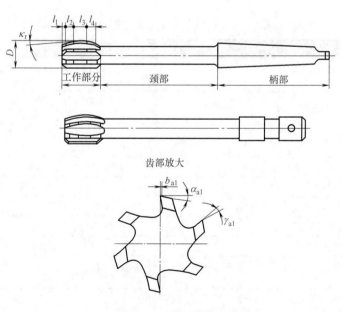

图 6-25　铰刀结构

表 6-13　铰刀的结构形状及几何角度

类型	说　明
工作部分	由锥形导引部分 l_1、锥形切削部分 l_2、圆柱形修光部分 l_3 和倒锥 l_4 组成 ①导引部分是为了使铰刀切入工件而设置的导向锥，一般做成（$0.2 \sim 0.5$）×45° ②切削部分负担切去铰孔余量的任务 ③修光部分是带有棱边（$\alpha_0=0$ 的刀齿）的圆柱形刀齿。在切削过程中，对已加工面进行挤压修光，以获得精确尺寸并使表面光洁。还可使铰刀定向，同时也便于在制造铰刀时，测量铰刀的直径 ④倒棱部分是为了减少铰刀和工件上已加工表面间的摩擦，一般锥度为 $0.02° \sim 0.05°$。修光部分与倒锥部分合起来叫做校准部分
柄部	柄部是铰刀的夹持部分，机用铰刀有圆柱柄（直柄用在小直径的铰刀上）和锥柄（用在大直径的铰刀上）两种。手用铰刀为直柄并带有四方头
铰刀的齿数和齿槽的形状	铰刀一般为 $4 \sim 8$ 齿。为了便于测量铰刀直径和在切削中使切削力对称，使铰出的孔有较高的圆度，一般都做成偶数齿。铰刀的齿槽一般做成直槽。直槽容易制造，但当需要铰在轴向有凹槽的孔（如带有键槽的孔）时，为了保证切削平稳，防止铰刀崩刃，要把铰刀齿槽做成螺旋槽 直径 $d < 32\text{mm}$ 较小的铰刀可做成整体式。直径 $d=25 \sim 75\text{mm}$ 较大的铰刀可作成插柄式
铰刀的几何角度	①主偏角 κ_r　也就是切削部分的圆锥斜角。主偏角大时，切削部分的长度短，定心作用差，切削时的轴向力大，但不容易振动。用机用铰刀切钢件时，取 $\kappa_r=12° \sim 15°$；切铸铁时，取 $\kappa_r=3° \sim 5°$；粗铰刀和不通孔铰刀，取 $\kappa_r=45°$。主偏角小时，定心作用好，切削时轴向力小。手用铰刀取 $\kappa_r=0° \ 30' \sim 1° \ 30'$ ②后角 α_{a1} 棱边 b　铰刀的后角用棱边后角表示，一般取 $\alpha_{a1}=6° \sim 10°$。铰刀切削部分的齿形，依刀具材料的不同有不同的结构。用高速钢时，磨成尖齿，用硬质合金时，留有 $b_{a1}=0.01 \sim 0.07\text{mm}$ 的棱边后再磨出后角。修光部分都要留棱边，采用高速钢时，留 $b_{a1}=0.2 \sim 0.4\text{mm}$；硬质合金时，留 $b_{a1}=0.1 \sim 0.25\text{mm}$，然后再磨出后角 ③刃倾角 λ_s　对于材料强度大，硬度高的通孔，为了使铰削过程平稳，使切屑能从前方排出，避免划伤已加工表面，可以在铰刀的切削部分做出正刃倾角，$\lambda_s=10° \sim 30°$，如图 6-26 所示

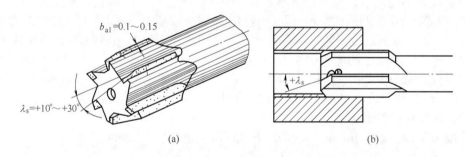

图 6-26　正刃倾角铰刀

二、铰刀的种类

铰刀按用途可分为机用铰刀和手铰刀。机用铰刀的柄为圆柱形或圆锥形，工作部分较短，主偏角较大。标准机用铰刀的主偏角为 15°，这是由于已有车床尾座定向，因此不必做出很长的导向部分。手铰刀的柄部做成方榫形，以便套入扳手，用手转动铰刀来铰孔。它的工作部分较长，主偏角较小，一般为 $40' \sim 4°$。标准手铰刀为了容易定向和减小进给力，主偏角为 $40' \sim 1° \ 30'$。铰刀按切削部分材料分为高速钢铰刀和硬质合金铰刀两种。

（1）正刃倾角硬质合金铰刀

这种铰刀的结构特点是：在直槽铰刀的前端磨出与轴线成 $10° \sim 30°$ 刃倾角的前面，所以称为正刃倾角铰刀。此种铰刀的优点具体如下。

① 能控制切屑流出的方向。在正刃倾角作用下使切屑流向待加工表面，不会因切屑的挤塞而拉伤已加工表面，因而可降低表面粗糙度值。在铰削深孔时更能显示出它的优点。由于排屑顺利，铰削余量可较大，一般可在 $0.15 \sim 0.2\text{mm}$。

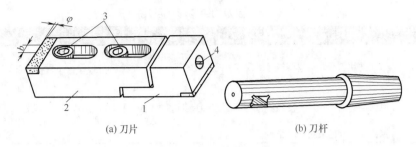

(a) 刀片　　　　　　　　　　　　(b) 刀杆

图 6-27　浮动铰刀

1，2—刀体；3，4—螺钉

② 提高铰刀寿命。切削刃是硬质合金制成的，铰刀寿命提高了，并可减少棱连接宽度，一般 f=0.1 ～ 0.15mm。

③ 增加了重磨次数。每次重磨铰刀时，只需要磨刀齿上有刃倾角部分的前面，铰刀的直径不变，可增加重磨次数，延长使用寿命。

由于刃倾角的关系，切屑向前排出，因此不宜加工不通孔。

（2）浮动铰刀

浮动铰刀在加工时，刀体插入刀杆的矩形孔内，如图 6-27（a）所示。刀体可在矩形孔内做径向浮动。在切削过程中，浮动铰刀由两边的切削刃受到的径向力来平衡刀体的位置而自动定心，因此能补偿车床主轴或尾座偏差所引起的影响。切削孔的直线性靠刀体的两切削刃的对称和铰孔前孔的直线性来保证，加工后表面粗糙度可达到 Ra0.8μm，如图 6-27 所示。

浮动铰刀不能调节，如直径磨小后，就不能继续使用，所以一般多采用可调式浮动铰刀。如图 6-27 所示，调节时，松开两只螺钉 3，调节螺钉 4，使刀体 1 与刀体 2 之间产生位移，被加工孔尺寸就改变，调到符合要求时，紧固两只螺钉 3，装入刀杆，就可使用。浮动铰刀的刀片可用硬质合金或高速钢制成。刀杆可用 40Cr 钢制成，淬硬到 40 ～ 50HRC。

刀具几何形状：加工钢料时，前角 γ_0=6° ～ 18°，加工铸铁时，前角 γ_0=0°。后面留有 0.1 ～ 0.2mm 棱边。后角 α_0=1° ～ 2°，使切削平稳。切削刃主偏角 κ_r 取 1° 30′ ～ 2° 30′。修光刃长度 b 为 6 ～ 10mm。

切削用量：v_c=2 ～ 5m/min；a_p=0.03 ～ 0.06mm；f=0.4 ～ 1mm/r。

三、铰刀的安装

铰刀在车床上的安装有两种方法。一种是将刀柄直接或通过钻夹头（对直柄铰刀）、过渡套筒（对锥柄铰刀）插入车床尾座套筒的锥孔中。铰刀的这种安装方法和麻花钻在车床的安装方法完全相同。使用这种方法安装时，要求铰刀的轴线和工件旋转轴线严格重合，否则铰出的孔径将会扩大。当它们不重合时，一般总是靠调尾座的水平位置来达到重合。但是，无论怎么调，也总会存在误差。为了克服这种情况，又出现了另一种安装铰刀的方法，将铰刀通过浮动套筒插入尾座套筒的锥孔中，如图 6-28 所示。衬套和套筒之间的配合较松，存

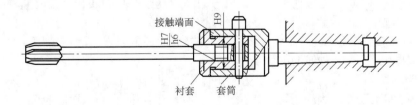

接触端面　　H9

H7/h6

衬套　　套筒

图 6-28　铰刀浮动安装

在一定的间隙，当工件轴线和铰刀轴线不重合时，允许铰刀浮动，也就是使铰刀自动去适应工件的轴线，去消除它们不重合的偏差。

四、铰孔方法

1. 铰孔前对孔的预加工

为了校正孔及端面的垂直度误差（即把歪斜了的孔校正），使铰孔余量均匀，保证铰孔前有必要的表面粗糙度，铰孔前对已钻出或铸、锻的毛孔要进行预加工——车孔或扩孔。铰孔前孔加工方案如下。

孔精度：

$$\text{IT9} \begin{cases} D \leqslant 10\text{mm}：钻中心孔→钻头钻孔→铰孔 \\ D > 10\text{mm}：钻中心孔→钻头钻孔→扩孔钻扩孔（或车孔）→铰孔 \end{cases}$$

孔精度：

$$\text{IT8} \sim \text{T7} \begin{cases} D \leqslant 10\text{mm}：钻中心孔→钻头钻孔→粗铰（或车孔）→精铰 \\ D > 10\text{mm}：钻中心孔→钻头钻孔→扩孔（或车孔）→粗铰→精铰 \end{cases}$$

车孔或扩孔时，都应该留出铰孔余量。铰孔余量的大小直接影响到铰孔的质量。余量太大，会使切屑堵塞在刀槽中，切削液不能进入切削区域，使切削刃很快磨损，铰出来的孔表面不光洁；余量过小，会使上一次切削留下的刀痕不能除去，也使孔的表面不光洁。比较适合的铰削余量是：用高速钢铰刀时，留余量为 0.08 ～ 0.12mm；用硬质合金铰刀时，留余量为 0.15 ～ 0.20mm。

选择加工余量时，应考虑铰孔的精度、表面粗糙度、孔径大小、工件材料的软硬和铰刀类型等因素。表 6-14 给出了铰孔余量的范围。

表 6-14　铰孔余量的范围　　　　　　　　单位：mm

孔的直径	≤ 6	> 6 ～ 10	> 10 ～ 18	> 18 ～ 30	> 60 ～ 50	> 50 ～ 80	> 80 ～ 120
粗铰	0.10	0.10 ～ 0.15		0.15 ～ 0.20	0.20 ～ 0.30	0.35 ～ 0.45	0.50 ～ 0.60
精铰	0.04		0.05		0.07	0.10	0.15

注：如果仅用一次铰削，铰孔余量为表中粗铰、精铰余量总和。

2. 铰刀尺寸的选择

铰刀的基本尺寸和孔的基本尺寸相同，只是需要确定铰刀的公差。铰刀的公差是根据被铰孔要求的精度等级、加工时可能出现的扩大量（或收缩量）以及允许的磨损铰刀量来确定的。所以，所谓铰刀尺寸的选择，就是校核铰刀的公差。根据经验，铰刀的制造公差大约是被铰孔的直径公差的1/3，这时铰刀的公差可以按下列公式计算。

铰刀公差：

上偏差 =2/3 被加工孔径公差；

下偏差 =1/3 被加工孔径公差。

例如：铰 $\phi30\text{H7}\left(^{\ 0}_{+0.025}\right)$ 的孔，选择什么样的铰刀？

解：铰刀基本尺寸是直径 $\phi30\text{mm}$。

铰刀公差：

上偏差 =（2/3）×0.025mm=0.016mm；

下偏差 :（1/3）×0.025mm=0.008mm；

所以铰刀尺寸是 $\phi30\text{mm}^{+0.016}_{+0.008}$ mm。

在实际生产中，采用较高速度铰软金属材料时，被铰孔往往会变形和收缩，这时铰刀的直径就应该适当选大一些。如果确定铰刀直径没有把握时，可以通过试铰的方法，最终来确定。

3. 切削速度进给量

车工在实际工作中，切削速度越低，被铰出来的孔的表面粗糙度就越低。一般推荐 $v_c < 5m/min$。进给量可选大一些，因为铰刀有修光部分，铰钢件时，$f=0.2 \sim 1.0mm/r$，铰铸铁或有色金属时，进给量还可以再大一些。背吃刀量 a_p 是铰孔余量的一半。

4. 切削液的选择

铰孔时，切削液对孔径与孔的表面粗糙度有一定的影响，见表 6-15。

表 6-15　铰孔时的切削液对孔径和孔的表面粗糙度的影响

切削液类型	对孔径的影响	对孔的表面粗糙度 Ra 的影响
水溶性切削液（乳化液）	铰出的孔径比铰刀的实际直径稍微小一些	表面粗糙度 Ra 较小
油溶性切削液	铰出的孔径比铰刀的实际直径稍微大一些	孔的表面粗糙度 Ra 次之
干切液	铰出的孔径比铰刀的实际直径大一些	孔的表面粗糙度 Ra 最差

常用切削液选用如下。

① 铰削钢件及韧性材料：乳化液、极压乳化液。

② 铰削铸铁、脆性材料：煤油、煤油与矿物油的混合油。

③ 铰削青铜或铝合金：2 号锭子油或煤油。

根据切削液对孔径的影响，当使用新铰刀铰削钢料时，可选用 10% ～ 15% 的乳化液做切削液，这样孔不容易扩大。铰刀磨损到一定程度时，可用油溶性切削液，使孔稍微扩大一些。

5. 铰孔时应注意的问题

选择铰刀时，要仔细测量铰刀尺寸，并检查刀刃是否锋利。尽可能用浮动安装的铰刀铰孔。但是，不要认为已经采用了浮动装刀，尾座轴线就不需要校正了。其实，铰刀的浮动量是有限的，不能补偿过大的轴线不重合误差。尾座轴线校正完毕后，应该把尾座固定，然后才可手动进给。进给应该均匀，否则会影响表面粗糙度。

6. 冷却、润滑

实践证明，孔的扩大量和表面粗糙度与切削液的性质有关。在不加切削液或加水溶性切削液时，铰出来的孔略有些大，不加切削液时，扩大量很大。用水溶性切削液（乳化液）时，铰出来的孔径比铰刀的实际直径略小，这是因为水溶性切削液的黏度小，容易进入切削区，工件材料的弹性恢复显著，故铰出来的孔径小。当用新的铰刀铰钢件时，用质量分数 10% ～ 15% 的乳化液进行冷却润滑，才不会使孔径扩大。当铰刀磨损后，用油类切削液可使孔径稍扩大一点。用水溶性切削液可以得到最好的表面粗糙度，油类次之，不用切削液时最差。

7. 铰孔时常见的问题及预防措施（表 6-16）

表 6-16　铰孔时常见问题及预防措施

问题类型	产生原因	预防措施
孔径缩小	①用硬质合金铰刀铰削较软的材料	①适当增大铰刀直径
	②使用水溶性切削液使孔径缩小	②正确选用切削液
	③铰削铸铁孔时加煤油	③不加或通过试铰掌握收缩量

问题类型	产生原因	预防措施
孔径扩大	①铰刀刃口径向圆跳动过大	①重新修磨铰刀刃口
	②尾座偏位，铰刀与孔轴线不重合	②找正尾座，最好采用浮动套筒装夹铰刀
	③切削速度太高，使铰刀温度升高	③降低切削速度，加充分的切削液
	④余量太多	④正确选择铰削余量
表面粗糙	①铰刀不锋利及切削刃上有崩口、毛刺	①重新刃磨
	②余量过多或过少	②铰削余量要适当
	③切削速度太高，产生积屑瘤	③降低切削速度，用油石把积屑瘤磨去
	④切削液选择不当	④合理选择切削液

第五节 车削内沟槽

一、内沟槽的截面形状及作用

在机械零件上，由于工作情况和结构工艺性的需要，有各种不同断面形状的沟槽，内沟槽的截面形状常见的有：矩形（直槽）、圆弧形、梯形等几种。按沟槽所起的作用又可分为：退刀槽、空刀槽、密封槽和油、气通道槽等。内沟槽的截面形状及作用见表6-17。

表6-17　内沟槽的截面形状及作用

类别	简图	说　　明
退刀槽	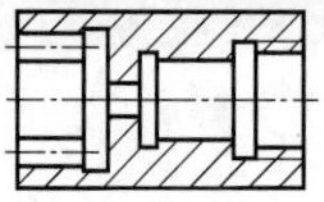	当不是在内孔的全长上车内螺纹时，需要在螺纹终止位置处车出直槽，以便车削螺纹时把螺纹车刀退出
空刀槽	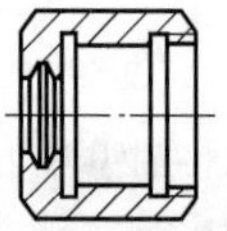 (a)	空刀槽有多种作用，槽的形状也是直槽，在内孔车削或磨削内台阶孔时，为了能消除内圆柱面和内端面连接处不能得到直角的影响，通常需要在靠近内端面处车出矩形空刀槽来保证内孔和内端面垂直
	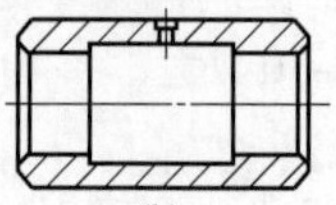 (b)	当利用较长的内孔作为配合孔使用时，为了减少孔的精加工时间，使孔在配合时两端接触良好，保证有较好的导向性，常在内孔中部车出较宽的空刀槽。这种形式的空刀槽，常用在有配合要求的套筒类零件上，如各种套装工刀具、圆柱铣刀、齿轮滚刀等
	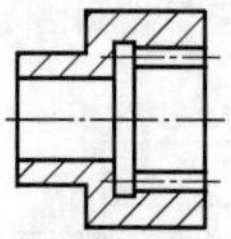 (c)	当需要在内孔的部分长度上加工出纵向沟槽时，为了断屑，必须在纵向沟槽终止的位置上，车出矩形空刀槽。如左图所示，这是为了插内齿轮轮齿而车出的空刀槽
密封槽	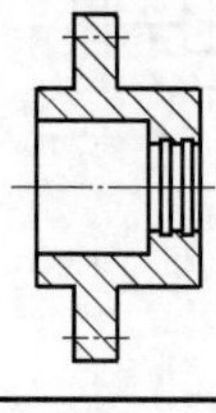	一种截面形状是梯形，可以在它的中间嵌入油毡来防止润滑滚动轴承的油脂渗漏，如空刀槽图（a）所示。另一种是圆弧形的，用来防止稀油渗漏如左图所示

类别	简图	说　明
油、气通道槽	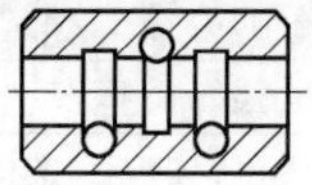 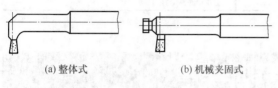	在各种油、气滑阀中，多用矩形内沟槽作为油、气通道槽。这类内沟槽的轴向位置有较高的精度要求，否则，油、气应该流通时不能流通，应该切断时不能切断，滑阀不能工作

二、内沟槽车刀

内沟槽车刀和外沟槽车刀通常都叫作车槽刀。内沟槽车刀与切断刀的几何形状相似，但装夹方向相反，且在内孔中车槽。

加工小孔中的内沟槽车刀做成整体式如图 6-29（a）所示，而在大直径内孔中车内沟槽的车刀常为机械夹固式如图 6-29（b）所示。由于内沟槽通常与内孔轴线垂直，因此要求内沟槽车刀的刀体与刀柄轴线垂直。

(a) 整体式　　　　(b) 机械夹固式

图 6-29　内沟槽车刀

采用刀杆装夹车槽刀时，应该满足：

$$a > h \text{ 和 } d+a < D$$

式中　D——内孔直径，mm；
　　　d——刀杆直径，mm；
　　　h——槽深，mm；
　　　a——刀头伸出长度，mm。

装夹内沟槽车刀时，应使主切削刃等高或略高于内孔中心，两侧副偏角必须对称。

三、内沟槽的车削方法

1. 内沟槽深度和位置的控制

（1）内沟槽深度的控制

摇动床鞍和中滑板，将内沟槽车刀伸入孔中，并使主切削刃与孔壁刚好接触，此时中滑板手柄刻度盘刻线为零位（即起始位置）。根据内沟槽深度计算出中滑板刻度的进给格数，并在进给终止相应刻度位置用记号笔做出标记或记下该刻度值。使内沟槽车刀主切削刃退离孔壁 0.3 ～ 0.5mm，在中滑板刻度盘上做出退刀位置标记如图 6-30 所示。

（2）内沟槽尺寸的控制

移动床鞍和中滑板，使内沟槽车刀的副切削刃（刀尖）与工件端面轻轻接触，如图 6-31 所示。此时将床鞍手轮刻度盘的刻度对到零位（即纵向起始位置）。如果内沟槽轴向位置

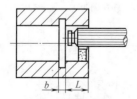

图 6-30　内沟槽深度的控制

b—沟槽宽度；L—沟槽轴向定位尺寸

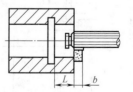

图 6-31　内沟槽轴向尺寸的控制

离孔不远可利用小滑板刻度控制内沟槽轴向位置，车刀在进入孔内之前，应先将小滑板刻度调整到零位。用床鞍刻度或小滑板刻度控制内沟槽车刀进入孔的内深度为：内沟槽位置尺寸 L 和内沟槽车刀主切削刃宽度 b 之和，即 $L+b$。

（3）车削要点

① 横向进给车削内沟槽，进给量不宜过大，约 0.1～0.2mm。

② 刻度指示已到槽深尺寸时，不要马上退刀，应稍作停留。

③ 横向退刀时，要确认内沟槽车刀已到达设定退刀位置后，才能纵向退出车刀如图 6-32 所示。否则，横向退刀不足会碰坏已车好的沟槽，横向退刀过多使刀杆可能与孔壁相擦而伤及内孔。

2. 直进法车内沟槽

如图 6-33 所示为直进法车内沟槽，宽度较小和要求不高的内沟槽，可用主切削刃宽度等于槽宽的内沟槽车刀采用直进法一次车出，如图 6-33（a）所示。要求较高或较宽的内沟槽，可采用直进法分几次车出。粗车时，槽壁和槽底应留精车余量，然后根据槽宽、槽深要求进行精车，如图 6-33（b）所示。深度较浅，宽度很大的内沟槽，可用车孔刀先车出凹槽，再用内沟槽车刀车沟槽两端的垂直面，如图 6-33（c）所示。

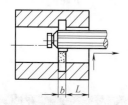

图 6-32　横向车削内沟槽的退刀方法

 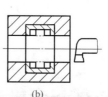 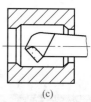

(a)　　　　　(b)　　　　　(c)

图 6-33　直进法车内沟槽的方法

3. 车内沟槽时常见的问题及预防措施（表 6-18）

表 6-18　车内沟槽时常见的问题及预防措施

问题	产生原因	预防措施
沟槽位置错位	①调切槽位置没有把刀具宽度计算进去	①按图 6-32 计算尺寸
	②看错纵向进给刻度盘的刻度	②仔细读刻度
槽宽错误	①车窄槽时，切削刃宽度刃磨不正确	①仔细测量切削刃宽度
	②车宽槽时，刀具纵向移动不正确	②仔细操作
槽太浅	①刀杆刚性差，产生让刀	①换刚性好的刀杆，进给完毕停留一下再退刀
	②当内孔有加工余量时，没有把加工余量计算进去	②认真计算

四、内沟槽的测量方法

测量内沟槽直径可用弹簧内卡钳测量，如图 6-34（a）所示。其使用方法是先把弹簧内卡钳放进沟槽，用调节螺母把卡钳张开的尺寸调整至松紧适度，在保证不走动调节螺母的前提下，把卡钳收小，从内孔中取出，然后使其回复原来尺寸，再用千分尺测量出弹簧内卡钳张开的距离。这个尺寸就是内沟槽的直径。但用这种方法测量，比较麻烦，尺寸又不十分准确。最好采用图 6-34（b）所示的特殊弯头游标卡尺测量，测量时应注意，沟槽的直径应等于其读数值再加上卡爪尺寸。

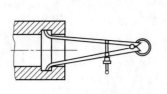

(a) 用弹簧内卡钳测量内沟槽直径

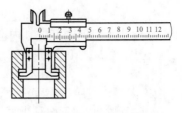

(b) 用弯头游标卡尺测量内沟槽直径

图 6-34　测量内沟槽直径

测量内沟槽宽度可用游标卡尺如图 6-35（a）所示和样板如图 6-35（b）所示测量。内沟槽的轴向位置可采用钩形游标尺来测量，如图 6-35（c）所示。

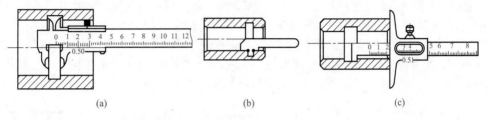

(a)　　　　　　　　　　(b)　　　　　　　　　　(c)

图 6-35　内沟槽宽度和轴向位置的测量

第六节　加工实例

实例一：车圆柱齿轮坯

1. 加工要求

车圆柱齿轮坯的尺寸如图 6-36 所示。其加工要求如下：

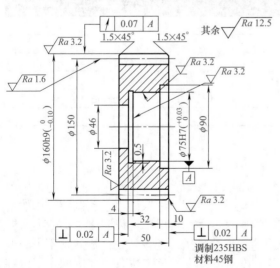

图 6-36　车圆柱齿轮坯的尺寸

① 每次车削数量为 3 ～ 5 件；

② 精度等级：7 级；

③ 模数：5；

④ 齿数：30；

⑤ 齿形角：20°；

⑥ 公法线平均长度：57.763$^{-0.130}_{-0.171}$ mm；

⑦ 跨齿数：4。

2. 加工方法

圆柱齿轮坯的车削加工方法如下。

① 由于圆柱齿轮坯直径较大，所以毛坯一般为锻件。

锻造后直接进行调质处理的目的是为了减少工序，但对车削增加难度，所以粗车时，可选用硬质合金可转位车刀，或选用 YT5 牌号硬质合金车刀。

② 车削 $\phi160h9$ 外圆尺寸，为了不使外圆接刀，可用三爪自定心卡盘夹住毛坯外圆 $5\sim7$mm 长度（此长度在调头加工时可作为余量切除掉），一端用带有中心孔的辅助工具（图 6-37）支顶工件端面。

③ 由于 $\phi160h9$ 外圆表面对 $\phi75H7$ 孔轴心线径向圆跳动为 0.07mm，用软卡爪装夹车削比较合理，因软卡爪装夹工件一般可以保持径向圆跳动在 0.05mm 之内。

保证软卡爪的装夹精度，在车制卡爪的内圆弧直径时，应符合被夹住工件外圆 $\phi160h9$ 的尺寸，允许公差比实测尺寸大 $0\sim0.2$mm。若卡爪圆弧直径过大或过小，会改变卡盘平面螺纹的移动量，而影响装夹后的定位精度。并且圆弧直径过小，使卡爪两边缘接触工件，会夹伤工件表面，如图 6-38 所示。

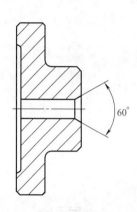

图 6-37　支顶工件端面用辅助工具

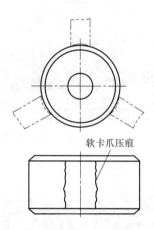

图 6-38　软卡爪圆弧直径过小
对装夹工件的影响

④ 保证工件的端面，内孔底平面对 $\phi75H7$ 孔轴心线的垂直度 0.02mm，上述加工面应在一次装夹中加工。

⑤ 为了便于 $\phi75H7$ 孔的试车削，所以将 $\phi90$mm 孔放在后一步加工。

3. 加工步骤

圆柱齿轮坯的车削加工步骤如下（单位 mm）：

① 锻：锻造并退火。

② 热处理：调质 235HBS。

③ 车：三爪自定心卡盘夹住毛坯外侧，长度 $5\sim7$，一端用辅助工具由活顶尖顶牢；车端面至辅助工具刹根处；粗、精车外圆 $\phi160h9$ 至尺寸；倒角。如图 6-39 所示。

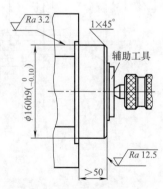

图 6-39　加工示意图（一）

④ 车：软卡爪夹住 $\phi160h9$ 外圆，车端面，尺寸 50 至 $50^{+0.7}_{+0.5}$（留精车余量）；车孔 $\phi46$ 至尺寸；倒角。如图 6-40 所示。

⑤ 车：调头，按序号④装夹方法，粗车孔 $\phi75H7$ 至 $\phi74$，长度 42.5；精车端面，尺寸 50；精车孔 $\phi75H7$ 至尺寸，长度 42；车台阶孔 $\phi90$ 至尺寸，深度 10；车内沟槽 4×0.5；倒角。如图 6-41 所示。

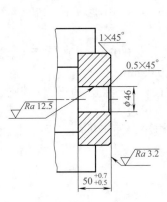

图 6-40　加工示意图（二）

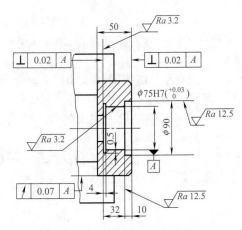

图 6-41　加工示意图（三）

实例二：车内齿圆

1. 加工要求

内齿圆的尺寸如图 6-42 所示。其加工要求如下：

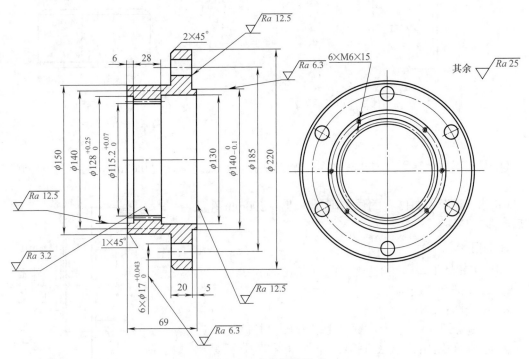

图 6-42　内齿圆的尺寸

① 上图中齿顶圆 $\phi 115.2^{+0.07}_{0}$ mm 孔的尺寸精度要求较高；

② 工件材料为 HT150；

③ 调质处理 215 ～ 245HBS。

2. 加工方法

① 该件的加工分粗车和精车，其目的是保证齿坯的加工精度，为保证加工内齿的精度奠定基础。

② 粗加工后整体调质处理，再精加工。

3. 加工步骤

内齿圈机械加工工艺步骤卡见表6-19。

表6-19　内齿圈机械加工工艺步骤卡　　　　　　　　单位：mm

机械加工工艺过程卡		零件名称	内齿圈	材料	HT150
		坯料种类	铸钢件	生产类型	小批量
工序号	工步号	工序内容		设备及刀具	
10		铸造			
20		退火		热处理炉	
30		粗车		普通车床	
	1	三爪卡盘夹ϕ150外圆处，找正，夹紧，车端面，保证其余加工面有足够余量		45°弯头车刀	
	2	车ϕ220外圆至ϕ222		90°外圆车刀	
	3	镗ϕ130孔至ϕ128，深35		镗刀	
	4	调头。三爪卡盘夹ϕ220外圆处，找正，夹紧，车端面至总长71		45°弯头车刀	
	5	车ϕ150外圆至ϕ152，长度至ϕ220端面，保证法兰厚度27		90°外圆车刀	
	6	车ϕ115.2$_{0}^{+0.07}$孔至ϕ113		镗刀	
40		调质处理215～245HBS			
50		精车		普通车床	
	1	三爪卡盘夹ϕ220外圆处，找正，夹紧，车端面，保证总长70		45°弯头车刀	
	2	车ϕ150外圆至要求，长度至ϕ220端面		90°外圆车刀	
	3	车ϕ220端面，保证法兰厚度26		90°外圆车刀	
	4	镗ϕ115.2$_{0}^{+0.07}$孔至要求，表面粗糙度Ra3.2		精镗刀	
	5	镗ϕ128$_{0}^{+0.25}$孔至要求，深6		闭孔镗刀	
	6	倒角3×45°、1×45°		45°弯头车刀	
	7	调头。三爪夹ϕ150外圆处，按ϕ115.2$_{0}^{+0.07}$孔找正，夹紧，车端面，保证总长69		45°弯头车刀	
	8	车ϕ220外圆至要求		90。外圆车刀	
	9	车ϕ140$_{-0.1}^{0}$外圆至要求，长度至ϕ220端面		90°外圆车刀	
	10	车ϕ220端面，保证法兰厚度20		90°外圆车刀	
	11	镗ϕ130孔至要求，保证齿宽尺寸28		闭孔镗刀	
60		插齿		插齿机	
70		钳工划线、钻孔、铰孔、攻螺纹			
	1	划6×ϕ17$_{0}^{+0.043}$外孔和6-M6螺纹孔的加工线			
	2	钻6×ϕ17$_{0}^{+0.043}$孔至ϕ16		钻头	
	3	扩6×ϕ17$_{0}^{+0.043}$孔至ϕ16.9		扩孔钻	
	4	铰6×ϕ17$_{0}^{+0.043}$孔至要求，表面粗糙度Ra6.3		铰刀	
	5	钻6×M6螺纹底孔至ϕ5		钻头	
	6	攻6×M6螺纹至要求		丝锥	
80		检验			

实例三：车法兰盘

1. 加工要求

法兰盘的尺寸如图 6-43 所示。其加工要求如下：

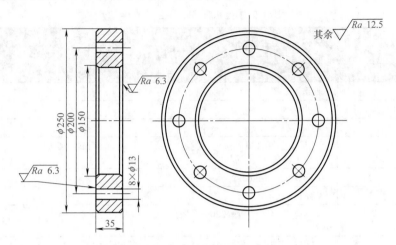

图 6-43　法兰盘的尺寸

① 此零件为焊接用法兰盘，无形位公差要求；
② 各尺寸无公差要求，尺寸精度低；
③ 工件材料为 Q235-A。

2. 加工方法

① 该法兰形状结构简单，精度要求低。
② 孔的尺寸较大，加工时可用孔来安装定位。

3. 加工步骤

法兰盘机械加工工艺步骤卡见表 6-20。

表 6-20　法兰盘机械加工工艺步骤卡　　　　　　　　　（单位：mm）

机械加工工艺过程卡		零件名称	法兰盘	材料	Q235-A
		坯料种类	钢板	生产类型	小批量
工序号	工步号	工序内容		设备及刀具	
10		切割下料：板厚 40，外圆 ϕ260，孔 ϕ140			
20		车削		普通车床	
	1	三爪夹坯料外圆，伸出 5，找正，夹紧，车端面，车平即可		45°弯头车刀	
	2	车 ϕ150 孔至要求		镗刀	
	3	孔倒角 2×45°		45°弯头车刀	
	4	调头。三爪撑 ϕ150 孔，找正，夹紧，车端面，保证厚度 35		45°弯头车刀	
	5	车 ϕ250 外圆至要求		45°弯头车刀	
	6	孔倒角 2×45°		45°弯头车刀	
	7	外圆两端倒角 2×45°		45°弯头车刀	
30		划 8×ϕ13 孔加工线，钻 8×ϕ13 孔至要求		钻头	
40		检验			

实例四：车丝杠套

1. 加工要求

如图 6-44 所示为车削丝杠套零件图样的尺寸。其技术条件及技术要求如下。

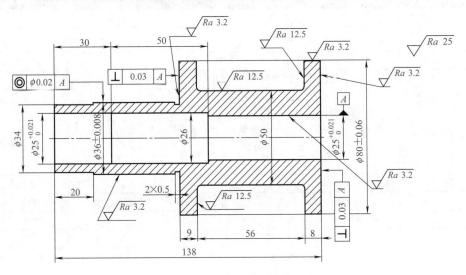

图 6-44　丝杠套零件图样的尺寸

① 图中以 $\phi 25_{\ 0}^{+0.021}$ mm 孔轴线为基准，$\phi 36 \pm 0.008$mm 外圆轴线与基准的同轴度公差为 $\phi 0.02$。

② $\phi 80 \pm 0.06$mm 两端面与基准的垂直度公差为 0.03mm。

③ 未注圆角为 $R2$。

④ 锐角倒钝。

⑤ 工件材料为 HT200。

2. 加工方法

① 当批量生产时，该件毛坯采用铸造成形，各处留加工余量。单件或批量较小时，可铸成圆棒料。

② 铸铁件加工余量较大，内应力较大，在粗加工后，应进行时效处理，然后再进行粗车。

③ $\phi 25_{\ 0}^{+0.021}$ mm 孔的精度要求较高，且孔比较深，粗加工应采用铰孔。

3. 加工步骤

丝杠套机械加工工艺步骤卡见表 6-21。

表 6-21　丝杠套机械加工工艺步骤卡　　　　　　　　　　单位：mm

机械加工过程卡		零件名称	丝杠套			材料	HT200
		坯料种类	铸件			生产类型	中批量
工序号	工步号	加工内容				设备及刀具	
10		铸造					
20		退火					
30		粗车				普通车床	
	1	三爪卡盘夹坯料 $\phi 36 \pm 0.008$ 外圆处，找正，夹紧，车端面，车平即可				45°弯头车刀	

机械加工过程卡		零件名称	丝杠套	材料	HT200
		坯料种类	铸件	生产类型	中批量
工序号	工步号	加工内容		设备及刀具	
	2	钻通孔 $\phi23$		钻头	
	3	扩 $\phi25^{+0.021}_{0}$ 孔至 $\phi24.9$		扩孔钻	
	4	车 $\phi80\pm0.06$ 外圆至 $\phi82$		90°外圆车刀	
	5	车 $\phi50$ 外圆至 $\phi52$，两侧面各留余量 0.5		切槽刀	
	6	调头。三爪卡盘夹 $\phi50$ 外圆处，找正，夹紧，车端面，保证总长 140，两端各留余量 1		45°弯头车刀	
	7	车 $\phi36\pm0.008$ 外圆至 $\phi38$，长至 $\phi80\pm0.06$ 端面，留余量 1		90°外圆车刀	
	8	车 $\phi80\pm0.06$ 端面，留余量 0.5		90°外圆车刀	
40		时效处理			
50		精车		普通车床	
	1	三爪夹 $\phi36\pm0.008$ 外圆，找正，夹紧，精车端面，保证总长 139		45°弯头车刀	
	2	精车 $\phi80\pm0.06$ 外圆至要求，表面粗糙度 $Ra3.2$		90°外圆车刀	
	3	精车 $\phi50$ 槽至要求，保证外侧法兰厚度 8 和槽宽 56		切槽刀	
	4	调头。三爪卡盘夹 $\phi80\pm0.06$ 外圆，找正，夹紧，车端面，保证总长 138		45°弯头车刀	
	5	车 $\phi80\pm0.06$ 法兰端面，保证法兰厚度 9		90°外圆车刀	
	6	车退刀槽 2×0.5 至要求		切槽刀	
	7	车 $\phi36\pm0.008$ 外圆至要求，表面粗糙度 $Ra3.2$		90°外圆车刀	
	8	车 $\phi34$ 外圆至要求，长 20		90°外圆车刀	
	9	铰 $\phi25^{+0.021}_{0}$ 孔至要求，表面粗糙度 $Ra3.2$		铰刀	
	10	镗 $\phi26$ 孔至要求，长 50，保证尺寸 30		镗刀	
60		检验			

实例五：车钻床主轴套筒

1. 加工要求

钻床主轴套筒的尺寸如图 6-45 所示。其加工要求如下。

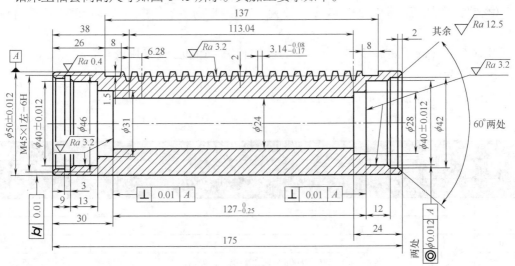

图 6-45　钻床主轴套筒的尺寸

① 图 6-45 中以 $\phi 50 \pm 0.012$ 外圆的轴线为基准，两个 $\phi 40 \pm 0.012$ 孔的轴线对基准的同轴度公差为 $\phi 0.01$。

② $\phi 50 \pm 0.012$ 外圆柱面的圆柱度公差为 0.01。

③ $\phi 40 \pm 0.012$、$\phi 31$ 孔的端面对基准的垂直度公差为 0.01。

④ 模数：2；齿数：18；压力角：$20°$。

⑤ 分度圆齿厚及偏差 $3.14_{-0.17}^{-0.08}$。

⑥ 精度等级：8 级。

⑦ 未注倒角为 $1 \times 45°$。

⑧ 工件材料为 45 钢。

⑨ 调质处理 $220 \sim 250$HBS。

2. 加工方法

① 该件精度较高，形状结构较复杂，为获得良好的力学性能，消除应力，稳定其组织、性能和尺寸，热处理安排调质处理和低温时效处理。

② 该件有两次热处理工序，将加工工艺过程分为粗加工、半精加工和精加工三个阶段。调质以前为粗加工阶段；时效处理之前为半精加工阶段；时效处理之后为精加工阶段。

③ 该件两端 $\phi 40 \pm 0.012$ 孔由于结构限制，不宜采用磨削，最后以精磨后的外圆定位，精车该孔。

④ 两端 $2 \times 60°$ 倒角备工艺用。

3. 加工步骤

钻床主轴套筒机械加工工艺步骤见表 6-22。

表 6-22 钻床主轴套筒机械加工工艺步骤　　　　　　　单位：mm

机械加工 工艺过程卡		零件名称	钻床主轴套筒		材料	45
		坯料种类	圆钢		生产类型	中批量
工序号	工步号	工序内容			设备及刀具	
10		下料 $\phi 55 \times 180$				
20		粗车			普通车床	
	1	三爪卡盘夹坯料外圆，伸出 90，车端面，见平即可			45° 弯头车刀	
	2	钻 $\phi 24$ 通孔至尺寸			$\Phi 24$ 钻头	
	3	车 $\phi 50 \pm 0.012$ 外圆至 $\phi 52$，长度至卡爪			90° 外圆车刀	
	4	调头。三爪卡盘夹车过的外圆，车端面，保证总长 177			45° 弯头车刀	
	5	车 $\phi 50 \pm 0.012$ 外圆至 $\phi 52$，与另一端已车过的外圆相接			90° 外圆车刀	
30		调质处理 $220 \sim 250$HBS				
40		半精车			普通车床	
	1	三爪卡盘夹外圆，伸出 50，车端面，保证总长 176			45° 弯头车刀	
	2	孔口倒角 $2 \times 60°$			90° 外圆车刀	
	3	调头。三爪卡盘夹外圆，车端面，保证总长 175			45° 弯头车刀	
	4	孔口倒角 $2 \times 60°$			90° 外圆车刀	
	5	用专用心轴顶夹两端倒角，半精车 $\phi 50 \pm 0.012$ 外圆至 $\phi 50.5$			90° 外圆车刀	
	6	夹 $\phi 50 \pm 0.012$ 外圆处，车 $\phi 28$ 孔至尺寸，保证尺寸 24			闭孔镗刀	
	7	车 ϕ 如 ± 0.012 孔至 $\phi 39$，深 18			闭孔镗刀	
	8	车 $\phi 42$ 孔至要求，保证尺寸 12			闭孔镗刀	
	9	孔口倒角 $2 \times 60°$（工艺用）			90° 外圆车刀	

机械加工工艺过程卡		零件名称	钻床主轴套筒		材料	45
		坯料种类	圆钢		生产类型	中批量
工序号	工步号	工序内容			设备及刀具	
	10	调头。夹 $\phi50\pm0.012$ 外圆，车 $\phi31$ 孔至要求，保证尺寸 30			闭孔镗刀	
	11	车 $\phi40\pm0.012$ 孔至 $\phi39$，深 22			闭孔镗刀	
	12	车槽 $\phi46\times3$，保证尺寸 9			内沟槽车刀	
	13	车 M45×1 左 -6H 螺纹底孔至 $\phi44$			闭孔镗刀	
	14	车 M45×1 左 -6H 螺纹至要求			内螺纹车刀	
	15	孔口倒角 2×60°（工艺用）			90°外圆车刀	
50		用专用心轴顶夹两端倒角，粗磨 $\phi50\pm0.012$ 外圆至 $\phi50.2$			外圆磨床	
60		铣齿			卧式铣床	
70		铣宽 8，深 1.5 槽			卧式铣床	
80		低温时效处理				
90		修研两端孔口倒角，用专用：卷轴顶夹两端倒角，精磨 $\phi50\pm0.012$ 外圆至要求，表面粗糙度 $Ra0.4$			外圆磨床	
100		精车			普通车床	
	1	三爪夹 $\phi50\pm0.012$ 外圆，精镗 $\phi40\pm0.012$ 孔至要求，保证尺寸 12.并车该孔端面及倒角 1×45°			闭孔镗刀	
	2	$\phi50\pm0.012$ 外圆倒角 1×45°			45°弯头车刀	
	3	调头。三爪夹 $\phi50\pm0.012$ 外圆，精镗 $\phi40\pm0.012$ 孔至要求，保证尺寸 13，并车该孔端面及倒角 1×45°			闭孔镗刀	
	4	$\phi50\pm0.012$ 外圆倒角 1×45°			45°弯头车刀	
110		检验				

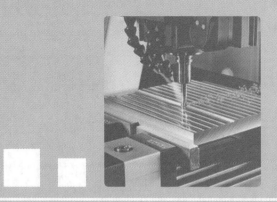

第七章
车削成形面及表面修饰

第一节　车削成形面

在机械制造中，有些机械零件表面的素线是由某些曲线组合而成的，例如手轮手柄、圆球等，这些曲线形成的表面称为成形面，如图 7-1 所示。在车床上加工成形面时，应根据工件的表面特征、精度的高低和生产批量大小等情况采用不同的车削方法。

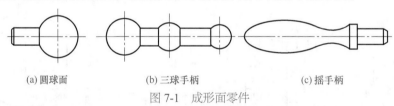

(a) 圆球面　　　　　　(b) 三球手柄　　　　　　(c) 摇手柄

图 7-1　成形面零件

一、双手控制法

单件或小批量生产时，或精度要求不高的工件，可采用双手控制法车削。如图 7-2 所示为单球手柄的车削方法，具体方法如下。

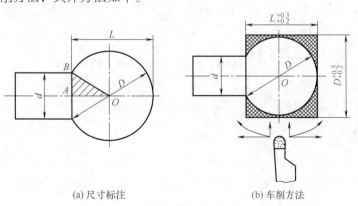

(a) 尺寸标注　　　　　　　　　(b) 车削方法

图 7-2　单球手柄的车削方法

1. 球状部分长度 L 的计算

如图 7-2 所示，在 Rt△AOB 中：

$$OA = \sqrt{\left(\frac{D}{2}\right)^2 - \left(\frac{d}{2}\right)^2} = \frac{1}{2}\sqrt{D^2 - d^2}$$

$$L = \frac{D}{2} + OA$$

则：

$$L = \frac{1}{2}(D + \sqrt{D^2 - d^2})$$

式中　L——圆球部分长度，mm；
　　　D——圆球直径，mm；
　　　d——柄部直径，mm。

2. 车削方法

在车削时，用右手控制小滑板的进给，用左手控制中滑板的进给，通过双手的协同操作，使圆弧刃车刀（图 7-3）的运动轨迹与工件成形面的素线一致，车出所要求的成形面。成形面也可利用床鞍和中滑板的合成运动进行车削。

车削如图 7-2（a）所示的单球柄时，应先按圆球直径 D 和柄部直径 d 车成两级外圆（留精车余量 0.2～0.3mm），并车准球状部分长度 L，再将球面车削成形。一般多采用由工件的高处向低处车削的方法，如图 7-2（b）所示。

如图 7-4 所示为带锥柄的单球手柄，求出球状部分 L 的长度。根据公式：

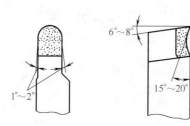

图 7-3　单球手柄的车削方法

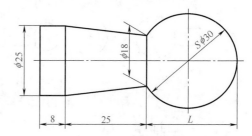

图 7-4　带锥柄的单球手柄的尺寸

$$L = \frac{1}{2}(D + \sqrt{D^2 - d^2})$$

$$L = \frac{1}{2} \times (30 + \sqrt{30^2 - 18^2})\text{mm} = 27\text{mm}$$

所以图 7-4 锥柄的单球手柄球状部分 L 的长度为 27mm。

二、成形法

成形法是用成形车刀对工件进行加工的方法。切削刃的形状与工件成形表面轮廓形状相同的车刀称为成形刀，又称为样板刀。数量较多、轴向尺寸较小的成形面可用成形法车削。

1. 成形刀的种类（表7-1）

表7-1 成形刀的种类

类别	说　明
整体式成形刀	这种成形刀与普通车刀相似，其特点是将切削刃磨成和成形面表面轮廓素线相同的曲线形状，如图7-5（a）和图7-5（b）所示。对车削精度不同的成形面，其切削刃可用手工刃磨；对车削精度较高的成形面，切削刃应在工具磨床上刃磨。该成形面车刀常用于车削简单的成形面，如图7-5（c）所示 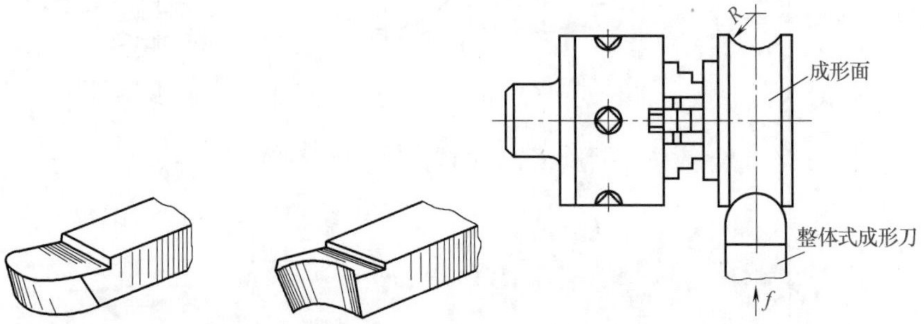 (a) 整体式高速钢成形刀(一)　(b) 整体式高速钢成形刀(二)　(c) 整体式成形刀的使用 图7-5　整体式成形刀及其使用
棱形成形刀	这种成形刀由刀头和弹性刀杆两部分组成，如图7-6所示。刀头的切削刃按工件的形状在工具磨床上磨出，刀头后部的燕尾块装夹在弹性刀柄的燕尾槽中，并用紧固螺栓紧固 棱形成形刀磨损后，只需刃磨前刀面，并将刀头稍向上升即可继续使用。该车刀可以一直用到刀头无法夹持为止。棱形成形刀加工精度高，使用寿命长，但制造复杂，主要用于车削较大直径的成形面 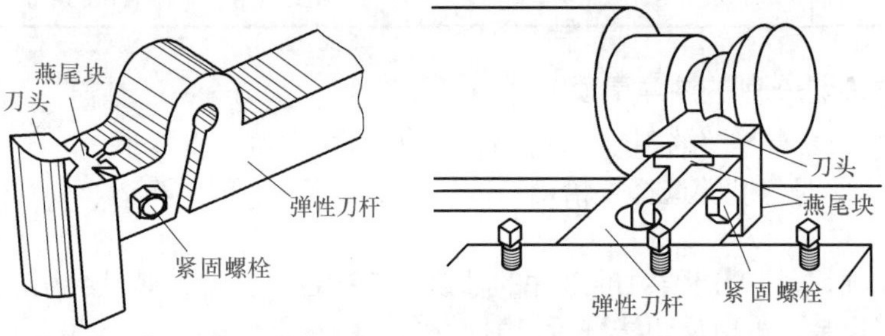 (a) 棱形成形刀　　　　　　　(b) 棱形成形刀的使用 图7-6　棱形成形刀及其使用
圆形成形刀	这种成形刀做成圆轮形，在圆轮上开有缺口，从而形成前面和主切削刃。使用时，圆形成形刀装夹在刀柄或弹性刀杆上。为防止圆轮转动，在侧面做出端面齿，使之与刀杆侧面上的端面齿相啮合。如图7-7（a）所示。圆形成形刀的主切削刃与圆轮中心等高，其背后角 $\alpha_p=0°$，如图7-7（b）所示。当主切削刃低于圆轮中心后，可产生背后角 $\alpha_p > 0°$，如图7-7（c）所示。主切削刃低于圆轮中心 O 的距离 H 可用下式计算 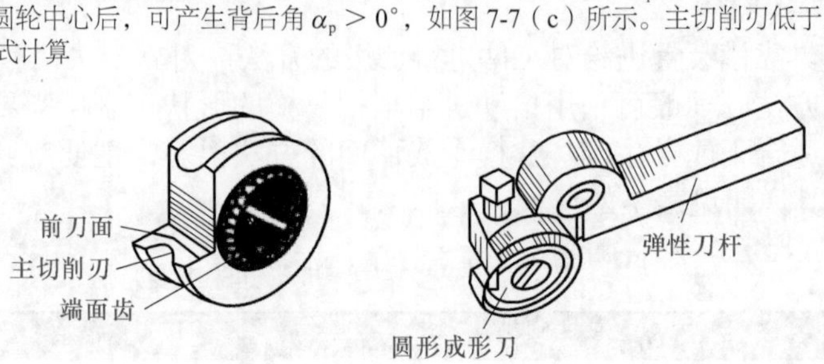 (a) 圆形成形刀 图7-7

类别	说　明
圆形成形刀

图 7-7　圆形成形刀及其使用

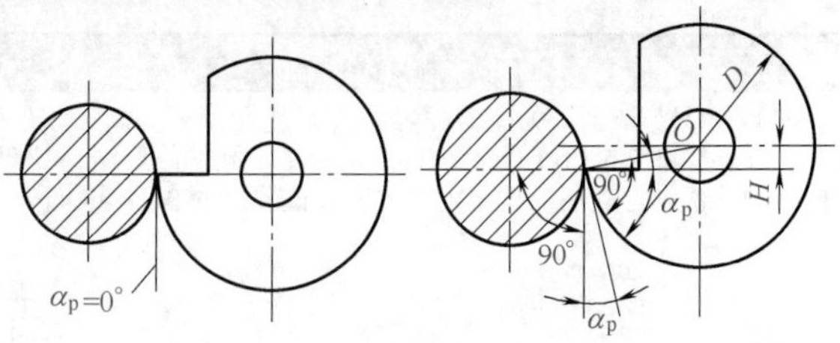

$$H = \frac{D}{2\sin\alpha_p}$$

式中　H——主切削刃低于圆轮中心距离，mm；

$\qquad$ D——圆形成形刀直径，mm；

$\qquad$ α_p——成形刀的背后角（一般为 $6°\sim10°$）。

用成形刀车削成形面时，因切削刃与工件接触面积大，容易引起振动，防止和减少振动的方法有：

① 首先应选择刚性较好的车床，并必须把车床主轴和车床滑板等各部分的间隙调整得较小

② 成形刀要装得对准工件轴线，装高了容易扎刀，装低了容易引起振动

③ 应选用较小的进给量和切削速度，车削钢料时应加注乳化液或切削油，车铸铁时可以不加或加注煤油作切削液

圆形成形刀允许重磨的次数较多，较易制造，常用于车削直径较小的成形面 |

2. 成形法车削的注意事项

① 车床要有足够的刚度，车床各部分的间隙要调整得较小。

② 成形刀角度的选择要恰当。成形刀的后角一般选得较小（$\alpha_0 = 2°\sim5°$），刃倾角宜取 $\lambda_s = 0°$。

③ 成形刀的刃口要对准工件的轴线，装高容易扎刀，装低会引起振动。必要时，可以将成形刀反装，采用反切法进行车削。

④ 为降低成形刀切削刃的磨损，减小切削力，最好先用双手控制法把成形面粗车成形，然后再用成形刀进行精车。

⑤ 应采用较小的切削速度和进给量，合理选用切削液。

三、靠模法

按照刀具靠模装置进给对工件进行加工的方法称为靠模法。靠模法车成形面是一种比较先进的加工方法。一般可利用自动进给根据靠模的形状车削所需要的成形面，生产效率高，质量稳定，适合于成批生产。靠模车成形面的方法很多，主要有：横向靠模、杠杆式靠模、靠板靠模，其说明见表 7-2。

表 7-2　靠模车成形面的主要方法

类别	说　明
横向靠模	用来车削工件端面上的成形面，如图 7-8 所示。靠模装夹在尾座套筒锥孔内的夹板上，用螺钉紧固。把装有刀杆的刀夹装夹在方刀架上，滚轮紧靠住靠模，由弹簧来保证。为了防止刀杆在刀夹中转动，在刀杆上铣一键槽，用键来保证。车削时，中滑板自动进给，滚轮沿着靠模的曲线表面横向移动，使工件的端面上车出成形面

类别	说　　明
横向靠模	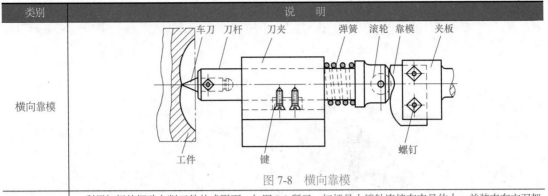 图 7-8　横向靠模
杠杆式靠模	利用杠杆的摆动车削工件的成形面，如图 7-9 所示。杠杆是由销轴连接在夹具体上，并装夹在方刀架上。车刀装在杠杆的方孔中，杠杆的另一端装有滚轮。螺钉可调整弹簧的压力，使滚轮紧靠靠模板。靠模板装夹在尾座套筒锥孔内的靠模支架上。车削时，床鞍做纵向进给，车刀随杠杆的摆动，使工件 1 车出成形面。这种靠模装置制造容易，使用方便，但仅适用于外形变化不大的工件。使用时应注意车刀、销轴、滚轮三个支点间的距离相等 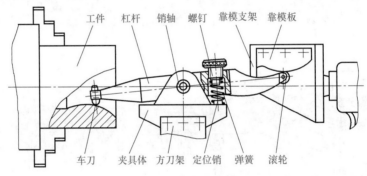 图 7-9　杠杆式靠模
靠板靠模	在车床上用靠板靠模法车成形面，如图 7-10 所示。实际上与靠模车圆锥的方法基本上相同。在卧式车床的床身的外端装上靠模支架和靠模板，靠模板是一条曲线沟槽，它的形状与工件成形面相同。滚柱通过拉杆与中滑板连接（应将中滑板丝杠抽去）。当床鞍做纵向进给时，滚柱沿着靠模板的曲线槽移动，使车刀刀尖随着靠板曲线的变化在工件上车出成形面。若把小滑板转过 90°，就可以进行横向进给。这种靠模方法操作方便，成形面准确，但只能加工成形面变化不大的工件 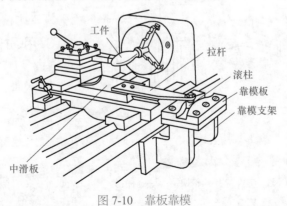 图 7-10　靠板靠模

四、用专用工具车削成形面

1.利用圆筒形刀具车球面

圆筒形刀具的结构如图 7-11（a）所示，切削部分是一个圆筒，其前端磨斜 15°，形成一个圆的切削刃口。其尾部和特殊刀柄应保持 0.5mm 的配合间隙，并用销轴浮动连接，以自动对准圆球面中心。用圆筒形刀具车削球面工件时，一般应先用圆弧刃车刀大致粗车成形，再将圆筒形刀具的径向表面中心调整到与车床主轴轴线成一夹角 α，最后用圆筒形刀具把圆球面车削成形，如图 7-11（b）所示。

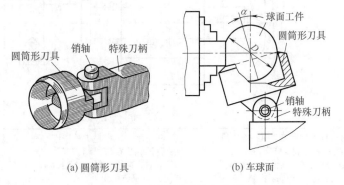

(a) 圆筒形刀具　　　　　(b) 车球面

图 7-11　圆筒形刀具车球面

该方法简单方便，易于操作，加工精度较高；适用于车削青铜、铸铝等脆性金属材料的带柄球面工件。

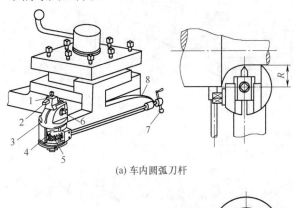

(a) 车内圆弧刀杆

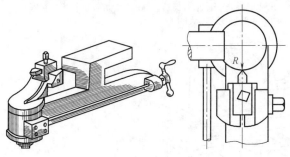

(b) 车外圆弧刀杆

图 7-12　蜗杆、蜗轮式车内、外圆弧刀杆

1—滑块；2—车刀；3—弹性刀夹；4—蜗轮；5—蜗杆；
6—螺钉；7—手柄；8—刀杆

2. 蜗杆、蜗轮式车内、外圆弧刀杆

车内、外圆弧刀杆的结构如图 7-12 所示。车内圆弧刀杆［图 7-12（a）］上装有车刀 2 的滑块 1 能在弹性刀夹 3 中移动，并用螺钉 6 紧固。摇动手柄 7，通过蜗杆 5 带动蜗轮 4 使弹性刀夹 3 绕蜗轮轴线转动。刀杆 8 装夹在方刀架上，车刀刀尖处于主轴轴线位置。刀尖与蜗轮的中心距就是加工圆弧曲率半径 R。调节它们间的距离，就可以控制加工圆弧的半径。车外圆弧刀杆结构原理、调整使用方法与车内圆弧刀杆基本相同。

3. 用蜗杆副车成形面

（1）用蜗杆副车成形面的车削原理

外球面、外圆弧面和内球面等成形面的车削原理如图 7-13 所示。车削成形面时，必须使车刀刀尖的运动轨迹为一个圆弧，车削的关键是保证刀尖做圆周运动，其运动轨迹的圆弧半径与成形面圆弧半径相等，同时使刀尖与工件的回转轴线等高。

（2）用蜗杆副车内外成形面的结构原理

用蜗杆副车内外成形面的结构原理如图 7-14 所示。车削时，先把车床小滑板拆下，装上蜗杆副成形装置。刀架装在圆盘上，圆盘下面装有蜗杆副。当转动手柄时，圆盘内的蜗杆就带动蜗轮使车刀绕着圆盘的中心旋转，刀尖做圆周运动，即可车出成形面。为了调整成形

面半径，可在圆盘上制出 T 形槽，以使刀架在圆盘上移动。当刀尖调整超过中心时，就可以车削内成形面。

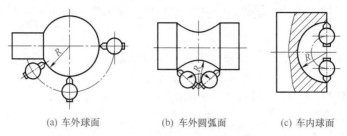

(a) 车外球面　　　　(b) 车外圆弧面　　　　(c) 车内球面

图 7-13　内外成形面的车削原理

4. 用铰链推杆车球面内孔

较大的球面内孔可用图 7-15 所示的方法车削。将有球面内孔的工件装夹在卡盘中，在两顶尖间装夹刀柄，圆弧刃车刀反装，车床主轴仍然正转，刀架上安装推杆，推杆两端用铰链连接。当刀架纵向进给时，圆头车刀在刀柄中转动，即可车出球面内孔。

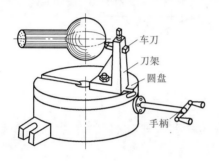

图 7-14　用蜗杆副车内外成形面

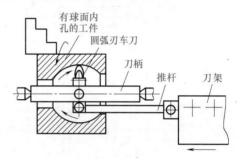

图 7-15　用铰链推杆车球面内孔

五、数控车外成形面

1. 外成形面的概念

① 定义：在车削时，由圆弧和圆弧、圆弧和直线相切或相交而构成的一些成形面零件称为外成形面，例如手柄、球柄等。

② 技术要求：一般外成形面零件除了尺寸精度外，表面粗糙度要求比较高。

③ 毛坯形式：毛坯常用热轧圆棒料、冷拉圆棒料，批量生产的零件多用锻件。

2. 常用加工方法

① 常用车刀：90°偏刀、60°偏刀、切断刀等。

② 装夹方法：毛坯是棒料时，一般选用夹持一端；毛坯是锻料时，一般先夹持圆弧部分毛坯车圆柱部分，然后夹持圆柱部分车圆弧部分。

3. 工作步骤

外成形面的加工是数控车床的特长，应熟练掌握。

（1）零件图

零件图如图 7-16 所示，毛坯是 ϕ40mm、长 160mm 的 45 正火圆钢，单件生产。

（2）刀具选择和装夹方法

① 刀具选择

a. 外圆粗车用 YT5、60°右偏刀（刀尖角 60°）。

b. 外圆精车用 YTl5、60°右偏刀（刀尖角 60°）。

c. 切断用 YT5、4mm 切断刀。

② 装夹方法　用三爪自定心卡盘夹持毛坯左端，伸出爪 115mm。

4. 工艺分析

① 工艺路线：精车右端面→粗精车外圆→粗精车 ϕ18mm 外圆、切断。

② 确定编程原点：以工件右端面中心为编程原点。

③ 确定编程用指令：粗车用 G71，精车用 G1、G3、G2。

5. 编程尺寸计算

车削外成形面的计算往往比较复杂，一般用几何、三角、数学的方法计算，较复杂的时候用 CAXA 电子图板的查询功能查询。

图 7-16 已经把各基点坐标全部标出。

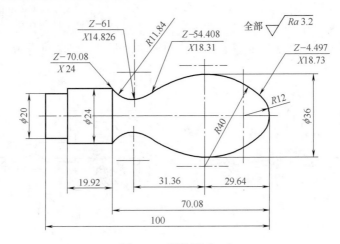

图 7-16　零件图（一）

6. 填写工艺卡（表 7-3）

表 7-3　工艺卡（一）

工序号	工序内容	定位基准	加工设备
10	下料 ϕ40mm 长 160mm	ϕ40mm 外圆	弓锯床
20	车外圆	ϕ40mm 外圆，伸出爪 115mm	CAK36/75
30	检验		

7. 填写工序卡（表 7-4）

表 7-4　工序卡（一）

工步号	工步内容	刀具号	刀具规格	切削速度 /（m·min^{-1}）	进给量 /（mm·r^{-1}）	背吃刀量 /mm	备注
10	粗车至 X36，Z-29.64	0101	60°右偏刀	80	0.3	4	
20	粗车至 X14.826，Z-61	0101	60°右偏刀	80	0.3	2	
	粗车至 X24，Z-104	0101	60°右偏刀	80	0.3	4	
30	精车	0404	60°右偏刀	120	0.1	0.8	
40	粗精车 ϕ20mm 外圆、切断	0202	4mm 切断刀	50	0.1		
50	检验						

8. 编写加工程序（表7-5）

表7-5　编写加工程序（一）

程　　序	简要说明
O1201;	程序名，用O及O后4位数表示
G0　X100　Z100　T0101;	到换刀点，换1号刀，建立1号刀补，建立工件坐标系（程序段号可省写）
G99　G96　M3　S80　F0.3;	主轴正转，恒线速80m/min，每转进给0.3mm
G50　S2000;	最高转速限制在2000r/min
G0　Z0;	快速定位到Z0
X42;	快速定位到X42
G71　U2　R1;	G71：切削循环；U：粗车X轴的切削量2mm，半径值；R：粗车X轴退刀量1mm，半径值
G71　P10　Q20　U0.8　W0.4;	G71：切削循环；P：精车轨迹第一程序段N10；Q：精车轨迹最后程序段N20；U：X轴的精加工余量0.8mm；W：Z轴的精加工余量0.4mm
N10　G1　X0;	
G3 X18.73　Z-4.497　R12;	精车顺圆插补到X18.73，Z-4.497，R12
G3　X36　Z-29.64　R40;	精车顺圆插补到X36，Z-29.64，R40
N20　G1　X42;	
G0　X42;	
Z-29.64;	
G71　U1　R1;	G71：切削循环；U：粗车X轴的切削量1mm，半径值；R：粗车X轴退刀量1mm，半径值
G71　P30　Q40　U0.8　W0.4;	G71：切削循环；P：精车轨迹第一程序段N30；Q：精车轨迹最后程序段N40；U：X轴的精加工余量0.8mm；W：Z轴的精加工余量0.4mm
N30　G1　X36;	
G3　X18.31　Z-54.408　R40;	精车顺圆插补到X18.31，Z-54.408，R40
G2　X14.826　Z-61　R11.84;	精车逆圆插补到X14.826，Z-61，R11.84
N40　G1　X42;	
G0　X42;	
Z-61;	
G71　U2　R1;	G71：切削循环；U：粗车X轴的切削量2mm，半径值；R：粗车X轴退刀量1mm，半径值
G71　P50　Q60　U0.8　W0.4;	G71：切削循环；P：精车轨迹第一程序段N50；Q：精车轨迹最后程序段N60；U：X轴的精加工余量0.8mm；W：Z轴的精加工余量0.4mm
N50　G1　X14.826;	
G2　X24　Z-70.08　R11.84;	精车逆圆插补到X24，Z-70.08，R11.84
G1　Z-104;	精车到Z-104
N60　G1　X42;	
G0　X42;	
Z-104;	
T0404　S120　F0.1;	换4号刀
G0　Z0;	快速定位到Z0
X42;	快速定位到X42
G42　G1　X0;	
G3　X18.73　Z4.497　R12;	精车顺圆插补到X18.73，Z-4.497，R12
G3　X18.31　Z-54.408　R40;	精车顺圆插补到X18.31，Z-54.408，R40

程　　序	简要说明
G2　X24　Z-70.08　R11.84;	精车逆圆插补到 X24，Z-70.08，R11.84
G1　Z-104;	精车到 Z-104
X42;	
G40　G0　X42;	
G0　X100;	快速定位到 X100
Z100;	快速定位到 Z100
T0202　S50　F0.1;	换 2 号刀
G0　X32;	快速定位到 X42
Z-94;	快速定位到 Z-94
G1　X20.2;	直线插补到 X20.2
G0　X42;	快速定位到 X42
Z-97;	快速定位到 Z 97
G1　X20.2;	直线插补到 X20.2
G0　X42;	快速定位到 X42
Z-100;	快速定位到 Z-100
G1　X20.2;	直线插补到 X20.2
G0　X42;	快速定位到 X42
Z-102;	快速定位到 Z-102
G1　X20.2;	直线插补到 X20.2
G0　X42;	快速定位到 X42
Z-104;	快速定位到 Z-104
G1　X20.2;	直线插补到 X20.2
G0　X42;	快速定位到 X42
Z-104;	快速定位到 Z-104
G1　X20;	直线插补到 X20
Z-94;	直线插补到 Z-94
X42;	直线插补到 X42
G0　Z-104;	快速定位到 Z-104
X21;	快速定位到 X21
G1　X0;	直线插补到 X0
G0　X100;	快速定位到 X100
Z100;	快速定位到 Z100
M30;	程序结束，主轴停，冷却泵停，返回程序开头

9. 要点提示

① 用 G71 车外成形面，用连续精车的方法精车。由于 G71 只能加工径向尺寸渐大或渐小的零件，所以，采取了用 G71 分段加工的方法。

② 此工件的径向和轴向尺寸没有标注公差，编程时不需要进行径向和轴向尺寸的计算。

③ ϕ20mm 外圆的加工，由于轴向尺寸较短，采取用切断刀径向进刀的切削方式加工，要注意，切断刀每次的轴向进给量不能大于切断刀宽度的 3/4，精车的背吃刀量要尽可能的小，本次取 0.1mm。

④ 采用刀尖半径补偿，刀尖半径 0.2mm，需要注意的是 G71 和 G73 指令粗车不执行刀

尖半径补偿,所以,精车余量径向留 0.8mm,轴向留 0.4mm,留的多一些。

⑤ 车削此类外成形面,当批量较大时,应使用 CAD/CAM 软件编制程序,这样做可提高零件的加工效率。

六、成形面的检测

1. 样板透光检测

成形面在一般情况下,都没有精密的配合要求。如各类手柄的成形面是为了外形美观和便于操作;各种冲模、橡胶模、滚压模的成形面,其凸、凹模之间也只要保持一定的间隙;各种锻模、铸模的成形面也只对成形面的形状有一定的要求,尺寸要求并不十分严格。因此,绝大多数的成形面多采用样板透光检测。样板透光检测的类型及说明如下。

(1)用半径样板测量圆弧半径

① 半径样板结构如图 7-17 所示。半径样板也叫圆弧样板、半径规或 R 规。半径样板中的凸形样板是用于凹形圆弧工件透光检测;而半径样板中的凹形样板则是对凸形圆弧工件进行透光检测。

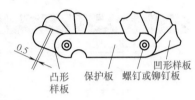

图 7-17 半径样板外形及结构

② 检测时判断合格点如图 7-18 所示。检测时,外圆弧样板靠在内圆弧工件上出现中间透光,则表明样板半径大于圆弧半径,工件圆弧半径必须重新加工、加大;而出现两侧透光,则说明样板半径小于工件圆弧半径,工件圆弧半径要减小。上述两种情况检测都要判定为不合格。只有当样板与工件圆弧半径密合一致时,表明样板圆弧半径等于工件圆弧半径,工件圆弧检测合格。

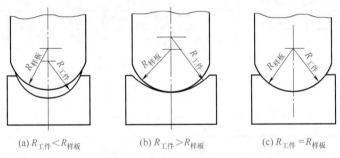

(a) $R_{工件} < R_{样板}$　　　(b) $R_{工件} > R_{样板}$　　　(c) $R_{工件} = R_{样板}$

图 7-18 用半径样板对工件 R 尺透光

(2)用样板测量成形面

样板上的成形面是按工件成形面理论数据要求作出的,检测时,将样板成形面与工件成形面贴合,透光观察工件成形面的吻合程度。

① 对于较短的成形面用一块样板透光检测,对于较长的、较复杂的成形面可用分段样板透光检测。图 7-19 为用样板透光检测外成形面。图 7-20 为用样板透光检测内成形面。

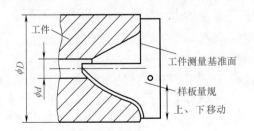

图 7-19 用样板透光检测外成形面

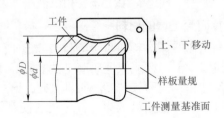

图 7-20 用样板透光检测内成形面

② 检测时操作要点。

a. 样板的基准面必须贴合工件的测量基准面。

b. 样板的整个成形面应通过工件的中心线。

c. 样板贴合在工件的测量基准面上移动，且整个成形面上透光均匀即合格。

2. 三坐标测量

对于线轮廓度要求在 0.05mm 范围内的成形面，可用三坐标测量仪测量成形面若干点坐标的方法来检测成形面。

3. 成形面的车削质量分析

车削成形面比车削圆锥面更容易出现的问题、产生原因及预防措施见表 7-6。

表 7-6　车削成形面时出现的问题、产生原因及预防措施

出现的问题	产生原因	预防措施
尺寸不对	①长度或坐标点计算错误	①认真检查、校对计算结果
	②加工中测量有误	②加工时认真测量，以防出错
	③加工中操作有误	③加工时应分粗、精加工
工件轮廓不正确	①用双手控制法车削时，纵、横向进给不协调	①加强车削练习，使左右手的纵、横向进给配合协调
	②用成形法车削时，成形刀形状刃磨不正确；没有对准车床主轴轴线，工件受切削力产生变形而造成误差	②仔细刃磨成形刀，车刀高度装夹准确，适当减小进给量
	③用靠模法车削时，靠模形状不准确，安装不正确或靠模传动机构中存在间隙	③使靠模形状准确，安装正确，调整靠模传动机构中的间隙，使车削均匀
工件表面粗糙，达不到要求	①车削复杂形面时进给量太大	①减小进给量
	②工件刚性差或刀头伸出过长，切削时产生振动	②加强工件装夹刚度及刀具装夹刚度
	③刀具几何角度不合理	③正确选择刀具角度
	④产生积屑瘤	④控制积屑瘤的产生，尤其是避开产生积屑瘤的切削速度
	⑤切削液选用不当	⑤根据工件材料，正确选用切削液
	⑥车削痕迹较深，抛光未达到要求	⑥先用锉刀粗、精锉削，再用砂布抛光

第二节　表面修饰加工

一、研磨

研磨是一种精加工，可以获得很高的精度和极小的表面粗糙度值，还可以改善工件表面的形状误差。研磨有手工研磨和机械研磨两种，在车床上一般是手工和机械结合研磨。

1. 研磨工具的材料

研磨工具（简称研具）的材料要比工件材料软，组织要均匀，最好有微小的针孔。研具材料组织均匀，才能保证研磨工件的表面质量。研具又要有较好的耐磨性，以保证研磨后工件的尺寸和几何形状精度。研具太硬，磨料不易嵌入研具表面，使磨料在工件和研具之间滑动，这样会降低研磨效果，甚至可能使磨料嵌入工件起反研磨作用，以致影响表面粗糙度。研具材料太软，会使研具磨损快而不均匀，容易失去正确的几何形状精度而影响研磨质量。

常用的研具材料种类说明见表7-7。

表7-7 常用的研具材料种类及说明

类型	说　　明
灰铸铁	灰铸铁是较理想的研具材料，它最大的特点是具有可嵌入性，磨料容易嵌入铸铁的细片形缝隙或针孔中而起研磨作用，适用于研磨各种淬火钢料工件
低碳钢	一般很少使用，它的强度大于灰铸铁，不易折断变形，可用于研磨 M8 以下的螺纹和小孔工件
铸造铝合金	一般用来研磨铜料等工件
硬木材	用于研磨软金属
轴瓦合金（巴氏合金）	用于金属的精研磨，如高精度的铜合金轴承等

2. 研磨的方法和工具

研磨轴类工件时，可用铸铁做成研套，它的内径按工件尺寸配制如图 7-21 所示。研套的内表面轴向开有几条槽，研套有切开口，用来调节尺寸。用止动螺钉限制研套在研磨时产生转动，金属夹箍包在研套的外圆上，用螺栓紧固以调节径向间隙。研套内涂研磨剂。研套和工件之间间隙不宜过大，否则会影响研磨精度。研磨前，工件必须留有 0.005 ～ 0.02mm 的研磨余量。研磨时，手握研具，并沿低速旋转的工件做均匀的轴向移动，并经常添加研磨剂，直到尺寸和表面粗糙度都符合要求为止。

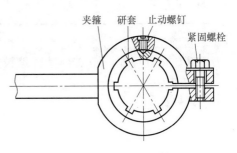

图 7-21 研套

研孔时，可使用如图 7-22 所示的研棒。锥形心轴 2 和锥孔套筒 3 配合。套筒表面开有几条轴向槽，并在一面有开口。转动螺母 4 和 1，可利用心轴的锥度调节套筒的外径，其尺寸按工件的孔配制（间隙不要过大）。销钉 5 是用来限制套筒与心轴做相对转动的。研磨时，在套筒表面涂上研磨剂，研棒在自定心卡盘和顶尖上做低速旋转，工件套在套筒上，用手扶着或装入夹具中沿轴向往复移动。

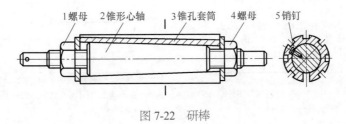

1螺母　2锥形心轴　3锥孔套筒　4螺母　5销钉

图 7-22 研棒

3. 研磨剂

研磨剂是磨料、研磨液及辅助材料的混合剂，其说明见表7-8。

表7-8 研磨剂的类型及说明

类型		说　　明
磨料	金刚石粉末	即结晶碳（C），其颗粒很细，是目前已知最硬的材料，切削性能好，但价格昂贵。适用于研磨硬质合金刀具或工具
	碳化硼（B_4C）	硬度仅次于金刚石，价格也较贵，用来精研磨和抛光硬度较高的工具钢和硬质合金等材料
	氧化铬（Cr_2O_3）	颗粒极细，用于表面粗糙度值极小的表面最后研光

类型		说　明
磨料	氧化铁（Fe_2O_3）	颗粒极细，用于表面粗糙度值极小的表面最后研光
	碳化硅（SiC）	有绿色和黑色两种。绿色碳化硅用于研磨硬质合金、陶瓷、玻璃等材料；黑色碳化硅用于研磨脆性或软性材料，如铸铁、铜、铝等
	氧化铝（Al_2O_3）	有人造和天然两种，硬度很高，但比碳化硅低。颗粒大小种类较多，制造成本较低，被广泛用于研磨一般碳钢和合金钢
研磨液		磨料不能单独用于研磨，必须配以研磨液和辅助材料。常用的研磨液为 L-AN15 全损耗系统用油、煤油和锭子油。其作用是 ①使微粉能均匀地分布在研具表面 ②起冷却和润滑作用
辅助材料		辅助材料是一种黏度较大和氧化作用较强的混合脂。常用的辅助材料有硬脂酸、油酸、脂肪酸和工业甘油等。辅助材料的主要作用是使工件表面形成氧化薄膜，加速研磨过程

目前工厂采用较多的是氧化铝和碳化硅两种微粉磨料。微粉的粒度号用 W 表示，数字表示磨粒宽度尺寸。如 W14 表示磨粒尺寸为 10 ～ 14μm 的微粉磨料。

为了方便，一般工厂中都使用研磨膏。研磨膏是在微粉中加入油酸、混合脂（或黄油）和少许煤油配制而成的。

二、抛光

利用机械、化学或电化学的作用，使工件获得光亮、平整表面的加工方法称为抛光。在车削加工时由于手动进给不均匀，尤其是双手同时进给车削成形面时，往往在工件表面留下不均匀的刀痕。抛光的目的就在于去除这些刀痕和减小表面粗糙度值。在车床上抛光通常采用锉刀修光和砂布砂光两种方法，其说明见表 7-9。

表 7-9　抛光的方法及说明

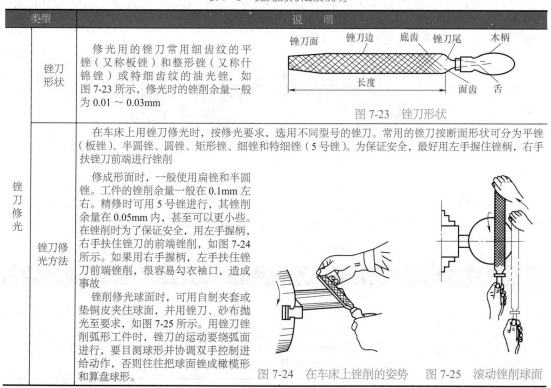

类型		说　明
锉刀修光	锉刀形状	修光用的锉刀常用细齿纹的平锉（又称板锉）和整形锉（又称什锦锉）或特细齿纹的油光锉，如图 7-23 所示，修光时的锉削余量一般为 0.01 ～ 0.03mm 图 7-23　锉刀形状
	锉刀修光方法	在车床上用锉刀修光时，按修光要求，选用不同型号的锉刀。常用的锉刀按断面形状可分为平锉（板锉）、半圆锉、圆锉、矩形锉、细锉和特细锉（5 号锉）。为保证安全，最好用左手握住锉柄，右手扶锉刀前端进行锉削 修成形面时，一般使用扁锉和半圆锉。工件的锉削余量一般在 0.1mm 左右。精修时可用 5 号锉进行，其锉削余量在 0.05mm 内，甚至可以更小些。在锉削时为了保证安全，用左手握柄，右手扶住锉刀的前端锉削，如图 7-24 所示。如果用右手握柄，左手扶住锉刀前端锉削，很容易勾住衣袖口，造成事故 锉削修光球面时，可用自制夹套或垫铜皮夹住球面，并用锉刀、砂布抛光至要求，如图 7-25 所示。用锉刀锉削弧形工件时，锉刀的运动要绕弧面进行，要目测球面并协调双手控制进给动作，否则往往把球面锉成橄榄形和算盘球形。 图 7-24　在车床上锉削的姿势　　图 7-25　滚动锉削球面

类型		说　明
锉刀修光	锉刀修光要点	①在车床上锉削时，要注意做到：推锉的力量和压力要均匀，不可过大或过猛，以免把工件表面锉出沟纹或锉成节状等；推锉速度要缓慢（一般为 40 次 /min 左右），并尽量利用锉刀的有效长度 ②锉削修光时，应合理选择锉削速度。锉削速度不宜过高，否则容易造成锉齿磨钝；锉削速度过低则容易把工件锉扁 ③进行精细修锉时，除选用油光锉外，可在锉刀的挫齿面上涂一层粉笔末，并经常用铜丝刷清理齿缝，以防挫屑嵌入齿缝而划伤工件表面
砂布砂光	砂光外圆的方法	用砂布或砂纸磨光工件表面的过程称为砂光。工件表面经过精车或锉刀修光后，如果表面粗糙度值还不够小，可用砂布砂光的方法进行抛光。在车床上抛光时用的砂布，常用细粒度的 0 号或 1 号砂布。砂布越细，抛光后获得的表面粗糙度值就越小。砂光外圆的方法如下 ①把砂布垫在锉刀下面进行砂光 ②用双手直接捏住砂布两端，右手在前，左手在后进行砂光，如图 7-26（a）所示。砂光时，双手用力不可过大，防止砂布因摩擦过度而被拉断 ③将砂布夹在抛光夹的圆弧槽内，套在工件上，手握抛光夹纵向移动来砂光工件，如图 7-26（b）所示。用抛光夹砂光比用手捏砂布砂光工件更安全些，适于成批砂光，但仅适合于外形较简单的工件 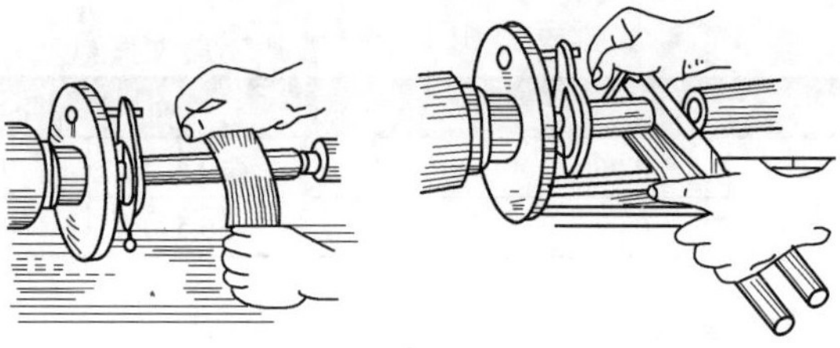 (a) 双手捏住砂布两端砂光　　(b) 砂布夹在抛光夹内砂光 图 7-26　砂光外圆的方法
	砂光内孔的方法	经过精车以后的内孔表面，如果还不够光洁或孔径尺寸偏小，可用砂布抛光或修整。具体抛光方法是：选一根比孔径小的木棒，在一端开槽，如图 7-27（a）所示。将砂布撕成条状塞进槽内，以顺时针方向把砂布绕在木棒上，然后放进工件孔内进行抛光如图 7-27（b）所示。其抛光的方法是右手握紧木棒手柄后部，左手握住木棒前部，当工件旋转时，木棒均匀地在孔内移动。孔径比较大的工件，也可直接用右手捏住砂布抛光。孔径较小的工件绝不能把砂布绕在手指上直接在工件内抛光，以防发生事故 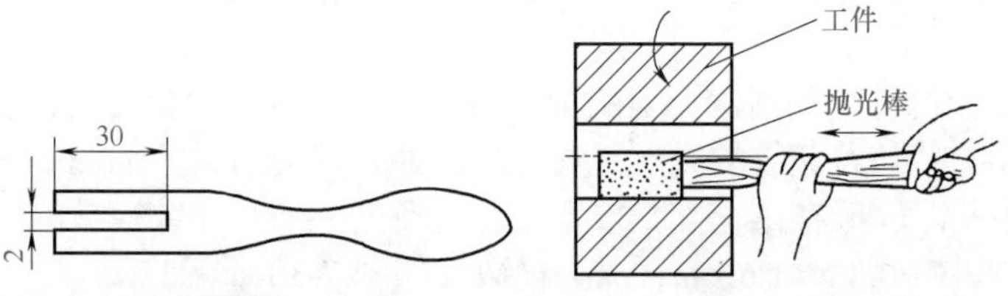 (a) 抛光木棒　　　　(b) 用抛光棒抛光内孔 图 7-27　用砂光棒抛光内孔的工件
	砂光要点	①用砂布砂光工件时，应选择较高的转速，并使砂布在工件表面上来回缓慢而均匀地移动。在最后精砂光时，可在砂布上加些机油或金刚砂粉，这样可以获得更好的表面质量 ②砂光内孔时，若孔径较大，除抛光棒砂光外，还可以用手抓住砂布进行砂光；但砂光小孔时必须使用抛光棒，严禁将砂布缠绕在于指上伸入孔内砂光，以免发生人身事故

三、滚花

在车床上用滚花工具在工件表面上滚压出花纹的加工，称为滚花。滚花的花纹一般有直纹和网纹两种，并有粗细之分。花纹的粗细由节距的大小决定。

1. 滚花花纹的种类及选择

滚花的花纹有直纹 [图 7-28（a）] 和网纹 [图 7-28（b）] 两种。花纹有粗细之分，并用模数 m 区分。模数越大，花纹越粗。滚花的标注方法及节距（P）的选择见表 7-10。

滚花的花纹粗细应根据工件滚花表面的直径大小选择，直径大选用大模数花纹；直径小则选用小模数花纹。

滚花的规定标记示例如下：

① 模数 m=0.2，直纹滚花，其规定标记为：直纹 m=0.2（GB 6403.3—86）

② 网纹 m=0.3，网纹滚花，其规定标记为：网纹 m=0.3（GB 6403.3—86）

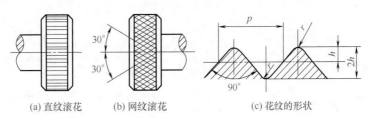

(a) 直纹滚花　　(b) 网纹滚花　　(c) 花纹的形状

图 7-28　滚花花纹的种类

表 7-10　滚花的花纹各部分尺寸

模数 m/mm	h/mm	r/mm	节距 p/mm	模数 m/mm	h/mm	r/mm	节距 p/mm
0.2	0.132	0.06	0.628	0.4	0.264	0.12	1.257
0.3	0.198	0.09	0.942	0.5	0.326	0.16	1.571

注：1. 表中 $h=0.785m-0.414r$。

2. 滚花前工件表面粗糙度为 Ra12.5μm。

3. 滚花后工件直径大于滚花前直径，其值 $\Delta \approx （0.8 \sim 1.6）m$。

2. 滚花刀

车床上滚花使用的工具称滚花刀。滚花刀一般有单轮、双轮和六轮三种，如图 7-29 所示。

① 单轮　单轮滚花刀由直纹滚轮和刀柄组成，用来滚直纹。

② 双轮　双轮滚花刀由两只旋向不同的滚轮、浮动连接头及刀柄组成，用来滚网纹。

③ 六轮　六轮滚花刀由 3 对不同模数的滚轮，通过浮动连接头与刀柄组成一体，可以根据需要滚出 3 种不同模数的网纹。

由于滚花过程是利用滚花刀的滚轮来滚压工件表面的金属层，使其产生一定的塑性变形而形成花纹的，随着花纹的成形，滚花后工件直径会增大。为此，在滚花前滚花表面的直径应相应车小些。一般在滚花前，根据工件材料的性质和花纹模数的大小，应将工件滚花表面的直径 d_0 车小（0.8 ～ 1.6）m，m 为模数，如图 7-30 所示。

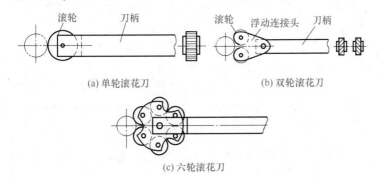

(a) 单轮滚花刀　　　　　　(b) 双轮滚花刀

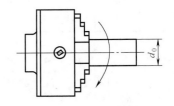

(c) 六轮滚花刀

图 7-29　滚花刀的种类　　　　　图 7-30　滚花前的工件直径

3. 滚花刀的装夹

① 滚花刀装夹在车床方刀架上，滚花刀的装刀（滚轮）中心与工件回转中心等高。

② 滚压有色金属或滚花表而要求较高的工件时，滚花刀滚轮轴线与工件轴线平行，如图 7-31（a）所示。

③ 滚压碳素钢或滚花表面要求一般的工件时，滚花刀安装如图 7-31（b）所示，以便于切入工件表面且不易产生乱纹。

4. 滚花的工作要点

① 在滚花刀开始滚压时，挤压力要大且猛一些，使工作圆周上一开始就形成较深的花纹，这样就不易产生乱纹。

② 为了减少滚花开始时的径向压力，可以使滚轮表面宽度的 1/3 ～ 1/2 与工件接触，使滚花刀容易切入工件表面如图 7-32 所示。在停车检查花纹符合要求后，即可纵向机动进给。反复滚压 1 ～ 3 次，直至花纹凸出达到要求为止。

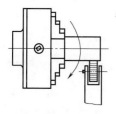 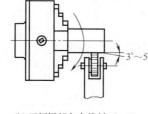 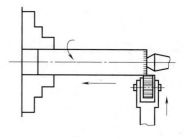

(a) 滚轮轴线与工件轴线平行　　(b) 刀柄尾部向左偏斜 3°～5°

图 7-31　滚花刀的装夹　　　　　　　　图 7-32　滚花的工作要点

③ 滚花时，应选低的切削速度，一般为 5 ～ 10mm/min。纵向进给选择大些，一般为 0.3 ～ 0.6mm/r。

④ 滚花时，应充分浇注切削液以润滑滚轮和防止滚轮发热损坏，并经常清除滚压产生的切屑。

⑤ 滚花时径向力很大，所用设备刚度应较高，工件必须装夹牢靠。由于滚花时出现工件移位现象难以完全避免，所以车削带有滚花表面的工件时，滚花应安排在粗车之后、精车之前进行。

第三节　加工实例

实例一：车手柄

1. 加工要求

如图 7-33 所示是车削手柄图样的尺寸。手柄曲面半径 R 为 160；工件材料为 HT150；铸件不得有气孔、砂眼等缺陷。

2. 加工方法

① 该手柄尺寸精度要求不高，但曲面要求表面光滑。

② 曲面半径 R160 较大，在小批量生产时，采用普通车床用半径顶杆法车削加工，若批量较大时，可采用靠模法或用数控车床加工。

3. 加工步骤

车手柄加工工艺步骤卡见表 7-11。

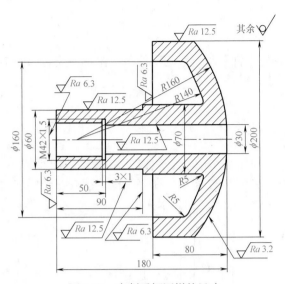

图 7-33　车削手柄图样的尺寸

表 7-11　车手柄加工工艺步骤卡　　　　　　　　　　　　　　单位：mm

机械加工过程卡		零件名称		摇手柄		材料	Q235-A
		坯料种类		圆钢		生产类型	小批量
工序号	工步号	加工内容				设备及刀具	
10		铸造					
20		退火					
30		车削				普通车床	
	1	三爪夹毛坯的 $\phi200$ 外圆处，找正，夹紧，车端面，去掉总长余量的一半				45°弯头车刀	
	2	车 $\phi60$ 外圆至要求，长至 70 端面，表面粗糙度 $Ra12.5$				90°外圆车刀	
	3	车 $\phi70$ 端面至要求，保证尺寸 90，表面粗糙度 $Ra6.3$				90°外圆车刀	
	4	车 $\phi200$ 端面至要求，保证距 $\phi60$ 端面尺寸 100，表面粗糙度 $Ra6.3$				45°弯头车刀	
	5	钻 $\phi30$ 孔至要求				钻头	
	6	镗 M42×1.5 螺纹底子至 $\phi40.4_{0}^{+0.1}$，深 50				闭孔镗刀	
	7	孔倒角 2×45°				45°弯头车刀	
	8	车 $\phi43$ 的退刀槽，宽 3，保证尺寸 50				内切槽车刀	
	9	车 M42×1.5 螺纹至要求，表面粗糙度 $Ra6.3$				内螺纹车刀	
	10	调头。三爪卡盘夹 $\phi60$ 外圆处，夹紧，车 $\phi200$ 外圆至要求，表面粗糙度 $Ra12.5$				90°外圆车刀	
	11	用双手控制法，粗车 R160 曲面，留余量 2				90°外圆车刀	
	12	精车 R160 曲面至要求，保证尺寸 180，表面粗糙度 $Ra3.2$。采用靠模法加工，靠模装在莫氏锥柄上，装于尾座中，刀具和靠模滚子装于方刀架中，拆去小刀架，固定大溜板。加工时，工件旋转，中拖板横向进给，切削力使靠模滚子始终与靠模工作面接触，车成球面				45°弯头车刀	
40		检验					

实例二：车摇手柄

如图7-34所示是车削摇手柄图样的尺寸。手柄曲面由R6、R48、R40三段圆弧组成。工件材料为Q235-A。

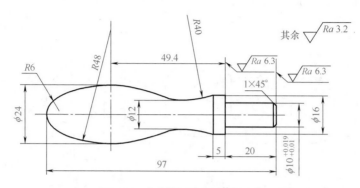

图7-34 车削摇手柄图样的尺寸

1. 加工方法

① 该手柄是摇把用手柄，尺寸精度要求不高，但要求表面光滑。

② 曲面由R6、R48、R40三段圆弧组成，形状不复杂，在单件或小批量生产时，采用普通车床双手控制法车削加工，若批量较大时，可采用样板刀、靠模等方法，或用数控车床加工。

2. 加工步骤

车摇手柄加工工艺步骤卡见表7-12。

表7-12 车摇手柄加工工艺步骤卡   单位：mm

机械加工过程卡		零件名称	摇手柄	材料	Q235-A
		坯料种类	圆钢	生产类型	小批量
工序号	工步号	加工内容		设备及刀具	
10		下料 $\phi25 \times 130$		锯床	
20		车削		普通车床	
	1	夹坯料的外圆，伸出长度大于103，车端面		45°弯头车刀	
	2	车外圆至 $\phi24$，长102		90°外圆车刀	
	3	车 $\phi16$ 外圆至要求，长27		90°外圆车刀	
	4	车 $\phi10^{+0.019}_{+0.01}$ 外圆至要求，长20，表面粗糙度 $Ra3.2$		90°外圆车刀	
	5	倒角 $1 \times 45°$		45°弯头车刀	
	6	定出 $R40$ 圆弧中心位置，用圆弧切刀从 $R40$ 中心处切入 $\phi12$ 外圆，留余量0.2		圆弧切刀	
	7	定出 $R48$ 圆弧中心位置，采用双手控制法，用尖刀从 $R48$ 中心处先往右切入，与 $R40$ 圆弧光滑连接，留余量0.2		尖刀	
	8	用同样方法，从 $R48$ 中心处往左切入，与 $R48$ 圆弧右部对称，留余量0.2，保证尺寸98		尖刀	
	9	切断，总长大于98		切断车刀	
	10	调头。夹 $R48$ 曲面，车 $R6$ 圆弧面，与 $R48$ 圆弧面光滑连接，保证总长98		90°外圆车刀	
	11	夹 $\phi10^{+0.019}_{+0.01}$ 外圆，用锉刀修光曲面		平锉、半圆锉	
	12	用砂布抛光曲面		砂布	
30		检验			

实例三：车三球手柄

1.加工要求

如图 7-35 所示是车削三球手柄图样的尺寸。具体要求如下：

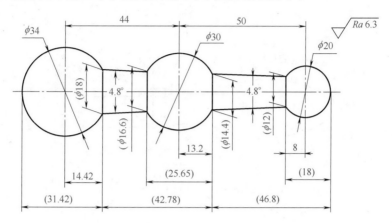

图 7-35 三球手柄图样的尺寸

① 手柄由 $\phi34$、$\phi30$ 和 $\phi20$ 三个球面组成；
② 工件材料为 Q235-A。

2.加工方法

① 该手柄由三个球面组成，尺寸精度要求不高，但要求表面光滑。
② 在单件或小批量生产时，采用普通车床用双手控制法车削加工，若批量较大时，可采用样板刀、靠模等方法，或用数控车床加工。

3.加工步骤

三球手柄机械加工工艺步骤见表 7-13。

表 7-13　三球手柄机械加工工艺步骤　　　　　　　　　　单位：mm

机械加工工艺过程卡		零件名称	三球手柄	材料	Q235-A
		坯料种类	圆钢	生产类型	小批量
工序号	工步号	工序内容		设备及刀具	
10		下料 $\phi36 \times 155$		锯床	
20		车削		普通车床	
	1	夹坯料的外圆，伸出长度大于 20，车端面，车平即可		45°弯头车刀	
	2	钻中心孔 A2/4.5		中心钻	
	3	夹坯料的一端，另一端用顶尖顶住中心孔，车外圆至 $\phi34.2$，长至卡爪		90°外圆车刀	
	4	车外圆至 $\phi30.2$，长 99.58		90°外圆车刀	
	5	车外圆至 $\phi20.2$，长 56.8		90°外圆车刀	
	6	车外圆至 $\phi7$，长 10		90°外圆车刀	
	7	切 4.8°圆锥体至要求，留余量 0.2		切槽刀	
	8	在 $\phi34$ 球面左端切槽至 $\phi22$		切槽刀	
	9	将中心孔部分的 $\phi7$ 外圆切掉，保证尺寸 18 至 18.2		切断刀	
	10	车 $\phi20$ 球面至要求，留余量 0.2		圆头车刀	

机械加工工艺过程卡		零件名称	三球手柄	材料	Q235-A
		坯料种类	圆钢	生产类型	小批量
工序号	工步号	工序内容		设备及刀具	
	11	车 ϕ30 球面至要求 . 留余量 0.2		圆头车刀	
	12	车 ϕ34 球面一部分至要求，留余量 0.2		圆头车刀	
	13	精车 4.8° 圆锥体至要求		切槽刀	
	14	在 ϕ34 球面左端车槽及车球面并切断		圆头车刀	
	15	做一个辅助夹具，它的外圆直径大于 ϕ34.2，锥孔与 4.8° 圆锥体相同，车好以后，把辅助夹具锯成两块，装在三爪卡盘上间接夹住三球手柄的颈部。车 ϕ34 球面至要求		辅助夹具 圆头车刀	
	16	用锉刀修光 ϕ34 球面		平锉	
	17	用砂布抛光 ϕ34 球面		砂布	
	18	调头。用锉刀修光 ϕ20 和 ϕ30 球面		平锉	
	19	用砂布抛光 ϕ20 和 ϕ30 球面		砂布	
30		检验			

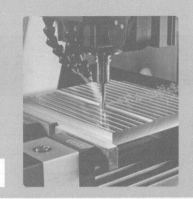

第八章
细长轴类零件和偏心零件的车削

第一节　细长轴零件的车削加工

当工件长度跟直径之比大于 25（$L/d > 25$）时称为细长轴。在切削过程中，工件受热伸长量大，产生弯曲变形，影响工件加工后的形状精度。变形严重时会使工件卡死在顶尖间而无法加工。工件受切削力作用产生弯曲，从而引起振动，影响工件的加工精度和表面粗糙度。工件自重引起弯曲变形和振动，影响加工精度和表面粗糙度。工件高速旋转时，离心力作用加剧工件的弯曲和振动。在细长轴加工时，要使用中心架和跟刀架作为附加支承，以增强工件的刚性。

一、中心架的结构及使用

1. 中心架的结构

如图 8-1（a）所示为普通中心架。其支承爪镶配在支承套筒中，工作时与工件相互摩

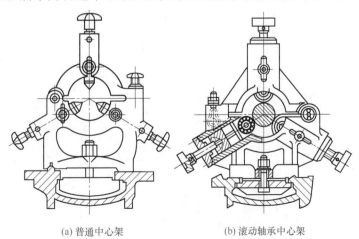

(a) 普通中心架　　　　　　　　(b) 滚动轴承中心架

图 8-1　中心架的形式

擦，磨损后可以调换。支承爪一般选用耐磨性好，又不容易研伤工件的材料。通常用球墨铸铁、胶木、尼龙等材料。如图 8-1（b）所示滚动轴承中心架。其支承爪的前端装有滚动轴承，工作时与工件一起转动，可作高速切削，但同轴度误差较大，适于粗车或车削精度一般的工件。

2. 中心架的使用方法

中心架多用于车削台阶轴、长轴的端面和轴端内孔，一般有三种使用方法，见表 8-1。

表 8-1　中心架的使用方法

类型	说　明
中心架的使用	当工件可以分段车削时，可采用中心架支承以提高工件刚性，中心架安装在床身导轨上。当中心架支承工件中间（图 8-2）时，工件长度相当于减少了一半，而工件的刚性却提高了好几倍 安装中心架之前，应先在工件中间车一段安装中心架支承爪的沟槽，沟槽直径略大于工件的尺寸要求，沟槽的宽度大于支承爪的直径。沟槽表面粗糙度及圆柱度误差要小，否则会影响工件的精度。安装中心架后，要使三个支承爪松紧适当，在沟槽上加注润滑油。在车削过程中，要经常检查支承爪的松紧程度，发现松动及时调整 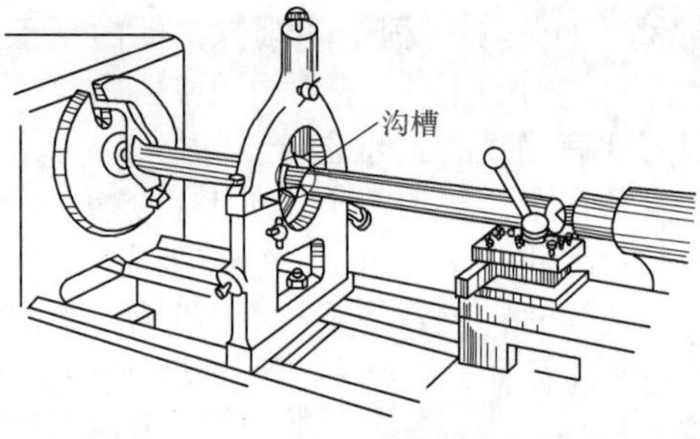 图 8-2　用中心架车削细长轴
用辅助套筒支承车削细长轴	车削支承中心沟槽比较困难或车削一些中间不需要加工的细长轴，可采用辅助套筒的方法安装中心架如图 8-3（a）所示。把套筒套在轴的外圆上，调整并拧紧两端 4 个螺钉如图 8-3（b）所示，使套的轴线和工件轴线重合。中心架的支承爪支承在辅助套筒外圆上 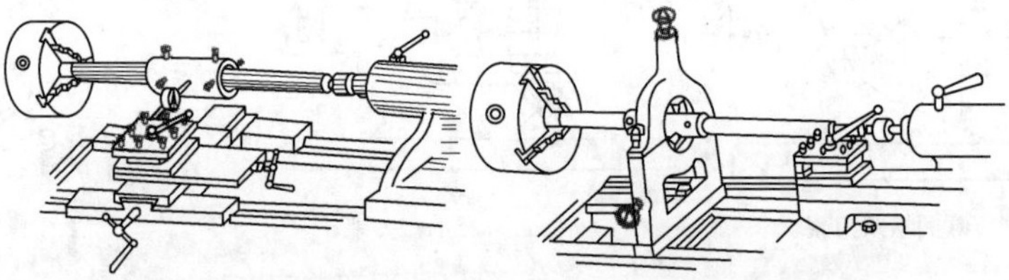 (a) 辅助套筒的调整　　　　　　(b) 辅助套筒的使用 图 8-3　套筒安装中心架的形式
一端夹住、一端搭中心架	车削长轴的端面、钻中心孔和车削较长套筒的内孔、内螺纹时，都可用一端夹住、一端搭中心架的方法，如图 8-4 所示。这种方法使用范围广泛 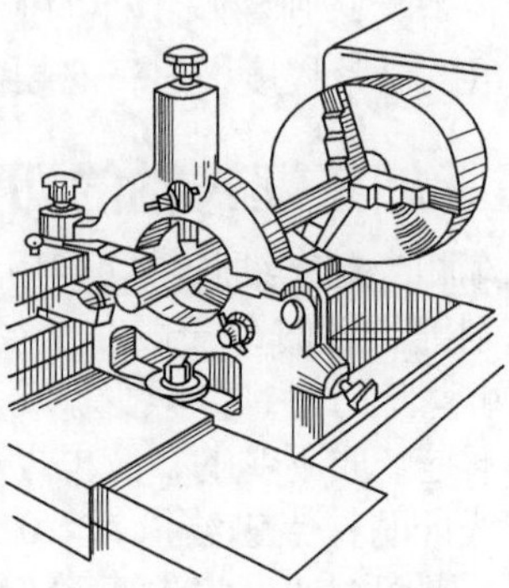 图 8-4　一端夹住、一端搭中心架

3. 注意事项

车削长轴、调整中心架时应注意如下事项。

① 工件轴线必须与主轴轴线同轴，否则，在端面上钻中心孔时，会把中心钻折断；车内圆时，会产生锥度。如果中心偏斜严重，工件旋转产生扭动，工件很快会从卡盘上掉下来而发生事故。

② 整个加工过程中要经常加油，保持润滑，防止磨损或"咬死"。

③ 要随时用手感来掌握工件与中心架三爪摩擦发热的情况，如温度过高，须及时调整中心架的三爪，决不能等出现"吱吱"声或冒烟时再去调整。

④ 如果所加工的轴很长，可以同时使用两只或更多的中心架。

⑤ 用过渡套筒装夹细长轴时应注意套筒外表面要光洁，圆柱度在 ±0.01mm 之内；套筒的孔径要比被加工零件的外圆大 20 ～ 30mm。

二、跟刀架的使用

使用中心架能提高工件车削过程中的刚性，但由于工件分两段车削，因此工件中间有接刀痕迹。对于不允许有接刀的工件，应采用跟刀架的方法。跟刀架固定在床鞍上，和车刀一起做纵向运动。跟刀架有两爪和三爪之分，如图 8-5 所示。采用两爪跟刀架时，车刀给工件的切削抗力使工件紧贴在跟刀架的两个支承上。但实际使用时，工件本身有一个向下的重力，会使工件自然弯曲，因此，车削时工件往往因离心力瞬时离开支承爪，接触支承爪而产生振动。所以在车削细长轴时，最好使用三爪跟刀架，因为使用三个支承爪的跟刀架，能使工件上、下、前、后均不能移动，车削稳定，不易产生振动。

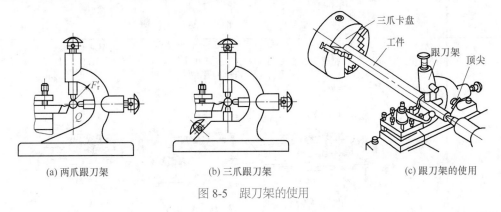

(a) 两爪跟刀架　　　　　　　　(b) 三爪跟刀架　　　　　　　　(c) 跟刀架的使用

图 8-5　跟刀架的使用

使用跟刀架时，一定要注意支承爪对工件的支承要松紧适当，若太松，起不到提高刚性的作用，若太紧则影响工件的形状精度，车出的工件呈"竹节形"。车削过程中，要经常检查支承爪的松紧程度，进行必要的调整。

三、加工细长轴的切削用量

粗车和半精车细长轴切削用量的选择原则是：尽可能减小径向切削分力，减少切削热。

车削细长轴时，一般在长径比及材料韧性大时，选用较小的切削用量，即增加走刀次数，减小背吃刀量，以减少振动和弯曲变形。因为不同的材料有不同的特点，所以切削用量的选择不是一成不变的，应根据被加工材料的不同，选择合适的切削用量。

实践证明：当进给量 $f > 0.5$mm/r 时，防振效果显著。而稍微加大背吃刀量，就很易引起振动。当切削速度为中速时，细长轴常会发生共振。采用高速时，由于离心力作用，振动也较大，一般采用不太高的切削速度来加工细长轴。

四、细长轴的车削方法及所用刀具

1. 减少与补偿工件的热变形伸长

车削细长轴时，由于车刀和工件的剧烈摩擦，使工件的温度升高而产生热变形伸长。工件热变形伸长量可由下式计算：

$$\Delta L=\alpha L\Delta t$$

式中　ΔL——工件伸长量，mm；

　　　α——材料的线膨胀系数，mm；

　　　L——工件总长度，mm；

　　　Δt——工件升高的温度，℃。

减少与补偿工件热变形伸长的措施有以下两个方面。

（1）使用弹性活顶尖

车削细长轴时，尽管加注了充分的切削液，但工件的温度总要升高，仍能引起工件的热变形伸长。如果采用常用的死顶尖或活顶尖，会限制工件伸长，造成工件弯曲变形，影响正常车削；若使用弹性活顶尖（图8-6），当工件伸长时顶尖自动后退，起到补偿工件热变形伸长作用，不会因工件伸长而产生弯曲变形。

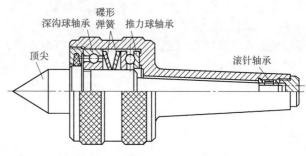

图 8-6　弹性活顶尖

（2）加注充分的切削液

车削细长轴时，不论是低速切削还是高速切削，必须加注切削液充分冷却，这样不仅可以减少工件因升温而引起的热变形，还可以防止跟刀架支承爪拉毛工件，提高刀具使用寿命和工件加工质量。

2. 选择合理的车刀几何形状

车削细长轴时，由于工件刚性差，易变形的特点，要求车削细长轴的车刀必须具有在车削时径向力小、车刀锋利和车出工件表面粗糙度值小的特点。选择时应注意以下几点。

① 车刀的主偏角是影响径向力的主要因素，在不影响刀具强度的情况下，应尽量加大车刀主偏角，一般取 $\kappa_r=80°\sim93°$。

② 为了保证车刀锋利，减小切削力和切削热，应选择较大的前角，取 $\gamma_0=15°\sim30°$。

③ 选择正的刃倾角，一般取 $\lambda_s=3°\sim10°$，使切屑流向待加工面。

④ 车刀前刀面应磨有 $R(1.5\sim3)$ mm 的断屑槽，使切屑卷曲折断。

⑤ 为了减小径向力，刀尖圆弧半径应磨得较小一些（$\gamma_\varepsilon<0.3$mm）。倒棱的宽度 $b_{r1}=0.5f$ 比较合适。

选择合理的车刀几何形状的目的是为了减少切削力、切削热变形及振动等。比较合理的车刀几何形状如图8-7所示。

车削细长轴时，应分粗车和精车。若选用材料为

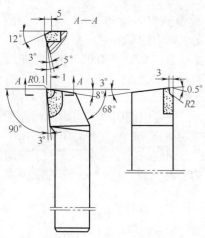

图 8-7　大主偏角精车刀

YT15、形状如图 8-7 所示的车刀，粗车时切削用量应选 a_p=1.5 ～ 2mm、f=0.3 ～ 0.4mm/r、v_c=50 ～ 60m/min 比较合适，精车时以 a_p=0.5 ～ 1mm、f=0.08 ～ 0.12mm/r、v_c=60 ～ 100m/min 比较合适。

3. 轴向拉夹法车削细长轴

采用跟刀架和中心架，虽然能够增加工件的刚度，基本消除径向切削力对工件的影响。但还不能完全解决轴向切削力把工件压弯的问题，特别是对于长径比较大的细长轴，这种弯曲变形更为明显。因此可以采用轴向拉夹法车削细长轴。

轴向拉夹车削是指在车削细长轴过程中，细长轴的一端由卡盘夹紧，另一端由专门设计的夹头夹紧，夹头给细长轴施加轴向拉力如图 8-8 所示。

夹头的结构如图 8-9 所示，适合加工长径比很大的细长轴（$L/d > 60 ～ 100$）。使用时，将夹头紧固在机床尾座套筒 9 上，工件一端车成直径和长度与夹头拉紧套 2 的内孔可以动配合，然后用带钩卡爪连接，将拉紧套 2 拧紧在轴 7 上，起拉紧作用。轴的另一端夹紧在三爪卡盘上。调整尾座时，可稍松尾座顶针套筒的锁紧手柄，将手轮反摇，使手轮手柄位置处于偏上后，固定尾座，在手轮上挂 10kg 左右的重物，可在车削中起自行拉紧作用。

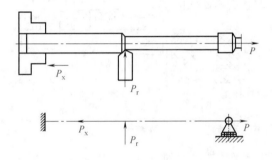

图 8-8　轴向拉夹车削及受力情况

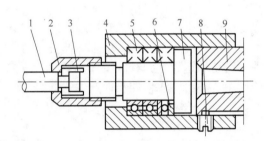

图 8-9　夹头的结构

1—工件；2—拉紧套；3—带钩卡爪；4—固定套；5—向心球轴套；
6—推力球轴承；7—轴；8—紧固螺钉；9—尾座套筒

在车削过程中，细长轴始终受到轴向拉力，解决了轴向切削力把细长轴压弯的问题。同时在轴向拉力的作用下，会使细长轴由于径向切削力引起的弯曲变形程度减小，补偿了因切削热而产生的轴向伸长量，提高了细长轴的刚性和加工精度。

4. 93°车刀精车细长轴

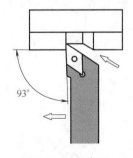

图 8-10　93°车刀

93°车刀如图 8-10 所示，适用于精车 $L/D < 50$ 的细长轴。在加工时，不需要中心架及跟刀架辅助支承，工件车削的表面粗糙度可达 Ra1.6μm，长度 1000mm 内的鼓形度不超过 0.03 ～ 0.05mm，弯曲度不超过 0.02 ～ 0.04mm。93°车刀具有以下特点。

① 主偏角 κ_r=93°，并在前面开横向卷屑槽，可使径向力下降，减少切削振动和工件产生的弯曲变形，并可迫使切屑卷出后向待加工表面方向排出，保证已加工表面不被切屑碰伤，这是 93°车刀不用中心架能车好细长轴的关键。但应注意，切削的吃刀深度不应大于卷屑槽宽度的一半，且应比走刀量小，否则径向力方向与挤压力方向一致，这时 93°车刀的特点将无法体现。

② 研磨出刀尖小圆弧，可加强刀尖强度。

③ 选用耐磨性好的 YT30 硬质合金刀片，可防止修光刃过多磨损，影响加工精度。

④ 仅适合于单件小批量生产使用。

采用 93°车刀精车细长轴时可选用以下切削用量：吃刀深度 a_p=0.1～0.2mm，进给量 f=0.17～0.23mm/r，切削速度 v_c=50～80m/min。

5. 反向进给车削

反向进给即指车刀从卡盘方向往尾座方向进给。进给时产生的轴向力由尾座承受，可防止振动。要进行反向进给必须要有主偏角为 75°～93°的反偏刀，如图 8-11 所示。采用反向进给法车细长轴，应先在靠近卡盘的一端，按工艺尺寸要求车出一段基圆，并倒出 45°斜角，然后将已磨合过的跟刀架支承爪对准基圆进行支承。接着在开始向尾座方向进给时，位于跟刀架支承爪前 3～6mm 位置，将刀尖轻轻与基圆表面接触，切削深度为 0.01～0.02mm，以保证切到未加工表面。由于有 45°斜面，可避免因切削量增加，刀具退让的情况，不至于出现台阶和周期性的"竹节形"。这时如果第一刀车削顺利，保持充足的切削液，便可进给车至尾座端。

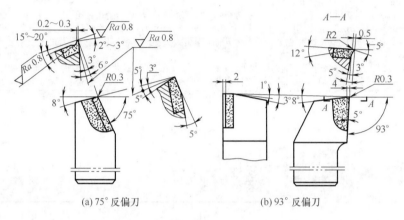

(a) 75°反偏刀　　　　　(b) 93°反偏刀

图 8-11　车削细长轴的反偏刀

6. 反向走刀车削法

用一般方法车削细长轴，主轴和尾座两端是固定装夹，两端接触面大，无伸缩性，由于切削力、切削热产生的线膨胀和径向分力迫使零件弯曲和产生内应力。当零件从卡盘上卸下后，内应力又使零件变形，故不易保证零件的尺寸精度和形状精度要求。目前，许多工厂采用如图 8-12 所示的反向走刀车削细长轴，可解决上述问题，显著提高加工质量与生产率。反向走刀车削法见表 8-2。

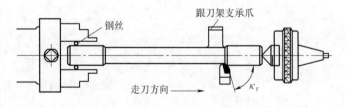

图 8-12　反向走刀车削细长轴

表 8-2　反向走刀车削法

类别	说　明
工件装夹	用四爪卡盘装紧工件一端，卡爪与工件之间垫入钢丝。将工件轴端深入四爪卡盘内约 15～20mm，每只卡爪与工件之间垫入 ϕ4～5mm 的钢丝圈，起方向调节作用，使工件与卡爪之间为线接触，以避免卡爪卡死工件引起工件弯曲变形。另一端用弹性顶尖支持。当工件受切削热产生膨胀伸长时，顶尖能产生轴向伸缩，使毛料两端都形成线接触，消除旋转时的"别劲"现象，避免由于长度方向不能伸缩而产生的弯曲变形 弹性顶尖的弹性大小由顶尖的顶紧程度决定。如果没有弹性顶尖，也可用一般的固定顶尖，但要根据切削过程中工件受热变形情况，及时调整尾座顶尖的顶紧程度

类别	说　　明
采用三爪跟刀架	采用三爪跟刀架，支承爪的宽度约为工件直径的 1～1.5 倍，使支承面与零件吻合。采用三爪跟刀架，工件外圆被夹持在刀具和 3 个支承爪之间，在切削过程中，使工件只能绕轴线旋转，跟刀架 3 个支承爪与车刀组成两对径向压力，平衡切削时产生的径向力，这样可有效地减少切削振动，减少工件变形误差
刀具选用	采用 75°主偏角车刀进行粗车，使轴向分力较大，径向分力较小，有利于防止工件弯曲变形和振动。采用大前角，小后角，可减少切削力又加强刃口强度，使刀具适应于强力切削。车刀上磨出卷屑槽及正刃倾角以利切屑排出，并使切屑流向待加工表面。车刀材料采用强度与耐磨性较好的 YW1、YA6 精车采用宽刃高速钢车刀，装在弹性可调节刀排内进行车削。由于宽刃车刀采用大走刀低速精车，刃口的平直度及粗糙度直接影响加工精度。因此，车刀前面要通过机械刃磨后再研磨，粗糙度要求 Ra0.4μm 以上
切削方法	一般走刀方向是从尾架向车头方向走刀。车细长轴时，为有效地减少工件径向跳动，消除大幅度振动，获得加工精度较高和粗糙度较低的工件，采用反向大走刀量粗车。反向大走刀量粗车时，先车出一段外圆与跟刀架研磨配合，然后从研磨过的轴颈端开始车削，将细长轴余量一刀车掉。粗车时可取其切削用量为：吃刀深度 a_p=2～3mm，进给量 f=0.3～0.4mm/r，切削速度 v_c=1～2m/s。切削时用乳化液充分冷却润滑，以减少刀具和支承爪的磨损 精车时，用锋利的宽刃车刀车削，并加硫化油或菜油润滑。其切削用量可取：吃刀深度 a_p=0.2～0.5mm，进给量 f=0.1～0.2mm/r，切削速度 v_c=1～2m/s。由于宽刃车刀精车速度低，吃刀少，切屑薄，车两三刀后可达到 Ra1.6～0.8μm 的粗糙度，因此其切削效率可大大提高。精车时宽刃车刀可以正向进给走刀，也可反方向车削 通过以上所述方法进行车削，使加工细长轴的质量与生产效率大大提高。加工表面粗糙度为 Ra0.8μm 以上，锥度误差和椭圆度误差均较小，工件弯曲度也得到很好的控制，生产率比一般方法提高 10 倍左右
注意事项	采用反向走刀车削法车削细长轴时，应注意以下几点 ①粗车时要安装好跟刀架，它是决定加工精度的关键所在。如果切削过程工件外圆出现不规则的棱角形或"竹节形"或出现不规律形状，应立即停车，安装固定环，重新研磨轴与跟刀架配合，再进行切削 ②精车刀的刃口要刃磨锋利，并安装调整适当。切削时，切削速度要低，不宜采用丝杠传递进给，以免产生周期性的螺旋形状，这是降低工件加工粗糙度的关键 ③车刀安装时应略比中心高一些。这样可使修光刃刃后面压住工件，以抵消跟刀架支承块的反作用力 ④宽刃精车刀安装时应使刀刃与中心平行，并比中心略低 0.1～0.15mm，这样可使弹性刀杆在跳动时刀刃不会啃入工件，以免影响表面粗糙度

五、车削细长轴的操作要点（表 8-3）

表 8-3　车削细长轴的操作要点

类别	说　　明
加工前应对车床进行调整	调整车床包括：主轴中心与尾座中心连线应与导轨全长平行；主轴中心和尾座顶尖中心应同轴；床鞍、中溜板、小溜板间隙合适，防止过松或过紧，因过松会扎刀，过紧将导致进给不均匀
工件的校直	加工前，棒料不直，不能通过切削消除弯曲，应用热校直法校直，不宜用冷校直法校直，切忌锤击；在加工中，常用拉钩校直法进行校直（如图 8-13 所示） 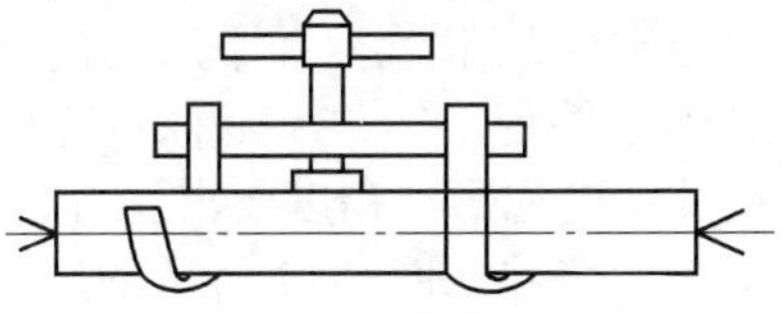 图 8-13　用拉钩校直法校直
控制应力	装夹时应防止预加应力，使工件产生变形
跟刀架的修磨	跟刀架的支承爪与支柱应配合紧密，不得松动，支承爪材料为普通铸铁或尼龙 1010。支承爪与工件表面接触应良好，加工过程中工件直径变化或更换不同工件时，支承爪应加以修磨。修磨方法以两支柱呈 90°能做相对垂直移动的跟刀架为例说明如下 使用跟刀架前，在近卡盘或近顶尖处将工件表面粗车一段（长约 45～60mm），表面粗糙度为 Ra10～20μm，不能车削得太光。让工件以 400r/min 左右的转速转动，将支承爪与工件已加工表面研磨，其顺序是先外侧爪，后上侧爪，不加冷却润滑液，使支承爪与工件已加工表面这一段反复进行研磨，直至弧面全面接触为止，然后再用冷却液冲掉研磨下来的粉末，再研磨 2～3min 即可使用
车刀的装夹	采用 90°细长轴车刀粗车，装夹车刀时刀尖应略高于工件轴线，使车刀后面与工件直径有轻微接触，以增强切削的平稳性。由于 90°偏刀在纵向进给量过大时易扎刀，可将刀尖向右移 2°左右，以克服扎刀现象

类别	说　明
跟刀架调整	修好跟刀架支承爪，选择好切削用量后开始车削。车刀切入工件后，随即调整跟刀架的螺钉，在进给过程中纵向切入约 20～30mm 时，先迅速地将跟刀架外侧支承爪与工件已加工表面接触，再将上侧支承爪接触，最后顶上紧固螺钉
消除内应力，找正中心孔	在第一刀车过后，为使内应力反映出来，需重新找正中心孔。为此，松动顶尖，左手轻扶工件右端，防止下垂过多，以最低转速（12r/min）使工件旋转，检查中心孔是否摆动。如果中心孔不正，可用手轻轻拍动工件摆动位置，直至找正到不再摆动为止，然后顶上活顶尖。顶尖与工件接触压力的大小，以顶尖跟随工件旋转再稍加一点力即可。压力过大容易使工件弯曲变形，过小则在开始吃刀时容易引起振动
随时注意跟刀架上支承爪	在加工过程中要特别注意对跟刀架上支承爪的调整。这是由于车床导轨磨损不均，容易造成主轴中心与尾座顶尖中心连线同床身导轨面之间的局部不平行，引起跟刀架上支承爪在不同位置上的压力变化，影响工件的精度和切削的正常进行。所以在切削加工的过程中，要及时在不同阶段调整上支承爪，但不得任意调整外侧支承爪
注意切削液的使用	在切削过程中要保证切削液不间断，否则会引起刀片碎裂或跟刀架支承损坏。对于长径比大于 80 的工件，应采用三支承跟刀架。车削方法有两种：一是高速切削法，操作要点与车削细长轴相同，只是跟刀架增加了一个支承爪；二是反向低速大走刀切削法，采用弹性活顶尖切削，反向切削。粗车、半精车仍用高速切削法，精车为低速大走刀。操作方法除上述要点外，还应注意以下几点。 　　①在靠卡盘处车出跟刀架的支承部分，修磨好支承爪后，在轴的尾端作 45°倒角，防止车完时刀具崩刃。 　　②调整支承爪的顺序是先下侧（因轴的重量方向向下），后上侧，最后外侧。 　　③在轴颈接口处要有 1∶10 左右的锥度，使切削刃逐步增加切削力，不至于因切削力的突然增加而造成让刀或扎刀，产生轴颈误差而引起振动，出现多变形或"竹节形"。 　　④为防止工件振动，跟刀架支承爪的轴向长度取 40～50mm，径向宽度取 10～15mm，为便于散热和排泄粉末，在爪的轴向和径向中间各钻 8mm 孔或 T 形通孔。 　　⑤宽刀精车的安装，刀尖应略低于工件轴线，刀片装入刀杆后旋转 1°～1°30′，不得大于 2°，这样就形成了 1°～1°30′的刃倾角，使实际后角增大，减小车刀后面的磨损，提高工件表面质量。 　　⑥宽刃精车刀切削时采用硫化切削液冷却润滑，如有条件最好用植物油或两者混合，粗车时要用乳化液，切忌用油类（因为油类散热性差）
结束	细长轴车削完后，必须垂直吊放，以防弯曲变形

六、细长轴的检测（表 8-4）

表 8-4　细长轴的检测

类别	说　明
细长轴工件形状公差的检测	细长轴工件的圆度、圆柱度可用圆度仪直接检测，也可用千分尺间接检测。直线度可以把工件安放在正摆仪或放在平板上用千分表或塞尺间接检测
细长轴工件位置公差的检测	检测细长轴工件的同轴度、圆跳动，可以把工件安放在正摆仪上用千分尺间接检测
细长轴工件表面粗糙度的检测	可以用光学仪器检测，也可以用表面粗糙度标准样块对照，用肉眼判断

七、车削细长轴常见的工件缺陷、产生原因及消除方法（表 8-5）

表 8-5　车削细长轴常见的工件缺陷、产生原因及消除方法

工件缺陷	产生原因	消除方法
弯曲	①坯料自重和本身弯曲	①工件毛坯应经校直和热处理
	②工件装夹不良，尾座顶尖与工件中心孔顶得过紧	②工件装夹时，应使夹紧力大小适当
	③刀具几何参数和切削用量选择不当，造成切削力过大	③可减小切削深度，增加进给次数
	④切削时产生热变形	④应供给充分的冷却润滑液
	⑤刀尖与跟刀架支承块间距离过大	⑤调整两者距离，应不超过 2mm

工件缺陷	产生原因	消除方法
腰鼓形	①跟刀架支承爪与零件表面接触不一致，高或低于零件旋转轴心	①在加工中要随时调整两支承爪，使支承爪两圆弧面的中心与车床主轴旋转轴心重合
	②车刀主偏角不够大	②应适当加大主偏角，使车刀锋利以减少车削时的径向力
竹节形	①在调整和修磨跟刀架支承块后，接刀不良，使第二次和第一次进给的径向尺寸不一致，引起工件全长上出现与支承块宽度一致的周期性直径变化	①当车削中出现轻度"竹节形"时，可调节上侧支承块的压紧力，也可调节中溜板手柄，改变背吃刀量和减少车床床鞍和中溜板的间隙
	②跟刀架外侧支承块调整过紧，易在工件中段出现周期性直径变化	②应调整压紧，使支承块与工件保持良好接触
麻花形	①工件装夹不妥，夹持部分过长，发生装夹变形	①应随时注意控制顶尖的顶紧力
	②跟刀架爪脚的支承不稳定，工件的转动变为不规则的微量甩动，工件圆周方向各处吃刀深度不均而造成"麻花形"	②应使跟刀架爪脚和工件接触良好，必要时可设法增大爪脚支承面积
多边形	①跟刀支承块与工件表面接触不良，留有间隙，使工件中心偏离旋转中心	①应合理选用跟刀架结构，正确修磨支承块弧面，使其与工件良好接触
	②因装夹、发热等各种因素造成的工件偏摆，导致背吃刀量变化	②可利用托架、并改善托架与工件的接触状态
锥度	①尾座顶尖与主轴中心线对床身导轨的不平行	①调整尾座顶尖与主轴中心线的相对位置
	②刀具磨损	②可采用0°后角，磨出刀尖圆弧半径

八、加工实例

（一）用跟刀架支承车光杠

1. 图样分析

如图8-14所示为用跟刀架支承车光杠的零件加工尺寸，分析如下：

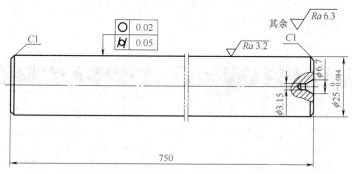

图8-14　用跟刀架支承车光杠的零件加工尺寸

① 光杠总长为750mm，外圆为$\phi25_{-0.084}^{0}$mm，长径比30∶1，适于用跟刀架车削；

② $\phi25_{-0.084}^{0}$mm外圆的圆度公差为0.02mm，圆柱度公差为0.05mm；

③ $\phi25_{-0.084}^{0}$mm外圆的表面粗糙度值为$Ra3.2\mu$m；

④ 光杠所用材料为45钢。

2. 加工

（1）找正尾座，装夹工件

① 找正尾座中心　选用一根较长的试棒，将其安装在前、后顶尖之间（前顶尖锥面须车一刀）；将百分表装在刀架上，使其测头对准试棒侧素线；移动床鞍，调节尾座，使百分表在两端的读数基本一致如图8-15（a）所示。在卡盘上夹一段坯料，车外圆使其与尾座套筒

直径一致，如图 8-15（b）所示。移动尾座，使两者之间的距离与工件长度基本一致。用百分表测头对准并接触坯料的侧素线，移动床鞍，使测头接触尾座套筒侧素线，观察百分表的读数，如前后不一致，就应调节尾座横向位置，直至百分表两端读数一致。压紧尾座后再找正一次。

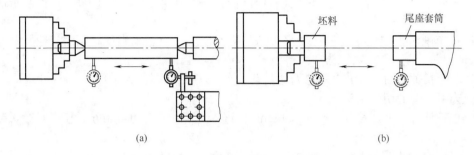

坯料

尾座套筒

(a)

(b)

图 8-15　找正尾座中心方法示意

② 装夹工件

用一夹一顶方式装夹工件。为改善工件装夹时的弯曲变形，工件夹持部分不宜过长，一般取 10～15mm。也可用如图 8-16 所示方式夹持。

a. 用 ϕ5mm×20mm 的圆柱销垫在卡爪的凹槽中并夹紧工件，如图 8-16（a）所示。

b. 用细钢丝在工件上绕一圈或制作一个孔径比工件外圆略大的开口套环夹紧工件，如图 8-16（b）所示。

（2）加工步骤

① 取坯料尺寸为 ϕ30mm×800mm。

② 一端车平面、钻中心孔。

③ 用一夹一顶方式装夹工件（先顶后夹），并移动床鞍，将跟刀架随床鞍摇离工件端面。车刀、跟刀架支承爪与工件的相互位置如图 8-17 所示。

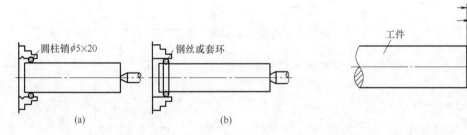

圆柱销 ϕ5×20

钢丝或套环

工件

3～5

1.5～2

支承爪

尾座顶尖

车刀

(a)

(b)

图 8-16　卡盘上夹一段坯料车外圆

图 8-17　车刀、跟刀架支承爪与工件的相互位置

④ 先在工件上车一段外圆，要求车好后的外圆圆度误差小于 0.01mm，表面粗糙度值小于 Ra1.6μm，度比跟刀架支承爪长 3～5mm。

⑤ 在车好的外圆上调节跟刀架支承爪，使之松紧适当。

⑥ 粗车外圆，车削长度大于 750mm。

⑦ 第一刀粗车完毕，移动床鞍至原位，用同样方法调整支承爪，并半精车外圆 2～3 次。

⑧ 在精车最后一刀时，为防止工件外圆损坏并保证加工质量，将小滑板移至跟刀架后面，双方相距 3～5mm，跟刀架支承爪位置不动，精车工件至图样要求。

⑨ 切断取总长，车端面倒角。

3. 注意事项

① 第一刀必须车去全部坯痕。

② 尾座顶尖的顶紧力应适当。过松会引起振动，过紧会将工件顶弯。

③ 跟刀架支承爪与工件接触松紧的调节是关键，过松会将工件推向支承爪一面；过紧会使工件压向车刀一面，会周期性地出现外圆一段大、一段小的"竹节形"。支承爪最好是边车削边调整，凭手感支承爪接触工件即可。

④ 在车削过程中应始终注意观察工件的变化情况，当表面出现缺陷时，应及时分析原因并采取措施，防止缺陷逐步扩大。

⑤ 车细长轴车刀用 YT15 牌号刀片材料，车刀应始终保持锋利。

⑥ 选用合理的切削用量：

a. 粗车时，切削速度 v_c=50～60m/min，进给量 f=0.3～0.4mm/r，背吃刀量 a_p=1.5～2mm；

b. 精车时，切削速度 v_c=60～100m/min，进给量 f=0.08～0.12mm/r，背吃刀量 a_p=0.5～1mm。

⑦ 车削过程中，应浇注充分的切削液，既起润滑作用，又可防止工件因热变形伸长而弯曲。

⑧ 如毛坯材料弯曲较严重，宜采用热校直。

⑨ 对要求比较高的细长轴，应进行正火或调质处理，以减少变形。

（二）细长轴加工

1. 图样分析

如图 8-18 所示为一细长轴的零件图，其零件的加工分析和加工步骤如下。

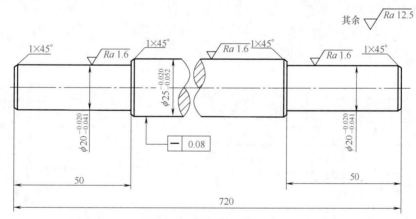

图 8-18　细长轴零件尺寸

① 由图 8-18 可知，这是一个轴类零件，两级外圆，最大直径 ϕ25mm，长度 720mm，长径比为 28.8：1，属细长轴。

② 材料为 45 钢，调质处理，硬度为 28～32HRC。

③ 两级外圆公差 $\phi20^{-0.020}_{-0.041}$mm、$\phi25^{-0.020}_{-0.052}$mm，表面粗糙度 Ra1.6μm。

④ $\phi25^{-0.020}_{-0.052}$mm 外圆还有直线度要求 0.08mm，需分粗、精加工，并在精加工之前安排热处理时效处理，以减少粗加工中的受力变形、受热变形及内应力给精加工带来的影响，保证精度的稳定性。可采用的工艺路线为：下料→调质→粗车→时效→外圆磨削；或下料→调质→粗车→时效→精车。因工件为细长轴，采用磨削和常规车削时会产生较大的让刀现象，

最终零件会产生鼓形，不能达到图纸要求。

⑤ 考虑此轴为细长轴，刚性差，易变形，采用下料→调质→粗车→时效→精车的工艺路线，加工中使用跟刀架和中心架来增加刚性。

⑥ 图纸对 $\phi 25_{-0.052}^{-0.020}$mm 外圆有 0.08mm 的直线度要求，零件两级外圆的公差要求也都很高，并有 Ra1.6μm 的表面粗糙度要求，必须粗、精分开加工，根据定位基准统一原则，在两轴端分别钻中心孔，采用一夹一顶的安装方法比较适宜。

2. 工艺步骤

该零件的简化工艺过程卡片见表 8-6。

表 8-6　轴的（简化）工艺过程卡片

工序号	工序名称	工序内容	设备
10	下料	下料 $\phi 30 \times 750$	带锯机
20	热处理	调质 28～32HRC	箱式炉
30	粗车	车两端面，保证总长 720mm，钻两端中心孔 A2	C6140
		粗车各部外圆，直径各留余量 2mm，长度余量 1mm	
40	热处理	时效	回火炉
50	精车	精车各级外圆，保证图纸尺寸要求，倒角	C6140
60	检验		

3. 加工步骤

（1）粗车具体操作

① 先校直毛坯，使其直线度偏差小于 1.5mm。

② 三爪卡盘夹坯料外圆，伸出长度小于 20mm，找正，夹紧，车端面，车平即可，钻中心孔 A2/7.5。

③ 松开卡盘，夹坯料未钻中心孔一端的末端，夹持长度 15mm 左右，卡爪与工件之间垫入 $\phi 4$～5mm 的钢丝圈，另一端用弹性可伸缩顶尖顶住，找正，如图 8-19 所示。

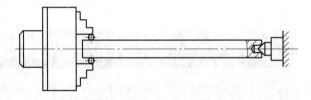

图 8-19　零件装夹

④ 距卡盘卡爪 20mm 左右车一直径为 $\phi 25.2$mm、长度 80mm 的外圆，表面粗糙度 Ra6.3μm，记下横向进给刻度，退出车刀，在车出的加工面上安装跟刀架，保证跟刀架与刀尖的轴向距离为 3～5mm，如图 8-20 所示。

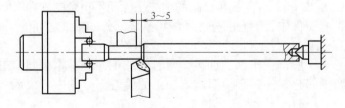

图 8-20　跟刀架的位置

然后以已车好的外圆为基准，研磨支承爪支承面。研磨时，可取主轴转速 n=300～600r/min，先干磨，后精研，以提高支承爪圆弧面的密合度和表面硬度。将车刀在已加工表面上按原来横向进给刻度对刀，并使背吃刀量比原来深 0.03 ～ 0.05mm，反走刀粗车 $\phi25^{-0.020}_{-0.052}$mm 外圆至 $\phi25.2$mm。

⑤ 车右端外圆 $\phi20^{-0.020}_{-0.041}$mm 至 $\phi20.2$mm，长度 49.5mm。

⑥ 调头，车左端面，定总长 720mm，钻中心孔 A2/7.5，车 $\phi25^{-0.020}_{-0.041}$mm 外圆至 $\phi20.2$mm，长度 49.5mm。粗车后的零件如图 8-21 所示。

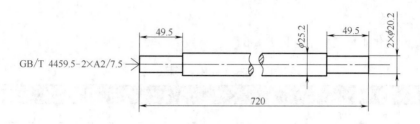

图 8-21　粗车后的零件

（2）精车具体操作

① 三爪卡盘夹左端，在 $\phi25.2$mm 外圆上装上中心架，找正，修研右端中心孔。

② 在中心孔中顶上弹性可伸缩顶尖，移去中心架，在车刀前装上跟刀架，反走刀精车 $\phi25^{-0.020}_{-0.052}$mm 外圆至要求，保证 0.08mm 的直线度要求和 $Ra1.6\mu$m 的表面粗糙度要求。

③ 精车右端 $\phi20^{-0.020}_{-0.041}$mm 外圆至要求，长度 50mm，表面粗糙度 $Ra1.6\mu$m。

④ 两处倒角 1×45°。

⑤ 调头，垫上铜皮，三爪卡盘夹 $\phi20^{-0.020}_{-0.041}$mm 外圆，在 $\phi20^{-0.020}_{-0.052}$mm 外圆上装上中心架，找正，修研中心孔，在中心孔中顶上弹性可伸缩顶尖。精车左端 $\phi20^{-0.020}_{-0.041}$mm 外圆至要求，长度 50mm，表面粗糙度 $Ra1.6\mu$m。

⑥ 两处倒角 1×45°。

第二节　偏心零件的车削加工

在机械转动中，回转运动变为往复直线运动或直线运动变为回转运动，一般是由偏心轴或曲轴来完成的。偏心工件的术语说明如下。

① 偏心工件（图 8-22）。工件的外圆与外圆或内孔与外圆之间的轴线平行而不相重合，这类工件称为偏心工件。

② 偏心轴［图 8-22（a）、（b）］。外圆与外圆偏心的零件叫偏心轴。

③ 偏心套［图 8-22（c）］。内孔和外圆的轴线平行而不重合的零件叫偏心套。

④ 偏心距。偏心工件中，偏心部分的轴线和基准部分的轴线之间的距离［如图 8-22（b）所示中的 e］，叫偏心距。

偏心轴与偏心套一般都在车床上加工。两者的加工原理基本相同，主要是装夹方法有所不同，车床上加工偏心零件时必须把需要加工的偏心部分的中心校正到与车床主轴中心重合。

在车床上车削偏心工件的方法较多，主要采用在三爪自定心卡盘、四爪单动卡盘和两顶尖装夹进行车削。用四爪单动卡盘或两顶尖装夹工件时，应先在工件端面上划出偏心轴线的位置。

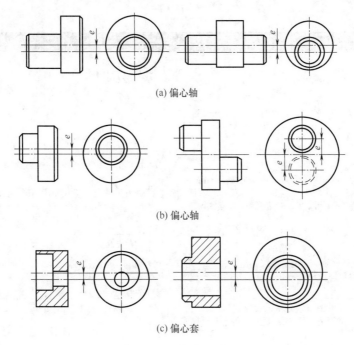

(a) 偏心轴

(b) 偏心轴

(c) 偏心套

图 8-22　偏心工件

一、在三爪卡盘上车削偏心零件

1. 在三爪卡盘上车削偏心零件的原理、方法及偏心距的测量（表 8-7）

表 8-7　在三爪卡盘上车削偏心零件的原理、方法及偏心距的测量

类别	说　明
车削原理	对偏心工件的车削通常是根据偏心工件的中心距的大小在三爪卡盘的一爪上垫上一定厚度的垫片，使工件的轴线产生偏移来进行的。如图 8-23 所示可知，由于三爪卡盘的卡爪间隔 120° 分布，因此工件的偏心距 e 不等于垫片的厚度 x，但通过计算可得到垫片的厚度 x 和偏心距 e 的关系 (a) 偏心距较小工件　　　　(b) 偏心距较大工件 图 8-23　在三爪卡盘上车削偏心工件 　　① 偏心距较小工件的垫片厚度计算。工件的偏心距较小时，即 $e < 5 \sim 6\text{mm}$ 时，采用三爪卡盘的一个卡爪垫上垫片的方法使工件产生偏心，如图 8-23（a）所示，垫片的厚度 x 与偏心距 e 间的关系为

类别	说　明
车削原理	$$x = 1.5e\left(1 - \frac{e}{2D}\right)$$ 式中　e——偏心工件的偏心距，mm 　　　D——夹持部位的工件直径，mm 　　　D 相对于 e 较大时可简化为 $$x \approx 1.5e \pm k$$ $$k \approx 1.5\Delta e$$ 式中　k——偏心距修正值，其正负值按实测结果确定，mm 　　　Δe——试切后实测偏心距误差，mm ②偏心距较大工件的垫片厚度计算。切削偏心距较大工件时，垫片使用扇形垫片，如图 8-23（b）所示，扇形垫片厚度 x 与偏心距 e 间的关系为 $$x = 1.5e\left(1 + \frac{e}{2D + 7e}\right)$$ 在车削偏心精度要求较高的工件时，先按以上公式计算出垫片厚度 x，试车削后，实测偏心距误差 Δe，再对厚度进行修正，修正公式为 $$x_{实} = x \pm 1.5\Delta e$$
车削方法	偏心工件的车削方法一般分如下几步 ①先把偏心工件中不是偏心的部分外圆车好 ②根据外圆直径 D 和偏心距 e 计算预垫片厚度 ③将试车后的工件，缓慢转动，用百分表在工件上测量其径向跳动量，跳动量的一半就是偏心距，也可试车偏心，注意在试车偏心时，只要车削到能在工件上测出偏心距误差即可 ④修正垫片厚度，直至合格
偏心距的测量	常用的偏心距的测量方法有两顶尖间测量偏心距和在 V 形块上测量偏心距两种，此处也可以利用等高块支承或利用三爪卡盘夹持来测量偏心距，但测量原理都与在两顶尖间测量偏心距基本相同 ①两顶尖间测量偏心距。两端有中心孔的偏心轴，如果偏心距较小，可在两顶尖间测量偏心距。如图 8-24 所示，测量时，把工件装夹在两顶尖之间，百分表的测头与偏心轴接触，用手转动偏心轴，百分表上指示出的最大值和最小值之差的一半就等于偏心距 偏心套的偏心距也可用与上述类似的方法来测量，但必须将偏心套套在心轴上，再在两顶尖之间测量 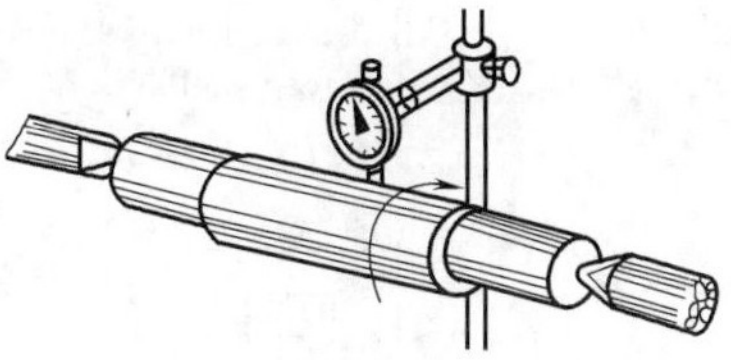 图 8-24　两顶尖间测量偏心距 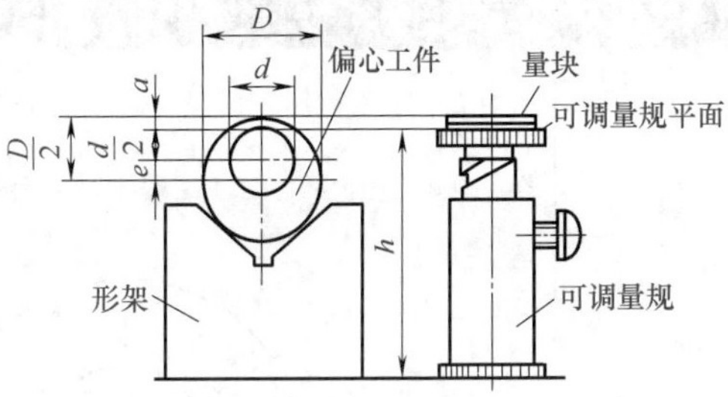　　　　图 8-25　在 V 形架上间接测量偏心距 ②在 V 形架上间接测量偏心距。将 V 形架置于测量平板上，工件放在 V 形架中，转动工件，用百分表找出偏心圆柱的最高点，将工件固定，然后把可调量规平面调整到与偏心圆柱最高点等高，如图 8-25 所示，再按下式计算出偏心圆柱面到基准圆柱面之间的最小距离 a $$a = \frac{D}{2} - \frac{d}{2} - e$$ 式中　e——工件偏心距，mm 　　　D——基准轴直径，mm 　　　d——偏心轴直径，mm 　　　a——基准轴外圆到偏心轴外圆之间的最小距离，mm 用上述方法，必须把基准轴直径 D 和偏心轴直径 d 用千分尺测量出准确的实际值，否则计算时会产生误差。选择一组量块，组成尺寸 a，将量块组置于可调量规平面上，水平移动百分表，分别测量基准圆柱面最高点（读数 A）和量块组上表面（读数 B），比较读数差值，是否在偏心距误差允许范围内，以判定此偏心工件的偏心距是否满足同样要求

2. 加工实例

如图 8-26 所示为一偏心轴的零件图，材料为 45 钢，数量为 50 个。其图样分析及加工步骤如下。

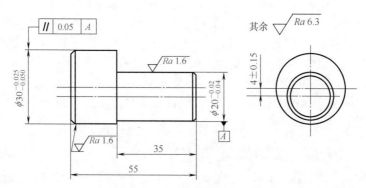

图 8-26　偏心轴的零件图

（1）图样分析

① 如图 8-26 所示，这是一个普通轴类偏心零件，小端直径为 $\phi 20^{-0.02}_{-0.04}$mm，大端直径为 $\phi 30^{-0.025}_{-0.050}$mm，偏心距为（4±0.15）mm。

② 零件外圆表面粗糙度为 $Ra1.6$μm，数量为 50 个。

③ 零件的偏心距 < 5～6mm 时，可采用三爪卡盘的一个卡爪垫上垫片的方法使零件产生偏心，通过计算可以得到垫片厚度 x，即：

$$x = 1.5e\left(1 - \frac{e}{2D}\right)$$
$$= 1.5 \times 4\left(1 - \frac{4}{2 \times 30}\right)$$
$$= 6 \times \frac{14}{15}$$
$$= 5.6(\text{mm})$$

（2）加工步骤

① 下零件料 $\phi 35$mm×58mm；备垫片料 $\phi 15$mm 圆钢，长 50mm 左右。

② 车 $\phi 15$mm 圆钢，车至尺寸 $\phi 10$mm×18mm，铣扁一侧（或线切割），厚度为（5.6±0.05）mm，作为车削偏心垫片。

③ 夹一端，伸出长 30mm 左右，车端面，车大端外圆至 $\phi 30^{-0.025}_{-0.050}$mm，倒角 1×45°。

④ 调头，车端面，定总长 55mm。

⑤ 松开零件，在一个卡爪上垫上 5.6mm 厚的垫片，装夹、校正、夹紧。

⑥ 试车削或用百分表测量偏心距，得 Δe，调整垫片厚度，安装、校正、夹紧。

⑦ 粗、精车小端外圆尺寸至 $\phi 20^{-0.02}_{-0.04}$mm，保证长度 35mm，倒角 1×45°。

⑧ 检验。

（3）容易产生的问题及注意事项

在三爪卡盘上车削偏心工件时，由于各种原因会产生多种问题，因此应注意以下几个方面。

① 开始装夹或修正 x 后重新装夹时，均应用百分表校正工件外圆，使外圆侧母线与车床主轴线平行，保证偏心轴两轴线的平行度。

② 垫片的材料应有一定的硬度，以防装夹时发生变形。垫片与圆弧接触的一面应做成圆弧形，其圆弧的大小应等于或小于卡爪的圆弧。

③ 当外圆精度要求较高时，为防止压坏外圆，其他两卡爪也应垫一薄垫片，但应考虑对偏心距 e 的影响，如果使用软卡爪，则不用考虑对偏心距 e 的影响。

④ 由于工件偏心，开车前车刀不能靠近工件，以防工件碰坏车刀，切削速度也不宜高。

⑤ 为防止硬质合金刀头破裂，车刀要有一定的刃倾角，切刀量大时进给量要小。

⑥ 由于车削偏心工件可能一开始为断续切削，故采用高速钢车刀较好。但要注意避免飞溅碎屑伤人。

⑦ 测量后如果不能满足工件质量要求，需修正垫片厚度后重新加工，重新安装工件时，应注意其他垫片的夹持位置。

二、在四爪卡盘上车削偏心零件

对于数量较少、精度要求不高、长度较短直径大或者形状比较复杂的偏心工件，通常采用四爪卡盘装夹来进行加工，如图 8-27 所示。在四爪卡盘上车偏心工件时，应先在工件端面上划出以偏心圆中心为圆心的圆周线，作为辅助基线进行偏心校正，同时需校正已加工部位的外圆直线度，然后即可进行车削。车削时要注意：工件的回转是不圆整的，车刀必须从最高处开始进刀车削，否则会把车刀敲坏，使工件移动。

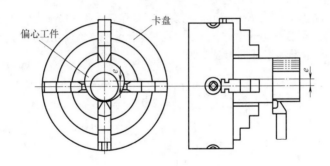

图 8-27　用四爪卡盘夹车削偏心零件

（一）偏心零件划线方法

偏心零件的划线方法可按如下步骤进行。

1. 划偏心

① 找出工件的轴线后，在工件的端面和四周划圈线。

② 将工件转动 90°，用 90°角尺对齐已划好的圈线，然后用调整好的光标高度尺再划一道圈线，工件上就得到两道互相垂直的圈线。

③ 将光标高度尺的光标上移一个偏心距 e，在工件端面和四周再划一道圈线。

④ 在工件两端面上，分别打出偏心中心的样冲眼，样冲眼的中心位置要准确，眼坑直浅，且小而圆。

　　a. 若采用两顶尖装夹车削偏心轴，则以此样冲眼先钻出中心孔。

　　b. 若采用四爪单动卡盘装夹车削偏心轴，则要以样冲眼为中心先划出一个偏心圆（在端面允许的情形下，偏心圆直径宜取大值），并在此偏心圆上均匀、准确地打上几个样冲眼，以便于找正，如图 8-28 所示。

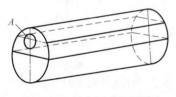

图 8-28　偏心圆直径划线

2. 按划线校正（表 8-8）

表 8-8　按划线校正

类别	说　明
卡爪位置的调整	调整卡盘卡爪的位置，使其中两爪呈对称位置，另两爪呈不对称位置，其偏离主轴中心距离大致等于工件的偏心距。各对卡爪之间张开的距离稍大于工件装夹部位的直径，使工件偏心圆柱的轴线与车床主轴轴线基本重合，然后装上工件，如图 8-29 所示 图 8-29　调整卡爪位置图
校正侧素线	将划线盘置于中滑板（或床鞍）上面的适当位置，使划针尖端对准工件外圆侧素线如图 8-30 所示，移动床鞍，检查侧素线是否水平，若侧素线不水平，可用木槌轻轻敲击进行校正。然后，将卡盘（工件）转动 90°，用同样的方法对侧素线进行检查和校正 图 8-30　校正侧素线
校正偏心圆	第一点，将划针尖端对准工件端面的偏心圆。转动卡盘，校正偏心圆如图 8-31 所示；第二点，重复以上操作，直至使两条侧素线均呈水平（基准圆轴线与偏心圆轴线平行），使偏心圆轴线与车床主轴轴线重合为止；第三点，将四个卡盘成对均匀地拧紧一遍，并检查确认侧素线和偏心圆在紧固卡爪时没有位移。由于存在划线误差和校正误差，按划线校正偏心工件位置的方法仅适用于加工精度要求不高的偏心工件 图 8-31　校正偏心圆

3. 用百分表校正

① 先按划线初步校正工件。

② 用百分表校正，使偏心圆轴线与车床主轴轴线重合，如图 8-32 所示。校正 a 点处（用卡爪调整），校正 b 点处（用木槌轻敲）。

③ 移动床鞍，用百分表在 a、b 两点处交替测量，校正工件侧素线，使偏心工件两轴线平行，百分表在两端的读数差值，一般应控制在 0.02mm 以内（或根据零件精度要求而定）。

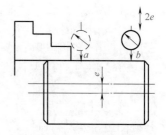

图 8-32　用百分表校正偏心圆

④ 将百分表测量杆垂直于基准轴（光轴），使触头接触外圆表面并压缩 0.5 ～ 1mm，用于缓慢转动卡盘 1 周，校正偏心距。百分表在工件转过 1 周中，读数最大值与最小值之差一半即为偏心距 e。a、b 两点处偏心距应基本一致，并在图样允许误差范围内。反复调整，直至达图样要求为止。

（二）车削方法

　　将划好线的工件装夹在四爪卡盘中，让偏心圆占据中心位置，用划线盘校正。然后将划线盘移到侧面，校正外圆上的划线，对该划线校水平。拨动卡盘，使工件转过 90°，用同样的方法校水平外圆上的划线，接着回到端面再复校偏心圆。工件校正后，把四个爪紧一遍就

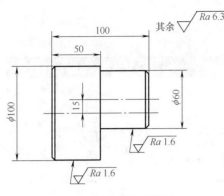

图 8-33 偏心轴零件图

可以车削了。

要注意的是，切削偏心工件时切削速度不能太高。初切削时，吃刀量要少，进给量要小，等工件车圆后，再增加切削用量。

（三）加工实例

如图 8-33 所示，为一偏心轴的零件图，材料为 45 钢，数量为 1 个。其图样分析及加工步骤如下。

（1）图样分析

① 由图 8-33 可知，这是一个普通轴类偏心零件，小端直径为 $\phi60$mm，大端直径为 $\phi100$mm，偏心距为 15mm。

② 工件外圆没有公差要求，零件外圆表面粗糙度为 $Ra1.6\mu$m，数量为 1 个，可用车削的方法进行加工。

由于工件直径较大，偏心距不大，零件长度也较短，因此可以采用四爪卡盘夹偏心工件的装夹方法进行车削。

（2）加工步骤

① 下料 $\phi105$mm × 106mm。

② 夹一端，伸出长 102mm 左右，车端面，钻中心孔 A6.3，车外圆至 $\phi100$mm，保证表面粗糙度 $Ra1.6\mu$m，端面倒角 2 × 45°。

③ 调头，车端面，定总长 100mm，去锐角。

④ 卸下零件，在零件上划线，并在线上打样冲眼。

⑤ 按划线要求，在四爪卡盘上进行校正。

⑥ 车小端外圆至 $\phi60$mm，定长度 50mm，保证表面粗糙度 $Ra1.6\mu$m，端面倒角 2 × 45°，未倒角端面去锐角。

⑦ 检验。

（3）容易产生的问题及注意事项

① 平板要平整、清洁，高度尺要校零，保证划线准确。

② 划出的线条要清晰、准确，在划线上打样冲眼时，样冲要尖，须打在线上或交点上，一般打四个样冲眼即可。

③ 装夹工件时要认真仔细，不要夹伤工件表面，注意校正工件，校准后四爪须再拧紧一遍。

④ 安装工件后，为了检查划线误差，可用百分表在外圆上测量，缓慢转动工件，观察其跳动量，并进行调整。

⑤ 刚开始切削时，切削用量要小些，等工件车圆后，再增加切削用量。

三、用两顶尖装夹车偏心工件

较长的偏心轴，只要两端能钻中心孔，有装夹鸡心夹头的位置，一般应该采用两顶尖装夹进行车削。其具体工艺特点、中心孔加工方法及说明如下：

1. 加工工艺特点

用两偏心的中心孔定位车削偏心圆柱，与在两顶尖间车削一般外圆柱方法相同如图 8-34 所示，主要的差别是车削偏心圆柱时，在工件一转中加工余量变化很大，且是断续切削，因此，会产生较大的冲击和振动；用两顶尖装夹车偏心工件，不需要用很多的时间去校正工件

的偏心距 e。用两顶尖装夹车偏心工件，关键是要保证基准圆柱中心孔和偏心圆柱中心孔的位置精度，否则偏心距精度将无法保证。

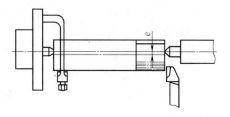

图 8-34　在两顶尖间车削偏心零件

2. 偏心中心孔加工

单件、小批量生产时，精度要求不高的偏心轴，其偏心中心孔可经划线后在钻床上钻出；偏心距精度较高时，其偏心中心孔可在坐标镗床上钻出。成批生产时，偏心中心孔可在专门的中心孔钻床或偏心夹具上钻出如图 8-35 所示。

偏心距较小的偏心轴，偏心中心孔与基准中心可能部分重叠，此时可按如图 8-36 所示方法，将工件长度加长两个中心孔深度，车削时先用两基准中心孔装夹车成光轴，然后切去基准中心孔至工件长度再划线，钻偏心中心孔，车削偏心圆柱。即：

$$L=l+2h$$

式中　L——偏心轴毛坯长度，mm；
　　　l——偏心轴实际长度，mm；
　　　h——中心孔深度，mm。

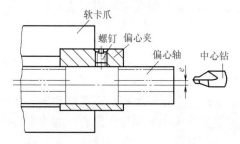

图 8-35　在专门钻床或偏心夹具上钻中心孔

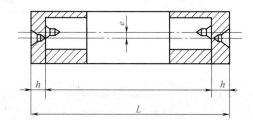

图 8-36　钻偏心中心孔

3. 加工实例

如图 8-37 所示，为一偏心轴，材料为 45 钢，数量为 1 个。其图样分析及加工步骤如下。

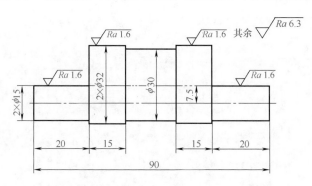

图 8-37　偏心轴

（1）图样分析

① 由图 8-37 可知，这是一个中部台阶外圆与两端轴颈有较小偏心的轴类零件，两端外圆直径为 $2×\phi15$mm，中部台阶外圆直径分别为 $2×\phi32$mm 和 $\phi30$mm，偏心距为 7.5mm。

② 工件外圆没有公差要求，零件外圆表面粗糙度为 $Ra1.6\mu$m 和 $Ra6.3\mu$m，数量为 1 个，可用车削的方法进行加工。

由于工件直径不大，偏心距也较小，轴的两端有鸡心夹头的装夹位置，因此可以在两顶尖间装夹加工。

（2）加工步骤

① 下料 $\phi 35mm \times 96mm$。

② 夹一端，伸出长度 30mm，车端面，光出即可，钻中心孔 A2.5，车外圆至 $\phi 32mm$，长度 15mm。

③ 调头，车端面，定总长 90mm，钻中心孔 A2.5，车整个外圆至 $\phi 32mm$；车中部台阶 $\phi 30mm$ 至尺寸，长度 20mm，保证右端长度 35mm。

④ 在平板上利用 V 形铁和高度尺划线，在两端面作出十字垂直线，并作出 $\phi 15mm$ 偏心圆中心，分别打样冲眼。

⑤ 用立钻在两端钻中心孔 A1.6。

⑥ 在前后顶尖间支顶两个偏心中心孔 A1.6，车一端偏心外圆 $\phi 15mm \times 20mm$，去锐角。

⑦ 调头，车另一端偏心外圆 $\phi 15mm \times 20mm$，去锐角。

⑧ 检验。

4. 容易产生的问题及注意事项

① 在车削两头偏心轴时，支顶不要过紧，防止中间偏心轴受轴向力而变形，最好在中间偏心轴的位置上加装支承。车削时，由于顶尖受力不均匀，前顶尖容易损坏或移位，必须经常检查。

② 如果两端中心妨碍工件表面时，不保留中心孔，在开始确定工件总长度时必须预先考虑。

③ 划线、打样冲眼要认真、仔细、准确，否则容易造成两轴轴心线歪斜和偏心距误差增大。如果偏心距要求比较精密，可在加工中心或数控铣床上编程钻出偏心外圆的中心孔。

④ 由于是车削偏心工件，车削时要防止硬质合金车刀在车削时被碰坏。车刀在空行程进退都要小心操作，以防碰伤工件或损坏机床。

⑤ 因为是断续车削，因此在车削中应防止切屑飞溅伤人。

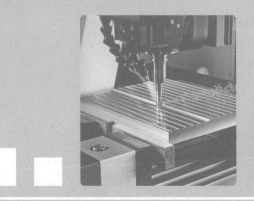

第九章

圆锥面的车削

第一节　圆锥体的基本概念及圆锥工具

一、圆锥体的基本概念

1. 圆锥面的形成

直角三角形 ABC 绕直角边 AC 旋转一周，斜边 AB 形成的空间轨迹所包围的几何体就是一个圆锥体，如图 9-1（a）所示。AB 形成的表面叫圆锥面，AB 为圆锥面的素线或母线。若圆锥体的顶端被截去一部分，就成为圆锥台或截锥体，如图 9-1（b）所示。

2. 圆锥体各部分名称及尺寸的计算

（1）圆锥的基本参数

圆锥的基本参数如图 9-2 所示，具体说明如下。

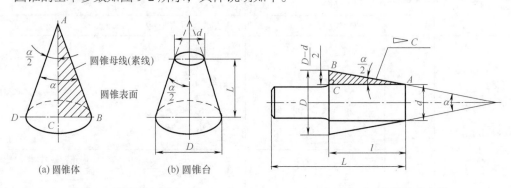

图 9-1　圆锥体与圆锥台 　　　　　　　　图 9-2　圆锥的基本参数

①圆锥半角 $\alpha/2$。圆锥角 α 是在通过圆锥轴线的截面内，两条素线间的夹角。在车削时经常用到的是圆锥角 α 的一半——圆锥半角 $\alpha/2$。

②最大圆锥直径 D，简称大端直径。

③ 最小圆锥直径 d，简称小端直径。

④ 圆锥长度 L。最大圆锥直径处与最小圆锥直径处的轴向距离。

⑤ 锥度 C。圆锥大、小端直径之差与长度之比，即：

$$C = \frac{D-d}{L}$$

锥度 C 确定后，圆锥半角 $\alpha/2$ 则能计算出。因此，圆锥半角 $\alpha/2$ 与锥度 C 属于同一基本参数。

（2）圆锥的各部分尺寸计算

圆锥面有圆锥体和圆锥孔之分。它们各部分的概念及尺寸计算均相同。表 9-1 列出了圆锥体的各部分尺寸的计算公式。

表 9-1　圆锥体各部分尺寸的计算公式

尺寸名称	单位	计算公式	文字说明
M（斜度）	—	$= \tan\dfrac{\alpha}{2}$	$=\tan$ 圆锥半角
		$= \dfrac{D-d}{2L}$	$= \dfrac{最大圆锥直径 - 最小圆锥直径}{2 \times 圆锥长度}$
		$= \dfrac{C}{2}$	$= \dfrac{锥度}{2}$
C（锥度）	—	$= 2\tan\dfrac{\alpha}{2}$	$= 2 \times \tan$ 圆锥半角
		$= \dfrac{D-d}{L}$	$= \dfrac{最大圆锥直径 - 最小圆锥直径}{圆锥长度}$
D（最大圆锥直径）	mm	$= d + 2L \times \tan\dfrac{\alpha}{2}$	$=$ 最小圆锥直径 $+2 \times$ 圆锥长度 $\times\tan$ 圆锥半角
		$= d + LC$	$=$ 最小圆锥直径 $+$ 圆锥长度 $\times$ 锥度
		$= d + 2LM$	$=$ 最小圆锥直径 $+2 \times$ 圆锥长度 $\times$ 斜度
d（最小圆锥直径）	mm	$= D - 2L \times \tan\dfrac{\alpha}{2}$	$=$ 最大圆锥直径 $-2 \times$ 圆锥长度 $\times\tan$ 圆锥半角
		$= D - LC$	$=$ 最大圆锥直径 $-$ 圆锥长度 $\times$ 锥度
		$= D - 2LM$	$=$ 最大圆锥直长 $-2 \times$ 圆锥长度 $\times$ 斜度
$\dfrac{\alpha}{2}$（斜角）	（°）	$\tan\dfrac{\alpha}{2} = \dfrac{C}{2}$ 当 $\dfrac{\alpha}{2} \leqslant 6°$ 时 近似式： $\dfrac{\alpha}{2} = 28.7° \times C$	$\tan$ 圆锥半角 $= \dfrac{锥度}{2}$ 当 $\dfrac{\alpha}{2} \leqslant 6°$ 时 近似式： $\dfrac{\alpha}{2} = 28.7° \times$ 锥度
		$\tan\dfrac{\alpha}{2} = \dfrac{D-d}{2L}$ 当 $\dfrac{\alpha}{2} \leqslant 6°$ 时 近似式： $\dfrac{\alpha}{2} = 28.7° \times \dfrac{D-d}{L}$	$\tan$ 圆锥半角 $= \dfrac{最大圆锥直径 - 最小圆锥直径}{2 \times 圆锥长度}$ 当 $\dfrac{\alpha}{2} \leqslant 6°$ 时 近似式： $\dfrac{\alpha}{2} = 28.7° \times \dfrac{最大圆锥直径 - 最小圆锥直径}{圆锥长度}$

由表 9-1 可知，圆锥具有四个基本参数，只要知道其中任意三个参数，便可计算出另一个未知参数。具体说明如下。

圆锥半角 $\alpha/2$ 与其他三个参数的关系：在图样上，一般常标注 D、d、L，而在车圆锥时，往往需要将小滑板由 $0°$ 转动一定的角度，而转动的角度正好是圆锥半角 $\alpha/2$，因此必须计算出圆锥的半角 $\alpha/2$。

在图 9-2 中：

$$\tan\frac{\alpha}{2}=\frac{BC}{AC} \quad BC=\frac{D-d}{2} \quad AC=L$$

$$\tan\frac{\alpha}{2}=\frac{D-d}{2L}$$

其他三个参数与圆锥半角 $\alpha/2$ 的关系：

$$D=d+2L\tan\alpha/2$$

$$d=D+2L\tan\alpha/2$$

$$L=\frac{D-d}{2\tan\alpha/2}$$

应用 $\tan\dfrac{\alpha}{2}=\dfrac{D-d}{2L}$ 计算 $\alpha/2$，需查三角函数表。当圆锥半角 $\alpha/2 < 6°$ 时，可以用下列近似式计算：

$$\alpha/2\approx28.7°\times\frac{D-d}{L}=28.7°\times C$$

采用近似式计算圆锥半角 $\alpha/2$ 时，应注意以下两点。

① 圆锥半角在 $6°$ 以内。

② 计算结果是（°），度以后的小数部分是十进位的，而角度是 60 进位。应将含有小数部分的计算结果转化成（°）、（′）、（″）。例如 $2.35°$ 并不等于 $2°35′$。因此，要用小数部分去乘 $60′$，即 $60′×0.35=21′$，所以 $2.35°$ 应为 $2°21′$。

二、圆锥工具

1. 标准圆锥工具

为了制造和使用上的方便，所使用工具和刀具柄部的圆锥都已标准化，圆锥的各部分尺寸，可以按照所规定的几个编号来制造，这在使用中满足了互换性的要求。常用的工具圆锥类型及说明见表 9-2。

表 9-2　常用的工具圆锥类型及说明

类型	说　明
莫氏圆锥	莫氏圆锥是应用最广泛的一种标准圆锥。各类钻头、棒形铣刀、铰刀的锥柄、车床上主轴锥孔和尾座套筒的锥孔、顶尖的锥尾以及其他起连接作用的过渡套筒上的内、外圆锥，一般都使用莫氏圆锥。莫氏圆锥按大端直径由小到大编号，分为 0#、1#、2#、3#、4#、5#、6# 七个号码。莫氏圆锥的尺寸和圆锥半角都不同，莫氏圆锥的锥度如下表

·类型	说　明				
莫氏圆锥	莫氏圆锥的锥度				
	号数	锥度 C	圆锥角 α	圆锥半角 α/2	tanα/2
	0	1：19.212=0.052050	2°58′54″	1°29′27″	0.0260
	1	1：20.047=0.049880	2°51′26″	1°25′43″	0.0249
	2	1：20.020=0.049950	2°51′41″	1°25′50″	0.0250
	3	1：19.922=0.050196	2°52′32″	1°26′16″	0.0251
	4	1：19.254=0.051938	2°58′31″	1°29′15″	0.0260
	5	1：19.002=0.052626	3°0′53″	1°30′26″	0.0263
	6	1：19.180=0.052138	2°59′12″	1°29′36″	0.0261
公制圆锥	公制圆锥由小到大编号，分为 4#、6#、80#、100#、120#、160#、200# 七个号码。它的号码指大端直径，单位是 mm，如 200# 公制圆锥，大端直径是 200mm。其锥度为 1：20，固定不变				

除了莫氏圆锥和米制圆锥外，还经常遇到各种专用标准锥度，如升降台铣床主轴锥孔用的是 7：24 专用标准圆锥。常用标准圆锥的锥度及应用场合见表 9-3。

表 9-3　常用标准圆锥的锥度及应用场合

锥度 C	圆锥角 α	圆锥半角 α/2	应用举例
1：4	14°15′	7°7′30″	车床主轴法兰及轴头
1：5	11°25′16″	5°42′38″	易于拆卸的连接，砂轮主轴与砂轮法兰的结合
1：7	8°10′16″	4°5′8″	管件的开关塞、阀等
1：12	4°46′19″	2°23′9″	部分滚动轴承内环锥孔
1：15	3°49′6″	1°54′33″	主轴与齿轮的配合部分
1：16	3°34′47″	1°47′24″	圆锥管螺纹
1：20	2°51′51″	1°25′56″	米制工具圆锥，锥形主轴颈
1：30	1°54′35″	0°57′17″	装柄的铰刀和扩孔钻与柄的配合
1：50	1°8′45″	0°34′23″	圆锥定位销及锥铰刀
7：24	16°35′39″	8°17′50″	铣床主轴孔及刀杆的锥体
7：64	6°15′38″	3°7′49″	刨齿机工作台的心轴孔

2. 一般用途圆锥的锥度与锥角（表 9-4）

表 9-4　一般用途圆锥的锥度与锥角

基本值		推荐值		
系列 1	系列 2	圆锥角 α		锥度 C
		/(tad)		
120°	—	—	2.09439510	—	1：0.2886751
90°	—	—	1.57079633	—	1：0.5000000

基本值		推荐值			
系列 1	系列 2	圆锥角 α			锥度 C
			/ (tad)		
—	75°	—	1.30899694	—	1 : 0.6516127
60°	—	—	1.04719755	—	1 : 0.8660254
45°	—	—	0.78539816	—	1 : 1.2071068
30°	—	—	0.52359878	—	1 : 1.8660254
1 : 3		18.924644°	0.33029735	18° 55′ 28.7″	—
—	1 : 4	14.250033°	0.24870999	14° 15′ 0.1″	—
1 : 5		11.421186°	0.19933730	11° 25′ 16.3″	—
—	1 : 6	9.527283°	0.16628246	9° 31′ 38.2″	—
—	1 : 7	8.171234°	0.14261493	8° 10′ 16.4″	—
—	1 : 8	7.152669°	0.12483762	7° 9′ 9.6″	—
1 : 10	—	5.724810°	0.09991679	5° 43′ 29.3″	—
—	1 : 12	4.771888°	0.08328516	4° 46′ 18.8″	—
—	1 : 15	3.818305°	0.06664199	3° 49′ 5.9	—
1 : 20	—	2.864192°	0.04998959	2° 51′ 51.1	—
1 : 30	—	1.909682°	0.03333025	1° 54′ 34.9″	—
—	1 : 40	1.432222°	0.02498432	1° 25′ 56.8″	—
1 : 50	—	1.145877°	0.01999933	1° 8′ 45.2″	—
1 : 100	—	0.572953°	0.00999992	0° 34′ 22.6″	—
1 : 200	—	0.286478°	0.00499999	0° 17′ 11.3″	—
1 : 500	—	0.114591°	0.00200000	0° 6′ 52.5″	—

三、圆锥公差

圆锥公差适用于圆锥体锥度 1 : 3 ～ 1 : 500，圆锥长度 L=6 ～ 630mm 的光滑圆锥工件。其中圆锥角公差也适用于斜度。

（1）L=100mm 的圆锥直径公差 T_D 所有限制的最大圆锥角误差见表 9-5。

（2）圆锥角公差 AT 指圆锥角的允许变动量。以弧度或角度为单位时用 AT_α 表示；以长度为单位时用 AT_D 表示。AT_α 和 AT_D 的关系为：

$$AT_D = AT_\alpha \times L \times 10^{-3}$$

式中：AT_D 单位为 μm；AT_α 单位为 μrad；L 单位为 mm。

国标对圆锥公差规定了 12 个等级，其中 AT1 精度最高，其余依次降低。各级圆锥角公差数值见表 9-6。

表 9-5　L=100mm 的圆锥直径公差 T_D 所有角限制的最大圆锥角误差

圆锥直径 公差等级	圆锥直径/mm												
	≤3	>3~6	>6~10	>10~18	>18~30	>30~50	>50~80	>80~120	>120~180	>180~250	>250~315	>315~400	>400~500
IT01	3	4	4	5	6	6	8	10	12	20	25	30	40
IT0	5	6	6	8	10	10	12	15	20	30	40	50	60
IT1	8	10	10	12	15	15	20	25	35	45	60	70	80
IT2	12	15	15	20	25	25	30	40	50	70	80	90	100
IT3	20	25	25	30	40	40	50	60	80	100	120	130	150
IT4	30	40	40	50	60	70	80	100	120	140	160	180	200
IT5	40	50	60	80	90	110	130	150	180	200	230	250	270
IT6	60	80	90	110	130	160	190	220	250	290	320	360	400
IT7	100	120	150	180	210	250	300	350	400	460	520	570	630
IT8	140	180	220	270	330	390	460	540	630	720	810	890	970
IT9	250	300	360	4300	520	620	740	870	1000	1150	1300	1400	1550
IT10	400	480	580	700	840	1000	1200	1400	1600	1850	2100	2300	2500
IT11	600	750	900	1100	1300	1600	1900	2200	2500	2900	3200	3600	4000
IT12	1000	1200	1500	1800	2100	2500	3000	3500	4000	4600	5200	5700	6300
IT13	1400	1800	2200	2700	3300	3900	4600	5400	6300	7200	8100	8900	9700
IT14	2500	3000	3600	4300	5200	6200	7400	8700	10000	11500	13000	14000	15500
IT15	4000	4800	5800	7000	8400	10000	12000	14000	16000	18500	21000	23000	25000
IT16	6000	7500	9000	11000	13000	16000	19000	22000	25000	29000	32000	36000	40000
IT17	10000	12000	15000	18000	21000	25000	30000	35000	40000	46000	52000	57000	63000
IT18	14000	18000	22000	27000	33000	39000	46000	54000	63000	72000	81000	89000	97000

注：圆锥长度等于100mm时，需将表中的数值乘以100/L，L的单位为mm。

表 9-6　圆锥角公差数值

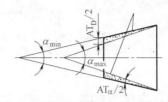

基本圆锥长度 L/mm		圆锥角公差等级					
		AT1			AT2		
		AT_α		AT_D	AT_α		AT_D
大于	至	μrad	(″)	μm	μrad	(″)	μm
≥6	10	50	10	> 0.3 ～ 0.5	80	16	> 0.5 ～ 0.8
10	16	40	8	> 0.4 ～ 0.6	63	13	> 0.6 ～ 1.0
16	25	31.5	6	> 0.5 ～ 0.8	50	10	> 0.8 ～ 1.3
25	40	25	b	> 0.6 ～ 1.0	40	8	> 1.0 ～ 1.6
40	63	20	4	> 0.8 ～ 1.3	31.5	6	> 1.3 ～ 2.0
63	100	16	3	> 1.0 ～ 1.6	25	5	> 1.6 ～ 2.5
100	160	12.5	2.5	> 1.3 ～ 2.0	20	4	> 2.0 ～ 3.2
160	250	10	9	> 1.6 ～ 2.5	16	3	> 2.5 ～ 4.0
250	400	8	1.5	> 2.0 ～ 3.2	12.5	2.5	> 3.2 ～ 5.0
400	630	6.3	1	> 2.5 ～ 4.0	10	2	> 4.0 ～ 6.3

基本圆锥长度 L/mm		圆锥角公差等级					
		AT3			AT4		
		AT_α		AT_D	AT_α		AT_D
大于	至	μrad	(″)	μm	μrad	(″)	μm
≥6	10	125	26	> 0.8 ～ 1.3	200	41	> 1.3 ～ 2.0
10	16	100	21	> 1.0 ～ 1.6	160	33	> 1.6 ～ 2.5
16	25	80	16	> 1.3 ～ 2.0	125	26	> 2.0 ～ 3.2
25	40	63	13	> 1.6 ～ 2.5	100	21	> 2.5 ～ 4.0
40	63	50	10	> 2.0 ～ 3.2	80	16	> 3.2 ～ 5.0
63	100	40	8	> 2.5 ～ 4.0	63	13	> 4.0 ～ 6.3
100	160	31.5	6	> 3.2 ～ 5.0	50	10	> 5.0 ～ 8.0
160	250	25	5	> 4.0 ～ 6.3	40	8	> 6.3 ～ 10.0
250	400	20	4	> 5.0 ～ 8.0	31.5	6	> 8.0 ～ 12.5
400	630	16	3	> 6.3 ～ 10.0	25	5	> 10.0 ～ 16.0

基本圆锥长度 L/mm		圆锥角公差等级					
		AT5			AT6		
		AT_α		AT_D	AT_α		AT_D
大于	至	μrad	(′)(″)	μm	μrad	(′)(″)	μm
≥6	10	315	1′ 05″	> 2.0 ～ 3.2	500	1′ 43″	> 3.2 ～ 5.0
10	16	250	52″	> 2.5 ～ 4.0	400	1′ 22″	> 4.0 ～ 6.3
16	25	200	41″	> 3.2 ～ 5.0	315	1′ 05″	> 5.0 ～ 8.0

基本圆锥长度 L/mm		圆锥角公差等级					
		AT5			AT6		
		AT_α		AT_D	AT_α		AT_D
大于	至	μrad	(′)(″)	μm	μrad	(′)(″)	μm
25	40	160	33″	> 4.0 ~ 6.3	250	52″	> 6.3 ~ 10.0
40	63	125	26″	> 5.0 ~ 8.0	200	41″	> 8.0 ~ 12.5
63	100	100	21″	> 6.3 ~ 10.0	160	33″	> 10.0 ~ 16.0
100	160	80	16″	> 8.0 ~ 12.5	125	26″	> 12.5 ~ 20.0
160	250	63	13″	> 10.0 ~ 16.0	100	21″	> 16.0 ~ 25.0
250	400	50	10″	> 12.5 ~ 20.0	80	16″	> 20.0 ~ 32.0
400	630	40	8″	> 16.0 ~ 25.0	63	13″	> 25.0 ~ 40.0

基本圆锥长度 L/mm		圆锥角公差等级					
		AT7			AT8		
		AT_α		AT_D	AT_α		AT_D
大于	至	μrad	(′)(″)	μm	μrad	(′)(″)	μm
≥ 6	10	800	2′ 45″	> 5.0 ~ 8.0	1250	4′ 18″	> 8.0 ~ 12.5
10	16	630	2′ 10″	> 6.3 ~ 10.0	1000	3′ 26″	> 10.0 ~ 16.0
16	25	500	1′ 43″	> 8.0 ~ 12.5	800	2′ 45″	> 12.5 ~ 20.0
25	40	400	1′ 22″	> 10.0 ~ 16.0	630	2′ 10″	> 16.0 ~ 25.0
40	63	315	1′ 05″	> 12.5 ~ 20.0	500	1′ 43″	> 20.0 ~ 32.0
63	100	250	52″	> 16.0 ~ 25.0	400	1′ 22″	> 25.0 ~ 40.0
100	160	200	41″	> 20.0 ~ 32.0	315	1′ 05″	> 32.0 ~ 50.0
160	250	160	33″	> 25.0 ~ 40.0	250	52″	> 40.0 ~ 63.0
250	400	125	26″	> 32.0 ~ 50.0	200	41″	> 50.0 ~ 80.0
400	630	100	21″	> 40.0 ~ 63.0	160	33″	> 63.0 ~ 100.0

基本圆锥长度 L/mm		圆锥角公差等级					
		AT9			AT10		
		AT_α		AT_D	AT_α		AT_D
大于	至	μrad	(′)(″)	μm	μrad	(′)(″)	μm
≥ 6	10	2000	6′ 52″	> 12.5 ~ 20	3150	10′ 49″	> 20 ~ 32
10	16	1600	5′ 30″	> 16 ~ 25	2500	8′ 35″	> 25 ~ 40
16	25	1250	1′ 18″	> 20 ~ 32	2000	6′ 52″	> 32 ~ 50
25	40	1000	3′ 26″	> 25 ~ 40	1600	5′ 30″	> 40 ~ 63
40	63	800	2′ 45″	> 32 ~ 50	1250	4′ 18″	> 50 ~ 80
63	100	630	2′ 10″	> 40 ~ 63	1000	3′ 26″	> 63 ~ 100
100	160	500	1′ 43″	> 50 ~ 80	800	2′ 45″	> 80 ~ 125
160	250	400	1′ 22″	> 63 ~ 100	630	2′ 10″	> 100 ~ 160
250	400	315	1′ 05″	> 80 ~ 125	500	1′ 43″	> 125 ~ 200
400	630	250	52″	> 100 ~ 160	400	1′ 22″	> 160 ~ 250

基本圆锥长度 L/mm		圆锥角公差等级					
		AT11			AT12		
		AT_α		AT_D	AT_α		AT_D
大于	至	μrad	(′)(″)	μm	μrad	(′)(″)	μm
≥ 6	10	5000	17′ 10″	> 32 ~ 50	8000	27′ 28″	> 50 ~ 80
10	16	4000	13′ 44″	> 40 ~ 63	6300	21′ 38″	> 63 ~ 100
16	25	3151	10′ 49″	> 50 ~ 80	5000	17′ 10″	> 80 ~ 125
25	40	2500	8′ 35″	> 63 ~ 100	4000	13′ 44″	> 100 ~ 160
40	63	2000	6′ 52″	> 80 ~ 125	3150	10′ 49″	> 125 ~ 200
63	100	1600	5′ 30″	> 100 ~ 160	2500	8′ 35″	> 160 ~ 250
100	160	1250	4′ 18″	> 125 ~ 200	2000	6′ 52″	> 200 ~ 320
160	250	1000	3′ 26″	> 160 ~ 250	1600	5′ 30″	> 250 ~ 400
250	400	800	2′ 45″	> 200 ~ 320	1250	4′ 18″	> 320 ~ 500
400	630	600	2′ 10″	> 250 ~ 400	1000	3′ 26″	> 400 ~ 630

注：1. 本标准中的圆锥角公差也适用于棱体的角度和斜度。

2. 圆锥角的极限偏差可按单向（α+AT、α-AT）或双向（$\alpha \pm$ AT/2）取值。

3. AT_α 和 AT_D 的关系为：$AT_D=AT_\alpha \times L \times 10^{-3}$，取值举例如下。

　例1：L 为63mm，选用 AT7，查表得 AT_α 为315μrad或1′ 05″；AT_D 取20μm。

　例2：L 为50mm，选用 AT7，查表得 AT_α 为315μrad或1′ 05″；AT_D 需计算，$AT_D=AT_\alpha \times L \times 10^{-3}=315 \times 50 \times 10^{-3}=$ 15.75（μm），取 AT_D 为 15.8μm。

4. 1μrad 等于半径为1m，弧长为 1μm 所对应的圆心角。5μrad≈1″，300μrad≈1′。

第二节　圆锥面的车削

一、转动小刀架车削圆锥面

1. 小刀架转动角度的校正

通过计算得知了小刀架应转动的角度，但实际操作不可能初次转动小刀架就能精确地达到这个角度。因此，对精度要求较高的圆锥，要在其加工过程中，在还留有一定加工余量时采用锥形塞规或套规来校正小刀架的转角，直到符合工件锥度的精度要求为止。小刀架转动角度的校正方法见表9-7。

2. 圆锥直径尺寸的测量和控制

上述涂色检查内外圆锥的方法，仅是解决校正圆锥的锥度，而圆锥的最大最小圆锥直径尺寸还须用下列几种方法进行测量和控制，见表9-8。

3. 刀架辅助刻度线的作用及划法

在采用转动小刀架车削圆锥面时，有时因零件锥度很大，小刀架转动的角度大于小刀架刻度，靠转盘原有刻度就无法准确地转动刀架。这时如果在小刀架转盘上作一辅助刻度线，便可弥补上述的不足了。为了使辅助刻度线尽可能精确，可按图9-5所示的方法作刻度线。

表 9-7　小刀架转动角度的校正方法

类别	说　明
校正方法	以加工圆锥孔为例，先按计算所得的角度初次转动小刀架车削圆锥孔。当锥形塞规能塞进 1/2 ～ 2/3 深时停车（在校正前，每次车削的吃刀深度不宜过大）。清理锥孔内表面，沿圆锥面的三个均布位置顺着锥体母线涂上一层显示剂（如白粉笔、红丹粉等），把锥形塞规放入锥孔内，靠住锥面在半圈范围内来回转动。随后取出观察，如果锥体的小端处有摩擦痕迹而大端处没有，则说明锥孔的锥度过大，必须适当减小小刀架的转动角度。如果出现相反现象，即大端处有摩擦痕迹，而小端处没有摩擦痕迹，则说明锥孔的锥度过小，必须适当增大小刀架的转动角度。调整转角后，再少量进给车削一刀，再重复上述方法进行检查校正。如此反复进行，直到锥形塞规上摩擦痕迹均匀时为止。锥形塞规上摩擦痕迹均匀，说明小刀架转角已符合工件锥度的精度要求，可以进行圆锥孔工件的精确加工了 　　若加工圆锥体，则可用锥形套规按同样方法进行角度的检查校正
注意事项	要注意在初校时，特别是当所校工件的锥度或尺寸较大时，除了通过摩擦痕迹来鉴别外，还须用手左右适当地摇动塞规（或套规），检查配合间隙，免得产生错觉

表 9-8　圆锥直径尺寸的测量和控制

类别	说　明
卡钳和千分尺测量法	主要适用于单件或小批加工，这与测量内孔或外圆基本相似。由于锥体有斜度，所以在测量时，卡钳或千分尺除了必须和工件的轴线垂直外，还要注意在测量孔径时内卡钳脚要卡在锥孔的口上；在测量锥体直径时，要卡在锥体最大端或最小端处
锥形塞规（或套规）测量法	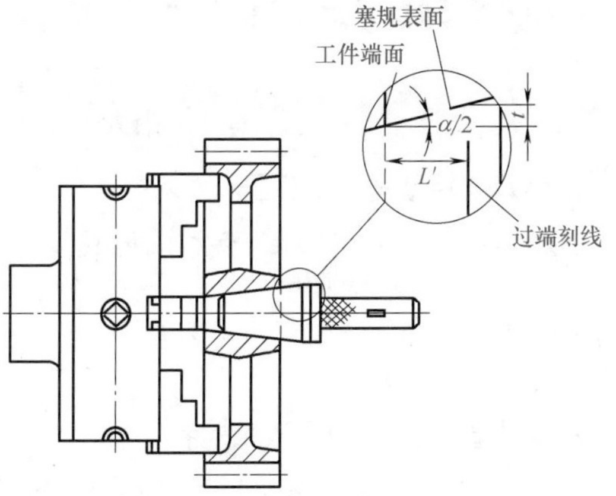 　　锥形塞规（或套规）测量法用于工件批量较大的情况 　　在锥形塞规上根据工件的直径尺寸和公差刻两条圆周线表示过端和止端如图 9-3 所示。在测量锥孔时，如果锥孔的大端平面在两条刻线之间，说明锥孔最大圆锥直径尺寸符合公差要求；如果超过了止端刻线，说明锥孔尺寸已超过公差范围；如果两条刻线都没有进入锥孔，则说明锥孔尺寸还小，须再车去一些 图 9-3　锥形塞规和套规 　　对于锥体最大圆锥直径尺寸的测量，可以在锥形套规上按尺寸及公差做出表示过端和止端的缺口进行控制如图 9-3(b)所示。其方法和测量锥孔最大圆锥直径相同 　　当圆锥孔（或圆锥体）的最小圆锥直径尺寸需要控制时，可以按最小圆锥直径尺寸及公差要求在锥形塞规（或套规）上刻出控制线（或做出控制缺口）来进行测量 　　当锥孔（或锥体）的轴向位置有精度要求时，还需控制它的尺寸基准面至锥形塞规刻线（或锥形套规缺口）之间的距离，使符合工件的装配要求 　　如图 9-4 所示，假使在使用锥形塞规测量锥孔时，工件锥孔大端平面离开锥形塞规过端线的距离为 L'，则吃刀深度 t 值可按下式求得： $$t = L' \tan \frac{\alpha}{2} \quad 或 \quad t = \frac{CL'}{2}$$ 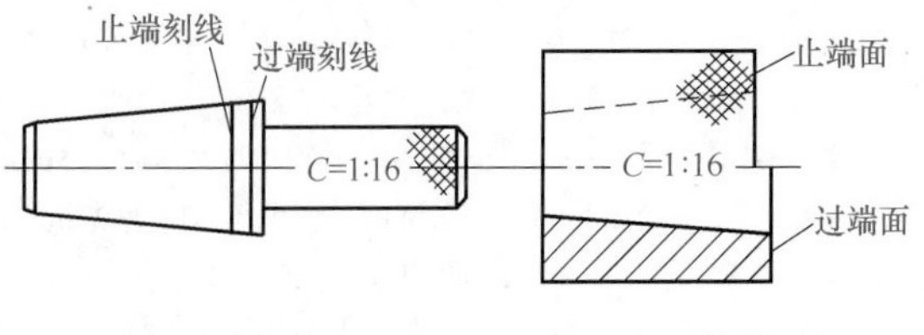 图 9-4　用锥形塞规掌握吃刀深度

　　在花盘上装一块 45°标准角度块，并进行校正，使角度块的 K 面平行于水平面，K' 面平行于车床主轴回转中心线，将小刀架逆时针转动 45°。在小刀架上安装百分表，以标准角度块的 45°斜面为基准，校正小刀架的 45°位置。然后在小刀架转盘上刻线的左面对准中拖板的 "0" 位线刻画一条辅助线，根据这条辅助线小刀架便可以准确地转过 90°。

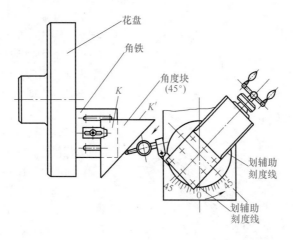

图 9-5　刀架辅助刻度线

同理，小刀架顺时针方向转动时在小刀架转盘刻线的右面也刻划一条辅助线。

注意

在车削伞齿轮坯及其他锥度较大而长度较小的工件时，必须在粗车时就使用万能量角器或角度卡板进行检验和校正，否则很容易造成工件报废。

二、车削外圆锥面

车削外圆锥面时，无论采用哪种方法，车刀刀尖都必须对准工件的中心，如果车刀刀尖高于或低于工件中心线，车出的外圆锥母线都不是直线，而是形成双曲线误差。因此，车削圆锥面安装车刀时，车刀刀尖一定要对准工件中心线。车刀对准工件中心可采用下面方法。

被加工外圆锥面如果是较短的实心工件，在三爪自定心卡盘上装夹时，当工件端面车出后，使车外圆锥面车刀的刀尖对正工件的端面中心就可以了。如果被加工外圆锥面是在两顶尖之间采用双顶法装夹，或者被加工工件是空心的，这时可采用划线的方法来对中心，就是先在工件的外圆面或端面涂上显示剂，然后用车刀的刀尖（或使用游标高度尺）在端面或外圆的面上划出一条水平线，然后将工件转过180°，再划出一条线。如果这两次划出的线重合在一起，就说明车刀的刀尖已经对准工件中心。如果两次划出的线不重合，这时要调整刀架上垫车刀的垫片厚度，车刀调整高低后，刀尖要对准两次划出线印的中间。

车床上加工外圆锥面的工步一般是先粗车外圆，然后车削圆锥面，最后再精车大端外圆直径。

车削外圆锥面重点是要保证圆锥角的正确，这时通常采用靠模法、宽刃车刀法、偏移尾座法、偏转小滑板法等。

（一）靠模法车削圆锥

对于长度较长、精度要求较高的锥体，一般采用靠模法车削。靠模装置能使车刀在做纵向进给的同时，还做横向进给，从而使车刀的移动轨迹与被加工零件的圆锥素线平行。

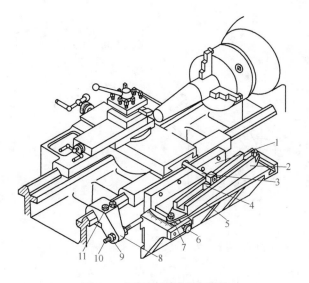

图 9-6 是一种车削圆锥表面的靠模装置。底座 1 固定在车床床鞍上，它下面的燕尾导轨和靠模体 5 上的燕尾槽滑动配合。靠模体 5 上装有锥度靠模 2，可绕中心旋转与工件轴线交成所需的圆锥半角（$\alpha/2$）。两只螺钉 7 用来固定锥度靠模 2，滑块 4 与中滑板丝杠 3 连接，可以沿着锥度靠模 2 自由滑动。当需要车圆锥时，用两只螺钉 11 通过挂脚 8，调节螺母 9 及拉杆 10 把靠模体 5 固定在车床床身上。螺钉 6 用来调整靠模斜度。当床鞍做纵向移动时，滑块就沿着靠板斜面滑动。由于丝杠和中滑板上的螺母是连接的，这样床鞍纵向进给时，中滑板就沿着靠模斜度做横向进给，车刀就合成斜进给运动。当不需要使用靠模时，只要把固定在床身上的两只螺钉

图 9-6　用靠模车削圆锥表面

1—底座；2—靠模；3—丝杠；4—滑块；5—靠模体；6、7、11—螺钉；
8—挂脚；9—螺母；10—拉杆

11 放松，床鞍就带动整个附件一起移动，使靠模失去作用。

图 9-7 是一种夹具靠模装置，使用方法如图 9-8 所示。刀架体 8 装在方刀架上，车刀装

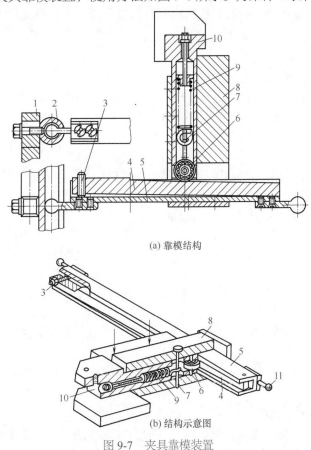

(a) 靠模结构

(b) 结构示意图

图 9-7　夹具靠模装置

1—支架；2—导轨；3—螺钉；4—靠模；5—靠模座；6—轴承；7—销子；8—刀架体；9—拉簧；10—刀体；11—球头手柄

在刀体 10 上。刀体在刀架体的方孔中可以前后滑动，通过销子 7、拉簧 9、使刀体上的轴承 6 与装在靠模座 5 中的靠模 4 接触。靠模座两端装有球头手柄 11，使用时活套在导轨 2 的圆槽中。支架 1 紧固在机床导轨的一定位置上，使刀尖大致在接触工件右端的位置时，球头手柄正好能套进导轨的圆槽中。当床鞍纵向进给时，轴承随刀架移动，而靠模受支架限制不能移动，因此刀体则随靠模板的斜度自动横向进给，形成车刀纵横进给的复合运动，车出外圆锥或圆锥孔。车削圆锥时，锥度大小由调节螺钉 3 来调节。

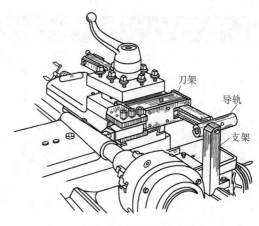

图 9-8　夹具靠模装置的使用情况

靠模法车削锥度的优点是调整锥度既方便又准确；因中心孔接触良好，所以锥面质量高；可机动进给车外圆锥和圆锥孔。但靠模装置的角度调节范围较小，一般在 12° 以内，比较适合于批量生产。

（二）宽刃刀车削圆锥

1. 宽刃刀的选择、刃磨及装夹（表 9-9）

表 9-9　宽刃刀的选择、刃磨及装夹

类别	说　明
宽刃刀的选择	对于 30°、45°、60°、75° 的圆锥半角，可选用主偏角与之相对应的车刀，对于其他的圆锥半角，可选用主偏角相接近的车刀。切削刃长度应大于圆锥素线长度，若切削刃长度小于素线长度，圆锥部分要接刀车削成形。切削刃要求平直，如图 9-9 所示，否则会使圆锥素线不直
图示	(a) 主切削刃大于圆锥素线　　(b) 直线度要好 图 9-9　宽刃刀的选择　　　(a) 正确　　(b) 不正确 图 9-10　宽刃刀主切削刃的检查
宽刃刀的刃磨方法	将粗磨后的宽刃刀放在砂轮托架上（注意：刀柄底面和托架面应无毛刺，并擦干净）。双手前后揑住刀柄，均匀、平稳、慢慢地移动，并使主切削刃与砂轮端面保持平行，以很小的刃磨量，轻轻刃磨，并用样板透光检查其直线度，如图 9-10 所示。要求较高的宽刃车刀，一般在工具磨床上磨出
宽刃刀的装夹和角度检查	如图 9-11 所示将宽刃刀轻夹在刀架上，在不影响车削的情况下，车刀伸出长度应尽量短。然后将角度样板或游标万能角度尺紧靠在工件的已加工面上，并使主切削刃与样板或游标万能角度尺面靠拢，移动中滑板使间隙逐步缩小，做透光检查，发现间隙不一致，可用铜棒或锤子轻轻敲刀柄，将角度纠正后锁紧刀架螺钉。锁紧刀架螺钉时，车刀角度有可能位移，最后还应再检查一次

类别	说 明
宽刃刀的装夹和角度检查	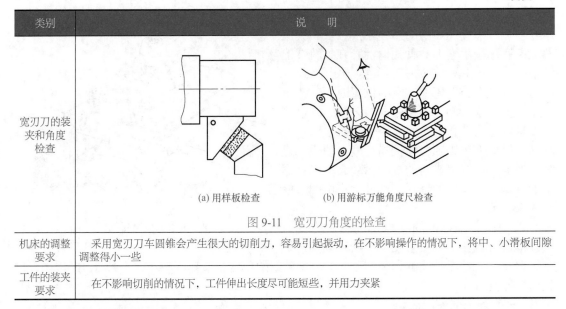 (a) 用样板检查　　　　　(b) 用游标万能角度尺检查 图 9-11　宽刃刀角度的检查
机床的调整要求	采用宽刃刀车圆锥会产生很大的切削力，容易引起振动，在不影响操作的情况下，将中、小滑板间隙调整得小一些
工件的装夹要求	在不影响切削的情况下，工件伸出长度尽可能短些，并用力夹紧

2. 宽刃刀车圆锥的操作方法（表 9-10）

表 9-10　宽刃刀车圆锥的操作方法

类别	说 明
切削用量的选择	根据刀具及工件材料，合理选择切削用量。当车削产生振动时，应适当减慢主轴转速
宽刃刀车圆锥的操作要领	当切削刃长度大于圆锥素线长度时，其车削方法是：将切削刃对准圆锥一次车削成形，如图 9-12（a）所示，车削时要锁紧床鞍，开始时中滑板进给速度略快，随着切削刃接触面的增加而逐步减慢，当车到尺寸时车刀应稍作滞留，使圆锥面光洁。当工件圆锥面长度大于切削刃长度时，一般采用接刀的方法加工，如图 9-12（b）所示，要注意接刀处必须平整 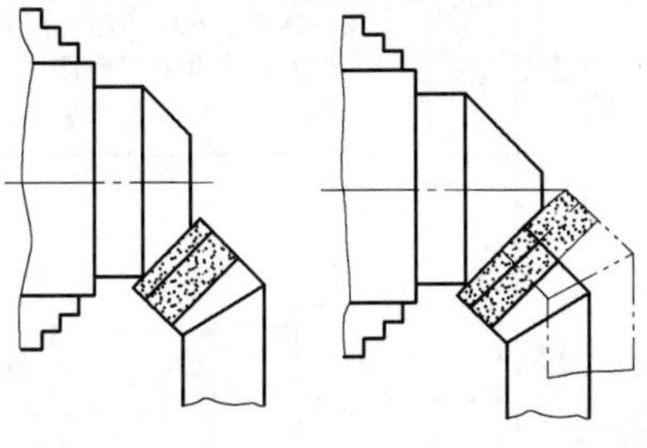 (a) 直进法车圆锥　　　(b) 接刀车圆锥 图 9-12　宽刃刀车圆锥
检查圆锥角度的方法	①用样板检查。用样板检查圆锥的方法，如图 9-13（a）所示 ②用游标万能角度尺检查。游标万能角度尺识读方法和普通的游标卡尺相似，不同的是：游标万能角度尺的尺身刻线表示（°），游标刻线表示（′），尺身和游标可以转动。检查时应在灯光的配合下进行，目测基本上无缝隙时，旋紧螺钉看刻度值，并做重复测量，以减少测量误差。图 9-13（b）所示角度值为 90°+45°30′ = 135°30′ 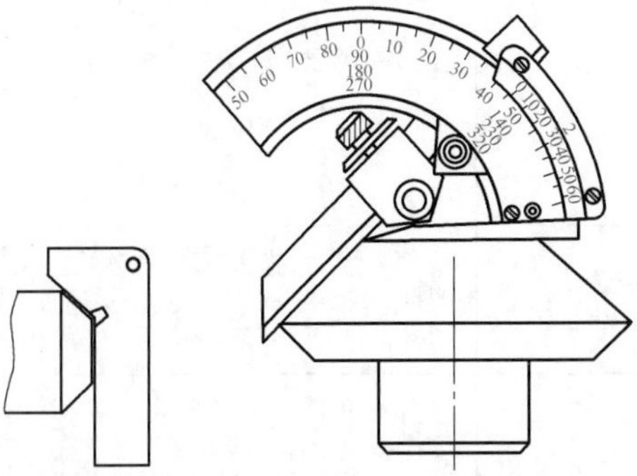 (a) 用样板检查　　(b) 用游标万能角度尺检查 图 9-13　检查圆锥角度的方法

类别	说　　明
宽刃刀车圆锥常见的弊病及产生原因	用宽刃刀车圆锥常见的弊端主要有下列几种 ①车削时产生振动。原因是刀具刚性不足、主切削刃与工件接触面过大、机床导轨间隙偏大、工件或车刀伸出太长等 ②圆锥表面粗糙。原因是接刀不平或车削时产生振动，以及车刀切削刃不平或严重磨损等 ③圆锥半角不正确。主要是装刀角度不正确或刀架螺钉及刀架手柄未紧固等而产生车刀角度位移 ④圆锥素线不直。主要是车刀切削刃未严格对准工件旋转中心或刃磨时切削刃直线度不好

（三）偏移尾座法车削外圆锥面

1. 偏移尾座法的特点和偏移量计算

偏移尾座法车削外圆锥面，就是将尾座上层滑板横向偏移一个距离 S，使尾座偏移后，前、后两顶尖连线与车床主轴轴线相交成一个等于圆锥半角的角度，当床鞍带着车刀沿着平行于主轴轴线方向移动切削时，工件就车成一个圆锥体，如图 9-14 所示。偏移尾座车外圆锥面的特点如下。

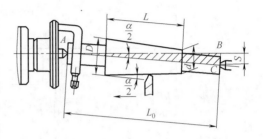

图 9-14　圆锥体工件

① 适宜于加工锥度小、精度不高、锥体较长的工件；受尾座偏移量的限制，不能加工锥度大的工件。

② 可以用纵向机动进给车削，使已加工表面刀纹均匀，表面粗糙度值小。

③ 由于工件需用两顶尖装夹，因此不能车削整锥体，也不能车削圆锥孔。因顶尖在中心孔中是歪斜的，不能良好的接触，所以顶尖和中心孔磨损不均匀。

④ 尾座偏移量的计算。尾座偏移量 S 可以根据下列近似公式计算：

$$S \approx L_0 \tan \frac{\alpha}{2} L_0 \times \frac{d-D}{2L} \text{ 或 } S = \frac{C}{2} L_0$$

式中　S——尾座偏移量，mm；

　　　D——圆锥大端直径，mm；

　　　d——圆锥小端直径，mm；

　　　L——圆锥长度，mm；

　　　L_0——工件全长，mm；

　　　C——锥度。

2. 偏移尾座的方法

先将前、后两顶尖对齐（尾座上、下层零线对齐），然后根据计算所得偏移量 S，偏移尾座上层采用表 9-11 所示的方法。

（四）偏转小滑板进给方向车外圆锥面

1. 车削方法

① 车床上车削圆柱形工件，车刀的进给方向是平行于主轴中心线的。若使进给方向与主轴中心线之间倾斜成一个角度，车出的表面就是一个圆锥面，偏转小滑板进给方向车圆锥面就是应用了这样的加工原理。

② 偏转小滑板进给方向主要是按照被加工圆锥面的圆锥半角转动小滑板，使小滑板导轨与车床主轴轴心线相交成圆锥半角 $\alpha/2$ 的角度，如图 9-19 所示，并通过手动进刀把圆锥面车削出来。由于受小滑板行程距离的限制，这种加工方法适用于长度较短的内、外圆锥面工件。

表9-11　偏移尾座的方法

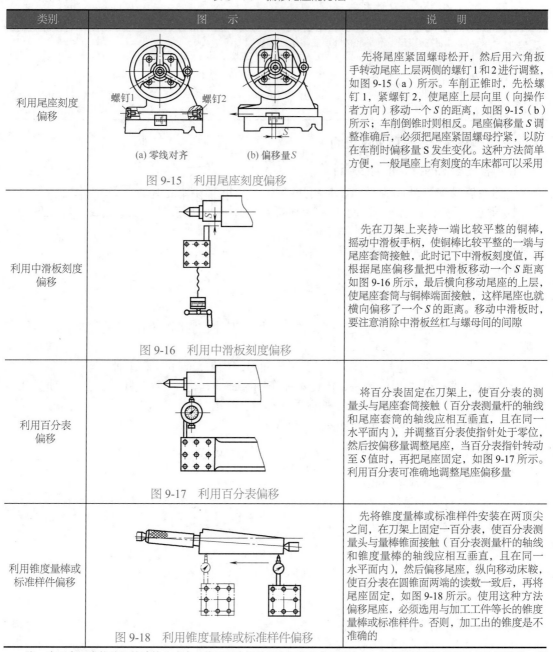

类　别	图　　示	说　　明
利用尾座刻度偏移	螺钉1　　螺钉2 (a) 零线对齐　　(b) 偏移量S 图9-15　利用尾座刻度偏移	先将尾座紧固螺母松开，然后用六角扳手转动尾座上层两侧的螺钉1和2进行调整，如图9-15（a）所示。车削正锥时，先松螺钉1，紧螺钉2，使尾座上层向里（向操作者方向）移动一个S的距离，如图9-15（b）所示；车削倒锥时则相反。尾座偏移量S调整准确后，必须把尾座紧固螺母拧紧，以防在车削时偏移量S发生变化。这种方法简单方便，一般尾座上有刻度的车床都可以采用
利用中滑板刻度偏移	图9-16　利用中滑板刻度偏移	先在刀架上夹持一端比较平整的铜棒，摇动中滑板手柄，使铜棒比较平整的一端与尾座套筒接触，此时记下中滑板刻度值，再根据尾座偏移量把中滑板移动一个S距离如图9-16所示，最后横向移动尾座的上层，使尾座套筒与铜棒端面接触，这样尾座也就横向偏移了一个S的距离。移动中滑板时，要注意消除中滑板丝杠与螺母间的间隙
利用百分表偏移	图9-17　利用百分表偏移	将百分表固定在刀架上，使百分表的测量头与尾座套筒接触（百分表测量杆的轴线和尾座套筒的轴线应相互垂直，且在同一水平面内），并调整百分表使指针处于零位，然后按偏移量调整尾座，当百分表指针转动至S值时，再把尾座固定，如图9-17所示。利用百分表可准确地调整尾座偏移量
利用锥度量棒或标准样件偏移	图9-18　利用锥度量棒或标准样件偏移	先将锥度量棒或标准样件安装在两顶尖之间，在刀架上固定一百分表，使百分表测量头与量棒锥面接触（百分表测量杆的轴线和锥度量棒的轴线应相互垂直，且在同一水平面内），然后偏移尾座，纵向移动床鞍，使百分表在圆锥面两端的读数一致后，再将尾座固定，如图9-18所示。使用这种方法偏移尾座，必须选用与加工工件等长的锥度量棒或标准样件。否则，加工出的锥度是不准确的

注：由于在尾座偏移量的计算公式中，将两顶尖间的距离近似看作工件全长，这样计算出的偏移量S为近似值。所以除利用锥度量棒或标准样件偏移尾座之外，其他按S值偏移尾座的三种方法，都必须经试切和逐步修正来达到精确的圆锥半角，以满足图样的要求。

③ 车削一般要求的锥度工件，转动小滑板时，如果图样中没有标注出偏转小滑板转动角的圆锥半角 $\alpha/2$，可按照公式 $\tan\dfrac{\alpha}{2}=\dfrac{D-d}{2L}$ 进行计算。

④ 采用偏转小滑板方法车削外圆锥面（图9-19）时，若工件的角度较大，如需要将小滑板转动80°角，但由于刻度盘上自零位起顺时针或逆时针转动，一般都各有50°，在这种情况下，可采用辅助刻线的方法。即先使小滑板逆时针方向转动50°如图9-20所示，对正中

滑板平面的 0°处，在转盘的圆周面上刻出一条辅助线；然后以刻出的辅助线为 0°，再使小滑板逆时针转动 30°，这时小滑板就转动 80°。

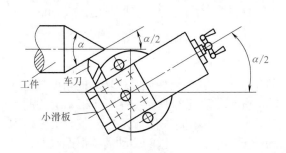

图 9-19　偏转小滑板车外圆锥面

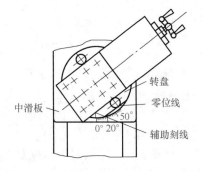

图 9-20　刻辅助线车大角度外圆锥

2. 小滑板偏转角度近似计算

按照公式 $\tan\dfrac{\alpha}{2}=\dfrac{D-d}{2L}$ 计算圆锥半径 $\alpha/2$，需要使用三角函数表查出角度值，在缺少三角函数表的情况下计算 $\alpha/2$ 时，可使用下面方法。如图 9-21 所示，圆锥半径 $\alpha/2$ 即小滑板偏转角度 β，是所要求的角度，$OEFB$ 为所要加工的圆锥面如图 9-21（b）所示。如果以 O 点为圆心，以 $OA=L$ 为半径作一个圆时，则这个圆与工件 OB 边相交于 S 点。若所求角度 $\alpha/2$ 用弧度表示，则得如下公式：

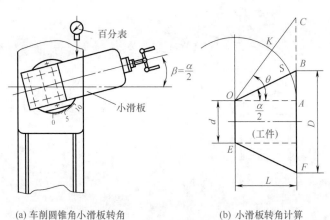

(a) 车削圆锥角小滑板转角　　　　　(b) 小滑板转角计算

图 9-21　计算小滑板转动角度

$$\frac{\alpha}{2}=\beta=\frac{\overset{\frown}{AS}}{OA}=\frac{\overset{\frown}{AS}}{L}\times 1\text{rad}\quad（弧度）$$

$$1\text{rad}=57.296°$$

若 $\overline{AB}$ 看做是近似 $\overset{\frown}{AS}$ 时（因为在角度很小时二者近似相等），即：

$$\overset{\frown}{AS}\approx\overline{AB}=\frac{D-d}{2}$$

将此代入上式则得：

$$\frac{\alpha}{2}=\beta=\frac{D-d}{2L}\times 57.296°=\frac{D-d}{L}\times 28.648°\approx\frac{D-d}{L}\times 28.65°$$

但从公式的推导来看，只有 $\alpha/2 \leqslant 5°$ 时 $\overset{\frown}{AS}$ 才能近似等于 $\overline{AB}$，即 $\dfrac{D-d}{L} < 0.175$ 时才能使用此公式。如果 $\alpha/2$ 增到 θ 时，从图中看到，$\overset{\frown}{AK}$ 就不等于 $\overline{AC}$，这时应用公式 $\tan\dfrac{\alpha}{2} = \dfrac{D-d}{2L}$ 计算才对，否则会出现明显的计算误差。该方法对于车削内锥面时计算同样适用。

3. 偏转小滑板时的准确方法

车床上，小滑板转动角度的刻度线一般每小格是 $0.5°$，如果需要转动的角度数值在度以后还有"′"或""""，此时就无法将小滑板准确地转动到刻线处，只能在相邻近的两个格间去估计。如：$\alpha=5°20'$，就只能在 $5°$ 和 $5.5°$（$5°30'$）中间去估计，甚至在加工过程中，将小滑板敲来敲去，尤其对于精度要求较高的锥度工件，小滑板的转动需要很准确时，就会更加困难。为了把握准确度，可采用精确校准小滑板转动角度：将磁性表座吸到三爪自定心卡盘平面上，按照工件的圆锥半角将小滑板转动 $\alpha/2$ 的角度。百分表平放，测量杆触头抵住小滑板侧面如图 9-22（a）所示。然后，移动溜板位置，用溜板箱处刻度盘控制移动距离，从百分表在两接触点上的读数差可知小滑板转动角度的准确性。如图 9-22（b）所示，AB 为小滑板在零度时的位置，$A'B'$ 为小滑板转动 $\alpha/2$ 后的位置，图中的 50 是用百分表校准小滑板转动角度是否准确时溜板的移动距离，这时：

$$\tan\beta = \frac{b-a}{50}, \quad b-a = 50\tan\beta$$

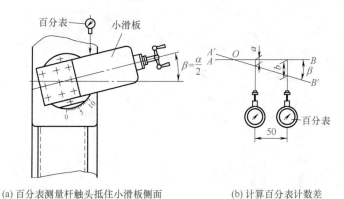

(a) 百分表测量杆触头抵住小滑板侧面   (b) 计算百分表计数差

图 9-22　小滑板转动角度校准方法

根据百分表在溜板移动前后测出的读数差，由上式计算可知小滑板转过角度的准确性。

例 1：在车床上车制莫氏 6 号的外圆锥面，校准小滑板转动角度误差时，使用图 9-22 所示方法，溜板移动距离按 50mm 计算，求百分表在两接触点的读数差应为多少？

解：从表 9-2 查出，莫氏 6 号圆锥的锥度 C 为 1 ∶ 19.180，$\beta=1°29'36''$，$\tan\beta=0.0261$。

用公式 $\tan\beta = \dfrac{b-a}{50}$，$b-a = 50\tan\beta$ 计算：

$$b-a=50\tan\beta=50 \times 0.0261=1.305（\text{mm}）$$

即小滑板转过角度 $1°29'36''$ 后，百分表触头抵住小滑板侧面，溜板移动 50mm，百分表在两处接触点的读数差为 1.305mm 时，小滑板转动角度是准确的。

小滑板转动角度还可通过各部尺寸都准确的样件进行校准。这时，将样件安装在前、后顶尖之间（如图 9-23 所示），小滑板上安装一只百分表，百分表的测量头对准样件中心，并压在样件的表面上。手摇小滑板，从圆锥面的一端移动到另一端，观察百分表的指针在移动过程中是否稳定，如果在样件母线的全长上百分表指针没有摆动，就说明小滑板转动角度是准确的。

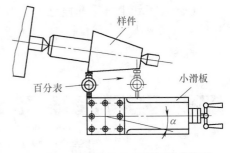

图 9-23　按样件校准小滑板转动位置

4. 偏转小滑板车外圆锥面操作步骤

操作时，先做好必要的准备工作，它包括装夹车刀、车刀刀尖对准工件中心、计算小滑板转动角度 $\alpha/2$、松开转盘螺母并将小滑板转至所需要角度 $\alpha/2$ 的刻度线上，以及调整好小滑板导轨的间隙等。然后按照以下步骤进行车削。

（1）车削圆柱体

调整主轴转速，按圆锥工件的大端直径及外圆锥面的长度，车削出圆柱体。

（2）粗车圆锥体

粗车时，移动中、小滑板位置，使车刀刀尖与工件轴端接触，然后，按照工件情况和加工需要，使小滑板后退一段距离，作为粗车外圆锥面起始位置。中滑板刻度置于零位。接着中滑板刻度向前进给，调整背吃刀量后开动车床，均匀地摇动小滑板手轮进行车削。由于是车削外锥度工件，所以切削过程中切削深度会逐渐减小，直至切削深度接近零位，这时，记下中滑板刻度值，将车刀退出，小滑板也快速退回原位。最后，在原刻度的基础上调整背吃刀量，将外圆锥小端车出，并留出 1.5～2mm 的余量。车削过程中，可采用由右向左进刀的车削方法如图 9-24 所示，也可采用由左向右的进刀方法如图 9-25 所示。第一种方法适于车削直径较大工件时使用；被车削件直径较小，刚性差时，一般采用第二种方法。

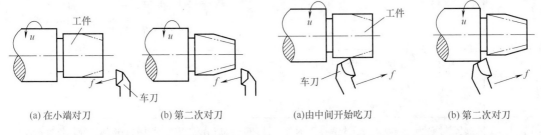

(a) 在小端对刀	(b) 第二次对刀	(a) 由中间开始吃刀	(b) 第二次对刀

图 9-24　由右向左进刀车外圆锥面　　　图 9-25　由左向右进刀车外圆锥面

（3）检查外圆锥角度

粗车过程中要检查外圆锥角度，用套规检查。外圆锥面经检查若不正确，就需调整小滑板位置，这时，松开转盘螺母（不要太松），轻轻敲动小滑板，使角度朝着正确的方向做极微小的转动。小滑板位置调整后，再进行试切削，直至用套规检查时，锥度正确为止。

（4）精车外圆锥面

提高车床主轴转速，缓慢均匀地摇动小滑板手柄精车外圆锥面。使用高速钢车刀低速精车时，切削液要充足。精车时要掌握外圆锥面的圆锥角和各部分尺寸。

（5）检验

精车后对外圆锥面进行检验。

三、车削内圆锥面

在车床上加工内圆锥面的方法主要有：转动小滑板法、宽刃刀法和铰内圆锥法。

（一）转动小滑板车削法

转动小滑板车削内圆锥面主要适用于单件、小批量生产，特别是锥孔直径较大、长度较短、锥度较大的圆锥孔工件。转动小滑板车削法见表 9-12。

表 9-12　转动小滑板车削法

类别	说　明
锥孔车刀的选择和装夹	① 钻孔。车削内圆锥面前，应先选择比锥孔小端直径小 1～2mm 的麻花钻钻孔 ② 锥孔车刀的选择和装夹。锥孔车刀刀柄尺寸受锥孔小端直径的限制，为增大刀柄刚度，宜选用圆锥形刀柄，且刀尖应与刀柄对称中心平面等高。车刀装夹时，应使刀尖严格对准工件回转中心，刀柄伸出的长度应保证其切削行程，刀柄与工件锥孔间应留有一定空隙。车刀装夹好后，应在停车状态全程检查是否产生碰撞。车刀对准工件中心的方法与车端平面时对准工件中心方法相同。在工件端面上有预制孔时，可采用以下方法对准工件中心：先初步调整车刀高低位置并夹紧，然后移动床鞍和中滑板，使车刀与工件端面轻轻接触，摇动中滑板使车刀刀尖在工件端面上轻轻划出一条刻线 AB，如图 9-26 所示。将卡盘旋转 180°左右，使刀尖通过 A 点再划出一条刻线 AC 如图 9-26（b）所示，若刻线 AC 与 AB 重合如图 9-26（a）所示，说明刀尖已对准工件回转中心。若 AC 在 AB 的下方如图 9-26（b）所示，说明车刀装低了；若 AC 在 AB 的上方如图 9-26（c）所示，说明车刀架高了。此时可根据 BC 间距离的 1/4 左右增、减车刀垫片，使刀尖对准工件回转中心 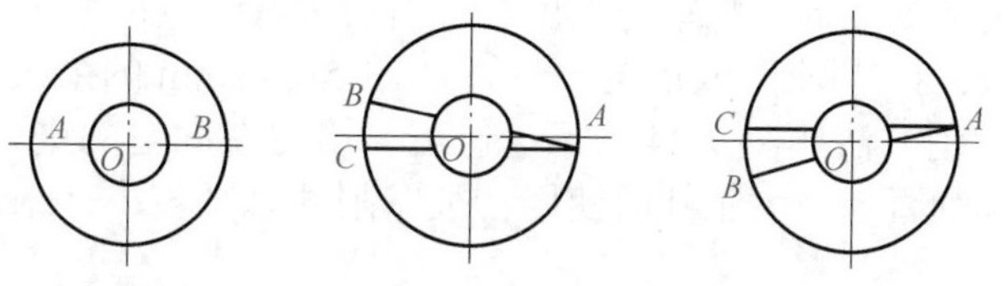 (a) 合格　　(b) 车刀低于工件回转中心　(c) 车刀高于工件回转中心 图 9-26　刀尖是否对准工件中心的判别
切削用量的选择	① 粗车时，切削速应比车外圆锥面时低 10%～20%；精车时，采用低速车削 ② 手动进给车削，进给速度应始终保持均匀，不能有停顿或快慢不均匀的现象，最后一刀的背吃刀量一般为 0.1～0.2mm ③ 精车钢件时，可以加注切削液，以减小表面粗糙度值，提高表面质量
转动小滑板车削内圆锥面	转动小滑板的方法与车削外圆锥面时相同，只是方向相反，应顺时针方向旋转，旋转角为 $\alpha/2$。车削前必须调整好小滑板导轨与镶条的配合间隙，并确定小滑板的行程。当粗车到圆锥塞规能塞进孔 1/2 长度时，应及时检查和校正圆锥角。把圆锥角调整准确后，再粗、精车内圆锥面至尺寸要求，如图 9-27 所示 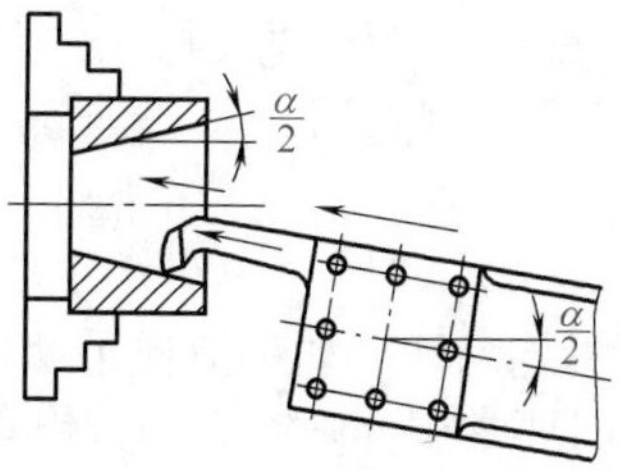 图 9-27　转动小滑板车削内圆锥面
精车内圆锥面控制尺寸的方法	精车内圆锥面控制尺寸的方法与精车外圆锥面控制尺寸的方法相同，也可以采用计算法或移动床鞍法确定背吃刀量，如图 9-28（a）、（b）、（c）所示

类别	说　明
精车内圆锥面控制尺寸的方法	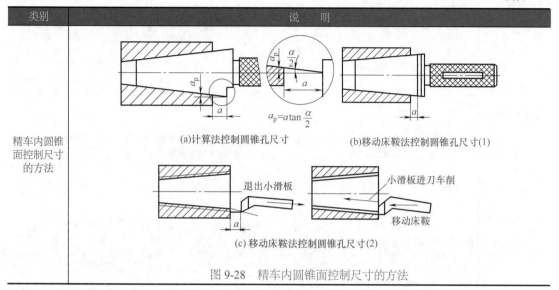 (a)计算法控制圆锥孔尺寸　　$a_p = a \tan \dfrac{\alpha}{2}$　　(b)移动床鞍法控制圆锥孔尺寸(1) (c) 移动床鞍法控制圆锥孔尺寸(2) 图 9-28　精车内圆锥面控制尺寸的方法

（二）宽刃刀车削法

宽刃刀车削内圆锥面方法，实质上属于成形法，主要适用于锥面较短、锥孔直径较大、圆锥半角精度要求不高，而锥面的表面粗糙度值要求较小的内圆锥面的车削。

使用宽刃刀车削内圆锥面时，要求车床应具有很高的刚度，以免车削时引起振动。

宽刃刀车削内圆锥面方法见表 9-13。

表 9-13　宽刃刀车削内圆锥面方法

类别	说　明	
宽刃刀的刃磨与装夹	宽刃锥孔车刀一般选用高速钢车刀，前角 γ_0 取 $20° \sim 30°$，后角 α_0 取 $8° \sim 10°$。车刀的刀刃必须刃磨平直，还应与刀柄底面平行，且与刀柄纵向对称中心平面的夹角为 $\alpha/2$，如图 9-29 所示。宽刃车刀装夹时，切削刃与工件回转轴线的夹角应为圆锥半角 $\alpha/2$，且与回转轴线等高。	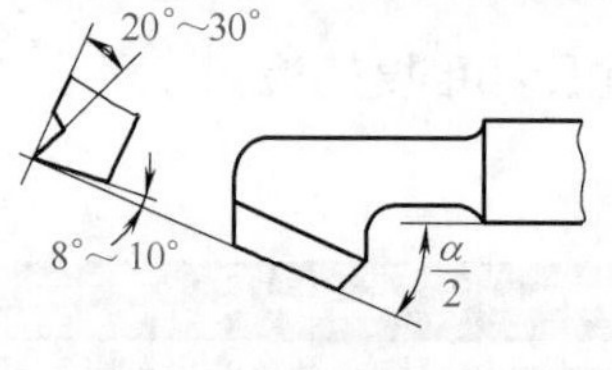 图 9-29　宽刃锥孔车刀的刃磨与装夹
用宽刃刀车内圆锥面的方法	先用车孔刀粗车内锥面，并留精车余量最 $0.15 \sim 0.25$mm。换宽刃锥孔车刀精车，将宽刃刀的切削刃伸入孔内，其长度大于锥长，横向（或纵向）进给时，应采用低速车削，如图 9-30 所示。车削时，使用切削液润滑，可使车出内锥面的表面粗糙度 Ra 值达到 1.6μm。	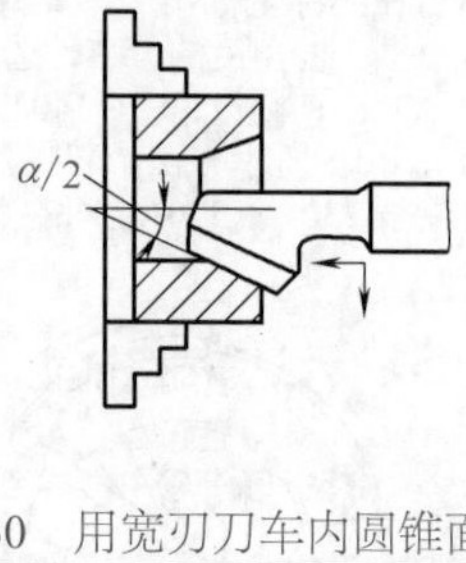 图 9-30　用宽刃刀车内圆锥面的方法

（三）铰削法

当圆内锥面直径较小，采用镗削法加工时由于镗刀杆细长，容易产生振颤而达不到所要求的加工精度和表面粗糙度的情况下，通常采用铰削法（见表 9-14）。车床上铰孔一般能达到 $Ra1.6$μm。

表 9-14　铰削法

类别	说　　明
铰削锥孔使用的铰刀	铰削内圆锥面，需要使用与内圆锥面的圆锥半角相同的锥形铰刀。锥形铰刀由粗铰刀、精铰刀组成一组，用来加工同一个孔径的孔。粗铰刀 [图 9-31（a）]在铰孔中要切除较多的加工余量，使锥孔成形。由于它所形成的切屑较多，所以，粗铰刀的刀槽少，容屑空间大，切屑不易堵塞。精铰刀[图 9-31（b）]用来获得必要的精度和表面粗糙度，切除的加工余量少而且均匀，所以，它的刀齿数目较多，锥度准确。每个刀齿的顶部都留有宽 0.2mm 左右的棱边，有利于提高孔的加工精度和降低表面粗糙度 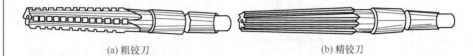 (a) 粗铰刀　　　　　　　　　　(b) 精铰刀 图 9-31　锥形铰刀
内圆锥面铰削方法	被铰削内圆锥面较短或直径尺寸较小时，可先按小端直径钻孔，再用锥形铰刀直接铰削。锥度较大或锥体较长的内圆锥孔，铰削前应先按小端直径钻孔，再粗镗出内圆锥孔，然后用粗、中、细铰刀依次铰孔。铰削内圆锥孔时，由于排屑条件不好，所以应选用较小的切削用量。在铰孔过程中，要经常将铰刀退出清除切屑，以防止切屑堵塞和摩擦加剧而影响铰孔效果。铰孔时，车床的主轴只能正转，不可反转，否则会影响铰孔质量，甚至损坏铰刀 　　铰孔中应使用切削液，对于钢和铜类材料一般用乳化液，钢件铰孔精度要求高时，可用柴油或猪油等。铰孔铸铁时可干铰，精铰铸铁孔可使用煤油。铝材铰孔也用煤油。用锥形铰刀铰内圆锥面的操作步骤如下 　　① 先做准备工作。它包括校准尾座中心，使尾座中心与主轴中心重合；按照被加工材料选择切削液和合理的切削用量等。铰内圆锥面时的切削速度与铰圆柱孔时相同，在进给量选择方面，铰大孔应比铰小孔的进给量小些 　　② 钻孔。工件铰孔前需先钻孔。使用比内圆锥面小端孔直径尺寸小 0.2 ～ 0.5mm 的钻头钻孔。钻孔时要先用中心钻或短钻头钻出定位孔，注意保证钻出孔的位置不歪斜，使孔的中心线与主轴中心同轴 　　③ 使用锥形铰刀铰内圆锥面。铰内圆锥面与铰圆柱孔方法基本相同，所不同的是铰内圆锥面时要注意控制铰孔深度，防止将小端直径铰大

四、圆锥的检验及质量分析

1. 角度和锥度的检测（表 9-15）

表 9-15　角度和锥度的检测

类别	说　　明
用游标万能角度尺检测	用游标万能角度尺可以测量 0° ～ 320° 范围内的任意角度。游标万能角度尺的示值一般分为 2′ 和 5′ 两种。游标万能角度尺的读数方法与游标卡尺的读数方法相似，即先从主尺上读出游标零线前面的整读数，然后在游标上读出"′"的数值，将两者相加就是被测件的角度数值。用游标万能角度尺检测外角度时，应根据工件角度的大小，选择不同的测量方法，如图 9-32 所示。测量 0° ～ 50° 的工件，可选图 9-32（a）所示方法；测量 50° ～ 140° 的工件，可选图 9-32（b）所示方法；测量 140° ～ 230° 的工件，可选用图 9-32（c）、（d）所示方法。若将角尺、夹块和直尺都卸下，由基尺和扇形板的测量面对被测工件进行测量，还可测量 230° ～ 320° 之间的工件 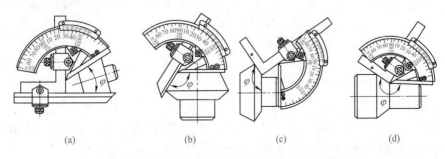 (a)　　　　　　(b)　　　　　　(c)　　　　　　(d) 图 9-32　用游标万能角度尺测量工件的方法

类别	说　　明
用角度样板检测	角度样板属于专用量具，常用在成批和大量生产时，以减少辅助时间。如图 9-33 所示为用角度样板测量锥齿轮角度的情况 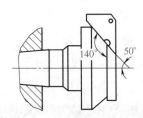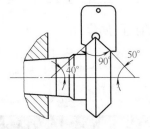 图 9-33　用角度样板测量锥齿轮的角度
涂色法检测	涂色法检测如图 9-34 所示，用于检测外圆锥面，圆锥塞规用于检测内圆锥面。用圆锥套规检测外圆锥面时，要求工件和套规表面清洁，且工件外圆锥表面粗糙度小于 $Ra3.2\mu m$ 且无毛刺。检测时，首先在工件表面顺着圆锥素线薄而均匀地涂上三条显示剂（印油、红丹粉、全损耗系统用油的调和物等），如图 9-35 所示。然后手握套规轻轻地套在工件上，稍加轴向推力，并将套规转动半圈，如图 9-36 所示。最后取下套规，观察工件表面显示剂擦去的情况。若三条显示剂全长擦去痕迹均匀，圆锥表面接触良好，说明锥度正确，如图 9-37 所示；若小端擦去，大端未擦去，说明圆锥角小了；若大端擦去，小端未擦去，则说明圆锥角大了 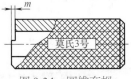 图 9-34　圆锥套规　　　　图 9-35　涂色方法 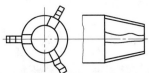 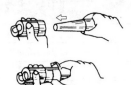 图 9-36　用套规检查圆锥　　图 9-37　合格的圆锥面展开图 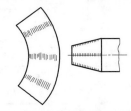

2. 圆锥尺寸的检测（表 9-16）

表 9-16　圆锥尺寸的检测

类别	说　　明
用圆锥界限量规检测	圆锥的最大或最小圆锥直径可以用圆锥界限量规来检验，如图 9-38 所示。塞规和套规除了有一个精确的圆锥表面外，端面上还有一个台阶（或刻线）。台阶长度（或刻线之间的距离）m 就是最大或最小圆锥直径的公差范围。检验内圆锥面时，若工件的端面位于圆锥塞规的台阶（或两刻线）之间，则说明内圆锥的最大圆锥直径合格，如图 9-38（a）所示；若工件的端面位于圆锥套规的台阶（或两刻线）之间，则说明外圆锥的最小圆锥直径合格，如图 9-38（b）所示 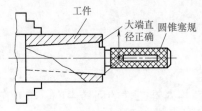 （a）检验内圆锥面的最大圆锥直径　　　（b）检验外圆锥面的最小圆锥直径 图 9-38　用圆锥界限量规测量工件的方法

类别	说　明
用卡钳和千分尺检测	圆锥精度要求较低及加工中粗测圆锥尺寸时，可以使用卡钳和千分尺测量。测量时，必须注意使卡钳脚或千分尺测量杆和工件的轴线垂直，测量位置必须在圆锥的最大或最小圆锥直径处

3. 车圆锥面时质量分析

车削内外圆锥面时，由于对操作者技能要求较高，在生产实践中，往往会因各种原因而产生很多缺陷。车圆锥面时产生废品的原因及预防措施见表 9-17。

表 9-17　车圆锥面时产生废品的原因及预防措施

废品种类	产生原因		预防措施
表面粗糙度达不到要求	①切削用量选择不当		①正确选择切削用量
	②手动进给错误		②手动进给要均匀，快慢一致
	③车刀角度不正确，刀尖不锋利		③刃磨车刀，角度要正确，刀尖要锋利
	④小滑板镶条间隙不当		④调整小滑板镶条间隙
	⑤未留足精车或铰削余量		⑤要留有适当的精车或铰削余量
双曲线误差	车刀刀尖未对准工件轴线		车刀刀尖必须严格对准工件轴线
锥度、角度不正确	用转动小滑板法车削时	①小滑板转动角度计算错误或小滑板角度调整不当	①仔细计算小滑板应转动的角度、方向，反复试车校正
		②车刀没有固紧	②紧固车刀
		③小滑板移动时松紧不均	③调整镶条间隙，使小滑板移动均匀
	用偏移尾座法车削时	①尾座偏移位置不正确	①重新计算和调整尾座偏移量
		②工件长度不一致	②若工件数量较多，其长度必须一致，或两端中心孔深度一致
	用仿形法车削时	①靠模角度调整不正确	①重新调整锥度靠模板角度
		②滑块与锥度靠模板配合不良	②调整滑块和锥度靠模板之间间隙
	用宽刃刀法车削时	①装刀不正确	①调整切削刃的角度和对准中心
		②切削刃不直	②修磨切削刃的直线度
		③刃倾角 $\lambda_s \neq 0$	③重磨刃倾角，使 $\lambda_s = 0$
	铰内圆锥面时	①铰刀锥度不正确	①修磨铰刀
		②铰刀轴线与主轴轴线不重合	②用百分表和试棒调整尾座套筒轴线
大小端尺寸不正确	①未经常测量大小端直径		①经常测量大小端直径
	②控制刀具进给错误		②及时测量，用计算法或移动床鞍法控制背吃刀量 a_p

车圆锥时，虽经多次调整小滑板的转角，但仍不能校正；用圆锥套规检测外圆锥时，发现两端显示剂被擦去，而中间未被擦去；用圆锥塞规检测内圆锥时，发现中间部位显示剂被擦去，而两端未被擦去。出现以上情况的原因，是由于车刀刀尖没有对准工件轴线而产生双曲线误差。

> **注意**
>
> 　　车圆锥时，一定要使车刀刀尖严格对准工件的回转中心，车刀在中途经刃磨后再装刀时，必须调整垫片厚度，重新对中心。

第三节　数控车圆锥面

在掌握车台阶圆的基础上车锥圆是比较简单的，没有新的指令，仅有新的编程方法。

一、车锥圆

例题 1：被加工零件如图 9-39 所示。材料 45 钢，刀具 YT5。

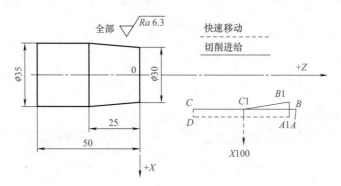

图 9-39　被加工零件图（一）

1. 设定工件坐标系

工件右端面的中心点为坐标系的零点。

2. 选定换刀点

点（$X100$，$Z100$）为换刀点。

3. 编写加工程序（表 9-18）

表 9-18　参考程序（一）

程　　　序	简要说明
O0302；	程序名，用 O 及 O 后 4 位数表示
10　G0　X100　Z100　T0101；	到换刀点，换 1 号刀，建立 1 号刀补，建立工件坐标系
20　G97　G98　M3　S800　F80；	主轴正转，800r/min，走刀量 80mm/min
30　G0　Z2；	快速定位到 Z2
40　　　X37；	快速定位到 X37（A 点）
50　G1　X35；	直线插补到 X35
60　　　Z-50；	直线插补到 Z-50
70　G0　X37；	快速定位到 X37
80　　　Z0；	快速定位到 Z0
90　G1　X30；	直线插补到 X30
100　　X35　Z-25；	直线插补到 X35，Z-25 车锥体
110　G0　X100	快速定位到 X100
120　　　Z100；	快速定位到 Z100
130　M30；	程序结束，主轴停，冷却泵停，返回程序开头

4. 要点提示

① 第 80 程序段不能到 Z2，只能到 Z0，这是由锥圆的特点决定的，如到 Z2 要进行锥度

的计算。

② 第 100 程序段车锥体，X 和 Z 坐标要写在 1 个程序段。需要指出的是 X 和 Z 坐标是锥体的终点坐标。

③ 第 80 和 90 程序段分别指定了 Z0 和 X30，这是锥圆的起点坐标。

④ 车圆锥和圆弧须进行刀尖半径补偿。

⑤ 刀移动路线：A → B → C → D → A1 → B1 → C1 → X100（到换刀点）。

例题 2：被加工零件如图 9-40 所示。材料：45 钢，刀具 YT5。

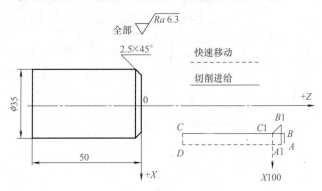

图 9-40　被加工零件图（二）

1. 设定工件坐标系

工件右端面的中心点为坐标系的零点。

2. 选定换刀点

点（X100，Z100）为换刀点。

3. 编写加工程序（表 9-19）

表 9-19　参考程序（二）

程　　序	简要说明
O0303；	程序名，用 O 及 O 后 4 位数表示
10　G0　X100　Z100　T0101；	到换刀点，换 1 号刀，建立 1 号刀补，建立工件坐标系
20　G97　G98　M3　S800　F80；	主轴正转，800r/min，走刀量 80mm/min
30　G0　Z2；	快速定位到 Z2
40　　　X37；	快速定位到 X37（A 点）
50　G1　X35；	直线插补到 X35
60　　　Z–50；	直线插补到 Z–50
70　G0　X37；	快速定位到 X37
80　　　Z0；	快速定位到 Z0
90　G1　X30；	直线插补到 X30
100　　X35　Z–2.5；	直线插补到 X35，Z–2.5 车锥体
110　G0　X100；	快速定位到 X100
120　　　Z100；	快速定位到 Z100
130　M30；	程序结束，主轴停，冷却泵停，返回程序开头

4. 要点提示

① 车倒角是车锥体的一种形式，要注意计算倒角起点和终点。

② 只要注意把握车锥体的起点和终点，在掌握车台阶轴的基础上掌握车锥体的要领是不难的。

③ 刀移动路线：$A \rightarrow B \rightarrow C \rightarrow D \rightarrow A1 \rightarrow B1 \rightarrow C1 \rightarrow X100$（到换刀点）。

二、车内锥孔

1. 内锥孔的概念

① 定义：内锥孔是内孔中较难加工的零件类型，内孔类零件精度要求一般较高，加工难度主要是受孔径和孔深的限制、刀杆细而长、刀杆刚性差、切削时切屑不易排出、切削区域不易观察、加工精度不易控制。

② 技术要求：一般内孔零件除了尺寸精度外，表面粗糙度要求比较高。

③ 毛坯形式：毛坯常用热轧圆棒料、冷拉圆棒料，批量生产的零件多用锻件。

2. 常用加工方法

① 常用车刀：90°内孔偏刀（用于不通孔和细长孔）、75°内孔偏刀、内槽车刀、内螺纹车刀等。

② 装夹方法：毛坯是棒料时，一般选用夹持一端外圆；毛坯是锻料时，夹持外圆（或撑内孔）。

3. 工作步骤

（1）零件图

零件图如图 9-41 所示，毛坯是 ϕ70mm、长 200mm 的 45 正火圆钢，单件生产。

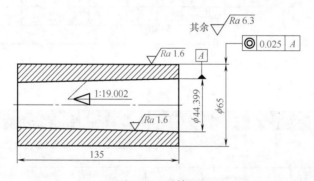

图 9-41　零件图

（2）刀具选择和装夹方法

① 刀具选择：

a. 外圆粗车用 YT5、90°右偏刀；

b. 外圆精车用 YT5、90°右偏刀；

c. 内孔粗车用 YT5、75°内孔刀（通孔刀）；

d. 内孔精车用 YT5、75°内孔刀（通孔刀）；

e. 切断用 YT5、4mm 切断刀；

f. 选择 ϕ35mm 钻头。

② 装夹方法：用三爪自定心卡盘夹持毛坯左端，伸出爪 150mm。

（3）工艺分析

① 工艺路线：精车右端面→钻孔→粗车外圆→粗车内孔→精车内孔→精车外圆→切断。

② 确定编程原点：以工件右端面中心为编程原点。

③ 确定编程用指令：外圆粗精车用 G90 指令，内孔粗车用 G71 指令，精车用 G70 指令。

（4）编程尺寸计算

计算锥孔小端直径。

锥孔小端直径＝大端直径－长度 × 锥度

$$= 44.399 - 135 \times 1/19.002 = 37.294（mm）$$

（5）填写工艺卡（表 9-20）

单位：mm

表 9-20　工艺卡

工序号	工序内容	定位基准	加工设备
10	下料 ϕ70 长 200	ϕ70 外圆	弓锯床
20	钻孔 ϕ35，车外圆，车内孔	ϕ70 外圆左端伸出爪 150	CAK36/75
30	检验		

（6）填写工序卡（表 9-21）

表 9-21　工序卡

工步号	工步内容	刀具号	刀具规格	切削速度	进给量 /（mm·r⁻¹）	背吃刀量 / mm	备注
10	粗车外圆	0101	90°右偏刀	80	0.3	4.6	
20	粗车内孔	0404	75°内孔刀	80	0.2	2	
30	精车内孔	0404	75°内孔刀	100	0.1	0.4	
40	精车外圆	0101	90°右偏刀	100	0.1	0.4	
50	切断	0202	4mm 切断刀	50	0.1	4	
60	检验						

（7）编写加工程序（表 9-22）

表 9-22　参考程序（三）

程　　序	简要说明
O0301;	程序名，用 O 及 O 后 4 位数表示
G0　X150　Z200　T0101;	到换刀点，换 1 号刀，建立 1 号刀补，建立工件坐标系（程序段号可省写）
G99　G96　M3　S80　F0.3;	主轴正转，恒线速 80m/min，每转进给 0.3
G50　S2000;	最高转速限制在 2000r/min
G0　Z2;	快速定位到 Z2
X72;	快速定位到 X72
G90　X65.4　Z–139 G90;	切削循环
G0　X150;	快速定位到 X150
Z200;	快速定位到 Z200
T0404;	换 4 号刀
G0　X33;	快速定位到 X33
Z2;	快速定位到 Z2
G71　U1　R1;	G71：切削循环；U：粗车 X 轴的切削量 1，半径值；R：粗车 X 轴退刀量 1，半径值
G71　P10　Q20　U–0.4　W0.2;	G71：切削循环；P：精车轨迹第一程序段 N10；Q：精车轨迹最后程序段 N20；U：X 轴的精加工余量 –0.4；W：Z 轴的精加工余量 0.2
N10　G1　X44.399;	直线插补到 X44.399

程　　序	简要说明
Z0;	直线插补到 Z0
N20　X37.294　Z-135;	直线插补到 X37.294，Z-135
S100　F0.1;	
G70　P10　Q20;	G70：精车，P：精车轨迹第一程序段 N10；Q：精车轨迹最后程序段 N20
G0　Z200;	快速定位到 Z200
X150;	快速定位到 X150
T0101;	换 1 号刀
G90　X65　Z-135;	G90 切削循环
G0　X150;	快速定位到 X150
Z200;	快速定位到 Z200
T0202　S50　F0.1;	换 2 号刀
G0　Z-139;	快速定位到 Z-139
G0　X72;	快速定位到 X72
G1　X33;	直线插补到 X33
G0　X150;	快速定位到 X150
Z200;	快速定位到 Z200
M30;	程序结束，主轴停，冷却泵停，返回程序开头

4. 要点提示

① 此零件是车内锥的典型零件，使用 G71 指令。可以使用 G90 指令或子程序加工，但使用 G71 指令较好。

② 此零件的轴向尺寸没有标注公差，编程时不需要进行轴向尺寸的计算。

③ 注意 G71 指令的 U-0.4，是指 X 方向的进刀为负方向，即车内孔时 X 的进刀方向。

④ 注意车内孔时的背吃刀量，要比车外圆时小得多。

⑤ 此零件是车床加工的最常见类型，必须熟练掌握。

第四节　加工实例

实例一：转动小滑板车削内、外圆锥配合件

1. 加工要求

转动小滑板车削内、外圆锥配合件的加工尺寸如图 9-42 所示。转动小滑板车削内、外圆锥配合件的加工要求如下。

① 零件材料为 45 钢。

② 毛坯尺寸 /mm：$\phi42 \times 100$，件数各 1。

③ 工时数 /min：90、120。

2. 加工方法

转动小滑板车削内、外圆锥配合件的车削步骤

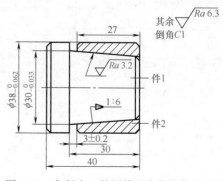

图 9-42　车削内、外圆锥配合件的加工尺寸

如下。

（1）件1操作步骤

①用三爪自定心卡盘夹住棒料外圆，伸出长度 50mm，校正并夹紧。

②车削端面（车平即可）。

③粗、精车外圆 $\phi 30_{-0.033}^{0}$mm、长 30mm 至要求，并车平台阶面。

④粗、精车外圆 $\phi 38_{-0.062}^{0}$mm、长大于 10mm（工件总长 40mm）至要求。

⑤调整小滑板转角，粗车外圆锥面，并保证圆锥角。

⑥精车外圆锥面，锥面大端处应离台阶面不大于 1.5mm。

⑦倒角 C1，去毛刺。

⑧切断，保证工件总长 41mm。

⑨调头，垫铜皮夹住外圆 $\phi 38_{-0.062}^{0}$mm，校正并夹紧。

⑩车削端面，保证总长 40mm；倒角 C1。

（2）件2操作步骤

①用三爪自定心卡盘夹住棒料外圆，伸出长度 35～40mm，找正并夹紧。

②车端面，车平即可。

③粗、精车外圆 $\phi 38_{-0.062}^{0}$mm，长 30mm 至要求，倒角 C1。

④钻 $\phi 23$mm 孔、深 30mm 左右。

⑤切断，控制总长 28mm。

⑥调头，垫铜皮夹住外圆 $\phi 38_{-0.062}^{0}$mm，校正并夹紧。

⑦车削端面，保证总长 27mm；倒角 C1。

⑧粗、精车内圆锥面，保证圆锥角和配合距离 3 ± 0.2mm。

实例二：车圆锥齿轮轮坯

1. 加工要求

圆锥齿轮轮坯的加工尺寸如图 9-43 所示。圆锥齿轮轮坯的加工要求：零件材料为 45 号热轧钢，毛坯尺寸 $\phi 95$mm × 46mm，加工数量 10 件。

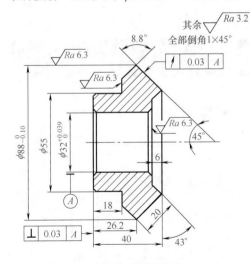

图 9-43　圆锥齿轮轮坯的加工尺寸

2. 加工方法

车圆锥齿轮轮坯的加工方法有如下几点。

① 工件有较高的位置精度要求（垂直度和圆锥面径向跳动不大于 0.03mm），而且不能全部采用"一刀落"的加工方法，因此，在加工中采用杠杆百分表进行校正。

② 加工该工件时小拖板要转三个角度。由于圆锥的角度标注方法不同，小拖板不能直接按图样上所标注的角度去转动，必须经过换算。

③ 车削齿面角和齿背角时，可用游标量角器或样板测量各角度。车削内孔可用光滑塞规或内径百分表测量。

④ 车削工件的齿面角和齿背角时，应使两锥面相交外径上留 0.1mm 的宽度。

3. 加工步骤

圆锥齿轮轮坯的车削步骤如下（单位：mm）。

① 检查毛坯尺寸，用三爪卡盘装夹零件，校正、夹紧。

a. 车端面（车平即可）；

b. 车外圆至 $\phi 90$。

② 工件调头夹持 $\phi 90$、外圆长 15，校正夹紧。

a. 粗、精车端面（总长 40，留 1mm 余量）；

b. 粗、精车 $\phi 55$ 及轴向尺寸 18；

c. 钻、扩孔（孔径 $\phi 32$ 留 1mm 余量）；

d. 倒两处角（内孔倒角应为 $1.5 \times 45°$）。

③ 工件调头夹持 $\phi 55$ 外圆，长 12，用杠杆百分表校正工件反平面（跳动量不大于 0.03mm）夹紧。

a. 精车端面至总长 40；

b. 精车外圆至 $\phi 88_{-0.10}^{0}$；

c. 逆时针方向旋转小拖板 45°，车削齿面角，并控制斜面长 20；

d. 小拖板复位后在顺时针方向旋转 47° 车齿背面；

e. 车内锥面，深 6；

f. 小拖板复位，精车内孔至尺寸 $\phi 32_{0}^{+0.039}$；

g. 内孔倒角 $1 \times 45°$。

④ 检验。

4. 车削时注意事项

① 车锥面时，小拖板手动进给要均匀连续。

② 车削齿面和齿背角时，注意小拖板的旋转方向。车削过程中须用游标量角器或角度样板检查和校正，以防造成工件报废。

③ 车削齿面角和齿背角时，要注意车刀主、副偏角的选择和车刀刀架安装位置的确定。车齿背角时可考虑选用反偏刀车削。装刀时，刀尖必须对准工件轴线。

④ 车削各锥面时，注意小拖板行程位置是否合理、安全。在旋紧小拖板的紧固螺母时，要防止扳手因打滑而擦伤手。

第十章
螺纹的车削

第一节 三角形螺纹的车削

一、三角形螺纹的基本知识

在各种机械产品中，带有螺纹的零件应用广泛。螺纹的种类很多，如图 10-1 所示，具体说明见表 10-1。

(a)三角形螺纹　　(b)矩形螺纹　　(c)梯形螺纹　　(d)锯齿形螺纹　　(e)圆形螺纹

图 10-1　螺纹的分类

表 10-1　螺纹的分类和说明

类别	说　　明
按用途分	可分为紧固螺纹、传动螺纹和紧密螺纹，如车床上用来装夹刀具的螺纹称为紧固螺纹，车床长丝杠上螺纹为传动螺纹，车床冷却管道管接螺纹为紧密螺纹
按牙型分	可分为三角形、矩形、梯形、锯齿形和圆形螺纹如图 10-1 所示
按螺旋线方向分	可分为左旋螺纹和右旋螺纹
按螺线数分	可分为单线螺纹和多线螺纹。圆柱体上只有一条螺旋槽的螺纹叫单线螺纹，有两条或两条以上的螺旋槽的螺纹叫多线螺纹如图 10-2 所示  (a) 单线螺纹　　(b) 双线螺纹　　(c) 三线螺纹 图 10-2　单线螺纹和多线螺纹
按螺纹母体形状分	可分为圆柱螺纹和圆锥螺纹

（一）普通螺纹术语、各部分名称及尺寸计算

螺纹要素由牙型、公称直径、螺距（或导程）、线数、旋向和精度等组成。螺纹的形成、尺寸和配合性能取决于螺纹要素，只有当内、外螺纹的各要素相同时，才能互相配合。

普通螺纹术语、各部分名称及尺寸计算见表 10-2。

表 10-2　普通螺纹术语、各部分名称及尺寸计算

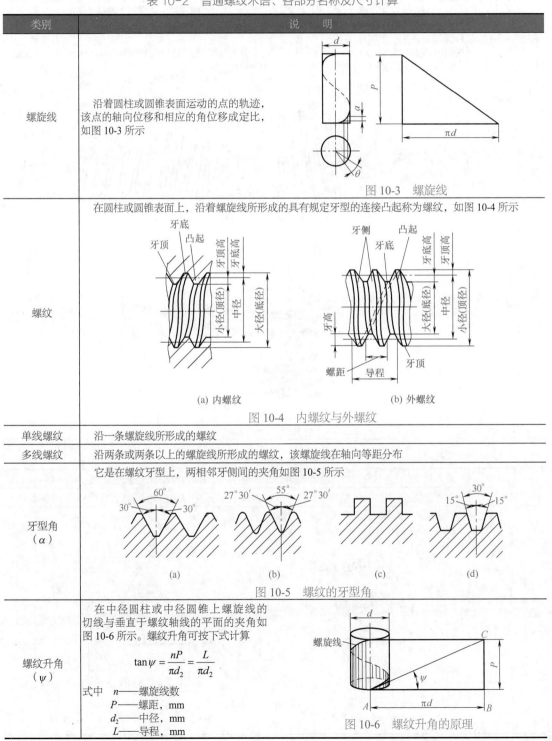

类别	说　明
螺旋线	沿着圆柱或圆锥表面运动的点的轨迹，该点的轴向位移和相应的角位移成定比，如图 10-3 所示
	图 10-3　螺旋线
螺纹	在圆柱或圆锥表面上，沿着螺旋线所形成的具有规定牙型的连接凸起称为螺纹，如图 10-4 所示
	(a) 内螺纹　(b) 外螺纹 图 10-4　内螺纹与外螺纹
单线螺纹	沿一条螺旋线所形成的螺纹
多线螺纹	沿两条或两条以上的螺旋线所形成的螺纹，该螺旋线在轴向等距分布
牙型角（α）	它是在螺纹牙型上，两相邻牙侧间的夹角如图 10-5 所示
	图 10-5　螺纹的牙型角
螺纹升角（ψ）	在中径圆柱或中径圆锥上螺旋线的切线与垂直于螺纹轴线的平面的夹角如图 10-6 所示。螺纹升角可按下式计算 $$\tan\psi = \frac{nP}{\pi d_2} = \frac{L}{\pi d_2}$$ 式中　n——螺旋线数 　　　P——螺距，mm 　　　d_2——中径，mm 　　　L——导程，mm 图 10-6　螺纹升角的原理

类别	说　明
螺距（P）	是相邻两牙在中径线上对应两点间的轴向距离
导程（L）	是在同一条螺旋线上相邻两牙在中径线上对应两点间的轴向距离 当螺纹为单线螺纹时，导程与螺距相等（$L=P$）；当螺纹为多线时，导程等于螺旋线数（n）与螺距（P）的乘积，即 $L=nP$，如图 10-6 所示
螺纹小径（d、D）	是指与外螺纹牙顶或内螺纹牙底相切的假想圆柱或圆锥的直径。外螺纹大径用 d 表示，内螺纹大径用 D 表示。国家标准规定，螺纹大径的基本尺寸称为螺纹的公称直径，它代表螺纹尺寸的直径
螺纹中径（d_2、D_2）	中径是一个假想圆柱或圆锥的直径，该圆柱或圆锥的素线通过牙型上沟槽和凸起宽度相等的地方，该假想圆柱或圆锥称为中径圆柱或中径圆锥。外螺纹中径用 d_2 表示，内螺纹中径用 D_2 表示。外螺纹的中径和内螺纹的中径相等，即 $d_2=D_2$，如图 10-7 所示 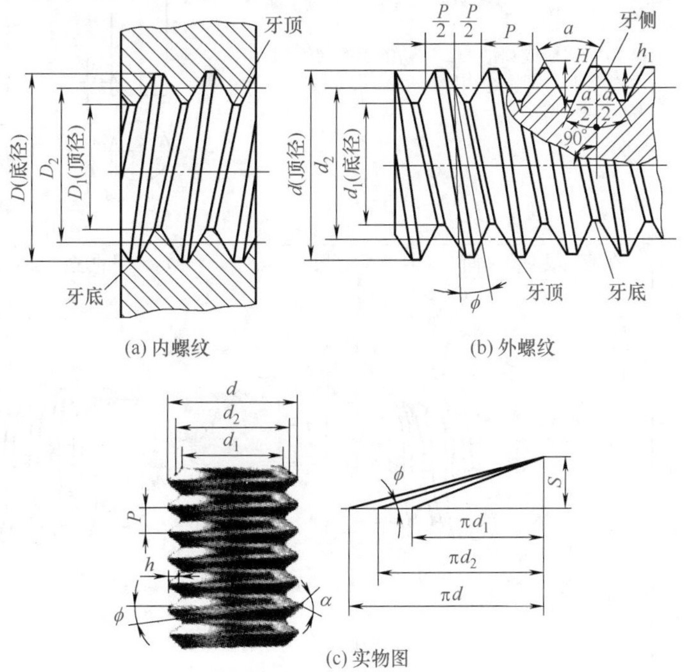 图 10-7　普通螺纹的各部分名称
螺纹小径（d_1、D_1）	它是与外螺纹牙底或内螺纹牙顶相切的假想圆柱或圆锥的直径。外螺纹的小径用 d_1 表示，内螺纹的小径用 D_1 表示
顶径	与外螺纹或内螺纹牙顶相切的假想圆柱或圆锥的直径，即外螺纹的大径或内螺纹的小径
底径	与外螺纹或内螺纹牙底相切的假想圆柱或圆锥的直径，即外螺纹的小径或内螺纹的大径
原始三角形高度（H）	指由原始三角形顶点沿垂直于螺纹轴线方向到其底边的距离如图 10-8 所示，其基本尺寸可按下式计算： $H=\dfrac{\sqrt{3}}{2}P=0.866025404P$ $\dfrac{5}{8}H=0.541265877P$ $\dfrac{3}{8}H=0.324759526P$ $\dfrac{1}{4}H=0.216506351P$ $\dfrac{1}{8}H=0.108253175P$ 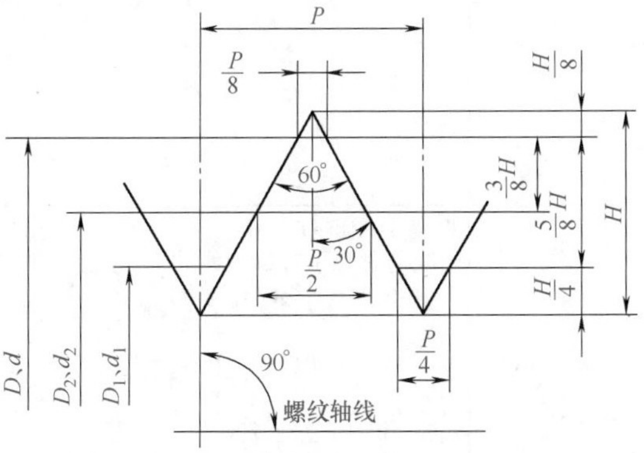 图 10-8　普通三角形螺纹的基本牙型

（二）三角形螺纹尺寸计算

普通螺纹、英制螺纹和管螺纹的牙型都是三角形，所以通称为三角形螺纹。

1. 普通螺纹

（1）普通螺纹基本尺寸计算

普通螺纹是应用最广泛的一种三角螺纹，牙型角为60°。它分为粗牙普通螺纹和细牙普通螺纹两种。粗牙普通螺纹的代号用字母"M"及"公称直径"表示，如 M16、M24 等。M6～M24 是生产中经常应用的螺纹，它们的螺距应熟记，见表 10-3。

表 10-3　M6～M24 螺纹的螺距　　　　　　　　　　（单位：mm）

公称直径	螺距（P）	公称直径	螺距（P）
6	1	16	2
8	1.25	18	2
10	1.5	20	2.5
12	1.75	22	2.5
14	2	24	3

M6～M24 螺纹的螺距见表 10-3，普通螺纹的基本牙型见图 10-8，基本要素的尺寸计算公式见表 10-4。

表 10-4　普通螺纹的尺寸计算公式

名称		代号	计算公式
外螺纹	牙型角	α	$\alpha=60°$
	原始三角形高度	H	$H=0.8660P$
	牙型高度	h	$h=\dfrac{5}{8}H=\dfrac{5}{8}\times0.8660P=0.5413P$
	中径	d_2	$d_2=d-2\times\dfrac{3}{8}H=d-0.6495P$
	小径	d_1	$d_1=d-2h=d-1.0825P$
内螺纹	大径	D	$D=d=$ 公称直径
	中径	D_2	$D_2=d_2$
	小径	D_1	$D_1=d_1$
螺纹升角		ψ	$\tan\psi=\dfrac{nP}{\pi d_2}$

（2）普通螺纹的标记

完整的螺纹标记由螺纹代号、公差带号和旋合长度代号（或数值）组成。各代号间用"-"隔开。

普通螺纹分为粗牙和细牙两种。粗牙普通螺纹用字母 M 及"公称直径"表示，如 M20 等。细牙普通螺纹用字母 M 及"公称直径 × 螺距"表示，如 M8×1、M16×1.5 等。当螺纹为左旋时，在后面加 LH 字，如 M10LH，M16×1.5LH 等。未注明的为右旋。

螺纹公差代号包括中径公差代号和顶径公差代号。若两者相同，则合并标注一个即可；若两者不同，则应分别标出，前者为中径，后者为顶径。

旋合长度代号除 N 不标外，对于短或长旋合长度，应标出代号 S 或 L，也可注明旋合长度的数值。示例如下：

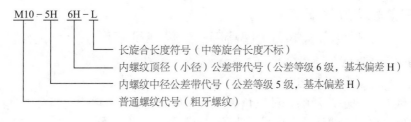

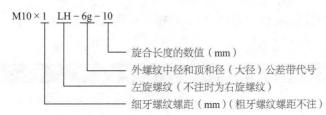

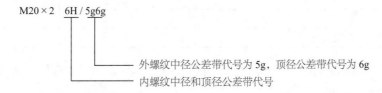

外螺纹中径公差带代号为 5g，顶径公差带代号为 6g

内螺纹中径和顶径公差带代号

（3）螺纹基本偏差（表 10-5）

表 10-5　螺纹基本偏差　　　　　　　　　　　（单位：mm）

螺距 P/mm	基本偏差					
	内螺纹 D_2、D_1		外螺纹 d_1、d_2			
	G EI	H EI	e es	f es	g es	h es
0.2	+17	0	—	—	−17	0
0.25	+18	0	—	—	−18	0
0.3	+18	0	—	—	−18	0
0.35	+19	0	—	−34	−19	0
0.4	+19	0	—	−34	−19	0
0.45	+20	0	—	−35	−20	0
0.5	+20	0	−50	−36	−20	0
0.6	+21	0	−53	−36	−21	0
0.7	+22	0	−56	−38	−22	0
0.75	+22	0	−56	−38	−22	0
0.8	+24	0	−60	−38	−24	0
1	+26	0	−60	−40	−26	0
1.25	+28	0	−63	−42	−28	0
1.5	+32	0	−67	−45	−32	0
1.75	+34	0	−71	−48	−34	0
2	+38	0	−71	−52	−38	0
2.5	+42	0	−80	−58	−42	0
3	+48	0	−85	−63	−48	0
3.5	+53	0	−90	−70	−53	0
4	+60	0	−95	−75	−60	0
4.5	+63	0	−100	−80	−63	0
5	+71	0	−106	−85	−71	0
5.5	+75	0	−112	−90	−75	0
6	+80	0	−118	−95	−80	0

车削和数控车削完全自学一本通（**图解双色版**）

（4）螺纹旋合长度

标准中将螺纹的旋合长度分为三组，即短旋合长度、中等旋合长度和长旋合长度，其代号分别为 S、N、L，其中常使用中等旋合长度。螺纹旋合长度见表10-6。

表 10-6　普通螺纹旋合长度

公称直径 D、d/mm		螺距 P/mm	旋合长度 /mm			
			S	N		L
>	≤		≤	>	≤	>
0.99	1.4	0.2	0.5	0.5	1.4	1.4
		0.25	0.6	0.6	1.7	1.7
		0.3	0.7	0.7	2	2
1.4	2.8	0.2	0.5	0.5	1.5	1.5
		0.25	0.6	0.6	1.9	1.9
		0.35	0.8	0.8	2.6	2.6
		0.4	1	1	3	3
		0.45	1.3	1.3	3.8	3.8
2.8	5.6	0.35	1	1	3	3
		0.5	1.5	1.5	4.5	4.5
		0.6	1.7	1.7	5	5
		0.7	2	2	6	6
		0.75	2.2	2.2	6.7	6.7
		0.8	2.5	2.5	7.5	7.5
5.6	11.2	0.5	1.6	1.6	4.7	4.7
		0.75	2.4	2.4	7.1	7.1
		1	3	3	9	9
		1.25	4	4	12	12
		1.5	5	5	15	15
11.2	22.4	0.5	1.8	1.8	5.4	5.4
		0.75	2.7	2.7	8.1	8.1
		11	3.8	3.8	11	11
		1.25	4.5	4.5	13	13
		1.5	5.6	5.6	16	16
		1.75	6	6	18	18
		2	8	8	24	24
		2.5	10	10	30	30
22.4	45	0.75	3.1	3.1	9.4	9.4
		1	4.8	4	12	12
		1.5	6.3	6.3	19	19
		2	8.5	8.5	25	25
		3	12	12	36	36
		3.5	15	15	45	45
		4	18	18	53	53
		4.5	21	21	63	63

续表

公称直径 D、d/mm		螺距 P/mm	旋合长度 /mm			
			S	N		L
>	≤		≤	>	≤	>
45	90	1	4	4.8	14	14
		1.5	7.5	7.5	22	22
		2	9.5	9.5	28	28
		3	15	5	45	45
		4	19	19	56	56
		5	24	24	71	71
		5.5	28	28	85	85
		6	32	32	95	95

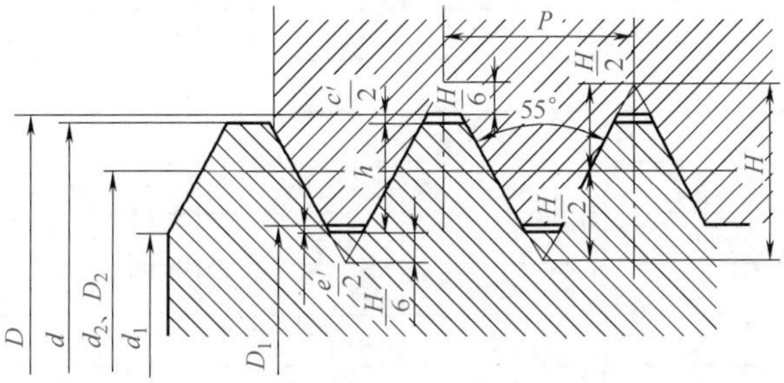

图 10-9　英制三角螺纹的牙型

2. 英制螺纹

英制螺纹在我国应用较少，只在某些进出口设备和维修旧设备时使用。英制螺纹的牙型如图 10-9 所示。它的牙型角为 55°，公称直径是指内螺纹的大径，用英寸（in）表示。螺距 P 以 1in（25.4mm）中的牙数 n 表示，如 1in12 牙，螺距为 0.5in。英制三角螺纹的尺寸计算公式见表 10-7。英制螺距与米制螺距换算如下：

$$P=\frac{1\text{in}}{n}=\frac{25.4\text{mm}}{n}$$

表 10-7　英制三角螺纹的尺寸计算公式

名称		代号	计算公式
牙型角		α	$\alpha=55°$
螺距		P	$P=\frac{1\text{in}}{n}=\frac{25.4}{n}$
原始三角形高度		H	$H=0.96049P$
外螺纹	大径	d	$d=D-c'$
	中径	d_2	$d_2=D-0.64033P$
	小径	d_1	$d_1=d-2h$
	牙顶间隙	c'	$c'=0.075P+0.05$
	牙型高度	h	$h=0.64033-P-\frac{c'}{2}$
内螺纹	大径	D	D = 公称直径
	中径	D_2	$D_2=d_2$
	小径	D_1	$D_1=d-2h-c'+e'$
	牙底间隙	e'	$e'=0.148P$

3.管螺纹

管螺纹是一种特殊的英制细牙螺纹，其牙型角有 55°和 60°两种。

计算管子中流量时，为了方便起见，常将管子的孔径作为管螺纹的公称直径，常见的管螺纹有非密封的管螺纹（又称圆柱管螺纹）、用螺纹密封的管螺纹（又称 55°圆锥管螺纹）和 60°圆锥管螺纹三种，其中圆柱管螺纹用得较多，如图 10-10 所示。

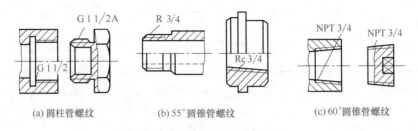

(a) 圆柱管螺纹　　　　(b) 55°圆锥管螺纹　　　　(c) 60°圆锥管螺纹

图 10-10　带有管螺纹的零件

（1）55°密封管螺纹

55°密封管螺纹主要适用于管子、管接头、旋塞、阀门及其附件。标准规定连接形式有两种，第一种为：圆柱内螺纹和圆锥外螺纹的连接；第二种为：圆锥内螺纹和圆锥外螺纹连接。两种连接形式都具有密封性能，必要时，允许在螺纹副内加入密封填料。

① 圆柱内螺纹基本牙型、基准平面尺寸位置如图 10-11 和图 10-12 所示。其尺寸计算见表 10-8。

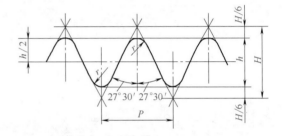

图 10-11　圆柱内螺纹基本牙型

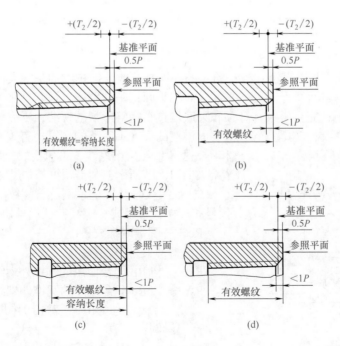

图 10-12　圆柱内螺纹上各主要尺寸的分布位置

表 10-8　圆柱内螺纹尺寸计算

名称	代号	计算公式	螺纹的基本尺寸
牙型角	α	$\alpha=55°$	
螺距	P	$P=\dfrac{25.4mm}{n}$	螺纹中径和小径的数值按下列公式计算：
圆弧半径	r	$r=0.137329P$	$d_2=D_2=d-0.640327P$
牙形高度	h	$h=0.640327P$	$d_1=D_1=d-1.280654P$
原始三角形高度	H	$H=0.960491P$　$\dfrac{H}{6}=0.160082P$	

② 圆锥管螺纹基本牙型。其基本牙型、尺寸分布位置如图 10-13 所示，尺寸计算见表 10-9。在螺纹的顶部和底部（高，$H/6$）处倒圆角。圆锥管螺纹有 1 : 16 的锥角，可以使管螺纹越旋越紧，使配合更紧密，可用在压力较高的管接头处。

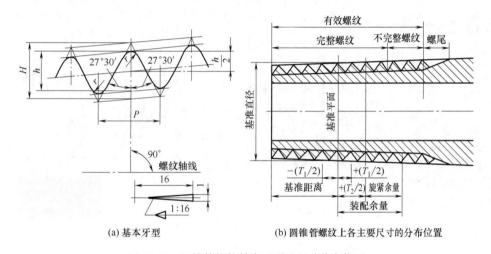

(a) 基本牙型　　　　　　　(b) 圆锥管螺纹上各主要尺寸的分布位置

图 10-13　圆锥管螺纹基本牙型及尺寸分布位置

在图 10-13 中，基准直径：设计给定的内锥螺纹或外锥螺纹的基本大径；基准平面：垂直于锥螺纹轴线，具有基准直径的平面，简称基面；基准距离：从基准平面到外锥螺纹小端的距离，简称基距；完整螺纹：牙顶和牙底均具有完整形状的螺纹；不完整螺纹：牙底完整而牙顶不完整的螺纹；螺尾：向光滑表面过渡的牙底不完整的螺纹；有效螺纹：由完整螺纹

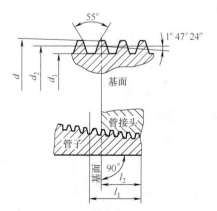

图 10-14　圆锥管螺纹的形状特征

和不完整螺纹组成的螺纹，不包括螺尾。圆锥管螺纹形状特征如图 10-14 所示，圆锥螺纹基本尺寸计算见表 10-9。

③ 螺纹代号及标记示例。管螺纹的标记由螺纹特征代号和尺寸代号组成。螺纹特征代号如下：

Rc——圆锥内螺纹；

Rp——圆柱内螺纹；

R_1——与 Rp 配合使用的圆锥外螺纹；

R_2——与 Rc 配合使用的圆锥外螺纹。

螺纹尺寸代号为表 10-8、表 10-9 中规定的分数或整数。

标记示例：

尺寸代号为 3/4 的右旋圆锥内螺纹的标记为 Rc 3/4。

尺寸代号为 3/4 的右旋圆柱内螺纹的标记为 Rp 3/4。

表 10-9　圆锥螺纹基本尺寸计算

术语	代号	计算公式	螺纹的基本尺寸
牙型角	α	$\alpha=55°$	螺纹中径和小径的数值按下列公式计算：$d_2=D_2=d-0.640327P$ $d_1=D_1=d-1.280654P$
螺距	P	$P=\dfrac{25.4mm}{n}$	
圆弧半径	r	$r=0.137278P$	
牙形高度	h	$h=0.640327P$	
原始三角形高度	H	$H=0.960237P$	
螺纹牙数	n	n 为每 25.4mm 内的牙数	

与 Rc 配合使用尺寸代号为 3/4 的右旋圆锥外螺纹的标记为 R_2 3/4。

与 Rp 配合使用尺寸代号为 3/4 的右旋网锥外螺纹的标记为 R_1 3/4。

当螺纹为左旋时，应在尺寸代号后加注"LH"。如尺寸代号为 3/4 左旋圆锥内螺纹的标记为 Rc 3/4 LH。

表示螺纹副时，螺纹特征代号为"Rc/R_2"或"Rp/R_1"。前面为内螺纹的特征代号，后面为外螺纹的特征代号，中间用斜线分开。

圆锥内螺纹与圆锥外螺纹的配合：Rc/R_2 3/4；

圆柱内螺纹与网锥外螺纹的配合：Rp/R_1 3/4；

左旋圆锥内螺纹与圆锥外螺纹的配合 Rc/R_2 3/4 LH。

（2）55°非密封管螺纹

55°非密封管螺纹主要适用管接头、旋塞、阀门及其附件。这种管螺纹的母体形状是圆柱形，牙型角为 55°，螺纹的顶部和底部 H/6 处倒圆，其基本牙型如图 10-15 所示。各部分尺寸计算公式见表 10-10。

标准规定非密封管螺纹其内、外螺纹均为圆柱螺纹，不具备密封性能（只是作为机械连接用），若要求连接后具有密封性能，可在螺纹副外采取其他密封方式。

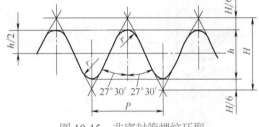

图 10-15　非密封管螺纹牙型

表 10-10　圆柱管螺纹的尺寸计算公式

术语	代号	计算公式	螺纹的基本尺寸
牙型角	α	$\alpha=55°$	螺纹中径和小径的基本尺寸按下列公式计算：$d_2=D_2=d-0.640327P$ $d_1=D_1=d-1.280654P$
螺 距	P	$P=\dfrac{25.4mm}{n}$	
圆弧半径	r	$r=0.137329P$	
牙形高度	h	$h=0.640327P$	
原始三角形高度	H	$H/6=0.160082P$	
螺纹牙数	n	n 为每 25.4mm 内的牙数	

① 公差　外螺纹的上偏差（es）和内螺纹的下偏差（EI）为基本偏差，基本偏差为零。对内螺纹中径和小径只规定一种公差，下偏差为零，上偏差为正。对外螺纹中径公差分为 A 和 B 两个等级，对外螺纹大径，规定了一种公差，均是上偏差为零，下偏差为负。螺纹的牙顶在给出的公差范围内允许削平。

55°非密封管螺纹的基本尺寸和公差见表 10-11。

表 10-11 55°非密封管螺纹的基本尺寸和公差

螺纹的尺寸代号	每25.4mm内的牙数 n	螺距 P/mm	牙型高度 h/mm	圆弧半径 r/mm	基本尺寸/mm 大径 d=D	中径 d₂=D₂	小径 d₁=D₁	外螺纹/mm 大径公差 T_d 上偏差	下偏差	中径公差 T_{d₂}① 下偏差 A级	B级	上偏差	内螺纹/mm 中径公差 T_{D₂} 下偏差	上偏差	小径公差 T_{D₁} 下偏差	上偏差
1/16	28	0.907	0.581	0.125	7.723	7.142	6.561	0	-0.214	-0.107	-0.214	0	0	+0.107	0	+0.282
1/8	28	0.907	0.581	0.125	9.728	9.147	8.566	0	-0.214	-0.107	-0.214	0	0	+0.107	0	+0.282
1/4	19	1.337	0.856	0.184	13.157	12.301	11.445	0	-0.250	-0.125	-0.250	0	0	+0.125	0	+0.445
3/8	19	1.337	0.856	0.184	16.662	15.806	14.950	0	-0.250	-0.125	-0.250	0	0	+0.125	0	+0.445
1/2	14	1.814	1.162	0.249	20.955	19.793	18.631	0	-0.284	-0.142	-0.284	0	0	+0.142	0	+0.541
5/8	14	1.814	1.162	0.249	22.911	21.749	20.587	0	-0.284	-0.142	-0.284	0	0	+0.142	0	+0.541
3/4	14	1.814	1.162	0.249	26.441	25.279	24.117	0	-0.284	-0.142	-0.284	0	0	+0.142	0	+0.541
7/8	14	1.814	1.162	0.249	30.201	29.039	27.877	0	-0.284	-0.142	-0.284	0	0	+0.142	0	+0.541
1	11	2.309	1.479	0.317	33.249	31.770	30.291	0	-0.360	-0.180	-0.360	0	0	+0.180	0	+0.640
1⅛	11	2.309	1.479	0.317	37.897	36.418	34.939	0	-0.360	-0.180	-0.360	0	0	+0.180	0	+0.640
1¼	11	2.309	1.479	0.317	41.910	40.431	38.952	0	-0.360	-0.180	-0.360	0	0	+0.180	0	+0.640
1½	11	2.309	1.479	0.317	47.803	46.324	44.845	0	-0.360	-0.180	-0.360	0	0	+0.180	0	+0.640
1¾	11	2.309	1.479	0.317	53.746	52.267	50.788	0	-0.360	-0.180	-0.360	0	0	+0.180	0	+0.640
2	11	2.309	1.479	0.317	59.614	58.135	56.656	0	-0.360	-0.180	-0.360	0	0	+0.180	0	+0.640
2¼	11	2.309	1.479	0.317	65.71	64.231	62.752	0	-0.434	-0.217	-0.434	0	0	+0.217	0	+0.640
2½	11	2.309	1.479	0.317	75.184	73.705	72.226	0	-0.434	-0.217	-0.434	0	0	+0.217	0	+0.640
2¾	11	2.309	1.479	0.317	81.534	80.055	78.576	0	-0.434	-0.217	-0.434	0	0	+0.217	0	+0.640
3	11	2.309	1.479	0.317	87.884	86.405	84.926	0	-0.434	-0.217	-0.434	0	0	+0.217	0	+0.640
3½	11	2.309	1.479	0.317	100.33	98.851	97.372	0	-0.434	-0.217	-0.434	0	0	+0.217	0	+0.640
4	11	2.309	1.479	0.317	113.03	111.551	110.072	0	-0.434	-0.217	-0.434	0	0	+0.217	0	+0.640
4½	11	2.309	1.479	0.317	125.73	124.251	122.772	0	-0.434	-0.217	-0.434	0	0	+0.217	0	+0.640
5	11	2.309	1.479	0.317	138.43	136.95	135.472	0	-0.434	-0.217	-0.434	0	0	+0.217	0	+0.640
5½	11	2.309	1.479	0.317	151.13	149.651	148.172	0	-0.434	-0.217	-0.434	0	0	+0.217	0	+0.640
6	11	2.309	1.479	0.317	163.83	162.351	160.872	0	-0.434	-0.217	-0.434	0	0	+0.217	0	+0.640

注：①表示对薄壁管件，此公差适用于平均中径，该中径是测量两个互相垂直直径的算术平均值。

② 螺纹代号及标记示例　55°非密封管螺纹的标记由螺纹特征代号、尺寸代号和公差等级代号组成，螺纹特征代号用字母 G 表示。

标记示例：

外螺纹 A 级　G 1½ A；

外螺纹 B 级　G 1½ B；

内螺纹　G 1½。

当螺纹为左旋时，在公差等级代号后加注"LH"，例如 G 1½–LH，G 1½ A–LH。

当内、外螺纹装配在一起时，内、外螺纹的标记用斜线分开，左边表示内螺纹，右边表示外螺纹。例如：G 1½ / G 1½ A；G 1½ / G 1½ B。

（3）60°密封管螺纹

60°密封管螺纹主要适用于机床上的油管、水管、气管的连接。标准规定了 60°密封管螺纹的牙型角为 60°，锥度为 1：16，配合后的螺纹副具有密封能力，使用中允许加入密封填料。

内螺纹有圆锥内螺纹和圆柱内螺纹两种，外螺纹仅有圆锥外螺纹一种。内外螺纹可组成两种密封配合形式，圆锥内螺纹与圆锥外螺纹组成"锥 / 锥"配合，圆柱内螺纹与圆锥外螺纹组成"柱 / 锥"配合。螺纹牙型及牙型尺寸如图 10-16 所示。其尺寸计算公式及螺纹术语代号见表 10-12。

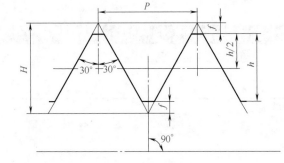

(a) 圆柱内螺纹基本牙型

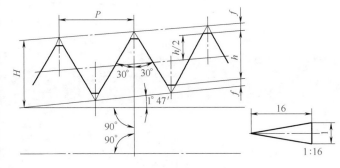

(b) 圆锥内、外螺纹的牙型尺寸

图 10-16　螺纹牙型及牙型尺寸

表 10-12　螺纹尺寸计算公式及螺纹术语代号

计算公式	术语	代号	术语	代号
牙型尺寸计算公式：$P = \dfrac{25.4mm}{n}$ $H=0.866P$ $h=0.8P$ $f=0.033P$	内、外螺纹在基准平面内的大径	D、d	每 25.4mm 轴向长度内所包含的螺纹牙数	n
	内、外螺纹在基准平面内的中径	D_2、d_2	基准距离	L_1
	内、外螺纹在基准平面内的小径	D_1、d_1	完整螺纹长度	L_5
	螺距	P	不完整螺纹长度	L_6
			螺尾长度	V
	牙型高度	h	有效螺纹长度	L_2
	原始三角形高度	H	装配余量	L_3
	削平高度	f	旋紧余量	L_7

① 牙顶高和牙底高公差　60°圆锥管螺纹的牙顶高和牙底高公差见表 10-13。

② 圆锥管螺纹的基本尺寸及公差　圆锥外螺纹基准平面的理论位置位于垂直于螺纹轴线、与小端面（参照平面）相距一个基准距离的平面内。内螺纹基准平面的理论位置位于垂直于螺纹轴线的端面（参考平面）内，如图 10-17 所示。圆锥管螺纹的基本尺寸见表 10-14。

表 10-13　60°圆锥管螺纹的牙顶高和牙底高公差

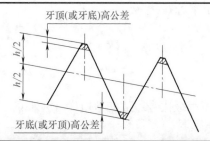

每25.4mm 的螺纹牙数	牙顶高和牙底高公差 /mm	每25.4mm 的螺纹牙数	牙顶高和牙底高公差 /mm
27	0.059	11.5	0.088
18	0.078	8	0.092
14	0.081	—	—

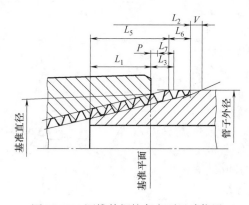

图 10-17　圆锥外螺纹各主要尺寸位置

表 10-14　圆锥管螺纹各主要尺寸的位置及基本尺寸

1	2	3	4	5	6	7	8	9	10	11	12
螺纹的尺寸代号	25.4mm 内包含的牙数 n	螺距 P/mm	牙型高度 h/mm	基准平面内的基本直径			基准距离 L_1		装配余量 L_3		外螺纹小端面内的基本小径 /mm
				大径 $d=D$	中径 $d_2=D_2$	小径 $d_1=D_1$	牙数	L_1/mm	牙数	L_3/mm	
1/16	27	0.941	0.752	7.894	7.142	6.389	4.32	4.064	3	2.822	6.137
1/8	27	0.941	0.752	10.242	9.489	8.737	4.36	4.102	3	2.822	8.481
1/4	18	1.411	1.129	13.616	12.487	11.358	4.10	5.785	3	4.233	10.996
3/8	18	1.411	1.129	17.055	15.926	14.797	4.32	6.096	3	4.233	14.417
1/2	14	1.814	1.451	21.224	19.772	18.321	4.48	8.128	3	5.443	17.813
3/4	14	1.814	1.451	26.569	25.117	23.666	4.75	8.618	3	5.443	23.127
1	11.5	2.209	1.767	33.228	31.461	29.694	4.60	10.160	3	6.626	29.060
1¼	11.5	2.209	1.767	41.985	40.218	38.451	4.83	10.668	3	6.626	37.785
1½	11.5	2.209	1.767	48.054	46.287	44.520	4.83	10.668	3	6.626	43.853
2	11.5	2.209	1.767	60.092	58.325	56.558	5.01	11.065	3	6.626	55.867
2½	8	3.175	2.540	72.699	70.159	67.619	5.46	17.335	3	6.350	66.535
3	8	3.175	2.540	88.608	86.068	83.528	6.13	19.463	2	6.350	82.311
3½	8	3.175	2.540	101.316	98.776	96.236	6.57	20.860	2	6.350	94.932
4	8	3.175	2.540	113.973	111.433	108.893	6.75	21.431	2	6.350	107.554

1	2	3	4	基准平面内的基本直径			基准距离 L_1		装配余量 L_3		12
螺纹的尺寸代号	25.4mm内包含的牙数 n	螺距 P/mm	牙型高度 h/mm	大径 $d=D$	中径 $d_2=D_2$	小径 $d_1=D_1$	牙数	L_1/mm	牙数	L_3/mm	外螺纹小端面内的基本小径/mm
5	8	3.175	2.540	140.952	138.412	135.872	7.50	23.812	2	6.350	134.384
6	8	3.175	2.540	167.792	165.252	162.712	7.66	24.320	2	6.350	161.191
8	8	3.175	2.540	218.441	215.901	213.361	8.50	26.988	2	6.350	211.673
10	8	3.175	2.540	272.312	269.772	267.232	9.68	30.734	2	6.350	265.311
12	8	3.175	2.540	323.032	320.492	317.952	10.88	34.544	2	6.350	315.793
14O.D.	8	3.175	2.540	354.904	352.364	349.824	12.50	39.688	2	6.350	347.345
16O.D.	8	3.175	2.540	405.784	403.244	400.704	14.50	46.038	2	6.350	397.828
18O.D.	8	3.175	2.540	456.565	454.025	451.485	16.00	50.800	2	6.350	448.310
20O.D.	8	3.175	2.540	507.246	504.706	502.166	17.00	53.975	2	6.350	498.792
24O.D.	8	3.175	2.540	608.608	606.068	603.528	19.00	60.325	2	6.350	599.758

注：1. 可参照表中第12栏数据选择攻螺纹前的麻花钻直径。

2. 螺纹收尾长度（V）为 $3.47P$。

3. O.D. 是英文管子外径（Oulside Diameter）的缩写。

圆锥螺纹基准平面的轴向位置极限偏差为 $\pm 1P$。大径和小径公差应以保证螺纹牙顶高和牙底高尺寸所规定的公差范围见表 10-13。螺纹单项要素极限偏差见表 10-15。

表 10-15　圆锥螺纹的单项要素极限偏差

在 25.4mm 轴向长度内所包含的牙数 n	中径线锥度（1/16）的极限偏差	有效螺纹的导程累积偏差 /mm	牙侧角偏差 /（°）
27			± 1.25
18，14	$+1/96$ $-1/192$	± 0.076	± 1
11.5，8			± 0.75

注：对有效螺纹长度大于 25.4mm 的螺纹，其导程累积误差的最大测量跨度为 25.4mm。

③ 圆柱内螺纹的基本尺寸及公差

a. 圆柱内螺纹大径、中径和小径的基本尺寸与圆锥螺纹在基准平面内的大径、中径和小径基本尺寸相等（见表 10-16，表 10-18）。

b. 基准平面的位置。圆柱内螺纹基准平面的理论位置位于垂直于螺纹轴线的端面内。

c. 大径和小径公差。应以保证螺纹牙顶高和牙底高尺寸所规定的公差范围，见表 10-13。

d. 圆柱内螺纹基准平面的位置极限偏差为 $\pm 1.5P$。

e. 螺纹中径在径向所对应的极限尺寸见表 10-16。

表 10-16　圆柱内螺纹的极限尺寸

螺纹的尺寸代号	在 25.4mm 长度内所包含的牙数 n	中径 /mm		小径 /mm
		max	min	min
1/8	27	9.578	9.401	8.636
1/4	18	12.618	12.355	11.227
3/8	18	16.057	15.794	14.656
1/2	14	19.941	19.601	18.161
3/4	14	25.288	24.948	23.495
1	11.5	31.668	31.255	29.489

螺纹的尺寸代号	在 25.4mm 长度内所包含的牙数 n	中径 /mm		小径 /mm
		max	min	min
1¼	11.5	40.424	40.010	38.252
1½	11.5	46.494	46.081	44.323
2	11.5	58.531	58.118	56.363
2½	8	70.457	69.860	67.310
3	8	86.365	85.771	83.236
3½	8	99.12	98.471	95.936
4	8	111.729	111.135	108.585

注：可参照最小小径数据选择攻螺纹前的麻花钻直径。

（4）米制管螺纹（60°）

我国 1978 年颁布了米制密封管螺纹标准（GB 1415—78）和米制非密封管螺纹标准（GB/T 1414—78）普通螺纹的管路系列。2008 年和 2013 年，我国分别修订了这两项米制管螺纹标准，分别为《米制密封螺纹》GB/T 1415—2008 和《普通螺纹 管路系列》GB/T 1414—2013。

① 一般密封米制管螺纹（ZM、M） 米制锥螺纹适用于气体或液体管路系统依靠螺纹密封的连接螺纹（水、煤气管道用螺纹除外）。一般密封米制管螺纹有两种配合方式：圆柱内螺纹与圆锥外螺纹组成"柱/锥"配合；圆锥内螺纹与圆锥外螺纹组成"锥/锥"配合。为提高密封性，允许在螺纹配合面加密封填料。

a. 一般密封公制圆锥管螺纹的设计牙型及计算公式见表 10-17。

表 10-17　一般密封公制圆锥管螺纹的设计牙型及尺寸计算公式

一般密封公制圆锥管螺纹的设计牙型	计算公式
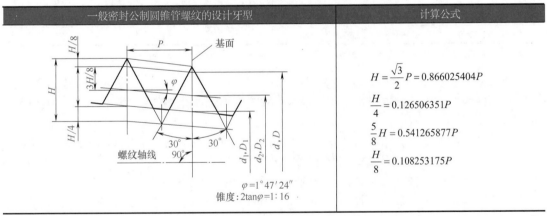	$H = \dfrac{\sqrt{3}}{2}P = 0.866025404P$ $\dfrac{H}{4} = 0.126506351P$ $\dfrac{5}{8}H = 0.541265877P$ $\dfrac{H}{8} = 0.108253175P$

b. 基本尺寸。一般密封公制管螺纹的基本尺寸见表 10-18。

表 10-18　一般密封公制管螺纹的基本尺寸

螺纹公称直径 d、D /mm	螺距 P/mm	基面上螺纹直径 /mm			基准距离 L_1/mm		有效螺纹长度 L_2/mm	
		大径 d=D	中径 $d_2=D_2$	小径 $d_1=D_1$	标准基准距	短基准距	标准有效螺纹长度	短有效螺纹长度
6	1	6.000	5.350	4.917	5.5	2.5	8	5
8	1	8.000	7.350	6.917	5.5	2.5	8	5
10	1	10.000	9.350	8.917	5.5	2.5	8	5

螺纹公称直径 d、D /mm	螺距 P/mm	基面上螺纹直径 /mm			基准距离 L_1/mm		有效螺纹长度 L_2/mm	
		大径 $d=D$	中径 $d_2=D_2$	小径 $d_1=D_1$	标准基准距	短基准距	标准有效螺纹长度	短有效螺纹长度
12	1.5	12.000	11.026	10.376	7.5	3.5	11	7
14	1.5	14.000	13.026	12.376	7.5	3.5	11	7
16	1.5	16.000	15.026	14.376	7.5	3.5	11	7
18	1.5	18.000	17.026	16.376	7.5	3.5	11	7
20	1.5	20.000	19.026	18.376	7.5	3.5	11	7
22	1.5	22.000	21.026	20.376	7.5	3.5	11	7
24	1.5	24.000	23.026	22.376	7.5	3.5	11	7
27	2	27.000	25.701	24.835	11	5	16	10
30	2	30.000	28.701	27.835	11	5	16	10
33	2	33.000	31.701	30.835	11	5	16	10
36	2	36.000	34.701	33.835	11	5	16	10
39	2	39.000	37.701	36.835	11	5	16	10
42	2	42.000	40.701	39.835	11	5	16	10
45	2	45.000	43.701	42.835	11	5	16	10
48	2	48.000	46.701	45.835	11	5	16	10
52	2	52.000	50.701	49.835	11	5	16	10
56	2	56.000	54.701	53.835	11	5	16	10
60	2	60.000	58.701	57.835	11	5	16	10

c. 公差。一般密封公制圆锥管螺纹基准平面轴向位置的极限偏差见表 10-19。

表 10-19　一般密封公制圆锥管螺纹基准平面轴向位置的极限偏差

螺纹公称直径 d、D /mm	螺距 P/mm	外螺纹基准距离的极限偏差（$\pm T_1/2$）	内螺纹基面轴向位移量的极限偏差（$\pm T_2/2$）
6～10	1	±0.9	±1.2
>10～24	1.5	±1.1	±1.5
>24～60	2	±1.4	±1.8

一般密封公制圆柱内螺纹的中径公差带为 6H，小径公差带为 4H，其公差值在普通螺纹公差表中查取，一般密封公制圆柱内螺纹的大径极限偏差见表 10-20。

表 10-20　一般密封公制圆柱内螺纹的大径极限偏差

螺纹公称直径 D/mm	螺距 P/mm	螺纹大径极限偏差 /mm
6～10	1	±0.045
>10～24	1.5	±0.065
>24～60	2	±0.085

d. 螺纹代号及标记示例。一般密封公制管螺纹的完整标记由螺纹特征代号、螺纹公称尺寸和基准距离代号组成。

一般密封公制圆锥管螺纹的特征代号为：ZM。

一般密封公制圆柱内螺纹的特征代号为：m。

基准距离代号：采用标准基准距离时，不标注基准距离代号；采用短型基准距离时，标注代号"S"，中间用"-"分开。

对一般密封公制圆柱内螺纹，要在标记后加注标准代号"GB 1415"，中间用"·"分开。具体如下所示：

公称直径为 10mm、标准基准距离的圆锥管螺纹：ZM10；

公称直径为 10mm、短型基准距离的圆锥管螺纹：ZMl0-S；

公称直径为 10mm、螺距为 1mm 的密封圆柱螺纹：M10×1·GB 1415。

② 非密封公制管螺纹（M） 非密封公制管螺纹的牙型、管路系列、基本尺寸、公差值和标记方法同公制普通螺纹。

二、三角形螺纹车刀的装夹

螺纹车刀装夹是否正确，对螺纹的牙型有很大的影响。如果装刀有偏差，即使车刀刀尖刃磨得很正确，加工后螺纹的牙型角仍难以达到精度要求。

① 三角形螺纹牙型半角必须对称，即在装夹螺纹车刀时，刀头伸出不要过长，一般为 20～25mm，约为刀杆厚度的 1.5 倍。刀尖高度必须对准工件旋转中心（可根据尾座顶尖高度检查）。

② 车刀刀尖角的中心线必须与工件轴线严格保持垂直，装刀时可用螺纹样板来对刀，如图 10-18 所示。如果车刀装斜，就会产生牙型歪斜，如图 10-19 所示。

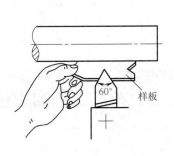

图 10-18　用角度样板对刀

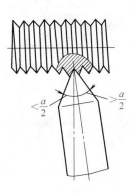

图 10-19　车刀装歪

三、车螺纹的进给方式及其特点与应用（表 10-21）

表 10-21　车螺纹的进给方式及其特点与应用

图示	进给方式	特　　点	应　　用
    	径向进给	①所有刀刃同时工作，排屑困难，切削力大，易扎刀	①高速切削螺距 $P < 3mm$ 的三角形螺纹
		②切削用量低	②$P \geqslant 3$ mm 三角形螺纹的精车
		③刀尖易磨损	③$P < 16mm$ 梯形、矩形、平面、钜齿形螺纹的粗、精车
		④操作简单	④脆性材料的螺纹切削
		⑤牙型精度较高	⑤硬质合金车刀高速切削螺纹

续表

图示	进给方式	特　点	应　用
	斜向进给	①单刃切削，排屑顺利，切削力小，不易扎刀	用于 $P \geq 3mm$ 螺纹与塑性材料螺纹的粗车
		②牙型精度差，螺纹表面粗糙度值大	
		③非工作刃磨损大	
		④切削用量较高	
	轴向进给	①单刃切削，排屑顺利，切削力小，不易扎刀	① $P \geq 3mm$ 三角形螺纹的精车
		②切削用量较高	② $P \geq 16mm$ 梯形、矩形、锯齿形螺纹粗精车
		③螺纹表面粗糙度值较小	③刚度较差的螺纹粗、精车

四、三角形螺纹的车削方法

车削三角形螺纹的方法有低速车削和高速车削两种，低速车削使用高速钢螺纹车刀，高速车削使用硬质合金螺纹车刀，低速车削精度高，表面粗糙度小，但效率低。高速车削效率高，能比低速车削提高 15～20 倍，只要措施合理，也可获得较小的表面粗糙度。因此，高速车削螺纹在生产实践中被广泛采用。

1. 车削三角形外螺纹

低速车削三角形外螺纹时，为了保证螺纹车刀的锋利状态，车刀的材料最好用高速钢制成，并且把车刀分成粗、精加工。进刀方法有直进法、左右切削法和斜进法三种，如图 10-20 所示。由于三角形螺纹车刀刀尖强度较差，工作条件恶劣，加之两侧切削刃同时参加切削，则会产生较大切削抗力，将引起工件振动，影响加工精度和表面粗糙度。所以在进刀方法上应根据不同的加工要求、零件的材质和螺纹的螺距大小来选择合适的进刀方法。

（1）切削用量的选择

车削螺纹的切削用量应根据工件材质、螺纹牙型角和螺距的大小，及所处的加工阶段（粗车还是精车）等因素来决定。低速车削三角形外螺纹的进给次数可参考表 10-22，高速车削时进给次数具体可参考表 10-23，粗车一、二刀时，因车刀刚切入工件，总的切削面积并不大，所以切削深度可以大些。以后每次进给切削深度应逐步减小。精车时，切削深度更小，排出的切屑很薄（像锡箔一样）。因车刀两刃夹角小，散热条件差，故切削速度应比车外圆时低。粗车时 v_c=10~15m/min，精车时 v_c=6m/min。

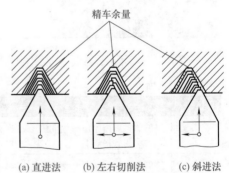

(a) 直进法　　(b) 左右切削法　　(c) 斜进法

图 10-20　低速车削三角形外螺纹的进刀方法

表 10-22　低速车削三角形外螺纹的进给次数

进刀数	M24　P=3mm			M24　P=2.5mm			M24　P=2mm		
	中滑板进刀格数	小滑板赶刀（借刀）格数		中滑板进刀格数	小滑板赶刀（借刀）格数		中滑板进刀格数	小滑板赶刀（借刀）格数	
		左	右		左	右		左	右
1	11	0	—	11	0	—	10	0	—
2	7	3	—	7	3	—	6	3	—

进刀数	M24 P=3mm			M24 P=2.5mm			M24 P=2mm		
	中滑板进刀格数	小滑板赶刀（借刀）格数		中滑板进刀格数	小滑板赶刀（借刀）格数		中滑板进刀格数	小滑板赶刀（借刀）格数	
		左	右		左	右		左	右
3	5	3	—	5	3	—	4	2	—
4	4	2	—	3	2	—	2	2	—
5	3	2	—	2	1	—	1	1/2	—
6	3	1	—	1	1	—	1	1/2	—
7	2	1	—	1	0	—	1/4	1/2	—
8	1	1/2	—	1/2	1/2	—	1/4	—	$2\frac{1}{2}$
9	1/2	1	—	1/4	1/2	—	1/2	—	1/2
10	1/2	0	—	1/4	—	3	1/2	—	1/2
11	1/4	1/2	—	1/2	—	0	1/4	—	1/2
12	1/4	1/2	—	1/2	—	1/2	1/4	—	0
13	1/2	—	3	1/4	—	1/2	螺纹深度=1.3mm n=26格		
14	1/2	—	0	1/4	—	0			
15	1/4	—	1/2	螺纹深度=1.625mm $n=32\frac{1}{2}$格					
16	1/4	—	0						
	螺纹深度=1.95mm n=39格								

注：1. 小滑板每格为 0.04mm。

2. 中滑板每格为 0.05mm。

3. 粗车选 110～180r/min，精车选 44～72r/min。

表 10-23 高速车削三角形外螺纹的进给次数

螺距 P（mm）		1.5～2	3	4	5	6
进给次数	粗 车	2～3	3～4	4～5	5～6	6～7
	精 车	1	2	2	2	2

（2）低速车削三角形外螺纹的方法（表 10-24）

表 10-24 低速车削三角形外螺纹的方法

类别	说　明
直进法	车削时只用中滑板横向进给如图 10-20（a）所示，在几次行程后，把螺纹车到所需要的尺寸和表面粗糙度，这种方法叫直进法，适于 P<3mm 的三角形螺纹粗、精车
左右切削法	车螺纹时，除中滑板做横向进给外，同时用小滑板将车刀向左或向右做微量移动（俗称借刀或赶刀），经几次行程后把螺纹牙型车好，这种方法叫左右切削法，如图 10-20（b）所示 采用左右切削法车螺纹时，车刀只有一个面进行切削，这样刀尖受力小，受热情况有所改善，不易引起扎刀，可相对提高切削用量。但操作较复杂，牙型两侧的切削余量应合理分配。车外螺纹时，大部分余量在顺向走刀方向一侧切去；车内螺纹时，为了改善刀柄受力变形情况，大部分余量应在尾座一侧切去。在精车时，车刀左右进给量一定要小，否则容易造成牙底过宽或不平。此方法适于除车削梯形螺纹以外的各类螺纹的粗、精车
斜进法	当螺距较大，螺纹槽较深，切削余量较大时，粗车为了操作方便，除中滑板直进外，小滑板只向一个方向移动，这种方法叫斜进法，如图 10-20（c）所示。此法一般只用于粗车，且每边牙侧留约 0.2mm 的精车余量。精车时，则应采用左右切削法车削。具体方法是将一侧车到位后，再移动车刀精车另一侧，当两侧面均车到位后，再将车刀移至中间位置，再用直进法把牙底车到位，以保证牙底清晰 用左右切削法和斜进法车螺纹时，因车刀是单刃切削，不易产生扎刀，还可获得较小的表面粗糙度值。但借刀量不能太大，否则会将螺纹车乱或牙顶车尖

（3）高速车削三角形外螺纹

高速车削三角形外螺纹，只能采用直进法，而不能采用左右切削法，否则会拉毛牙型的侧面，影响螺纹精度。高速切削时，车刀两侧刃同时参加切削，切削力较大，为防止工件振动及发生扎刀现象，可使用如图 10-21 所示的弹性刀柄螺纹车刀，这样可以避免发生扎刀现象。高速车削三角形螺纹时，由于车刀对工件的挤压力，容易使工件胀大，所以车削螺纹前工件的外径应比螺纹的大径尺寸小，当车削螺距为 1.5 ～ 3.5mm 的工件时，工件外径尺寸可车小 0.15 ～ 0.25mm。

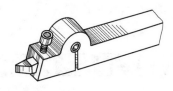

图 10-21　弹性刀柄螺纹车刀

2. 车削三角形内螺纹

车削三角形内螺纹的方法和车削外螺纹的方法基本相同，只是车削内螺纹要比车削外螺纹困难得多，其车削方法见表 10-25。

表 10-25　车削三角形内螺纹的方法

类别	说明
内螺纹车刀的选择和装夹	①内螺纹车刀的选择。内螺纹车刀是根据它的车削方法和工件材料及形状来选择的。它的尺寸大小受到螺纹孔径尺寸限制。一般内螺纹车刀的刀头径向长度应比孔径小 3 ～ 5mm。否则退刀时会碰伤牙顶，甚至不能车削。刀杆的大小在保证排屑的前提下，要粗壮些 ②内螺纹车刀的刃磨和装夹。内螺纹车刀的刃磨方法与外螺纹车刀基本相同。但是刃磨刀尖角时，要特别注意它的平分线必须与刀杆垂直否则车内螺纹时会出现碰伤工件内孔的现象，如图 10-22 所示。刀尖宽度应符合要求，一般为 0.1× 螺距 (a) 偏左(不正确)　　(b) 偏右(不正确)　　(c) 垂直(正确) 图 10-22　车刀刀尖角与刀杆位置关系 装刀时，必须严格按样板找正刀尖角，如图 10-23（a）所示，否则车削后会出现倒牙现象。刀装好后，应在孔中摇动床鞍至终点检查是否碰撞，如图 10-23（b）所示 (a) 用样板找正刀尖角　　(b) 检查车刀安装情况 图 10-23　装夹内螺纹车刀
车削内螺纹前孔径的计算	车三角形内螺纹时，因车刀切削时的挤压作用，内孔直径（螺纹小径）会缩小，在车削塑性金属时尤为明显，所以车削内螺纹前的孔径 $D_{孔}$ 应比内螺纹小径 D_1 的基本尺寸略大些。车削普通内螺纹的孔径可用下列近似式计算 车削塑性金属的内螺纹时 $$D_{孔} \approx D - P$$ 车削脆性材料的金属时 $$D_{孔} \approx D - 1.05P$$ 式中　$D_{孔}$——车内螺纹前的孔径，mm 　　　D——内螺纹的大径，mm 　　　P——螺距，mm
车削内螺纹时的注意事项	①内螺纹车刀两侧刃的对称中心线应与刀杆中心线垂直，否则车削时刀杆会碰伤工件 ②车削通孔螺纹时，应先把内孔、端面和倒角车好再车螺纹，进刀方法和车削外螺纹完全相同 ③车削盲孔螺纹时一定要小心，退刀和工件反转动作一定要迅速，否则车刀刀头将会和孔底相撞。为控制螺纹长度，避免车刀和孔底相碰，最好在刀杆上作出标记（缠几圈线），或根据床鞍纵向移动刻度盘控制行程长度

五、圆锥管螺纹的车削方法

圆柱管螺纹与三角形螺纹的车削方法类似，而圆锥管螺纹的车削，重点要解决车制出带 1：16 锥度的螺纹。为此，介绍下列三种可供选择的车削方法，见表 10-26。

表 10-26　圆锥管螺纹的车削方法

类别	说　明
手赶法	对于一般配合精度较好，生产批量较小的圆锥管螺纹可采用手赶法车削，即在床鞍由右向左自动纵向走刀的同时，中滑板手动均匀退刀，车出圆锥管螺纹。这种方法也叫正向车圆锥管螺纹 还有一种反向手赶法车圆锥管螺纹，具体操作是：反向装车刀，并反向走刀，即在床鞍由左向右自动纵向走刀的同时，中滑板手动均匀进刀，从而车出圆锥管螺纹
靠模法	用靠模刀架或车床靠模装置，控制中滑板的自动退刀车削圆锥管螺纹，这种方法适合批量生产精度较高的螺纹零件的加工。由于圆锥管螺纹的牙型中线和螺纹轴线垂直，所以在装刀时，刀尖角中线仍应与螺纹轴线保持垂直
丝锥攻螺纹	加工内圆锥管螺纹，还可使用圆锥体丝锥加工。这种方法操作简便，可用于精度要求不高且批量生产的零件，如管接头螺纹等

六、技能练习及加工实例

例 1： 车左旋螺纹。如图 10-24 所示为车左旋螺纹尺寸图，其具体车削方法见表 10-27。

图 10-24　车左旋螺纹尺寸

表 10-27　左旋螺纹车削方法

类别		说　明
准备工作		①刃磨左旋三角形外螺纹车刀，其角度数值和几何形状与右旋螺纹车刀相同，不同的是，由于螺纹升角方向相反，刃磨车刀时，进刀方向的后角和法向前角应做相应改变 ②装夹左旋螺纹车刀 ③将交换齿轮换向装置手柄调整到左旋螺纹位置上 ④按低速车削螺纹要求调整主轴转速
左旋螺纹的车削方法和步骤	车螺纹外圆	如图 10-25 所示，车螺纹外圆、沟槽并在螺纹外圆的两端倒角 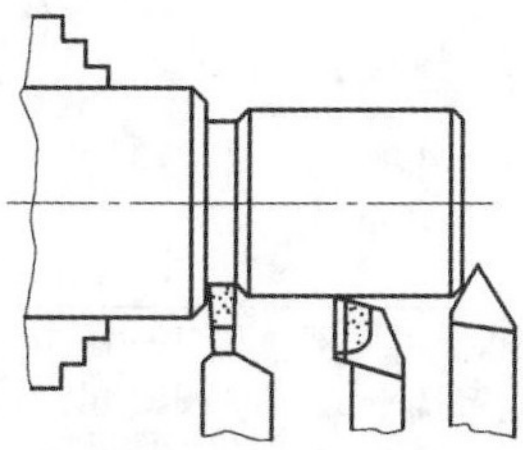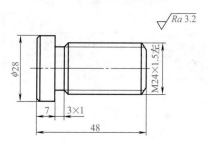 图 10-25　车螺纹外圆

类别		说　明
左旋螺纹的车削方法和步骤	车左旋螺纹的操作方法	左旋螺纹的车削方法与车右旋螺纹基本相似，但由于螺旋方向不同，车削时主轴做顺向转动，车刀运动方向与车右旋螺纹正好相反，如图 10-26 所示 车左旋螺纹时，如果进刀槽比较窄，一般应采用倒顺车的方法进行，如采用开合螺母车削，往往因为开合螺母尚未全部扣合，床鞍就开始移动，这样就容易使螺纹产生乱扣。用倒顺车车左旋螺纹的操作方法如下 ①开动机床，将开合螺母合上。右手将操作杆向下，此时车刀向卡盘方向移动，当接近沟槽时将操纵杆放中间。如果刀尖未到沟槽主轴已停止转动，距离较大时应再次开动机床对准，如距离较近可用手转动卡盘，使车刀朝着沟槽方向移动而对准。刀尖对准沟槽后就可用中滑板控制背吃刀量车螺纹。粗、精车的方法与车右旋螺纹相同 ②检查螺纹精度应用左旋螺纹环规，逆时针方向转动 图 10-26　车左旋螺纹
	切断和截取总长尺寸	①用切断刀将螺钉切断，要求总长留 0.5～1mm 余量 ②包铜皮装夹如图 10-27 所示，车端面取总长、倒角至尺寸，并用旋标卡尺检查各尺寸 铜皮 图 10-27　三爪自定心卡盘装夹车长度和倒角

例 2：用板牙套螺纹。板牙套螺纹适用于加工 M12 以下或螺距小于 1.5mm 的细牙螺纹。套螺纹前工件外圆直径要车至螺纹大径的下偏差，并用螺纹车刀倒角，倒角直径应小于螺纹小径，以便于板牙切入，具体车削方法见表 10-28。

表 10-28　用板牙套螺纹的车削方法

类别		说　明
准备工作	车螺纹外圆	按图 10-28 所示，车螺纹外圆、长度及沟槽，并倒角至尺寸 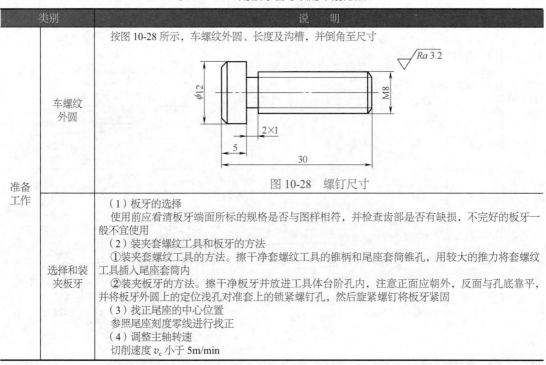 $\phi12$　M8　$\sqrt{Ra\,3.2}$　2×1　5　30 图 10-28　螺钉尺寸
	选择和装夹板牙	（1）板牙的选择 　使用前应看清板牙端面所标的规格是否与图样相符，并检查齿部是否有缺损，不完好的板牙一般不宜使用 （2）装夹套螺纹工具和板牙的方法 ①装夹套螺纹工具的方法。擦干净套螺纹工具的锥柄和尾座套筒锥孔，用较大的推力将套螺纹工具插入尾座套筒内 ②装夹板牙的方法。擦干净板牙并放进工具体台阶孔内，注意正面应朝外，反面与孔底靠平，并将板牙外圆上的定位浅孔对准套上的锁紧螺钉孔，然后旋紧螺钉将板牙紧固 （3）找正尾座的中心位置 　参照尾座刻度零线进行找正 （4）调整主轴转速 　切削速度 v_c 小于 5m/min

类别		说　明
套螺纹的操作步骤和动作要领	板牙套螺纹的方法	套螺纹时，一手握浮动套，另一手摇动尾座套筒手轮，使板牙轻轻套在工件外圆上，如图 10-29 所示。然后开动机床，并用力拉动尾座，使板牙在轴向力的作用下切入工件外圆。套螺纹时，应加注充分切削液，以减小螺纹表面粗糙度值。当板牙进入至近工件端面约 2～3mm 时，将操纵杆放中间，但主轴在惯性作用下仍做慢速转动，当板牙与工件端面即将接触时，迅速倒车使板牙退出，然后用锉刀修去螺纹牙尖处的毛刺 注意：应经常清除板牙及浮动套孔内切屑以防止挤伤、拉毛螺纹表面 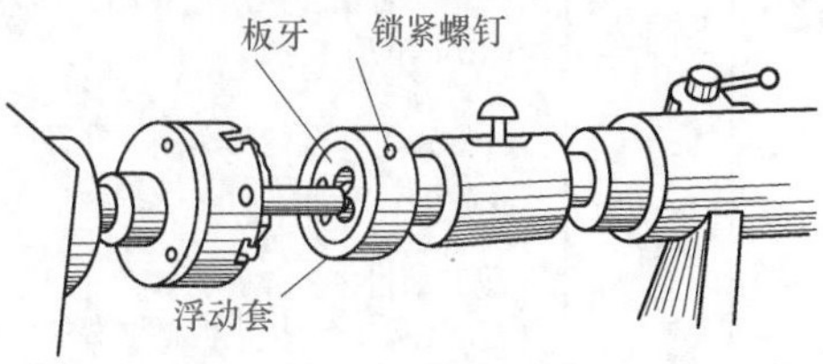 图 10-29　套螺纹示意
	检查套螺纹质量	螺纹质量用螺纹环规检查，并要求通端螺纹环规端面与螺钉端面旋平
切断和截取总长		①按总长尺寸留放 0.5～1mm 余量，切断 ②包铜片装夹车总长并倒角

例 3：用丝锥攻螺纹。在车床上用丝锥攻螺纹适用于 M6 以上的螺纹，小于 M6 的螺纹一般是在孔口攻 3～4 牙后，再由手工攻螺纹。规格较大的螺纹，可采用先粗车后再攻螺纹或直接用车内螺纹的方法加工。具体加工方法见表 10-29。

表 10-29　用丝锥攻螺纹的车削方法

类别		说　明
准备工作	计算螺纹小径尺寸确定钻孔直径	内螺纹孔径 D_1 可按下列近似公式计算 $$D_1 = d - P$$ 式中　d——外螺纹大径，mm 　　　P——螺距，mm
	钻孔及孔口倒角	根据所计算的小径尺寸，选用钻头直径。钻孔时用挡铁挡住钻头前端以减少钻孔时径向跳动。并用 120° 锪钻或麻花钻在孔口倒角，倒角直径应略大于 d，角度为 30°～45°，如图 10-30 所示，要求孔与端面在一次装夹中完成，以保证两者垂直 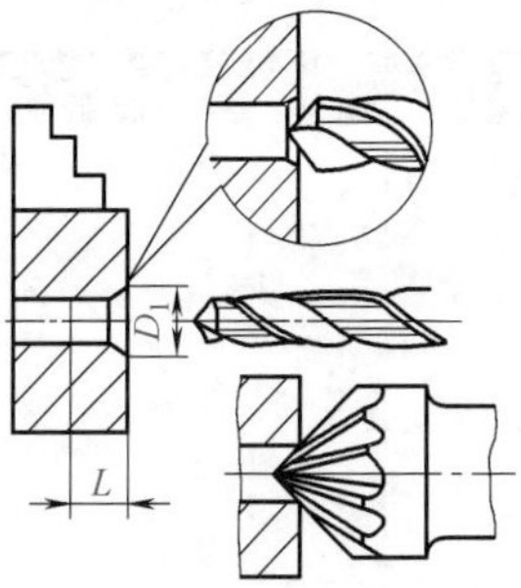 图 10-30　钻螺纹孔和孔口倒角
	丝锥的选择和装夹	①丝锥选择方法。核对丝锥上所标的规格，并检查丝锥的齿部是否完好和锐利 ②丝锥的装夹方法。用铰杠套在丝锥方榫上锁紧，如图 10-31 所示，用顶尖轻轻顶在丝锥尾部的中心孔内，使丝锥前端圆锥部分进入孔口 ③找正尾座中心。参照尾座刻度零线进行找正 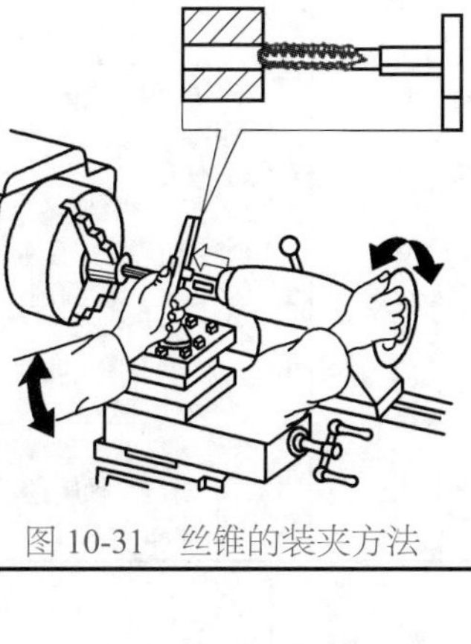 图 10-31　丝锥的装夹方法

类别		说　　明
用丝锥攻内螺纹	攻内螺纹的操作步骤和要领	用丝锥在车床上攻螺纹时，一般分头攻、二攻，要依次攻入螺纹孔内，操作方法如下 ①将主轴转速调整至最低速，以使卡盘在攻螺纹时不会因受力而转动 ②攻螺纹时，用左手扳动铰杠带动丝锥做顺时针转动，同时右手摇动尾座手轮，使顶尖始终与丝锥中心孔接触（不可太紧或太松），以保持丝锥轴线与机床轴线基本重合。攻入 1 ～ 2 牙后，用手逆时针扳铰杠半周左右以作断屑，然后继续顺时针扳转攻螺纹，顶尖则始终随进随退。随着丝锥攻进的深度增加而应该逐渐增加反转丝锥断屑的次数，直至丝锥攻出孔口 1/2 以上，再用二攻重复攻螺纹至中径尺寸。攻螺纹时应加注切削液润滑，以减小螺纹的表面粗糙度值 如果攻不通孔内螺纹，则由于丝锥前端有段不完全牙，因此要将孔钻得深一些，丝锥攻入深度要大于螺纹有效长度 3 ～ 4 牙；螺纹攻入深度的控制方法有两种：一种是将螺纹攻入深度预先量出，用线或铁丝扎在丝锥上作记号；另一种方法是测量孔的端面与铰杠之间的距离
	检查方法	用螺纹塞规检查内螺纹

例 4：螺母的加工。螺母的加工尺寸如图 10-32 所示，每次加工数量为 5 ～ 8 件。毛坯材料为 35 冷拉六角钢，毛坯落料尺寸长为 38mm。对图样分析如下。

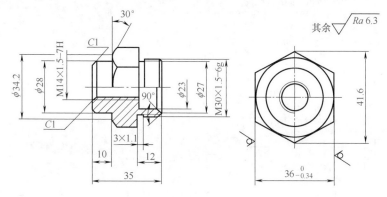

图 10-32　螺母的加工尺寸

根据螺纹标记，M30×1.5-6g 的大径公差带与中径公差带相同。查相关资料（普通螺纹的尺寸）A 中径尺寸为 29.026mm，再查螺纹的尺寸偏差得出螺纹大径及中径的上、下偏差为 $d=\phi 30^{-0.028}_{-0.264}$ mm，$d_2=29.026^{-0.028}_{-0.178}$ mm 用同样方法可查得 M14×1.5-7H 螺纹的中径尺寸及其中径、小径的上、下偏差。螺母的加工方法见表 10-30。

表 10-30　螺母的加工方法

类别	说　　明
加工工艺方法	①车 M30×1.5-6g 大径时，根据螺纹精度等级，可车得比公称直径小 0.1 ～ 0.15mm，这样螺纹车制后，保证牙顶有 P/8 的宽度 ②内螺纹 M14×1.5-7H，由于直径及螺距都较小，可用丝锥加工，攻螺纹前的螺纹底孔可以用钻头直接钻至尺寸，钻头直径 d_2=12.5mm ③在攻螺纹过程中，会带动尾座移动，所以尾座不应固定，并将尾座与床身导轨面擦净，加润滑油，防止由于尾座的阻碍造成内螺纹齿形损坏 ④车 M30×1.5-6g 螺纹时，由于台阶面较大，沟槽宽度又窄，可用低速切削，采用左右切削法 ⑤螺母的车削顺序如下：车端面、外螺纹大径→调头、车长度及外圆→钻孔、攻螺纹→调头车外螺纹→车孔
工件的定位与夹紧	①车端面及螺纹大径时，用三爪自定心卡盘夹住六角面。由于冷拉六角钢的表面粗糙度值可达 Ra3.2μm，尺寸精度也较高。而且六角面表面是平的，而卡爪是圆弧形的，这样卡爪两边缘容易把六角表面夹坏。所以装夹时，夹住长度应尽量短于 10mm，以便在车外圆时车去 ②车削其他加工表面时，可使用软卡爪装夹

类别	说　明
选择刀具	①车外螺纹时，用高速钢车刀，在刃磨时，应控制刀尖至左侧刀杆边缘的距离，避免车螺纹时，由于沟槽宽度窄而使刀杆碰到台阶面而造成废品 ②攻螺纹时，根据内螺纹的公差等级，选用丝锥公差带代号为 H4 的丝锥 ③车外圆时，由于六角面而造成断续切削，因此用外圆粗车刀先车去断续切削层 ④加工 φ23mm 台阶孔时，选用 φ22mm 平头钻（图 10-33）扩孔后，再用不通孔车刀车孔。这样可以提高切削效率 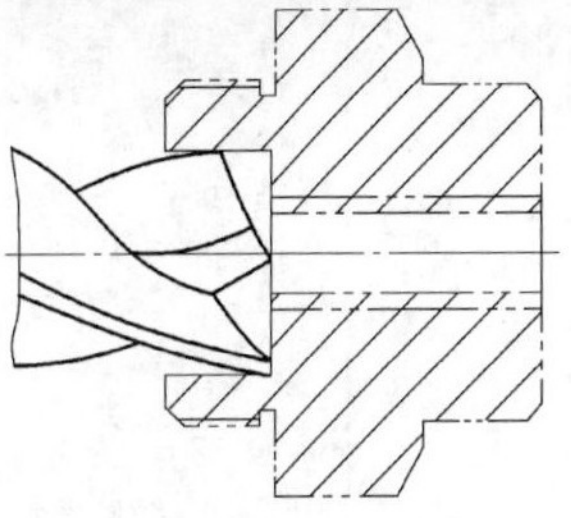 图 10-33　用平头钻扩孔
加工步骤	螺母的车削加工步骤如下 ①用三爪自定心卡盘夹住六角表面，夹住长度不大于 10mm a. 车端面，毛坯车出即可 b. 车 M30×1.5 大径至 $\phi 30^{-0.1}_{-0.15}$ mm、长度 12mm c. 车外沟槽 3mm×1.1mm 至尺寸 d. 倒角 φ7mm×45°。如图 10-34 所示 ②用软卡爪夹住 φ30mm 外圆 a. 车端面，尺寸 35mm b. 车外圆 φ28mm 至尺寸，长度 10mm c. 倒角 φ34.2mm×30°、C1。如图 10-35 所示 ③按工序②装夹方法 a. 钻内螺纹 M14×1.5-7H 底孔至 φ12.5mm，并钻穿 b. 孔口用 90° 锪钻倒角 C1 c. 攻螺纹 M14×1.5-7H 至尺寸，长度不少于 25mm。如图 10-36 所示 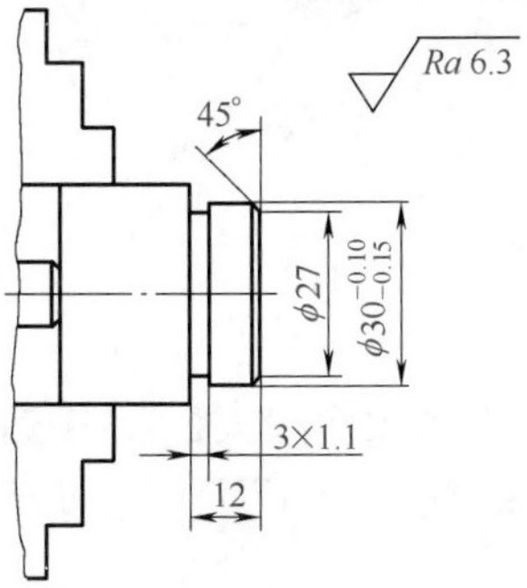 图 10-34　步骤①示意图 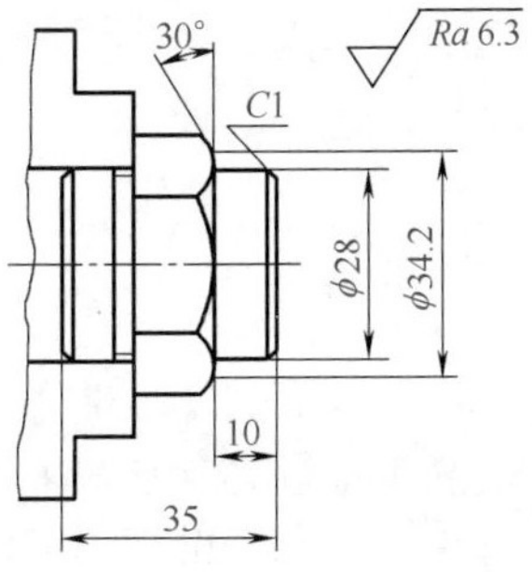　　图 10-35　步骤②示意图 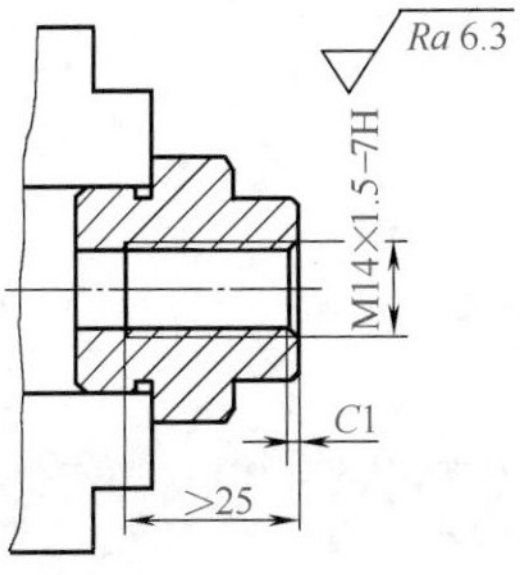　　图 10-36　步骤③示意图 ④调头，夹住 φ28mm 外圆车螺纹 M30×1.5-6g 至尺寸，如图 10-37 所示 ⑤按工序④装夹方法 a. 用平头钻扩孔至 φ22mm，深度尺寸 11.5mm b. 车孔 φ23mm、深度 2mm 至尺寸 c. 孔口倒角 φ27mm×45。如图 10-38 所示 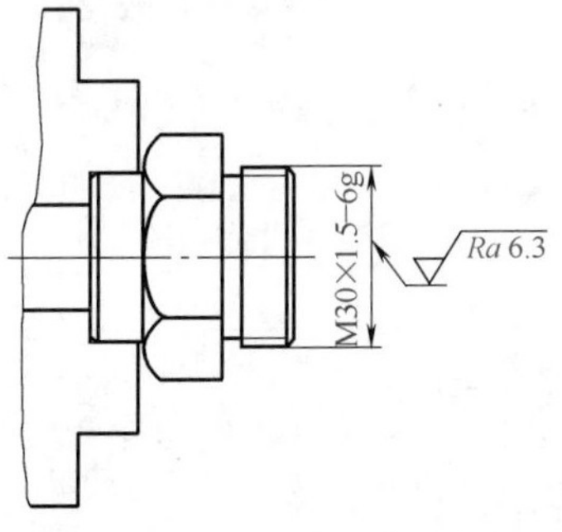 图 10-37　步骤④示意图 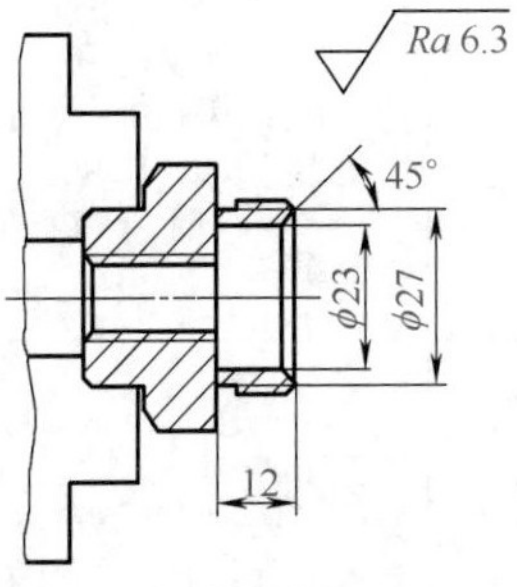　　　　图 10-38　步骤⑤示意图

　车削和数控车削完全自学一本通（**图解双色版**）

类别	说　　明
精度检验及 误差分析	① M30×1.5-6g 螺纹大径的检验可用读数值为 0.02mm 游标卡尺测量 ② 外螺纹 M30×1.5-6g、内螺纹 M14×1.5-7H 的精度检验用螺纹量规综合测量

第二节　车削梯形螺纹

一、梯形螺纹的尺寸计算

1. 梯形螺纹各基本尺寸名称、代号及计算公式

梯形螺纹有公制和公制两种。我国采用公制梯形螺纹，牙型角为 30°。梯形螺纹牙型如图 10-39 所示，尺寸计算公式见表 10-31。

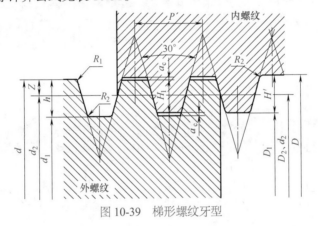

图 10-39　梯形螺纹牙型

表 10-31　梯形螺纹的尺寸计算公式　　　　　　　　　　　　单位：mm

名　称		代　号	计　算　公　式			
牙型角		α	$\alpha=30°$			
螺距		P	内螺纹标准决定			
间隙		a_c	P	$1.5\sim5$	$6\sim12$	$14\sim44$
			a_c	0.25	0.5	1
外螺纹	大径	d	$d=$ 公称直径			
	中径	d_2	$d_2=d-0.5P$			
	小径	d_1	$d_1=d-2h$			
	牙高	h	$h=0.5P+a_c$			
内螺纹	大径	D	$D=d+2a_c$			
	中径	D_2	$D_2=d_2$			
	小径	D_1	$D_1=d-P$			
	牙高	H'	$H'=h=0.5P+a_c$			

2. 梯形螺纹的标记

我国标准规定：标准梯形螺纹的标记应由螺纹特征代号"Tr"、公称直径、导程的毫米

值、螺距代号"P"和螺距毫米值、公差带代号和旋合长度代号组成。公称直径与导程之间用"×"分开；螺距代号"P"和螺距值用圆括号括上。对单线梯形螺纹，其标记应省略圆括号部分（螺距代号"P"和螺距值）；对标准左旋梯形螺纹，其标记内应添加左旋代号"LH"；右旋梯形螺纹不标注其旋向代号。

① 梯形螺纹的公差代号仅包含中径公差代号，公差带代号由公差等级数字和公差带位置字母（内螺纹用大写字母，外螺纹用小写字母）组成。螺纹尺寸代号与公差带代号间用"-"号分开。其标记示例如下。

a. 公称直径为 40mm、导程和螺距为 7mm、中径公差带为 7H 的右旋单线梯形内螺纹标记为：Tr40×7-7H。

b. 公称直径为 40mm、导程 14mm、螺距为 7mm、中径公差带为 7E 的右旋双线梯形内螺纹标记为：Tr40×14（P7）-7E。

c. 公称直径为 40mm、导程为 14mm、螺距为 7mm、中径公差带为 7E 的左旋双线梯形内螺纹标记为：Tr40×14（P7）LH-7E。

② 表示内、外螺纹配合时，内螺纹公差带代号在前，外螺纹公差带代号在后，中间用斜线分开。对长旋合长度组的螺纹，应在公差带代号后标注代号 L。旋合长度代号与公差带间用"-"号分开。中等旋合长度组螺纹不标注旋合长度代号 N。其标记示例如下。

a. 公差带为 7H 的内螺纹与公差带为 7e 的外螺纹组成的长旋合长度配合：Tr40×7-7H/7e-L。

b. 公差带为 7H 的双线内螺纹与公差带为 7e 的双线外螺纹组成的中等长旋合长度配合：Tr40×7（P7）-7H/7e。

3. 梯形螺纹公差

GB/T 5796.4—2005 规定了梯形螺纹的公差和标记。梯形螺纹的牙型和直径与螺距系列分别符合 GB/T 5796.1—2005 和 GB/T 5796.2—2005 的规定。

梯形螺纹公差适用于一般用途机械传动和紧固的梯形螺纹连接，不适用于精密传动丝杠等对轴向位移有特殊要求的梯形螺纹。梯形螺纹的公差值是在普通螺纹公差体系基础上建立起来的。

（1）公差带位置

按下面规定选取梯形螺纹的公差带位置。

内螺纹大径 D_4、中径 D_2 和小径 D_1 的公差带位置为 H，其基本偏差 EI 为零，如图 10-40 所示。

外螺纹中径 d_2 的公差带位置为 e 和 c，其基本偏差 es 为负值；外螺纹大径 d 和小径 d_3 的公差带位置 h，其基本偏差 es 为零，如图 10-41 所示。

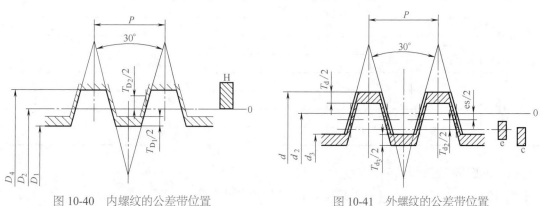

图 10-40　内螺纹的公差带位置　　　　图 10-41　外螺纹的公差带位置

外螺纹大径和小径的公差带基本偏差为零，与中径公差带位置无关。梯形螺纹中径的基本偏差值见表 10-32。

表 10-32　梯形螺纹中径的基本偏差值

螺距 P/mm	内螺纹 D_1、D_2、D_4	外螺纹 /μm				螺距 P/mm	内螺纹 D_1、D_2、D_4	外螺纹 /μm			
		d_2			d、d_3			d_2			d、d_3
	H EI	C es	e es	h es	h es		H EI	C es	e es	h es	h es
1.5	0	−140	−67	0		16	0	−375	−190	0	
2	0	−150	−71	0		18	0	−400	−200	0	
3	0	−170	−85	0		20	0	−425	−212	0	
4	0	−190	−95	0		22	0	−450	−224	0	
5	0	−212	−106	0		24	0	−475	−236	0	
6	0	−236	−118	0		28	0	−500	−250	0	
7	0	−250	−125	0		32	0	−530	−265	0	
8	0	−265	−132	0		36	0	−560	−280	0	
9	0	−280	−140	0		40	0	−600	−300	0	
10	0	−300	−150	0		44	0	−630	−315	0	
12	0	−335	−160	0		—	—	—	—	—	
14	0	−355	−180	0							

（2）内、外螺纹各直径公差等级见表 10-33

表 10-33　内、外螺纹各直径公差等级

直　径	公差等级
内螺纹小径 D_1	4
外螺纹大径 d	4
内螺纹中径 D_2	7，8，9
外螺纹中径 d_2	7，8，9
外螺纹小径 d_3	7，8，9

（3）梯形螺纹公差带的选用

梯形螺纹规定了中等和粗糙两种精度，根据使用场合，梯形螺纹的精度等级中"中等"用于一般用途螺纹，"粗糙"用于制造螺纹有困难的场合。如果不能确定螺纹旋合长度的实际值，推荐按"中等旋合长度组 N"选取螺纹公差带，具体选择见表 10-34。

表 10-34　梯形螺纹公差带的选用

精　度	内　螺　纹		外　螺　纹	
	N	L	N	L
中等	7H	8H	7e	8e
粗糙	8H	9H	8c	9c

二、车梯形螺纹时零件的装夹

① 车削梯形螺纹时，切削力较大，工件一般采用一夹一顶方式装夹。

② 粗车螺距差较大的梯形螺纹时，可采用四爪单动卡盘一夹一顶，以保证装夹牢固。

③ 常用轴向限位台阶或限位支承固定工件的轴向位置，以防车削中工件轴向窜动或移位而造成乱牙或撞坏车刀。

④ 一般使用工件的一个台阶靠住卡爪平面或用轴向定位块限制，固定工件的轴向位置，以防止切削过大，使工件轴向位移而车坏螺纹。

⑤ 精车螺纹时，可以采用两顶尖装夹，以提高定位精度。

三、梯形螺纹车刀的种类及安装

车削梯形螺纹时，径向切削力比较大。为了提高螺纹的质量，可分粗车和精车两个工序进行车削。粗车和精车时所用的车刀分别为粗车刀和精车刀。根据车刀刀头材料的不同又可分为高速钢梯形螺纹车刀和硬质合金梯形螺纹车刀。

1. 高速钢梯形螺纹粗车刀

如图 10-42 所示是高速钢梯形螺纹粗车刀的几何形状。为了便于左右切削并留有精车余量，刀头宽度应小于牙槽底宽 w 图中 ψ 为螺纹升角。

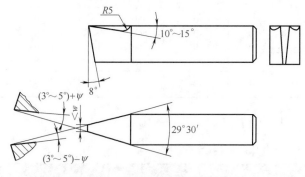

图 10-42　高速钢梯形螺纹粗车刀

2. 高速钢梯形螺纹精车刀

如图 10-43 所示是高速钢梯形螺纹精车刀的几何形状。车刀纵向前角 $\gamma_p=0°$，两侧切削刃之间的夹角等于牙型角。为了保证两侧切削刃切削顺利，都磨有较大前角（$\gamma_p=10°\sim20°$）的卷屑槽。但在使用时必须注意，车刀前端切削刃不能参加切削。高速钢梯形螺纹车刀，能车削出精度较高和表面粗糙度较小的螺纹，但生产率较低。

3. 硬质合金梯形螺纹车刀

为了提高生产率，在车削一般精度的梯形螺纹时，可使用硬质合金车刀进行高速切削。如图 10-44 所示是硬质合金梯形螺纹车刀的几何形状。这种车刀的缺点是，高速车削梯形螺纹时，由于三个切削刃同时切削，切削力较大，易引起振动，并且刀具前刀面为平面时，切屑呈带状流出，操作很不安全。

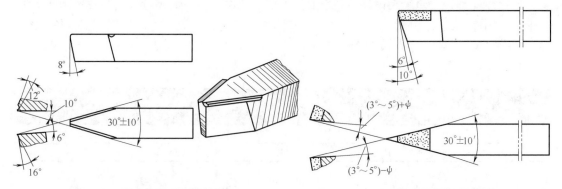

图 10-43　高速钢梯形螺纹精车刀　　　　图 10-44　硬质合金梯形螺纹车刀

4. 双圆弧硬质合金梯形螺纹车刀

双圆弧硬质合金梯形螺纹车刀在前刀面上磨出两个圆弧，如图 10-45 所示，因为磨出了两个 $R7$ 的圆弧，使纵向前角增大，切削顺利，不易引起振动。并且切屑呈球状排出，能保证安全，并使清除切屑方便。但这种车刀车出的螺纹，牙型精度较差。

5. 梯形螺纹车刀的安装

在安装梯形螺纹车刀时应保证车刀主切削刃必须与工件旋转中心等高，同时应和轴线平行，刀头的角平分线要垂直于工件的轴线，用对刀样板或游标万能角度尺校正，如图 10-46 所示。

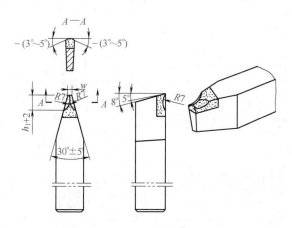

图 10-45 双圆弧硬质合金梯形螺纹车刀

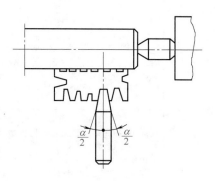

图 10-46 梯形螺纹车刀的安装

四、梯形螺纹的车削方法

梯形螺纹较之三角形螺纹，其螺距和牙型都大，而且精度高，牙型两侧面表面粗糙度值较小，致使梯形螺纹车削时，吃刀深，走刀快，切削余量大，切削抗力大，这就导致了梯形螺纹的车削加工难度较大，容易产生扎刀现象。

车削梯形螺纹时，通常采用高速钢材料刀具进行低速车削，低速车削梯形螺纹一般有四种进刀方法：直进法、左右切削法、车直槽法和车阶梯槽法。通常直进法只适用于车削螺距较小（$P < 4mm$）的梯形螺纹，而粗车螺距较大（$P > 4mm$）的梯形螺纹常采用左右切削法、车直槽法和车阶梯槽法，其说明见表 10-35。

表 10-35 梯形螺纹车削方法的选用

类别	说　明
直进法	直进法也叫切槽法，如图 10-47（a）所示。车削螺纹时，只利用中拖板进行横向（垂直于导轨方向）进刀，在几次行程中完成螺纹车削。这种方法虽可以获得比较正确的齿形，操作也很简单，但由于刀具三个切削刃同时参加切削，振动比较大，牙侧容易拉出毛刺，不易得到较好的表面品质，并容易产生扎刀现象，因此，它只适用于螺距较小的梯形螺纹车削　　（a）直进法　　（b）左右切削法　　图 10-47 梯形螺纹车削进刀方法
左右切削法	左右切削法车梯形螺纹时，除了用中拖板刻度控制车刀的横向进刀外，同时还利用小拖板的刻度控制车刀的左右微量进给，直到牙型全部车好，如图 10-47（b）所示。用左右切削法车削螺纹时，由于是车刀两个主切削刃中的一个在进行单面切削，避免了三刃同时切削，所以不容易产生扎刀现象。另外，精车时尽量选择低速（$4 \sim 7m/min$），并浇注切削液，一般可获得很好的表面品质

类别	说　明	
左右切削法	操作过程中，要根据实际经验，一边控制左右进给量，一边观察切屑情况，当排出的切屑很薄时，就可采用光整加工使车出的螺纹表面光洁，精度也很高。但左右切削法操作比较复杂，小拖板左右微量进给时由于空行程的影响易出错，而且中拖板和小拖板同时进刀，两者的进刀量大小和比例不固定，每刀切削量不好控制，牙型也不易车得清晰。所以，左右切削法对操作者的熟练程度和切削技能要求较高，不适合初学者学习和掌握	
车直槽法	车直槽法车削梯形螺纹时一般选用刀头宽度稍小于牙槽底宽的矩形螺纹车刀，采用横向直进法粗车螺纹至小径尺寸（每边留有 0.2～0.3mm 的余量），然后换用精车刀修整，如图 10-48 所示。这种方法简单、易懂、易掌握，但是在车削较大螺距的梯形螺纹时，刀具因其刀头狭长，强度不够而易折断；切削的沟槽较深，排屑不顺畅，致使堆积的切屑把刀头"砸掉"；进给量较小，切削速度较低，因而很难满足梯形螺纹的车削需要 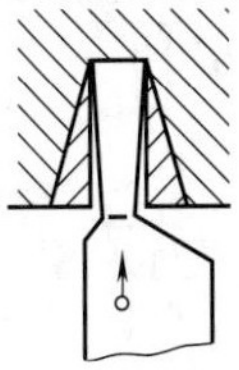	 图 10-48　车直槽法
车阶梯槽法	为了降低直槽法车削时刀头的损坏程度，可以采用车阶梯槽法，如图 10-49 所示。此方法同样也是采用矩形螺纹车刀进行切槽，只不过不是直接切至小径尺寸，而是分成若干切削成阶梯槽，最后换用精车刀修整至所规定的尺寸。这样切削排屑较顺畅，方法也较简单，但换刀时不容易对准螺旋直槽，很难保证正确的牙型，容易产生倒角现象。综上所述，其他三种车削方法都能不同程度地减轻或避免三刃同时切削，使排屑较顺畅，刀尖受力、受热情况有所改善，从而不易出现振动和扎刀现象，还可提高切削量，改善螺纹表面品质。所以，左右切削法、车直槽法和车阶梯槽法获得了广泛的应用。然而，对于初学者来说，这三种车削方法掌握起来较困难，操作起来较烦琐，有待于容易化和简单化，而"分层法"车削梯形螺纹则容易理解和掌握 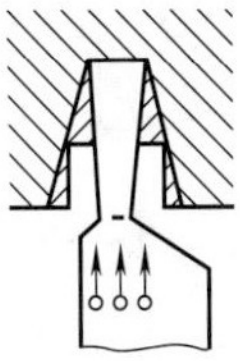	 图 10-49　车阶梯槽法
"分层法"车削梯形螺纹	"分层法"车削梯形螺纹实际上是直进法和左右切削法的综合应用。在车削较大螺距的梯形螺纹时，"分层法"通常不是一次性就把梯形槽切削出来，而是把牙槽分成若干层，每层大概 1～2mm 深，转化成若干个较浅的梯形槽来进行切削，从而降低了车削难度。每一层的切削都采用先直进后左右的车削方法，由于左右切削时槽深不变，只需做向左或向右的纵向（沿导轨方向）进给即可，如图 10-50 所示，因此它比上面提到的左右切削法要简单和容易操作得多 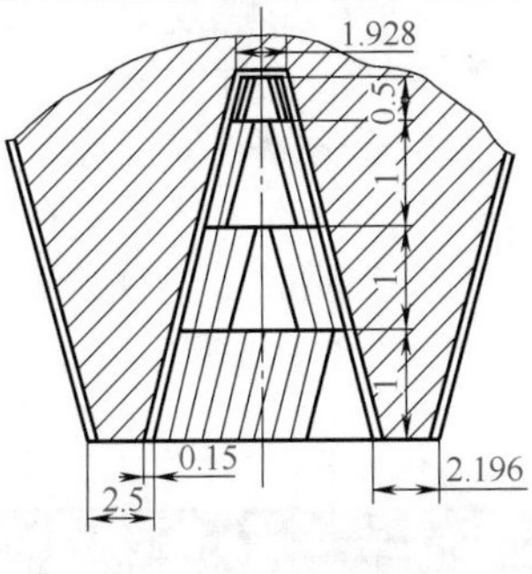	 图 10-50　分层法车削梯形螺纹

五、车削梯形螺纹时的质量分析

在车削梯形螺纹时，容易产生牙型不正、螺纹侧面太粗糙、尺寸不对和节距误差等几种质量问题，其产生原因和解决方法见表 10-36。

表 10-36　车削梯形螺纹常见问题的产生原因及解决方法

类别	产生原因	解决方法
牙型不正	牙型不正是由于车刀刀尖角不正确、刀刃不直和车刀装得不正确所造成的	刃磨的刀刃刃口要直，刀尖角用样板检查。装刀时车刀前面通过工件轴心线，并用样板校正刀尖角
螺纹侧面太粗糙	螺纹侧面太粗糙是由于车刀刃口磨得不光洁，或在车削中损伤了刀口。此外车床各配合部存在间隙而引起振动	选择适当的精磨砂轮和正确的修正砂轮，提高刃磨质量。选用适当的切削速度和冷却液，防止碰伤刀刃，消除或减小车床各部分间隙
尺寸不对	尺寸不对是由于在车削时吃刀太多，刻度盘不准又不及时测量而造成	精车时检查车床刻度盘是否松动，精车余量要适当，不能太多，并及时测量工件

类别	产生原因	解决方法
节距误差	车床精度不高和车床各处间隙	挑选精度较高的车床进行加工，调整主轴的轴向窜动、径向跳动以及丝杠的轴向窜动等。车削时，为了防止拖板箱手轮回转时的不平衡，而影响大拖板移动时的窜动，可采取在手轮上挂一轻重块或拆除手轮，最好采用手轮脱离装置
碎裂现象	在车削铸铁内螺纹时要特别注意，由于铸铁材料具有脆性，精车时车刀容易切入工件，并且在吃刀深度太大时，会产生碎裂现象	在粗车时，吃刀深度不能太大。此外，精车最后几刀时，不要增加吃刀，仍按中拖板原刻线位置，这样再车几刀，来降低螺纹的粗糙度和消除由于让刀而造成的锥度，确保工件质量

六、加工实例

例 5：车梯形丝杠。如图 10-51 所示为梯形丝杠尺寸示意，具体车削要求如下。

1. 车螺纹外圆

车螺纹外圆如图 10-52 所示。

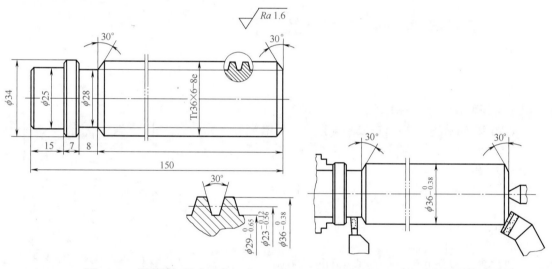

图 10-51　梯形丝杠尺寸示意　　　　　　图 10-52　车螺纹外圆

① 在工件一端车端面、钻中心孔。调头截取总长，并车外圆 $\phi26 \times 15$ 长。

② 三爪自定心卡盘夹住 $\phi26 \times 15$ 处，另一端用顶尖支承，车外圆及沟槽和倒角。

2. 车梯形螺纹

① 用直槽刀将螺纹车至小径尺寸，使螺纹成为矩形。切削速度一般为 10 ～ 15m/min。当车刀主切削刃与工件外圆轻微接触时，中滑板刻度调整至零位。按螺距 P 计算牙型高度确定总背吃刀量，并换算成刻度值，在中滑板刻度上用粉笔划线作总背吃刀量记号。用直进法背吃刀量以递减形式进给，开始背吃刀量为 0.3mm，车几刀后减至 0.2mm，最后几刀可减至 0.1mm，车到螺纹小径尺寸的上偏差时为止，见图 10-47（a）。

② 粗车梯形螺纹两侧斜面，用"动态对刀法"将梯形螺纹车刀对准矩形槽的中间，当切削刃与槽接触时记下中滑板刻度值，然后退出车刀返回起始位置以外。用直进法与左右切削法相结合粗车螺纹。开始时，采用直进法车削，随着切削面积的增大，为防止振动和扎刀，改用左右切削法车斜面，见图 10-47（b）。螺纹粗车成形后，观察牙顶宽度（f），要求牙顶宽比牙槽底宽 0.5mm，并不可有明显的扎刀痕迹。

③ 车梯形螺纹时，车刀必须锐利，切削速度 $v_c < 5m/min$。精车的步骤如下。

a. 精车槽底时，车刀对准螺旋槽后，中滑板做微量进给精车槽底，并将刻度调至零位。

b. 精车螺纹一侧斜面时，中滑板每刀都进至零位，小滑板微量进给精车螺纹一侧斜面。要尽量减少车削量，表面粗糙度值符合要求即可。

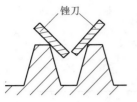

锉刀

图 10-53　用锉刀去毛刺

c. 精车螺纹另一侧斜面时，将小滑板朝着另一侧斜面移动，分几刀精车，当牙顶宽接近牙槽宽时，应采用梯形螺纹环规进行检查。环规的使用方法与三角形螺纹环规相同。粗、精车梯形螺纹都必须加注切削液。

④ 去毛刺的方法，如图 10-53 所示。机床开动后，用细锉刀靠在牙尖上修去螺纹尖角处毛刺。

第三节　矩形螺纹和锯齿形螺纹的车削

一、矩形螺纹各部分尺寸计算

矩形螺纹又称方牙螺纹，也是一种传动螺纹，属非标准螺纹，无规定代号，在零件图中必须画出牙型并注全与牙型有关的尺寸。矩形螺纹的牙型如图 10-54 所示，它的理论牙型为一正方形，但为了内外螺纹配合时的相对运动，在牙顶、牙底和牙侧都必须有一定的间隙，所以实际牙型并不是正方形。

如图 10-54 所示，矩形螺纹的牙顶宽、牙槽宽及牙型深度（不包括间隙）都等于螺距的一半，加工好的螺纹的轴向剖面形状为正方形。为保证螺纹大径径向定心精度，内外螺纹的径向配合保持一定的间隙。一般内螺纹的大径尺寸比外螺纹的大径尺寸约大 0.2 ～ 0.4mm，具体要求参照内外螺纹定心精度和螺距大小而定。

螺纹侧面配合间隙，一般取（0.05 ～ 0.01）×螺距。如果所加工的螺纹有特定要求，按设计要求间隙确定。矩形螺纹术语及各部分尺寸的计算公式见表 10-37。

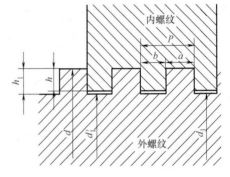

图 10-54　矩形螺纹的牙型

表 10-37　矩形螺纹术语及各部分尺寸计算公式

术　语	符号	计算公式	术　语	符号	计算公式
大径	d	由设计决定	螺纹的工作高度	h	$h=0.5P$
螺距	P	由设计决定	螺纹的实际高度	h_1	$h_1=0.5P+(0.1～0.2)mm$
外螺纹牙槽宽	b	$b=0.5P+(0.02～0.04)mm$	外螺纹小径	d_1	$d_1=d-2h_1$
外螺纹牙宽	a	$a=P-b$	内螺纹小径	d_1'	$d_1'=d-P$

二、矩形螺纹车刀及安装

适用于车削矩形螺纹的车刀型式如图 10-55 所示。矩形螺纹粗车刀与精车刀的型式相同。粗车刀主切削刃宽度（通常称刀头宽度）应比矩形螺纹的牙槽宽小 0.3 ～ 0.4mm；精车刀主切削刃宽度应为 $b=0.5P+$（$0.03\sim0.05$）mm。粗、精车刀两侧切削刃的长度（通常称刀头长度）应为 $L=0.5P+$（$2\sim4$）mm。两侧后角应考虑螺纹升角 ϕ 的影响，如车削右旋矩形螺纹，左侧后角应为 $\alpha_{fL}=\phi+$（$2°\sim3°$），右侧后角应为 $\alpha_{fR}=1°\sim2°$。车削左旋矩形螺纹时，右侧后角应为 $\alpha_{fR}=\phi+$（$2°\sim3°$），左侧后角应为 $\alpha_{fL}=1°\sim2°$。精车刀两侧切削刃有宽 $b'_1=0.3\sim0.5$mm 的修光刃。车削前，应用矩形车刀专用样板或游标万能角度尺检查矩形螺纹车刀主、副偏角，主、副后角及前角是否符合要求，检查车刀在方刀架上安装位置是否正确，尤其应注意主切削刃应与工件轴线等高，且与工件轴线平行。

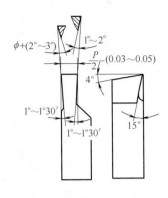

图 10-55　高速钢矩形螺纹车刀

安装矩形螺纹车刀时，车刀前端切削刃必须与工件的中心等高，同时与工件表面平行。

三、矩形螺纹的车削方法

矩形螺纹的车削方法见表 10-38。

表 10-38　矩形螺纹的车削方法

类　别	图　示	说　明
直进车削法		①螺距 $P\leqslant4$mm，精度和粗糙度要求不高的矩形螺纹，一般用直进法，由一把车刀切削完成 ②螺距 $P>4$mm，一般采用直进法分粗、精车两次完成，如左图所示。先用一把刀头宽度较牙槽宽度窄 $0.5\sim1.0$mm 的粗车刀进行粗车，两侧各留 $0.2\sim0.4$mm 余量，再用精车刀精车
多刀分步车削法		车削较大螺距的螺纹，可分别用 3 把车刀进行加工，如左图所示。先用第一把粗车刀，刀头比牙槽宽度小 $0.5\sim1.0$mm，粗车至小径尺寸；然后用第二把和第三把小于 90° 的正、反偏刀分别精车螺纹的左、右侧面。车削过程中，要严格控制牙槽宽度 车削钢料时，切削用量选择 $v_c=0.07\sim0.17$m/s，$a_p=0.02\sim0.2$mm。冷却润滑液一般粗车可用硫化切削液或机油，精车用乳化液
车削矩形内螺纹	—	目前，对于方牙螺纹，一般采用内、外螺纹的外径来保持它的径向定心。即在车削内螺纹时，要使内螺纹的外径比外螺纹的外径大 $0.1\sim0.2$mm，使其不至于产生过大的径向窜动，至于内、外螺纹的内径间隙可根据螺距参照梯形螺纹选取 对于车削方牙内螺纹的方法，除吃刀方向与外螺纹相反外，还要注意内、外螺纹的配合间隙，具体有以下几点： ①内螺纹车刀的宽度应大于外螺纹的牙宽约 $0.03\sim0.06$mm ②钻镗螺纹孔径时，必须根据外螺纹的内径尺寸，加上适当的间隙，具体数值可按螺距的大小，参照梯形螺纹间隙标准选用 ③车削内螺纹的外径尺寸，比外螺纹的外径尺寸大 $0.2\sim0.4$mm，这样可以达到较好的配合要求

四、锯齿形螺纹的车削

锯齿形螺纹的牙型有 33° 和 45° 两种。内外螺纹配合时，小径之间有间隙，大径之间没有间隙。这种螺纹能承受较大的单向压力，通常用于起重和压力机械设备上。

1. 锯齿形螺纹的尺寸计算

锯齿形螺纹的牙型角分别是 3° 和 30°。根据标准 GB/T 13576.1—92，锯齿形螺纹的基本牙型与尺寸计算见表 10-39。

表 10-39　锯齿形螺纹的基本牙型与尺寸计算

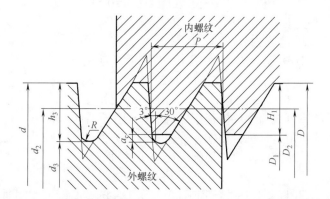

名　称	代号	计　算　公　式
基本牙型高度	H_1	$H_1=0.75P$
内螺纹牙顶与外螺纹牙底间的间隙	a_c	$a_c=0.11776P$
外螺纹牙高	h_3	$h_3=H_1+a_c=0.867767P$
内、外螺纹大径（公称直径）	d、D	$d=D$
内、外螺纹中径	d_2、D_2	$d_2=D_2=d-H_1=d-0.75P$
内螺纹小径	D_1	$D_1=d-2H_1=d-1.5P$
外螺纹小径	d_3	$d_3=d-2H_3=d-1.735534P$
外螺纹牙底圆弧半径	R	$R=0.124271P$

2. 锯齿形螺纹的车削方法（表 10-40）

表 10-40　锯齿形螺纹的车削方法

类别	说　明
锯齿形螺纹车刀	常用的锯齿形外螺纹车刀如图 10-56 所示。内螺纹车刀如图 10-57 所示。锯齿形螺纹的牙型是一个不等腰梯形，由于牙型的承载牙侧、非承载牙侧的夹角不同，在刃磨车刀和装刀时，必须注意不能将车刀的两侧刃角度位置搞错。为了不使两侧刃角度位置搞错，在刃磨和安装车刀时，可用锯齿形样板核对车刀角度

$\lambda_s+(3°\sim5°)$

$Ra\,0.8$

$4°$　$5°$

$2.5°$　$15°$

$29.5°$

(a) 粗车刀

$\lambda_s+(3°\sim5°)$

$4°$　$5°$

$3°$　$10°$

$30°$

(b) 精车刀

图 10-56　锯齿形外螺纹车刀

$A—A$　A

图 10-57　锯齿形内螺纹车刀

类 别	说 明
锯齿形螺纹的车削	锯齿形螺纹的车削加工与普通螺纹的车削加工不同，普通螺纹的车削加工通常是采用螺纹车刀对其进行直进式车削加工。但对于锯齿形螺纹，采用直进式车削加工时，由于其齿形面不等角以及加工精度要求高，表面粗糙度值低，其3°齿形面每次吃刀时，吃刀量极小，易产生积屑瘤，从而造成表面加工硬化直至产生裂纹，并在螺纹表层内产生残余应力，从而降低了加工表面质量和材料的疲劳强度，并且加速了刀具的磨损 　　为消除裂纹和提高刀具的使用寿命，可采用均匀吃刀的加工方法来车削锯齿形螺纹。其工艺步骤如下 　　①将螺纹车刀安装在车床的方刀架上，找正刀具侧面直线跳动不大于0.05mm 　　②方刀架不动，转动小拖板76°～77° 　　③中拖板对刀，小拖板吃刀，即增大3°表面加工量，使刀具做斜向移动，从而消除因3°斜面径向进给量小所造成的车刀与加工表面挤压使切削温度急剧升高的现象，避免螺纹表面裂纹的产生。整个车削过程如图10-58所示。在用硬质合金螺纹车刀车削硬度较高的零件上的锯齿形螺纹时，如刀具在30°方向上吃刀，如图10-59（a）所示，刀具的使用寿命很短，并经常发生打刀现象，而且加工出来的螺纹质量不稳定，效率低 　　采用如图10-59（b）所示的3°方向上的吃刀，可大大提高刀具使用寿命，并可减少和避免硬质合金车刀的打刀现象 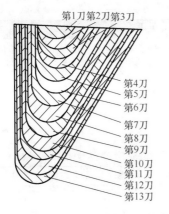 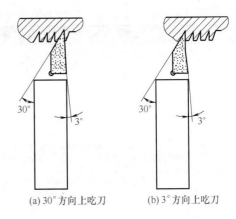 第1刀 第2刀 第3刀　　第4刀 第5刀 第6刀 第7刀 第8刀 第9刀 第10刀 第11刀 第12刀 第13刀 30°　3°　　30°　3° (a) 30°方向上吃刀　　(b) 3°方向上吃刀 　图10-58　均匀吃刀的车削加工方法　　　图10-59　车削锯齿形螺纹时吃刀方向
车削锯齿形螺纹时必须注意的问题及测量	在车削锯齿形螺纹时，特别是在车内螺纹时，吃刀深度如果过大，往往会产生不正常的切削声音或折断刀头等现象。主要原因是车刀刀头狭长，刚性差。同时，切削速度也不能过大，并注意选用适当的冷却液 　　对于锯齿形螺纹的测量，通常采用界限量规或专用样板

第四节　车削多线螺纹

　　螺纹按线数分为单线螺纹和多线螺纹。由一条螺旋线形成的螺纹叫单线（单头）螺纹；由两条或两条以上在轴向等距分布的螺旋线所形成的螺纹叫多线（多头）螺纹。

　　多线螺纹的代号不完全一样。普通多线三角形螺纹的代号由螺纹特征代号 × 导程 / 线数表示，如 M24×4/2、M10×4/4 等；梯形螺纹的代号由螺纹特征代号 × 导程（螺距）表示，如 Tr36×12（P6）、Tr20×6（P2）等。

一、多线螺纹的分线方法

　　区别螺纹线数的多少，可根据螺纹末端旋转槽的数目或从螺纹的端面上看有几个螺纹的

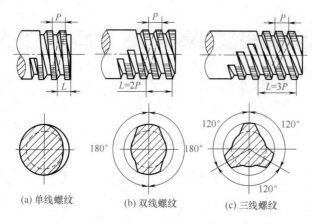

(a) 单线螺纹　　(b) 双线螺纹　　(c) 三线螺纹

图 10-60　单线和多线螺纹

起始点（图 10-60）。多线螺纹螺旋线分布的特点是在轴向等距分布，在端面上螺旋线的起点是等角度分布。

根据多线螺纹的特点，分线方法有轴向分线法和圆周分线法两大类。

1. 轴向分线法

当车好一条螺旋线后，把车刀沿工件轴向移动一个螺距再车第二条螺旋线，这种分线方法称为轴向分线法，其说明见表 10-41。

表 10-41　轴向分线法

类别	说　　明
利用小溜板分线	小溜板分线的步骤是首先车好一条螺旋线，然后把小溜板沿工件轴向向左或向右根据刻度移动一个螺距（一定要保证小溜板移动对工件轴线的平行度），再车削第二条螺旋线。第二条螺旋线车好后依照上述方法再车第三条、第四条等。分线时小溜板转过的格数可用下面公式求出 $$K=\frac{P}{a}$$ 式中　　K——刻度盘转过的格数 　　　　P——工件的螺距，mm 　　　　a——刻度盘转 1 格小溜板移动的距离，mm 这种方法不需要其他辅助工具就能进行，比较简单，但是不容易达到较高的分线精度
利用床鞍和小溜板移动之和进行分线	车削螺距很大的多线螺纹时，若只用小溜板分线，则小溜板移动的距离太大，使刀架伸出量大，从而降低了刀架的刚性，尤其是分线距离超过 100mm 后，采用小溜板分线就无法实现，而利用床鞍和小溜板移动之和进行分线，多大的移动量都可完成 这种分线法的步骤是，当车好第一条螺旋线之后，打开和丝杠啮合的开合螺母，摇动床鞍大手轮，使床鞍向左移动一个或几个丝杠螺距（接近工件螺距）后，再把开合螺母合上，床鞍移动不足（或超出）部分用移动小溜板的方法给以补偿，当床鞍移动与小溜板移动之和等于一个工件螺距时，再车第二条螺旋线
利用量块分线	车削螺距精度要求较高的多线螺纹时，可利用量块控制小溜板移动的距离。如图 10-61（a）所示为车双线蜗杆，先在车床的床鞍和小溜板上各装上挡铁 1 和触头 3，车第一条螺旋槽时，触头与挡铁之间放入厚度等于蜗杆齿距的量块 2。在开车车第二条螺旋槽之前，取出量块，移动小溜板，使触头与挡铁接触。经过粗车、精车两个循环后，就可以把双线蜗杆车好 量块分线法比小溜板分线法精确。但是使用这种方法之前，必须先把小溜板导轨校准，使之与工件轴线平行，否则会造成分线误差 (a) 利用量块分线　　　　　　(b) 利用百分表分线 图 10-61　轴向分线法 1—挡铁；2—量块；3—触头；4—百分表座；5—百分表；6—刀架

类别	说　明
利用百分表分线	如图 10-61（b）所示为百分表分线法，先把磁性百分表座 4 固定在床鞍上，百分表 5 的测量头触及刀架 6 上，找零位。再把小溜板轴向移动一个螺距，就可以达到分线的目的。这种方法既简单方便又精确，但分线螺距受到百分表量程限制，一般在 10mm 以内，并且在使用过程中应经常注意百分表的零位是否变动

2. 圆周分线法

圆周分线法是根据多线螺纹的各条螺旋线在圆周上等角度分布的原理进行分线的。多线螺纹螺旋线各起点在端面上相隔的角度为：

$$\theta = \frac{360°}{n}$$

式中　θ——多线螺纹各螺旋线起始点在端面相隔的角度，（°）；

　　　n——多线螺纹的线数。

这种方法是在车好第一条螺旋槽后，车刀不动，使工件与床鞍之间的传动链分离，并把工件转过 θ 角度，再接通传动链就可车另一条螺旋槽。这样依次分线就可以把多线螺纹车好。圆周分线法说明见表 10-42。

表 10-42　圆周分线法

类别	说　明
利用交换齿轮分线	当车床交换齿轮 Z_1 齿数是螺纹线数的整数倍时，就可以在交换齿轮上进行分线（图 10-62），车好第一条螺旋槽后，停车，按所加工螺纹的线数等分交换齿轮齿数，做出等分记号，随后把 Z_2 齿轮与车床主轴交换齿轮 Z_1 脱开，用手转动卡盘，使下一个记号与 Z_2 齿轮上的记号对准，并使交换齿轮啮合，即可车削下一条螺旋槽。为了减少分线误差，齿轮应朝一个方向转动 　　交换齿轮分线法的分线精度高，不需要增添其他装置，但受交换齿轮齿数的限制，操作也比较麻烦，只在单件、小批量生产且零件加工精度较高的多线螺纹时使用 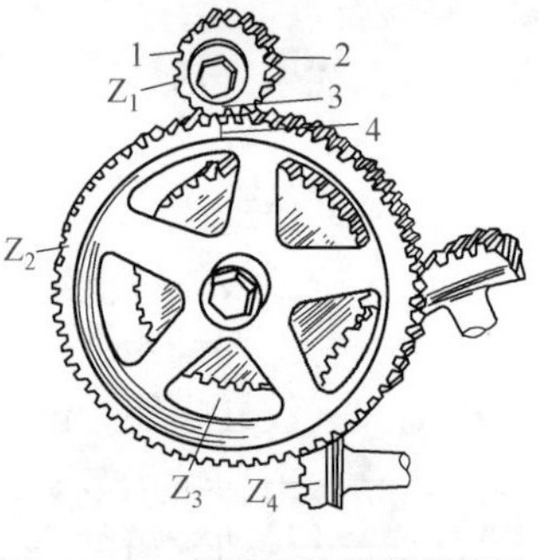 图 10-62　交换齿轮齿数分线法
利用主轴箱齿轮分线	这种分线精度高，而且也比较简单。如 CA6140 车床主轴箱，内外齿轮啮合器是 50 个齿，若车削线数是 5 的多线螺纹，可把卡盘外圆粗略分 5 等分，扳动主轴箱操纵手柄，使主轴能够空转（即脱开主轴与丝杠传动），然后转动主轴使卡盘转 1/5，再扳动主轴箱操纵手柄使内外齿轮结合，即可车削第二条螺旋线
利用卡盘分线	用三爪自定心卡盘可分三线螺纹，用四爪单动卡盘可分双线和四线螺纹。在两顶尖间车削多线螺纹时，车好一条螺旋线后，松开后顶尖，将工件取下转一个卡爪位置重新安装，用另一个卡爪拨动就可车削另一条螺旋线。这种分线方法很简单，但由于卡爪本身等分精度不高，所以分线精度也不高
利用分度插盘分线	如图 10-63 所示是装在主轴上车多线螺纹用的分度插盘。分度插盘上有等分精度很高的定位孔 4（一般为 12 个孔，可分 2、3、4、5、6 及 12 线螺纹）。这种方法分线方便，分线精度高，是较理想的分线方法之一。分度插盘可以与三爪自定心卡盘相连，也可以装上拨板 7 拨动夹头，进行两顶尖装夹车削 　　分度插盘分线操作步骤：分线时，停车，拉出定位销 3，并松开螺钉 5，把分度盘 6 旋转一个所需要的分度角度，再把定位销插入另一个定位孔，紧固螺钉 5，然后车削第二条螺旋线，这样依次分线。如果分度盘为 12 孔，车削三线螺纹时，每转过 4 个孔分一条螺旋线

类别	说　明
利用分度插盘分线	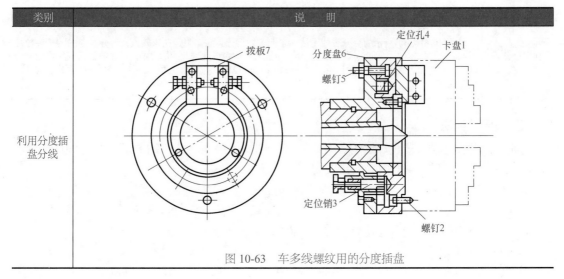 图 10-63　车多线螺纹用的分度插盘

二、多线螺纹车削方法

1. 车削多线螺纹和多线蜗杆的交换齿轮计算

车削多线螺纹和多线蜗杆的交换齿轮计算和单线螺纹一样，只是把工件的螺距换成导程。多线螺纹交换齿轮计算公式为：

$$i = \frac{nP_{\text{工}}}{P_{\text{丝}}} = \frac{z_1}{z_2} \times \frac{z_3}{z_4}$$

式中　　i ——传动比；

n ——多线螺纹的线数；

$P_{\text{工}}$ ——工件螺距，mm；

$P_{\text{丝}}$ ——丝杠螺距，mm；

z_1，z_3——主动轮齿数；

z_2，z_4——从动轮齿数。

2. 多线螺纹的车削步骤

车多线螺纹时必须注意，绝不能把一条螺旋线全部车好后，再车另外的螺旋线。车削时应按以下步骤进行。

① 粗车第一条螺旋线，记住中溜板和小溜板的刻度。

② 进行分线，粗车第二、第三条……螺旋线。如果用圆周分线法，切入深度（中溜板和小溜板的刻度）应与车削第一条螺旋线时相同；如用轴向分线法，中溜板刻度与车第一条螺旋线相同，小溜板精确移动一个螺距。

③ 按上述方法精车各条螺旋线。

三、车削多线螺纹时注意事项

① 车削精度要求高的多线螺纹应选择精度高的分线方法，把每条螺旋线都粗车完后再进行精车。

② 采用圆周分线法车削多线螺纹时，小溜板刻度盘起始刻度应相同。

③车削的每一条螺旋线，车刀切入工件的深度都应当相等。

④为保证螺距精度，采用左右切削法车削多线螺纹时，车刀左右移动量都应该相等。

第五节　数控车削螺纹

一、螺纹的切削方法及切削用量的选择

1. 螺纹切削方法的选择

由于螺纹加工属于成形加工，为了保证螺纹的导程，加工时主轴旋转一周，车刀的进给量必须等于螺纹的导程，进给量较大；另外，螺纹车刀的强度一般较差，故螺纹牙型往往不是一次加工而成的，需要多次进行切削，如欲提高螺纹的表面质量，可增加几次光整加工。

数控车床加工螺纹有三种不同的进刀方式：直进法（径向进刀）、斜进法（侧向进刀）、交替式进刀法，见表 10-43。直进法适合加工导程较小的螺纹，斜进法适合加工导程较大的螺纹。

表 10-43　数控车床加工螺纹的进刀方式

步骤	图　示	说　　明
直进法	 1 2 3 4 5	应用广泛，刀片以直角进给到工件中，并且形成的切屑比较生硬，在切削刃的两侧形成 V 形。刀片两侧刃磨损较均匀，此方法适合于加工小螺距螺纹和淬硬材料
斜进法	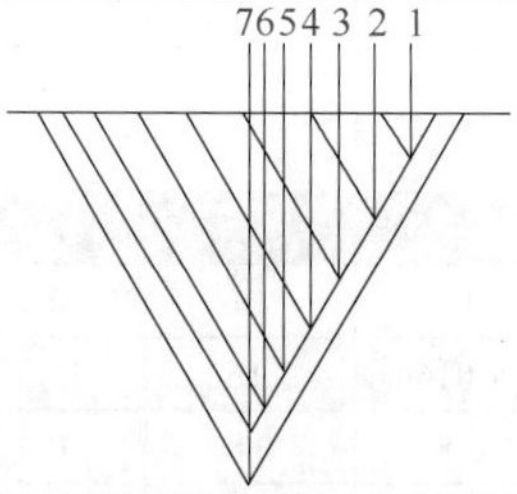 7 6 5 4 3 2 1	一种很有利的现代螺纹车削加工方法，在 CNC 机床加工螺纹编程时采用此方法。在进给方向上必须保证切削刃所在后刀面的后角
交替式进刀法	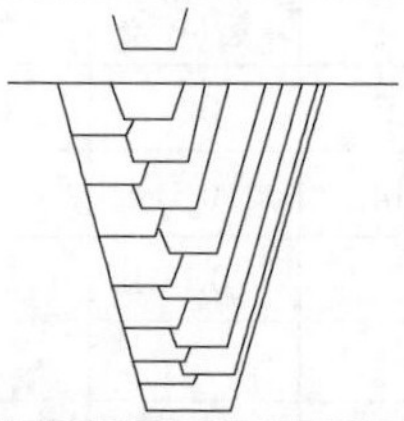	先以几次增量对螺纹牙型的一侧进行切削，然后提升刀具，随之以几次增量对螺纹牙型的另一侧进行切削，依次推进直到切削完整个牙型为止。此方法主要用于大牙型螺纹车削，切削时刀片以不同的增量进入牙型中，使得刀具磨损平均

2. 螺纹切削用量的选择

螺纹切削时，在考虑刀具寿命的同时还要保证最佳螺纹切削经济性、螺纹质量和最佳切削速度。低速切削螺纹时容易产生积屑瘤，而高速切削下刀具顶部会发生塑性变形，同时螺纹切削中的断屑会对工件和设备带来一定的影响。

合适的走刀次数和进刀量对于螺纹切削质量具有决定性的影响。因为在大多数数控机床

上，螺纹加工程序只需给定总螺纹深度和第一次或最后一次切削深度。通常选择下列两种进刀量方法提高螺纹切削质量：第一种方法，进刀量连续递减，获得不变的切削面积，C 槽形刀片通常采用这种走刀方式；第二种方法，恒定的进刀量，可获得最佳的切削控制和长的刀具寿命。通过螺纹切削周期中的某一个参数，而使切削厚度恒定，进而最佳化切削形成。进刀量连续递减法可以参考下列公式计算每次走刀量：

$$\Delta a_{px} = \frac{a_p}{\sqrt{n_{ap}-1}} \times \sqrt{\psi}$$

式中　Δa_p——径向进给深度，mm；

　　　x　——实际第几次走刀（从第 1 次到第 n_{ap} 次）；

　　　a_p　——螺纹总切削深度，mm；

　　　n_{ap}　——走刀次数；

　　　ψ　——第一次走刀 ψ=0.3，第二次走刀 ψ=1，第三次及更多走刀 ψ=x-1。

常用螺纹切削的进给次数与吃刀量如表 10-43 所示。

表 10-44　常用螺纹切削的进给次数与吃刀量

公 制 螺 纹								
螺距 /mm		1.0	1.5	2	2.5	3	3.5	4
牙深（半径值）/mm		0.649	0.974	1.299	1.624	1.949	2.273	2.598
进给次数	1 次	0.7	0.8	0.9	1.0	1.2	1.5	1.5
	2 次	0.4	0.6	0.6	0.7	0.7	0.7	0.8
	3 次	0.2	0.4	0.6	0.6	0.6	0.6	0.6
	4 次 背吃刀量（直径值）/mm		0.16	0.4	0.4	0.4	0.6	0.6
	5 次			0.1	0.4	0.4	0.4	0.4
	6 次				0.15	0.4	0.4	0.4
	7 次					0.2	0.2	0.4
	8 次						0.15	0.3
	9 次							0.2
英 制 螺 纹								
牙 /in		24	18	16	14	12	10	8
牙深（半径值）/mm		0.698	0.904	1.016	1.162	1.355	1.626	2.033
进给次数	1 次	0.8	0.8	0.8	0.8	0.9	1.0	1.2
	2 次	0.4	0.6	0.6	0.6	0.6	0.7	0.7
	3 次 背吃刀量（直径值）/mm	0.16	0.3	0.5	0.5	0.6	0.6	0.6
	4 次		0.11	0.14	0.3	0.4	0.4	0.5
	5 次				0.13	0.21	0.4	0.5
	6 次						0.16	0.4
	7 次							0.17

二、车螺纹前直径尺寸的确定与螺纹车削行程的确定

1. 车螺纹前直径尺寸的确定

普通螺纹各基本尺寸计算如下：

螺纹大径（外/内）：$d=D$（其基本尺寸与公称直径相同）；

螺纹中径（外/内）：$d_2=D_2=d-0.6495P$；

螺纹小径（外/内）：$d_1=D_1=d-1.0825P$；

螺纹牙型高度（螺纹总背吃刀量）：$h=0.6495P \approx 0.65P$。

其中，P 为螺纹的螺距。

注意

① 车削外螺纹时，因为车刀切削时的挤压作用，螺纹大径尺寸变大，因此车外螺纹前的外圆直径应比螺纹大径小。当螺距为 1.5 ～ 3.5mm 时，大径一般可以小 0.15 ～ 0.25mm。

② 车削内螺纹时，因为车刀切削时的挤压作用，内孔直径会缩小（尤其车塑性材料），所以车削内螺纹前的孔径（$D_孔$）应比内螺纹小径（D_1）略大些，而且内螺纹加工后的实际顶径允许大于 D_1 的基本尺寸。在实际生产中，普通螺纹在车内螺纹前的孔径尺寸可用下列近似公式计算：

车削塑性金属的内螺纹时：$D_孔 \approx D_1-P$；

车削脆性金属的内螺纹时：$D_孔 \approx D_1-1.05P$。

---

2. 螺纹车削行程的确定

在数控车床上加工螺纹时，由于车床伺服系统本身具有滞后特性，会在螺纹起始段和停止段发生螺距不规则现象，也就是车螺纹起始时有一个加速过程，结束前有一个减速过程，所以车螺纹时，两端必须设置足够的升速进刀段（空刀导入量）δ_1 和减速退刀段（空刀导出量）δ_2。螺纹实际车削行程（W）示意图如图10-64所示，其计算公式如下：

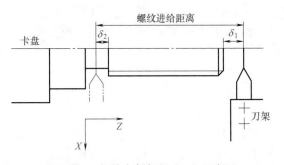

图 10-64　螺纹车削行程（W）示意图

$$W=\delta_1+L+\delta_2$$

式中　δ_1——空刀导入量，$\delta_1 \geqslant 2 \times$ 导程；

　　　δ_2——空刀导出量，$\delta_2 \geqslant (1 \sim 1.5) \times$ 导程；

　　　L——螺纹实长。

三、等螺距螺纹切削指令（G32）

螺纹车削是数控车工最常见的工作，本节只介绍最简单的指令，供读者参考。

1. 指令格式

G32　X(U)__Z(W)__F(I)__J__K__Q__；

指令功能：刀具的运动轨迹是从起点到终点的一条直线，从起点到终点位移量（X 轴按半径值）较大的坐标轴称为长轴，另一坐标轴称为短轴。运动过程中主轴每转一圈长轴移动一个导程，刀具切削工件时，在工件表面形成一条等螺距的螺距螺旋切槽，实现等螺距螺纹的加工。F、I 指令值分别用于给定公制、英制螺纹的螺距，执行 G32 指令可以加工公制或英制等螺距的直螺纹、锥螺纹和端面螺纹。

2. 指令说明

G32 为模态 G 指令：

螺纹的螺距是指主轴转一圈长轴的位移量（X 轴位移量则按半径值）；

起点和终点的 X 坐标相同（不输入 X 或 U 时），进行直螺纹切削；

起点和终点的 Z 坐标相同（不输入 Z 或 W 时），进行端面螺纹切削；

起点和终点的 X、Z 坐标都不相同时，进行锥螺纹切削。

F：公制螺纹螺距，为主轴转一圈长轴的移动量，取值范围 0.01 ～ 500mm，F 指令值执行后保持有效，直至再次执行给定螺纹螺距的 F 指令值。

I：每英寸螺纹的牙数，为长轴方向 1 英寸（25.4mm）长度上螺纹的牙数，也可理解为长轴移动 1 英寸（25.4mm）时主轴旋转的圈数。取值范围 0.06 ～ 25400 牙 / 英寸，I 指令值执行后保持有效，直至再次执行给定螺纹螺距的 I 指令值。

J：螺纹退尾时在短轴方向的移动量（退尾量），取值范围 –9999.999 ～ 9999.999（单位：mm），带正负方向，如果短轴是 X 轴，该值为半径指定，J 值是模态参数。

K：螺纹退尾时在长轴方向的移动量（退尾量），取值范围 0 ～ 9999.999（单位：mm），如果长轴是 X 轴，该值为半径指定，不带方向，K 值是模态参数。

Q：起始角，指主轴一转信号与螺纹切削起点的偏移角度，取值范围 0 ～ 360000（单位：0.001°）。Q 值是非模态参数，每次使用都必须指定，如果不指定则认为是 0°。

3. Q 使用规则

① 如果不指定 Q，则默认为起始角 0°。

② 对于连续螺纹切削，除第一段的 Q 有效外，后面螺纹切削指定的 Q 无效，即使定义了 Q 也被忽略。

③ 由起始角定义的分度角度形成的多头螺纹总头数不超过 65535 头。

④ Q 的单位为 0.001°，若与主轴一转信号偏移 180°，程序中需输入 Q180000。

4. 注意事项

① J、K 是模态指令，连续螺纹切削下一程序段省略 J、K 时，按前面的 J、K 值进行退尾，在执行非螺纹切削指令时取消 J、K 模态。

② 省略 J 或 J、K 时，无退尾。省略 K 时，按 K=J 退尾。

③ J=0 或 J=0，K=0 时，无退尾。

④ J ≠ 0，K=0 时，按 J=K 退尾。

⑤ J=0，K ≠ 0 时，无退尾。

⑥ 当前程序段为螺纹切削，下一程序段也为螺纹切削，在下一程序段开始时不检测主轴位置编码器的一转信号，直接开始螺纹加工，此功能可实现连续螺纹加工。

⑦ 执行进给保持操作后，系统显示"暂停"，螺纹切削不停止，直到当前程序段执行完才停止运动，如果连续螺纹加工则执行完螺纹切削程序段才停止运动，程序运行暂停。

⑧ 单段运行，执行完当前程序段停止运动，如果连续螺纹加工则执行完螺纹切削程序段才停止运动。

⑨ 系统复位、急停或驱动报警时，螺纹切削减速停止。

四、计算

计算公制外螺纹外径：螺纹外径 = 公称直径 $-0.13P$（P 为螺距）

计算公制外螺纹根径：螺纹根径 = 公称直径 $-1.3P$（P 为螺距）

公制普通螺纹走刀次数和背吃刀量（mm）见表10-45。

表 10-45　公制普通螺纹走刀次数和背吃刀量　　　　　　　　单位：mm

走刀次数	螺距						
	1mm	1.5mm	2mm	2.5mm	3mm	3.5mm	4mm
	背吃刀量						
1	0.6	0.7	0.8	1	1.3	1.6	1.6
2	0.4	0.6	0.6	0.7	0.7	0.7	0.8
3	0.3	0.4	0.6	0.6	0.6	0.6	0.6
4	—	0.26	0.4	0.4	0.4	0.6	0.6
5	—	—	0.2	0.4	0.4	0.4	0.4
6	—	—	—	0.05	0.4	0.4	0.4
7	—	—	—	—	0.1	0.2	0.4
8	—	—	—	—	—	0.05	0.3
9	—	—	—	—	—	—	0.1

例6： 被加工零件如图 10-65 所示。材料 45 钢，刀具 YT5。

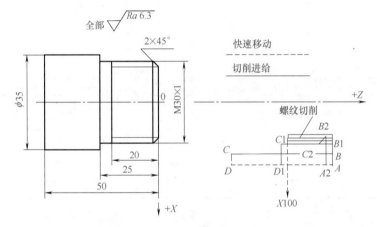

图 10-65　被加工零件尺寸图

1. 设定工件坐标系

工件右端面的中心点坐标系的零点。

2. 选定换刀点

点（$X100$，$Z100$）为换刀点。

3. 编写加工程序（表 10-46）

表 10-46　参考程序（一）

程　　　序	说　　　明
O0309；	程序名，用 O 及 O 后 4 位数表示
N10　G0　X100　Z100　T0101；	到换刀点，换 1 号刀，建立 1 号刀补，建立工件坐标系
N20　G97　G98　M3　S800　F80；	主轴正转，800 r/min，走刀量 80mm/min
N30　G0　Z2；	快速定位到 Z2
N40　　　X37；	快速定位到 X37 （A 点）

程 序	说 明
N50 G1 X35;	直线插补到 X35
N60 Z−50;	直线插补到 Z−50
N70 G0 X37;	快速定位到 X37
N80 Z2;	快速定位到 Z2
N90 G1 X29.87;	直线插补到 X29.87，螺纹外径
N100 Z−25;	直线插补到 Z−25
N110 X37;	直线插补到 X37
N120 G0 Z0;	快速定位到 Z0
N130 G1 X26 ;	直线插补到 X26
N140 X30 Z−2;	直线插补到 X30，Z−2，车倒角
N150 G0 X100;	快速定位到 X100
N160 Z100;	快速定位到 Z100
N170 T0303 S500;	换 3 号刀，60° 螺纹车刀，主轴转速 500r/min
N180 G0 Z2;	快速定位到 Z2
N190 X32;	快速定位到 X32
N200 G1 X29.3;	直线插补到 X29.3
N210 G32 X29.3 Z−20 F1;	车螺纹，螺纹终点坐标 X29.3，Z−20，螺距 1
N220 G0 X32;	快速定位到 X32
N230 Z2;	快速定位到 Z2
N240 G1 X28.9;	直线插补到 X28.9
N250 G32 X28.9 Z−20 F1;	车螺纹，螺纹终点坐标 X28.9，Z−20，螺距 1
N260 G0 X32;	快速定位到 X32
N270 Z2;	快速定位到 Z2
N280 G1 X28.7;	直线插补到 X28.7
N290 G32 X28.7 Z−20 F1;	车螺纹，螺纹终点坐标 X28.7，Z−20，螺距 1
N300 G0 X100;	快速定位到 X100
N310 Z100;	快速定位到 Z100
N320 M30;	程序结束，主轴停，冷却泵停，返回程序开头

4. 要点提示

① 计算得螺纹外径 29.87mm，螺纹内径 28.7mm。

② 注意螺纹的 Z 向起点，当螺距小于 2mm 时，Z 向起点距螺纹端面不小于 2mm；当螺纹的螺距大于 2mm 时，Z 向起点距螺纹端面应等于螺距，这是因为螺纹刀在起步时速度从零到达到切削速度要有一段距离。

③ 注意螺纹的终点，本例题无退刀槽，无退尾要求，可按图纸标注的尺寸作为螺纹终点坐标；当有退尾时按图纸退尾要求编程；当有退刀槽时，一般螺纹终点取退刀槽宽度的二分之一位置。理由同②的说明。

④ 注意 A 点，X 向一般位于大于螺纹外径 2mm 的地方。

⑤ 刀移动路线：$A \to B \to C \to D \to A—B1 \to C1 \to D1 \to A2 \to B2 \to C2 \to$（到换刀点）→螺纹切削→$X100$（到换刀点）。

五、螺纹车削实训（一）

（一）切槽技术要求与注意事项

① 不允许使用砂布或锉刀修整表面。

② 未注倒角 C0.5。

③ 锐边倒钝去毛刺。

④ 未注公差尺寸按 IT12 加工和检验。

⑤ 加工螺纹时，外螺纹大径尺寸一定要取负偏差。

⑥ 安装螺纹车刀时，对刀一定要准确，保证加工出螺纹的牙型角不会歪。

（二）实训内容

1. 实体图和零件图

实体图和零件图如图 10-66 所示，材料 45 钢。

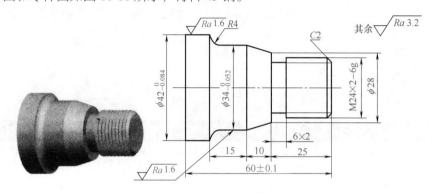

图 10-66　被加工零件实体图和零件尺寸示意图（一）

2. 评分表（表 10-47）

表 10-47　评分表（一）

零件编号：＿＿＿＿＿＿　姓名：＿＿＿＿＿＿　准考证号：＿＿＿＿＿＿　单位：＿＿＿＿＿＿

检测项目		技术要求	配分	评分标准	实测结果	扣分	得分
外圆	1	$\phi34_{-0.05}^{0}$mm，Ra1.6μm	6/4	超差 0.01mm 扣 3 分，降级无分			
	2	$\phi42_{-0.08}^{0}$mm，Ra1.6μm	6/4	超差 0.01mm 扣 3 分，降级无分			
	3	$\phi28$mm	6	超差无分			
螺纹	4	M24mm×2mm 大径，Ra3.2μm	6/4	超差无分，降级无分			
	5	M24mm×2mm 中径，Ra3.2μm	6/4	超差无分，降级无分			
	6	M24mm×2mm 牙型角	6	不符无分			
	7	M24mm×2mm 小径，Ra3.2μm	6/4	超差无分，降级无分			
圆弧	8	R4mm，Ra1.6μm	4/2	超差无分，降级无分			
沟槽	9	6mm×2mm，Ra3.2μm	4/2	超差无分，降级无分			
长度	10	25mm	4	超差无分			
	11	10mm	4	超差无分			
	12	15mm	4	超差无分			
	13	（60±0.1）mm	6	超差 0.01mm 扣 3 分			
倒角	14	C2	4	不符无分			
	15	未注倒角 C0.5	4	不符无分			
其他	16	安全操作规程		违反一次扣 10 分			
总配分			100	总得分			

零件名称			图号		加工日期	
加工开始时间		停工时间		加工时间	规格	
加工结束时间		停工原因		实际时间	鉴定单位	

（三）零件工艺分析

1. 技术要求分析

在数控车削加工中，零件车削加工成形轮廓的结构形状并不复杂，但零件的尺寸精度要求高，零件的总体结构主要包括圆柱、圆锥、圆弧、倒角、沟槽和螺纹等。

在数控车削加工中，图 10-66 所示零件重要的径向加工部位有 $\phi 34_{-0.052}^{0}$ mm 圆柱部分（表面粗糙度 $Ra1.6\mu m$）、$\phi 42_{-0.084}^{0}$ mm 圆柱部分（表面粗糙度 $Ra1.6\mu m$）、$R4$ 外圆弧面（起点直径为 $\phi 34_{-0.052}^{0}$ mm，终点直径为 $\phi 42_{-0.084}^{0}$ mm）、$R4$ 外圆弧面（表面粗糙度 $Ra1.6\mu m$）以及零件的右端为 M24×2-6g 三角形外螺纹，其余表面粗糙度均为 $Ra3.2\mu m$。零件重要的轴向加工部位为 M24×2-6g 螺纹，其轴向尺寸应该以零件右端面为准，零件的其他轴向加工部位也应根据尺寸精度进行加工。

零件材料为 45 钢，规格为 $\phi 45mm \times 120mm$。

2. 加工方案（表 10-48）

表 10-48　加工方案（一）

类别	说　明
装夹方案	使用三爪自定心卡盘夹持零件的毛坯外圆，确定零件伸出合适的长度（应将机床的限位距离考虑进去）。零件的加工长度为 60mm，零件完成后需要切断，切断刀宽度为 4mm，卡盘的限位安全距离为 5mm，因此零件应伸出卡盘总长 69mm 以上
定位基准	零件轴向的定位基准均选择在 $\phi 42_{-0.084}^{0}$ mm 外圆柱段的左端外圆表面，以体现定位基准是轴的中心线
位置点	换刀点。零件原点设在零件的右端面，为防止换刀时刀具与零件或尾座相碰，换刀点可以设置在（X100，Z100）的位置 起刀点。零件材料的毛坯尺寸为 $\phi 45mm \times 120mm$，为减少循环加工的次数，循环的起刀点可以设置在（X46，Z2）的位置

3. 确定加工工艺路线

① 夹紧零件毛坯，伸出卡盘 69mm。
② 粗车零件的外形轮廓。
③ 精车零件的外形轮廓，利用外径千分尺保证尺寸精度要求。
④ 切槽 6mm×2mm 至要求尺寸。
⑤ 车削零件的 M24×2-6g 三角形外螺纹，利用螺纹千分尺或螺纹环规保证精度要求。
⑥ 切断 $\phi 45mm \times 60mm$。
⑦ 检测、校核。

4. 制订加工工艺卡片

① 刀具卡（表 10-49）。

表 10-49　刀具卡（一）

实训课题			零件名称			零件图号	
序号	刀具号	刀具名称及规格	刀尖半径 R	刀尖位置 T	数量	加工表面	备注
1	T0101	90° 粗右偏外圆刀	0.2mm	2mm	1	粗车外轮廓	—
2	T0202	35° 精右偏外圆刀	0.4mm	2mm	1	精车外轮廓	—
3	T0303	切槽车刀	B=4mm	—	1	切槽	左刀尖
4	T0404	60° 外螺纹车刀	0.2mm	0	1	外螺纹	—
5	T0505	切断车刀	B=4mm	—	1	切断	左刀尖

② 工序卡（表 10-50）。

表 10-50　工序卡（一）

材料	45 钢	零件图号		系统		工序号		005
程序名		机床设备			夹具名称		三爪自定心卡盘	
操作序号	工步内容 （走刀路线）		G 功能	T 刀具	切削用量			
					转速 /（r/min）	进给量 f/ （mm/r）	背吃刀量 a_p/mm	
1	粗车工件外轮廓		G71	T0101	600	0.2	2	
2	精车工件外轮廓		G70	T0202	1000	0.1	0.5	
3	切 6mm×2mm 退刀槽		G01	T0303	350	0.05	2	
4	车削 N24mm×2mm 外螺纹		G92	T0404	800	—		
5	切断 ϕ45mm×60mm		G01	T0505	350	0.05		
6	检测、校核		—	—	—	—		

5. 数值计算

① 设定编程原点，以工件右端面与主轴的交点为编程原点建立工件坐标系。

② 计算各基点位置坐标值。

螺纹大径：$d=D \approx 23.85$mm；

螺纹小径：$d_1=D_1=d-1.0825P=24-1.0825 \times 2mm=21.835$mm；

螺纹中径：$d_2=D_2=d-0.6495P=24-0.6495 \times 2mm=22.701$mm。

（四）参考程序（FANUC 0i Mate-TC 系统，见表 10-51）

表 10-51　参考程序（二）

程　　序	说　　明
O7007；	程序名
N10　G99　G00　X100　Z100　T0101；	采用每转进给，快速移动至换刀点，选择 1 号刀导入 01 号刀补
N20　M03　S500；	主轴正转，转速为 500r/min
N30　G00　X46　Z2；	快速移动至起刀点
N40　G71　U26　R1；	定义 G71 粗车循环，背吃刀量 2mm，退刀量 1mm
N50　G71　P60　Q140　U0.5　W0.1　F0.2；	粗车路线为 N60～N140 指定，X 轴留精车余量 0.5mm，Z 轴留精车余量 0.1mm，粗车进给量为 0.2mm/r
N60　G42　G00　X16；	车削加工轮廓起始行，到倒角延长线
N70　G01　X23.85　Z-2；	车削 C2 倒角
N80　G01　X23.85　Z-25；	车削螺纹外径
N90　G01　X28　Z-25；	车削 Z-25 处端面
N100　G01　X34　Z-35；	车削圆锥
N110　G01　X34　Z-46；	车削 ϕ34mm 外圆
N120　G02　X42　Z-50　R4；	车削 R4mm 圆弧
N130　G01　X42　Z-60；	车削 ϕ42mm 外圆
N140　G40　G01　X46　Z-60；	退出已加工表面
N150　G00　X100　Z100；	回换刀点
N160　M05；	主轴停止
N170　M00；	程序暂停
N180　M03　S1000　T0202；	主轴正转，转速为 1000r/min，选择 2 号刀导入 02 号刀补

程　序	说　明
N190　G00　X46　Z2；	快速移动至起刀点
N200　G70　P60　Q140　F0.1；	从 N60～N140 对轮廓进行精加工，精车进给量为 0.1mm/r
N210　G00　X100　Z100；	回换刀点
N220　M05；	主轴停止
N230　M00；	程序暂停
N240　N03　S350　T0303；	主轴正转，转速为 350r/min，选择 3 号刀导入 03 号刀补
N250　G00　X29　Z-25；	快速移动点定位
N260　G01　X20.1　Z-25　F0.05；	割槽，进给量为 0.05mm/r
N270　G00　X29　Z-25；	快速移动点定位
N280　G00　X29　Z-23；	快速移动点定位
N290　G01　X20　Z-23　F0.05；	割槽，进给量为 0.05mm/r
N300　G01　X20　Z-25；	车削 ϕ20mm 外圆
N310　G00　X29　Z-25；	快速移动点定位
N320　G00　X100　Z100；	回换刀点
N340　M00；	程序暂停
N350　M03　S800　T0404；	主轴正转，转速为 800r/min，选择 4 号刀导入 04 号刀补
N360　G00　X26　Z2；	快速移动点定位
N370　G92　X23.85　Z-21　F2；	螺纹切削循环，螺距为 2mm
N380　X23.35；	
N390　X22.85；	
N400　X22.45；	
N410　X22.05；	
N420　X21.835；	
N430　X21.835；	
N440　G00　X100　Z100；	回换刀点
N450　M05；	主轴停止
N460　M00；	程序暂停
N470　M03　S350　T0505；	主轴正转，转速为 350r/min，选择 5 号刀导入 05 号刀补
N480　G00　X46　Z-64；	快速移动点定位
N490　G01　X0　Z-64　F0.05；	割断，进给量为 0.05mm/r
N500　G00　X100　Z100；	回换刀点
N510　M05；	主轴停止
N520　M30；	程序结束

六、螺纹车削实训（二）

（一）切槽技术要求与注意事项

① 不允许使用砂布或锉刀修整表面。

② 未注倒角 C0.5。

③ 锐边倒钝去毛刺。

④ 未注公差尺寸按 IT12 加工和检验。

⑤ 加工螺纹时，外螺纹大径尺寸一定要取负偏差。

⑥ 安装螺纹车刀时，对刀一定要准确，保证加工出螺纹的牙型角不会歪。

（二）实训内容

1. 实体图和零件图

实体图和零件图如图 10-67 所示，材料 45 钢。

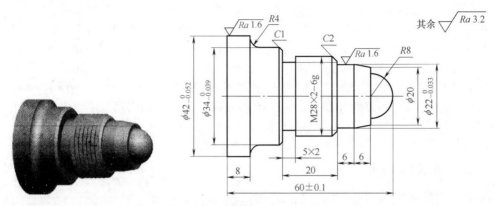

图 10-67　被加工零件实体图和零件尺寸示意图（二）

2. 评分表（表 10-52）

表 10-52　评分表（二）

零件编号：_____　姓名：_____　准考证号：_____　单位：_____

检测项目		技术要求	配分	评分标准	实测结果	扣分	得分
外圆	1	$\phi 22^{\ 0}_{-0.03}$mm，$Ra1.6\mu$m	6/2	超差 0.01mm 扣 3 分，降级无分			
	2	$\phi 34^{\ 0}_{-0.04}$mm，$Ra3.2\mu$m	6/2	超差 0.01mm 扣 3 分，降级无分			
	3	$\phi 42^{\ 0}_{-0.05}$mm，$Ra1.6\mu$m	6/2	超差 0.01mm 扣 3 分，降级无分			
	4	$\phi 20$mm	3	超差无分			
螺纹	5	M28mm×2mm 大径，$Ra3.2\mu$m	6/2	超差无分，降级无分			
	6	M28mm×2mm 中径，$Ra3.2\mu$m	6/2	超差无分，降级无分			
	7	M28mm×2mm 牙型角	6	不符无分			
	8	M28mm×2mm 小径，$Ra3.2\mu$m	6/2	超差无分，降级无分			
圆弧	9	R8mm，$Ra3.2\mu$m	4/2	超差无分，降级无分			
	10	R4mm，$Ra3.2\mu$m	4/2	超差无分，降级无分			
沟槽	11	5mm×2mm，$Ra3.2\mu$m	4/2	超差无分，降级无分			
长度	12	6mm	3	超差无分			
	13	6mm	3	超差无分			
	14	20mm	3	超差无分			
	15	8mm	3	超差无分			
	16	（60±0.1）mm	4	超差 0.01mm 扣 3 分			
倒角	17	C2	3	不符无分			
	18	C1	3	不符无分			
	19	未注倒角 C0.5	3	不符无分			
其他	20	安全操作规程		违反一次扣 10 分			
总配分			100	总得分			

零件名称			图号			加工日期	
加工开始时间		停工时间		加工时间		规格	
加工结束时间		停工原因		实际时间		鉴定单位	

（三）零件工艺分析

1. 技术要求分析

在数控车削加工中，零件车削加工成形轮廓主要由圆弧面与外圆面组成，所以零件的轨迹精度要求高，零件的总体结构包括圆柱、圆弧、倒角、圆锥、沟槽和螺纹等。

在数控车削加工中，该零件重要的径向加工部位有 $R8mm$ 球面的 1/2 圆弧面、$\phi22_{-0.033}^{0}mm$ 圆柱部分（表面粗糙度 $Ra1.6\mu m$）、$\phi34_{-0.039}^{0}mm$ 圆柱部分（表面粗糙度 $Ra1.6\mu m$）、$\phi42_{-0.052}^{0}mm$ 圆柱部分（表面粗糙度 $Ra1.6\mu m$）、$R4mm$ 的圆弧面（起点直径为 $\phi34_{-0.039}^{0}mm$，终点直径为 $\phi42_{-0.052}^{0}mm$），以及零件右端的 $M28\times2\text{-}6g$ 三角形外螺纹，其余表面粗糙度均为 $Ra3.2\mu m$。零件重要的轴向加工部位为 $M28\times2\text{-}6g$ 三角形外螺纹段，其轴向尺寸应该以螺纹段的右端面为准，零件的其他轴向加工部位也应根据尺寸精度进行加工。

零件材料为 45 钢，毛坯规格为 $\phi45mm\times120mm$。

2. 加工方案（表 10-53）

表 10-53　加工方案（二）

类别	说　明
装夹方案	使用三爪自定心卡盘夹持零件的毛坯外圆，确定零件伸出合适的长度（应将机床的限位距离考虑进去）。零件的总加工长度为 60mm，零件完成后需要切断，切断刀宽度为 4mm，卡盘的限位安全距离为 5mm，因此零件应伸出卡盘总长 69mm 以上
定位基准	零件轴向的定位基准均选择在 $\phi42_{-0.052}^{0}mm$ 外圆柱段的左端外圆表面，以体现定位基准是轴的中心线
位置点	换刀点：零件原点设在零件的右端面，为防止换刀时刀具与零件或尾座相碰，换刀点可以设置在（X100，Z100）的位置 起刀点：零件材料的毛坯尺寸为 $\phi45mm\times120mm$，为减少循环加工的次数，循环的起刀点可以设置在（X46，Z2）的位置

3. 确定加工工艺路线

① 夹紧零件毛坯，伸出卡盘 69mm。

② 粗车零件的外形轮廓。

③ 精车零件的外形轮廓，利用外径千分尺保证尺寸精度要求。

④ 切槽 5mm×2mm 至要求尺寸。

⑤ 车削零件的 M28×2-6g 三角形外螺纹，利用螺纹千分尺或螺纹环规保证精度要求。

⑥ 切断 $\phi45mm\times120mm$。

⑦ 检测、校核。

4. 制订加工工艺卡片

① 刀具卡（表 10-54）。

表 10-54　刀具卡（二）

实训课题		零件名称				零件图号	
序号	刀具号	刀具名称及规格	刀尖半径 R	刀尖位置 T	数量	加工表面	备注
1	T0101	90° 粗右偏外圆刀	0.4mm	2mm	1	粗车外轮廓	—
2	T0202	35° 精右偏外圆刀	0.2mm	2mm	1	精车外轮廓	—
3	T0303	切槽车刀	B=4mm	—	1	切槽	左刀尖
4	T0404	60° 外螺纹车刀	0.2mm	0	1	外螺纹	—
5	T0505	切断车刀	B=4mm	—	1	切断	左刀尖

② 工序卡（表 10-55）。

表 10-55　工序卡（二）

材料	45 钢		零件图号		系统		工序号	006
程序名			机床设备				夹具名称	三爪自定心卡盘
操作序号	工步内容（走刀路线）		G 功能	T 刀具	切削用量			
					转速/（r/min）	进给量 f /（mm/r）	背吃刀量 a_p/mm	
1	粗车工件外轮廓		G71	T0101	600	0.2	2	
2	精车工件外轮廓		G70	T0202	1000	0.1	0.5	
3	切 5mm×2mm 退刀槽		G01	T0303	350	0.05	2	
4	车削 M28×2-6g 外螺纹		G92	T0404	800	—	—	
5	切断 ϕ45mm×60mm		G01	T0505	350	0.05	—	
6	检测、校核		—	—	—	—	—	

5. 数值计算

① 设定编程原点，以工件右端面与主轴的交点为编程原点建立工件坐标系。

② 计算各基点位置坐标值。

螺纹大径：$d=D \approx 27.85\text{mm}$；

螺纹小径：$d_1=D_1=d-1.0825P=24-1.0825 \times 2\text{mm}=25.835\text{mm}$；

螺纹中径：$d_2=D_2=d-0.6495P=24-0.6495 \times 2\text{mm}=26.701\text{mm}$。

（四）参考程序（略）

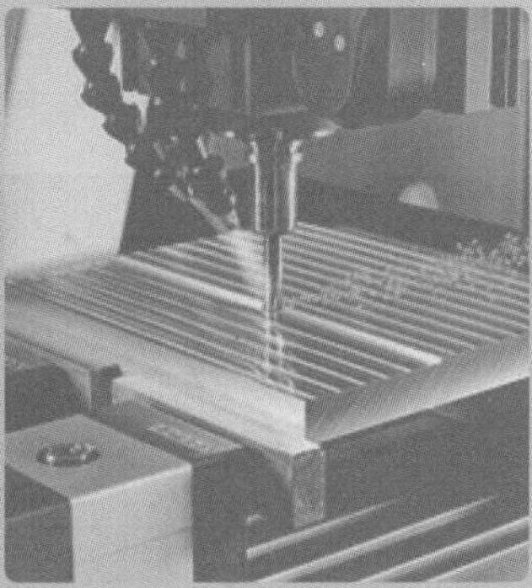

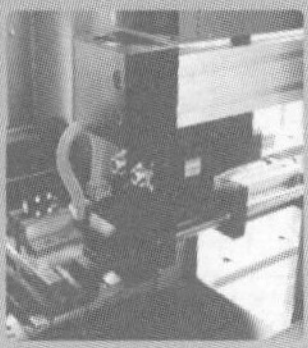

第十一章 数控车削编程与加工综合实例

实例一：外圆、倒角零件车削的编程与加工实例

如图 11-1 所示零件，该零件车削加工成形轮廓的结构形状并不复杂，但零件的轨迹精度要求高，该零件的总体结构主要包括圆柱、圆锥、倒角等。零件材料为 45 钢，规格为 ϕ45mm × 100mm。

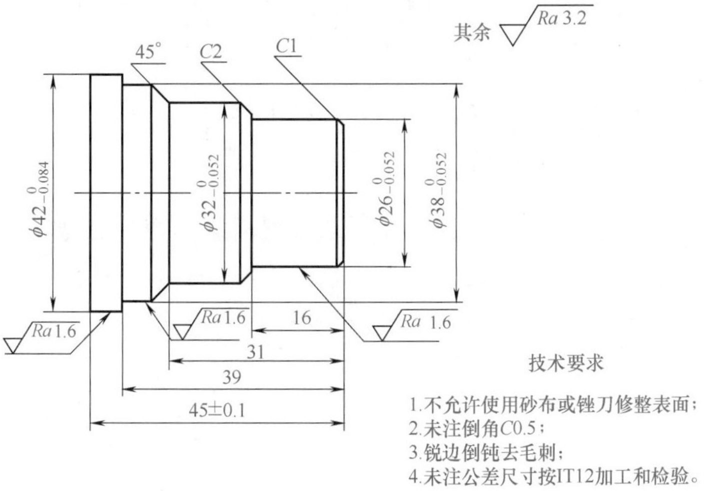

图 11-1 零件加工尺寸图（一）

1. 技术要求分析

在数控车削加工中，零件重要的径向加工部位有 $\phi26_{-0.052}^{\ 0}$ mm 圆柱部分（表面粗糙度 $Ra1.6\mu m$）、$\phi52_{-0.052}^{\ 0}$ mm 圆柱部分、45° 圆锥部分、$\phi38_{-0.052}^{\ 0}$ mm 圆柱部分（表面粗糙度 $Ra1.6\mu m$）、$\phi42_{-0.084}^{\ 0}$ mm 圆柱部分（表面粗糙度 $Ra1.6\mu m$），其余表面粗糙度均为 $Ra3.2\mu m$。零件重要的轴向加工部位为 45° 圆锥面，其轴向尺寸应该以零件右端面为准，零件的其他轴向加工部位也应根据尺寸精度进行加工。

2. 加工方案（表 11-1）

表 11-1　加工方案（一）

类别	说　明
装夹方案	使用三爪自定心卡盘夹持零件的毛坯外圆，确定零件伸出合适的长度（应将机床的限位距离考虑进去）。零件的加工长度为 45mm，零件完成后需要切断，切断刀宽度为 4mm，卡盘的限位安全距离为 5mm，因此零件应伸出卡盘总长 54mm 以上
定位基准	零件轴向的定位基准均选择在 $\phi 42_{-0.084}^{\ 0}$ mm 外圆柱段的左端面，以体现定位基准是轴的中心线
位置点	①换刀点。零件原点设在零件的右端面，为防止换刀时刀具与零件或尾座相碰，换刀点可以设置在（$X100$，$Z100$）的位置 ②起刀点。零件材料的毛坯尺寸为 $\phi 45$ mm×100mm，为减少循环加工的次数，循环的起刀点可以设置在（$X46$，$Z2$）的位置

3. 确定加工工艺路线

① 夹紧零件毛坯，伸出卡盘 55mm。
② 粗车零件的外形轮廓。
③ 精车零件的外形轮廓，利用外径千分尺保证尺寸精度要求。
④ 切断 $\phi 45$ mm×60mm。
⑤ 检测、校核。

4. 制订加工工艺卡片

① 刀具卡（表 11-2）。

表 11-2　刀具卡（一）

实训课题			零件名称			零件图号	
序号	刀具号	刀具名称及规格	刀尖半径 R	刀尖位置 T	数量	加工表面	备注
1	T0101	90° 粗右偏外圆刀	0.2mm	2mm	1	粗车外轮廓	—
2	T0202	35° 精右偏外圆刀	0.4mm	2mm	1	精车外轮廓	—
3	T0303	切断车刀	B=4mm	—	1	切断	左刀尖

② 工序卡 (表 11-3)。

表 11-3　工序卡（一）

材料	45 钢		零件图号	11-1	系统	FANUC		工序号	
程序名			机床设备			夹具名称		三爪自定心卡盘	
操作序号	工步内容 （走刀路线）		G 功能	T 刀具	切削用量				
					转速 $S(n)$/ (r/min)	进给量 f/ (mm/r)	背吃刀量 a_p/mm		
1	粗车工件外轮廓		G71	T0101	50	0.2	2		
2	精车工件外轮廓		G70	T0202	1000	0.1	0.5		
3	切断 $\phi 45$ mm×45mm		G01	T0303	350	0.05	—		
4	检测、校核		—	—	—	—	—		

5. 数值计算

① 设定编程原点，以工件右端面与主轴的交点为编程原点建立工件坐标系。
② 计算各基点位置坐标值，零件尺寸如图 11-2 所示。

$\triangle ABC$ 为等腰直角三角形，所以 $\overline{AB} = \overline{BC}$，$\overline{BC} = \dfrac{38-32}{2} = 3\text{mm}$，$\overline{AB} = 3\text{mm}$，

所以，45° 角终点坐标为（X38，Z-34）。

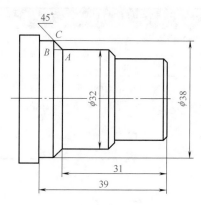

图 11-2　零件尺寸图（一）

6. 参考程序（FANUC 0i 系统，见表 11-4）

表 11-4　参考程序（一）

程　序	简要说明
O7001；	程序名
N10　G99　G00　X100　Z100　T0101；	采用每转进给，快速移动至换刀点，选择 1 号刀导入 01 号刀补
N20　M03　S500；	主轴正转，转速为 500r/min
N30　G00　X46　Z2；	快速移动至起刀点
N40　G71　U2　R1；	定义 G71 粗车外径循环，背吃刀量为 2mm，退刀量 1mm
N50　G71　P60　Q160　U0.5　W0.1　F0.2；	粗车路线为 N60 ～ N160 指定，X 轴留精车余量 0.5mm，Z 轴留精车余量 0.1mm，粗车进给量为 0.2mm/r
N60　G42　G00　X20；	车削加工轮廓起始行到倒角延长线
N70　G01　X26　Z-1；	车削 C1 倒角
N80　G01　X26　Z-16；	车削 ϕ26mm 外圆
N90　G01　X28　Z-16；	车削 Z-16 处端面
N100　G01　X32　Z-18；	车削 C2 倒角
N110　G01　X32　Z-31；	车削 ϕ32mm 外圆
N120　G01　X38　Z-34；	车削 45° 角圆锥
N130　G01　X38　Z-39；	车削 ϕ38mm 外圆
N140　G01　X42　Z-39；	车削 Z-39 处端面
N150　G01　X42　Z-45；	车削 ϕ42mm 外圆
N160　G40　G01　X46　Z-45；	退出已加工表面
N170　G00　X100　Z100　T0100；	快速返回换刀点
N180　M05；	主轴停止
N190　M00；	程序暂停
N200　M03　S1000　T0202；	主轴正转，转速为 1000r/min，选择 2 号刀导入 02 号刀补
N210　G00　X46　Z2；	快速移动至起刀点
N220　G70　P60　Q160　F0.1；	从 N60 ～ N160 对轮廓进行精加工，精车进给量为 0.1mm/r
N230　G00　X100　Z100　T0200；	快速返回换刀点
N240　M05；	主轴停止

程 序	简 要 说 明
N250 M00;	程序暂停
N260 M03 S350 T0303;	主轴正转，转速为 350r/min，选择 3 号刀导入 03 号刀补
N270 G00 X46 Z-49;	快速移动点定位
N280 G01 X0 Z-49 F0.05;	割断，进给量为 0.05mm/r
N290 G00 X100 Z100 T0300;	快速返回换刀点
N300 M05;	主轴停止
N310 M30;	程序结束

7. 注意事项

① 注意对刀步骤的正确性。

② 起刀点必须处在远离工件的安全地方。

实例二：切槽的编程与加工

如 11-3 所示零件，该零件属于典型的槽类零件加工，其总体结构主要包括圆柱、圆锥、沟槽、倒角等。零件材料为 45 钢，规格为 $\phi45mm \times 120mm$。

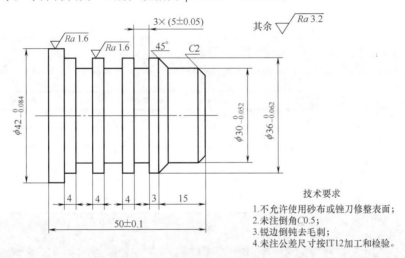

图 11-3 零件加工尺寸图（二）

1. 技术要求分析

在数控车削加工中，零件重要的径向加工部位有 $\phi36_{-0.062}^{0}$mm 圆柱部分（表面粗糙度 $Ra1.6\mu m$）、$\phi42_{-0.084}^{0}$mm 圆柱部分（表面粗糙度 $Ra1.6\mu m$）、$\phi30_{-0.052}^{0}$mm 圆柱部分，其余表面粗糙度均为 $Ra3.2\mu m$。零件重要的轴向加工部位为（5 ± 0.05）mm×3mm 的槽，其轴向尺寸应该以零件右端面为准，零件的其他轴向加工部位也应根据尺寸精度进行加工。

2. 加工方案（表 11-5）

表 11-5 加工方案（二）

类别	说 明
装夹方案	使用三爪自定心卡盘夹持零件的毛坯外圆，确定零件伸出合适的长度（应将机床的限位距离考虑进去）。零件的加工长度为 50mm，零件完成后需要切断，切断刀宽度为 4mm，卡盘的限位安全距离为 5mm，因此零件应伸出卡盘总长 59mm 以上

类别	说　明
定位基准	零件轴向的定位基准均选择在 $\phi 42_{-0.084}^{0}$ mm 外圆柱段的左端面，以体现定位基准是轴的中心线
位置点	①换刀点。零件原点设在零件的右端面，为防止换刀时刀具与零件或尾座相碰，换刀点可以设置在（$X100$，$Z100$）的位置 ②起刀点。零件材料的毛坯尺寸为 $\phi 45$mm×100mm，为减少循环加工的次数，循环的起刀点可以设置在（$X46$，$Z2$）的位置

3.确定加工工艺路线

①夹紧零件毛坯，伸出卡盘 59mm。

②粗车零件的外形轮廓。

③精车零件的外形轮廓，利用外径千分尺保证尺寸精度要求。

④切槽（5±0.05）mm×3mm 至要求尺寸。

⑤切断 $\phi 45$mm×50mm。

⑥检测、校核。

4.制订加工工艺卡片

①刀具卡（表 11-6）。

表 11-6　刀具卡（二）

实训课题			零件名称			零件图号		11-3
序号	刀具号	刀具名称及规格	刀尖半径	刀尖位置	数量	加工表面	备注	
1	T0101	90° 粗右偏外圆刀	0.2mm	2mm	1	粗车外轮廓	—	
2	T0202	35° 精右偏外圆刀	0.4mm	2mm	1	精车外轮廓	—	
3	T0303	切断车刀	B=4mm	—	1	切断	左刀尖	
4	T0404	切断车刀	B=4mm	—	1	切断	左刀尖	

②工序卡（表 11-7）。

表 11-7　工序卡（二）

材料	45 钢		零件图号	11-3	系统	FANUC	工序号	
程序名			机床设备			夹具名称	三爪自定心卡盘	
操作序号	工步内容（走刀路线）		G 功能	T 刀具	切削用量			
					转速 $S(n)$/（r/min）	进给量 f/（mm/r）	背吃刀量 a_{p}/mm	
1	粗车工件外轮廓		G71	T0101	50	0.2	2	
2	精车工件外轮廓		G70	T0202	1000	0.1	0.5	
3	切槽（5±0.05）mm×3mm		G01	T0303	350	0.05	3	
4	切断 $\phi 45$mm×45mm		G01	T0404	350	0.05	—	
5	检测、校核		—	—	—	—	—	

5.数值计算

①设定编程原点，以工件右端面与主轴的交点为编程原点建立工件坐标系。

②计算各基点位置坐标值，零件尺寸如图 11-4 所示。

△ ABC 为等腰直角三角形，所以 $\overline{AB}=\overline{BC}=\dfrac{36-30}{2}=3$ mm。

所以，45°角终点坐标为（$X30$，$Z-12$）。

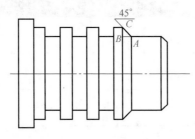

图 11-4　零件尺寸图（二）

6. 参考程序（FANUC 0i 系统，见表 11-8）

表 11-8　参考程序（二）

程　　序	简要说明
O7004;	程序名
N10　G99　G00　X100　Z100　T0101;	采用每转进给，快速移动至换刀点，选择 1 号刀导入 01 号刀补
N20　M03　S500;	主轴正转，转速为 500r/min
N30　G00　X46　Z2;	快速移动至起刀点
N40　G71　U2　R1;	定义 G71 粗车外径循环，背吃刀量为 2mm，退刀量 1mm
N50　G71　P60　Q130　U0.5　W0.1　F0.2;	粗车路线为 N60～N130 指定，X 轴留精车余量 0.5mm，Z 轴留精车余量 0.1mm，粗车进给量为 0.2mm/r
N60　G42　G00　X22;	车削加工轮廓起始行到倒角延长线
N70　G01　X30　Z-2;	车削 C2 倒角
N80　G01　X30　Z-12;	车削 ϕ30mm 外圆
N90　G01　X36　Z-15;	车削 45° 角圆锥
N100　G01　X36　Z-45;	车削 ϕ36mm 外圆
N110　G01　X42　Z-45;	车削 Z-45 处端面
N120　G01　X42　Z-50;	车削 ϕ42mm 外圆
N130　G40　G01　X46　Z-50;	退出已加工表面
N140　G00　X100　Z100　T0100;	回换刀点
N150　M05;	主轴停止
N160　M00;	程序暂停
N170　M03　S1000　T0202;	主轴正转，转速为 1000r/min，选择 2 号刀导入 02 号刀补
N180　G00　X46　Z2;	快速移动至起刀点
N190　G70　P60　Q130　F0.1;	从 N60～N130 对轮廓进行精加工，精车进给量为 0.1mm/r
N200　G00　X100　Z100　T0200;	回换刀点
N210　M05;	主轴停止
N220　M00;	程序暂停
N230　M03　S350　T0303;	主轴正转，转速为 350r/min，选择 3 号刀导入 03 号刀补
N240　G00　X38　Z-23;	快速移动点定位
N250　G01　X30.1　Z-23　F0.05;	切槽，进给量为 0.05mm/r
N260　G00　X38　Z-23;	快速移动点定位
N270　G00　X38　Z-22;	快速移动点定位
N280　G01 X30　Z-22　F0.05;	切槽，进给量为 0.05mm/r

程　序	简要说明
N290　G01　X30　Z−23;	车削 φ30mm 外圆
N300　G00　X38　Z−23;	快速移动点定位
N310　G00　X38　Z−32;	快速移动点定位
N320　G01　X30.1　Z−32　F0.05;	切槽，进给量为 0.05mm/r
N330　G00　X38　Z−32;	快速移动点定位
N340　G00　X38　Z−31;	快速移动点定位
N350　G01　X30　Z−31　F0.05;	切槽，进给量为 0.05mm/r
N360　G01　X30　Z−32;	车削 φ30mm 外圆
N370　G00　X38　Z−32;	快速移动点定位
N380　G00　X38　Z−41;	快速移动点定位
N390　G01　X30.1　Z−41　F0.05;	切槽，进给量为 0.05mm/r
N400　G00　X38　Z−41;	快速移动点定位
N410　G00　X38　Z−40;	快速移动点定位
N420　G01　X30　Z−40　F0.05;	切槽，进给量为 0.05mm/r
N430　G01　X30　Z−41;	车削 φ30mm 外圆
N440　G00　X38　Z−41;	快速移动点定位
N450　G00　X100　Z100　T0300;	回换刀点
N460　M05;	主轴停止
N470　M00;	程序暂停
N480　M03　S350　T0404;	主轴正转，转速为 350r/min，选择 4 号刀导入 04 号刀补
N490　G00　X46　Z−54;	快速移动点定位
N500　G01　X0　Z−54　F0.05;	切断，进给量为 0.05mm/r
N510　G00　X100　Z100　T0400;	回换刀点
N520　M05;	主轴停止
N530　M30;	程序结束

7. 注意事项

① 加工沟槽时，注意对刀点和沟槽起点坐标的关系。

② 加工时，要根据加工状况适时调整进给修调开关。

实例三：圆弧插补编程与加工

如图 11-5（a）所示的零件，各加工面已完成了粗车，右端面已车平，试设计一个精车程序，在 φ30mm 的塑料棒上加工出该零件。

1. 技术要求分析

如图 11-5 所示，零件材料为塑料棒，加工内容为圆柱面、圆锥面、倒角。

2. 装夹方案

确定定位基准、加工起点、换刀点。毛坯为塑料棒，用三爪自定心卡盘软卡爪夹紧定位。工件零点设在工件右端面（工艺基准处），加工起点和换刀点可以设为同一点，在工件的右前方 A 点，如图 11-5（b）所示，距工件右端 50mm，X 向距轴心线 50mm 的位置。

3. 确定加工工艺路线

① 确定刀具及切削用量。加工刀具的确定见表 11-9。

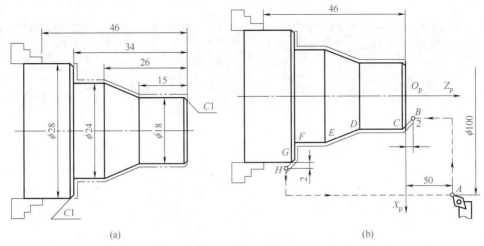

图 11-5　圆弧插补实例尺寸

表 11-9　刀具卡（三）

实训课题	简单轴类零件的编程及加工		零件名称	简单形面	零件图号	11-5
序号	刀具号	刀具名称及规格	刀尖半径 R	数量	加工表面	备注
1	T0101	90° 粗、精车外圆刀	0.4mm	1	外圆、锥面等	—

② 确定刀具加工工艺路线。如图 11-5（b）所示，刀具从起点 A（换刀点）出发，加工结束后再回到 A 点，走刀路线为：$A \to B \to C \to D \to E \to F \to G \to H \to A$。

4. 数值计算

① 设定程序原点，以工件右端面与轴线的交点为程序原点建立工件坐标系。

② 计算各节点位置坐标值。根据图 11-5(b) 得各点绝对坐标值为：

A（100，50）、B（12，2）、C（18，−1）、D（18，−15）；

E（24，−26）、F（24，−34）、G（26，−34）、H（30，−36）。

5. 工件参考程序与加工操作过程

① 工件的参考程序见表 11-10。

② 输入程序。

③ 数控编程模拟软件对加工刀具轨迹或数控系统图形的仿真加工，进行程序校验及修整。

④ 安装刀具，对刀操作，建立工件坐标系。

⑤ 启动程序，自动加工。

⑥ 停车后，按图纸要求检测工件，对工件进行误差与质量分析。

表 11-10　工件的参考程序

数控车床程序卡	编程原点		工件右端面与轴线交点			
	零件名称	螺纹套	零件图号	图 11-5	材料	塑料棒
	车床型号	CAK6150DJ	夹具名称	三爪自定心卡盘	实训车间	数控中心
程序号	O7003			编程系统	FANUC	
序号	程序			简要说明		
N010	G50　X100　Z50;			建立工件坐标系		
N020	M03　S800　T0101;			主轴正转，选择 1 号外圆刀		
N030	G99;			设定进给速度单位为 mm/r		

数控车床程序卡	编程原点		工件右端面与轴线交点				
	零件名称	螺纹套	零件图号	图 11-5		材料	塑料棒
	车床型号	CAK6150DJ	夹具名称	三爪自定心卡盘		实训车间	数控中心
程序号		O7003		编程系统		FANUC	
序号		程序			简要说明		
N040	G00 X12 Z2;			刀具快进（$A \rightarrow B$）			
N050	G01 X18 Z–1 F0.1;			车倒角（$B \rightarrow C$）			
N060	G01 Z–15;			车外圆（$C \rightarrow D$）			
N070	G01 X24 Z–26;			车锥面（$D \rightarrow E$）			
N080	G01 Z–34;			车外圆（$E \rightarrow F$）			
N090	G01 X26 Z–34;			车平面（$F \rightarrow G$）			
N100	G01 X30 Z–36;			车倒角（$G \rightarrow H$）			
N110	G00 X100 Z50;			1 号刀返回刀具起始点 A			
N120	M05;			停主轴			
N130	M30;			程序结束			

6. 安全操作和注意事项

① 装刀时，刀尖同工件中心高对齐，对刀前，先将工件端面车平。

② 为保证精加工尺寸准确性，可分半精加工、精加工。通过改变起刀点位置或刀偏值，就可以利用程序分别进行半精加工、精加工。

实例四：内、外圆锥套的编程与加工

毛坯尺寸 ϕ40mm 的棒料，已加工毛坯孔 ϕ18mm，材料 45 钢，试车削成如图 11-6 所示零件，T01：93° 粗、精车外圆刀。T02：镗孔刀。T04：切断刀（刀宽 3mm）。

1. 技术要求分析

如图 11-6 所示，包括内圆锥面、内外圆柱面、端面、切断等加工。零件材料为 45 钢，无热处理和硬度要求。

2. 加工方案

① 确定装夹方案、定位基准、加工起点、换刀点。由于毛坯为棒料，用三爪自定心卡盘夹紧定位。由于工件较小，为了加工路径清晰，加工起点和换刀点可以设为同一点，放在 Z 向距工件前端面 200mm，

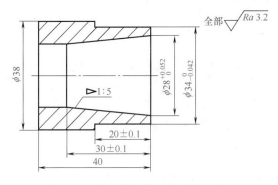

图 11-6　内、外圆锥套的零件尺寸图

X 向距轴心线 100mm 的位置。

② 制订加工方案，确定各刀具及切削用量。加工刀具的确定见表 11-11。

表 11-11　刀具卡（四）

实训课题		简单套类零件的编程与加工	零件名称	内、外圆锥套	零件图号	11-6
序号	刀具号	刀具名称及规格	刀尖半径	数量	加工表面	备注
1	T0101	93° 外圆车刀	0.2mm	1	端面、外圆	—
2	T0202	镗孔刀	0.2mm	1	内孔	—
3	T0404	B=3mm 切断刀（刀位点为左刀尖）	0.3mm	1	切断	—
4		ϕ20mm 麻花钻头	—	1	钻孔	—

③ 工序卡（表 11-12 ）。

表 11-12　工序卡（三）

材料	45 钢或 Al		零件图号	11-6	系统	FANUC	工序号	
操作序号	工步内容 （走刀路线）		G 功能	T 刀具	切削用量			
					转速 $S(n)$/ (r/min)	进给量 f/ (mm/r)	背吃刀量 a_p/mm	
主程序 1	夹住棒料一头，留出长度大约 65mm（手动操作 ϕ20mm 麻花钻头钻孔深 45mm），调用主程序 1 加工							
1	车端面		G94	T0101	475	0.1	—	
2	粗车外表面		G90	T0101	475	0.3	2	
3	粗镗内表面		G90	T0202	640	0.3	1	
4	精车外表面		G01	T0101	900	0.1	0.2	
5	精镗内表面		G01	T0202	900	0.1	0.2	
6	切断		G01	T0404	236	0.1		
7	检测、校核		—	—	—	—	—	

3. 数值计算

① 设定程序原点，以工件右端面与轴线的交点为程序原点建立工件坐标系。

② 计算各基点位置坐标值。

③ 内锥小端直径：根据公式 $C = \dfrac{D-d}{L}$，即 $C = \dfrac{1}{5} = \dfrac{28-d}{30}$，得 $d=22$mm。

4. 工件参考程序与加工操作过程

① 工件的参考程序见表 11-13。

② 输入程序。

③ 数控编程模拟软件对加工刀具轨迹仿真，或数控系统图形仿真加工，进行程序校核及修整。

④ 安装刀具，对刀操作，建立工件坐标系。

⑤ 启动程序，自动加工。

⑥ 停车后，按图纸要求检测工件，对工件进行误差与质量分析。

表 11-13　内、外圆锥套的参考程序

数控车床 程序卡	编程原点	工件右端面与轴线交点				
	零件名称	内外锥套	零件图号	图 11-6	材料	45 钢
	车床型号	CAK6150DJ	夹具名称	三爪卡盘	实训车间	数控中心
程序号	O6001			编程系统	FANUC	
序号	程序			简要说明		
N010	G50　X100　Z100;			建立 1 件坐标系		
N020	M03　S475　T0101;			主轴正转，选择 1 号外圆刀		
N030	G99;			设定进给速度单位为 mm/r		
N040	G00　X40　Z3;			快速定位至 ϕ40mm 直径，距端面正向 3mm		
N045	G01　X40　Z0　F0.3;			工进速度定位至距端面正向 0mm		
N050	G96　X0　Z0　F0.1;			加工端面		
N060	G00　X38.2　Z0.5;					
N070	G01　Z-43　F0.2;			粗加工 ϕ38mm 外圆，留精加工余量 0.2mm		
N080	G00　X40　Z0.5;					

数控车床 程序卡	编程原点			工件右端面与轴线交点			
	零件名称	内外锥套	零件图号	图 11-6		材料	45 钢
	车床型号	CAK6150DJ	夹具名称	三爪卡盘		实训车间	数控中心
程序号	O6001			编程系统		FANUC	
序号	程序			简要说明			
N090	G00 X36 ;			粗加工外圆面，每次切深 1.8 ~ 2mm，留精加工余量 0.2mm			
N095	G01 Z−20 F0.2 ;						
N100	G00 X38 Z0.5 ;						
N101	G00 X34.2 ;						
N102	G01 Z−20 F0.2 ;						
N110	G00 X100 Z100 T0100 M05 ;			返回刀具起始点，取消刀补，停主轴			
N120	M00 ;			选择停止，以便检测工件			
N130	M03 S640 T0202 ;			主轴正转，换镗孔刀			
N140	G00 X21.8 Z2 ;			定位至 ϕ18mm 孔直径外，距端面正向 2 mm			
N150	G01 X21.8 Z−43 F0.2 ;			粗加工 ϕ22mm 孔，留 0.2mm 的余量			
N151	G00 X20 ;			粗加工内锥孔，每次切深 1mm，留 0.2mm 的精加工余量			
N152	Z2 ;						
N153	G01 X24 Z0 F0.3 ;						
N154	X21.8 Z−30 F0.2 ;						
N155	G00 X20 Z0 ;						
N160	G01 X27.8 Z0 F0.3 ;						
N170	X21.8 Z−30 F0.2 ;						
N180	G00 X20 Z0 ;						
N190	G00 X100 Z100 T0200 M05 ;			返回刀具起始点，取消刀补，停主轴			
N200	M01 ;			选择停止，以便检测工件			
N210	M03 S1200 T0101 ;			换速，主轴正转，选 1 号外圆刀			
N220	G00 X34 Z3 ;			快速定位至（X34，Z3），即精加上锥面的始点			
N230	G01 Z−20 F0.1 ;			精加工外圆 ϕ34 台阶面			
N240	X38 ;			精加工 ϕ38mm 外圆			
N250	Z−43 ;			精加工 ϕ38mm 外圆			
N260	G00 X70 ;			径向退刀			
N270	G00 X100 Z100 T0100 M05 ;			返回刀具起始点，取消刀补，停主轴			
N280	M01 ;			选择停止，以便检测工件			
N290	M03 S1200 T0202 ;			主轴正转，换速，选 2 号镗刀			
N300	G00 X28 Z2 ;			快速定位（X28，Z2）的位置			
N301	G01 Z0 F0.3 ;			定位至精加工内锥孔的起始点			
N310	G01 X22 Z−30 F0.1 ;			精加工内锥孔			
N320	Z−43 ;			精加工 ϕ22mm 内圆			
N330	X18 ;			径向退刀			
N340	G00 Z3 ;			轴向退刀，快速退出工件孔			
N350	G00 X100 Z100 T0200 M05 ;			返回刀具起始点，取消刀补，停主轴			
N360	M01 ;			选择停止，以便检测工件			
N370	M03 S236 T0404 ;			换切断刀，主轴正转			
N380	G00 X40 Z−43 ;			快速定位至（X40，Z−43）			

数控车床 程序卡	编程原点			工件右端面与轴线交点			
	零件名称	内外锥套	零件图号	图 11-6		材料	45 钢
	车床型号	CAK6150DJ	夹具名称	三爪卡盘		实训车间	数控中心
程序号	O6001			编程系统	FANUC		
序号	程序			简要说明			
N390	G01　X15　F0.05;			切断			
N400	G00　X40;			径向退刀			
N410	G00　X100　Z100　T0400　M05;			返回刀具起始点，取消刀补，停主轴			
N420	T0100;			1 号基准刀返回，取消刀补			
N430	M30;			程序结束			

5. 安全操作和注意事项

① 毛坯用棒料时，ϕ20mm 孔可在普通车床上加工出。

② 对刀时，切断刀左刀尖作为编程刀位点。

③ 加工内孔时应先使刀具向直径缩小的方向退刀，再 Z 向退出工件，然后才能退回换刀点。

④ 镗孔刀的换刀点应较远些，否则会在换刀或快速定位时碰到工件。

⑤ 车锥面时刀尖一定要与工件轴线等高，否则车出工件圆锥母线不直，呈双曲线形。

实例五：圆锥小轴的编程与加工

毛坯尺寸 ϕ2mm 棒料，材料 45 钢或铝，试车削成如图 11-7 所示圆锥小轴，要求与实例四图 11-6 锥套相配。T01：93° 粗、精车外圆刀。T04：切断刀（刀宽 3mm）。

1. 技术要求分析

如图 11-7 所示，包括圆锥面、圆柱面、端面、切断等加工。零件材料为 45 钢或铝，无热处理和硬度要求。

2. 加工方案

① 确定装夹方案、定位基准、加工起点、换刀点。由于毛坯为棒料，用三爪自定心卡盘夹紧定位。由于工件较小，为了加工路径清晰，加工起点和换刀点可以设为同一点，放在 Z 向距工件右端而 100mm，X 向距轴心线 50mm 的位置。

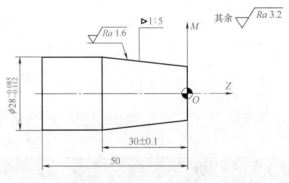

图 11-7　圆锥小轴尺寸图

② 制订加工方案，确定各刀具及切削用量。加工刀具的确定见表 11-14。

表 11-14　刀具卡（五）

实训课题		简单套类零件的编程与加工	零件名称	圆锥小轴	零件图号	11-7
序号	刀具号	刀具名称及规格	刀尖半径	数量	加工表面	备注
1	T0101	90° 粗右偏外圆刀	0.2mm	1	外表面、端面	—
2	T0404	B=3mm 切断刀 （刀位点为左刀尖）	0.3mm	1	切断	—

③ 工序卡（表 11-15）。

表 11-15　工序卡（四）

材料	45 钢或 Al		零件图号	11-7	系统	FANUC	工序号
操作序号	工步内容 （走刀路线）			G 功能	T 刀具	切削用量		
						转速 $S(n)/$ （r/min）	进给量 $f/$ （mm/r）	背吃刀量 a_p/mm
主程序 1	夹住棒料一头，留出长度大约 70mm（手动操作），调用主程序 1 加工							
1	车端面			G94	T0101	640	0.1	—
2	自右向左粗车圆柱表面			G90	T0101	640	0.3	2
3	自右向左粗加工圆锥表面			G90	T0101	640	0.3	1.5
4	自右向左粗加工圆锥面、圆柱面			G01	T0101	900	0.1	0.2
5	切断			G01	T0404	335	0.1	—
6	检测、校核			—	—	—	—	—

3. 数值计算

① 设定程序原点，以工件右端面与轴线的交点为程序原点建立工件坐标系。

② 计算各节点位置坐标值。

③ 当加工锥面的 Z 向起始点为 Z2，计算精加工圆锥面时，切削起始点的直径 d。根据公式 $C = \dfrac{D-d}{L}$，即 $C = \dfrac{1}{5} = \dfrac{28-d}{32}$，得 $d=21.6mm$，若采用 G90 指令进行加工，则 $R = \dfrac{21.6-28}{2} = -3.2$（mm）。

4. 工件参考程序与加工操作过程

① 工件的参考程序见表 11-16。

② 输入程序。

③ 数控编程模拟软件对加工刀具轨迹仿真，或数控系统图形仿真加工，进行程序校验及修整。

④ 安装刀具，对刀操作，建立工件坐标系。

⑤ 启动程序，自动加工。

⑥ 停车后，按图纸要求检测工件，对工件进行误差与质量分析。

表 11-16　圆锥小轴的参考程序

数控车床 程序卡	编程原点		工件右端面与轴线交点				
	零件名称	圆锥小轴	零件图号	图 11-7	材料	45 钢或 Al	
	车床型号	CAK6150DJ	夹具名称	三爪自定心卡盘	实训车间	数控中心	
程序号	O6001			编程系统		FANUC	
序号	程序			简要说明			
N010	G50　X100　Z100；			建立工件坐标系			
N020	M03　S640　T0101；			主轴正转，选择 1 号外圆刀			
N030	G99；			设定进给速度单位为 mm/r			
N040	G00　X35　Z2；			快速定位至 ϕ35mm 直径，距端面正向 2mm			
N050	G94　X0　Z0.2　F0.2；			加工端面			
N060	Z0　F0.1；						
N070	G90　X28.4　Z-53　F0.3；			粗加工 28mm 外圆，留 0.2mm 精加工余量			

数控车床 程序卡	编程原点	工件右端面与轴线交点					
	零件名称	圆锥小轴	零件图号	图 11-7		材料	45 钢或 Al
	车床型号	CAK6150DJ	夹具名称	三爪自定心卡盘		实训车间	数控中心
程序号		O6001		编程系统		FANUC	
序号		程序		简要说明			
N080	X32 Z−30 R−3.2 F0.3;			粗加工锥面，留 0.2mm 精加工余量			
N090	X28.4;						
N100	G00 X21.6 Z2;			快速定位至（X21.6，Z2），即精加工锥面的切削始点			
N110	G01 X28 Z−30 F0.1;			精加工圆锥面			
N120	Z−53;			精加工 ϕ28mm 圆柱面			
N130	X35;			径向退出			
N140	G00 X100 Z100 T0100 M05;			返回程序起点，取消刀补，停主轴			
N150	M01;			选择停止，以便检测工件			
N160	M03 S335 T0404;			换切断刀，主轴正转			
N170	G00 X35 Z−53;			快速定位至（X35，Z−53）			
N180	G01 X0 F0 1;			切断			
N190	G00 X35;			径向退刀			
N200	G00 X100 Z100 T0400 M05;			返回刀具起始点，取消刀补，停主轴			
N210	T0100;			1 号刀返回刀具起始点，取消刀补			
N220	M30;			程序结束			

5. 安全操作和注意事项

① 对刀时，切槽刀左刀尖作为编程的刀位点。

② 设定循环起点时要注意循环中快进到位时不能撞刀。

③ 为了使圆锥、圆柱面连接处无毛刺，可在最后精加工时连续加工圆锥、圆柱面。

④ 车削内外相配表面，轴应车至靠近下偏差尺寸，孔应车至靠近上偏差尺寸，才易满足配合要求。

⑤ 车锥面时刀尖一定要与工件轴线等高，否则车出工件圆锥母线不直，呈双曲线形。

实例六：外螺纹轴的编程与加工

如图 11-8 所示 T 形钉，毛坯尺寸 ϕ34mm 棒料，加工前已有毛坯孔 ϕ16mm，材料为 45 钢，T01：93° 粗、精车外圆刀。T02：60° 外螺纹车刀。T04：切断刀，刀宽 3mm。

1. 零件图工艺分析

① 技术要求分析。如图 11-8 所示，包括圆柱面、倒角、一个外沟槽、螺纹和切断等加工。零件材料为 45 钢，无热处理和硬度要求。

② 确定装夹方案、定位基准、加工起点、换刀点。由于毛坯为棒料，用三爪自定心卡盘夹紧定位。由于工件较小，为了加工路径清晰，加工起点和换刀点可以设为同一点，放在 Z 向距工件前端

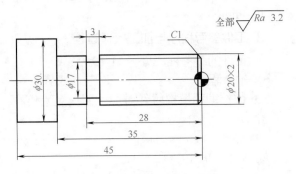

图 11-8 T 形钉零件尺寸图

面 200mm，X 向距轴心线 100mm 的位置。

③ 制订加工方案，确定各刀具及切削用量。加工刀具的确定见表 11-17，加工方案的制定见表 11-18。

表 11-17　刀具卡（六）

实训课题		公、英制螺纹的编程及加工	零件名称	T 形钉	零件图号
序号	刀具号				
1	T0101	93° 粗、精右偏外圆刀	0.4mm	1	外表面、端面
2	T0202	60° 外螺纹车刀	0.4mm	1	外螺纹
3	T0404	B=3mm 断刀（刀位点为左刀尖）	0.3mm	1	切槽、切断

表 11-18　加工方案的制订（一）

材料	45 钢		零件图号	图 11-8	系统	FANUC	
操作序号	工步内容（走刀路线）		G 功能	T 刀具	切削用量		
					转速 S（n）/（r/min·）	进给速度 f/（mm/r）	切削深度 /mm
主程序 1	夹住棒料一头，留出长度大约 65mm（手动操作），调用主程序 1 加工。						
1	车端面		G01	T0101	640	0.1	—
2	自右向左粗车外表面		G90	T0101	640	0.3	2
3	自右向左精加工外表面		G01	T0101	900	0.1	0.5
4	切外沟槽		G01	T0404	335	0.1	0
5	车螺纹		G92	T0202	335	—	—
6	切断		G01	T0404	335	0.1	—
7	检测、校核		—	—	—	—	—

2. 数值计算

① 设定程序原点，以工件右端面与轴线的交点为程序原点建立工件坐标系。

② 计算各节点位置坐标值。

③ 螺纹加工前轴径的尺寸：$d_{前}$=20−0.2=19.8（mm）。

④ 计算螺纹小径：当螺距 P=2mm 时，查表得牙深 h=1.299mm，螺纹底径尺寸为 $d \approx 17.4$mm。

3. 工件参考程序与加工操作过程

① 工件的参考程序见表 11-19。

② 输入程序。

③ 数控编程模拟软件对加工刀具轨迹仿真，或数控系统图形仿真加工，进行程序校验及修整。

④ 安装刀具，对刀操作，建立工件坐标系。

⑤ 启动程序，自动加工。

⑥ 停车后，按图纸要求检测工件，对工件进行误差与质量分析。

表 11-19　T 形钉的参考程序

数控车床程序卡	编程原点			工件右端面与轴线交点			
	零件名称	T 形钉	零件图号	图 11-9		材料	45 钢
	车床型号	CAK6150DJ	夹具名称	三爪自定心卡盘		实训车间	数控中心
程序号	O7001			编程系统	FANUC		
序号	程序			简要说明			
N010	G50　X200　Z200;			建立工件坐标系			
N020	M03　S640　T0101;			主轴正转，选择 1 号外圆刀			
N030	G99;			设定进给速度单位为 mm/r			
N040	G00　X38　Z2;			快速定位至 φ38mm 直径，距端面正向 2mm			
N050	G01　Z0　F0.1;			刀具与端面对齐			
N060	X-1;			加工端面			
N070	G00　X38　Z2;			定位至 φ38mm 直径外，距端面正向 2mm			
N080	G90　X30.4　Z-48　F0.3;			粗车 φ30mm 外圆，留 0.2mm 精加工余量			
N090	X264　Z-34.8;			粗车 φ20mm 外圆，留 0.2mm 精加工余量			
N100	X22.4;						
N110	X204;						
N120	M00;			程序暂停，检测工件			
N130	M03 S900;			换速			
N140	G00　X16　Z1;			快速定位至（X16，Z1）			
N150	G01　X19.8　Z-1　F0.1;			精加工倒角 C1			
N160	Z-35;			精加工 φ20mm 直径外圆至 φ19.8mm			
N170	X30;			精加工 φ30mm 右端面			
N180	Z-48;			精加工 φ30mm 外圆			
N190	X38;			平端面			
N200	G00　X200　Z200　T0100　M05;			返回换刀点，取消刀补，停主轴			
N210	M00;			程序暂停，检测工件			
N220	M03　S335　T0404;			换切槽刀，降低转速			
N230	G00　X22　Z-28;			快速定位，准备切槽			
N240	G01　X17　F0.1;			切槽至 φ17mm			
N250	G04　X0.5;			暂停 0.5s			
N260	G01　X22;			退出加工槽			
N270	G00　X200　Z200　T0400　M05;			返回刀具起始点，取消刀补，停主轴			
N280	M00;			程序暂停，检测工件			
N290	M03　S335　T0202;			换转速，主轴正转，换螺纹车刀			
N300	G00　X25　Z5;			快速定位至循环起点（X25，Z5）			
N310	G92　X19.1　Z-26.5　F2;			加工螺纹			
N320	X18.5;						
N330	X17.9;						
N340	X17.5;						
N350	X17.4;						
N360	G00　X200　Z200　T0200　M05;			返回刀具起始点，取消刀补，停主轴			
N370	M00;			程序暂停，检测工件			
N380	M03　S335　T0404;			换切断刀，主轴正转			
N390	G00　X38　Z-48;			快速定位至（X38，-Z48）			
N400	G01　X0　F0.1;			切断			
N410	G00　X38;			径向退刀			
N420	G00　X200　Z200　T0400　M05;			返回刀具起始点，取消刀补，停主轴			
N430	T0100;			1 号基准刀返回，取消刀补			
N440	M30;			程序结束			

4. 安全操作和注意事项

① 车床空载运行时，注意检查车床各部分运行状况。

② 装螺纹刀时，刀尖必须与工件轴线等高，刀两侧刃角平分线与工件轴线垂直。

③ 螺纹切削时必须采用专用的螺纹车刀，螺纹车刀的角度决定螺纹牙型。

④ 要注意螺纹车削加工不像车外圆一样可以随意设定和调整转速与进给速度。

⑤ 螺纹车削加工时尽量使用 "mm/r" 作为进给速度的单位。

⑥ 进行对刀操作时，要注意切槽刀刀位点的选取。上述参考程序采用切槽刀左刀尖作为编程刀位点。

⑦ 切槽时要先 X 向退刀，退出工件，才能退回换刀点。

⑧ 每道工序结束后要进行检验，如果加工质量出现异常，停止加工，以便采取相应措施。

实例七：螺纹轴、套组合件的编程与加工

如图 11-9 所示组合零件，该组合零件具有内外螺纹相互配合的特点。毛坯尺寸 φ34mm 棒料，加工前已有毛坯孔 φ16mm，材料为 45 钢。T01：93° 粗、精车外圆刀。T02：镗孔刀。T03：内螺纹刀。T04：切断刀。

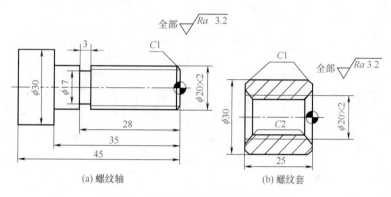

(a) 螺纹轴　　　　　　　　(b) 螺纹套

图 11-9　螺纹轴、套组合件零件尺寸图

图 11-9（a）的编程及加工见实例六，图 11-9（b）的编程及加工内容如下。

1. 零件图工艺分析

① 技术要求分析。如图 11-9（b）所示，零件包括圆柱面、倒角、内螺纹和切断等加工。零件材料为 45 钢，无热处理和硬度要求。

② 确定装夹方案、定位基准、加工起点、换刀点。由于毛坯为棒料，用三爪自定心卡盘夹紧定位。由于工件较小，为了加工路径清晰，加工起点和换刀点可以设为同一点，放在 Z 向距工件前端面 200mm，X 向距轴心线 100mm 的位置。

③ 制订加工方案，确定各刀具及切削用量。加工刀具的确定见表 11-20，加工方案的制订见表 11-21。

表 11-20　刀具卡（七）

实训课题		公、英制螺纹的编程及加工	零件名称	螺纹轴、套组合件	零件图号	11-9
序号	刀具号	刀具名称及规格	刀尖半径 R	数量	加工表面	备注
1	T0101	93° 粗、精右偏外圆刀	0.4mm	1	外表面、端面	—
2	T0202	镗孔刀	0.4mm	1	螺纹底孔	—
3	T0303	60° 内螺纹车刀	0.4mm	1	内螺纹	—
4	T0404	B=3mm 断刀（刀位点为左刀尖）	0.3mm	1	切断	—

表 11-21　加工方案的制订（二）

材料	45 钢		零件图号		图 11-9		系统		FANUC
操作序号	工步内容 （走刀路线）			G 功能	T 刀具	切削用量			
						转速 $S(n)$/ （r/min）	进给速度 f/（mm/r）	切削深度 /mm	
主程序 1	夹住棒料一头，留出长度大约 50mm（手动操作），调用主程序 1 加工 （注：已在普通车床上加工出 ϕ16mm 孔）								
1	车端面			G01	T0101	640	0.1	—	
2	自右向左粗车外表面			G90	T0101	640	0.3	1	
3	自右向左粗镗内表面			G90	T0202	640	0.2	1	
4	自右向左精镗内表面			G01	T0202	900	0.1	0.2	
5	车内螺纹			G92	T0303	335	2	—	
6	自右向左精加工外表面			G01	T0101	900	0.1	0.2	
7	切断			G01	T0404	335	0.1	—	
8	检测、校核			—	—	—	—	—	
主程序 2	调头垫铜皮夹持 ϕ30mm 外圆，找正夹牢，调用主程序 2 加工								
1	车端面截至总长尺寸车倒角			G01	T0101	900	0.1	0.5	
2	孔口倒角			G90	T0202	900	0.1	—	
3	检测、校核			—	—	—	—	—	

2. 数值计算

① 设定程序原点，以工件右端面与轴线的交点为程序原点建立工件坐标系。

② 计算各节点位置坐标值。

③ 车螺纹前的孔径尺寸：$D_{孔} \approx D-P = 20-2 = 18$（mm）。

3. 工件参考程序与加工操作过程

① 工件的参考程序见表 11-22 所示。

② 输入程序。

③ 数控编程模拟软件对加工刀具轨迹仿真，或数控系统图形仿真加工，进行程序校验及修整。

④ 安装刀具，对刀操作，建立工件坐标系。

⑤ 启动程序，自动加工。

⑥ 停车后，按图纸要求检测工件，对工件进行误差与质量分析。

表 11-22　螺纹轴、套组合件的参考程序

数控车床 程序卡	编程原点		工件右端面与轴线交点				
	零件名称	螺纹轴、套组合件	零件图号	图 11-9	材料	45 钢	
	车床型号	CAK6150DJ	夹具名称	三爪自定心卡盘	实训车间	数控中心	
程序号	O7002			编程系统		FANUC	
序号	程序			简要说明			
N010	G50　X200　Z200;			建立工件坐标系			
N020	M03　S640　T0101;			主轴正转，选择 1 号外圆车刀			
N030	G99;			设定进给速度单位为 mm/r			
N040	G00　X38　Z2;			快速定位至 ϕ38mm 直径，距端面正向 2mm			
N050	G01　Z0　F0.1;			刀具与端面对齐			
N060	X1;			加工端面			

数控车床程序卡	编程原点		工件右端面与轴线交点				
	零件名称	螺纹轴、套组合件	零件图号	图 11-9		材料	45 钢
	车床型号	CAK6150DJ	夹具名称	三爪自定心卡盘		实训车间	数控中心
程序号	O7002			编程系统		FANUC	
序号	程序			简要说明			
N070	G00 X38 Z2;			定位于 φ38mm 直径，距端面正向 2mm			
N080	G90 X30.4 Z−28 F0 3;			粗车 φ30mm 外圆，留精加工余量 0.2mm			
N090	X31 Z−1 R−3;			粗车倒角			
N100	G00 X200 Z200 T0100 M05;			返回刀具起始点，取消刀补，停主轴			
N110	M00;			程序暂停，检测工件			
N120	M03 S640 T0202;			换转速，主轴正转，选镗孔刀			
N130	G00 X14 Z2;			快速定位至（X14，Z2）位置			
N140	G90 X18.4 Z−28 F0.3;			粗镗 M20 孔，留精加工余量 0.2mm			
N150	G00 X200 Z200 T0200 M05;			返回刀具起始点，取消刀补，停主轴			
N160	M00;			程序暂停，检测工件			
N170	M03 S900 T0101;			换转速，正转，选 1 号外圆车刀			
N180	G00 X24 Z2;			快速定位至（X24，Z2）			
N190	G01 X30 Z1 F0.1;			精加工倒角 C1			
N200	Z−28;			精加工 φ30mm 外圆			
N210	X38;			平端面			
N220	G00 X200 Z200 T0100 M05;			返回刀具起始点，取消刀补，停主轴			
N230	M00;			程序暂停，检测工件			
N240	M03 S900 T0202;			主轴正转，选镗孔刀			
N250	G00 X26 Z2;			快速定位至（X26，Z2）			
N260	G01 X18 Z−2;			精加工倒角 C2			
N270	Z−28;			精加工内螺纹孔			
N280	X16;			径向退刀			
N290	G00 Z2;			轴向退出工件孔			
N300	G00 X200 Z200 T0200 M05;			返同换刀点，取消刀补，停主轴			
N310	M00;			程序暂停，检测工件			
N320	M03 S335 T00303;			换转速，主轴正转，换内螺纹车刀			
N330	G00 X16 Z5;			快速定位至循环起点（X16，Z5）			
N340	G92 X18.3 Z−27 F2;			加工内螺纹			
N350	X18.9;						
N360	X19.5;						
N370	X19.9;						
N380	X20;						
N390	G00 X200 Z200 T0300 M05;			返回刀具起始点，取消刀补，停主轴			
N400	M00;			程序暂停，检测工件			
N410	M03 S335 T0404;			换转速，主轴正转．换切断刀			
N420	G00 X38 Z−28.2;			快速定位至（X38，Z−28.2）（留 0.2mm 端面加工余量）			
N430	G01 X14;			切断			
N440	G00 X200 Z200 T0400 M05;			返同刀具起始点，取消刀补，停主轴			
N450	T0100;			1 号基准刀返回，取消刀补			
N460	M30;			程序结束			

工件调头装夹，车端面，车倒角		
程序号	O7003	
序号	程序	简要说明
N010	G50 X200 Z200;	建立件坐标系
N020	M03 S900 T0101;	主轴正转，选择 1 号外圆车刀
N030	G99;	设定进给速度为单位 mm/r
N040	G00 X16 Z2;	快速定位至 ϕ16mm 直径，距端面正向 2mm
N050	G01 Z0 F0.1;	刀具与端面对齐
N060	X28;	加工端面
N070	X32 Z–2;	车 C1 倒角
N080	G00 X200 Z200 T0100 M05;	返回刀具起始点，取消刀补，停主轴
N090	M00;	程序暂停，检测工件
N100	M03 S900 T0202;	换转速，主轴正转，选镗孔刀
N110	G00 X16 Z2;	快速定位至（X16，Z2）位置
N120	G90 X18 Z–1.5 R3 5 F0.1;	加工孔口 C2 倒角
N130	X18 Z–2 R4;	
N140	G00 X200 Z200 T0200 M05;	返回刀具起始点，取消刀补，停主轴
N150	T0100;	1 号基准刀返回，取消刀补
N160	M30;	程序结束

4. 安全操作和注意事项

①ϕ16mm 孔在普通车床上已加工到位。

②对刀时，注意内切槽刀的编程刀位点为左刀尖。

③有孔加工刀具，注意换刀点的位置不能太靠近工件，否则会在换刀和快速靠近工件时撞到工件。

实例八：多线螺纹零件的编程与加工

如图 11-10 所示零件，该零件具有双线螺纹的特点。毛坯尺寸 ϕ30mm 棒料，材料为 45 钢，T01：93° 粗、精车外圆刀。T02：60° 外螺纹车刀。T04：切断刀（刀宽 3mm）。

1. 零件图工艺分析

① 技术要求分析。如图 11-10 所示，包括圆柱面、倒角、外沟槽、双头螺纹和切断等加工。零件材料为 45 钢，无热处理和硬度要求。

② 确定装夹方案、定位基准、加工起点、换刀点。由于毛坯为棒料，用三爪自定心卡盘夹紧定位。由于工件较小，为了加工路径清晰，加工起点和换刀点可以设为同一点，放在 Z 向距工件前端面 200mm，X 向距轴心线 100mm 的位置。

③ 制订加工方案，确定各刀具及切削用量。加工刀具的确定见表 11-23，加工方案的制订见表 11-24。

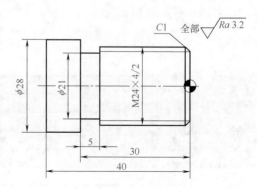

图 11-10 多线螺纹轴加工零件尺寸图

表 11-23　刀具卡（八）

实训课题		公、英制螺纹的编程及加工		零件名称	多线螺纹轴	零件图号	11-10
序号	刀具号	刀具名称及规格		刀尖半径 R	数量	加工表面	备注
1	T0101	93° 粗、精右偏外圆刀		0.2mm	1	外表面、端面	—
2	T0202	60° 外螺纹车刀		0.2mm	1	外螺纹	—
3	T0404	B=3mm 断刀（刀位点为左刀尖）		0.3mm	1	切槽、切断	—

表 11-24　加工方案的制订（三）

材料	45 钢		零件图号	图 11-10		系统		FANUC
操作序号	工步内容 （走刀路线）		G 功能	T 刀具	切削用量			
					转速 S（n） /（r/min）	进给速度 f /（mm/r）	切削深度 /mm	
主程序 1	夹住棒料一头，留出长度大约 65 mm（手动操作），调用主程序 1 加工							
1	车端面		G01	T0101	640	0.1	—	
2	自右向左粗车外表面		G90	T0101	640	0.3	2	
3	自右向左精加工外表面		G01	T0101	900	0.1	0.5	
4	切外沟槽		G01	T0404	335	0.1	0	
5	车螺纹		G92	T0202	335	—	—	
6	切断		G01	T0404	335	0.1	—	
7	检测、校核		—	—	—	—	—	

2. 数值计算

① 设定程序原点，以工件右端面与轴线的交点为程序原点建立工件坐标系。

② 计算各节点位置坐标值。

③ 螺纹加工前轴径：$d_{前}$=24-0.2=23.8（mm）。

④ 计算螺纹小径：当螺距 P=4/2=2（mm）时，查表得牙深 h=1.299mm，则小径尺寸为 21.4mm。

3. 工件参考程序与加工操作过程

① 工件的参考程序如表 11-25 所示。

② 输入程序。

③ 数控编程模拟软件对加工刀具轨迹仿真，或数控系统图形仿真加工，进行程序校验及修整。

④ 安装刀具，对刀操作，建立工件坐标系。

⑤ 启动程序，自动加工。

⑥ 停车后，按图纸要求检测工件，对工件进行误差与质量分析。

表 11-25　多线螺纹轴的参考程序

数控车床 程序卡	编程原点		工件右端面与轴线交点				
	零件名称	多线螺纹轴	零件图号	图 11-10		材料	45 钢
	车床型号	CAK6150DJ	夹具名称	三爪自定心卡盘		实训车间	数控中心
程序号	O7003			编程系统		FANUC	
序号	程序			简要说明			
N010	G50　X200　Z200;			建立工件坐标系			
N020	M03　S640　T0101;			主轴正转，选择 1 号外圆刀			
N030	G99;			设定进给速度单位为 mm/r			

续表

<table>
<tr><td rowspan="3">数控车床程序卡</td><td>编程原点</td><td colspan="5">工件右端面与轴线交点</td></tr>
<tr><td>零件名称</td><td>多线螺纹轴</td><td>零件图号</td><td>图 11-10</td><td>材料</td><td>45 钢</td></tr>
<tr><td>车床型号</td><td>CAK6150DJ</td><td>夹具名称</td><td>三爪自定心卡盘</td><td>实训车间</td><td>数控中心</td></tr>
<tr><td>程序号</td><td colspan="3">O7003</td><td>编程系统</td><td colspan="2">FANUC</td></tr>
<tr><td>序号</td><td colspan="3">程序</td><td colspan="3">简要说明</td></tr>
<tr><td>N040</td><td colspan="3">G00 X35 Z2；</td><td colspan="3">快速定位至 ϕ35mm 直径，距端面正向 2mm</td></tr>
<tr><td>N050</td><td colspan="3">G01 Z0 F0.1；</td><td colspan="3">刀具与端而对齐</td></tr>
<tr><td>N060</td><td colspan="3">X-1；</td><td colspan="3">加工端面</td></tr>
<tr><td>N070</td><td colspan="3">G00 X35 Z2；</td><td colspan="3">定位至 ϕ35mm 直径外，距端面正向 2mm</td></tr>
<tr><td>N080</td><td colspan="3">G90 X28.4 Z-43 F0.3；</td><td colspan="3">粗车 ϕ28mm 外圆，留精加工余量 0.2mm</td></tr>
<tr><td>N090</td><td colspan="3">X24.4 Z-29 8；</td><td colspan="3">粗车 M24 外圆，留精加工余量 0.2mm</td></tr>
<tr><td>N100</td><td colspan="3">X25 Z-1 R-3；</td><td colspan="3">粗车倒角</td></tr>
<tr><td>N110</td><td colspan="3">M00；</td><td colspan="3">选择停止，以便检测工件</td></tr>
<tr><td>N120</td><td colspan="3">M03 S900；</td><td colspan="3">换速，主轴正转</td></tr>
<tr><td>N130</td><td colspan="3">G00 X18 Z2；</td><td colspan="3">快速定位至（X18，Z2）</td></tr>
<tr><td>N140</td><td colspan="3">G01 X23.8 Z-1 F0.1；</td><td colspan="3">精加工倒角 $C1$</td></tr>
<tr><td>N150</td><td colspan="3">Z-30；</td><td colspan="3">精加工 M24 直径外圆至 φ23.8mm</td></tr>
<tr><td>N160</td><td colspan="3">X28；</td><td colspan="3">精加工 ϕ28mm 右端面</td></tr>
<tr><td>N170</td><td colspan="3">Z-43；</td><td colspan="3">精加工 ϕ28mm 外圆</td></tr>
<tr><td>N180</td><td colspan="3">X35；</td><td colspan="3">平端面</td></tr>
<tr><td>N190</td><td colspan="3">G00 X100 Z100 T0100 M05；</td><td colspan="3">返回换刀点，取消刀补，停主轴</td></tr>
<tr><td>N200</td><td colspan="3">M00；</td><td colspan="3">选择停止，以便检测工件</td></tr>
<tr><td>N210</td><td colspan="3">M03 S335 T0404；</td><td colspan="3">换切槽刀，降低转速</td></tr>
<tr><td>N220</td><td colspan="3">G00 X35 Z-28；</td><td colspan="3">快速定位，准备切槽</td></tr>
<tr><td>N230</td><td colspan="3">G01 X21 F0.1；</td><td colspan="3">切槽至 ϕ21mm</td></tr>
<tr><td>N240</td><td colspan="3">G00 X35；</td><td colspan="3">退出槽</td></tr>
<tr><td>N250</td><td colspan="3">Z-30；</td><td colspan="3">轴向进刀</td></tr>
<tr><td>N260</td><td colspan="3">G01 X21 F0.1；</td><td colspan="3">切槽至 ϕ21mm</td></tr>
<tr><td>N270</td><td colspan="3">G04 X0 5；</td><td colspan="3">暂停 0.5s</td></tr>
<tr><td>N280</td><td colspan="3">G01 Z-28 F0.1；</td><td colspan="3">槽底光整加工</td></tr>
<tr><td>N290</td><td colspan="3">G01 X26；</td><td colspan="3">退出加工槽</td></tr>
<tr><td>N300</td><td colspan="3">G00 X100 Z100 T0400 M05；</td><td colspan="3">返回刀具起始点，取消刀补，停主轴</td></tr>
<tr><td>N310</td><td colspan="3">M00；</td><td colspan="3">程序暂停，检测工件</td></tr>
<tr><td>N320</td><td colspan="3">M03 S335 T0202；</td><td colspan="3">换转速，主轴正转，换螺纹车刀</td></tr>
<tr><td>N330</td><td colspan="3">G00 X2824；</td><td colspan="3">快速定位至第一头螺纹加工的循环起点</td></tr>
<tr><td>N340</td><td colspan="3">G92 X23.1 Z-27.5 F4；</td><td colspan="3" rowspan="5">加工第一头螺纹</td></tr>
<tr><td>N350</td><td colspan="3">X22.5；</td></tr>
<tr><td>N360</td><td colspan="3">X21.9；</td></tr>
<tr><td>N370</td><td colspan="3">X21.5；</td></tr>
<tr><td>N380</td><td colspan="3">X21.4；</td></tr>
<tr><td>N390</td><td colspan="3">G00 X2826；</td><td colspan="3">快速定位至第二头螺纹加工的循环起点</td></tr>
<tr><td>N400</td><td colspan="3">G92 X23.1 Z-27.5 F4；</td><td colspan="3" rowspan="2">加工第二头螺纹</td></tr>
<tr><td>N410</td><td colspan="3">X22.5；</td></tr>
</table>

数控车床 程序卡	编程原点	工件右端面与轴线交点					
	零件名称	多线螺纹轴	零件图号	图 11-10	材料	45 钢	
	车床型号	CAK6150DJ	夹具名称	三爪自定心卡盘	实训车间	数控中心	
程序号	O7003			编程系统	FANUC		
序号	程序			简要说明			
N420	X21.9;			加工第二头螺纹			
N430	X21.5;						
N440	X21.4;						
N450	G00 X100 Z100 T0200 M05;			返回刀具起始点，取消刀补，停主轴			
N460	M00;			程序暂停，检测工件			
N470	M03 S300 T0404;			换切断刀，主轴正转			
N480	G00 X35 Z−43;			快速定位至（X35，−Z43）			
N490	G01 X0 F0.1;			切断			
N500	G00 X100 Z100 T0400 M05;			返回刀具起始点，取消刀补，停主轴			
N510	T0100;			1 号基准刀返回，取消刀补			
N520	M30;			程序结束			

4. 安全操作和注意事项

① 车削多线螺纹可用退刀程序解决。第二头螺纹的起点与第一头螺纹的起点相差一个螺距的距离；第三头螺纹的起点与第二头螺纹的起点相差一个螺距的距离；依此类推，即可车削多线螺纹。同时各头螺纹的终点要一致。

② 车较宽的退刀槽时，通常为了保证槽底光滑，在车完最后一刀时应对整个槽进行光整加工。

实例六、实例七、实例八小结

螺纹加工可用 G92、G76 指令进行编程，G76 指令采用斜进法进行加工，可以加工导程较大的螺纹，车削多线螺纹时不存在分线精度低，而普通车床在加工多线螺纹时就较难控制分线精度。编程时应考虑加工螺纹的切入和切出量，以便保证螺纹导程的一致性。

加工螺纹之前一般应先加工退刀槽，如果没有退刀槽时，刀具在螺纹终点的加工路线为倒角退刀。

加工螺纹时，由于进给量较大，螺纹车刀的强度较差，故螺纹牙型往往需分多次进行切削。

实例九：槽类零件编程和加工综合实例

分析如图 11-11 所示多沟槽类零件的加工工艺，编写相应的数控程序，并用华中数控车床加工出相应的零件。

1. 工艺路线

① 车削端面，钻中心孔。

② 在切槽时，考虑到工件伸出太长，如果直接切槽，横向抗力太大，容易发生振动甚至折断车刀，所以采用一夹一顶的装夹方式车削工件比较合适。

③ 粗、精车 φ40mm 外圆长 110mm 至尺寸。

运用外圆车刀粗、精车外圆，车削过程中如果表面质量要求不是太高，可运用一把外圆

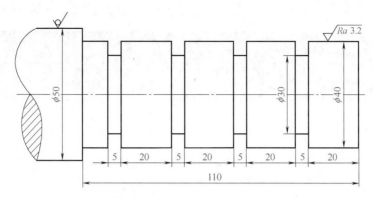

图 11-11 多沟槽类零件尺寸图

车刀完成。在切削前浇注乳化类切削液，以减小工件尺寸变形和车刀磨损，提高表面质量。

④ 调用子程序从右至左依次切削沟槽至尺寸。在调用子程序过程中，要注意切槽定刀点的位置，不可先切槽再向前移动，这样到切削完成最后一个槽时，还会向前移动，容易与工件发生碰撞。

⑤ 检查各部尺寸合格后卸下工件。

2. 刀具及切削用量的选择（表 11-26）

表 11-26 多沟槽类零件切削用量

刀具号	刀具名称及规格	刀尖圆弧半径	数量	加工内容	进给量 /（mm/r）
T0101	93° 右偏外圆刀	0.2mm	1	外圆轮廓	粗 0.2 精 0.1
T0101	5mm 切槽刀	0.1mm	1	沟槽	0.1

3. 参考程序

通过分析零件图样可以看出，像这样深度值和长度值都相等的重复出现的沟槽，如果运用 G00 指令、G01 指令进行加工，程序过于繁多且容易出错，运用子程序调用指令比较简单。参考程序见表 11-27。

表 11-27 多沟槽类零件参考程序

机床型号	CJK6136	夹具名称	三爪自定心卡盘	编程系统	HNC-21T/22T	编程原点	工件右端面与轴线交点
工序一：用三爪自定心卡盘夹持毛坯外圆，找正并夹牢，车削右端轮廓							
程序号	程 序			简要说明			
序号	%5004-1;			主程序			
N010	T0101;			调用 1 号 93° 外圆刀，1 号刀补			
N020	M03 S800;			主轴正转，转速为 800r/min			
N030	G00 G95 X46 Z5;			快速进至加工起始点			
N040	G71 U2 R1 P50 Q60 X 0.2 F0.2;			粗加工外径 / 内径车削复合循环指令			
N050	G00 X40;			精加工外圆轮廓			
N060	G01 Z-110 F0.1;						
N070	G00 X200 Z10;			快速退到换刀点			
N080	M05;			主轴停止			

机床型号	CJK6136	夹具名称	三爪自定心卡盘	编程系统	HNC-21T/22T	编程原点	工件右端面与轴线交点
工序一：用三爪自定心卡盘夹持毛坯外圆，找正并夹牢，车削右端轮廓							
程序号	程　序			简要说明			
N090	M00；			程序暂停			
N100	T0202；			换 2 号切槽刀，调用 2 号刀补			
N110	M03　S400；			主轴正转，转速为 400r/min			
N120	G00　G95　X45；			快速进给至加工起始点			
N130	Z0；						
N140	M98　P5006　L5；			调用子程序 %5006，调用 5 次			
N150	G00　X200；			提刀			
N160	Z10；			退刀，返回刀具换刀点			
N170	M05；			主轴停止			
N180	M30；			程序结束			
序号	%5006；			子程序			
N200	G01　W−25；			Z 轴方向进刀			
N210	U−20；			X 轴方向进刀			
N220	U20；			X 轴方向退刀			
N230	M99；			子程序结束			

4. 加工操作步骤

① 开启机床。先将"急停"钮关闭，打开电源开关，然后再将"急停"钮打开，使系统处在开始工作状态。

② 按下"回零"键，使机床首先回到机床参考点，以建立机床坐标系。

③ 安装刀具和毛坯。

a. 用三爪自定心卡盘垫铜皮夹持工件左端 ϕ45mm 外圆处，用划线盘找正工件外圆，然后夹紧工件。

b. 安装刀具时，刀具的安装位置应和所编制程序中的刀具号对应。1 号刀为 93° 右偏外圆刀，2 号刀为切槽刀，刀宽为 5mm。注意各刀具应对准工件中心，各刀具伸出长度应适当，刀具压紧时前后螺钉应同时压紧。

④ 对刀并输入刀偏值。

a. 外圆刀对刀。对 Z 轴方向时端面见光即可，移动 +X 脱离工件而 Z 轴方向不动，输入 Z 向刀补；对 X 轴方向时外圆见光即可，移动 +Z 退离工件，而 X 轴方向不动。停止机床，测量工件尺寸输入刀补数值。

b. 切槽刀对刀。切槽刀对刀时，要注意左刀尖为 Z 轴方向的刀位点。

⑤ 输入数控程序。

⑥ 程序校验在数控系统中对程序进行图形仿真模拟、程序校验及修整，注意一定要锁住机床再校验程序。

⑦ 检查程序无误后，解除机床锁，单击"循环启动"键进行工件的加工。

⑧ 加工完毕后，测量工件尺寸值，然后在刀具磨损中修改偏差值。

⑨ 重复步骤⑦、⑧，直到工件尺寸合格为止。

⑩ 加工完毕后，卸下工件，打扫机床卫生。

实例十：轴类零件编程和加工综合实例

在数控车床上加工如图 11-12 所示轴类零件，毛坯为 $\phi35mm \times 61mm$ 的棒料，材料为 45 钢，试分析加工工艺，编写数控车床加工程序并进行加工。

1. 工艺分析

如图 11-12 所示，该工件外形比较简单，没有形位公差要求，但其表面有严格的尺寸精度要求。需要重点注意的是，在加工锥面时，G80 指令动作的第一步为 G00 指令方式的快速进给，为避免快速进给时刀具与工件表面接触，通常要将刀具偏离锥度端面，此时刀具起始位置的 Z 轴坐标值与实际锥度的起点坐标不一致，应计算出锥面轮廓延长线

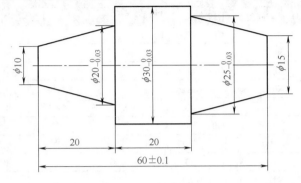

图 11-12　轴类零件加工综合实例

上对应所取 Z 坐标处与锥面终点处的实际直径差。该工件需要两次调头加工，为保证在进行数控加工中工件能装夹牢靠，先加工工件右端轮廓，再调头，夹持 $\phi30mm$ 外圆加工工件左端轮廓。两次装夹加工时都将工件坐标系原点设定在其装夹后的工件右端面与轴线交点，换刀点都设在（X100，Z100）的位置上。

2. 工艺路线

简单工艺路线如下。

① 车削工件右端锥度和 $\phi30mm$ 外圆。

② 调头，夹持 $\phi30mm$ 外圆，并预留 5mm 左右。

③ 车削工件左端锥度。

3. 刀具及切削用量的选择（表 11-28）

表 11-28　轴类零件加工切削用量

刀具号	刀具名称及规格	刀尖圆弧半径	数量	加工内容	进给量 /（mm/r）
T0101	93° 右偏外圆刀	0.4mm	1	右端外轮廓	粗 0.3 精 0.1
T0101	93° 右偏外圆刀	0.4mm	1	左端外轮廓	粗 0.3 精 0.1

4. 程序编写

本实例工件外形比较简单，用 G01 指令和 G80 指令都能完成车削加工，但使用 G80 指令可以适当简化程序。两种指令所编写的参考程序见表 11-29 和表 11-30。

表 11-29　G01 指令参考程序

机床型号	CJK6136	夹具名称	三爪自定心卡盘	编程系统	HNC-21T/22T	编程原点	工件右端面与轴线交点
工序一：用三爪自定心卡盘夹持毛坯外圆，找正并夹牢，车削右端轮廓							
程序号	程　　序			简要说明			
序号	%4002-1；			程序名			
N010	T0101；			调用 1 号 93° 外圆刀，1 号刀补			
N020	M03　S600；			主轴正转，转速为 600r/min			
N030	G00　G95　X30.5　Z4；			快速进给至起刀点			

机床型号	CJK6136	夹具名称	三爪自定心卡盘	编程系统	HNC-21T/22T	编程原点	工件右端面与轴线交点
工序一：用三爪自定心卡盘夹持毛坯外圆，找正并夹牢，车削右端轮廓							
程序号		程　序			简要说明		
N040	G01　Z−41　F0.3；				粗车右端 ϕ30mm 外圆		
N050	X37；				提刀		
N060	G00　X40　Z4；				退刀		
N070	X26；				快速进给至车削锥度起刀点		
N080	G01　X38　Z−20　F0.3；				粗车右端锥度		
N090	G00　Z4；				退刀		
N100	X22；				快速进给至车削锥度起刀点		
N110	G01　X34　Z−200.3；				粗车右端锥度		
N120	X37；				提刀		
N130	G00　Z4；				退刀		
N140	X18；				快速进给至车削锥度起刀点		
N150	G01　X30　Z−20　F0.3；				粗车右端锥度		
N160	X37；				提刀		
N170	G00　Z4；				退刀		
N180	X13.5；				快速进给至车削锥度起刀点		
N190	G01　X25.5　Z−20　F0.3；				粗车右端锥度		
N200	X37；				提刀		
N210	G00　Z4；				退刀		
N220	X13；				快速进给至车削锥度起刀点		
N230	C01　X25　Z−20　F0.1　S1200；				精车右端锥度		
N240	X30；				直线进给至 ϕ30mm 外圆		
N250	Z−41；				精车右端 ϕ30mm 外圆		
N260	X37；				提刀		
N270	C00　X100　Z100；				退刀，返回刀具换刀点		
N280	M05；				主轴停止		
N290	M30；				程序结束		
工序二：调头，用三爪自定心卡盘垫铜皮夹持 ϕ30mm 外圆，找正保证同轴度并夹牢，车削左端轮廓							
程序号		程　序			简要说明		
序号	%4002−2；				程序名		
N010	T0101；				调用 1 号 93° 外圆刀，1 号刀补		
N020	M03　S600；				主轴正转，转速为 600r/min		
N030	G00　G95 X32　Z4；				快速进给至车削锥度起刀点		
N040	G01　X44　Z−20　F0.3；				粗车左端锥度		
N050	G00　Z4；				退刀		
N060	X28；				快速进给至车削锥度起刀点		
N070	G01　X40　Z−20　F0.3；				粗车左端锥度		
N080	G00　Z4；				退刀		
N090	X24；				快速进给至车削锥度起刀点		
N100	C01　X36　Z−20　F0.3；				粗车左端锥度		
N110	C00　Z4；				退刀		
N120	X20；				快速进给至车削锥度起刀点		

程序号	\multicolumn{2}{c}{工序二：调头，用三爪自定心卡盘垫铜皮夹持 ϕ30mm 外圆，找正保证同轴度并夹牢，车削左端轮廓}
程序号	程 序	简要说明
N130	C01 X32 Z-20 F0.3；	粗车左端锥度
N140	X36；	提刀
N150	C00 Z4；	退刀
N160	X16；	快速进给至车削锥度起刀点
N170	G01 X28 Z-20 F0.3；	粗车左端锥度
N180	X36；	提刀
N190	G00 Z4；	退刀
N200	X12；	快速进给至车削锥度起刀点
N210	G01 X24 Z-20 F0.3；	粗车左端锥度
N220	X36；	提刀
N230	G00 Z4；	退刀
N240	X8.5；	快速进给至车削锥度起刀点
N250	G01 X20.5 Z-20 F0.3；	粗车左端锥度
N260	X36；	提刀
N270	G00 Z4；	退刀
N280	X8；	快速进给至车削锥度起刀点
N290	C01 X20 Z-20 F0.1 S1200；	精车左端锥度
N300	X36；	提刀
N310	C00 X100 Z100；	退刀，返回刀具换刀点
N320	M05；	主轴停止
N330	M30；	程序结束

表 11-30 G80 指令参考程序

机床型号	CJK6136	夹具名称	三爪自定心卡盘	编程系统	HNC-21T/22T	编程原点	工件右端面与轴线交点
\multicolumn{8}{c}{工序一：用三爪自定心卡盘夹持毛坯外圆，找正并夹牢，车削右端轮廓}							
程序号	\multicolumn{5}{c}{程 序}	\multicolumn{2}{c}{简要说明}					
序号	\multicolumn{5}{l}{%4002-1；}	\multicolumn{2}{l}{程序名}					
N010	\multicolumn{5}{l}{T0101；}	\multicolumn{2}{l}{调用 1 号 93° 外圆刀，1 号刀补}					
N020	\multicolumn{5}{l}{M03 S600；}	\multicolumn{2}{l}{主轴正转，转速为 600r/min}					
N030	\multicolumn{5}{l}{G00 G95 G42 X38 Z4；}	\multicolumn{2}{l}{快速进给至循环起刀点}					
N040	\multicolumn{5}{l}{G80 X32 Z-41 F0.3；}	\multicolumn{2}{l}{循环切削右端 ϕ30mm 外圆}					
N050	\multicolumn{5}{l}{X30.5 Z-41；}						
N060	\multicolumn{5}{l}{G80 X38 Z-20 I-6；}	\multicolumn{2}{l}{循环切削右端锥度，I 为考虑起点 Z 轴方向偏移后的 X 轴方向半径差}					
N070	\multicolumn{5}{l}{X34 Z-20 I-6；}						
N080	\multicolumn{5}{l}{X30 Z-20 I-6；}						
N090	\multicolumn{5}{l}{X25.5 Z-20 I-6；}						
N100	\multicolumn{5}{l}{G00 X13 Z4；}	\multicolumn{2}{l}{快速进给至右端锥度起刀点处}					
N110	\multicolumn{5}{l}{G01 X25 Z-20 F0.1 S1200；}	\multicolumn{2}{l}{精车右端锥度}					
N120	\multicolumn{5}{l}{X30；}	\multicolumn{2}{l}{直线进给至 ϕ30mm 外圆处}					
N130	\multicolumn{5}{l}{Z-41；}	\multicolumn{2}{l}{精车右端 ϕ30mm 外圆}					

机床型号	CJK6136	夹具名称	三爪自定心卡盘	编程系统	HNC-21T/22T	编程原点	工件右端面与轴线交点
工序一：用三爪自定心卡盘夹持毛坯外圆，找正并夹牢，车削右端轮廓							
程序号		程　　序			简要说明		
N140	X36;				提刀		
N150	G00　G40　X100　Z100;				退刀，返回刀具换刀点		
N160	M05;				主轴停止		
N170	M30;				程序结束		
工序二：调头，用三爪自定心卡盘垫铜皮夹持 $\phi30$mm 外圆，找正保证同轴度并夹牢，车削左端轮廓							
程序号		程　　序			简要说明		
序号	%4002−2;				程序名		
N010	T0101;				调用 1 号 93° 外圆刀，1 号刀补		
N020	M03　S600;				主轴正转，转速为 600r/min		
N030	G00　G95　G42　X42　Z4;				快速进给至循环起刀点		
N040	G80　X42　Z−20　I−6;						
N050	X38　Z−20　I−6;						
N060	X34　Z−20　I−6;						
N070	X30　Z−20　I−6;				循环切削左端锥度，I 为考虑起点 Z 轴方向偏移后的 X 轴方向半径差		
N080	X26　Z−20　I−6;						
N090	X22　Z−20　I−6;						
N100	X20.5　Z−20　I−6;						
N110	G00　X8　Z4;				快速进给至左端锥度处		
N120	G01　X20　Z−20　F0.1　S1200;				精车左端锥度		
N140	X36;				提刀		
N150	G00　G40　X100　Z100;				退刀，返回刀具换刀点		
N160	M05;				主轴停止		
N170	M30;				程序结束		

5. 加工工件的步骤

① 开启机床。先将"急停"钮关闭，打开电源开关，然后再将"急停"钮打开，使系统处在开始工作状态。按下"回零"键，使机床首先回到机床参考点，以建立机床坐标系。

② 安装刀具和毛坯。找正并夹紧工件。安装刀具时，刀具的安装位置应和编辑程序中的刀具号对应。装刀时，注意各刀具应对准工件中心，各刀具伸出长度应适当，刀具压紧时前后螺钉应同时压紧。

③ 输入程序。将工件右端程序输入数控系统，注意新建文件名开头用"0"表示，程序输入完进行保存。

④ 手动方式粗、精车右端面。

⑤ 对刀并输入刀偏值。应使用手摇脉冲发生器对刀，无论哪个方向试切削完成后都不要动，退向另外一个方向，然后停机测量，将实际尺寸输入数控系统。设置刀偏时，为了保证加工工件尺寸正确，可根据机床的实际情况，适当设定刀具的磨损值，一般设定为 0.2mm。

⑥ 检查程序无误后，单击"循环启动"键进行工件的粗、精加工。

⑦ 加工完毕后，测量工件实际尺寸与其合格尺寸的差值，然后在刀具磨损中修改差值。例如，实际尺寸为 $\phi30.3$mm，实际需要的尺寸为 $\phi30$mm，则在刀具磨损中将原来数字减去

（ϕ30.3mm–ϕ30mm）。

⑧ 单击"循环启动"键进行切削，直至工件尺寸合格为止。

⑨ 调头，用三爪自定心卡盘垫铜皮夹住工件 ϕ30mm 外圆约 15mm，用划线盘找正工件外圆，然后夹紧工件。

⑩ 手动方式粗、精车左端端面，并保证工件要求的总长。

⑪ 输入车削工件左边的加工程序（粗、精车左边的锥度）。

⑫ 对刀并输入刀偏值（设定刀具的 X 磨损值为 0.2mm）。

⑬ 检查程序无误后，单击"循环启动"键进行工件的粗、精加工。

⑭ 加工完毕后，测量工件实际尺寸与其合格尺寸的差值，然后在刀具磨损中修改差值。

⑮ 单击"循环启动"键进行切削，直至工件尺寸合格为止。

⑯ 加工完毕，卸下工件，打扫机床卫生。

实例十一：螺纹类零件编程和加工综合实例

在数控车床上加工如图 11-13 所示零件，毛坯为 ϕ45mm×90mm 的棒料，材料为 45 钢，试分析零件的加工工艺，编写其数控车床加工程序并进行加工。

1. 螺纹加工工艺分析

从零件的轮廓来看，有圆柱面、圆锥面、圆弧面、凹槽及螺纹，并且圆弧面为凹圆弧面。零件毛坯为棒料，加工余量比较多，因此用 G71 指令加工轮廓，且加工轮廓时要调头两次装夹。第一次装夹零件时，采用三爪自定心卡盘装夹零件左端，加工零件右端 ϕ28mm、ϕ42mm

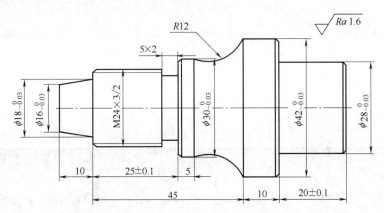

图 11-13　螺纹加工综合实例

圆柱面；第二次调头装夹零件时，用三爪自定心卡盘配软爪夹持零件右端 ϕ28mm 圆柱面，加工零件左端轮廓、退刀槽及螺纹。

2. 螺纹加工工艺计算

零件图样中的螺纹标注是 M24×3/2，表示螺纹为双线螺纹，螺纹公称直径为 ϕ24mm，螺纹导程为 3mm，螺纹螺距为 1.5mm，牙深为 0.65×1.5mm=0.975mm，每次背吃刀量（直径值）分别为 0.80mm、0.60mm、0.40mm 和 0.16mm。

螺纹大径在车削外圆轮廓时车出来，外圆轮廓应车削到的尺寸为：

$$D= 公称直径 -0.13 \times P$$

即 D=24mm–0.13×1.5mm=23.805mm。

螺纹底径应车削到的尺寸为：

$$D= 公称直径 -1.3 \times P$$

即 D=24mm–1.3×1.5mm=22.05mm。

3. 确定车削加工工艺路线

① 第一次装夹，车削零件右端面及 ϕ28mm、ϕ42mm 圆柱面至尺寸要求。

② 调头装夹，用软爪夹持φ28mm 外圆面，车削左端面，保证总长至尺寸要求。

③ 粗、精加工零件左端轮廓至尺寸要求。

④ 车削宽为 5mm 的沟槽。

⑤ 车削螺纹。

4. 刀具及切削用量的选择

零件右端 φ28mm、φ42mm 圆柱面的粗、精加工及端面车削可选择主偏角为 93°的外圆机夹车刀，刀片选择 55°菱形刀片。左端轮廓加工要选择主偏角为 93°的外圆机夹车刀，刀片选择 35°菱形刀片，注意选择刀片的副偏角要大些，车刀的副切削刃不要和已加工好的轮廓面干涉，以免产生过切现象。刀具及切削参数见表 11-31。

表 11-31　刀具及切削参数

刀具号	刀具名称及规格	刀尖圆弧半径 /mm	数量	加工内容	转速 /（r/min）	进给量 /（mm/r）
T0101	93°外圆车刀 刀片 55°	0.2	1	右端轮廓面及端面	粗 800 精 1500	粗 0.2 精 0.1
T0202	93°外圆车刀 刀片 35°	0.2	1	左端轮廓面及端面	粗 800 精 1500	粗 0.2 精 0.1
T0303	3mm 外切槽刀	0.1	1	槽	400	0.1
T0404	60°外螺纹刀	0	1	螺纹	600	$F=0.3$

5. 参考程序

工件加工参考程序见表 11-32。

表 11-32　螺纹加工参考程序

机床型号	CJK6136	夹具名称	三爪自定心卡盘	编程系统	HNC-21T/22T	编程原点	工件右端面与轴线交点
工序一：用三爪自定心卡盘夹持毛坯外圆，找正并夹牢，车削右端 φ28mm、φ42mm 轮廓面及端面							
程序号	程　序				简要说明		
序号	%8005;				程序名		
N010	F0101;				调用 1 号 93°外圆刀，1 号刀偏		
N020	M03　S800;				主轴正转，转速为 800r/min		
N030	G95　G00　X50　Z20　M08;				快速进给至起刀点，打开切削液		
N040	G01　X-1　F0.1;				车削端面		
N050	G00　X46　Z2;				退回到循环起点		
N060	G71　U2　R1　P70　Q130　X0.5　Z0　F0.2;				外径 / 内径车削复合循环程序		
N070	G00　X22　S1500;				右端轮廓精加工程序		
N080	G01　X28　Z-1　F0.1;						
N090	Z-20;						
N100	X40;				右端轮廓精加工程序		
N110	X42　Z-21;						
N120	Z-40;						
N130	X45;						
N140	G00　X120;				退刀		
N150	Z100;				退刀至换刀点		
N160	M05;				主轴停止		
N170	M30;				程序结束		

程序号	程 序	简要说明
工序二：调头，用三爪自定心卡盘夹φ28mm外圆，找正保证同轴度，车削左端轮廓、退刀槽及螺纹		
序号	%8006；	程序名
N010	F0202；	调用1号93°外圆刀，1号刀偏
N020	M03 800；	主轴正转，转速为800r/min
N030	G00 G95 X50 Z0 M08；	快速进给至起刀点，打开切削液
N040	G01 X-1 F0.1；	车削端面
N050	G00 X46 Z2；	退回到循环起点
N060	G73 U17 W0 R10 P70 Q160 X0.5 Z0 F0.2；	闭环车削复合循环程序
N070	G42 G00 X12 S1500；	
N080	G01 X18 Z-10 F0.1；	
N090	X22；	
N100	X23.805 W-1；	
N110	Z-35；	左端轮廓精加工程序
N120	X28；	
N130	X30 W-1；	
N140	Z-40；	
N150	G02 X42 Z-55 R12；	
N160	G01 X45；	
N180	G40 G00 X120 Z50；	返回换刀点
N190	M05；	主轴停止
N200	T0303；	换3号切槽刀，调3号刀偏
N210	M03 S400；	选择转速为400r/min
N220	G95 G00 X32 Z-33；	快速定位至槽位置
N230	G01 X20.5 F0.1；	加工5mm槽
N240	X32；	
N250	Z-35；	
N260	X20；	加工5mm槽
N270	Z-33；	
N280	X32；	
N290	G00 X100 Z50；	返回换刀点
N300	M05；	主轴停止
N310	T0404；	换4号螺纹刀，调4号刀偏
N320	M03 S600；	选择转速为600r/min
N330	G95 G00 X30 Z-7；	快速定位至螺纹起点位置
N340	G82 X23.2 Z-33 C2 P180 F3；	
N350	X22.6 Z-33 C2 P180 F3；	分4次车削双线螺纹
N360	X22.2 Z-33 C2 P180 F3；	
N370	X22.04 Z-33 C2 P180 F3；	
N380	G00 X120 Z50；	返回刀具换刀点
N390	M30；	程序结束

6. 螺纹零件的加工步骤

① 开启机床。先将"急停"钮关闭，打开电源开关，然后再将"急停"钮打开，使系

统处在开始工作状态。按下"回零"键，使机床首先回到机床参考点，以建立机床坐标系。

② 安装刀具和毛坯。找正并夹紧工件。安装刀具时，刀具的安装位置应和编辑程序中的刀具号对应。装刀时，注意各刀具应对准工件中心，各刀具伸出长度应适当，刀具压紧时前后螺钉应同时压紧。螺纹刀安装时使用对刀样板。

③ 输入程序。将加工工件的两个程序分别输入数控系统，注意新建文件名开头用"O"表示，程序输入完进行保存。

④ 1号刀对刀并输入刀偏值。应使用手摇脉冲发生器对刀，无论 X 轴方向或者 Z 轴方向试切削完成后都不要动，退向另外一个方向，然后停机测量，将实际尺寸输入数控系统。

⑤ 调用右端加工程序，单击"循环启动"键进行工件右端面及 $\phi28mm$、$\phi42mm$ 圆柱面的加工。

⑥ 调头，用三爪自定心卡盘垫铜皮夹持工件 $\phi32mm$ 外圆，用划线盘找正工件外圆，然后夹紧工件。

⑦ 2号外圆刀、切槽刀、螺纹刀对刀并输入刀偏值。注意刀偏号的对应关系。

⑧ 调用左端加工程序，单击"循环启动"键进行工件左端轮廓、退刀槽及螺纹的加工。

⑨ 加工完毕，卸下工件，打扫机床卫生。

实例十二：宏程序编程和加工综合实例

在数控车床上加工如图 11-14 所示零件，毛坯为 $\phi50mm \times 95mm$ 的棒料，材料为 45 钢，试分析零件的加工工艺，编写其数控车床加工程序并进行加工。

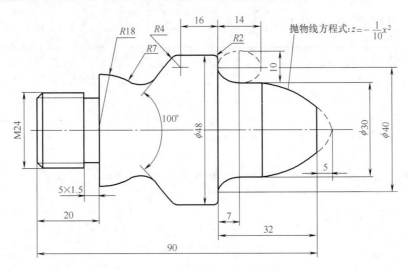

图 11-14　螺纹加工综合实例

1. 零件图样分析

该零件为一个含二次曲线加工的零件，零件需要加工外圆、锥度、圆弧、螺纹、椭圆和抛物线。其外形比较复杂，但没有形位公差要求，表面也没有严格的尺寸精度要求。但表面质量要求较高，外形轮廓要求光滑连接。

2. 工艺分析

① 零件轮廓分析。该零件外形比较复杂，装夹较困难，零件需要两次调头加工，先加工零件左端轮廓，再调头夹持 $\phi48mm$ 外圆面加工零件右端轮廓。调头加工时注意接刀痕。

② 零件左端有凹圆弧和锥度连接，对于这类零件外形应采用 G71 有 E 值的外径/内径

车削复合循环指令或使用 G73 闭环车削复合循环指令进行编程加工。零件右端有椭圆、抛物线应采用宏程序进行编程加工较为合适。

③ 两次装夹加工都将工件坐标系原点设定在其装夹后的工件右端面与轴线交点上。工件加工程序起始点和换刀点都设在（X100，Z100）的位置点。

3. 刀具及切削用量的选择（表 11-33）

表 11-33　刀具及切削用量的选择

刀具号	刀具名称及规格	刀尖圆弧半径 /mm	数量	加工内容	转速 /（r/min）	进给量 /（mm/r）
T0101	端面刀	0.4	1	左右端面	800	0.3
T0202	93° 右偏外圆车刀	0.2	1	右端外轮廓	1000	0.2
T0303	35° 仿真刀	0.2	1	左端外轮廓	1200	0.1
T0404	5mm 外切槽刀	0.1	1	外沟槽	500	0.1
T0505	60° 外螺纹刀	0.1	1	外螺纹	800	—

4. 加工工艺路线

工序一：用三爪自定心卡盘夹持毛坯外圆，找正并夹牢，车削左端轮廓。

① 粗、精车左端端面。

② 粗、精车左端轮廓外圆长度至 60mm，M24mm 外圆长度至 20mm，R8mm、R7mm、R4mm 圆弧及锥度至尺寸要求。

③ 粗、精车 5mm 外沟槽。

④ 粗、精车 M24mm 外螺纹。

工序二：调头，用三爪自定心卡盘垫铜皮夹持 ϕ48mm 外圆，找正保证同轴度并夹牢，车削右端轮廓。

① 车削右端面使总长 90mm 至尺寸要求。

② 粗、精车右端抛物线，ϕ30mm 外圆，椭圆及 R2mm 圆弧至尺寸要求。

③ 检查各部尺寸，合格后卸下工件。

5. 数值计算

编程中需计算零件左端圆弧连接处各基点的坐标值，方法是应用 CAD 画图找出各基点坐标值。

6. 零件加工参考程序

螺纹加工参考程序见表 11-34。

表 11-34　螺纹加工参考程序

机床型号	CJK6136	夹具名称	三爪自定心卡盘	编程系统	HNC-21T/22T	编程原点	工件右端面与轴线交点
工序一：用三爪自定心卡盘夹持毛坯外圆，找正并夹牢，车削左端轮廓							
程序号	程　序			简要说明			
序号	%0080;			程序名			
N010	G90　X100　Z100;			建立工件坐标系			
N020	T0101　M03　S800;			主轴正转，转速为 800r/min，选择 1 号端面刀			
N030	G00　G95　X52　Z5;			快速定位至 ϕ52mm 直径，距端面正向 5mm			
N040	G01　Z0　F0.3;			刀具与端面对齐			
N050	X0;			加工端面			
N060	G00　X100　Z100;			返回刀具换刀点			

机床型号	CJK6136	夹具名称	三爪自定心卡盘	编程系统	HNC-21T/22T	编程原点	工件右端面与轴线交点

工序一：用三爪自定心卡盘夹持毛坯外圆，找正并夹牢，车削左端轮廓		
程序号	程　　序	简要说明
N070	T0303;	选择 3 号仿真刀
N080	G00　X52　Z5;	快速定位至 φ52mm 直径，距端面正向 5mm
N090	G71　U1.5　R0.5　P100　Q200　F0.2;	采用外径 / 内径车削复合循环指令加工左端轮廓
N100	G00　G42　X20　S1200;	左端外轮廓精加工程序
N110	G01　Z0　F0.1;	
N120	G01　X24　Z-2;	
N130	Z-20;	
N140	X36;	
N150	G03　X32.956　Z-27.245　R18;	
N160	G02　X36.772　Z-35.424　R7;	
N170	G01　X45.142　Z-38.936;	
N180	G03　X48　Z-42　R4;	
N190	G01　Z-58;	
N200	G40　X52;	
N210	G00　X100　Z100;	返回刀具换刀点
N220	T0404　S500;	选择 4 号外切槽刀，转速为 500r/min
N230	G00　X38　Z-20;	快速定位至外沟槽上方
N240	G01　X21　F0.1;	切外沟槽
N250	G04　S3;	暂停 3s
N260	G01　X38;	退出切槽刀
N270	G00　X100　Z100;	返回刀具换刀点
N280	T0505　S800;	选择 5 号外螺纹刀，转速为 800r/min
N290	G00　X30　Z10;	快速定位至 φ30mm 直径，距端面正向 10mm
N300	G76　C2　A60　X20.1　Z-17　K1.95　U0.1　V0.1　Q0.6　F3;	采用螺纹切削复合循环指令加工外螺纹 M24
N310	G00　X100　Z100　M05;	返回刀具换刀点，主轴停止
N320	M30;	程序结束

工序二：调头，用三爪自定心卡盘垫铜皮夹持 φ48mm 外圆，找正保证同轴度并夹牢，车右端轮廓		
程序号	程　　序	简要说明
序号	%0080;	程序名
N010	G90　X100　Z100;	建立工件坐标系
N020	T0101　M03　S800;	主轴正转，转速为 800r/min，选择 1 号端面刀
N030	G00　G95　X52　Z5;	快速定位至 φ52mm 直径，距端面正向 5mm
N040	G81　X0　Z1　F0.2;	加工端面控制总长
N050	X0　Z0;	
N060	G71　U2　R0.3　P70　Q280　X0.3　Z0　F0.2;	采用外径 / 内径车削复合循环粗加工右端轮廓
N070	G00　G42　X14.14;	精加工程序第一段
N080	G01　Z0　F0.1;	加工起点
N090	#1=-5;	抛物线 Z 轴方向起点坐标
N100	#2=-22.5;	抛物线 Z 轴方向终点坐标

程序号	程　序	简要说明
工序二：调头，用三爪自定心卡盘垫铜皮夹持 φ48mm 外圆，找正保证同轴度并夹牢，车右端轮廓		
N110	WHILE #1 GE #2;	条件判别 Z 坐标从 −22.5 加工到 −5 之间满足条件
N120	#3=SQRT [−10 ∗ #1];	对应 X 坐标值
N130	G01 X[2 ∗ #3] Z[5+#1];	循环加工
N140	#1=#1−0.1;	循环 Z 轴方向每次步进量为 0.1mm
N150	ENDW;	
N160	G01 X30 Z−17.5;	过渡到抛物线终点
N170	Z−25;	加工 φ30mm 外圆
N180	#4=0;	椭圆 Z 轴方向起点坐标
N190	#5=−7;	椭圆 Z 轴方向终点坐标
N200	WHILE #4 GE #5;	条件判别 Z 坐标从加工到 −7 之间满足条件
N210	#6=5 ∗ SQRT[7 ∗ 7−#4 ∗ #4]/7;	对应 X 坐标值
N220	G01 X [40−2 ∗ #6] Z [#4−25];	退出循环加工
N230	#4=#4−0.1;	循环 Z 轴方向每次步进量为 0.1mm
N240	ENDW;	
N250	G01 X44;	R2mm 圆弧起点
N260	G03 X48 Z−34 R2;	加工 R2mm 圆弧
N270	G01 Z−40;	加工 φ48mm 外圆
N280	X50;	退刀
N290	G00 X100 Z100 M05;	返回刀具换刀点，主轴停止
N300	M30;	程序结束

实例十三：综合实训

综合实训（一）

编制图 11-15 所示零件的加工程序，材料为 45 钢，棒料直径为 φ40mm。

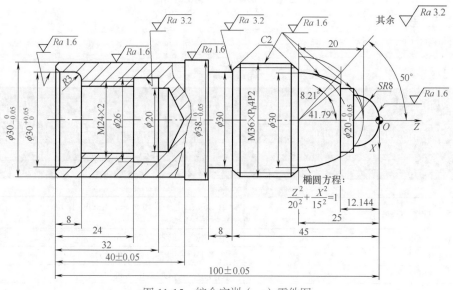

图 11-15　综合实训（一）零件图

1. 使用刀具

93°机夹外圆车刀（硬质合金镀钛可转位刀片）为1号刀；宽4mm的机夹外切槽刀（硬质合金镀钛刀片）为2号刀；60°机夹外螺纹刀（硬质合金镀钛可转位刀片）为3号刀；机夹镗刀（硬质合金镀钛刀片）为4号刀；宽3mm的机夹内切槽刀（硬质合金可转位刀片）为5号刀；60°机夹内螺纹刀（硬质合金可转位刀片）为6号刀；ϕ20mm锥柄麻花钻。

2. 工艺路线

① 先加工左端。棒料伸出卡盘外约65mm，找正后夹紧。

② 把ϕ20mm锥柄麻花钻装入尾座，移动尾座使麻花钻切削刃接近端面后锁紧，主轴以450r/min的转速转动，手动转动尾座手轮，钻ϕ20mm的底孔，转动8圈左右（尾座螺纹导程为5mm）。在钻孔时需打开切削液。

③ 用1号刀，采用G71进行零件左端外轮廓的粗加工。

④ 用1号刀，采用G70进行零件左端外轮廓的精加工。

⑤ 用4号刀，采用G71进行零件左端内孔轮廓的粗加工。

⑥ 用4号刀，采用G70进行零件左端内孔轮廓的精加工。

⑦ 用5号刀，采用G01进行零件左端内槽的粗、精加工。

⑧ 用6号刀，采用G76进行零件左端内螺纹的粗、精加工。

⑨ 卸下工件，用铜皮包住已加工过的ϕ36mm外圆，调头使零件上ϕ36～ϕ38mm台阶端面与卡盘端面紧密接触后夹紧，准备加工零件的右端。

⑩ 手动车端面控制零件总长。如果坯料总长在加工前已控制在105.5～106mm之间，且两端面较平整，则不必进行此操作。

⑪ 用1号刀，采用G73进行零件右端外轮廓的粗加工。

⑫ 用1号刀，采用G70进行零件右端外轮廓的精加工。

⑬ 用2号刀，采用G01进行零件右端外槽及倒角加工。

⑭ 用3号刀，采用G76进行零件右端双头外螺纹的粗、精加工。

3. 相关计算

螺纹总切削深度：$h=0.6495P=0.6495×2\text{mm}=1.299\text{mm}$

内螺纹小径：$d=D-2h=24\text{mm}-2×1.299\text{mm}=21.402\text{mm}$

4. 加工程序

参考程序见表11-35。

表11-35 综合实训（一）参考程序

程序卡	编程原点	工件右端面与轴线交点		编程系统	FANUC
	零件名称	综合实训	零件图号	图11-15	材料	45钢
	车床型号	CAK6150DJ	夹具名称	三爪卡盘	实训车间	数控中心

程　序	简要说明
工序一：零件左端部分加工，必须在钻足够深孔后才能进行自动加工	
O0001;	程序名
N5　G54　G98　G21;	用G54指定工件坐标系，用G98指定每分钟进给，用G21指定米制单位
N10　M3　S750;	主轴正转，转速为750r/min
N15　T0101;	选择1号外圆刀，导入刀具刀补
N20　G0　X42　Z0;	绝对编程，快速到达端面Z0的径向外
N25　G1　X18　F50;	车削端面（由于已钻孔，所以X到18即可）

程序卡	编程原点		工件右端面与轴线交点			编程系统	FANUC
	零件名称	综合实训	零件图号		图 11-15	材料	45 钢
	车床型号	CAK6150DJ	夹具名称		三爪卡盘	实训车间	数控中心
工序一：零件左端部分加工，必须在钻足够深孔后才能进行自动加工							
程 序				简要说明			
N30　G0　X41　Z2;				快速到达轮廓循环起刀点			
N35　G71　U1.5　R2;				外径粗车循环，给定加工参数			
N40　G71　P45　Q70　U1　W0.1　F150;				N45～N70 为循环部分轮廓			
N45　G1　X34;				从循环起刀点以 150mm/min 进给移动到轮廓			
N50　Z0;				起始点			
N55　G3　X36　Z-1　R1;				车削圆角			
N60　G1　Z-40;				车削 ϕ36mm 的圆柱			
N65　X38;				车削台阶			
N70　Z-55;				车削 ϕ38mm 的圆柱，在加工零件右端部分时不再加工此圆柱			
N75　G0　X100;				沿径向快速退出			
N80　Z200;				沿轴向快速退出			
N85　M5;				主轴停止			
N90　M0;				程序暂停			
N95　M3　S1200;				主轴重新启动，转速 1200r/min			
N100　T0101;				重新调用 1 号刀补，可引入刀具偏移量或磨损量			
N105　G0　X42　Z2;				到达加工起点			
N110　G70　P45　Q70　F80;				从 N45～N70 对轮廓进行精加工			
N115　G0　X100;				刀具沿径向快退			
N120　Z200;				刀具沿轴向快退			
N125　M5;				主轴停止			
N130　M0;				程序暂停。用于精加工后的零件测量，断点 从 N95 开始			
N135　M3　S600;				主轴正转，转速 600r/min			
N140　T0404;				选择 4 号镗刀，导入刀具刀补			
N145　G0　X20　Z2;				快速移动到孔外侧			
N150　G71　U1　R1;				内轮廓粗车循环，给定加工参数			
N155　G71　P160　Q195　U-1　W0.1　F120;				从循环起刀点以 120mm/min 进给移动到轮廓起始点，加工 N160～N195 为循环部分轮廓			
N160　G1　X32;				到达 X32			
N165　Z0;				到达 Z0			
N170　X30　Z-1;				车削 C1 倒角			
N175　Z-5;				车削 ϕ30mm 的圆柱孔			
N180　G2　X24　Z-8　R3;				车削 R3 的圆弧			
N185　G1　X21.7;				车削台阶			
N190　Z-32;				车削内螺纹圆柱孔			
N195　X19;				车削台阶			
N200　Z200;				沿轴向快速退出			
N205　M5;				主轴停止			
N210　M0;				程序暂停。测量粗镗后的内孔直径			
N215　M3　S1200;				主轴正转，转速 1200r/min			

程序卡	编程原点		工件右端面与轴线交点		编程系统	FANUC
	零件名称	综合实训	零件图号	图 11-15	材料	45 钢
	车床型号	CAK6150DJ	夹具名称	三爪卡盘	实训车间	数控中心

工序一：零件左端部分加工，必须在钻足够深孔后才能进行自动加工	
程 序	**简要说明**
N220　T0404；	重新调用 4 号刀补，可引入刀具偏移量或磨损量
N225　G0　X20　Z2；	快速移动到孔外侧
N230　G70　P160　Q195　F100	从 N160 ~ N195 对内轮廓进行精加工
N235　G0　Z200；	沿轴向快速退出
N240　M5；	主轴停止
N245　M0；	程序暂停。用于精加工后的零件测量，断点从 N215 开始
N250　M3　S500；	主轴正转，转速 500r/min
N255　T0505；	选择 5 号内槽刀，导入刀具刀补
N260　G0　X20　Z5；	快速定位到孔外一点
N265　G1　Z−27；	进给至内槽轴向起切点
N270　G1　X25.5　F30；	沿 X 向以 30mm/min 的速度切削内槽至 ϕ25.5mm
N275　X21；	沿 X 向退至 ϕ21mm
N280　Z−30；	沿 Z 向进给至 −30 的位置
N285　X25.5；	沿 X 向以 30mm/min 的速度切削内槽至 ϕ25.5mm
N290　X21；	沿 X 向退至 ϕ21mm
N295　Z−32；	沿 Z 向进给至 −32 的位置
N230　X26；	沿 X 向以 30mm/min 的速度切削内槽至 ϕ26mm
N235　Z−27；	沿槽底以 30mm/min 的速度切削槽至 Z−27
N240　X20；	沿 X 向退刀至 ϕ20mm
N245　G0　Z200；	沿轴向快速退刀至 Z200
N250　M5；	主轴停止
N255　M0；	程序暂停
N260　M3　S800；	主轴正转，转速 800r/min
N265　T0606；	选择 6 号内螺纹刀，导入刀具刀补
N270　G0　X21　Z5；	快速定位至螺纹起切点，轴向有空刀导入量
N275　G76　P20160　Q80　R−0.08；	螺纹循环加工参数设置，螺纹精加工两次
N280　G76　X24　Z−25　R0　P1299　Q450　F2；	
N285　G0　X100　Z200；	快速退出
N290　T0101；	换 1 号刀
N295　M30；	程序结束
%	程序结束符

工序二：零件右端部分加工	
程 序	**简要说明**
O0002；	程序名
N5　G54　G98　G21；	用 G54 指定工件坐标系，用 G98 指定每分钟进给，用 G21 指定公制单位
N10　M3　S750；	主轴正转，转速为 750r/min
N15　T0101；	选择 1 号外圆刀，导入刀具刀补
N20　G0　X42　Z0；	绝对编程，快速到达端面的径向外
N25　G1　X−0.5　F50；	车削端面。为防止在圆心处留下小凸块，所以车削到 X−0.5
N30　G0　X41　Z2；	快速到达轮廓循环起刀点

工序二：零件右端部分加工	
程　序	简要说明
N35　G71　U1.5　R2；	外径粗车循环，给定加工参数
N40　G71　P45　Q105　U1　W0.1　F150；	N45～N105 为循环部分轮廓
N45　G1　X0；	从循环起刀点以 150mm/min 进给移动到轮廓
N50　Z0；	起始点
N50　G3　X16　Z-8　R8；	加工 R8 圆弧
N55　G1　X20；	加工台阶
N60　　Z-12.144；	加工 ϕ20mm 外圆
N65　#1=12.856；	加工 $\dfrac{Z^2}{20^2}+\dfrac{X^2}{15^2}=1$ 椭圆的一段
N70　WHILE　[　#1　GE　0]　D01；	
N75　G1　X　[3*SQRT　[400-#1 * #1]/2]　Z [#1-25]　F150；	
N80　#1=　#1-0.1；	
N85　END1；	
N90　G1　X32；	加工台阶
N95　　X35.8　Z-27：	加工螺纹倒角
N100　Z-53；	加工螺纹光轴外圆
N105　X40；	退刀至 ϕ40mm
N110　G0　X100；	刀具沿径向快退
N115　Z200；	刀具沿轴向快退
N120　M5；	主轴停止
N125　M0；	程序暂停。用于对粗加工后的零件进行测量
N130　M3　S1200；	主轴重新启动，转速 1200r/min
N135　T0101；	重新调用 1 号刀补，可引入刀具偏移量或磨损量
N140　G0　X42　Z2；	快速到达加工起点
N145　G70　P45　Q105　F80；	从 N45～N105 对轮廓进行精加工
N150　G0　X100；	刀具沿径向快退
N155　Z200；	刀具沿轴向快退
N160　M5；	主轴停止
N165　M0；	程序暂停。用于精加工后的零件测量，断点从 N130 开始
N170　M3　S500；	主轴重新启动，转速 500r/min
N175　T0202；	换 2 号切槽刀，导入刀具刀补
N180　G0　X40　Z-49；	快速到达切槽起始点
N185　G75　R0.1；	指定径向退刀量 0.1mm
N190　G75　X30　Z-53　P500　Q3500　R0　F30；	指定槽底、槽宽及加工参数
N195　G0　X40；	切槽完毕后，沿径向快速退出
N200　Z-47；	沿 Z 向进给至螺纹左侧倒角的起点
N205　G1　X36　F30；	以 30mm/min 进到螺纹左侧倒角的起点
N210　X32　Z-49；	倒角
N215　G0　X100	沿径向退出
N220　Z200；	沿轴向退出
N225　M3　S600；	螺纹加工完毕后如尺寸偏大，必须从此位置开始断点加工
N230　T0303；	换 3 号螺纹刀，导入刀具刀补

工序二：零件右端部分加工	
程 序	简要说明
N235 G0 X31 Z-20;	快速到达螺纹加工起始位置，轴向有空刀导入量
N240 G76 P20160 Q80 R0.05;	螺纹循环加工参数设置，螺纹精加工两次
N245 G76 X27.402 Z-46 R0 P1299 Q450 F4;	
N250 G0 X31 Z-22;	快速到达螺纹加工起始位置，轴向有空刀导入量，且与上面的起点相差一个螺距
N255 G76 P20160 Q80 R0.05;	螺纹循环加工参数设置，螺纹精加工两次用于对螺纹的检验，如尺寸偏大，则断点加工
N260 G76 X27.402 Z-46 R0 P1299 Q450 F4;	
N265 G0 X100;	沿径向退出
N270 Z200;	沿轴向退出
N275 T0101;	换上 1 号刀，为下一个零件的加工作准备
N280 M30;	程序结束
%	程序结束符

综合实训（二）

编制图 11-16 所示零件的加工程序，材料为 45 钢，棒料直径为 65mm。

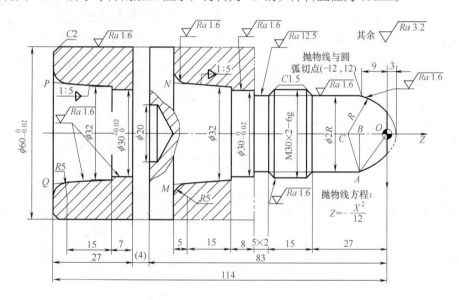

图 11-16　综合实训（二）零件图

1. 使用刀具

93° 机夹外圆车刀（硬质合金镀钛可转位刀片）为 1 号刀；宽 4mm 的机夹外切槽刀（硬质合金镀钛刀片）为 2 号刀；60° 机夹外螺纹刀（硬质合金镀钛可转位刀片）为 3 号刀；机夹镗刀（硬质合金镀钛刀片）为 4 号刀；ϕ20mm 锥柄麻花钻。

2. 工艺路线

① 先加工左端。棒料伸出卡盘外约 65mm，找正后夹紧。

② 把 ϕ20mm 锥柄麻花钻装入尾座，移动尾座使麻花钻切削刃接近端面后锁紧，主轴以

450r/min 的转速转动，手动转动尾座手轮，钻 ϕ20mm 的底孔，转动 8 圈左右（尾座螺纹导程为 5mm）。在钻孔时需打开切削液。

③ 用 1 号刀，采用 G71 进行零件左端外轮廓的粗加工。

④ 用 1 号刀，采用 G70 进行零件左端外轮廓的精加工。

⑤ 用 4 号刀，采用 G71 进行零件左端内孔轮廓的粗加工。

⑥ 用 4 号刀，采用 G70 进行零件左端内孔轮廓的精加工。

⑦ 卸下工件，用铜皮包住已加工过的 ϕ60mm 外圆，夹持的部分应少与 25mm 以便切断，准备加工零件的右端。

⑧ 手动车端面控制零件总长。如果坯料总长在加工前已控制在 114.5 ~ 115mm 之间，且两端面较平整，则不必进行此操作。

⑨ 用 1 号刀，采用 G73 进行零件右端外轮廓的粗加工。

⑩ 用 1 号刀，采用 G70 进行零件右端外轮廓的精加工。

⑪ 用 2 号刀，采用 G01 进行零件右端外槽及倒角加工。

⑫ 用 3 号刀，采用 G76 进行零件右端双线外螺纹的粗、精加工。

⑬ 用 2 号刀，将工件切断使工件左端与工件右端配合。

3. 相关计算

螺纹总切削深度：$h=0.6495P=0.6495 \times 1.5\text{mm}=0.974\text{mm}$。

通过计算得到 $R \approx 13.416\text{mm}$，$L_{CO}=14.999\text{mm}$。

4. 加工程序

加工参考程序见表 11-36。

表 11-36 综合实训（二）参考程序

数控车床程序卡	编程原点	工件右端面与轴线交点		编程系统	FANUC
	零件名称	综合实训	零件图号	图 11-16	材料	45 钢
	车床型号	CAK6150DJ	夹具名称	三爪卡盘	实训车间	数控中心

工序一：零件左端部分加工，必须在钻足够深孔后才能进行自动加工	
程 序	简要说明
O0001；	程序名
N5 G54 G98 G21；	用 G54 指定工件坐标系，用 G98 指定每分钟进给，用 G21 指定米制单位
N10 M3 S750；	主轴正转，转速为 750r/min
N15 T0101；	选择 1 号外圆刀，导入刀具刀补
N20 G0 X68 Z0；	绝对编程，快速到达端面的径向外
N25 G1 X18 F50；	车削端面（由于已钻孔，所以 X 到 18 即可）
N30 G0 X66 Z2；	快速到达轮廓循环起刀点
N35 G71 U1.5 R2；	外径粗车循环，给定加工参数
N40 G71 P45 Q65 U1 W0.1 F150；	N45 ~ N65 为循环部分轮廓
N45 G1 X56；	从循环起刀点以 150mm/min 进给移动到轮廓
N50 Z0；	起始点 Z0
N55 X60 Z-2；	车削倒角
N60 G1 Z-45；	车削 ϕ60mm 的圆柱
N65 X65；	退刀至 ϕ65mm
N70 G0 X100；	沿径向快速退出
N75 Z200；	沿轴向快速退出

数控车床 程序卡	编程原点	工件右端面与轴线交点		编程系统	FANUC
	零件名称	综合实训	零件图号	图 11-16	材料	45 钢
	车床型号	CAK6150DJ	夹具名称	三爪卡盘	实训车间	数控中心

工序一：零件左端部分加工，必须在钻足够深孔后才能进行自动加工	
程 序	简要说明
N80 M5;	主轴停止
N85 M0;	程序暂停
N90 M3 S1200;	主轴重新启动，转速 1200r/min
N95 T0101;	重新调用 1 号刀补，可引入刀具偏移量或磨损量
N100 G0 X42 Z2;	快速到达加工起始点
N105 G70 P45 Q65 F80;	从 N45～N65 对轮廓进行精加工
N110 G0 X100;	刀具沿径向快退
N115 Z200;	刀具沿轴向快退
N120 M5;	主轴停止
N125 M0;	程序暂停。用于精加工后的零件测量，断点从 N90 开始
N130 M3 S600;	主轴正转，转速 600r/min
N135 T0404;	选择 4 号镗刀，导入刀具刀补
N140 G0 X20 Z2;	快速移动到孔外侧
N145 G71 U1 R1;	内轮廓粗车循环，给定加工参数
N150 G71 P160 Q190 U−1 W0.1 F120;	N160～N190 为循环部分轮廓
N155 G1 X45.05;	从循环起刀点以 120mm/min 进给移动到轮廓起始点
N160 Z0;	
N170 X35.1 Z−4.5;	车削 R5 圆角
N175 X32 Z−20;	车削圆锥孔
N180 X30;	车削台阶
N185 G1 Z−27;	车削 φ30mm 圆柱孔
N190 X20;	退刀至 φ20mm
N195 Z200;	沿轴向快速退出
N200 M5;	主轴停止
N205 M0;	程序暂停。测量粗镗后的内孔直径
N210 M3 S1200;	主轴正转，转速 1200r/min
N215 T0404;	重新调用 4 号刀补，可引入刀具偏移量或磨损量
N220 G0 X20 Z2;	快速移动到孔外侧
N230 G70 P160 Q190 F100;	从 N160～N190 对内轮廓进行精加工
N235 G0 Z200;	沿轴向快速退出
N240 T0101;	换 1 号刀
N245 M30;	程序结束
%	程序结束符

工序二：零件右端部分加工	
程 序	简要说明
O0002	程序名
N5 G54 G98 G21;	用 G54 指定工件坐标系，用 G98 指定每分钟进给，用 G21 指定米制单位
N10 M3 S750;	主轴正转，转速为 750r/min
N15 T0101;	选择 1 号外圆刀，导入刀具刀补
N20 G0 X68 Z0;	绝对编程，快速到达端面的径向外

工序二：零件右端部分加工	
程　序	简要说明
N25　G1　X−0.5　F50;	削端面。为防止在圆心处留下小凸块，所以车削到X−0.5
N30　G0　X66　Z2;	快速到达轮廓循环起刀点
N35　G71　U1.5　R2;	外径粗车循环，给定加工参数。
N40　G71　P45　Q130　U1　W0.1　F150;	N45～N130为循环部分轮廓
N45　G1　X12;	从循环起刀点以150mm/min进给移动到轮廓
N50　Z0;	起始点
N55　#1=−3　N60　WHILE　[#1　GE　[−12]]　DO1;	
N65　G1X　[2 * SQRT [12 * ABS [#1]]]　Z [#1+3]　F150;	加工 $Z=-\dfrac{x^2}{12}$ 抛物线的一段
N70　#1 = #1−0.1;	
N75　END1;	
N80　G3　X26.832　Z−14.999　R133416;	加工与抛物线相切的圆弧
N85　G1　Z−27;	加工 ϕ26.832mm 外圆柱
N90　X29.8　Z−28.5;	加工倒角
N95　Z−47;	加工螺纹光轴外圆
N100　X30;	加工台阶
N105　Z−55;	加工 ϕ30mm 外圆柱
N115　X32;	退刀至 ϕ40mm
N120　X35.1　Z−70.5;	加工外圆锥面
N125　G2　X45.05　Z−75　R5;	加工圆角
N130　X65;	加工台阶
N135　G0　X100;	刀具沿径向快退
N140　Z200;	刀具沿轴向快退
N145　M5;	主轴停止
N150　M0;	程序暂停。它用于对粗加工后的零件进行测量
N155　M3　S1200;	主轴重新启动，转速1200r/min
N160　T0101;	重新调用1号刀补，可引入刀具偏移量或磨损量
N165　G0　X42　Z2;	到达加工起始点
N170　G70　P45　Q130　F80;	从N45～N130对轮廓进行精加工
N175　G0　X100;	刀具沿径向快退
N180　Z200;	刀具沿轴向快退
N185　M5;	主轴停止
N190　M0;	程序暂停。用于精加工后的零件测量，断点从N155开始
N195　M3　S500;	主轴重新启动，转速500r/min
N200　T0202;	换2号切槽刀，导入刀具刀补
N205　G0　X33　Z−46;	快速到达切槽起始点
N210　G75　R0.1;	指定径向退刀量0.1mm
N215　G75　X27　Z−47　P500　Q3500　R0　F30;	指定槽底、槽宽及加工参数
N220　G0　X33;	切槽完毕后，沿径向快速退出
N225　Z−44;	沿 Z 向进给至螺纹左侧倒角的起点
N230　G1　X31　F30;	以30mm/min进给到螺纹左侧倒角的起点
N235　X27　Z−46;	倒角

工序二：零件右端部分加工	
程　　序	简要说明
N240　G0　X100	沿径向退出
N245　Z200；	沿轴向退出
N250　M3　S600；	螺纹加工完毕后如尺寸偏大，必须从此位置开始断点加工
N255　T0303；	换3号螺纹刀，导入刀具刀补
N260　G0　X31　Z−20；	快速到达螺纹加工起始位置，轴向有空刀导入量
N265　G76　P020160　Q80　R0.05；	螺纹循环加工参数设置，螺纹精加工两次
N270　G76　X28.052　Z−43　R0　P974　Q400　F2；	螺纹切削参数设定
N275　G0　X100；	沿径向退出
N280　Z200；	沿轴向退出
N285　T0101；	换上1号刀，为下一个零件的加工作准备
N290　M30；	程序结束
％	程序结束符

参考文献

［1］ 谷定来，孟笑红 . 图解车工入门 . 北京：机械工业出版社，2017.

［2］ 陈宏钧 . 车工实用技术 .2 版 . 北京：机械工业出版社，2007.

［3］ 范逸明 . 简明车工手册 . 北京：国防工业出版社，2009.

［4］ 谢晓红 . 数控车削编程与加工技术 .3 版 . 北京：电子工业出版社，2015.

［5］ 罗春华，刘海明 . 数控加工工艺简明教程 .2 版 . 北京：北京理工大学出版社，2007.

［6］ 陈家芳 . 车工常用技术手册 . 上海：上海科学技术出版社，2007.

［7］ 郭玉林 . 车工技术手册 . 郑州：河南科学技术出版社，2010.

［8］ 崔兆华，王希海，等 . 车工操作技能实训图解 . 济南：山东科学技术出版社，2008.

［9］ 田景亮，刘丽华 . 车床维修教程 .2 版 . 北京：化学工业出版社，2012.

［10］ 周保牛 . 数控编程与加工技术 .2 版 . 北京：机械工业出版社，2014.

［11］ 王吉林 . 现代数控加工技术基础实习教程 . 北京：机械工业出版社，2009.

［12］ 李家杰 . 数控车床培训教程 .2 版 . 北京：机械工业出版社，2015.

［13］ 沈建峰，虞俊 . 数控车工（高级）. 北京：机械工业出版社，2007.

［14］ 陈乃峰，等 . 数控车削技术 . 北京：清华大学出版社，2010.

［15］ 任国兴 . 数控车床加工工艺与编程操作 . 北京：机械工业出版社，2012.

［16］ 吴长有，张桦 . 数控车床加工技术（华中系统）. 北京：机械工业出版社，2010.

［17］ 黄华 . 数控车削编程与加工技术 . 北京：机械工业出版社，2008.

［18］ 耿国卿，陈胜利，王敬艳 . 数控车削编程与加工 . 北京：清华大学出版社，2010.

［19］ 周全华 . 数控车工（基础、中级、高级）. 北京：机械工业出版社，2017.